머리말 | PREFACE

취업 관문이 좁은 현실에서 화공기사 자격증을 반드시 취득하려는 여러분께 보탬이 되고자 화공기사 필기에 이어 화공기사 실기를 출간하게 되었습니다. 화공기사 실기는 대부분 단위조작에서 출제되고 있어 과목에 대한 부담은 적지만, 필기에 비해 폭넓고 심도 있는 문제가 출제되므로 현명하고 철저한 준비가 필요합니다.

여러 기간 출제된 기출문제 분석을 통해 반드시 필요한 내용만을 정리했으며, 출제경향분석 및 중요도를 표시하여 수험생 여러분의 궁금증을 해소시켜 드리려고 최선을 다했습니다. 또한 화학공학과 전공자는 물론, 비전공자도 이해할 수 있도록 내용과 해설을 보다 쉽게 설명했으므로 필기합격 후 단기간에 효율적으로 공부하기에 알맞은 책이라고 할 수 있습니다.

이 책이 여러분이 꿈을 이루는 데 디딤돌 역할을 하여 화공기사 자격증 취득에 한 걸음 더 가까워지길 바랍니다.

출판과정에서 많은 도움을 주고 수고하신 예문사 관계자 여러분께 진심으로 감사의 말씀을 드립니다.

정 나 나

이 책의 구성 | FEATURE

1
용어 해설을 통해 기본 개념을 이해할 수 있습니다.

2
시험에 자주 출제되는 내용을 중요도에 따라 3단계로 제시하였습니다.
■■■ 매우 중요
■■□ 중요
■□□ 약간 중요

3
시험 준비에 유용한 내용을 TIP란에 담았습니다.

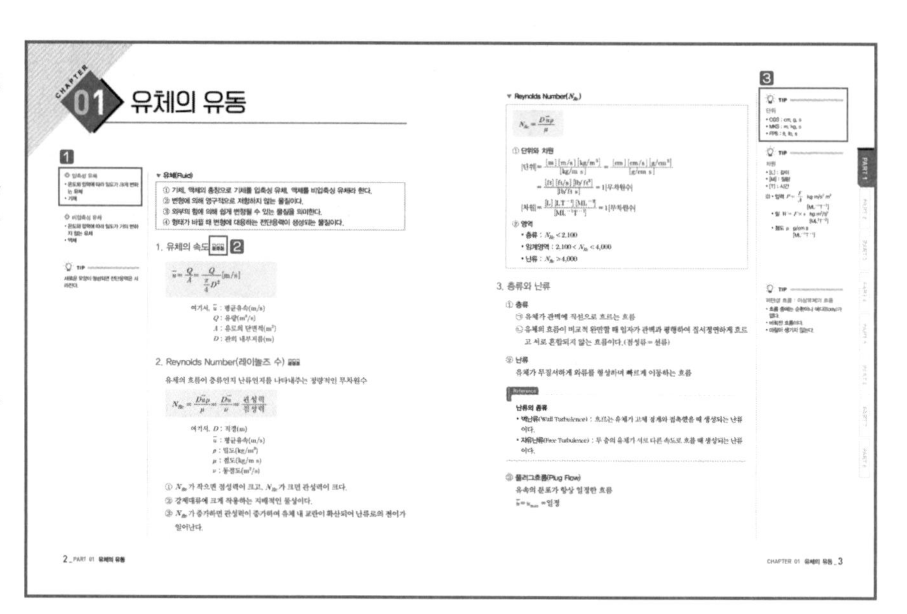
CHAPTER 01 유체의 유동

▼ 유체(Fluid)
① 기체, 액체의 총칭으로 기체를 압축성 유체, 액체를 비압축성 유체라 한다.
② 변형에 의해 영구적으로 저항하지 않는 물질이다.
③ 외부의 힘에 의해 쉽게 변형될 수 있는 물질을 의미한다.
④ 형태가 바뀔 때 변형에 대응하는 전단응력이 생성되는 물질이다.

1. 유체의 속도

2. Reynolds Number(레이놀즈 수)

▼ Reynolds Number(N_{Re})

3. 층류와 난류

① 층류

② 난류

Reference

난류의 종류

③ 플러그흐름(Plug Flow)

2 _ PART 01 유체의 유동

CHAPTER 01 유체의 유동 _ 3

1
참고로 알아두면 도움이 되는 내용을 Reference란에 제시하였습니다.

2
중요한 공식은 눈에 잘 띄게 강조하였습니다.

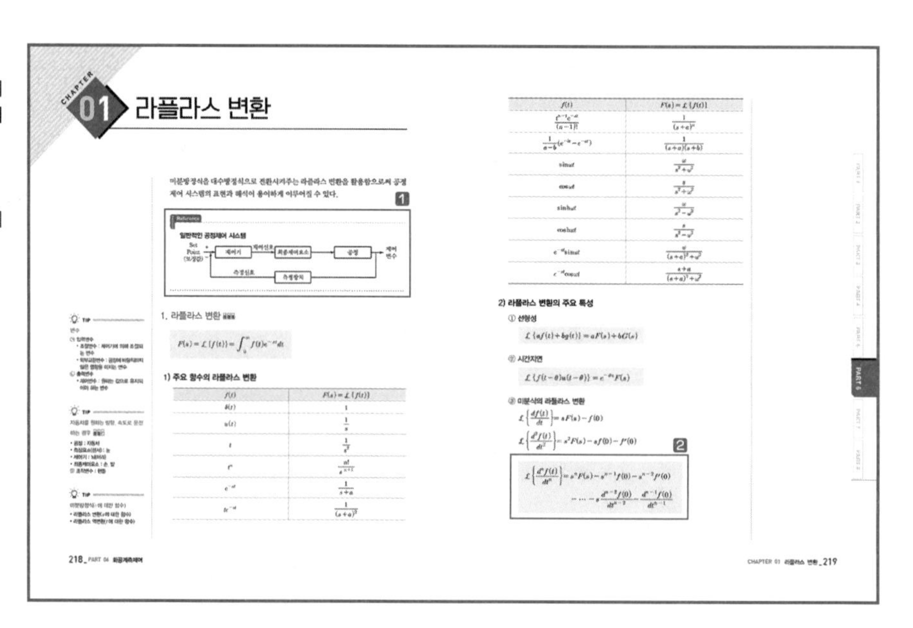
CHAPTER 01 라플라스 변환

Reference

일반적인 공정제어 시스템

1. 라플라스 변환

1) 주요 함수의 라플라스 변환

2) 라플라스 변환의 주요 특성

① 선형성

② 시간지연

③ 미분식의 라플라스 변환

218 _ PART 04 화공계측제어

CHAPTER 01 라플라스 변환 _ 219

정나나의

화공기사 실기

필답형 + 작업형

예문사

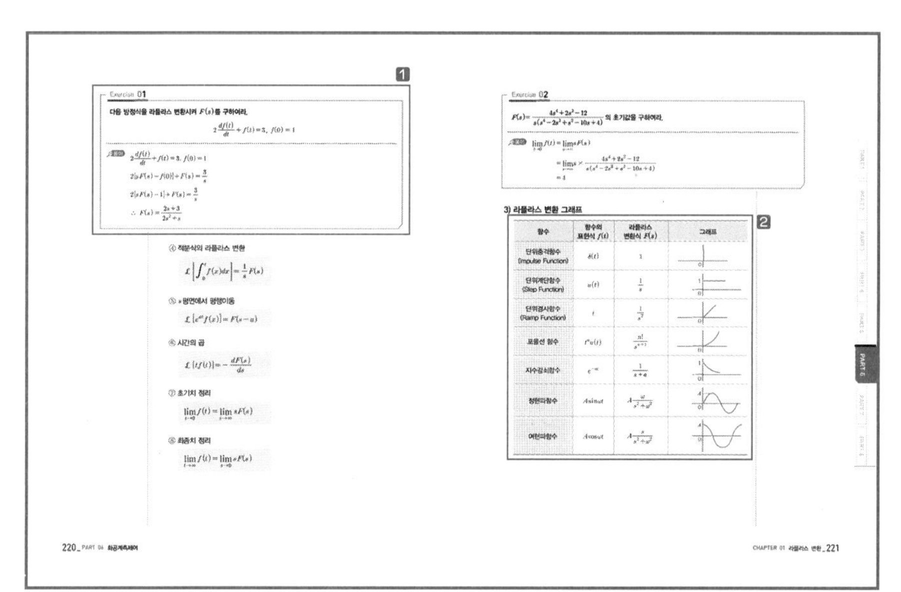

1
간단한 예제 문제를 제시하여 개념 이해를 돕습니다.

2
어렵고 복잡한 내용을 한눈에 볼 수 있도록 수식과 그림을 배치하였습니다.

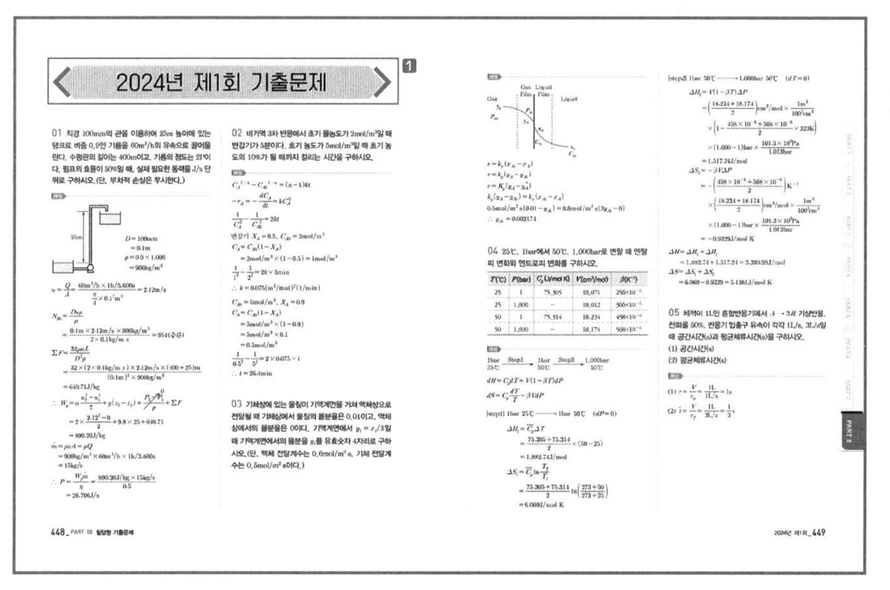

1
최신 기출문제를 실제 시험과 동일한 조건에서 풀어볼 수 있도록 회차별로 수록하였습니다.

시험 정보 | INFORMATION

☑ 화공기사 자격시험 안내

- 자격명 : 화공기사
- 영문명 : Engineer Chemical Industry
- 관련 부처 : 고용노동부
- 시행기관 : 한국산업인력공단

❶ 시험일정

구분	필기원서접수 (인터넷) (휴일 제외)	필기시험	필기합격 (예정자)발표	실기원서접수 (휴일 제외)	실기시험	최종합격자 발표일
2025년 정기 기사 1회	2025.01.13 ~2025.01.16	2025.02.07 ~2025.03.04	2025.03.12	2025.03.24 ~2025.03.27	2025.04.19 ~2025.05.09	2025.06.13
2025년 정기 기사 2회	2025.04.14 ~2025.04.17	2025.05.10 ~2025.05.30	2025.06.11	2025.06.23 ~2025.06.26	2025.07.19 ~2025.08.06	2025.09.12
2025년 정기 기사 3회	2025.07.21 ~2025.07.24	2025.08.09 ~2025.09.01	2025.09.10	2025.09.22 ~2025.09.25	2025.11.01 ~2025.11.21	2025.12.24

※ 원서접수시간은 원서접수 첫날 10 : 00부터 마지막 날 18 : 00까지
※ 필기시험 합격예정자 및 최종합격자 발표시간은 해당 발표일 09 : 00

❷ 시험과목

- 필기 : ① 공업합성 ② 반응운전 ③ 단위공정관리 ④ 화공계측제어
- 실기 : 화학장치운전 및 화학제품제조 실무

❸ 검정방법

- 필기 : 객관식 4지 택일형, 과목당 20문항(과목당 30분)
- 실기 : 복합형[필답형(1시간 30분) + 작업형(약 4시간)]

❹ 합격기준

- 필기 : 100점을 만점으로 하여 과목당 40점 이상, 전 과목 평균 60점 이상
- 실기 : 100점을 만점으로 하여 60점 이상

기본정보

❶ 개요

화학공업의 발전을 위한 제반환경을 조성하기 위해 전문지식과 기술을 갖춘 인재를 양성하고자 자격제도 제정

❷ 변천과정

1974년 (대통령령 제7283호, 1974.10.16)	1998년 (대통령령 제15794호, 1998.5.9)	2004년 (노동부령 제217호, 2004.12.31)
공업화학기사 1급	공업화학기사	화공기사
화공기사 1급	화공기사	

❸ 수행직무

화학공정 전반에 걸친 계측, 제어, 관리, 감독업무와 화학장치의 분리기, 여과기, 정제·반응기, 유화기, 분쇄 및 혼합기 등을 제어, 조작, 관리, 감독하는 업무를 수행

❹ 실시기관명

한국산업인력공단

❺ 실시기관 홈페이지

http://www.q-net.or.kr

❻ 진로 및 전망

- 정부투자기관을 비롯해 석유화학, 플라스틱공업화학, 가스 관련 업체, 고무, 식품공업 등 화학제품을 제조·취급하는 분야로 진출 가능하고 관련 연구소에서 화학분석을 포함한 기술개발 및 연구업무를 담당할 수 있다. 또는 품질검사전문기관에서 종사하기도 한다.
- 화공분야는 기초산업에서부터 첨단 정밀화학분야, 환경시설 및 화학분석분야, 가스제조분야, 건설업분야에 이르기까지 응용의 범위가 대단히 넓고 특히 「건설산업기본법」에 의하면 산업설비 공사업 면허의 인력 보유 요건으로 자격증 취득자를 선임토록 되어 있어 자격증 취득 시 취업이 유리한 편이다.

시험 정보 | INFORMATION

❼ 검정 현황

연도	필기			실기		
	응시	합격	합격률	응시	합격	합격률
2024	3,505	861	24.6%	1,606	235	14.6%
2023	3,967	927	23.4%	2,073	438	21.1%
2022	4,177	1,232	29.5%	2,969	623	21%
2021	6,988	2,544	36.4%	4,833	1,690	35%
2020	7,503	3,367	44.9%	5,064	1,914	37.8%
2019	6,370	3,039	47.7%	3,667	2,835	77.3%
2018	4,986	2,481	49.8%	3,183	2,022	63.5%
2017	4,915	2,410	49%	2,956	2,036	68.9%
2016	4,414	1,617	36.6%	2,864	1,321	46.1%
2015	3,771	1,254	33.3%	1,857	917	49.4%
2014	2,413	774	32.1%	1,224	554	45.3%
2013	1,872	653	34.9%	1,125	539	47.9%
2012	1,579	438	27.7%	862	235	27.3%
2011	1,387	469	33.8%	883	417	47.2%
2010	1,542	590	38.3%	997	382	38.3%
2009	1,732	637	36.8%	937	476	50.8%
2008	1,485	516	34.7%	849	443	52.2%
2007	1,153	516	44.8%	828	404	48.8%
2006	1,009	314	31.1%	443	232	52.4%
2005	924	248	26.8%	460	204	44.3%
2004	739	183	24.8%	427	89	20.8%
2003	759	200	26.4%	423	93	22%
2002	753	154	20.5%	270	82	30.4%
2001	621	174	28%	413	129	31.2%
1977~2000	18,797	4,622	24.6%	4,470	1,364	30.5%
소계	87,361	30,220	34.6%	45,683	19,674	43.1%

실기 출제기준

직무 분야	화학	중직무분야	화공	자격 종목	화공기사	적용 기간	2022.1.1.~2026.12.31.

○ 직무내용 : 화학공정 전반에 걸친 반응, 혼합, 분리정제, 분쇄 등의 단위공정을 설계, 운전, 관리 · 감독하고 화학공정을 계측, 제어, 조작하는 직무

○ 수행준거 :
1. 수지를 합성하기 위하여 원재료의 특성을 파악하고, 설계 요구사항을 파악하여 원재료 혼합비율을 결정할 수 있다.
2. 고분자 중합반응을 이용해 제품을 생산할 수 있다.
3. 반응기 시스템의 경제성 향상을 위하여 반응기운전 최적화, 반응기 구조 개선, 운전조건 개선효과 분석을 수행할 수 있다.
4. 반응의 필수요소인 촉매와 반응조건을 결정하고 그에 따른 반응 메커니즘과 조성물의 위험요소를 사전에 판단할 수 있다.
5. 합성공정 관리, 혼합공정 관리, 분리 · 정제공정 관리, 제형화 공정 관리 등을 수행할 수 있다.
6. 제조현장에서 안전한 작업환경을 조성하기 위해 안전법규 파악, 작업장 안전관리, 작업위해위험요소 개선, 안전사고 대응 등의 업무를 수행할 수 있다.
7. 화학공정을 안정적이고 효율적으로 운용하기 위해서 공정 개선안 도출, 공정 개선 계획 수립, 계획 실행, 효과 분석 등의 업무를 수행할 수 있다.
8. 공정에 사용되는 원료와 제품의 구성요소, 물리 · 화학적 특성을 확인하고 도식화하여 공정 설계에 적용할 수 있다.
9. 공정 설계를 위하여 특성요인도 파악 및 계측 · 제어 타입, 운전조건, 안전밸브 용량 등을 결정할 수 있다.
10. 공정의 운전변수와 운전절차를 파악하여 공정을 운전하고 이상상황을 조치할 수 있다.

실기검정방법	복합형	시험시간	6시간 정도 (필답형 2시간, 작업형 4시간 정도)

실기과목명	주요항목	세부항목	세세항목
화학공정실무	1. 합성수지 배합설계	1. 원재료 특성 파악하기	1. 합성수지 배합을 위하여 단량체(Monomers)의 종류를 파악할 수 있다. 2. 합성수지 배합을 위하여 단량체의 물리 · 화학적 특성을 파악할 수 있다. 3. 합성수지 배합을 위하여 단량체의 반응속도를 파악할 수 있다. 4. 합성수지 반응에 필요한 촉매의 종류와 기능을 파악할 수 있다.
		2. 합성수지 배합설계 요구사항 파악하기	1. 합성수지의 물성 특성을 파악할 수 있다. 2. 배합설계를 위해 합성수지의 저장 안정성을 파악할 수 있다. 3. 배합설계를 위해 합성수지의 작업성을 파악할 수 있다.
		3. 원재료 혼합비율 결정하기	1. 혼합비율을 결정하기 위해 반응온도, 반응시간을 파악할 수 있다. 2. 합성 시험결과에 따라 요구물성을 충족시킬 수 있는 원재료 종류와 혼합비율을 결정할 수 있다.
		4. 합성수지 배합설계 프로세스 결정하기	1. 원재료의 기술자료를 통해 배합의 특성을 파악할 수 있다. 2. 제조설비의 사양자료를 통해 공정설비, 공정순서, 공정별 조건을 결정할 수 있다.

시험 정보 | INFORMATION

실기과목명	주요항목	세부항목	세세항목
화학공정실무	2. 선별 공정관리	1. 고분자 이온중합 반응하기	1. 고분자 제품의 특성을 파악하여 제조장치 및 저장설비의 재질 등 설계 기준을 파악할 수 있다. 2. 촉매 종류 및 사용량, 모노머 종류 및 사용량, 생산수율, 용매 종류 및 사용량 등을 파악할 수 있다. 3. 반응온도, 반응압력, 반응시간, 반응정지시간 등 운전조건을 확인할 수 있다. 4. 저장온도, 저장기간, 운송방법 등 저장조건을 확인할 수 있다. 5. 합성공정 관리를 위해 고분자 중합반응을 파악할 수 있다.
		2. 산화에틸렌 부가물 제조하기	1. 제품 제조공정의 반응시간, 온도, 압력 등 운전조건을 파악할 수 있다. 2. 제품 제조공정의 반응 촉매 종류 및 양을 파악할 수 있다. 3. 촉매의 제거방법 및 중화제의 종류 및 양을 파악할 수 있다. 4. 원료 사용량, 원료 투입 몰비, 반응 수율, 부생물의 양 등을 파악할 수 있다.
		3. 과산화물 제조하기	1. 과산화물 제품의 특성을 파악하여 제조 장치 및 저장 설비의 재질 등을 선택할 수 있다. 2. 촉매 종류 및 사용량, 원료 사용량, 원료 투입 몰비, 반응 수율, 부생물의 양 등을 파악할 수 있다. 3. 반응온도, 압력, 시간 등 운전조건을 확인할 수 있다.
	3. 반응기와 반응 운전 효율화	1. 반응기운전 최적화하기	1. 직렬반응의 경우 최대의 선택성을 갖기 위하여 반응시간과 체류시간을 조절할 수 있다. 2. 병렬반응의 경우 최대 선택성을 갖기 위하여 순간선택성을 정의할 수 있다. 3. 병렬반응의 경우 원하는 순간선택성을 위하여 반응조건을 최적화할 수 있다. 4. 선택성과 전환율을 조화시킬 수 있는 반응기의 최적 조건을 결정할 수 있다.
		2. 반응기 구조 개선하기	1. 반응속도, 열전달속도, 물질전달속도를 향상시키기 위해 총괄열전달계수와 총괄열전달속도를 계산하여 반응기 구조의 개선방안을 도출할 수 있다. 2. 개선방안에 의해 반응기 구조를 재설계할 수 있다. 3. 반응기 구조 재설계에 따른 반응기 경제성을 산출할 수 있다. 4. 반응기 구조의 개선에 따른 안전성 평가를 할 수 있다. 5. 반응기 구조개선 수립 계획서에 따라 반응기 구조개선을 할 수 있다. 6. 열전도도를 계산하여 측정할 수 있다. 7. 대류 복사량을 계산하여 측정할 수 있다.

실기과목명	주요항목	세부항목	세세항목
화학공정실무	3. 반응기와 반응 운전 효율화	3. 반응기운전조건 개선효과 분석하기	1. 반응기운전조건의 개선 전후의 운전 데이터를 확인하고 비교할 수 있다. 2. 반응기운전조건 개선계획 수립 대비 실제 효과를 비교할 수 있다. 3. 반응기운전조건 개선에 대한 효과의 증감 발생 시 그 원인을 분석하고 필요시 보완할 수 있다. 4. 반응기운전자료 확보를 위하여 개선사항을 데이터 시트나 도면에 작성할 수 있다.
	4. 반응시스템 파악	1. 화학반응 메커니즘 파악하기	1. 실험실적 반응실험 통하여 반응속도의 차수와 상수를 계산할 수 있다. 2. 실험에서 온도변화를 주어 활성화 에너지를 계산할 수 있다. 3. 부반응의 개념을 파악하고 생성물의 조성을 분석하여 부반응률을 산출할 수 있다. 4. 한계반응물을 결정하고 전환율과 수율을 계산할 수 있다. 5. 각 반응물과 생성물의 비열, 엔탈피 데이터와 몰수 변화로부터 반응열을 계산할 수 있다.
		2. 반응조건 파악하기	1. 반응온도와 압력 변화를 통해서 반응이 활성화되는 조건을 도출할 수 있다. 2. 특정 온도와 압력하에서 반응물과 생성물의 상변화를 파악할 수 있다. 3. 용매 선정 실험을 통해서 반응조건에 적합한 용매를 결정할 수 있다. 4. 반응 전환율과 수율을 측정하여 반응조건에 적합한 체류시간을 결정할 수 있다.
		3. 촉매특성 파악하기	1. 균일 · 불균일 촉매를 구별하고 각 특성에 맞는 취급방법을 파악할 수 있다. 2. 특정 촉매를 사용하는 반응실험을 통해서 촉매 특성을 파악할 수 있다. 3. 촉매실험을 통해서 반응물과 생성물의 조성을 분석하여 활성도를 계산할 수 있다. 4. 촉매 특성에 따라 교체주기를 결정할 수 있다. 5. 촉매에 따른 촉매독을 파악하고 비활성화를 예측할 수 있다.
		4. 반응 위험요소 파악하기	1. 폭주반응의 종류를 파악하고 대상반응의 폭주반응성 여부를 판단할 수 있다. 2. 안전운전조건을 파악하고 조건에 따라 운전할 수 있다. 3. 반응 시 압력의 변화를 계산하여 고압에 따른 폭발 위험요소를 사전에 예측할 수 있다. 4. 반응물과 생성물의 MSDS를 파악하여 반응물의 부식과 독성을 파악할 수 있다.
	5. 작업공정관리	1. 합성공정 관리하기	1. 합성공정을 위한 원료 사용량, 합성공정방법, 반응기 운전방법, 주의사항 등을 작성할 수 있다. 2. 합성공정에서 이상 징후 발생 보고를 받으면 대처요령에 따라 공정조건 변경 등 비상조치를 할 수 있다.

시험 정보 | INFORMATION

실기과목명	주요항목	세부항목	세세항목
화학공정실무	5. 작업공정관리	2. 혼합공정 관리하기	1. 혼합공정을 위한 원료 사용량, 혼합공정방법, 혼합기 운전방법, 주의사항 등을 작성할 수 있다. 2. 혼합공정에서 이상 징후 발생 보고를 받으면 대처요령에 따라 공정 조건 변경 등 비상조치를 할 수 있다.
		3. 분리정제공정 관리하기	1. 분리정제공정을 위한 용제 사용량, 첨가제 사용량, 부산물 처리방법, 분리공정장치 운전방법, 주의사항 등을 작성할 수 있다. 2. 분리정제공정에서 이상 징후 발생 보고를 받으면 대처요령에 따라 공정조건변경 등 비상조치를 할 수 있다. 3. 분리정제공정에서 단증류 및 연속증류를 수행할 수 있다. 4. 분리정제공정에서 추출, 흡수, 흡착을 수행할 수 있다.
		4. 제형화공정 관리하기	1. 제형화공정을 하기 위한 제형화기기 운전방법, 주의사항 등을 작성할 수 있다. 2. 제형화공정에서 이상 징후 발생 보고를 받으면 대처요령에 따라 공정 정지, 성형 변경 등 비상조치를 할 수 있다. 3. 제형화공정에서 건조, 여과, 분쇄를 수행할 수 있다.
	6. 안전관리	1. 안전관리법규 파악하기	1. 제조설비의 안전사고를 예방하기 위하여 안전관리규정을 파악할 수 있다. 2. 안전관리규정에 따라 안전작업 수행 시 위해위험요소를 파악할 수 있다. 3. 안전관리규정에 따라 안전점검과 안전관리절차를 파악할 수 있다.
		2. 작업장 안전관리 하기	1. 안전관리규정에 따라 작업자의 건강상태, 위생상태, 복장, 개인보호구 등을 파악할 수 있다. 2. 안전관리규정에 따라 작업자의 안전을 위하여 비상조치절차를 파악하고 긴급상황 시 비상조치를 취할 수 있다. 3. 안전관리규정에 따라 작업장의 청결상태, 위험물 관리상태를 파악할 수 있다. 4. 안전관리규정에 따라 작업장의 위해요소를 제거하기 위해 적절한 안전관리 업무를 수행할 수 있다. 5. 안전관리규정에 따라 작업장 관리기준 미달 시 필요조치를 할 수 있다.
		3. 작업위해위험요소 개선하기	1. 안전관리규정에 따라 안전작업절차를 파악할 수 있다. 2. 제조공정의 현장 점검과 안전사고의 발생 사례를 통해 제조공정의 위해위험요소를 파악할 수 있다. 3. 작업자가 작업현장에서 안전작업절차를 준수하는지 여부를 파악할 수 있다. 4. 제조공정의 안전사고 예방을 위하여 잠재 위해위험요소를 파악하여 공정 개선을 할 수 있다.

실기과목명	주요항목	세부항목	세세항목
화학공정실무	6. 안전관리	4. 안전사고 대응하기	1. 안전사고 발생 시 대응 매뉴얼에 따라 초기 행동요령을 파악하고 대응할 수 있다. 2. 안전사고 대응 매뉴얼에 따라 관련부서와 외부조직의 지원 · 조치를 요청할 수 있다. 3. 안전사고의 재발방지를 위하여 발생원인, 비상조치 결과를 분석하여 개선방안을 제시할 수 있다.
	7. 공정 개선	1. 공정 개선안 도출하기	1. 단위 공정의 설계자료와 실제 운전자료를 통해 운전조건을 비교할 수 있다. 2. 운전조건의 비교를 통해 공정의 문제점을 파악할 수 있다. 3. 개선 가능성이 있는 공정별 개선요소들을 도출할 수 있다. 4. 도출된 개선요소들에 대하여 타당성 검토를 할 수 있다.
		2. 공정 개선계획 수립하기	1. 개선 계획에 따라 적합한 공정을 설계할 수 있다. 2. 개선안에 필요한 자원을 산출할 수 있다.
		3. 공정 개선계획 실행하기	1. 공정 개선 사항을 적용하여 시운전할 수 있다.
		4. 공정 개선효과 분석하기	1. 공정 개선 전후의 운전 데이터를 확인하고 비교할 수 있다. 2. 수립계획서상의 기대효과와 실제효과를 비교하여 효과의 증감 발생 원인을 분석할 수 있다.
	8. 열물질 수지검토	1. 물리 · 화학적 특성 파악하기	1. 공정안전을 위해 화학물질의 취급방법을 확인할 수 있다. 2. 공정설계를 위해 필요한 물성치를 계산할 수 있다. 3. 관 부속품 및 마찰에 관한 두손실을 측정하여 기계 · 기기 장치, 배관, 설계 시에 적용할 수 있다. 4. 취급 물질의 물리 · 화학적 특성에 따라 환경오염을 예방할 수 있다. 5. 열역학적 원리를 화학공정에 적용하여 효율적인 공정설계, 제어 및 개선 등에 활용할 수 있다.
		2. 구성요소와 구성비 확인하기	1. 구성요소와 구성비에 따라 유해 · 위험물질의 존재 여부를 확인할 수 있다. 2. 구성요소와 구성비에 따라 기계 · 기기 장치의 재질, 타입을 결정할 수 있다. 3. 구성요소와 구성비에 따라 안전설계 기준을 적용할 수 있다.
		3. 원료와 생산량 확인하기	1. 물질수지에 따라 기계 · 기기 장치의 공정 데이터를 작성할 수 있다. 2. 물질수지에 따라 계측 · 제어기의 공정 데이터를 작성할 수 있다. 3. 물질수지에 따라 배관의 이송량을 확인할 수 있다. 4. 유체수송 장치를 이용하여 저장조로부터 유체를 수송할 수 있다. 5. 변수(유체의 속도, 점도, 밀도, 관의 직경)에 따라 유체의 레이놀즈 수를 구할 수 있다.

시험 정보 | INFORMATION

실기과목명	주요항목	세부항목	세세항목
화학공정실무	8. 열물질 수지검토	4. 에너지 사용량 확인하기	1. 유틸리티 Summary에 따라 프로세스를 구성하는 기계 · 기기 장치(열교환기)와 계측 · 제어기에서의 유틸리티 사용량을 파악할 수 있다. 2. 유틸리티 Summary에 따라 용도별 에너지 사용량을 예측할 수 있다. 3. 경제성을 고려하여 용도별 소요 열량에 따라 에너지 절감 방안을 수립할 수 있다. 4. 에너지 사용량을 기준으로 유틸리티 공정을 설계할 수 있다.
	9. 계측 · 제어 설계용 공정 데이터 결정과 입력	1. 특성요인도 작성하기	1. 특성요인도를 근거로 공정운전상의 위험요소를 파악할 수 있다.
		2. 계측 · 제어 타입 선정하기	1. 설비의 사용목적에 따라 계측기의 타입을 결정할 수 있다. 2. 공정의 운전조건을 고려하여 계측기의 타입을 결정할 수 있다. 3. 유체의 물리 · 화학적 특성을 고려하여 계측기의 타입을 결정할 수 있다. 4. 경제성을 고려하여 계측기의 타입을 결정할 수 있다. 5. 온도, 압력, 유량 계측기에 대한 종류와 특성을 결정할 수 있다.
		3. 상세 설계 조건 설정하기	1. 공정흐름도와 물질수지를 근거로 설계 온도 · 압력을 결정할 수 있다. 2. 물질 특성에 따라 부식성, 독성, 인화성을 결정할 수 있다. 3. 저장물질의 물리 · 화학적 특성과 압력에 따라 적용기준을 결정할 수 있다. 4. 설계기준에 따라 계측기의 세부사양을 결정할 수 있다.
		4. 안전밸브 용량 산정하기	1. 사안별로 계산된 안전밸브 용량을 근거로 최대 토출량을 선정하여 안전밸브를 설계할 수 있다. 2. 적정한 안전밸브 용량을 적용함으로써 공정상의 기계 · 기기장치를 보호할 수 있다.
	10. 공정운전	1. 공정운전절차 파악하기	1. 라플라스 변환 및 전달함수를 이용하여 공정별 특성과 운전변수를 파악할 수 있다. 2. 주요 설비의 매뉴얼을 통해 설비별 가동절차를 파악할 수 있다. 3. 공정도면, 공정관리시스템을 통해 전체 공정의 흐름을 파악할 수 있다. 4. 공정별 특성과 운전변수, 주요 설비 가동상태의 여부를 통해 공정운전절차를 파악할 수 있다.

실기과목명	주요항목	세부항목	세세항목
화학공정실무	10. 공정운전	2. 운전현황 파악하기	1. 공정관리시스템을 통해 공정의 주요 운전변수를 파악할 수 있다. 2. 공정분석기와 시료분석을 통해 제품의 품질 이상 유무를 파악할 수 있다.
		3. 운전변수 조절하기	1. 생산계획에 따른 공정운전절차를 파악할 수 있다. 2. 공정운전지침에 근거하여 공정운전변수를 조절할 수 있다. 3. 시료분석과 공정분석 결과를 해석하여 필요시 추가로 공정운전변수를 조절할 수 있다.
		4. 이상상황 조치하기	1. 공정관리시스템, 현장점검, 기록부(Log Book)를 통해 이상상황을 파악할 수 있다. 2. 이상상황 발생 시 공정 비상운전절차에 따라 초동조치를 시행할 수 있다. 3. 필요시 공정 비상운전절차에 따라 관련 부서에 조치를 요청할 수 있다. 4. 재발방지를 위하여 이상상황 발생원인, 조치결과를 분석하여 개선방안을 도출할 수 있다.
	11. 화학공학 기본개념	1. 화공양론과 화공열역학의 기본개념 파악하기	1. 화공 측정단위계를 환산할 수 있다. 2. 화공열역학의 기본개념을 이해할 수 있다. 3. 화공열역학을 활용할 수 있다.
		2. 유체역학과 유체흐름의 기본개념 파악하기	1. 유체역학과 흐름특성을 이해할 수 있다. 2. 유체흐름을 측정할 수 있다. 3. 마찰손실을 측정할 수 있다. 4. 유체수송을 이해할 수 있다.
		3. 열 · 물질전달의 기본개념 파악하기	1. 물질수지 기본개념을 파악할 수 있다. 2. 에너지수지 기본개념을 파악할 수 있다. 3. 열전도도를 측정할 수 있다. 4. 대류, 복사량을 측정할 수 있다. 5. 총괄전열계수를 측정할 수 있다.
	12. 화학산업공정 개요	1. 화학산업공정 파악하기	1. 화학산업공정을 이해할 수 있다.
	13. 화공장치 운전조작	1. 공정 흐름도 파악하기	1. 공정도면을 이해할 수 있다. 2. 공정 흐름도를 파악할 수 있다. 3. 공정 배관 · 계장도를 파악할 수 있다. 4. 유틸리티 공정도를 파악할 수 있다.
		2. 공정물질 특성 파악하기	1. 공정물질의 물리적 · 화학적 특성을 확인할 수 있다. 2. 공정물질의 위험 · 위해성을 확인할 수 있다.
		3. 화공장치 운전조작하기	1. 공정운전의 절차를 파악할 수 있다. 2. 반응기를 조작할 수 있다. 3. 열교환기를 조작할 수 있다. 4. 단증류 및 연속증류를 할 수 있다. 5. 추출, 흡수, 건조할 수 있다. 6. 여과, 분쇄할 수 있다. 7. 계장 조작할 수 있다.

시험 정보 | INFORMATION

실기과목명	주요항목	세부항목	세세항목
화학공정실무	14. 화학공정 설계	1. 화학공정 개념설계 파악하기	1. 물리 · 화학적 물성을 평가할 수 있다. 2. 물질 및 에너지수지를 파악할 수 있다. 3. 공정상 작업순서도를 작성할 수 있다.
		2. 공정 흐름도 작성하기	1. 기계 · 기기 장치를 배열할 수 있다. 2. 주요 배관을 표시할 수 있다. 3. 주요 계측 · 제어를 표시할 수 있다. 4. 운전조건을 기입할 수 있다.
		3. 화학공정 전산모사 하기	1. 화공공정을 전산모사할 수 있다.
	15. 화공장치 설계	1. 반응기 시스템 설계하기	1. 화학반응 메커니즘을 파악할 수 있다. 2. 반응조건을 선정할 수 있다. 3. 반응기운전을 최적화할 수 있다.
		2. 화공부대설비 설계하기	1. 장치성능에 따른 용량계산을 할 수 있다. 2. 분리장치를 설계할 수 있다. 3. 열교환기를 설계할 수 있다. 4. 이송장치를 설계할 수 있다. 5. 특수장치를 설계할 수 있다.
	16. 화학공정 제어	1. 화공장치 공정제어 파악하기	1. 공정제어를 이해할 수 있다. 2. 공정의 거동 해석을 할 수 있다. 3. 안정성을 판별할 수 있다.
	17. 화학공정 품질관리	1. 화학공정 품질관리 파악하기	1. 관리도를 작성할 수 있다. 2. 공정능력을 평가할 수 있다.
		2. 화학제품 품질검사와 분석하기	1. 품질검사를 할 수 있다. 2. 품질검사 결과를 해석할 수 있다.
	18. 화학공정 안전관리	1. 화학공정 안전관리 하기	1. 화합물 제조 관련 규제를 파악할 수 있다. 2. 화합물 안전 관련 규제를 파악할 수 있다. 3. 긴급 상황에 대처할 수 있다.

차례 | CONTENTS

PART 01

유체의 유동

열전달

차례 | CONTENTS

물질전달

분쇄

반응운전

차례 | CONTENTS

PART 06 화공계측 제어

작업형 (단증류 실험방법)

필답형 기출문제

차례 | CONTENTS

PART 01

유체의 유동

CHAPTER 01

유체의 유동

◆ 압축성 유체

- 온도와 압력에 따라 밀도가 크게 변하는 유체
- 기체

◆ 비압축성 유체

- 온도와 압력에 따라 밀도가 거의 변하지 않는 유체
- 액체

새로운 모양이 형성되면 전단응력은 사라진다.

▼ 유체(Fluid)

① 기체, 액체의 총칭으로 기체를 압축성 유체, 액체를 비압축성 유체라 한다.
② 변형에 의해 영구적으로 저항하지 않는 물질이다.
③ 외부의 힘에 의해 쉽게 변형될 수 있는 물질을 의미한다.
④ 형태가 바뀔 때 변형에 대응하는 전단응력이 생성되는 물질이다.

1. 유체의 속도

$$\bar{u}=\frac{Q}{A}=\frac{Q}{\frac{\pi}{4}D^2}[\mathrm{m/s}]$$

여기서, $\bar{u}$: 평균유속(m/s)
Q : 유량(m^3/s)
A : 유로의 단면적(m^2)
D : 관의 내부지름(m)

2. Reynolds Number(레이놀즈 수)

유체의 흐름이 층류인지 난류인지를 나타내주는 정량적인 무차원수

$$N_{Re}=\frac{D\bar{u}\rho}{\mu}=\frac{D\bar{u}}{\nu}=\frac{\text{관성력}}{\text{점성력}}$$

여기서, D : 직경(m)
$\bar{u}$: 평균유속(m/s)
ρ : 밀도(kg/m^3)
μ : 점도(kg/m s)
ν : 동점도(m^2/s)

① N_{Re}가 작으면 점성력이 크고, N_{Re}가 크면 관성력이 크다.
② 강제대류에 크게 작용하는 지배적인 물성이다.
③ N_{Re}가 증가하면 관성력이 증가하여 유체 내 교란이 확산되어 난류로의 전이가 일어난다.

▼ Reynolds Number(N_{Re})

$$N_{Re} = \frac{D\bar{u}\rho}{\mu}$$

① 단위와 차원

$$[단위] = \frac{[m][m/s][kg/m^3]}{[kg/m\ s]} = \frac{[cm][cm/s][g/cm^3]}{[g/cm\ s]}$$

$$= \frac{[ft][ft/s][lb/ft^3]}{[lb/ft\ s]} = 1[무차원수]$$

$$[차원] = \frac{[L][LT^{-1}][ML^{-3}]}{[ML^{-1}T^{-1}]} = 1[무차원수]$$

② 영역

- 층류 : $N_{Re} < 2{,}100$
- 임계영역 : $2{,}100 < N_{Re} < 4{,}000$
- 난류 : $N_{Re} > 4{,}000$

TIP

단위

- CGS : cm, g, s
- MKS : m, kg, s
- FPS : ft, lb, s

TIP

차원

- [L] : 길이
- [M] : 질량
- [T] : 시간

예 • 압력 $P = \frac{F}{A}$ kg m/s² m² [$ML^{-1}T^{-2}$]

- 일 $W = F \times s$ kg m²/s² [ML^2T^{-2}]
- 점도 μ g/cm s [$ML^{-1}T^{-1}$]

3. 층류와 난류

① 층류

㉠ 유체가 관벽에 직선으로 흐르는 흐름

㉡ 유체의 흐름이 비교적 완만할 때 입자가 관벽과 평행하여 질서정연하게 흐르고 서로 혼합되지 않는 흐름이다.(점성류 = 선류)

② 난류

유체가 무질서하게 와류를 형성하며 빠르게 이동하는 흐름

Reference

난류의 종류

- 벽난류(Wall Turbulence) : 흐르는 유체가 고체 경계와 접촉했을 때 생성되는 난류이다.
- 자유난류(Free Turbulence) : 두 층의 유체가 서로 다른 속도로 흐를 때 생성되는 난류이다.

③ 플러그흐름(Plug Flow)

유속의 분포가 항상 일정한 흐름

$\bar{u} = u_{max}$ = 일정

TIP

퍼텐셜 흐름 : 이상유체의 흐름

- 흐름 중에는 순환이나 에디(Eddy)가 없다.
- 비회전 흐름이다.
- 마찰이 생기지 않는다.

TIP

유속 분포

$dS = 2\pi r\,dr$

$\tau = -\mu\dfrac{du}{dr} \rightarrow \mu = -\dfrac{\tau}{du/dr}$

－부호는 관에서 r이 증가할수록 u가 감소함을 의미

$\dfrac{du}{dr} = -\dfrac{\tau_\omega}{r_\omega \mu} r$

$\displaystyle\int_0^u du = -\frac{\tau_\omega}{r_\omega \mu}\int_{r_\omega}^{r} r\,dr$

$u = \dfrac{\tau_\omega}{2r_\omega \mu}(r_\omega^2 - r^2)$ ················ ①

관 중심에서 국부유속이 최대, $r = 0$

$u_{\max} = \dfrac{\tau_\omega r_\omega}{2\mu}$ ···························· ②

①÷②

$\therefore \dfrac{u}{u_{\max}} = 1 - \left(\dfrac{r}{r_w}\right)^2$

4. 최대속도($u_{\max}$)

① 층류 : $\bar{u} = \dfrac{1}{2}u_{\max}$

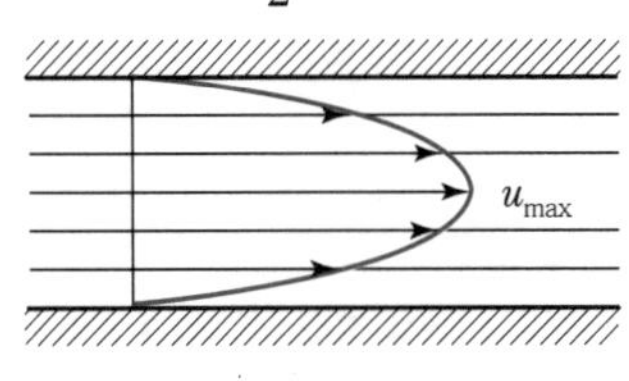

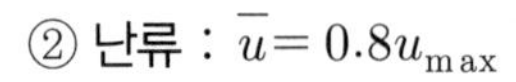

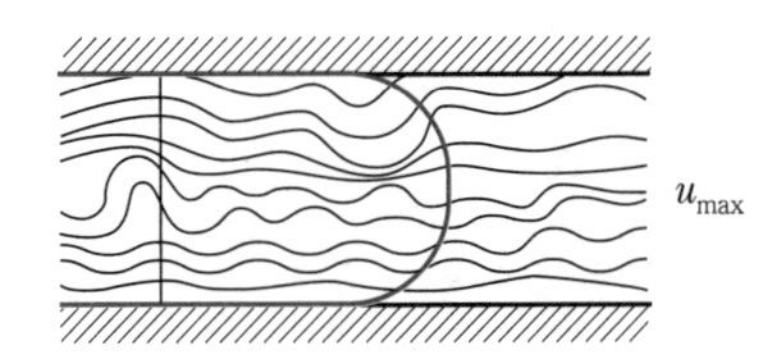

③ 관 속의 한 지점에서의 속도

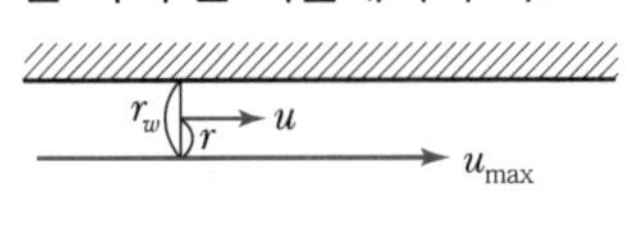

$$\frac{u}{u_{\max}} = 1 - \left(\frac{r}{r_w}\right)^2$$

5. 임계속도

▼ N_{Re}가 2,100일 때의 유속

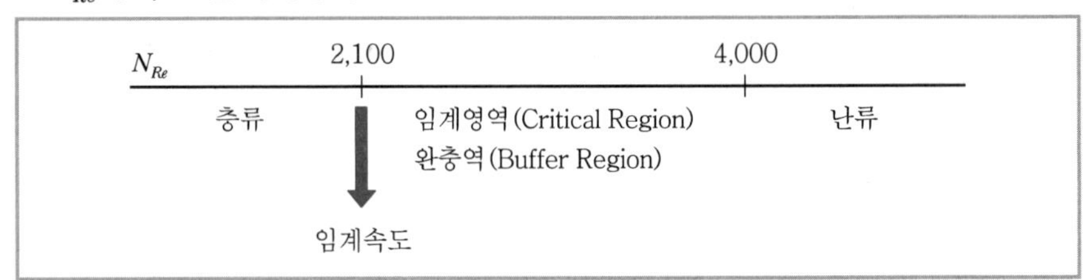

6. 전이길이(L_t)

완전 발달된 흐름이 될 때까지의 길이

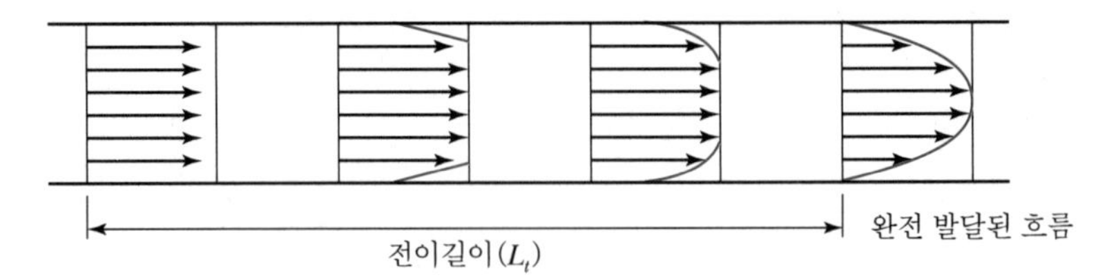

- 층류 : $L_t = 0.05N_{Re} \cdot D$
- 난류 : $L_t = 40\text{~}50D$

7. 유량

$$w = \dot{m} = \rho Q = \rho \bar{u} A = GA \text{[kg/s]}$$

여기서, w, $\dot{m}$: 질량유량

Q : 부피유량

G : 질량속도, 단위면적당 질량유량(kg/m² s)

$\rho_1 = \rho_2$이면

$\dot{m} = \rho_1 u_1 A_1 = \rho_2 u_2 A_2$

$\therefore u_1 A_1 = u_2 A_2$

$\rho_1 Q_1 = \rho_2 Q_2$

$\therefore Q_1 = Q_2$

8. 유체의 성질

Reference

뉴턴의 점성법칙

$$\tau = \frac{F}{A} = \mu \frac{du}{dy} \text{[kg m/m}^2 \text{ s}^2\text{]}$$

여기서, τ : 전단응력(Shear Stress)

μ : 점성계수(점도)

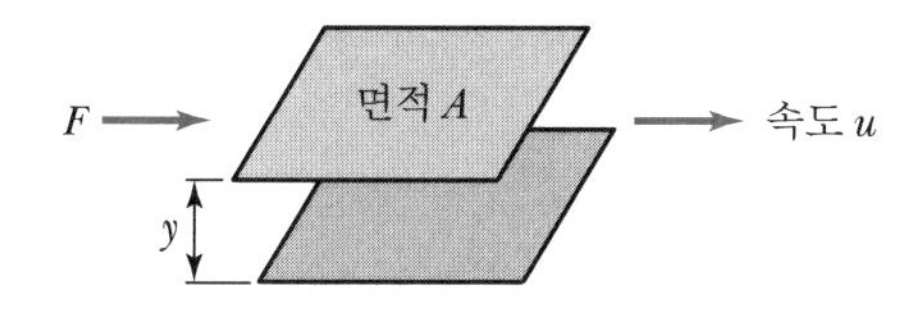

① **점도** : μ [g/cm s]

뉴턴 유체에서 전단응력이 전단력에 비례하며, 그 비례상수를 점도(Viscosity)라 한다.

1P(Poise) = 1g/cm s = 0.1kg/m s = 0.1Pa s

1P = 100cP

② **운동점도** : $\nu = \frac{\mu}{\rho}$ [cm²/s]

유체의 절대점도와 밀도의 비를 운동점도(동점도)라 한다.

1St(Stokes) = 1cm²/s

$$\frac{\mu}{\mu_o} = \left(\frac{T}{273}\right)^n$$

여기서, μ : 절대온도 T(K)에서의 점도

μ_o : 273K에서의 점도

n : 상수(수증기 = 1.0)

9. 유체의 종류

$$(\tau - \tau_0)^n = \mu \frac{du}{dy}$$

여기서, τ_0 : 항복점(유동이 일어나지 않는 τ의 한계)

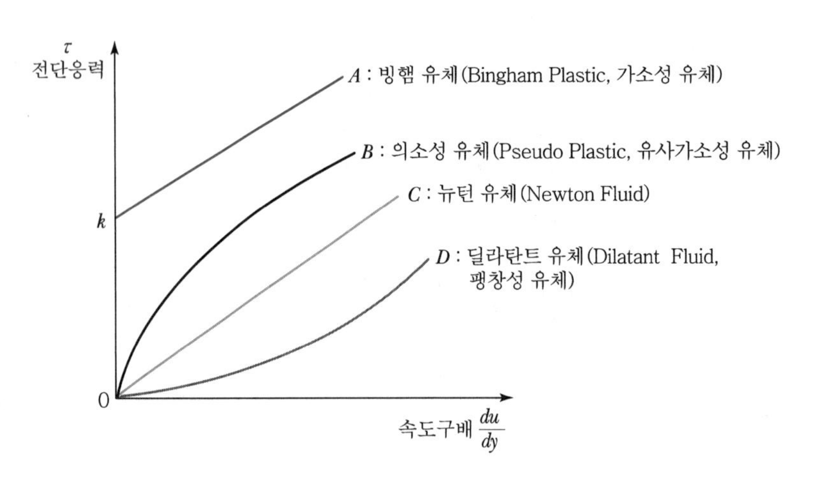

① **점성 유체**($\tau_0 = 0$)

- $n = 1$: Newton Fluid $\tau = \mu\left(\dfrac{du}{dy}\right)$: 비교질성 액체, 대부분의 용액
- $n \neq 1$: Non Newton Fluid(비뉴턴 유체)
  - $n > 1$: Pseudo Plastic(의소성 유체) : 고분자 용액, 펄프 용액, 고무
  - $n < 1$: Dilatant Fluid(딜라탄트 유체) : 수지, 고온유리, 아스팔트

② **가소성 유체**($\tau_0 \neq 0$)

- $n = 1$: Bingham Plastic(빙햄 유체) : 슬러리, 왁스
- $n \neq 1$: Non Bingham Plastic

10. 프란틀 경계층

- **경계층** : 움직이는 유체 중에서 고체 경계의 영향을 받으면서 움직이는 부분을 경계층(Boundary Layer)이라 한다.

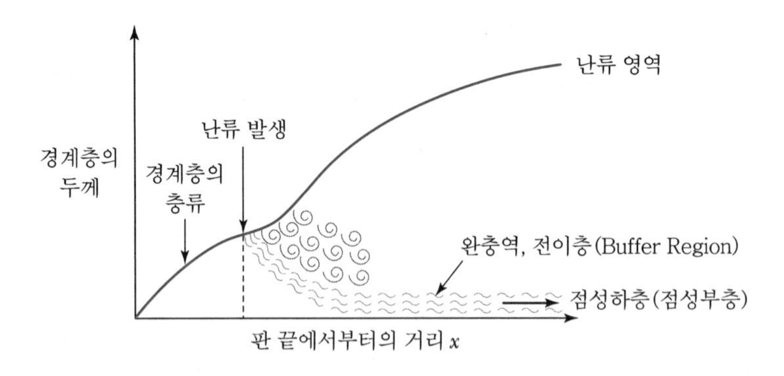

그림에서 곡선 내부는 국부속도가 고체판의 영향으로 변화하는 부분을 나타낸 것이다. 이 영역, 즉 국부속도가 변화하는 층을 프란틀 경계층이라 하며, 고체판의 앞 끝에서 멀어질수록 두터워진다.

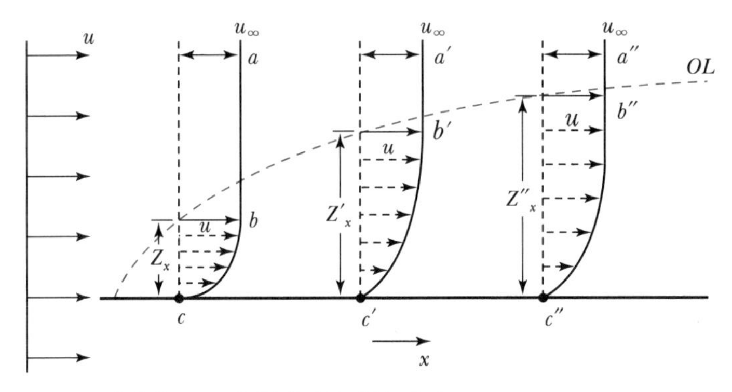

여기서, x : 판 끝에서부터의 거리
Z_x : 경계층의 두께
OL : 경계층의 한계
u_∞ : 고체벽에 의한 영향이 없는 유속
u : 국부속도
abc, $a'b'c'$, $a''b''c''$: 국부속도의 변화곡선

▲ 프란틀 경계층

1) 경계층의 분리

고체판이 유체가 흐르는 방향에 수직으로 있을 때 판의 표면에서는 전과 같이 경계층이 생기나, 유체가 판 끝에 도달하면 운동량 때문에 판의 뒷부분을 따라 흐르지 못하고 판에서 떨어지며 판 뒤에서 속도가 줄면서 소용돌이를 형성하게 된다. 이 부분을 후류(웨이크)라 한다.

이런 현상을 경계층의 분리(Boundary Layer Separation)라 한다.

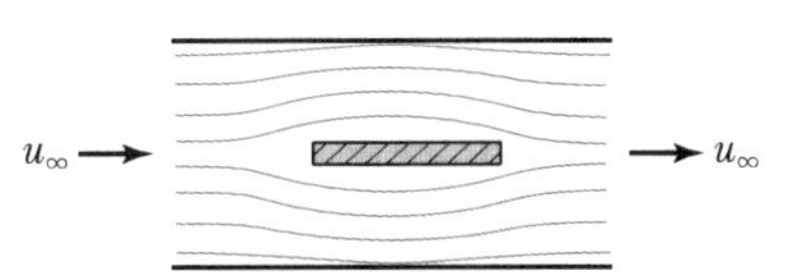

(a) 유체가 평행한 고체판을 다 지나면 속도 구배는 사라지고 처음 상태로 되돌아온다.

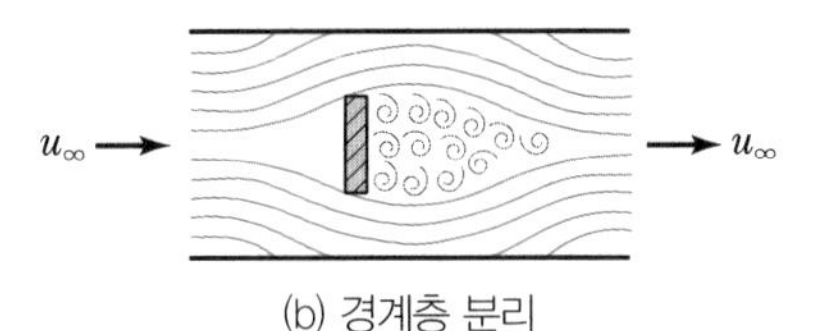

(b) 경계층 분리

▲ 경계층의 분리

CHAPTER 02

유체역학

1. 연속식

$$\dot{m} = w = \rho \overline{u} A = 일정$$
$$\dot{m} = w = \rho_1 \overline{u_1} A_1 = \rho_2 \overline{u_2} A_2 = \rho_1 Q_1 = \rho_2 Q_2 = G_1 A_1 = G_2 A_2 [\mathrm{kg/s}]$$

여기서, ρ_1, ρ_2 : 밀도(비압축성 유체의 경우 $\rho_1 = \rho_2$)(kg/m^3)
$\overline{u}_1$, $\overline{u}_2$: 각각 1.2의 위치에서 평균유속(m/s)
A_1, A_2 : 각각 1.2의 위치에서 단면적(m^2)
Q_1, Q_2 : 각각 1.2의 위치에서 부피유량(m^3/s)
G_1, G_2 : 각각 1.2의 위치에서 질량유속(kg/m^2 s)
$G = \rho u$

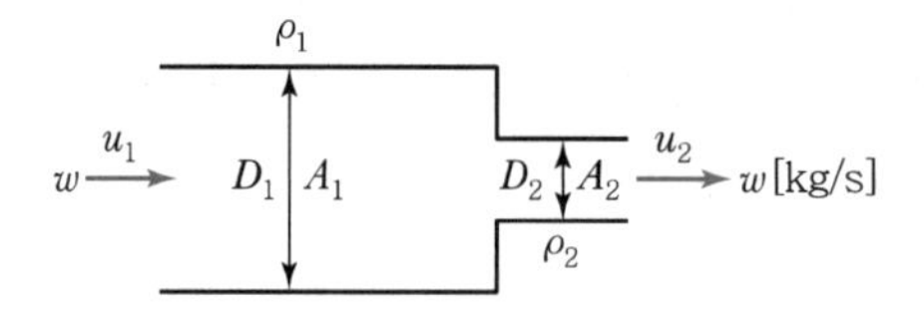

비압축성 유체 $\rho_1 = \rho_2$

$$\frac{\overline{u_1}}{\overline{u_2}} = \frac{A_2}{A_1} = \left(\frac{D_2}{D_1}\right)^2$$

2. 나비에 – 스토크스 방정식(Navier – Stokes Equation)

밀도와 점도가 일정한 유체에 관한 운동방정식

$$\rho\left(\frac{\partial u}{\partial t} + u\frac{\partial u}{\partial x} + v\frac{\partial u}{\partial y} + w\frac{\partial u}{\partial z}\right) = \mu\left(\frac{\partial^2 u}{\partial x^2} + \frac{\partial^2 u}{\partial y^2} + \frac{\partial^2 u}{\partial z^2}\right) - \frac{\partial p}{\partial x} + \rho g_x$$

$$\rho\left(\frac{\partial v}{\partial t} + u\frac{\partial v}{\partial x} + v\frac{\partial v}{\partial y} + w\frac{\partial v}{\partial z}\right) = \mu\left(\frac{\partial^2 v}{\partial x^2} + \frac{\partial^2 v}{\partial y^2} + \frac{\partial^2 v}{\partial z^2}\right) - \frac{\partial p}{\partial y} + \rho g_y$$

$$\rho\left(\frac{\partial w}{\partial t} + u\frac{\partial w}{\partial x} + v\frac{\partial w}{\partial y} + w\frac{\partial w}{\partial z}\right) = \mu\left(\frac{\partial^2 w}{\partial x^2} + \frac{\partial^2 w}{\partial y^2} + \frac{\partial^2 w}{\partial z^2}\right) - \frac{\partial p}{\partial z} + \rho g_z$$

벡터형으로 나타내면 다음과 같다.

$$\rho\left(\frac{DV}{Dt}\right) = -\nabla p + \mu \nabla^2 V + \rho g$$

TIP

쿠에뜨 흐름

$$\mu = \frac{F_s B}{A v_o}$$

여기서, A : 관의 표면적
B : 판 사이의 거리
$\frac{F_s}{A}$: 전단응력

판이 수평이거나, 중력을 무시할 수 있는 상황이면, 유속은 고정판에서 떨어진 거리에 따라 선형적으로 변하며, 속도구배는 일정하게 된다.

3. U자관 마노미터(Manometer)

$$\Delta P = P_1 - P_2 = R(\rho_A - \rho_B)\frac{g}{g_c}$$

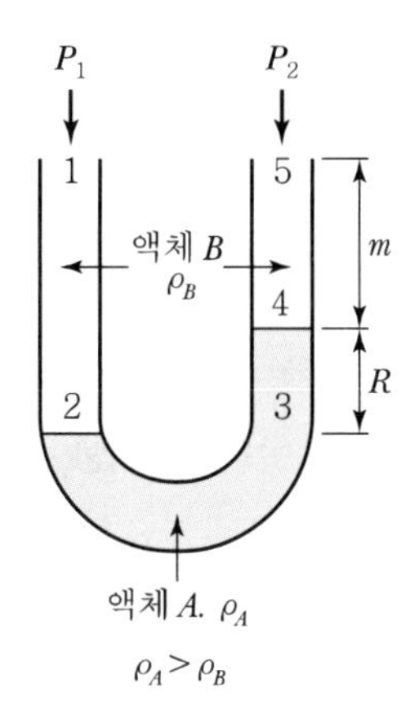

TIP

표준대기압

1atm = 760mmHg = 76cmHg
= 29.92inHg = 760torr
= 10.33mH$_2$O = 1.013mbar
= 1.013bar = 101.3kPa
= 1.013×10^{5}Pa(N/m^2)

TIP

- 절대압 = 대기압 + 게이지압
- 절대압 = 대기압 − 진공압
- 진공도 = $\frac{\text{진공압}}{\text{대기압}}$ × 100%

Reference

경사 마노미터

$R = R_1 \sin\alpha$

$$\triangle P = P_1 - P_2 = R_1 \sin\alpha(\rho_A - \rho_B)\frac{g}{g_c}$$

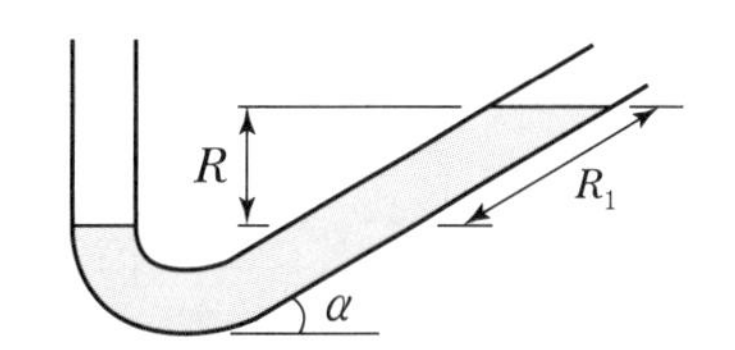

4. Bernoulli 정리(기계적 에너지 수지식)

1) 베르누이식

(1) 마찰이 없는 베르누이식

$$\frac{\bar{u}_1^{\,2}}{2g_c} + \frac{g}{g_c}z_1 + \frac{p_1}{\rho} = \frac{\bar{u}_2^{\,2}}{2g_c} + \frac{g}{g_c}z_2 + \frac{p_2}{\rho}\ [\text{kg}_\text{f}\ \text{m/kg}]$$

$$\frac{\bar{u}_1^{\,2}}{2} + gz_1 + \frac{p_1}{\rho} = \frac{\bar{u}_2^{\,2}}{2} + gz_2 + \frac{p_2}{\rho}\ [\text{J/kg}]$$

$$\frac{u_2^2 - u_1^2}{2g_c} + \frac{g}{g_c}(z_2 - z_1) + \frac{p_2 - p_1}{\rho} = 0$$

$$\frac{\Delta u^2}{2g_c} + \frac{g}{g_c}\Delta z + \frac{\Delta p}{\rho} = 0\,(\text{constant})$$

▼ **베르누이식의 기본 가정**

- 정상 상태
- 비압축성 유체
- 비점성 유체
- 임의의 두 점은 같은 유선상에 있다.

(2) 베르누이식의 수정

① **운동에너지항 수정**

㉠ 경계층 내에서 국부유속 u가 변하므로 운동에너지항을 수정해야 한다.

㉡ 층류 : $\alpha = 2$, 심한 난류 : $\alpha = 1.05$

② **마찰의 영향**

㉠ 기계적 에너지 손실에 대응하는 열이 발생한다.

㉡ 흐르는 유체에서 기계적 에너지가 열로 변환되는 현상을 유체마찰이라 정의할 수 있다.

$$\frac{p_1}{\rho}+gz_1+\frac{\alpha_1\overline{u}_1^{\,2}}{2}=\frac{p_2}{\rho}+gz_2+\frac{\alpha_2\overline{u}_2^{\,2}}{2}+h_f$$

여기서, h_f : 1과 2 사이의 모든 점에서의 기계적 에너지 손실
(퍼텐셜흐름에서 $h_f=0$이다.)

Reference

- **표면마찰**(Skin Friction) : 경계층이 분리되지 않을 때의 마찰
- **형태마찰**(Form Friction) : 경계층의 분리로 웨이크(후류)가 형성되면 에너지가 더욱 손실된다. 이러한 마찰은 고체의 위치와 모양에 따라 달라지므로 형태마찰이라 한다.

(3) 흐름의 운동에너지

미소 단면적 ds를 통한 질량유량은 $\rho u ds$이고, 유체 단위질량의 운동에너지는 $\frac{u^2}{2}$이다.

$$d\dot{E}_k=(\rho u ds)\frac{u^2}{2}=\frac{\rho u^3 ds}{2}$$

여기서, $\dot{E}_k$: 운동에너지 유량(에너지/시간)

밀도가 일정하다면 전체 단면적 s를 통과하는 흐름의 전체 운동에너지 유량은 다음과 같다.

$$\dot{E}_k = \frac{\rho}{2}\int_s u^3 ds$$

$$\frac{\dot{E}_k}{\dot{m}} = \frac{\frac{1}{2}\int_s u^3 ds}{\int_s u ds} = \frac{\frac{1}{2}\int_s u^3 ds}{\overline{V}s}$$

운동에너지 보정인자 α는 다음과 같다.

$$\frac{\alpha \overline{V}^2}{2} = \frac{\dot{E}_k}{\dot{m}} = \frac{\int_s u^3 ds}{2\overline{V}s}$$

$$\therefore \alpha = \frac{\int_s u^3 ds}{\overline{V}^3 s}$$

여기서, $\overline{V}$: 평균유속

2) 기계적 에너지 수지

(1) 유체의 에너지 수지식

$$\frac{\overline{u}_1^{\,2}}{2g_c} + \frac{g}{g_c}z_1 + p_1v_1 + JU_1 + w_p + JQ = \frac{\overline{u}_2^{\,2}}{2g_c} + \frac{g}{g_c}z_2 + p_2v_2 + JU_2$$

$pv + JU = JH$(Enthalpy)이므로

$$\frac{\overline{u}_1^{\,2}}{2g_c} + \frac{g}{g_c}z_1 + JH_1 + w_p + JQ = \frac{\overline{u}_2^{\,2}}{2g_c} + \frac{g}{g_c}z_2 + JH_2 \ [\mathrm{kg_f\ m/kg}]$$

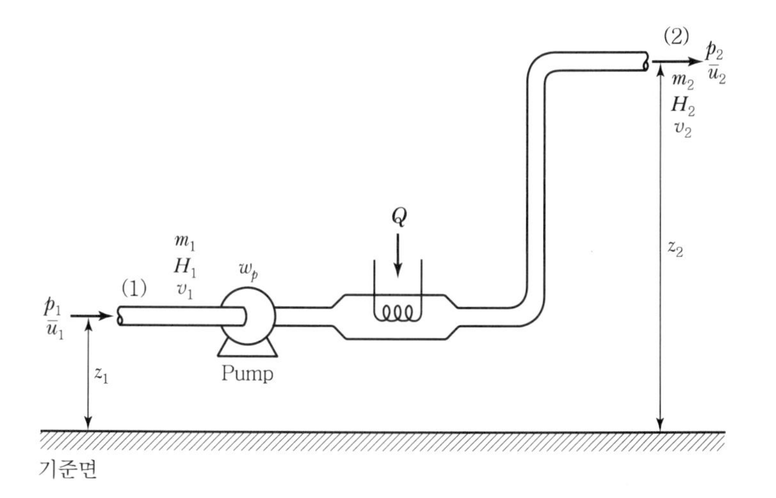

TIP

평균속도

$$\overline{V} = \frac{1}{s}\int_s u ds$$

$$s = \pi r_\omega^2 \qquad ds = 2\pi r dr$$

$$\therefore \overline{V} = \frac{1}{\pi r_\omega^2}\int_0^{r_\omega} u \cdot 2\pi r dr = \frac{2}{r_\omega^2}\int_0^{r_\omega} urdr$$

TIP

- 운동에너지 보정인자(α)

$$\alpha = \frac{\int_s u^3 ds}{\overline{V}^3 s} = \frac{\int_0^{r_\omega} u^3 2\pi r dr}{\overline{V}^3 \pi r_\omega^2} = \frac{2\int_0^{r_\omega} u^3 r dr}{\overline{V}^3 r_\omega^2}$$

- 운동량 보정인자(β)

$$\frac{d\dot{M}}{ds} = (\rho u)u = \rho u^2$$

$$\frac{\dot{M}}{s} = \frac{\rho\int_s u^2 ds}{s}$$

$$\beta = \frac{\dot{M}/s}{\rho \overline{V}^2}$$

$$\beta = \frac{1}{s}\int_s \left(\frac{u}{\overline{V}}\right)^2 ds$$

여기서, $\dot{M} = \dot{m}u$

TIP

$F = \frac{mg}{g_c}$

$g_c = \frac{mg}{F}$

$g_c = 9.8\text{kg m/kg}_f\text{ s}^2$

$= 980\text{g cm/g}_f\text{ s}^2$

$= 32.174\text{ lb ft/lb}_f\text{ s}^2$

$\frac{g}{g_c} = \frac{9.8\text{m/s}^2}{9.8\text{kg m/kg}_f\text{ s}^2} = \frac{\text{kg}_f}{\text{kg}}$

(2) 기계적 에너지 수지식

유체가 (1)에서 (2)로 흐르는 동안 기계적 에너지의 일부가 마찰이나 다른 원인에 의해 열에너지로 변화한다. 이 에너지의 크기를 $\Sigma F[\text{kg}_f\text{ m/kg}]$라고 하면 이 에너지와 열교환기에서 얻은 열량 $JQ[\text{kg}_f\text{ m/kg}]$ 때문에 유체 내부에너지가 증가하게 되며, 팽창으로 인한 일을 하게 된다.

유체 1kg이 압력 P에 대하여 v_1에서 v_2로 팽창할 때 외부에 대하여 행하는 일은 $\int_{v_1}^{v_2} pdv[\text{kg}_f\text{ m/kg}]$이므로 에너지 보존의 법칙에 적용하면 다음과 같은 식으로 나타낼 수 있다.

$$\frac{\overline{u_1}^2}{2g_c} + \frac{g}{g_c}z_1 + p_1v_1 + w_p + \int_{v_1}^{v_2} pdv = \frac{\overline{u_2}^2}{2g_c} + \frac{g}{g_c}z_2 + p_2v_2 + \Sigma F \quad \cdots\cdots\cdots ⓐ$$

$p_2v_2 - p_1v_1 = \int_1^2 d(pv) = \int_{v_1}^{v_2} pdv + \int_{p_1}^{p_2} vdp$이므로 위의 식은 다음과 같다.

$$\frac{\overline{u_1}^2}{2g_c} + \frac{g}{g_c}z_1 + w_p = \frac{\overline{u_2}^2}{2g_c} + \frac{g}{g_c}z_2 + \int_{p_1}^{p_2} vdp + \Sigma F[\text{kg}_f\text{ m/kg}] \quad \cdots\cdots ⓑ$$

식 ⓐ와 ⓑ를 기계적 에너지 수지식이라 하며 Bernoulli 식의 일반형이다.

(3) 펌프의 에너지 수지식

① 펌프가 하는 일

$$W_p = \alpha\frac{(\overline{u}_2^2 - \overline{u}_1^2)}{2g_c} + \frac{g}{g_c}(z_2 - z_1) + \frac{p_2 - p_1}{\rho} + \Sigma F[\text{kg}_f\text{ m/kg}]$$

↳ 유체를 흐르게 하기 위해 펌프가 해야 할 일의 크기

여기서, W_p : 펌프가 하는 일

ΣF : 마찰손실

α : 운동에너지 보정인자

층류 : $\alpha = 2$ 난류 : $\alpha = 1$

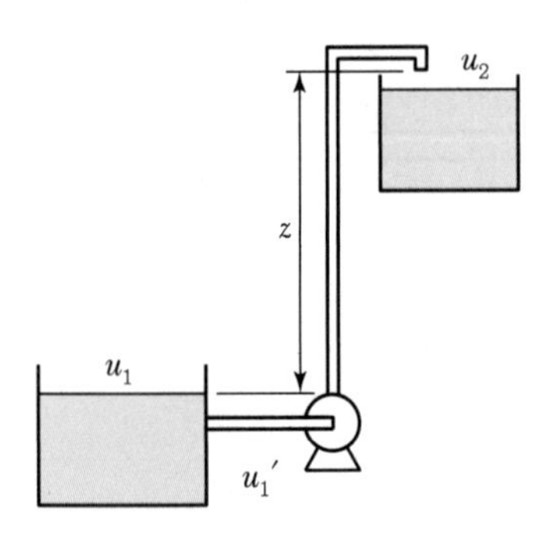

②

- 마찰손실이 없으면 : $\sum F=0$
- 수평관 : $z_1=z_2$, $\Delta z=0$
- 동일관경일 경우 : 관 1과 관 2의 유속은 같다. $u_1'=u_2$
- 압력에 대한 언급이 없을 때 : $p_1=p_2$, $\Delta p=0$
- 단면이 큰 탱크 : $u_1=0$

Exercise **01**

펌프를 사용하여 비중 1.84인 유체를 저장조에서 고가탱크로 퍼올린다. 흡입부는 75mm 규격 40강관이고, 배출부는 50mm 규격 40강관이다. 흡입부의 유속은 0.914m/s이고 펌프의 효율은 60%이다. 배출관의 출구는 저장조 액면보다 50ft 위의 높이에 있으며, 배관 전체에서의 마찰손실은 29.9J/kg이다. 펌프가 내야 할 압력(kPa)과 유체에 전달되는 동력(HP)을 구하여라.(단, 75mm 및 50mm의 단면적은 각각 0.00476m², 0.00207m²이다.)

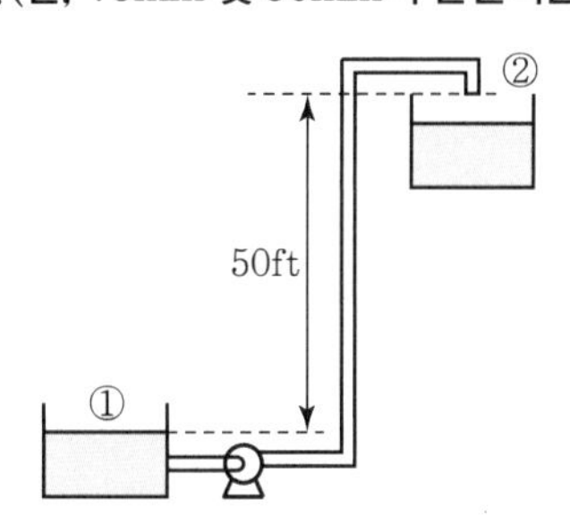

풀이 ① $u_1A_1=u_2A_2$

$0.914\text{m/s}\times 0.00476\text{m}^2=u_2\times 0.00207\text{m}^2$

$\therefore\ u_2=2.1\text{m/s}$

$$W_p=\alpha\frac{u_2^2-u_1^2}{2}+g(z_2-z_1)+\frac{p_2-p_1}{\rho}+\sum F$$

$$=\frac{2.1^2}{2}(\text{m/s})^2+9.8\times 50\text{ft}\times\frac{0.3048\text{m}}{1\text{ft}}+29.9\text{J/kg}$$

$$=181.457\text{J/kg}$$

$$\dot{m}=\rho uA=1.84\times 1{,}000\text{kg/m}^3\times 2.1\text{m/s}\times 0.00207\text{m}^2=7.998\text{kg/s}$$

$$P=\frac{W_p\dot{m}}{\eta}=\frac{181.457\text{J/kg}\times 7.998\text{kg/s}}{0.6}=2{,}418.82\text{W}=2.42\text{kW}$$

$$2.42\text{kW}\times\frac{102\text{kg}_\text{f}\ \text{m/s}}{1\text{kW}}\times\frac{1\text{HP}}{76\text{kg}_\text{f}\ \text{m/s}}=3.25\text{HP}$$

② $\dfrac{p_2-p_1}{\rho}=\dfrac{u_1^2-u_2^2}{2}+W_p$

$$p_2-p_1=1.84\times 1{,}000\text{kg/m}^3\times\left(\frac{0.914^2-2.1^2}{2}+181.457\right)\text{J/kg}=330.59\text{kPa}$$

TIP

1W = 1J/s
1HP = 76kg$_f$ m/s
= 746W = 0.746kW
= 550 ft lb$_f$/s
1PS = 75kg$_f$ m/s = 735.5W
1kW = 102kg$_f$ m/s

③ 펌프의 소요동력

$$P = \frac{W_p \dot{m}}{\eta} \text{[W, kg}_f\text{ m/s]}$$

여기서, W_p : 펌프가 한 일
$\dot{m}$: 질량유량
η : 효율

$$P = \frac{W_p \dot{m}}{\eta}\text{[kg}_f\text{ m/s]} = \frac{W_p \dot{m}}{75\eta}\text{[PS]} = \frac{W_p \dot{m}}{76\eta}\text{[HP]} = \frac{W_p \dot{m}}{102\eta}\text{[kW]}$$

3) 토리첼리의 정리

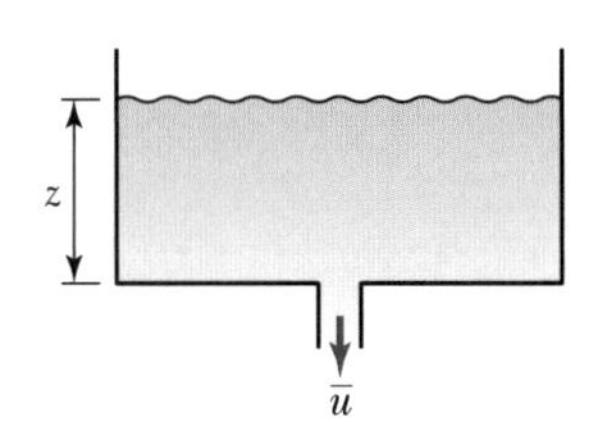

$\therefore\ \bar{u} = \sqrt{2(gz - g_c F)}$

두손실이 없는 경우 $\bar{u} = \sqrt{2gz}$

분출속도는 액의 높이에 따라 결정되며, 액의 종류와는 무관하다.

Exercise 02

개방탱크 바닥에 연결된 50mm 관을 통해 비중 1.15인 염수를 배출시킨다. 배출관 출구는 탱크 안의 액면보다 5m 낮은 곳에 있다. 배출관 출구에서의 유속을 구하여라.(단, 마찰손실은 무시할 수 있다.)

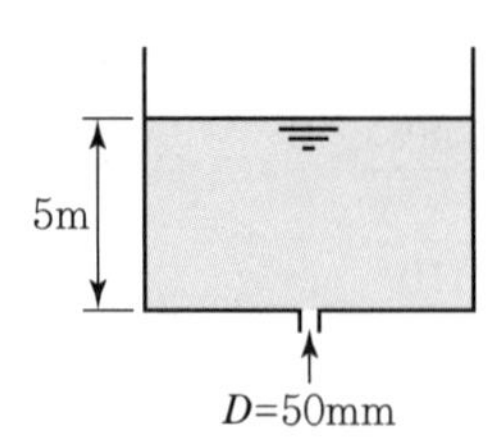

풀이 $u = \sqrt{2gh}$
$= \sqrt{2 \times 9.8\text{m/s}^2 \times 5\text{m}}$
$= 9.90\text{m/s}$

Exercise 03

지름이 30ft인 물탱크에 25ft 높이로 물이 들어 있다. 배출구는 4in 수평관으로 탱크 바닥에 연결되어 있다.
① 이 관이 아주 짧을 때 초기배출유량을 구하여라.(단, 배출관에서의 마찰손실은 무시한다.)
② 탱크의 물이 다 빠져나갈 때까지의 시간을 구하여라.
③ 평균유량을 계산하고 초기유량과 비교하여라.

풀이

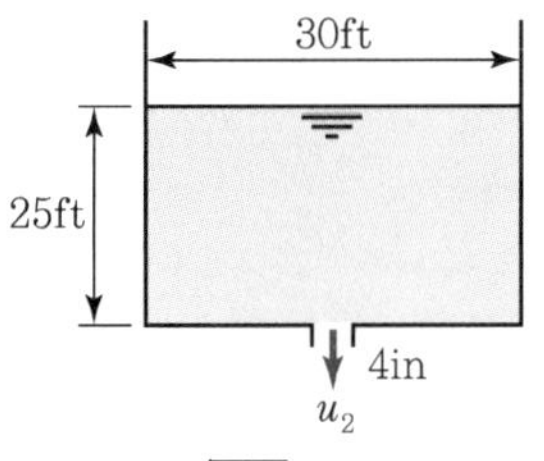

① $u_2 = \sqrt{2gz}$

$= \sqrt{2 \times 32.174 \times 25} = 40.11\,\text{ft/s}$

$Q_0 = u_2 A_2$

$= 40.11\,\text{ft/s} \times \dfrac{\pi}{4} \times 4^2\text{in}^2 \times \dfrac{1^2\text{ft}^2}{12^2\text{in}^2} = 3.5\,\text{ft}^3/\text{s}$

② $q = -\dfrac{dV}{dt} = -A\dfrac{dz}{dt} = -\dfrac{\pi}{4} \times 30^2 \dfrac{dz}{dt} = -706.5\dfrac{dz}{dt}$

$q = uA = \sqrt{2gz} \times \dfrac{\pi}{4} \times 4^2\text{in}^2 \times \dfrac{1\text{ft}^2}{12^2\text{in}^2} = \sqrt{2 \times 32.174} \times \dfrac{\pi}{4} \times 4^2 \times \dfrac{1}{12^2}\sqrt{z} = 0.7\sqrt{z}$

$\therefore -706.5\dfrac{dz}{dt} = 0.7\sqrt{z}$

$-\displaystyle\int_{25}^{0} \frac{dz}{\sqrt{z}} = 0.000991 \int_{0}^{t} dt$

$2\sqrt{25} = 0.000991t$

$\therefore t = 10{,}090.82\text{s} = 2.8\text{h}$

③ $Q_0 = 3.5\,\text{ft}^3/\text{s}$

$V = \dfrac{\pi}{4} \times 30^2\text{ft}^2 \times 25\text{ft} = 17{,}662.5\,\text{ft}^3$

평균유량 $Q = \dfrac{V}{t} = \dfrac{17{,}662.5\,\text{ft}^3}{10{,}090.82\text{s}} = 1.75\,\text{ft}^3/\text{s}$

∴ 평균유량($1.75\,\text{ft}^3/\text{s}$)은 초기유량($3.5\,\text{ft}^3/\text{s}$)의 절반이다.

5. 유체수송에서의 두손실

1) 직관에서의 두손실

(1) Hagen－Poiseuille 식 : 층류에 적용

① 두손실

$$F=\frac{\Delta P}{\rho}=\frac{32\mu\bar{u}L}{g_cD^2\rho}[\text{kg}_\text{f}\,\text{m/kg}],\ \ F=\frac{\Delta P}{\rho}=\frac{32\mu\bar{u}L}{D^2\rho}[\text{J/kg}]$$

② 압력손실

$$\Delta P=\frac{32\mu\bar{u}L}{g_cD^2}[\text{kg}_\text{f}/\text{m}^2],\ \ \Delta P=\frac{32\mu\bar{u}L}{D^2}[\text{N/m}^2]$$

여기서, F : 두손실($\text{kg}_\text{f}\,\text{m/kg}$)
ΔP : 압력손실($\text{kg}_\text{f}/\text{m}^2$)
ρ : 밀도(kg/m^3)
μ : 점도(kg/m s)
L : 관의 길이(m)
D : 관의 안지름(m)
g_c : 중력환산계수($\text{kg m/kg}_\text{f}\,\text{s}^2$)

③ 마찰계수

$$f=\frac{16}{N_{Rc}}$$

④ Hagen－Poiseuille 식의 성립조건

- 층류
- 완전발달된 흐름
- 정상상태
- 비압축성 유체
- 뉴턴 유체
- 점성 유체
- 연속방정식

⑤ 하겐식으로 패닝식 유도

$$F=\frac{32\mu\bar{u}L}{g_cD^2\rho}$$

$$f=\frac{16}{N_{Re}}=\frac{16\mu}{D\bar{u}\rho}$$

$$F=\frac{16\mu\times 2\bar{u}^2L}{D\bar{u}\rho\cdot g_cD}=f\times\frac{2\bar{u}^2L}{g_cD}=\frac{2f\bar{u}^2L}{g_cD}$$

⑥ 마찰손실을 구할 때 층류일 때는 Hagen-Poiseuille 식을, 난류일 때는 Fanning 식을 사용하지만, 층류일 때도 N_{Re}나 마찰계수(f)가 주어지면 Fanning 식을 사용할 수 있다.

(2) Fanning 식 : 난류에 적용

① 두손실

$$F=\frac{\Delta P}{\rho}=\frac{2f\bar{u}^2L}{g_cD}\,[\text{kg}_\text{f}\ \text{m/kg}],\quad F=\frac{\Delta P}{\rho}=\frac{2f\bar{u}^2L}{D}\,[\text{J/kg}]$$

② 압력손실

$$\Delta P=\frac{2f\bar{u}^2L\rho}{g_cD}\,[\text{kg}_\text{f}/\text{m}^2],\quad \Delta P=\frac{2f\bar{u}^2L\rho}{D}\,[\text{N/m}^2]$$

여기서, f : 마찰계수
$\bar{u}$: 유속(m/s)
L : 관의 길이(m)
ρ : 유체의 밀도(kg/m³)
D : 관의 안지름(m)
g_c : 중력환산계수(kg m/kg$_\text{f}$ s²)

③ Fanning 식

$$\tau_0=\frac{\Delta PD}{4L}$$

$$\therefore\ \Delta P=\frac{4L\tau_0}{D}$$

$$f=\frac{\text{전단응력}}{\text{밀도}\times\text{속도두}}=\frac{\tau_0}{\frac{1}{2}\rho\bar{u}^2}$$

$$F=\frac{\Delta P}{\rho}=\frac{4L}{\rho D}\times\frac{1}{2}\rho\bar{u}^2f=\frac{2f\bar{u}^2L}{D}$$

④ 마찰계수

마찰계수 f는 레이놀즈 수의 함수이며, 관벽면의 거친 정도를 나타내는 조도(Roughness)에 따라 달라진다.

매끈한 관의 마찰계수

㉠ $50,000 < N_{Re} < 1\times10^6$
$f=0.046N_{Re}^{-0.2}$

㉡ $3,000 < N_{Re} < 3\times10^6$
$f=0.0014+\frac{0.125}{N_{Re}^{0.32}}$

㉢ $N_{Re} > 10^6$
→ 강관을 비롯한 거친관에서의 마찰계수는 N_{Re}와 무관하다.
$f=0.026\left(\frac{k}{D}\right)^{0.24}$

 TIP

난류에서의 마찰계수(f)
f(마찰계수) = f(N_{Re}, 상대조도)

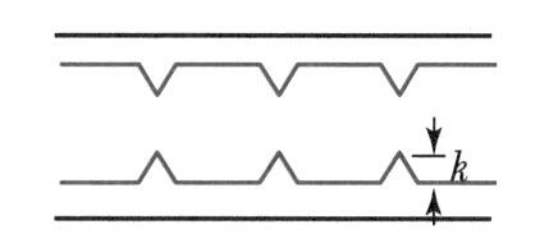

상대조도 = $\frac{\text{조도(거칠기)}}{\text{관의 지름}}=\frac{k}{D}$

Reference

마찰계수와 관의 조도 관계

- 층류에서 마찰계수와 관의 조도 관계 : 층류에서 조도계수가 너무 커 관 지름을 추정하기 어려운 경우를 제외하고는 조도는 마찰계수에 크게 영향을 미치지 않는다.
- 난류에서 마찰계수와 관의 조도 관계 : 레이놀즈 수가 일정한 난류인 경우, 거친 관에서는 매끈한 관보다 마찰계수가 커진다.
- 수력학적으로 매끈한 관 : N_{Re}가 일정할 때 관을 더 매끈하게 하여도 마찰계수가 더 이상 감소하지 않는 경우를 의미한다.

2) 관의 확대 · 축소에 의한 두손실

(1) 관의 확대에 의한 두손실(F_e)

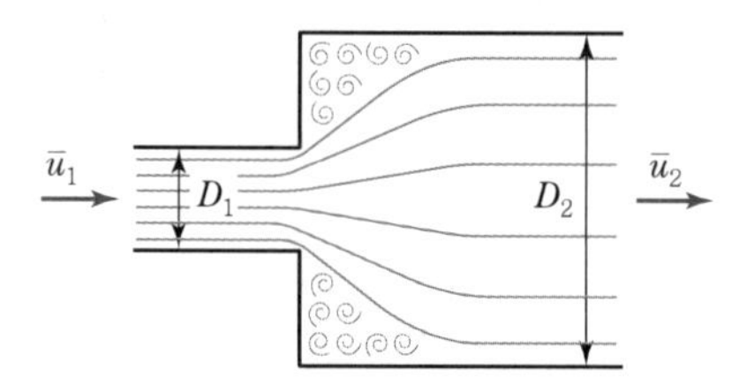

$$F_e = \frac{(\bar{u}_1 - \bar{u}_2)^2}{2g_c} = \left(1 - \frac{A_1}{A_2}\right)^2 \frac{\bar{u}_1^{\,2}}{2g_c} = K_e \frac{\bar{u}_1^{\,2}}{2g_c} \text{[kgf m/kg]}$$

여기서, K_e : 확대손실계수

$$K_e = \left(1 - \frac{A_1}{A_2}\right)^2$$

(2) 관의 축소에 의한 두손실(F_c)

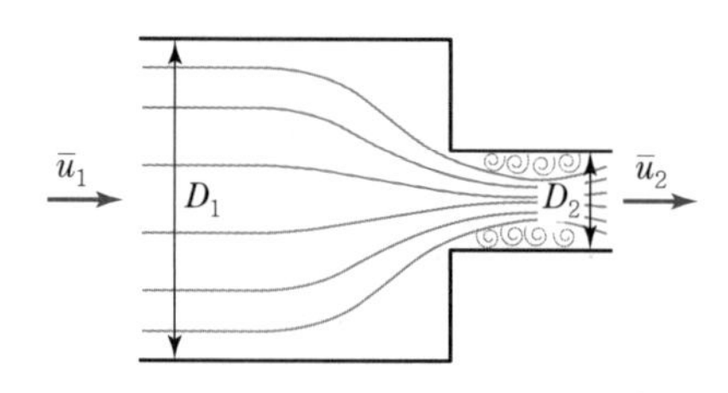

$$F_c = K_c \frac{\bar{u}_2^{\,2}}{2g_c}$$

여기서, K_c : 축소손실계수

$$K_c = 0.4\left(1 - \frac{A_2}{A_1}\right) = 0.4\left(1 - \frac{D_2^2}{D_1^2}\right)$$

3) 관부속품에 의한 두손실

$$F=\frac{2f(L+L_e)\bar{u}^2}{g_c D}=4f\left(\frac{L+L_e}{D}\right)\frac{u^2}{2g_c}$$

여기서, L_e : 상당길이

4) 총괄 두손실

$$\sum F=F+F_e+F_c+F_f$$
$$=\left(\frac{4fL}{D}+k_e+k_c+\sum k_f\right)\frac{\bar{u}^2}{2g_c}[\text{kg}_f\ \text{m/kg}]\quad\left(\sum k_f=\frac{4fL_e}{D}\right)$$

여기서, $\sum F$: 총괄 두손실
F_e : 확대 두손실
F_c : 축소 두손실
F_f : 관부속품 두손실
f : 마찰계수
L : 관의 길이
L_e : 관의 상당길이
D : 관의 안지름
k_e : 확대손실계수
k_c : 축소손실계수
$\sum k_f$: 관부속품 손실계수의 합
u : 유속
g_c : 중력환산계수

상당길이

관로에 엘보, 티, 밸브 등의 관부속물이 있을 때에도 두손실이 생긴다. 이 경우 관로 삽입물과 같은 크기의 두손실을 가지는 직관의 길이, 즉 상당길이 L_e를 구하여 사용한다.

◈ 부수적(부차적) 마찰손실

직관 이외의 관로에 사용되는 밸브, 엘보, 유니언 등의 부속품이나 단면의 변화, 곡관 등에 의하여 생기는 손실

PART 1 PART 2 PART 3 PART 4 PART 5 PART 6 PART 7 PART 8

Exercise 04

비중 0.93, 점도 4cP인 원유가 탱크 바닥에 연결된 배출관을 통해 중력으로 배출된다. 탱크 바닥에서 액면까지의 높이는 6m이다. 배출관은 3in 규격 40관이며, 길이는 45m이고, 엘보 한 개와 게이트밸브 두 개가 연결되어 있다. 배출구는 탱크 바닥보다 9m 아래에 있으며, 대기압이 미친다. 배출관에서의 유량(m^3/h)을 구하여라.(단, 3in 규격 40관의 직경은 0.078m이다. 엘보의 마찰손실은 0.75, 게이트밸브의 마찰손실은 0.17이며, 마찰계수 f는 0.0055이다.)

풀이

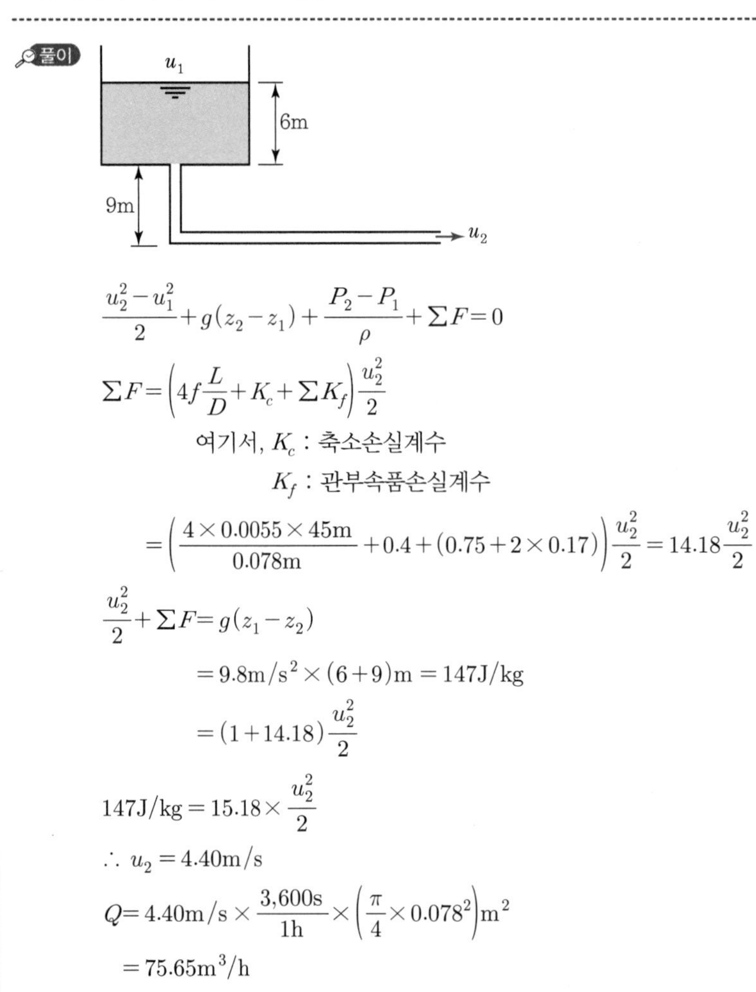

$$\frac{u_2^2-u_1^2}{2}+g(z_2-z_1)+\frac{P_2-P_1}{\rho}+\sum F=0$$

$$\sum F=\left(4f\frac{L}{D}+K_c+\sum K_f\right)\frac{u_2^2}{2}$$

여기서, K_c : 축소손실계수

K_f : 관부속품손실계수

$$=\left(\frac{4\times0.0055\times45\text{m}}{0.078\text{m}}+0.4+(0.75+2\times0.17)\right)\frac{u_2^2}{2}=14.18\frac{u_2^2}{2}$$

$$\frac{u_2^2}{2}+\sum F=g(z_1-z_2)$$

$$=9.8\text{m/s}^2\times(6+9)\text{m}=147\text{J/kg}$$

$$=(1+14.18)\frac{u_2^2}{2}$$

$$147\text{J/kg}=15.18\times\frac{u_2^2}{2}$$

$$\therefore\ u_2=4.40\text{m/s}$$

$$Q=4.40\text{m/s}\times\frac{3{,}600\text{s}}{1\text{h}}\times\left(\frac{\pi}{4}\times0.078^2\right)\text{m}^2$$

$$=75.65\text{m}^3/\text{h}$$

6. 상당지름(Equivalent Diameter) ■■■

$$D_e = 4 \times \frac{\text{유로의 단면적}}{\text{젖은벽의 총길이}} = 4r_H$$

1) 동심원

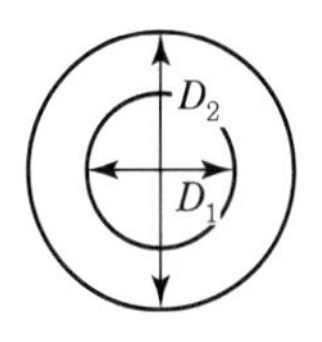

$$D_e = 4 \times \frac{\frac{\pi}{4}(D_2^2 - D_1^2)}{\pi(D_2 + D_1)} = D_2 - D_1$$

2) 장방형관

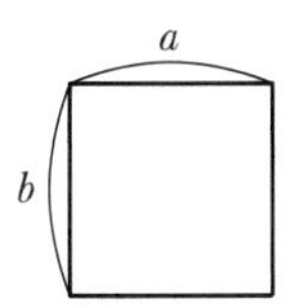

$$D_e = 4 \times \frac{ab}{2(a+b)} = \frac{2ab}{a+b}$$

3) 정삼각형관

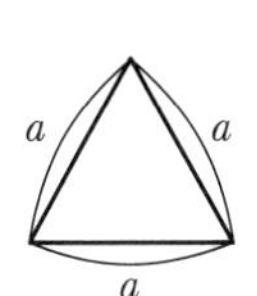

$$D_e = 4 \times \frac{\frac{1}{2} \times a \times \frac{\sqrt{3}}{2}a}{3a} = \frac{a}{\sqrt{3}}$$

CHAPTER 03

배관 및 관부속품

1. 배관

1) 관의 종류

① 금속관 : 강관, 주철관

② 비철금속관 : 구리관, 납관, 알루미늄관

③ 비금속관 : 도기관, 콘크리트관

2) 관의 규격

(1) Schedule Number ■■■

① 관의 두께, 강도는 규격번호(Schedule Number)로 표시한다.

$$\text{Schedule No.} = 1,000 \times \frac{\text{내부작업압력}(kg_f/cm^2)}{\text{재료의 허용응력}(kg_f/cm^2)}$$

② Schedule No.가 클수록 두께가 커진다.

(2) BWG(Birmingham Wire Gauge)

① 응축기, 열관환기 등에서 사용되는 배관용 동관류는 BWG로 표시한다.

② BWG값이 작을수록 관벽이 두꺼운 것이다.

3) 배관설계 시 고려해야 할 사항

① 마찰저항으로 인한 압력손실을 고려해야 한다.

② 배관은 되도록 같은 지름의 파이프를 쓰고 굽힘부분을 적게 한다.

③ 취급에 유의해야 하거나 중요한 유체의 경우 관을 도색하여 색깔로 유체를 구별한다.

④ 수격작용, 사이펀작용을 방지해야 한다.

⑤ 보온이 필요한 경우 관로를 보온재로 싸준다.

⑥ 팽창 · 수축에 의한 관의 변형을 방지하기 위해 신축이음을 설치한다.

◆ 수격작용(Water Hammering)

관로 내의 유체(물)의 운동상태를 갑자기 변화시켰을 때 생기는 유체(물)의 급격한 압력변화 현상

◆ 사이펀작용

사이펀(액체를 높은 곳에서 빨아들인 후 낮은 곳으로 흐르게 하기 위해 사용하는 곡관)에 가득 찬 액체가 높은 곳에서 낮은 곳으로 이동하는 작용

2. 관부속품

① 2개의 관을 연결할 때 : 플랜지(Flange), 유니언(Union), 커플링(Coupling), 니플(Nipple), 소켓(Socket)

플랜지	유니언	커플링	니플	소켓

② 관선의 방향을 바꿀 때 : 엘보(Elbow), Y자관(Y-branch), 티(Tee), 십자(Cross)

엘보	Y자관	티	십자

③ 관선의 직경을 바꿀 때 : 리듀서(Reducer), 부싱(Bushing)

리듀서	부싱

④ 지선을 연결할 때 : 티(Tee), Y자관, 십자(Cross)

⑤ 유로를 차단할 때 : 플러그(Plug), 캡(Cap), 밸브(Valve)

⑥ 유량을 조절할 때 : 밸브(Valve)

3. 관부속품의 연결

① 나사가 있는 것 : 직경 5cm 이하의 관을 연결(50A 이하)할 때 나사가 있는 것을 사용한다.

② 플랜지가 있는 것

㉠ 직경 5cm 이상의 관을 연결 시 플랜지가 있는 부속품을 사용하거나 용접한다.

㉡ 플랜지가 달린 것은 패킹을 삽입하고 조이는 것으로서 수거를 하거나 교환할 때 편리하다.

③ 끼워넣기형 : 주철관과 도관 등에 사용하는 것으로 접합부에 패킹을 하고 그 위에 납 또는 시멘트로 유입, 밀봉하는 방법이다.

TIP

- 300mm(12in) 미만의 파이프에서는 나사이음쇠가 표준적이지만, 큰 관은 나삿니를 파거나, 다루기 어려우므로 75mm(3in) 이상의 관에서는 나사이음쇠를 별로 사용하지 않는다.
- 50mm(2in) 이상의 관은 주로 플랜지나 용접에 의해 연결된다.
- 플랜지는 볼트로 죄는 것으로 두 면 사이에 개스킷(Gasket)을 끼운다.
- 플랜지 자체를 관에 붙일 때는 나삿니를 파서 끼우거나 용접 또는 땜질을 한다.

④ 신축이음(Expansion Joint) : 증기관과 같이 유체의 온도 변화가 커서 팽창과 수축을 할 경우에는 신축이음을 사용하여 수축 · 팽창에 대비한다.

신축곡관형 (Loop Type)	루프형 관을 곡관으로 만들어 그 구부림으로 배관의 신축을 흡수하고 신축에 의한 자체 응력이 생성되며 내구성이 좋다.
벨로스형 (Bellows Type)	주름이 있는 곳에 모인 응축수로 인한 부식 우려가 있다.
슬리브형 (Sleeve Type)	미끄럼에 의해 신축을 흡수한다.
스위블형 (Swivel Type)	2개 이상의 엘보를 이용하여 나사의 회전에 의해 신축을 흡수한다.

4. 밸브(Valve) ■■■

게이트 밸브 (Gate Valve)	• 유체의 흐름과 직각으로 움직이는 문의 상하운동에 의해 유량을 조절한다. 섬세한 유량조절은 힘들며 저수지 수문과 같이 유로를 완전히 열거나 닫는 곳에 사용한다. • 유체가 통과하는 개구지름이 관지름과 거의 같으며, 흐름 방향은 변하지 않는다.
글로브 밸브 (Glove Valve)	• 가정에서 사용하는 수도꼭지가 해당하며, 섬세한 유량조절을 할 수 있다. • 종류 : 스톱밸브(Stop Valve), 앵글밸브(Angle Valve), 니들밸브(Needle Valve)
체크 밸브 (Check Valve)	유체의 역류를 방지하고 유체를 한 방향으로만 보낼 때 사용한다.
볼 밸브 (Ball Valve)	• 밸브의 개폐부분에 구멍이 뚫린 공모양의 밸브가 있으며, 이것을 회전시킴으로써 구멍을 막거나 열어 밸브를 개폐하는 것으로 콕과 유사한 밸브이다. • 밀폐요소가 구형이므로 플러그콕에 비해 요소의 배열이나 결빙문제가 적다.
콕 밸브(Cock Valve), 플러그 밸브(Plug Valve)	작은 관에서 사용하는 것으로 유량조절이 용이하며 유로를 완전개폐하는 데 사용한다.
안전 밸브	용기의 내압이 규정 이상으로 상승하였을 경우 용기 본체의 파손을 방지하기 위해 설정압력에서 자동적으로 열리도록 한 긴급용 밸브이다.

유체의 수송

1. 펌프

펌프는 액체의 수송에 사용되며, 기체의 수송에는 송풍기, 컴프레서가 사용된다.

1) 왕복펌프

① 피스톤, 플런저 등의 왕복운동에 의해 액체를 수송한다.

② 고양정을 필요로 하고 적은 유량일 때, 또는 점성 액체의 수송에 적합하다.

③ 피스톤, 플런저가 1회 왕복할 때 1회 흡입 · 토출하는 것을 단동식, 2회 흡입 · 토출하는 것을 복동식이라 한다.

④ 종류

피스톤펌프 (Piston Pump)	일반용으로서 피스톤을 빼내면 액체가 실린더 안으로 끌려 들어오며, 피스톤의 귀환 행정에 밀려나간다.
플런저펌프 (Plunger Pump)	고압용으로서 지름이 작고 벽이 두꺼운 실린더 안에 꼭 맞는 왕복플런저가 들어 있다.
격막펌프 (Diaphragm Pump)	왕복요소가 금속, 플라스틱, 고무로 만든 유연한 격막을 사용하여 유독성 액체나 부식성 액체를 취급한다.

> **TIP**
> 정변위펌프(용적식 펌프)
> • 왕복펌프
> • 회전펌프

> **TIP**
> 왕복펌프의 이론용량
> $$Q = \eta \frac{JASN}{60} \text{[cm}^3\text{/s]}$$
> 여기서, J : 단동식일 때 $J=1$
> 복동식일 때 $J=2$
> A : 단면적(m²)
> S : 행정(cm)
> N : 회전수(왕복횟수)(rpm)
> η : 부피효율

2) 원심펌프

① 임펠러(Impeller)의 회전에 의한 원심력에 의해 유체를 밀어낸다.

② 장점

㉠ 왕복펌프에 비해 구조가 간단하고 용량은 같아도 소형이며 가볍고 값이 싸다.

㉡ 맥동이 없고 케이싱과 임펠러가 직접 닫는 부분이 없기 때문에 진흙과 펄프의 수송도 가능하다.

③ 단점

㉠ 공기바인딩(Air Binding) 현상

• 원심펌프를 처음 운전할 때 펌프 속에 들어 있는 공기에 의해 수두의 감소가 일어나 펌핑이 정지되는 현상이다.

- 펌프보다 수원이 낮을 경우 펌프 케이싱 내부에 물이 없으면 펌프를 작동하더라도 실제로 물은 나오지 않는 현상을 말한다.
- 방지 : 배출을 시작하기 전에 액을 채워 공기를 제거해야 한다. 자동유출펌프(자기맞물펌프)를 이용한다.

㉡ **공동현상**(Cavitation) : 원심펌프를 높은 능력으로 운전할 때 임펠러 흡입부의 압력이 낮아지게 되는 현상이다. 즉, 공동현상은 빠른 속도로 액체가 운동할 때 액체의 압력이 증기압 이하로 낮아져서 액체 내에 증기기포가 발생하는 현상이다.

Reference

NPSH(Net Positive Suction Head, **유효흡입양정**)

증기기포가 벽에 닿으면 부식이나 소음이 발생하므로 설계자는 공동현상을 피하도록 설계해야 한다. 공동화를 피하려면 펌프흡입부의 압력이 증기압보다 어느 만큼 커야 하는데, 이를 유효흡입두(NPSH)라 한다.

$$NPSH = \frac{1}{g}\left(\frac{p_a' - p_v}{\rho} - h_{fs}\right) \pm z_a$$

여기서, p_a' : 저장조 표면의 절대압력, p_v : 증기압

h_{fs} : 흡입관에서의 마찰손실

z_a : 흡입수면에서 펌프 중심까지의 거리(흡입이면 −, 가압이면 +)

④ 종류

㉠ 볼류트 펌프(Volute Pump) : 임펠러를 빠른 속도로 회전시켜 원심력의 작용으로 액체를 수송하는 장치이며, 안내날개가 없는 펌프이다.

㉡ 터빈 펌프(Turbine Pump) : 임펠러를 빠른 속도로 회전시켜 원심력의 작용으로 액체를 수송하는 장치이며, 안내날개가 있는 펌프이다.

3) 회전펌프

① 피스톤 대신 회전자를 이용하여 유체를 수송하며 점도가 큰 유체를 수송할 수 있으며, 마모성 고체가 혼입되지 않는 유체는 어느 것이나 사용 가능하다.

② 회전펌프는 일정한 유속으로 펄스 없이 유체를 수송할 수 있고 회전속도를 변화하여 유량을 조절할 수 있다.

③ 종류

㉠ 기어펌프(Gear Pump)

㉡ 스크루펌프(Screw Pump)

㉢ 로브펌프(Lobe Pump)

4) 특수펌프

① 기계적 운동부분이 없고 주로 유체의 압력을 이용하여 수송하는 것으로 구조는 간단하나 효율은 좋지 않다.

② 종류

㉠ 액시드 에그 펌프(Acid Egg Pump) : 도자기체 용기를 사용하여 황산, 질산 등의 유체를 수송한다.

㉡ 에어 리프트 펌프(Air Lift Pump) : 수직관을 액체에 담그고 압축공기를 불어넣어 액을 밀어올리는 것으로 지하수를 끌어올리는 데 사용한다.

㉢ 제트펌프(Jet Pump Ejector) : 노즐(Nozzle)을 통해 유체를 분사하여 압력차를 이용해 제2의 유체를 수송하는 장치이다.

◆ 진공펌프(Vacuum Pump)
대기압 이하에서 흡입하여 대기압에 대해 배출하는 압축기

2. 기체의 수송

기체 수송기의 원리도 액체 수송기와 같다. 기체는 압축기(Compressor)와 송풍기(Blower)에 의해 수송된다.

3. 펌프 작동 시 이상현상

1) 수격작용(Water Hammer)

① 액체가 흐르는 관로의 하류부분에 있는 밸브를 급격히 닫으면, 관속을 지나던 액체의 흐름이 급히 감속되며, 액체가 가지고 있는 운동에너지가 압력에너지로 변화하여 관 내부에 탄성파가 왕복하게 된다. 또한 닫혀 있던 밸브를 급히 열 때에도 같은 현상이 일어난다.

② 방지법

㉠ 급격한 개방, 폐쇄 금지

㉡ 조작시간을 크게 조절

㉢ 조작속도는 작게 조절

③ 압력파 전파속도

㉠ 압력파(충격파) : 파장이 짧은 단일 압축파로 직진하는 성질이 있어 파면 선단에 물체가 있을 때 파괴작용을 하는 것으로 용수철이 많은 압축된 성질과 비슷하다.

TIP

체적탄성계수(κ)

- κ 값이 크면 속도가 커지고 피해도 많이 발생한다.
- 기체는 κ 값이 작아 수격작용이 잘 일어나지 않지만, 액체는 κ 값이 크기 때문에 수격작용이 일어난다.

TIP

밀도(ρ)

물의 밀도$= \dfrac{1,000\text{kg/m}^3}{9.8\text{kg m/s}^2\ \text{kg}_\text{f}}$

$= 102\text{kg}_\text{f}\ \text{s}^2/\text{m}^4$

㉡ 압력파 전파속도(α)

$$\alpha = \sqrt{\frac{\kappa}{\rho}} = \sqrt{\frac{\text{kg}_\text{f}/\text{m}^2}{\text{kg}_\text{f}\ \text{s}^2/\text{m}^4}} = \sqrt{\frac{\text{N/m}^2}{\text{kg/m}^3}} = \text{m/s}$$

여기서, κ : 체적탄성계수($\text{kg}_\text{f}/\text{m}^2$) $= \dfrac{1}{\text{압축률}}$

ρ : 밀도(물$=102\text{kg}_\text{f}\ \text{s}^2/\text{m}^4$)

2) 맥동현상(Surging)

① 펌프의 운전 중에 진공계와 압력계의 지침이 흔들리는 동시에 유량이 변화하는 현상을 맥동현상이라 한다.

② 방지법

㉠ 날개차(Impeller)와 안내깃 등의 모양과 크기를 바꾼다.

㉡ 유량이나 펌프회전수를 조절하여 맥동이 일어나는 압력을 피하여 운전한다.

㉢ 관로에 존재하는 공기저항을 제거한다.

4. 상사의 법칙

① 양정(H) : $\dfrac{H_2}{H_1} = \left(\dfrac{N_2}{N_1}\right)^2 \left(\dfrac{D_2}{D_1}\right)^2$

양정(H)은 회전수(N)의 제곱에 비례하고, 직경의 제곱에 비례한다.

② 유량(Q) : $\dfrac{Q_2}{Q_1} = \left(\dfrac{N_2}{N_1}\right) \left(\dfrac{D_2}{D_1}\right)^3$

유량(Q)은 회전수(N)에 비례하고, 직경의 3제곱에 비례한다.

③ 소요동력(P) : $\dfrac{P_2}{P_1} = \left(\dfrac{N_2}{N_1}\right)^3 \left(\dfrac{D_2}{D_1}\right)^5$

소요동력(P)은 회전수(N)에 3제곱에 비례하고, 직경의 5제곱에 비례한다.

유량의 측정

1. 오리피스미터(Orifice Meter)

중앙에 원형 구멍을 가진 오리피스판을 유로의 흐름에 직각으로 장치하면 유속이 증가하여 압력이 저하한다. U자관 마노미터로 그 오리피스판의 전후 압력차를 측정하여 유량을 구한다.

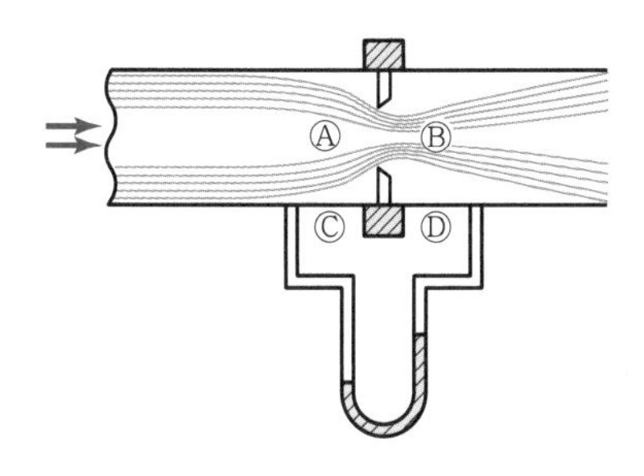

유체가 오리피스를 통과하기 전부터 축소하여 오리피스를 지난 곳부터 그 단면이 최소가 된다. 이 가장 좁은 부분을 **축류부**(Vena-contracta)라고 한다.

Reference

축류(Vena-contracta)

유체가 넓은 유로에서 오리피스처럼 좁은 유로를 들어갈 때 관성으로 인해 유선이 좁은 단면보다 더 좁은 단면으로 수축되어 흘러나오는 현상이다.

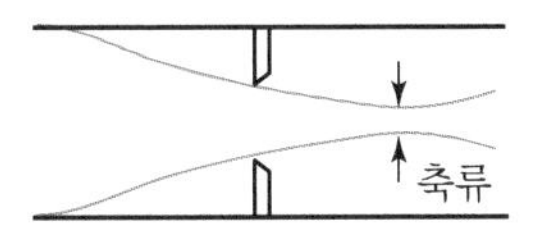

1) 오리피스 유량 계산

$$Q_0 = A_0 \bar{u}_0 = \frac{\pi}{4} D_0^{\ 2} \frac{C_0}{\sqrt{1-m^2}} \sqrt{\frac{2g(\rho_A - \rho_B)R}{\rho_B}} \ [\mathrm{m^3/s}]$$

여기서, m : 개구비$\left(\frac{D_0}{D}\right)^2$ 　 C_0 : 오리피스계수(0.61)

R : 마노미터 읽음 　 D_0 : 오리피스지름

D : 관지름 　 ρ_A : 마노미터 유체밀도

ρ_B : 유체밀도

TIP

차압유량계

- 벤투리미터
- 플로우노즐
- 오리피스

TIP

$N_{Re} > 30{,}000$

- C_0가 거의 일정
- β와 무관($C_0 = 0.61$)

※ $\beta = \frac{D_0}{D}$

TIP

$\beta < 0.25$

$\sqrt{1-\beta^4} \fallingdotseq 1$

TIP

$$\bar{u}_0 = \frac{C_0}{\sqrt{1-m^2}} \sqrt{\frac{2g_c \Delta P}{\rho}} = \frac{C_0}{\sqrt{1-m^2}} \times \sqrt{\frac{2g(\rho_A - \rho_B)R}{\rho_B}} \ [\mathrm{m/s}]$$

2) 오리피스미터의 장단점

장점	단점
• 설치장소가 적게 든다. • 제작이 용이하고 값이 싸다. • 교환이 용이하다.	• 압력손실이 커서 소요동력이 증가한다. • 내구성이 작다.

> **TIP**
>
> $\alpha_b \overline{V_b}^2 - \alpha_a \overline{V_a}^2 = \frac{2(p_a - p_b)}{\rho}$
>
> 여기서, $\overline{V_a}$: 상류의 평균유속
> $\overline{V_b}$: 하류의 평균유속
> ρ : 유체의 밀도
>
> $\overline{V_a} = \left(\frac{D_b}{D_a}\right)^2 \overline{V_b} = \beta^2 \overline{V_b}$
>
> 여기서, D_a : 관지름
> D_b : 벤투리미터 목지름
> $\beta = \frac{D_b}{D_a}$: 지름비
>
> $\overline{V_b} = \frac{1}{\sqrt{\alpha_b - \beta^4 \alpha_a}} \sqrt{\frac{2(p_a - p_b)}{\rho}}$
>
> $\therefore \ \overline{V_b} = \frac{C_v}{\sqrt{1-\beta^4}} \sqrt{\frac{2(p_a - p_b)}{\rho}}$

2. 벤투리미터(Venturi Meter)

벤투리미터는 오리피스와 같은 차압식 유량계로 노즐 후방에 확대관을 두어 두손실을 작게 하고 압력회복을 하도록 한 것이다. 수축부 각도 20~30°, 확대부 각도 6~13°, 벤투리목(Throat)의 직경은 관경의 1/2~1/4 범위로 본다.

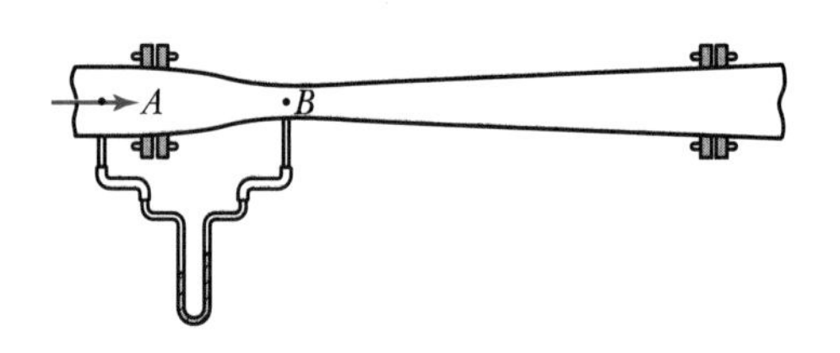

1) 벤투리미터 유량 계산

$$Q_v = A_v \bar{u}_v = \frac{\pi}{4} D_v^2 \frac{C_v}{\sqrt{1-m^2}} \sqrt{\frac{2g(\rho' - \rho)R}{\rho}} \ [\text{m}^3/\text{s}]$$

여기서, D_v : 벤투리목의 직경(m)
D : 관지름(m)
m : 개구비$\left(\frac{D_v}{D}\right)^2$
C_v : 벤투리유량계수(0.98)
ρ' : 마노미터 유체밀도(kg/m³)
ρ : 유체밀도(kg/m³)
R : 마노미터 읽음(m)

2) 벤투리미터의 장단점

장점	단점
• 압력차가 크지 않아 압력손실이 작다. • 침전물이 관벽에 부착하지 않아 내구성이 크다.	• 구조가 복잡하여 제작이 힘들다. • 값이 비싸며 공간을 많이 차지한다.

3. 로타미터(Rotameter)

압력강하를 일정하게 유지하는 데 필요한 유로의 면적 변화를 측정하여 유량을 안다. 윗방향으로 갈수록 조금씩 넓어진 유리관 중에서 유체를 밑에서 위로 보내면서 유체 중 여러 형의 부자(Float)를 띄우면 유체 중 부자의 중력(=부자의 무게−부자의 부력)과 부자를 밀어올리는 상향력이 평행을 이루는 위치에서 정지하게 되는데, 이 위치를 유리관의 눈금으로 읽어 유량을 아는 면적유량계의 일종이다.

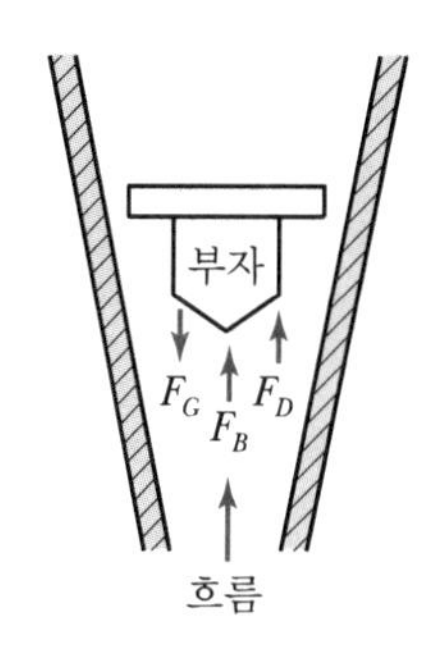

여기서, F_G : 중력
F_B : 부력
F_D : 마찰에 의한 Drag 힘

1) 로타미터의 장단점

장점	단점
• 유량을 직접 읽을 수 있다. • 두손실이 작고 일정하다.	• 값이 비싸다. • 온도와 압력의 영향을 많이 받는다.

4. 피토관(Pitot Tube)

피토관은 국부속도를 측정할 수 있는 장치이다. 내관에서는 유체 운동의 동압, 외관에서는 정압을 측정하도록 되어 있고, 이것을 각각의 마노미터 두 끝에 연결하여 압력차를 읽을 수 있도록 되어 있다. 흐름의 속도구배가 있을 경우 피토관 위치에 따라서 동압이 변할 것이므로 그 부분에서의 국부속도를 측정할 수가 있는 것이다.

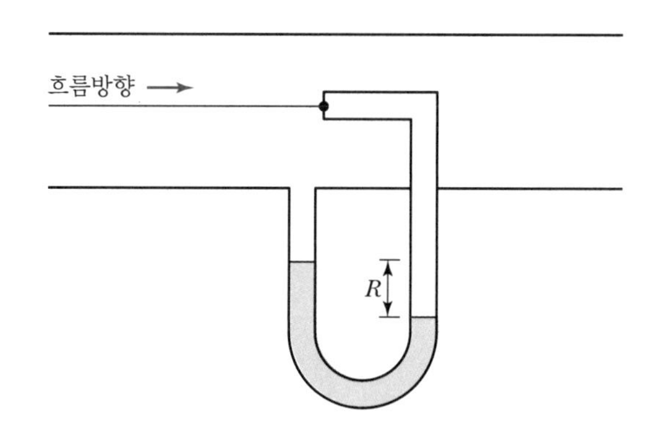

TIP

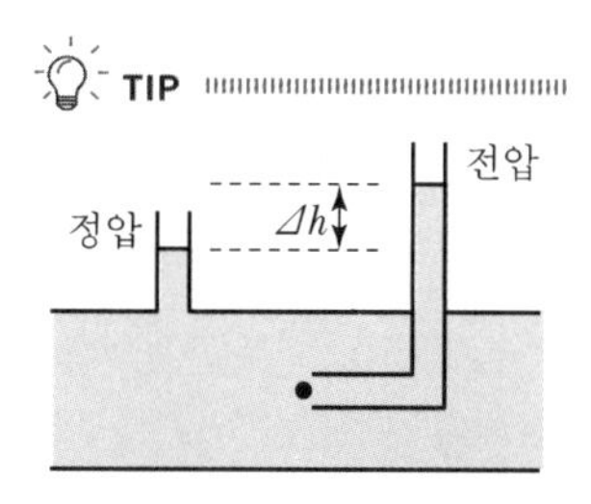

- 정압 : 유체 중 어떤 한 점에서 모든 방향에서 같은 크기를 나타내는 압력
- 동압 : 유체의 흐름에 의해서 나타나는 압력
- 전압(정체압) = 정압 + 동압

1) 피토관의 국부속도 계산식

$$u_{max} = \sqrt{\frac{2(p-p_v)}{\rho}} = \sqrt{\frac{2g(\rho'-\rho)R}{\rho}} = \sqrt{2g\Delta h}\ [\text{m/s}]$$

여기서, g : 중력가속도(m/s)
R : 마노미터 읽음(m)
ρ' : 마노미터 유체밀도(kg/m^3)
ρ : 유체밀도(kg/m^3)
Δh : 유체의 높이차(m)

2) 피토관의 장점

① 설비가 간단하다.
② 두손실이 작아서 직경이 큰 관의 유속을 측정하는 데 사용한다.
③ 유체의 국부속도와 장치 내 속도분포를 측정하는 데 편리하다.

실전문제

01 오리피스 양단의 압력차를 측정하려고 한다. 마노미터 속의 유체는 비중이 13.6인 수은이며, 오리피스를 통하여 흐르는 유체는 비중이 1인 물이고 마노미터 읽음이 30cm일 때 압력차(N/m^2)를 구하여라.

해설

$$\Delta P = g(\rho_A - \rho_B)R$$
$$= 9.8\text{m/s}^2 \times (13.6-1)1{,}000\text{kg/m}^3 \times 0.3\text{m}$$
$$= 37{,}044\text{N/m}^2$$

02 내경 10cm인 원관 속을 비중 0.85인 유체가 10cm/s의 속도로 흐른다. 액체의 점도가 5cP라면 이 액체가 완전 발달된 흐름이 시작되는 곳의 거리를 구하여라.

해설

$$N_{Re} = \frac{D\bar{u}\rho}{\mu}$$
$$= \frac{10\text{cm} \times 10\text{cm/s} \times 0.85\text{g/cm}^3}{0.05\text{g/cm s}} = 1{,}700(\text{층류})$$
$$L_t = 0.05N_{Re}D = (0.05)(1{,}700)(10) = 850\text{cm}$$

03 다음은 전단응력과 속도구배 관계를 나타낸 그림이다. (　　) 안에 알맞은 말을 넣고 설명하시오.

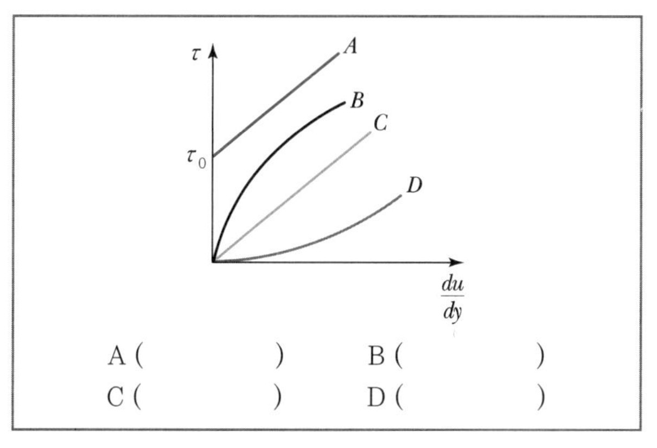

해설

$$(\tau - \tau_0)^n = \mu\frac{du}{dy}$$

A. Bingham 유체(가소성 유체)
　$\tau_0 \neq 0,\ n=1$　　슬러리 왁스

B. Pseudo 유체(의소성 유체)
　$\tau_0 = 0,\ n>1$　　고분자물, 펄프 용액

C. Newton 유체
　$\tau_0 = 0,\ n=1$　　비교질성 액체, 대부분 용액

D. Dilatant 유체(팽창성 유체)
　$\tau_0 = 0,\ n<1$　　수지, 고온유리, 아스팔트

04 난류에는 벽난류와 자유난류가 있다. 발생원인을 각각 설명하시오.

해설

- **벽난류** : 흐르는 유체가 고체경계와 접촉했을 때 생성되는 난류
- **자유난류** : 두 층의 유체가 서로 다른 속도로 흐를 때 생성되는 난류. 정체류 내를 제트류가 흐른다거나 고체벽으로부터 유체경계층이 분리되고 유체 내부를 따라 흐를 때 생성된다.

05 내경이 10cm인 파이프로 유체가 층류로 흐를 때 파이프 중심에서의 속도가 10m/s라고 하면 파이프 벽으로부터 1cm 떨어진 지점에서의 속도(m/s)를 구하여라.

해설

$$\frac{u}{u_{\max}} = 1 - \left(\frac{r}{r_w}\right)^2$$

$$\frac{u}{10\text{m/s}} = 1 - \left(\frac{4}{5}\right)^2 \qquad \therefore\ u = 3.6\text{m/s}$$

06 지름이 14cm인 파이프 안으로 비중이 0.75인 기름을 31.4kg/min의 유량으로 수송하면 파이프 안에서 기름이 흐르는 평균속도를 계산하여라.

해설

$w = \rho \bar{u} A$

$$\bar{u} = \frac{w}{\rho A} = \frac{31.4\text{kg/min}}{750\text{kg/m}^3 \times \frac{\pi}{4} \times 0.14^2\text{m}^2} = 2.72\text{m/min}$$

07 프란틀 경계층에 대해서 간단히 설명하시오.

해설

유체의 흐름이 고형물이나 도관의 벽에 영향을 받는다. 경계층의 한계를 OL이라 할 때 OL과 고체판 사이의 국부속도가 변화하는 층을 프란틀 경계층이라고 한다.

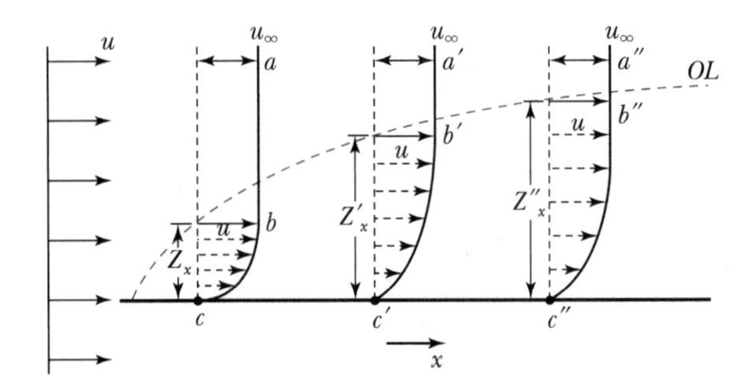

여기서, x : 판 끝에서부터의 거리

Z_x : 경계층의 두께

OL : 경계층의 한계

u_∞ : 고체벽에 의한 영향이 없는 유속

u : 국부속도

abc, $a'b'c'$, $a''b''c''$: 국부속도의 변화곡선

08 비중이 0.9인 기름이 내경 50cm인 관 속에서 내경 100cm인 관 속으로 들어간다. 100cm 관 속에서의 유속이 20m/s라면 내경이 50cm인 관 속에서 유속은 얼마인가? 또 질량유량(kg/s), 부피유량(m^3/s), 질량속도(kg/m^2 s)를 구하여라.

해설

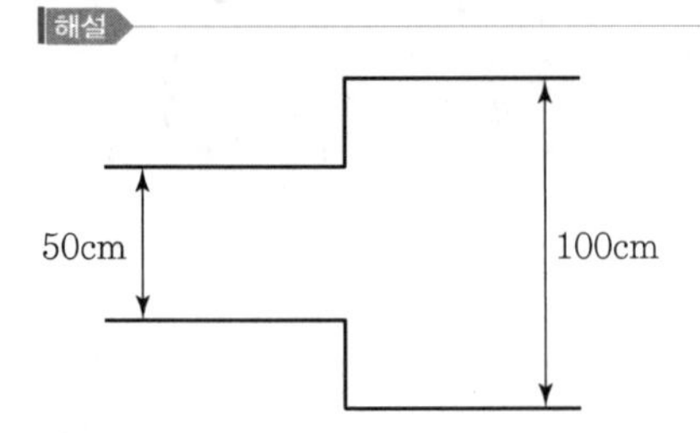

① $u_1A_1 = u_2A_2$, $u_1D_1^2 = u_2D_2^2$

$u_1 \times 0.5^2 = 20 \times 1^2$

$\therefore u_1 = 80\text{m/s}$

② $w = \rho u A = 900\text{kg/m}^3 \times 80\text{m/s} \times \frac{\pi}{4} \times 0.5^2$

$= 14{,}130\text{kg/s}$

$w = \rho u A = \rho Q = GA$

③ $Q = uA = 20\text{m/s} \times \frac{\pi}{4} \times 1^2 = (80)\left(\frac{\pi}{4}\right)(0.5)^2$

$= 15.7\text{m}^3/\text{s}$

④ $G_1 = \rho u_1 = 900\text{kg/m}^3 \times 80\text{m/s}$

$= 72{,}000\text{kg/m}^2\ \text{s}$

$G_2 = \rho u_2 = 900\text{kg/m}^3 \times 20\text{m/s}$

$= 18{,}000\text{kg/m}^2\ \text{s}$

질량유량과 부피유량은 50cm 관이나 100cm 관에서 같고(밀도가 일정할 때), 질량속도는 다르다.

09 물이 내경이 15in인 관 내를 흐르고 있다. 관에 3in의 오리피스를 장치하여 수은마노미터 읽음 76mm를 얻었다. 이때 관로의 평균유속을 구하여라.(단, $C_o = 0.61$이다.)

해설

$D = 15\text{in} \times \frac{2.54\text{cm}}{1\text{in}} \times \frac{1\text{m}}{100\text{cm}} = 15 \times 2.54 \times 10^{-2}\text{m}$

$D_o = 3\text{in} \times \frac{2.54\text{cm}}{1\text{in}} \times \frac{1\text{m}}{100\text{cm}} = 3 \times 2.54 \times 10^{-2}\text{m}$

$g = 9.8\text{m/s}^2$

$\rho_A = 13.6 \times 1{,}000\text{kg/m}^3$

$\rho_B = 1{,}000\text{kg/m}^3$

$R = 76\text{mm} = 7.6 \times 10^{-2}\text{m}$

$$Q_o = \frac{\pi}{4} D_o^2 \overline{u}_o = \frac{\pi}{4} D_o^2 \frac{C_o}{\sqrt{1-m^2}} \sqrt{\frac{2g(\rho_A - \rho_B)R}{\rho_B}}$$

$$= \frac{3.14}{4} \times (3 \times 2.54 \times 10^{-2})^2 \frac{0.61}{\sqrt{1-\left(\frac{1}{25}\right)^2}}$$

$$\times \sqrt{\frac{2 \times 9.8 \times (13.6-1) \times 1{,}000 \times 7.6 \times 10^{-2}}{1{,}000}}$$

$$= 0.012\text{m}^3/\text{s}$$

$$m(\text{개구비}) = \frac{A_o}{A} = \frac{D_o^2}{D^2} = \frac{3^2}{15^2} = \left(\frac{1}{5}\right)^2 = \frac{1}{25}$$

$$Q_o = \frac{\pi}{4} D^2 \overline{u}$$

$$\therefore \ \overline{u} = \frac{Q_o}{\frac{\pi}{4} D^2} = \frac{0.012\text{m}^3/\text{s}}{\frac{\pi}{4} \times (15 \times 2.54 \times 0.01)^2} = 0.105\text{m/s}$$

10 가로 5cm, 세로 10cm인 직사각형 관로의 상당직경을 구하여라.

해설

$$D_{eq} = 4 \times \frac{\text{유로의 단면적}}{\text{유체가 접한 총길이}}$$

$$= 4 \times \frac{50\text{cm}^2}{(10 \times 2 + 5 \times 2)\text{cm}} = 6.67\text{cm}$$

11 다음 유로의 상당직경을 구하시오.

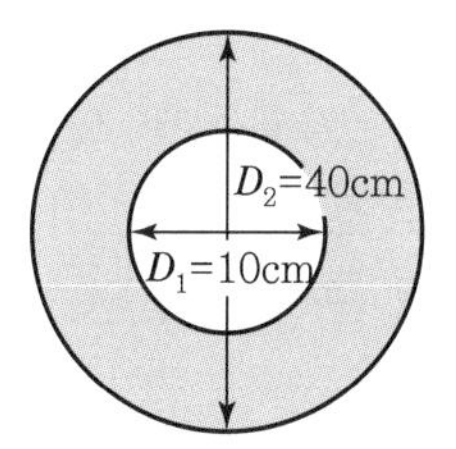

해설

$$D_{eq} = 4 \times \frac{\frac{\pi}{4}(D_2^2 - D_1^2)}{\pi(D_2 + D_1)}$$

$$= D_2 - D_1 = 40\text{cm} - 10\text{cm} = 30\text{cm}$$

12 지름이 5m, 높이가 10m인 개방탱크가 있다. 이 탱크의 바닥에 직경이 10cm인 구멍이 났을 때 이 구멍을 통하여 유출되는 유속은 얼마인가?(단, 마찰손실은 무시한다.)

해설

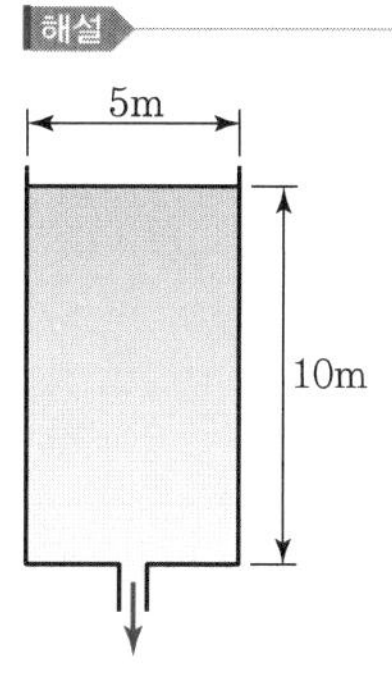

$$u = \sqrt{2gh} = \sqrt{2 \times 9.8 \times 10} = 14\text{m/s}$$

13 다음의 용어를 설명하시오.

(1) 에어바인딩 현상

(2) 공동현상

해설

(1) 에어바인딩 현상(Air Binding)
원심펌프를 처음 운전할 때 펌프 속에 들어 있는 공기에 의해 수두의 감소가 일어나 펌핑이 정지되는 현상으로 이를 방지하기 위해 배출을 시작하기 전에 액을 채워 공기를 제거해야 한다.

(2) 공동현상(Cavitation)
원심펌프를 높은 능력으로 운전할 때 임펠러 흡입부의 압력이 낮아지게 되는 현상이다. 즉, 빠른 속도로 액체가 운동할 때 액체의 압력이 증기압 이하로 낮아져서 액체 내에 증기기포가 발생하는 현상이다.

14 내부작업 압력이 16kg$_f$/cm^2, 재료의 허용응력이 200kg$_f$/cm^{2}일 때, Schedule No.를 구하시오.

해설

$$\text{Schedule No.} = 1{,}000 \times \frac{\text{내부작업 압력}}{\text{재료의 허용응력}}$$

$$= 1{,}000 \times \frac{16}{200} = 80$$

15 높이 5m, 지름 1.5m인 개방탱크 내에 물이 완전히 차 있다. 이 탱크 하부지점이 받는 압력(kg_f/cm^2)을 구하여라.

해설

$$P = P_a + \rho\frac{g}{g_c}h$$
$$= 1.0332 kg_f/cm^2 + 1{,}000 kg/m^3 \times \frac{kg_f}{kg} \times 5m \times \frac{1m^2}{100^2 cm^2}$$
$$= 1.5332 kg_f/cm^2$$

16 Hagen-Poiseuille's의 방정식을 유도하기 위해 사용되는 가정을 5가지 이상 쓰시오.

해설

① 뉴턴 유체 ② 연속방정식
③ 층류 ④ 정상상태
⑤ 완전 발달된 흐름 ⑥ 비압축성 유체
⑦ 점성 유체

17 밀도가 $800kg/m^3$인 유체가 2m/s의 유속으로 지름 0.08m, 길이 8.078m인 관으로 흐른다. Fanning 마찰계수가 $f=0.00792$일 때 압력강하(N/m^2)와 마찰손실(J/kg)을 구하시오.

해설

$$F = \frac{\Delta P}{\rho} = \frac{2f\bar{u}^2 L}{D}[J/kg]$$
$$= \frac{2\times 0.00792 \times 2^2 \times 8.078}{0.08} = 6.398 J/kg$$
$$\Delta P = \frac{2f\bar{u}^2 L\rho}{D}[N/m^2]$$
$$= \frac{2\times 0.00792 \times 2^2 \times 8.078 \times 800}{0.08} = 5{,}118.2 N/m^2$$

또는 $\Delta P = \rho F = 800 kg/m^3 \times 6.398 J/kg = 5{,}118.2 N/m^2$

18 상온의 물이 $5.0m^3/h$로 흐른다. 내경(D_1)이 52.9mm인 관에서부터 내경(D_2)이 27.6mm인 관으로 축소되어 들어갈 때 두손실($kg_f\ m/kg$)을 구하여라.

해설

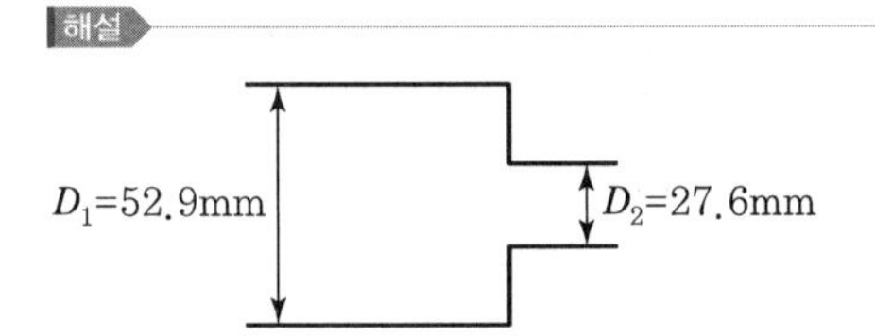

$$F_c = k_c\frac{\bar{u}_2^{\,2}}{2g_c}$$
$$\bar{u}_2 = \frac{Q}{\frac{\pi}{4}D_2^2} = \frac{5m^3/h \times 1h/3{,}600s}{\frac{\pi}{4}\times(0.0276)^2 m^2} = 2.32 m/s$$
$$k_c = 0.4\left(1-\frac{A_2}{A_1}\right) = 0.4\left(1-\frac{D_2^2}{D_1^2}\right) = 0.4\left(1-\frac{0.0276^2}{0.0529^2}\right) = 0.291$$
$$\therefore\ F_c = \frac{0.291\times(2.32 m/s)^2}{2\times 9.8 kg\ m/kg_f\ s^2} = 0.08 kg_f\ m/kg$$

19 길이 6m의 관 30개를 연결하는 데 내경 10cm인 관 중앙에 90° 표준 엘보 10개($l_e/D=32$), 45° 표준 엘보 20개($l_e/D=15$)를 사용하였다면 전체 길이(m)는 얼마인가?

해설

- $6m \times 30 = 180m$
- 90° 표준 엘보 10개 : $l_e = 0.1m \times 32 \times 10 = 32m$
- 45° 표준 엘보 20개 : $l_e = 0.1m \times 15 \times 20 = 30m$

∴ 전체 길이 $= (180+32+30)m = 242m$

20 상당길이가 200cm인 직경 1in 밸브에 물이 1.2m/s의 속도로 흐르고 있다. 이 밸브에 대한 마찰압력 손실(kg_f/cm^2)을 구하시오.(단, 물의 밀도 $=1g/cm^3$, $f=0.006$)

해설

$l_e = 200cm = 2m$

$D = 1in = 0.0254m$

$$F = \frac{\Delta P}{\rho} = 4f\left(\frac{l_e}{D}\right)\left(\frac{\bar{u}^2}{2g_c}\right)$$
$$\Delta P = \rho F$$
$$F = 4\times 0.006 \times \frac{2}{0.0254} \times \frac{1.2^2}{2\times 9.8} = 0.1388 kg_f\ m/kg$$

$\therefore\ \Delta P = 1{,}000 \times 0.1388 = 138.8\text{kg}_f/\text{m}^2$
$\quad = 1.4 \times 10^{-2}\text{kg}_f/\text{cm}^2$

21 내경이 40cm이며 공간이 30cm인 관을 통해 유량 150m³/h로 높이 10m 위의 탱크로 올리려는 펌프가 있다. 이때 관은 상당길이가 30인 엘보 3개, 상당길이가 40인 밸브 1개가 설치되어 있다. 실제 소요 동력(HP)은 얼마인지 계산하시오.(단, 총배관길이는 100m, 마찰계수는 0.004, 펌프의 효율은 0.7, 물의 밀도는 1이다.)

해설

$$P = \frac{W_p \cdot w}{76\eta}$$

$$\dot{m} = w = \rho Q = 1{,}000\text{kg/m}^3 \times 150\text{m}^3/\text{h} \times 1\text{h}/3{,}600\text{s}$$
$$= 41.67\text{kg/s}$$

$$W_p = \frac{\bar{u}_2^{\,2} - \bar{u}_1^{\,2}}{2g_c} + \frac{g}{g_c}(z_2 - z_1) + \frac{P_2 - P_1}{\rho} + \Sigma F[\text{kg}_f\text{ m/kg}]$$

$$\bar{u}_1 = 0$$

$$A = \frac{\pi}{4}1^2 - \frac{\pi}{4} \times 0.4^2 = 0.66\text{m}^2$$

$$\bar{u}_2 = \frac{Q}{A} = \frac{150\text{m}^3/\text{h} \times 1\text{h}/3{,}600\text{s}}{0.66\text{m}^2} = 0.063\text{m/s}$$

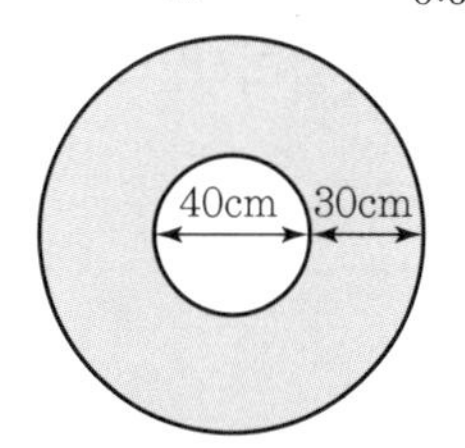

$$D_{eq} = D_2 - D_1 = 100\text{cm} - 40\text{cm} = 60\text{cm}\,(0.6\text{m})$$

$$l_e = (30 \times 0.6 \times 3) + (40 \times 0.6 \times 1) = 78$$

$$\Sigma F = 4f\left(\frac{l + l_e}{D}\right)\left(\frac{\bar{u}^2}{2g_c}\right) = (4)(0.004)\left(\frac{100+78}{0.6}\right)\left(\frac{0.063^2}{2\times 9.8}\right)$$
$$= 9.61 \times 10^{-4}\text{kg}_f\text{ m/kg}$$

$$\therefore\ W_P = \frac{u_2^2 - u_1^2}{2g_c} + \frac{g}{g_c}(z_2 - z_1) + \Sigma F$$
$$= \frac{0.063^2 - 0}{2 \times 9.8} + 10 + 9.61 \times 10^{-4} = 10\text{kg}_f\text{ m/kg}$$

$$\therefore\ P = \frac{W_P \cdot \dot{m}}{76\eta} = \frac{(10\text{kg}_f\text{ m/kg})(41.67\text{kg/s})}{(76)(0.7)} = 7.83\text{HP}$$

22 지름이 1m인 원통형 탱크에 깊이 1.25m까지 물이 들어 있다. 탱크 바닥에 1.5in 강관을 접속시켜 평균유속 1.2m/s로 내보낸다면 탱크를 몇 분간 사용할 수 있는지 계산하여라.

해설

1m
1.25m
1.5in

$$u_1 D_1^{\,2} = u_2 D_2^{\,2}$$

$$u_1 = 1.2\text{m/s}\left(\frac{1.5\text{in} \times \dfrac{2.54\text{cm}}{1\text{in}} \times \dfrac{1\text{m}}{100\text{cm}}}{1}\right)^2 = 0.00174\text{m/s}$$

$$\text{소요시간} = \frac{1.25\text{m}}{0.00174\text{m/s}} = 718.4\text{s} = 12\text{min}$$

23 Vena－contracta에 대해서 설명하시오.

해설

- 유체가 오리피스를 통과할 때 유로는 오리피스판의 조금 아랫부분에서 가장 좁아지는데, 이 부분을 Vena－contracta라고 한다.
- 유체가 넓은 유로에서 오리피스처럼 좁은 유로를 들어갈 때 관성으로 인해 유선이 좁은 단면보다 더 좁은 단면으로 수축되어 흘러나오는 현상이다.

24 다음 Valve에 대해 간단하게 설명하시오.

(1) Gate Valve
(2) Globe Valve
(3) Check Valve

해설

(1) Gate Valve(게이트 밸브) : 유체의 흐름과 직각으로 움직이는 문의 상하운동에 의해 유량을 조절한다. 섬세한 유량 조절은 힘들며 저수지 수문과 같이 유로를 완전히 열든지 완전히 닫아야 하는 곳에 사용한다.
(2) Globe Valve(글로브 밸브) : 가정에서 사용하는 수도꼭지와 같은 것이며 섬세한 유량조절을 할 수 있다.

종류 : Stop Valve, Angle Valve, Needle Valve

(3) Check Valve(체크 밸브) : 유체의 역류를 방지하고 유체를 한 방향으로만 보내고자 할 때 사용한다.

25 원심펌프의 장단점에 대해 설명하시오.

해설

㉠ 장점 : 왕복펌프에 비해 구조가 간단하고 용량은 같아도 소형이며 가볍고 값이 싸다. 맥동이 없고 닫는 부분이 없기 때문에 진흙과 펄프의 수송도 가능하며 고장이 적다.

㉡ 단점

- 공기바인딩(Air Binding) 현상 : 원심 펌프를 처음 운전할 때 펌프 속에 들어 있는 공기에 의해 수두의 감소가 일어나 펌핑이 정지되는 현상
- 공동(Cavitation) 현상 : 원심펌프를 높은 능력으로 운전할 때 임펠러 흡입부의 압력이 낮아지게 되는 현상이다. 즉, 빠른 속도로 액체가 운동할 때 액체의 압력이 증기압 이하로 낮아져서 액체 내에 증기기포가 발생하는 현상이다.

26 벤투리미터 설계 시 상부각보다 하부각을 작게 하는 이유를 2가지 쓰시오.

해설

① 압력 회복을 하도록 하기 위해

② 경계층 분리를 막고 두손실을 적게 하기 위해

27 광유가 흐르는 지름 6m 관에 피토관을 넣어 동압차를 수은마노미터로 읽으니 25mm였다. 난류로 흐르며 $\bar{u}=0.75U_{max}$이고 광유의 비중이 0.9일 때 유량(m^3/s)은 얼마인가?

해설

$D=6\text{m}$

$R=25\text{mm}=0.025\text{m}$

$\rho'=13.6\times1{,}000\text{kg/m}^3$

$\rho=0.9\times1{,}000\text{kg/m}^3$

$g=9.8\text{m/s}^2$

$Q=\bar{u}A=\bar{u}\times\frac{\pi}{4}D^2$

$\bar{u}=0.75U_{max}$

$$U_{max}=\sqrt{\frac{2g(\rho'-\rho)R}{\rho}}\,[\text{m/s}]$$

$$=\sqrt{\frac{2\times9.8\times(13.6-0.9)\times1{,}000\times0.025}{900}}$$

$$=2.63\text{m/s}$$

$$\therefore\ \bar{u}=0.75U_{max}=0.75\times2.63=1.97\text{m/s}$$

$$\therefore\ Q=\bar{u}\times\frac{\pi}{4}D^2=1.97\text{m/s}\times\frac{\pi}{4}\times6^2=55.67\text{m}^3/\text{s}$$

28 비중이 0.9인 액체의 체적탄성계수가 2.5×10^5 kg_f/cm^2일 때 이 액체의 압력파의 전파속도(m/s)를 계산하여라.

해설

전파속도 $\alpha=\sqrt{\frac{\beta}{\rho}}$

여기서, β : 체적탄성계수

$$0.9=\frac{\rho}{102\text{kg}_f\ \text{s}^2/\text{m}^4}$$

$$\therefore\ \alpha=\sqrt{\frac{2.5\times10^5\text{kg}_f/\text{cm}^2\times100^2\text{cm}^2/1\text{m}^2}{0.9\times102\text{kg}_f\ \text{s}^2/\text{m}^4}}$$

$$=5{,}218.53\text{m/s}$$

29 Newton의 점성법칙을 쓰고 각각의 물리적인 의미를 쓰시오.

해설

$$\tau=\frac{F}{A}=\mu\frac{du}{dy}[\text{kg m/s}^2\ \text{m}^2]$$

여기서, τ : 전단응력, F : 힘(마찰력)

A : 면적, du : 두 층의 속도차

dy : 거리, μ : 절대점도

흐름방향으로 상판을 하판에 대해 운동시키는 힘 F는 두 판의 접촉면적 A와 속도차 du에 비례하고, 거리 dy에 반비례하며, 비례상수는 점도이다.

30 내경이 200mm인 관에서 유체가 100mm인 관으로 축소 유입된다. N_{Re}가 10,000이라면 축소손실계수 K_c는 얼마인가?

해설

$$K_c = 0.4\left(1 - \frac{A_2}{A_1}\right) = 0.4\left(1 - \frac{D_2^{\ 2}}{D_1^{\ 2}}\right) = 0.4\left(1 - \frac{100^2}{200^2}\right) = 0.3$$

31 관부속품의 종류를 쓰시오.

(1) 2개의 관을 연결할 때
(2) 관선의 방향을 바꿀 때
(3) 지선을 연결할 때
(4) 관선의 직경을 바꿀 때
(5) 유로를 차단할 때
(6) 유량을 조절할 때

해설

(1) 2개의 관을 연결할 때 : 플랜지(Flange), 유니언(Union), 커플링(Coupling), 니플(Nipple), 소켓(Socket)
(2) 관선의 방향을 바꿀 때 : 엘보(Elbow), Y자관(Y-branch), 티(Tee), 십자(Cross)
(3) 지선을 연결할 때 : 티, Y자관, 십자
(4) 관선의 직경을 바꿀 때 : 리듀서(Reducer), 부싱(Bushing)
(5) 유로를 차단할 때 : 플러그(Plug), 캡(Cap), 밸브(Valve)
(6) 유량을 조절할 때 : 밸브

32 비중이 1.84인 유체를 저장조에서 펌프를 이용하여 고가탱크로 퍼올린다. 흡입부는 3in 규격 40강관이고 배출부는 2in 규격 40강관이다. 흡입부 유속은 3ft/s이고 펌프효율은 60%이다. 배출관의 출구는 저장조 액면보다 50ft 높이에 있다. 배관 전체에서 마찰손실은 10 $lb_f \cdot ft/lb$이다. 유체에 전달되는 동력을 구하여라.(3in 규격 40강관 : 3.068in, 2in 규격 40강관 : 2.067in)

해설

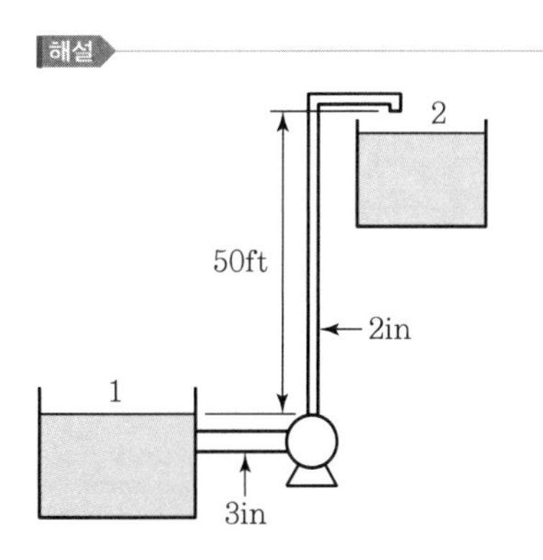

$$3\,\text{ft/s} \times 3.068^2 = u_2 \times 2.067^2$$

$$\therefore\ u_2 = 6.61\,\text{ft/s}$$

$$\dot{m} = \rho u A$$

$$= 62.43 \times 1.84\ \text{lb/ft}^3 \times 3\,\text{ft/s} \times \frac{\pi}{4} \times 3.068^2\text{in}^2 \times \frac{1\,\text{ft}^2}{12^2\text{in}^2}$$

$$= 17.68\ \text{lb/s}$$

$$\eta W_P = \frac{\bar{u}_2^{\ 2} - \bar{u}_1^{\ 2}}{2g_c} + \frac{g}{g_c}(z_2 - z_1) + \Sigma F$$

$$0.6\,W_P = \frac{6.61^2}{2 \times 32.174} + 50 + 10 = 60.68\text{kg}_\text{f}\ \text{m/kg}$$

$$1\text{HP} = 550\,\text{ft lb}_\text{f}/\text{s}$$

$$P = \frac{W_P \cdot \dot{m}}{0.6 \times 550} = \frac{(60.68\ \text{lb}_\text{f}\ \text{ft/lb})(17.68\ \text{lb/s})}{0.6 \times 550} = 3.25\text{HP}$$

33 내경이 4cm인 파이프 내로 유속 4m/s, 동점도가 4Stokes인 용액이 흐를 때 N_{Re} 수는?

해설

$$N_{Re} = \frac{Du\rho}{\mu} = \frac{Du}{\nu} = \frac{4\text{cm} \times 400\text{cm/s}}{4\text{cm}^2/\text{s}} = 400$$

34 점성이 2Poise인 뉴턴액체 표면에 면적이 $2m^2$인 평판을 띄어놓고 액체의 속도구배가 1m/s m가 되도록 평판을 밀 때 몇 N의 힘이 필요한가?

해설

$$\tau = \frac{F}{A} = \mu\frac{du}{dy}$$

$$F = \mu A\frac{du}{dy} = 0.2\text{kg/m s} \times 2\text{m}^2 \times 1\text{m/s m} = 0.4\text{kg m/s}^2(\text{N})$$

35 어느 유체의 관로 입구의 압력이 $2.1kg_f/cm^2$, 유속이 6.1m/s이고, 출구의 압력이 $5kg_f/cm^2$, 유속이 9m/s이며 출구는 입구보다 8m 높은 곳에 있다. 유체 1kg에 대한 전마찰손실은 $12kg_f\ m/kg$, 유체의 밀도는 $800kg/m^3$일 때 펌프가 하는 일을 구하여라.

해설

$$W=\frac{\bar{u}_2^{\,2}-\bar{u}_1^{\,2}}{2g_c}+\frac{g}{g_c}(z_2-z_1)+\frac{P_2-P_1}{\rho}+\Sigma F$$

$$=\frac{9^2-6.1^2}{2\times9.8}+8+\frac{(5-2.1)\times10^4}{800}+12\ [\mathrm{kg_f\ m/kg}]$$

$$=58.48\,\mathrm{kg_f\ m/kg}$$

여기서, $P_2-P_1=5\mathrm{kg_f/cm^2}-2.1\mathrm{kg_f/cm^2}$

$$=2.9\mathrm{kg_f/cm^2}\times\frac{10{,}000\mathrm{cm^2}}{1\mathrm{m^2}}$$

$$=2.9\times10^4\mathrm{kg_f/m^2}$$

36 원관 내에 유체가 층류로 흐른다. 중심유속이 50m/s일 때 평균유속을 구하여라.

해설

$$\bar{u}=\frac{1}{2}u_{\max}=\frac{1}{2}\times50\mathrm{m/s}=25\mathrm{m/s}$$

37 관의 입구에서 단면적이 $2\mathrm{m^2}$, 유속이 0.3m/s이고 출구에서의 단면적이 $1\mathrm{m^2}$이다. 출구에서 유체의 질량유량(ton/h)을 구하여라.(단, 유체의 밀도는 $1{,}000\mathrm{kg/m^3}$이다.)

해설

$$u_1A_1=u_2A_2$$

$$0.3\mathrm{m/s}\times2\mathrm{m^2}=u_2\times1\mathrm{m^2}$$

$$\therefore\ u_2=0.6\mathrm{m/s}$$

$$\dot{m}=\rho uA=\rho Q=1{,}000\mathrm{kg/m^3}\times0.6\mathrm{m/s}\times1\mathrm{m^2}=600\mathrm{kg/s}$$

$$\frac{600\mathrm{kg}}{\mathrm{s}}\bigg|\frac{1\mathrm{ton}}{1{,}000\mathrm{kg}}\bigg|\frac{3{,}600\mathrm{s}}{1\mathrm{h}}=2{,}160\mathrm{ton/h}$$

38 액체의 비중이 0.85, 액체의 압축률이 $1\times10^{-6}\ \mathrm{cm^2/g_f}$이다. 전파속도를 구하여라.

해설

$$k=\frac{1}{\text{압축률}}=\frac{1}{1\times10^{-6}\mathrm{cm^2/g_f}}=10^6\mathrm{g_f/cm^2}$$

$$\frac{10^6\mathrm{g_f}}{\mathrm{cm^2}}\bigg|\frac{1\mathrm{kg_f}}{1{,}000\mathrm{g_f}}\bigg|\frac{101.3\times10^3\mathrm{N/m^2}}{1.0332\mathrm{kg_f/cm^2}}=9.8\times10^7\mathrm{N/m^2}$$

$$\alpha=\sqrt{\frac{k}{\rho}}=\sqrt{\frac{9.8\times10^7\mathrm{kg\ m/s^2\ m^2}}{850\mathrm{kg/m^3}}}=339.5\mathrm{m/s}$$

39 피토관을 이용하여 압력을 측정하였더니 전압 8mAq, 정압 4mAq이다. 이 위치에서의 유속을 구하여라.(단, 물의 밀도는 $1{,}000\mathrm{kg/m^3}$이다.)

해설

$$P_2=P_1+\frac{\bar{u}^2\rho}{2}$$

$$\Delta P=\frac{\bar{u}^2\rho}{2}$$

정체압(전압) = 정압 + 동압

$$\Delta P=(8-4)\mathrm{mAq}\times\frac{101.3\times10^3\mathrm{Pa}}{10.33\mathrm{mH_2O}}=39{,}225.56\mathrm{Pa}$$

$$39{,}225.56\mathrm{Pa}=\frac{1}{2}\times1{,}000\mathrm{kg/m^3}\times u^2$$

$$u=8.86\mathrm{m/s}$$

40 관에 비중이 0.9인 유체가 흐르고 있다. 유속은 1m/s, 마찰계수 f는 0.0004일 때 관 내벽의 전단응력을 구하여라.

해설

$$f=\frac{\text{전단응력}}{\text{밀도}\times\text{속도두}}=\frac{\tau_0}{\rho\bar{u}^2/2}=\frac{2\tau_0}{\rho\bar{u}^2}$$

$$\therefore\ \tau_0=\frac{1}{2}f\rho\bar{u}^2=\frac{1}{2}(0.0004)(900)(1)^2=0.18\mathrm{N/m^2(Pa)}$$

41 다음 배관의 상당직경을 구하여라.

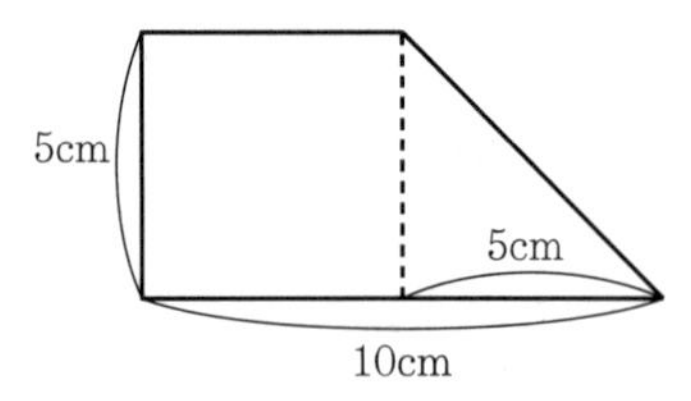

해설

- 넓이 $=5\times5+\frac{1}{2}\times5\times5=37.5\mathrm{cm}$
- 둘레 $=5\times4+5\sqrt{2}=27.07\mathrm{cm}$

$$\therefore D_{eq} = 4 \times \frac{37.5\text{cm}}{27.07\text{cm}} = 5.54\text{cm}$$

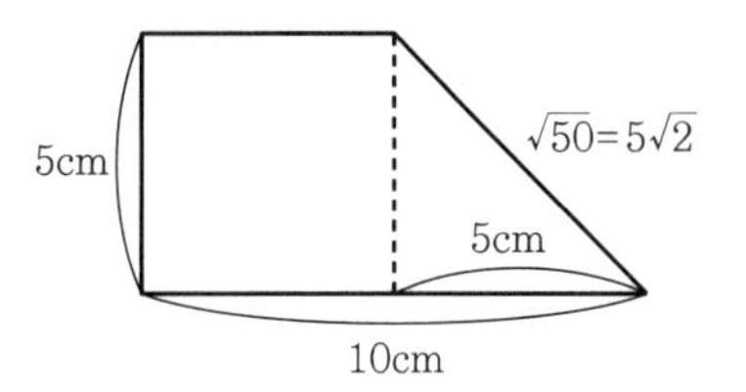

[참고]

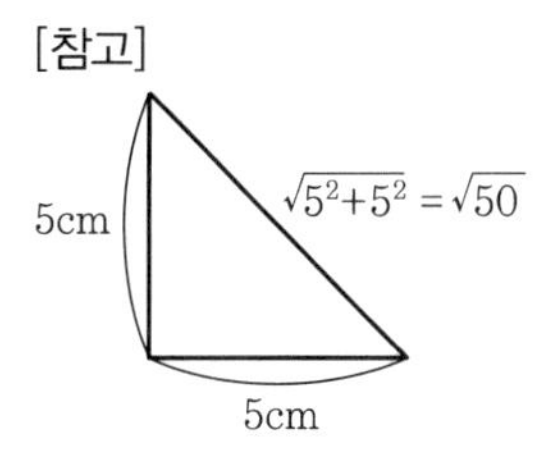

42 안지름이 5cm인 아크릴파이프로 레이놀즈 실험을 하였다. 빨간색 잉크가 관 내를 흐르는 물속에 완전히 퍼져서 흐르기 시작했다면 이때의 유속을 구하여라.

해설

$$N_{Re} = \frac{Du\rho}{\mu} = \frac{(5\text{cm})u(1\text{g/cm}^3)}{0.01\text{g/cm s}} = 4{,}000$$

$\therefore u = 8\text{cm/s}$

43 점도가 1cP, 밀도가 1g/cm³인 물이 정삼각형 덕트 내로 17g/s의 속도로 수송된다. 이 흐름이 층류인지, 난류인지 판별하시오.(단, 삼각형 한 변의 길이는 10cm이다.)

해설

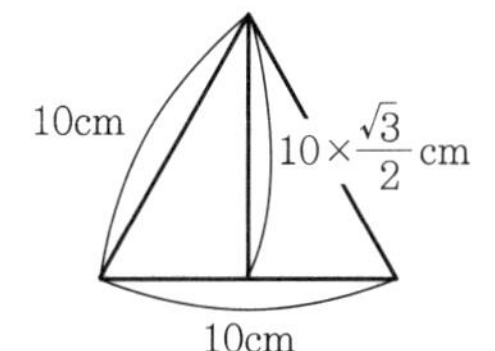

△의 넓이

$$= \frac{1}{2} \times 10 \times 10 \times \frac{\sqrt{3}}{2}$$

$$= 43.3\text{cm}^2$$

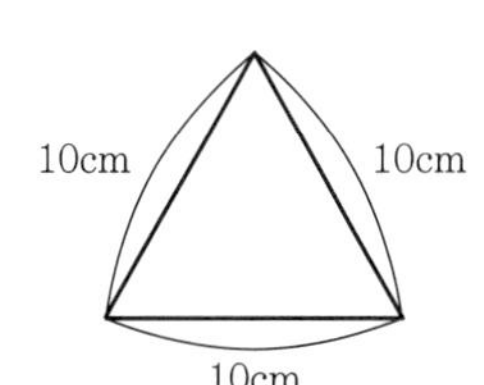

$$D_{eq} = 4 \times \frac{\text{유로의 단면적}}{\text{젖은벽의 총길이}}$$

$$= 4 \times \frac{43.3\text{cm}^2}{30\text{cm}} = 5.8\text{cm}$$

$$\dot{m} = \rho u A$$

$$17\text{g/s} = 1\text{g/cm}^3 \times u \times 43.3\text{cm}^2$$

$$\therefore u = 0.393\text{cm/s}$$

$$N_{Re} = \frac{Du\rho}{\mu}$$

$$= \frac{(5.8\text{cm})(0.393\text{cm/s})(1\text{g/cm}^3)}{0.01\text{P(g/cm s)}}$$

$$= 227.94(\text{층류})$$

44 배관이음 중에서 50A 이하에서 사용되는 관이음은?

해설

- 50A(5cm) 이하 : 나사가 있는 것을 사용한다.
- 50A 이상 : 플랜지가 있는 부속품을 사용한다.

45 차압식 유량계 3가지를 적고 설명하시오.

해설

① 플로노즐(Flow Nozzle) : 오리피스미터, 벤투리미터와 같은 차압식 유량계로 관경의 중앙에 설치된 노즐의 전단과 후단의 압력차를 측정하여 유량을 측정한다.
② 오리피스미터(Orifice Meter) : 중앙에 원형 구멍을 가진 얇은 오리피스판을 직관의 도중에 삽입하여 오리피스판 전후의 압력차를 측정함으로써 유체의 유량과 유속을 구하는 장치이다.
③ 벤투리관(Venturi Tube) : 노즐 후방에 확대관을 두어 두손실을 적게 하고 압력을 회복하도록 한 것이다.

46 둑(Weir)에 대하여 설명하시오.

해설

둑은 압력이 가해지지 않는 유체나 수로를 흐르는 유체의 유량을 측정하는 데 이용되는 것이다.

47 질소 20mol%, 수소 80mol%인 기체혼합물의 총질량유속이 10kg/min일 때 질소의 질량유속(kg/h)을 구하여라.

해설

1kmol 기준

0.2kmol N_2 + 0.8kmol H_2

$n = \dfrac{w}{M}$

$0.2\text{kmol} = \dfrac{w_{N_2}}{28\text{kg/kmol}}$ $\quad\therefore\ w_{N_2} = 5.6\text{kg}$

$0.8\text{kmol} = \dfrac{w_{H_2}}{2\text{kg/kmol}}$ $\quad\therefore\ w_{H_2} = 1.6\text{kg}$

$w = w_{N_2} + w_{H_2} = 5.6 + 1.6 = 7.2\text{kg}$

$x_{N_2} = \dfrac{5.6}{7.2} = 0.78\,(78\text{wt\%})$

$x_{H_2} = \dfrac{1.6}{7.2} = 0.22\,(22\text{wt\%})$

∴ N_2의 질량유속 = 10kg/min×0.78×60min/1h = 468kg/h

48 지름이 10m이고 높이가 5m인 탱크에 물이 가득 차 있고, 탱크 밑에 지름이 10cm인 구멍으로 물이 빠져나간다. 이 탱크가 다 비워지는 데 걸리는 시간(h)을 구하여라.

해설

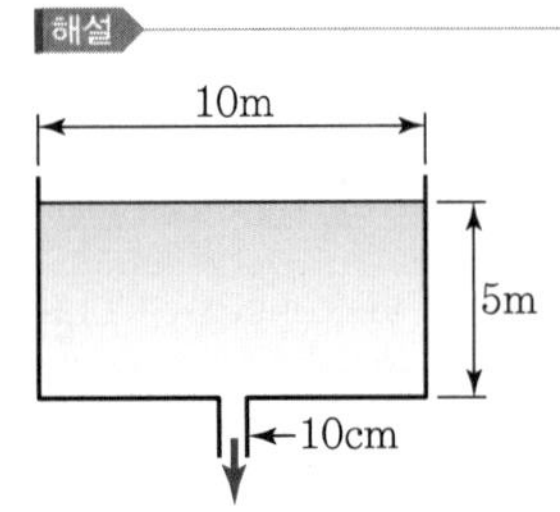

$A_2 = \dfrac{\pi}{4} \times 0.1^2 = 0.00785\text{m}^2$

$V = Ah = \dfrac{\pi}{4} \times 10^2 \times h = 78.5h$

$q = -\dfrac{dV}{dt} = -A\dfrac{dh}{dt} = -78.5\dfrac{dh}{dt}$

$q = A_2 u_2 = 0.00785\sqrt{2 \times 9.8 \times h} = 0.035\sqrt{h}$

$-78.5\dfrac{dh}{dt} = 0.035\sqrt{h}$

$-\int_5^0 \dfrac{dh}{\sqrt{h}} = 0.000443\int_0^t dt$

$2\sqrt{h}\,\Big|_0^5 = 0.000443t$

$\therefore\ t = 10{,}095\text{s} = 2.8\text{h}$

49 복수기 내 절대압력이 $0.051\text{kg}_\text{f}/\text{cm}^2$이다. 대기압이 700mmHg일 때 복수기의 진공압력($\text{kg}_\text{f}/\text{cm}^2$)과 진공도(%)는 각각 얼마인지 구하여라.

해설

절대압력 = 대기압 + 게이지압

진공압 = 대기압 − 절대압

$= 700\text{mmHg} \times \dfrac{1.0332\text{kg}_\text{f}/\text{cm}^2}{760\text{mmHg}} - 0.051\text{kg}_\text{f}/\text{cm}^2$

$= 0.95\text{kg}_\text{f}/\text{cm}^2 - 0.051\text{kg}_\text{f}/\text{cm}^2$

$= 0.9\text{kg}_\text{f}/\text{cm}^2$

$\text{진공도(\%)} = \dfrac{\text{진공압}}{\text{대기압}} \times 100 = \dfrac{0.9}{0.95} \times 100$

$= 94.7\%$

50 물이 흐르는 관에 경사가 45°인 수은마노미터를 설치하였다. R_1이 30cm일 때, 압력차를 구하여라.

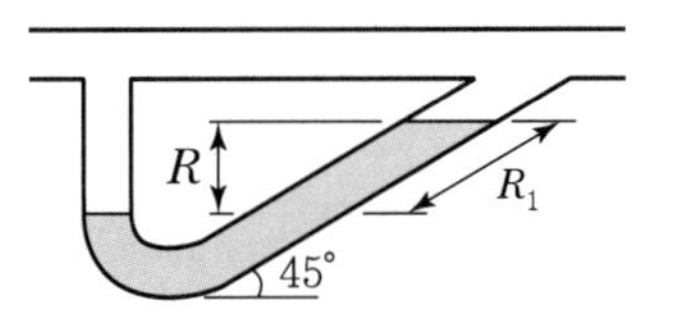

해설

$\Delta P = \dfrac{g}{g_c}(\rho_A - \rho_B)R$

$R = R_1 \sin\alpha = 30\text{cm} \times \sin 45°$

$\therefore\ \Delta P = \dfrac{\text{kg}_\text{f}}{\text{kg}}(13.6 - 1) \times 1{,}000\text{kg/m}^3 \times 0.3\text{m} \times \sin 45°$

$\times \dfrac{1\text{m}^2}{100^2\text{cm}^2}$

$= 0.2673\text{kg}_\text{f}/\text{cm}^2$

51 내경이 0.15m인 글로브 밸브가 60L/s의 유량을 통과시킨다. 손실계수가 10일 때 상당길이 L_e의 값은 얼마인지 구하여라.(단, 동점도는 $1.01 \times 10^{-5}\text{m}^2/\text{s}$, 마찰계수 $f = 0.0791 N_{Re}^{-0.25}$이다.)

해설

$$F=4f\frac{L_e}{D}\frac{\bar{u}^2}{2g_c}=K_f\frac{\bar{u}^2}{2g_c}$$

$$u=\frac{Q}{A}=\frac{60\text{L/s}\times\frac{1\text{m}^3}{1{,}000\text{L}}}{\frac{\pi}{4}\times0.15^2\text{m}^2}=3.4\text{m/s}$$

$$N_{Re}=\frac{Du\rho}{\mu}=\frac{Du}{\nu}=\frac{(0.15\text{m})(3.4\text{m/s})}{(1.01\times10^{-5}\text{m}^2/\text{s})}=50{,}495.05$$

$$f=0.0791N_{Re}{}^{-0.25}=0.0791(50{,}495.05)^{-0.25}=0.00528$$

$$K_f=4f\frac{L_e}{D}=4(0.00528)\frac{L_e}{0.15}=10$$

$$\therefore\ L_e=71.02\text{m}$$

52 탱크 내의 밀도가 0.9g/cm^3, 점도가 2P인 유체를 내경이 10cm인 관을 통해 이동시킨 다음 10m 위로 올려 60m^3/h의 유량으로 유출하려고 한다. 관로는 0.99 km이고 펌프의 효율은 70%라면 필요한 동력(kW)을 구하여라.

해설

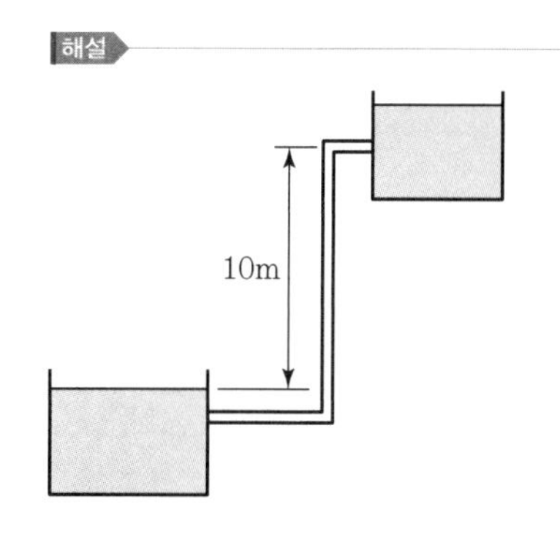

$$u=\frac{Q}{A}=\frac{60\text{m}^3/\text{h}\times1\text{h}/3{,}600\text{s}}{\frac{\pi}{4}\times0.1^2\text{m}^2}=2.12\text{m/s}$$

$$N_{Re}=\frac{Du\rho}{\mu}=\frac{(0.1\text{m})(2.12\text{m/s})(0.9\times1{,}000\text{kg/m}^3)}{2\times0.1\text{kg/m s}}=954(\text{층류})$$

$$\Sigma F=\frac{\Delta P}{\rho}=\frac{32\mu uL}{D^2\rho}=\frac{32(2\times0.1\text{kg/m s})(2.12\text{m/s})(990\text{m})}{(0.1\text{m})^2(900\text{kg/m}^3)}=1{,}492.48\text{J/kg}$$

$$W_P=\frac{\alpha(\bar{u}_2^2-\bar{u}_1^2)}{2}+g(z_2-z_1)+\frac{P_2-P_1}{\rho}+\Sigma F$$

$$=\frac{2(2.12^2-0)}{2}+9.8\times10+1{,}492.48=1{,}595\text{J/kg}$$

$$\dot{m}=\rho Q=\rho uA=900\text{kg/m}^3\times60\text{m}^3/\text{h}\times1\text{h}/3{,}600\text{s}=15\text{kg/s}$$

$$P=\frac{W_p\cdot\dot{m}}{\eta}=\frac{(1{,}595\text{J/kg})(15\text{kg/s})}{0.7}=34{,}178.57\text{W}=34.18\text{kW}$$

53 송풍기를 사용하여 공기를 덕트로 보낸다. 덕트는 200mm×300mm의 장방형이고 길이는 45m이다. 도입공기는 온도 15℃, 절대압력 750mmHg이고, 유량은 0.6m^3/s이다. 송풍기의 이론동력을 구하여라.(단, 공기의 점도는 0.018cP, 마찰계수는 0.0041이다.)

해설

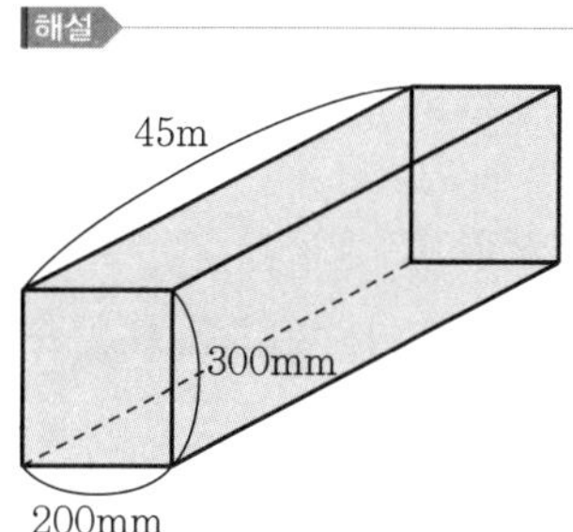

$$q=0.6\text{m}^3/\text{s}$$

$$u=\frac{q}{A}=\frac{0.6\text{m}^3/\text{s}}{0.2\times0.3\text{m}^2}=10\text{m/s}$$

$$D_e=\frac{0.2\times0.3}{2(0.2+0.3)}\times4=0.24\text{m}$$

$$\rho=\frac{29}{22.4}\times\frac{273}{(273+15)}\times\frac{750}{760}=1.21\text{kg/m}^3$$

$$N_{Re}=\frac{Du\rho}{\mu}=\frac{0.24\times10\times1.21}{0.018\times0.01\times0.1}=1.61\times10^5$$

$$W_P=\frac{\bar{u}_2^2-\bar{u}_1^2}{2}+g(z_2-z_1)+\frac{P_2-P_1}{\rho}+\Sigma F$$

$$\dot{m}=\rho uA=\rho Q=1.21\text{kg/m}^3\times0.6\text{m}^3/\text{s}=0.726\text{kg/s}$$

$$\Sigma F=\frac{2fu^2L}{D}=\frac{2(0.0041)(10\text{m/s})^2(45\text{m})}{0.2\text{m}}=153.75\text{J/kg}$$

$$W_P=\frac{10^2}{2}+153.75=203.75\text{J/kg}$$

$$P=\frac{W_p\cdot\dot{m}}{\eta}=203.75\text{J/kg}\times0.726\text{kg/s}=147.92\text{J/s (W)}$$

54 3mm×3mm의 원통형 촉매입자를 2m 충전한 40mm 관에서 탄화수소 1.2mol%인 공기를 통과시켜서 부분산화한다. 공기는 350℃, 2.0atm에서 공탑속도 1m/s로 도입된다.

(1) 충전관에서의 압력강하를 구하여라.(단, $\varepsilon=0.40$이고, 점도는 3×10^{-5}Pa s이다.)

(2) 4mm 펠릿을 사용할 때 압력강하의 감소율을 구하여라.

해설

(1) $\rho=\dfrac{29}{22.4}\times\dfrac{273}{(273+350)}\times\dfrac{2.0}{1}=1.135\text{kg/m}^3$

Ergun식

$$\frac{\Delta P}{L}=\frac{150\overline{V}_0\mu}{\Phi_s^2 D_P^2}\frac{(1-\varepsilon)^2}{\varepsilon^3}+\frac{1.75\rho\overline{V}_0^2}{\Phi_s D_P}\frac{1-\varepsilon}{\varepsilon^3}$$

$S_P=\pi D_P^2 \qquad v_P=\dfrac{1}{6}\pi D_P^3$

$\dfrac{S_P}{v_P}=\dfrac{6}{D_P}$

※ 모양이 다르거나, 불규칙한 입자의 경우 $\dfrac{\text{표면적}}{\text{부피}}$의 비에 관한 식에 구형도 Φ_s를 포함시키는데, 지름 D_P인 구의 $\dfrac{\text{표면적}}{\text{부피}}$ 비를 명목치수 D_P인 입자의 $\dfrac{\text{표면적}}{\text{부피}}$ 비로 나눈 값이다.

$\Phi_s=\dfrac{6/D_P}{S_P/v_P}$

$\overline{V}_0=1\text{m/s} \qquad D_P=0.003\text{m}$

$L=2\text{m} \qquad \mu=3\times10^{-5}\text{Pa s}$

$$\frac{\Delta P}{2}=\frac{150\times1\text{m/s}\times3\times10^{-5}\text{Pa s}}{1^2\times0.003^2\text{m}^2}\times\frac{(1-0.4)^2}{0.4^3}+\frac{1.75\times1.135\text{kg/m}^3\times(1\text{m/s})^2}{1\times0.003\text{m}}\times\frac{(1-0.4)}{0.4^3}$$

$=2{,}812.5+6{,}207.03=9{,}019.53\text{kg/m}^2\text{ s}^2$

$\therefore\ \Delta P=2\text{m}\times9{,}019.53\text{kg/m}^2\text{ s}^2$

$=18{,}039.06\text{N/m}^2(\text{Pa})$

(2)
$$\frac{\Delta P}{2}=\frac{150\times1\text{m/s}\times3\times10^{-5}\text{Pa s}}{1^2\times0.004^2\text{m}^2}\times\frac{(1-0.4)^2}{0.4^3}+\frac{1.75\times1.135\text{kg/m}^3\times(1\text{m/s})^2}{1\times0.004\text{m}}\times\frac{(1-0.4)}{0.4^3}$$

$=1{,}582.03+4{,}655.27=6{,}237.30\text{kg/m}^2\text{ s}^2$

$\Delta P=2\times6{,}237.30=12{,}474.6\text{Pa}$

$\dfrac{12{,}474.6}{18{,}039.06}\times100=69.1\%$

$\therefore$ 압력강하의 감소율$=100-69.1\%\fallingdotseq31\%$

PART 02

열전달

CHAPTER 01

열전달

▼ 열전달 방식

- 전도 : 금속과 같은 고체벽을 통한 열전달
- 대류 : 고온의 유체 분자가 직접 이동하여 밀도차에 의한 혼합에 의해 열전달이 일어난다.
- 복사 : 절대 0도가 아닌 모든 물체는 그 온도에 해당하는 열에너지를 표면으로부터 모든 방향에 전자파로 복사한다.

[01] 전도(Conduction)

TIP

$$q=\frac{dQ}{d\theta}=-kA\frac{dt}{dl}$$

1. Fourier's Law

열플럭스(Heat Flux)는 온도구배와 비례하며 그 비례상수가 k(열전도도)이다.

$$\frac{dq}{A}=-k\frac{dt}{dl}$$

$$q=-kA\frac{dt}{dl}\,[\text{kcal/h}]$$

여기서, q : 열전달속도(kcal/h), k : 열전도도(kcal/m h ℃)
A : 열전달면적(m^2), dt : 온도차(℃), dl : 미소거리(m)

1) 단면적이 일정한 도체에서의 열전도

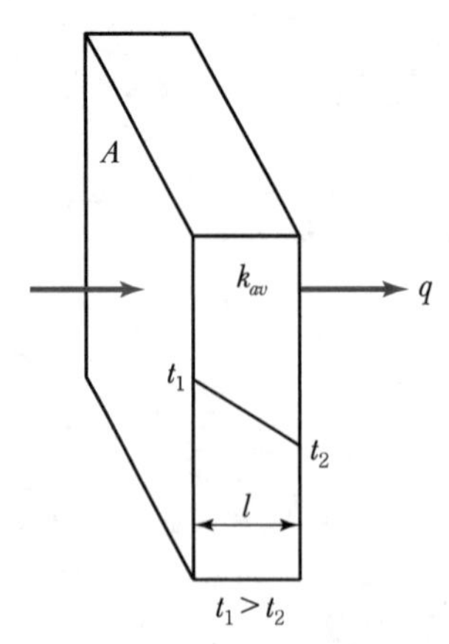

$$q=k_{av}A\frac{t_1-t_2}{l}=\frac{t_1-t_2}{\frac{l}{k_{av}A}}=\frac{\Delta t}{R}\,[\text{kcal/h}]$$

열저항 $R=\dfrac{l}{k_{av}A}$

2) 여러 층으로 된 벽에서의 열전도

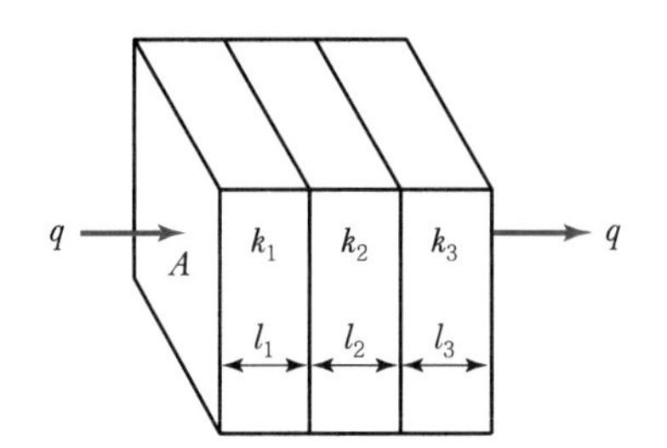

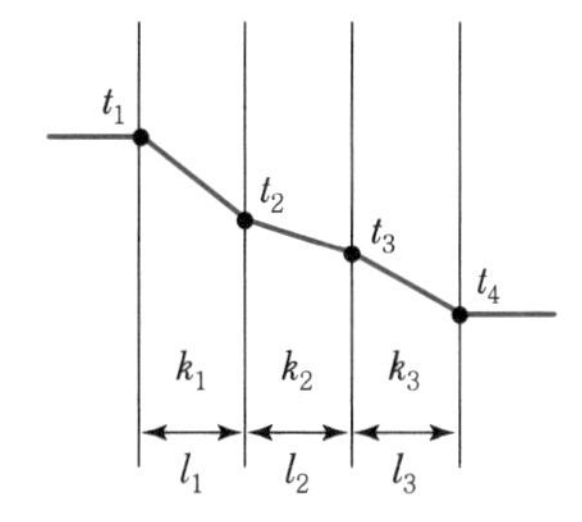

$$q = q_1 + q_2 + q_3 = \frac{\Delta t_1 + \Delta t_2 + \Delta t_3}{\dfrac{l_1}{k_1 A} + \dfrac{l_2}{k_2 A} + \dfrac{l_3}{k_3 A}} = \frac{(t_1 - t_2) + (t_2 - t_3) + (t_3 - t_4)}{R_1 + R_2 + R_3}$$

$$\therefore\ q = \frac{t_1 - t_4}{R_1 + R_2 + R_3} [\text{kcal/h}]$$

전체저항 : $R = R_1 + R_2 + R_3$

$$\Delta t : \Delta t_1 : \Delta t_2 = R : R_1 : R_2$$

➡ 고체벽면 사이의 온도를 구할 때 사용

3) 원관벽을 통과하는 열전도

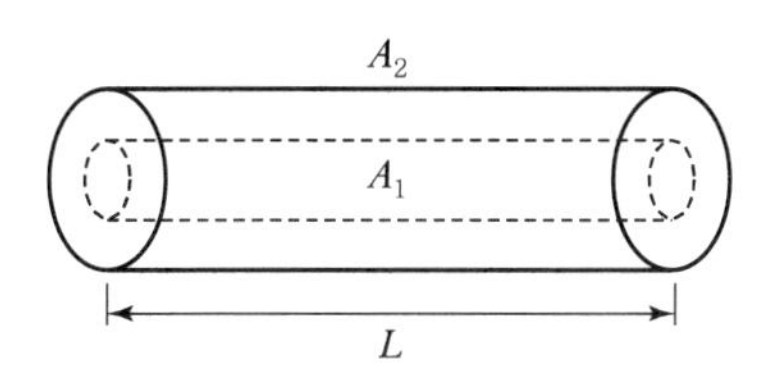

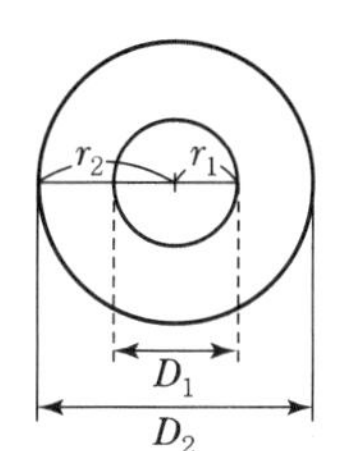

$$q = \frac{k_{av} \overline{A}_L (t_1 - t_2)}{l} = \frac{t_1 - t_2}{\dfrac{l}{k_{av} \overline{A}_L}} = \frac{\Delta t}{R} [\text{kcal/h}]$$

$$l = r_2 - r_1,\ \ \overline{A_L} = 2\pi \bar{r} L = \pi \overline{D_L} L = \frac{A_2 - A_1}{\ln \dfrac{A_2}{A_1}}$$

Reference

평균전열면적($\overline{A_L}$)

- $\dfrac{A_2}{A_1} < 2$인 경우, 산술평균 $\overline{A} = \dfrac{A_1 + A_2}{2} = \dfrac{\pi L(D_1 + D_2)}{2}$
- $\dfrac{A_2}{A_1} \geq 2$인 경우, 대수평균 $\overline{A}_L = \dfrac{A_2 - A_1}{\ln \dfrac{A_2}{A_1}} = \dfrac{\pi L(D_2 - D_1)}{\ln \dfrac{D_2}{D_1}}$

TIP

$\dfrac{A_2}{A_1} < 2$일 때는 산술평균과 대수평균의 차이가 작기 때문에 산술평균을 사용해도 된다.

TIP

평균

- 산술평균 : $\overline{A} = \frac{A_1 + A_2}{2}$
- 대수평균 : $\overline{A_L} = \frac{A_2 - A_1}{\ln \frac{A_2}{A_1}}$
- 기하평균 : $\overline{A_{av}} = \sqrt{A_1 A_2}$

4) 중공구벽의 전도(구상벽)

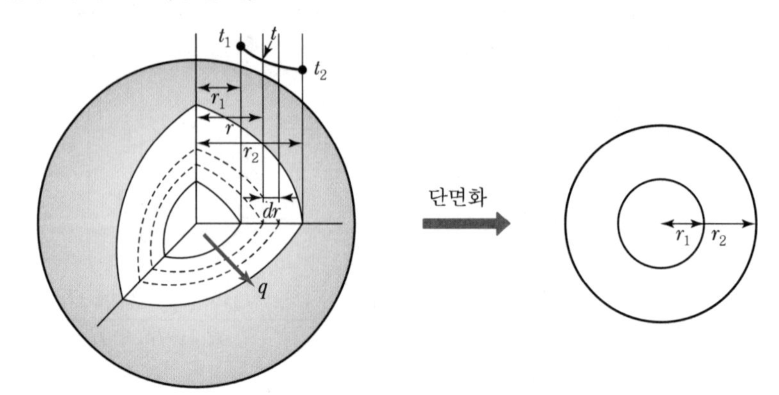

$$q = k_{av}\frac{\sqrt{A_1 A_2}}{r_2 - r_1}(t_1 - t_2) = \frac{(t_1 - t_2)}{\dfrac{l}{k_{av}A_{av}}} = \frac{\Delta t}{R}\text{[kcal/h]}$$

$$A = 4\pi r^2 [\text{m}^2]$$

$$A_{av} = \sqrt{A_1 A_2}\ (\text{기하평균})$$

$$l = r_2 - r_1$$

5) 보온재로 싸여 있는 원통벽

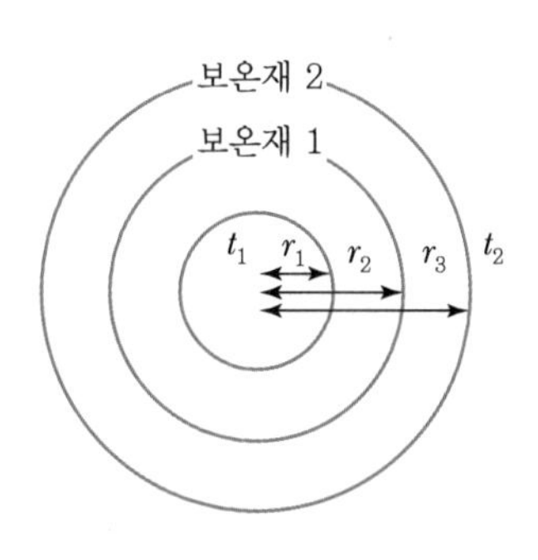

$$q = \frac{t_1 - t_2}{R_1 + R_2}$$

$$A = 2\pi \overline{r}_L L = \pi \overline{D}_L L$$

$\frac{r_2}{r_1} \geq 2,\ \frac{r_3}{r_2} < 2$인 경우

$$R_1 = \frac{l_1}{k_1 \overline{A}_L} = \frac{r_2 - r_1}{\dfrac{k_1 2\pi(r_2 - r_1)L}{\ln \dfrac{r_2}{r_1}}}$$

$$R_2 = \frac{l_2}{k_2 \overline{A}} = \frac{r_3 - r_2}{k_2 2\pi\left(\dfrac{r_2 + r_3}{2}\right)L}$$

$$\therefore\ q = \frac{(t_1 - t_2)}{\dfrac{\ln\left(\dfrac{r_2}{r_1}\right)}{k_1 \cdot 2\pi L} + \dfrac{r_3 - r_2}{k_2 \cdot \pi(r_2 + r_3)L}}$$

Exercise 01

벽의 외부는 두께 6cm의 벽돌로 되어 있고, 내부는 두께 10cm의 콘크리트로 되어 있다. 바깥 표면온도가 0℃이고, 안쪽 표면온도가 18℃일 때 단위면적당 열손실을 구하시오.(단, 벽돌과 콘크리트의 열전도도는 각각 0.0015cal/cm s ℃와 0.002cal/cm s ℃이다.)

풀이

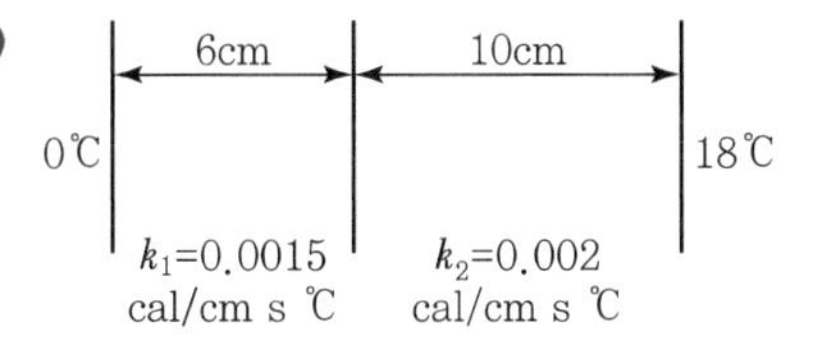

$$q = \frac{t_1 - t_3}{R_1 + R_2} = \frac{t_1 - t_3}{\dfrac{l_1}{k_1 A_1} + \dfrac{l_2}{k_2 A_2}}$$

$$\frac{q}{A} = \frac{t_1 - t_3}{\dfrac{l_1}{k_1} + \dfrac{l_2}{k_2}}$$

$$= \frac{18}{\dfrac{6}{0.0015} + \dfrac{10}{0.002}} = 2 \times 10^{-3}\text{cal/cm}^2\text{ s}$$

Exercise 02

노벽의 두께가 100mm이고, 그 외측은 50mm의 석면으로 보온되어 있다. 벽의 내면온도가 400℃, 석면의 바깥쪽 온도가 20℃일 경우 두 벽 사이의 온도와 단위면적당 열전달량을 구하시오.(단, 노벽과 석면의 평균열전도도는 각각 5.5kcal/m h ℃, 0.15kcal/m h ℃이다.)

풀이

0.1m 0.05m
400℃ 20℃
k_1=5.5 kcal/m h ℃ k_2=0.15 kcal/m h ℃

$$q = \frac{\Delta t}{R_1 + R_2} = \frac{t_1 - t_3}{\dfrac{l_1}{k_1 A_1} + \dfrac{l_2}{k_2 A_2}}$$

$$\frac{q}{A} = \frac{400 - 20}{\dfrac{0.1}{5.5} + \dfrac{0.05}{0.15}} = 1{,}081\text{kcal/m}^2\text{ h}$$

$\Delta t : \Delta t_1 = R : R_1$

$380 : (400 - t_2) = 0.35 : 0.018$

$\therefore\ t_2 = 380.45℃$

Exercise **03**

외측 반경 100mm, 내측 반경 50mm의 중공구상벽($k_{av}=0.04\text{kcal/m h ℃}$)이 있다. 외벽 및 내벽의 온도를 각각 20℃, 200℃라고 할 때 구에서의 열손실을 구하시오.

풀이

$$q=k_{av}\frac{\sqrt{A_1A_2}}{r_2-r_1}(t_1-t_2)$$

$$A=4\pi r^2$$

$$A_1=4\pi(0.05)^2=0.0314\,\text{m}^2$$

$$A_2=4\pi(0.1)^2=0.1256\,\text{m}^2$$

$$l=r_2-r_1=0.1-0.05=0.05\text{m}$$

$$\therefore\ q=(0.04\text{kcal/m h ℃})\frac{\sqrt{(0.0314)(0.1256)}}{0.05}(200-20)\text{℃}=9.04\text{kcal/h}$$

Exercise **04**

3중 효용관의 처음 증발관에 들어가는 수증기의 온도는 130℃이고, 맨끝 효용관의 용액의 비점은 52℃이다. 각 효용관의 총괄전열계수가 각각 500, 200, 100kcal/m² h ℃일 때 제1효용관 액의 비점을 구하시오.

풀이

$$\Delta t : \Delta t_1 : \Delta t_2 = R : R_1 : R_2$$

$$R : R_1 : R_2=\frac{1}{U}:\frac{1}{U_1}:\frac{1}{U_2}=\frac{1}{500}:\frac{1}{200}:\frac{1}{100}=2:5:10$$

$$(130-52):\Delta t_1=(2+5+10):2$$

$$\Delta t_1=130-t_2=9.18$$

$$\therefore\ t_2=120.82\text{℃}$$

Exercise **05**

흐르고 있는 기체의 온도를 열전대로 측정한다. 이 열전대의 끝부분은 직경 1.2mm의 구형 금속이다. 금속의 $\rho=8{,}000\text{kg/m}^3$, $C_p=450\text{J/kg K}$, $k=25\text{W/m K}$이고, 기체와 금속 사이의 경막계수 $h=310\text{W/m}^2\text{ K}$이다. 기체의 온도가 갑자기 200℃로부터 210℃로 변환된다면, 열전대의 온도가 209℃에 도달하는 데 걸리는 시간은?

풀이

$$r=0.6\times10^{-3}\text{m}$$

$$B_i=\frac{hr}{k}=\frac{(310\text{W/m}^2\text{ K})(0.6\times10^{-3}\text{m})}{25\text{W/m K}}=7.44\times10^{-3}$$

$B_i \ll 0.1$이므로 저항 무시

$$mC_p\frac{dT}{dt}=hA(T_f-T)$$

$$\frac{4}{3}\pi r^3\rho C_p\frac{dT}{dt}=h\times4\pi r^2(T_f-T)$$

$$\int_{T_a}^{T_b} \frac{dT}{T_f - T} = \int_0^t \frac{3h}{r\rho C_p} dt$$

$$-\ln \frac{T_f - T_b}{T_f - T_a} = \frac{3h}{r\rho C_p} t$$

$$\ln \frac{210-209}{210-200} = \ln \frac{1}{10} = \frac{-3h}{r\rho C_p} t$$

$$\therefore\ t = \frac{2.3 \times 0.6 \times 10^{-3} \times 8{,}000 \times 450}{3 \times 310} = 5.3\text{s}$$

2. 비정상상태의 열전도

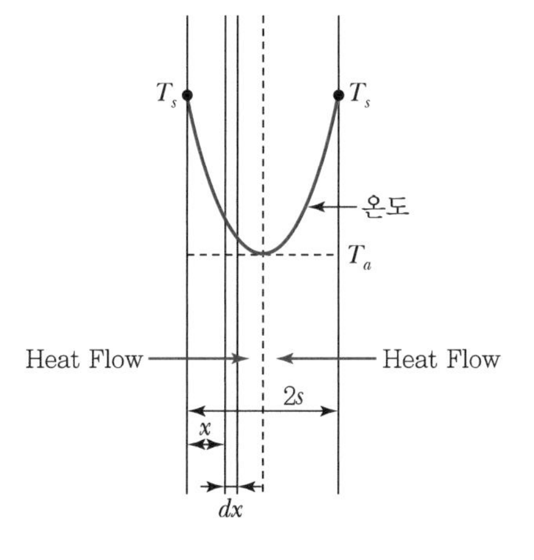

그림은 초기 균일온도 T_a에 있는 두께 $2s$인 큰 평판 중 한 단면으로, 양 표면을 가열하기 시작하여 급격히 온도가 상승되어 표면온도 T_s로 유지된다고 할 때 온도분포는 가열이 시작된 후 비교적 짧은 시간 t_T가 경과된 조건을 나타낸 것이다.

$$\frac{\partial T}{\partial t} = \frac{k}{\rho C_P} \frac{\partial^2 T}{\partial x^2} = \alpha \frac{\partial^2 T}{\partial x^2}$$

여기서, α : 열확산계수

1) 비정상상태 전도방정식

① 일반해는 무한 평면, 무한히 긴 실린더, 구와 같은 단순한 형태에서만 가능하다. 두께를 아는 무한 평판을 양쪽 측면으로부터 가열시키거나 냉각시킬 경우, 일정한 표면온도가 유지될 때 해는 다음과 같다.

TIP

- 평판 : $B_i = \frac{hs}{k}$
- 구 · 원통 : $B_i = \frac{hr_m}{k}$
- 구 : $F_0 = \frac{\alpha t_T}{r_m^2}$

TIP

유효계수법

작은 B_i(Biot 수)의 구에 대한 비정상상태 열수지식

$$\rho C_P \left(\frac{4}{3}\pi r_m^3\right) \frac{d\overline{T}_b}{dt} = U(4\pi r_m^2)(T_f - \overline{T}_b)$$

$$\frac{1}{U} \cong \frac{1}{h} + \frac{r_m}{5k}$$

$$\ln \frac{T_f - \overline{T}_b}{T_f - T_a} = -\frac{3Ut}{\rho C_P r_m}$$

예 유효계수

- 평판 : $\frac{2k}{r_m}$
- 긴 원통 : $\frac{3k}{r_m}$
- 구 : $\frac{5k}{r_m}$

$F_0 > 0.1$

- 무한원통

$$t_T = \frac{r_m^2}{5.78\alpha} \ln \frac{0.692(T_s - T_a)}{(T_s - \overline{T}_b)}$$

- 구

$$t_T = \frac{r_m^2}{9.87\alpha} \ln \frac{0.608(T_s - T_a)}{(T_s - \overline{T}_b)}$$

$$\frac{T_s - T}{T_s - T_a} = \frac{4}{\pi}\left[e^{-a_1 F_0}\sin\frac{\pi x}{2s} + \frac{1}{3}e^{-9a_1 F_0}\sin\frac{3\pi x}{2s} + \frac{1}{5}e^{-25a_1 F_0}\sin\frac{5\pi x}{2s} + \cdots\right]$$

여기서, T_s : 평판 표면의 일정한 평균온도, T_a : 평판의 초기온도

T : 거리 x, 시간 t_T에서의 국소온도

F_0 : Fourier 수$\left(F_0 = \frac{\alpha t_T}{s^2}\right)$

α : 열확산계수, t_T : 가열 또는 냉각시간

s : 평판 두께의 절반, $a_1 = \left(\frac{\pi}{2}\right)^2$

Exercise **06**

초기에 90℃인 8cm 두께의 다공성 세라믹 판이 물 분사에 의해 양면에서 냉각되어 그 표면이 30℃까지 내려간다. 그 고체의 특성값들은 ρ=1,050kg/m³, C_P=800J/kg K, k=1.8W/m K이다.

(1) 3분 후 중심의 온도와 표면과 중심 간 중간지점의 온도를 구하여라.

(2) 3분 후 평균온도를 구하여라.

풀이 (1) $\alpha = \frac{k}{\rho C_P} = \frac{1.8\text{W/m K}}{1{,}050\text{kg/m}^3 \times 800\text{J/kg K}} = 2.14 \times 10^{-6}$

$s = \frac{0.08}{2} = 0.04\text{m}$

$a_1 = \left(\frac{\pi}{2}\right)^2 = 2.467$

$t_T = 3\text{분} = 180\text{초}$

$F_0 = \frac{\alpha t_T}{s^2} = \frac{2.14 \times 10^{-6} \times 180}{0.04^2} = 0.2408$

$a_1 F_0 = 0.594$

- $x = s$인 경우

$$\frac{T_s - T}{T_s - T_a} = \frac{4}{\pi}\left[e^{-0.594}\sin\frac{\pi}{2} + \frac{1}{3}e^{-9(0.594)}\sin\frac{3\pi}{2}\right] = \frac{4}{\pi}(0.552 - 1.58 \times 10^{-3}) = 0.701$$

$T_s - T = 0.701(30 - 90) = -42 \quad \therefore\ T = 30 + 42 = 72℃$

- $x = 0.5s$인 경우

$$\frac{T_s - T}{T_s - T_a} = \frac{4}{\pi}\left[e^{-0.594}\sin\frac{\pi(0.5)}{2} + \frac{1}{3}e^{-9(0.594)}\sin\frac{3\pi(0.5)}{2}\right]$$

$$= \frac{4}{\pi}(0.390 + 1.12 \times 10^{-3}) = 0.498$$

$T_s - T = 0.498(-60) = -29.9 \quad \therefore\ T = 59.9℃$

(2) $F_0 = 0.241$

$\frac{T_s - \overline{T}_b}{T_s - T_a} = 0.45$

$\therefore\ \overline{T}_b = 57℃$

2) 반무한고체

① 온도변화가 고체의 어느 한 표면의 인접영역에만 제한되는 방법으로 고체를 가열하거나 냉각한다.

② 초기 균일온도 T_a에 있는 두꺼운 평면 굴뚝으로 갑자기 온도 T_s인 뜨거운 연도기체(Fuel Gas)가 통과되어 그 벽 내면이 가열된다고 가상하자. 굴뚝 안쪽 온도는 시간에 따라 변화되는데, 뜨거운 표면 근처는 빨리 변하고 먼 곳은 서서히 변한다. 벽이 아주 두껍다면 한참 동안 벽 외부의 표면온도는 변하지 않을 것이다. 이러한 조건하에서 열은 무한두께의 고체를 침투한다.

③ 뜨거운 쪽으로부터 거리 x지점에서의 온도 T를 나타내는 식

$$\frac{T_s - T}{T_s - T_a} = \frac{2}{\sqrt{\pi}} \int_0^Z e^{-Z^2} dZ$$

여기서, $Z = \frac{x}{2\sqrt{\alpha t}}$ (무차원)

x : 표면으로부터의 거리, α : 열확산계수

t : 표면온도의 변화의 시간(h)

Reference

침투거리(x_P)

온도변화가 표면온도에서 초기변화의 1%에 해당되는 표면으로부터의 거리로서 임의로 정의된 것이다.

$\frac{T - T_a}{T_s - T_a} = 0.01$ 또는 $\frac{T_s - T}{T_s - T_a} = 0.99$인 지점의 거리

$Z = 1.82$일 때 확률적분이 0.99값에 도달하므로

침투거리 $x_P = 3.64\sqrt{\alpha t}$

TIP

교반용기의 과도가열 또는 과도냉각

에너지축적률 = 에너지유입량 − 에너지유출량

$$m C_P \frac{dT}{dt} = UA(T_s - T)$$

여기서, T_a : 액체의 초기온도

T_b : 시간 t_T에서의 온도

$$\ln \frac{T_s - T_a}{T_s - T_b} = \frac{UA t_T}{m C_P}$$

Exercise **07**

갑작스런 한파로 대기온도가 48시간 동안 −20℃까지 내려간다.
(1) 초기의 대기온도가 5℃이었다면 수도관의 동결위험이 없도록 하려면 얼마나 깊이 묻어야 하는가?
(2) 이들 조건에서 침투거리를 구하여라.(단, 토양의 열확산계수는 $0.0011\text{m}^2/\text{h}$이며, $Z=0.91$이다.)

(1) $T_s = -20℃,\ T_a = 5℃,\ T = 0℃,\ t = 48\text{h},\ \alpha = 0.0011\text{m}^2/\text{h}$

$$\frac{T_s - T}{T_s - T_a} = \frac{-20 - 0}{-20 - 5} = 0.80$$

땅의 깊이 $x = 0.91 \times 2\sqrt{\alpha t} = 0.91 \times 2\sqrt{0.0011 \times 48} = 0.42\text{m}$

(2) 침투거리

$x_P = 3.64\sqrt{0.0011 \times 48} = 0.838\text{m}$

[02] 대류(Convection)

■ 대류

- 자연대류 : 가열이나 그 외에 의해 유체 내에 밀도차가 생겨 자연적으로 분자가 이동한다.
- 강제대류 : 유체를 교반하거나 펌프 등의 기구를 이용하여 기계적으로 열을 이동시킨다.

■ 경막(Viscous Film) : 유체가 고체벽에 접해 있을 때, 유체가 난류를 형성하고 있더라도 고체 표면에 근접하고 있는 부분은 거의 움직이지 않든가, 아니면 층류를 이루는 분자의 얇은 막이 존재한다. 경막은 대단히 얇은 막(Thin Film)이지만, 큰 저항을 나타내고, 실제로 고체와 유체 사이의 전열에서 온도강하는 주로 이 경막에서 일어난다.

1. 고체와 유체 사이의 열전달

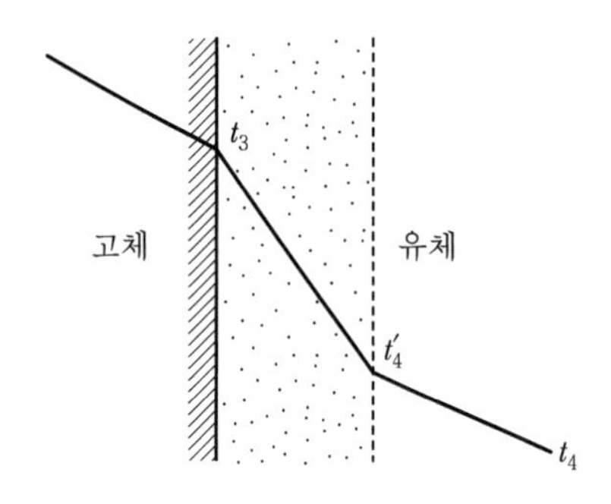

$$q = hA(t_3 - t_4) = hA\Delta t \text{[kcal/h]}$$

여기서, Δt : 고체벽과 유체 사이의 온도차
h : 경막 열전달계수(경막계수)

$$h = \frac{k}{l} \text{[kcal/m}^2 \text{ h ℃]}$$

2. 고체벽을 사이에 둔 두 유체 간의 열전달

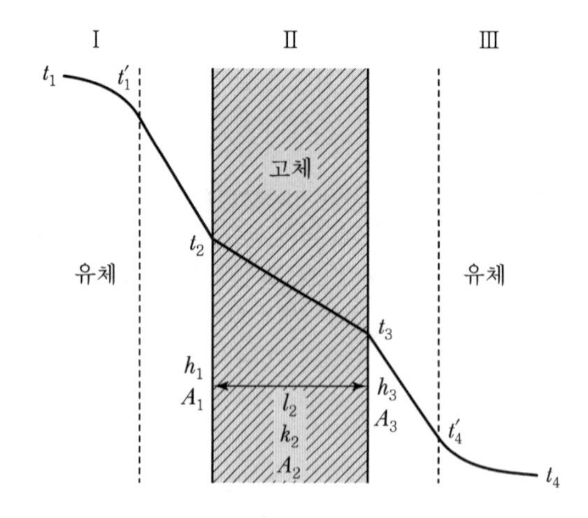

① 유체 Ⅰ

$$q = h_1 A_1 (t_1 - t_2) = \frac{t_1 - t_2}{\dfrac{1}{h_1 A_1}} \text{[kcal/h]}$$

② 고체 Ⅱ

$$q = k_2 A_2 \frac{(t_2 - t_3)}{l_2} = \frac{t_2 - t_3}{\dfrac{l_2}{k_2 A_2}} \text{[kcal/h]}$$

③ 유체 Ⅲ

$$q = h_3 A_3 (t_3 - t_4) = \frac{t_3 - t_4}{\dfrac{1}{h_3 A_3}}$$

④ 총괄열전달계수

$$q = \frac{t_1 - t_4}{\dfrac{1}{h_1 A_1} + \dfrac{l}{k_2 A_2} + \dfrac{1}{h_3 A_3}} = \frac{\Delta t}{R_1 + R_2 + R_3}$$

$$U_1 = \frac{1}{\dfrac{1}{h_1} + \dfrac{l_2 D_1}{k_2 \overline{D}_L} + \dfrac{D_1}{h_3 D_3}} \text{[kcal/m}^2\text{ h ℃]}$$

A_1을 기준으로 했을 때 총괄열전달계수(Overall Heat Transfer Coefficient)

$$q = UA\Delta t \text{[kcal/h]}$$

⑤ 총괄계수의 특수한 경우

$$U_o = \frac{1}{\dfrac{1}{h_i} + \dfrac{l_2}{k_2} + \dfrac{1}{h_o}} \text{[kcal/m}^2\text{ h ℃]}$$

㉠ h_i가 h_o와 비교하여 아주 크고, 오염효과는 무시할 수 있고 금속벽의 저항이 $\dfrac{1}{h_o}$에 비해 아주 작을 때 사용한다.

㉡ 접촉면이 일정한 경우 사용한다.

⑥ 한 유체의 경막계수 h_o의 값이 다른 값에 비해 아주 작을 경우 $\dfrac{1}{h_o}$이 아주 크게 된다. 가장 큰 저항이 지배저항(율속저항)이 되어 $U_o \fallingdotseq h_o$가 된다.

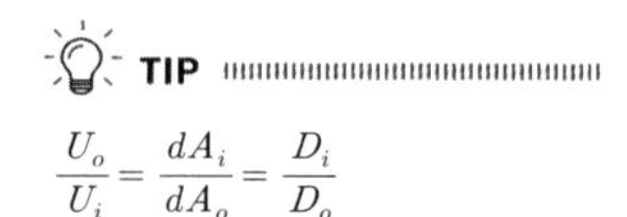

TIP

$$\frac{U_o}{U_i} = \frac{dA_i}{dA_o} = \frac{D_i}{D_o}$$

TIP

• 내경기준 총괄열전달계수

$$U_i = \frac{1}{\dfrac{1}{h_i} + \dfrac{l_2 D_i}{k_2 \overline{D}_L} + \dfrac{D_i}{h_o D_o}}$$

• 외경기준 총괄열전달계수

$$U_o = \frac{1}{\dfrac{D_o}{h_i D_i} + \dfrac{l_2 D_o}{k_2 \overline{D}_L} + \dfrac{1}{h_o}}$$

여기서, $\overline{D}_L = \dfrac{D_o - D_i}{\ln \dfrac{D_o}{D_i}}$

⑦ 임계절연 반지름(r_{cr})

평면벽의 경우 단열재를 추가할수록 열전달이 감소하는데, 구형 또는 원관의 경우는 단열재가 추가될수록 표면적이 일정하지 않고 증가하므로 대류열저항은 감소한다. 따라서 열전달이 최대가 되는 지점이 존재하며 이를 임계절연 반지름(임계단열 반지름)이라 한다.

㉠ 임계절연 반지름

$$r_{cr} = \frac{k}{h}$$

Reference

원관에서의 단위길이당 총 열저항 ΣR

$$\Sigma R = \frac{\ln(r_2/r_1)}{2\pi k} + \frac{1}{2\pi r_2 h}$$

$$\frac{d\Sigma R}{dr_2} = 0, \quad \frac{1}{2\pi k r_2} - \frac{1}{2\pi {r_2}^2 h} = 0$$

$$\frac{1}{k} = \frac{1}{r_2 h} \quad \therefore \ r_{cr} = \frac{k}{h}$$

㉡ 구형일 경우 임계절연 반지름

$$r_{cr} = \frac{2k}{h}$$

[03] 열전달에 관계되는 무차원수

1. 레이놀즈 수(Reynolds Number, N_{Re})

$$N_{Re} = \frac{D\bar{u}\rho}{\mu} = \frac{D\bar{u}}{\nu} = \frac{\text{관성력}}{\text{점성력}}$$

여기서, μ : 점도(kg/m s)
ν : 동점도(m^2/s)
ρ : 밀도(kg/m^3)
$\bar{u}$: 평균속도(m/s)
D : 관의 직경(m)

① N_{Re}가 작으면 점성력이 크고 N_{Re}가 크면 관성력이 크다.

② N_{Re}가 증가하면 관성력이 증가하여 유체 내에서 작은 미동(교란)이 확산되고 난류로 전이가 일어난다.

③ 강제대류에 작용하는 지배적 물성이다.

2. 너셀 수(Nusselt Number, N_{Nu})

$$N_{Nu} = \frac{hD}{k} = \frac{\text{대류열전달}}{\text{전도열전달}} = \frac{\frac{1}{k}}{\frac{1}{hD}} = \frac{\text{전도열저항}}{\text{대류열저항}}$$

여기서, h : 대류열전달계수(kcal/m² h ℃)
k : 열전도계수(kcal/m h ℃)
D : 관의 직경(m)

① 무차원 열전달계수. 국부, 평판, 원통 등에 사용할 수 있다.

② $N_{Nu} \fallingdotseq 1$은 대류효과가 매우 약하거나 없다.(전도만 존재)

③ N_{Nu}가 큰 것은 대류에 의한 열전달이 크다는 것을 의미한다.

④ 자연대류에서는 $f(N_{Gr},\ N_{Pr})$의 관계가 있고,
강제대류에서는 $f(N_{Re},\ N_{Pr})$의 관계가 있다.

⑤ 자연대류에서는 N_{Nu}가 표면과 자유흐름의 온도차에 의존한다.

TIP

국부 너셀 수

$$N_x = \frac{x}{D} = \frac{\text{표면에서의 온도구배}}{\text{총 온도구배}}$$

3. 프란틀 수(Prandtl Number, N_{Pr})

$$N_{Pr} = \frac{C_P\mu}{k} = \frac{\text{운동량의 전달(확산)}}{\text{열에너지의 전달(확산)}}$$
$$= \frac{\nu}{\alpha} = \frac{\text{층류경계층에서 운동량의 전달량}}{\text{층류경계층에서 열에너지의 전달량}}$$
$$= \frac{\text{동역학적 경계층(속도)의 두께(확산도)}}{\text{열경계층의 두께(확산도)}}$$

여기서, C_P : 비열(kcal/kg ℃)
α : 열확산도(m²/s)

$$\alpha = \frac{k}{\rho C_P}$$

μ : 점도(kg/m s)
ν : 동점도(m²/s)
k : 열전도도(kcal/m s ℃)

TIP

- $N_{Pr} > 1$: 속도경계층이 열경계층보다 빠른 속도로 증가(확산)한다.
- $N_{Pr} = 1$: 속도경계층이 열경계층과 같은 속도로 증가(확산)한다.
- $N_{Pr} < 1$: 속도경계층이 열경계층보다 느린 속도로 증가(확산)한다.

4. 그라쇼프 수(Grashof Number, N_{Gr})

$$N_{Gr} = \frac{gD^3\rho^2\beta\Delta t}{\mu^2} = \frac{gD^3\beta\Delta t}{\nu^2} = \frac{부력}{점성력}$$

여기서, β : 부피팽창계수(1/℃)
Δt : 온도차(℃)

① 자연대류에 큰 영향을 미치는 N_{Gr}은 강제대류에서 N_{Re}와 같은 역할을 한다.

② $N_{Ra} = N_{Gr} \cdot N_{pr}$

TIP

부력의 영향 판별

- $\frac{N_{Gr}}{{N_{Re}}^2} \gg 1$: 부력이 지배적이며, 자연대류에 의해 유동이 발생한다.
- $\frac{N_{Gr}}{{N_{Re}}^2} \fallingdotseq 1$: 자연대류≒강제대류
- $\frac{N_{Gr}}{{N_{Re}}^2} \ll 1$: 강제대류가 지배적이다.

5. 스탠톤 수(Stanton Number, N_{St})

$$N_{St} = \frac{h}{\rho C_p u} = \frac{h}{C_p G} = \frac{벽과\ 유체\ 사이의\ 대류속도}{유체흐름의\ 열전달\ 용량} = \frac{N_{Nu}}{N_{Re} \times N_{Pr}}$$

6. 비오트 수(Biot Number, N_{Bi})

$$N_{Bi} = \frac{\frac{hV}{A}}{k} = \frac{hL}{k} = \frac{대류열전달}{전도열전달} = \frac{내부열저항}{외부열저항}$$
$$= \frac{고체\ 표면에서의\ 대류열전달계수}{고체\ 내부거리\ L을\ 통한\ 열전도도}$$

여기서, $L = \frac{V}{A}$: 물체의 특성길이

TIP

- $N_{Bi} < 0.1$: 평판 내부의 온도분포가 균일하다.
- $N_{Bi} \gg 1$: 표면의 대류열전달계수 > 고체 내부의 열전도도
- $N_{Bi} \ll 1$: 표면의 대류열전달계수 < 고체 내부의 열전도도
- $N_{Bi} = 0$: 물체 내부 온도가 모두 균일한 이상적인 상태

7. 푸리에 수(Fourier Number, N_{Fo})

$$N_{Fo} = \frac{\alpha t}{\left(\frac{V}{A}\right)^2} = \frac{\alpha t}{L^2} = \frac{거리\ L을\ 통해\ 전도되는\ 열}{거리\ L에\ 걸쳐\ 저장되는\ 열}$$
$$= \frac{체적에서의\ 거리를\ 통과하는\ 열전달률}{체적에서의\ 열저장률}$$

여기서, α : 열확산계수
L : 열이 전도되는 길이

TIP

- $N_{Fo} \gg 1$: 열적 정상상태로 접근한다. 열의 침투가 빠르다.
- $N_{Fo} \fallingdotseq 1$: 전이 상태에 있는 거동을 보인다.
- $N_{Fo} \ll 1$: 전도물질 대부분에서 전이 효과가 미비하다.
- $\frac{T - T'}{T_o - T'} = e^{-N_{Bi} \cdot N_{Fo}}$

  여기서, T' : 주위유체의 온도
  T_o : 초기온도
  T : 최종온도

8. 페클렛 수(Peclet Number, N_{Pe})

$$N_{Pe} = (N_{Re})(N_{Pr}) = \frac{Du\rho C_P}{k}$$

9. 그레츠 수(Graetz Number, N_{Gz})

$$N_{Gz} = \frac{\dot{m} C_P}{kL}$$

여기서, $\dot{m}$: 질량유량

Reference

슈미트수(Schmidt수)

$$N_{Sc} = \frac{\mu}{\rho D} = \frac{\nu}{D} = \frac{\text{운동학점도}}{\text{분자확산도}}$$

물질이동에서 농도경계층과 속도경계층의 상대적 크기에 관계되는 무차원수

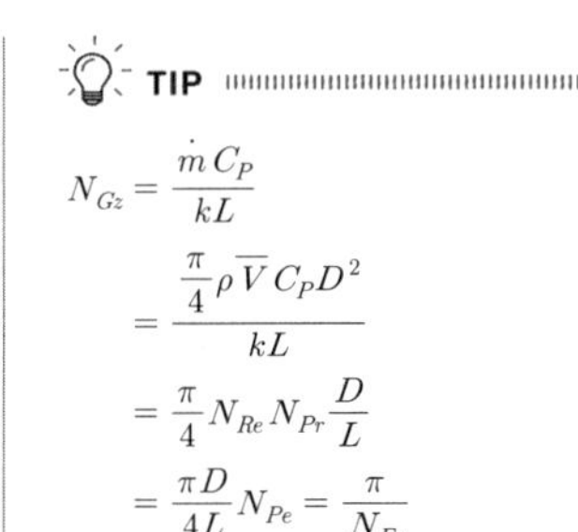

TIP

$N_{Gz} = \frac{\dot{m} C_P}{kL} = \frac{\frac{\pi}{4}\rho \overline{V} C_P D^2}{kL} = \frac{\pi}{4} N_{Re} N_{Pr} \frac{D}{L} = \frac{\pi D}{4L} N_{Pe} = \frac{\pi}{N_{Fo}}$

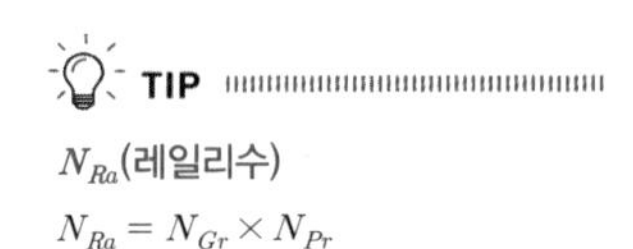

TIP

N_{Ra}(레일리수)

$N_{Ra} = N_{Gr} \times N_{Pr}$

[04] 경막계수

1. 상변화를 동반하지 않는 강제대류에서의 경막계수

1) 유체가 관 내로 흐르는 경우

(1) N_{Re} > 10,000, Dittus Boelter 식

$$\frac{hD}{k} = 0.023\left(\frac{Du\rho}{\mu}\right)^{0.8}\left(\frac{C_p\mu}{k}\right)^n$$

여기서, $N_{Pr}{}^n$ 가열 시 $n = 0.4$, 냉각 시 $n = 0.3$, 일반적으로 $n = \frac{1}{3}$을 사용한다.

$$N_{Nu} = 0.023 N_{Re}{}^{0.8} N_{Pr}{}^n$$

$$N_{St} = 0.023(N_{Re})^{-0.2}(N_{Pr})^{-\frac{2}{3}}$$

N_{St}는 스탠톤 수(Stanton Number)

$$N_{St} = \frac{h}{C_p G} = \frac{(hD/k)}{(DG/\mu)(C_p\mu/k)} = \frac{N_{Nu}}{N_{Re} \cdot N_{Pr}}$$

TIP

- Reynolds 유사성
  $f = 0.046 N_{Re}{}^{-0.2}$
- Colburn 유사성
  $j_H = 0.023 N_{Re}{}^{-0.2} = \frac{f}{2}$

(2) 2,700 < N_{Re} < 10,000, Sieder–Tate 식

$$N_N = \frac{hD}{k} = 0.023 N_{Re}{}^{0.8} N_{Pr}{}^{\frac{1}{3}}\left(\frac{\mu}{\mu_w}\right)^{0.14}$$

여기서, μ_w : 벽온도에서의 점도

(3) 층류인 경우

$$\frac{hD}{k}=1.86\left[\left(\frac{Du\rho}{\mu}\right)\left(\frac{C_p\mu}{k}\right)\left(\frac{D}{L}\right)\right]^{\frac{1}{3}}\left(\frac{\mu}{\mu_s}\right)^{0.14}=1.86N_{Gz}^{\frac{1}{3}}\left(\frac{\mu}{\mu_w}\right)^{0.14}$$

$$N_{Gz}=\frac{\dot{m}C_p}{kL}=\frac{\pi}{4}N_{Re}\cdot N_{Pr}\cdot\frac{D}{L}$$

2) 유체가 원형 이외의 유로를 흐를 경우

상당직경(D_e)을 사용한다.

$$D_e=4\times\frac{\text{유로의 단면적}}{\text{열전달면의 둘레}}$$

◆ 수력학적 반지름

유로의 단면적을 열전달면의 둘레로 나눈 것

TIP

$$D_e=4\times\frac{\frac{\pi}{4}(D_s^2-nD^2)}{\pi(D_s+nD)}=\frac{D_s^2-nD^2}{D_s+nD}$$

Reference

내경 D_s의 투관(Jacket) 가운데 외경 D의 전열관이 n개 있는 다관식 열교환기의 상당직경은 다음 식과 같다.

$$D_e=4\times\frac{\frac{\pi}{4}\left(D_s^2-nD^2\right)}{n\pi D}=\frac{D_s^2-nD^2}{nD}$$

2. 증기가 응축할 때의 경막계수(상변화)

1) 포화증기의 응축

(1) 막상응축(Film Condensation)

① 응축한 액이 피막상으로 벽면에 붙어서 중력에 의해 흘러내리는 현상

② 응축할 때 방출하는 열량이 흘러내리는 응축액의 막을 통과하여 고체면에 전달되므로 액의 점도가 높을 때는 막이 두꺼워져서 저항이 커지므로 열전달 속도는 적상응축의 1/10 정도이다.

(2) 적상응축(Dropwise Condensation)

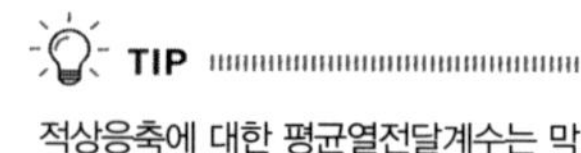

TIP

적상응축에 대한 평균열전달계수는 막상응축의 5~8배가 된다.

① 직접 증기와 접촉하는 고체면이 넓어서 열전달속도는 막상응축의 2배 이상이 된다.

② 열전달면에 먼지가 있거나 증기 중에 유분이 포함되어 있을 때 이것이 핵이 되어 적상으로 되기 쉽다.

③ 응축 전달면에서 적상응축이 요구되지만 일반적으로 유기물은 적상응축을 일으키기 곤란하며 벽면이 부식 또는 오염되어 있을 경우에도 일어나기 힘들다.

Reference

전열을 좋게 하기 위한 방법(적상응축을 촉진하는 방법)

- 동관에 크롬도금을 한다.
- 벽면에 기름을 바른다.
- 증기 중에 소량의 유분을 가한다.
- 증기 중에 소량의 올레인산과 메르캅탄을 가한다.

2) 증기가 비응축 기체를 포함하고 있는 경우

① 탈기구(Vent)를 설치한다.

② 수증기 중 0.5% 정도의 공기 함유 시 h는 1/2로 감소한다.

③ 응축액, 비응축기체의 신속한 제거가 필요하다.

3) 포화액체의 풀비등(Pool Boiling)

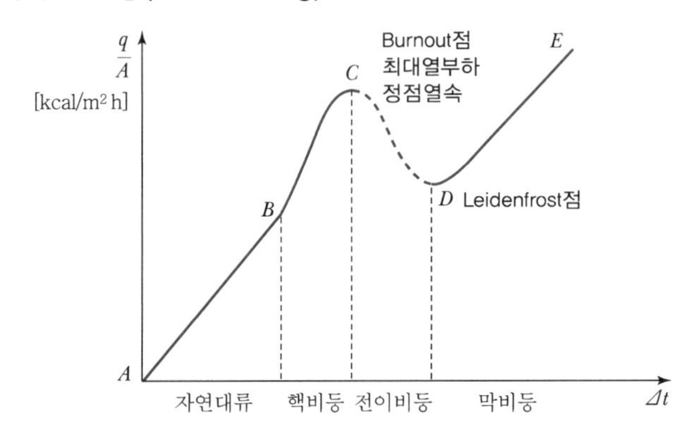

① AB 구간(자연대류 영역) : 비등을 수반하지 않고 가열관의 온도가 액체의 비점과 거의 같은 온도에 도달하면 기포가 발생한다. 기포가 발생하면 교란효과가 있어 열전달계수 h가 매우 증가하여 q/A가 직선적으로 급격히 증가한다.

② BC 구간(핵비등 영역) : AB보다 기울기가 더 큰 직선으로 표시된다. 기포의 발생이 더욱 활발해져 열전달계수와 q/A (Heat Flux, 열부하)는 증가하여 최대점 C에 도달하게 된다. C점을 번아웃점(Burnout Point)이라 한다. C점에서의 Δt를 임계온도차(Critical Temperature Drop), q/A를 최대열부하, 최대열플럭스, 정점열플럭스(Peak Flux)라고 한다.

③ CD 구간(전이비등 영역) : 열전달면에 불안정한 증기막이 형성되어 q/A (열부하)는 감소하여 최소점 D, 라이덴프로스트(Leidenfrost)점에 도달한다.

④ DE 구간(막비등 영역) : 표면온도가 다시 증가하면 가열표면은 증기막으로 덮이며 이 층을 통과하는 열은 전도와 복사에 의해 전달된다. 열부하(q/A)는 계속 상승하여 최대열부하를 갖게 된다. 이 현상은 비등 열전달의 특징이며, 복사 열전달이 전도 열전달보다 중요하게 취급되는 구간이다.

TIP

비등곡선
포화온도의 물속에 수평가열관을 담가 가열할 경우의 비등특성곡선이다.

TIP

열부하가 C점 이상으로 증가하면 가열면 온도는 E점에 도달하고, 이 온도는 대부분의 경우 금속의 융점 이상이므로 C점 이상으로 열부하를 증가시키면 열전달면은 타버리게 된다는 의미이다. C점 이상의 열부하에 액체의 물성값이나 열전달면의 재질에 따라서 물리적 파손이 반드시 일어난다고는 할 수 없지만, 설계상의 한도를 나타내는 것이다.

3. 열교환기의 평균온도차

① 뜨거운 유체로부터 고체벽을 통해 차가운 유체로 열이 전달되는 경우, 일반식은 다음과 같다.

$$q = UA_{av}\Delta t_{av}[\mathrm{kcal/h}]$$

고온 : $q = WC(T_1 - T_2)$

저온 : $q = wc(t_1 - t_2)$

여기서, Δt : 평균온도차, C : 비열(kcal/kg ℃)

∴ 열전달속도 : $q = UA\Delta t = WC(T_1 - T_2) = wc(t_1 - t_2)$

② 포화증기가 T_1에서 응축하여 그 온도의 액체로 되어 나갈 경우 열전달속도는 $q = w'\lambda = wc(t_2 - t_1)$과 같다.

여기서, λ : T_1에서 증발(응축)잠열(kcal/kg)

w' : 증기의 응축량(kg/h)

Reference

평균온도차

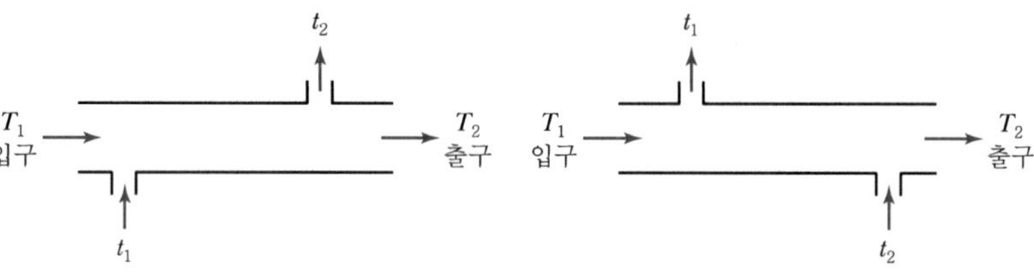

향류식

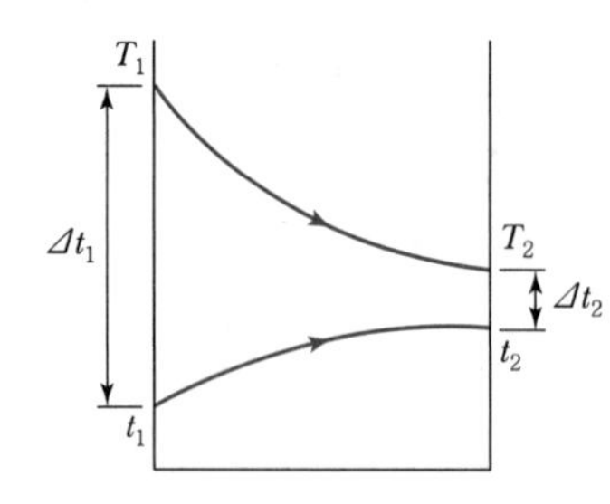

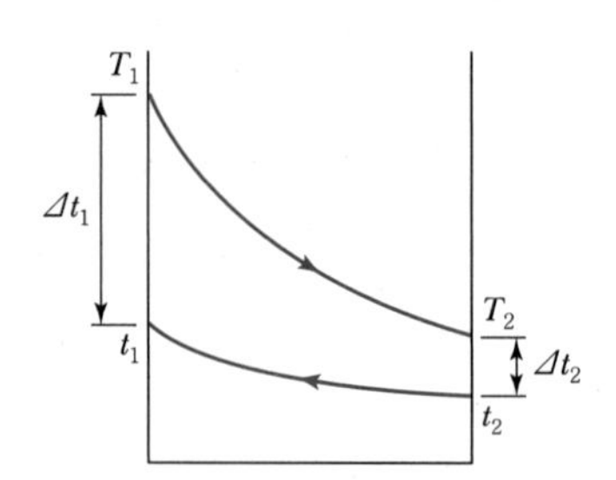

여기서 Δt_1은 온도차가 큰 구간에서의 온도차이고 Δt_2는 작은 온도차를 말한다.

- $\dfrac{\Delta t_1}{\Delta t_2} < 2$인 경우, $\Delta \bar{t}_m = \dfrac{\Delta t_1 + \Delta t_2}{2}$
- $\dfrac{\Delta t_1}{\Delta t_2} \geq 2$인 경우, $\Delta \bar{t}_m = \dfrac{\Delta t_1 - \Delta t_2}{\ln \dfrac{\Delta t_1}{\Delta t_2}}$

TIP

- 병류 = 평행류
- 향류 : 열전달속도가 빠르고 효율이 우수하다.

Reference

유체의 엔트로피 변화

$$\Delta S = \dot{m}C_p \ln\frac{T_2}{T_1} - \dot{m}R\ln\frac{P_2}{P_1}$$

만일 $P_1 = P_2$이면,

$$\Delta S = \dot{m}C_p \ln\frac{T_2}{T_1} \text{[kcal/K h]}$$

여기서, $\dot{m}$: 질량유량(kg/h)
C_p : 유체의 정압비열(kcal/kg K)
T_1 : 유체의 처음 온도
T_2 : 유체의 나중 온도

TIP

여기서 $\dot{m}$(질량유량) 외에 m(질량), n(몰), $\dot{n}$(몰유속)이 대신할 수 있으며 $\dot{m}$, m이 주어지면 C_p는 kcal/kg K이 되고 n, $\dot{n}$이 주어지면 C_p는 kcal/mol K이 된다. ΔS의 단위도 $\dot{m}$, $\dot{n}$은 kcal/K h, m, n은 kcal/K이 된다.

[05] 복사(Radiation)

1. 흑체(Perfect Black Body)와 회색체(Gray Body)

1) 흑체

① 흡수율(α) = 1인 물체 : 받은 복사에너지를 전부 흡수하고 반사나 투과는 전혀 없다.($\gamma = 0$, $\delta = 0$)

② 주어진 온도에서 최대가능방사력을 가지는 이상적인 방사체이다.

③ 흑체는 실제로는 없지만, 하나의 작은 구멍에서 들여다보는 공동의 내부는 흑체라고 할 수 있다.

2) 회색체

① 온도에 따라 변하지 않는 이상적인 물체로 표면의 흡수율은 모든 파장에 걸쳐 같다.

② 표면에서 단색광의 복사능이 모든 파장에 대해 같다.

2. 복사에너지

$$1 = \gamma + \delta + \alpha = \text{반사율} + \text{투과율} + \text{흡수율}$$

여기서, α : 복사에너지 중 그 물체에 흡수된 비율(흡수율, 흡수능)
γ : 복사에너지 중 그 물체에 반사된 비율(반사율, 반사능)
δ : 복사에너지 중 그 물체에 투과된 비율(투과율, 투과능)

3. 흑체복사의 기본법칙

1) 스테판－볼츠만(Stefan－Boltzmann)의 법칙

완전 흑체에서 복사에너지는 절대온도의 4승에 비례하고 열전달 면적에 비례한다.

$$q_B = 4.88A\left(\frac{T}{100}\right)^4 [\text{kcal/h}] = \sigma A T^4$$
$$= 4.88 \times 10^{-8} A T^4$$

여기서, σ : Stefan－Boltzmann 상수

$\sigma = 4.88 \times 10^{-8} \text{kcal/m}^2 \text{ h K}^4 = 0.1713 \times 10^{-8} \text{BTU/ft}^2 \text{ h R}^4$

실제 물체(Real Body)

$$q = \varepsilon q_B = 4.88\varepsilon A\left(\frac{T}{100}\right)^4 (q_B > q)$$

Reference

ε(Emissivity, 복사능, 흑도)

같은 온도에서 흑체와 그 물체의 복사력의 비

$0 < \varepsilon < 1 \quad \varepsilon = \dfrac{W}{W_b}$

여기서, W : 물체의 복사강도

W_b : 흑체의 복사강도

◆ 회색체(Gray Body)
표면에서 복사능이 같은 물체

2) 빈(Wien's)의 법칙

주어진 온도에서 최대복사강도의 파장 λ_{max}는 절대온도에 반비례한다.

$$\lambda_{max} T = C$$

C는 T(K)일 때 $C = 0.2898\text{cm}$

고온인 태양복사에너지의 파장은 짧고(단파), 저온인 지구복사에너지의 파장은 길다(장파).

- $1\text{Å} = 10^{-10}\text{m}$
- $1\mu\text{m} = 10^{-6}\text{m}$

3) 플랑크(Planck's)의 법칙

① Planck는 흑체가 내놓는 스펙트럼(Spectrum)에서의 에너지 분포, 즉 흑체의 단색광 복사력을 온도와 파장의 관계로 나타낸 식이다.

② 주어진 파장에서 온도가 증가하면 복사력이 증가하고 파장은 짧아진다.

$$W_{b\lambda} = \frac{2\pi hc^2\lambda^{-5}}{e^{hc/k\lambda T}-1} = \frac{C_1\lambda^{-5}}{e^{hc/k\lambda T}-1}$$

여기서, $W_{b\lambda}$: 흑체의 단색광 방사력 h : 플랑크 상수
c : 광속 2.898×10^8m/s λ : 복사파장
k : Boltzmann 상수 T : 절대온도
$C_1 : 2\pi hc^2 = 3.22\times10^{-16}\text{kcal/m}^2\ \text{h} = 3.742\times10^{-16}\text{W m}^2$

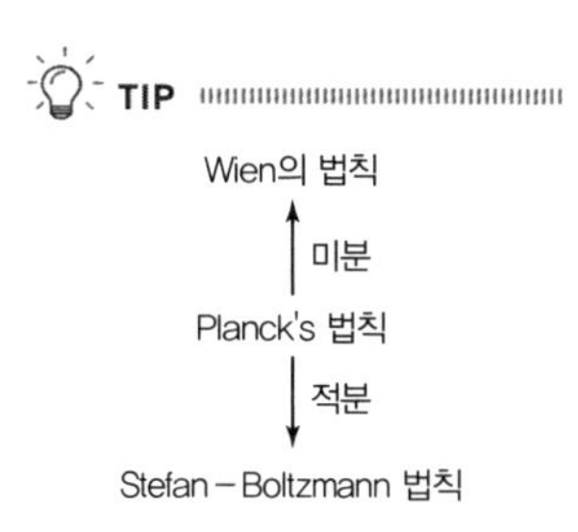

4) 코사인 법칙

반사율과 흡수율이 입사각에 무관하다고 가정한다. 이 법칙의 의미는 확산표면에 대해 표면을 떠나는 복사선의 강도가 그 면을 바라보는 각도에 무관하다는 뜻이다.

5) 키르히호프(Kirchhoff)의 법칙

① 온도가 평형에 있을 때, 어떤 물체에 대한 전체복사력과 흡수능의 비는 그 물체의 온도에만 의존한다.
복사력 W_1, W_2, 흡수능(흡수율) α_1, α_2에 대하여

$$\frac{W_1}{\alpha_1} = \frac{W_2}{\alpha_2} = \frac{W_b}{1}$$

$$\alpha_1 = \frac{W_1}{W_b} = \varepsilon_1,\ \alpha_2 = \frac{W_2}{W_b} = \varepsilon_2$$

② 어떤 물체가 주위와 온도평형에 있으면 그 물체의 복사능과 흡수능은 같다.
흑체의 복사력 $= W_b$, 흑체의 흡수능(흡수율) $\alpha = 1$

$\therefore\ \varepsilon_1 = \alpha_1,\ \varepsilon_2 = \alpha_2,\ \varepsilon_n = \alpha_n$(Kirchhoff's Law)
∴ 온도평형에서, 복사능=흡수능

4. 두 물체 사이의 복사전열

$$\mathcal{F}_{1.2} = \frac{1}{\frac{1}{F_{1.2}} + \left(\frac{1}{\varepsilon_1}-1\right) + \frac{A_1}{A_2}\left(\frac{1}{\varepsilon_2}-1\right)}$$

여기서, $\mathcal{F}$: 총괄적 교환인자(Over All Interchange Factor)
$F_{1.2}$: 시각인자, 교환인자, 호환인자
표면 2에 의해 직접적으로 차단되는 표면 1의 복사에너지의 분율
$\Sigma F_{i.j} = 1$

① 무한히 큰 두 평면이 서로 평행하게 있을 경우($A_1 = A_2$)

$$\mathcal{F}_{1.2} = \frac{1}{1+\left(\frac{1}{\varepsilon_1}-1\right)+\left(\frac{1}{\varepsilon_2}-1\right)} = \frac{1}{\frac{1}{\varepsilon_1}+\frac{1}{\varepsilon_2}-1}$$

A_1이 A_2만 보므로 $F_{1.2}=1$

$$\therefore\ q = 4.88A_1\frac{1}{\frac{1}{\varepsilon_1}+\frac{1}{\varepsilon_2}-1}\left[\left(\frac{T_1}{100}\right)^4-\left(\frac{T_2}{100}\right)^4\right]\text{[kcal/h]}$$

② 한쪽 물체에 다른 물체가 둘러싸인 경우($A_2 > A_1$)

$$\mathcal{F}_{1.2} = \frac{1}{1+\left(\frac{1}{\varepsilon_1}-1\right)+\frac{A_1}{A_2}\left(\frac{1}{\varepsilon_2}-1\right)} = \frac{1}{\frac{1}{\varepsilon_1}+\frac{A_1}{A_2}\left(\frac{1}{\varepsilon_2}-1\right)}$$

$$\therefore\ q = 4.88A_1\frac{1}{\frac{1}{\varepsilon_1}+\frac{A_1}{A_2}\left(\frac{1}{\varepsilon_2}-1\right)}\left[\left(\frac{T_1}{100}\right)^4-\left(\frac{T_2}{100}\right)^4\right]\text{[kcal/h]}$$

③ 큰 공동 내에 작은 물체가 있을 경우($A_2 \gg A_1$)

$$\mathcal{F}_{1.2} = \frac{1}{1+\left(\frac{1}{\varepsilon_1}-1\right)} = \varepsilon_1$$

$$\therefore\ q = 4.88A_1\varepsilon_1\left[\left(\frac{T_1}{100}\right)^4-\left(\frac{T_2}{100}\right)^4\right]\text{[kcal/h]}$$

Exercise **01**

무한히 큰 두 평면이 서로 평행하게 있을 때 각각의 표면온도가 200℃, 600℃라고 한다면 복사에 의한 단위 면적당 전열량(kcal/m² h)을 구하시오.(단, 방사율은 각각 1로 가정한다.)

풀이

$$q = 4.88A_1\mathcal{F}_{1.2}\left[\left(\frac{T_1}{100}\right)^4-\left(\frac{T_2}{100}\right)^4\right]$$

$$\mathcal{F}_{1.2} = \frac{1}{\frac{1}{F_{1.2}}+\left(\frac{1}{\varepsilon_1}-1\right)+\frac{A_1}{A_2}\left(\frac{1}{\varepsilon_2}-1\right)} = \frac{1}{\frac{1}{\varepsilon_1}+\frac{1}{\varepsilon_2}-1} = 1$$

$$\therefore\ \frac{q}{A} = 4.88\times 1\left[\left(\frac{873}{100}\right)^4-\left(\frac{473}{100}\right)^4\right]$$

$$= 25{,}900.6\text{kcal/m}^2\text{h}$$

[06] 열전달장치

1. 열교환기

두 물질 간에 열에너지가 수수(授受)되며 그 작용을 유효하게 할 목적의 장치로 이중관식 열교환기, 다관식 열교환기가 있다.

2. 열교환기의 설계

1) 열전달량

$q = WC_p(T_1 - T_2) = wC_p(t_2 - t_1)$

$q = w\lambda$

여기서, W, w : 각각 고온 · 저온 유체의 질량

C_P : 유체의 평균 정압비열, λ : 증발잠열

2) 총괄열전달계수

관석의 영향을 고려할 경우 오염계수(Fouling Factor) h_d를 고려해야 한다.

① 내면기준 총괄전열계수(U_i)

$$U_i = \cfrac{1}{\cfrac{1}{h_i} + \cfrac{1}{h_{di}} + \cfrac{l}{k} \cdot \cfrac{D_i}{\overline{D_L}} + \cfrac{1}{h_o}\cfrac{D_i}{D_o} + \cfrac{1}{h_{do}}\cfrac{D_i}{D_o}}$$

② 외면기준 총괄전열계수(U_o)

$$U_o = \cfrac{1}{\cfrac{1}{h_i}\cfrac{D_o}{D_i} + \cfrac{1}{h_{di}}\cfrac{D_o}{D_i} + \cfrac{l}{k}\cfrac{D_o}{\overline{D_L}} + \cfrac{1}{h_o} + \cfrac{1}{h_{do}}}$$

③ $U_oD_o = U_iD_i$

 **TIP**

오염저항 R이 주어지는 경우 $\frac{1}{h_{di}}$ 대신 R_{di}, $\frac{1}{h_{do}}$ 대신 R_{do}를 넣어준다.

※ $\overline{D_L} = \dfrac{D_o - D_i}{\ln \dfrac{D_o}{D_i}}$

3) 열전달면적

$q = U_{av}\overline{A}_L \Delta t_{av}$에서 구한다.

여기서, Δt_{av} : 평균온도차, U_{av} : 총괄열전달계수

4) 오염계수(fouling factor)의 특성

① 추정오염계수가 너무 작을 때(오염계수가 클 때) : 열교환기의 능력이 저하되고 청소를 자주 해야 한다.

② 추정오염계수가 너무 클 때(오염계수가 작을 때) : 전열면적이 크고 실제운전에서 전열면적이 낭비되어 비경제적이다.

CHAPTER 02

증발

1. 증발관

1) 증발관의 종류

(1) 수평관식 증발관

조작이 조금 불편하나 거품이 나기 쉬운 액체를 증발할 때 적당하다.

① 침수식

② 액막식

㉠ 액의 깊이에 의한 비점 상승도가 매우 작다.

㉡ 끓는 온도에 있는 시간이 짧으므로 온도에 예민한 물질을 처리할 수 있다.

㉢ 거품이 생기기 쉬운 용액의 증발이 가능하다.

㉣ 조작이 침수식보다 어렵다.

◈ 침수식
용액 속에 잠겨 있는 수평관 내를 수증기가 통과하는 방식

◈ 액막식
수증기 속을 원액이 통과하는 방식

(2) 수직관식 증발관

① 표준형

② Basket형 : 소제할 때 Basket을 밖으로 뺄 수 있는 점이 편리

③ 장관형 : 거품을 잘 일으키는 액체, 점성이 큰 액체, 가열표면에 관석이나 결정을 잘 석출시키는 액체의 증발에 이용

④ 강제순환식

▼ 증발관의 비교

수평관식	수직관식
• 액층이 깊지 않아 비점 상승도가 작다. • 비응축 기체의 탈기효율이 우수하다. • 관석의 생성 염려가 없는 경우에 사용한다.	• 액의 순환이 좋으므로 열전달계수가 커서 증발효과가 크다. • Down Take : 관군과 동체 사이에 액의 순환을 좋게 하기 위해 관이 없는 빈 공간을 설치한다. • 관석이 생성될 경우 가열관 청소가 쉽다. • 수직관식이 더 많이 사용된다.

2) 증발관의 능력

증발관의 능력은 열전달속도(q)로 결정된다.

$$q = UA\Delta t\,[\text{kcal/h}]$$

여기서, U : 총괄열전달계수(kcal/m^2 h ℃)
A : 가열면적(m^2)
Δt : 유효온도차(℃) = 열원의 온도 − 비등액의 온도

유효온도차
= 겉보기온도차 − 비점상승도
= 열원의 온도 − 용액의 비점

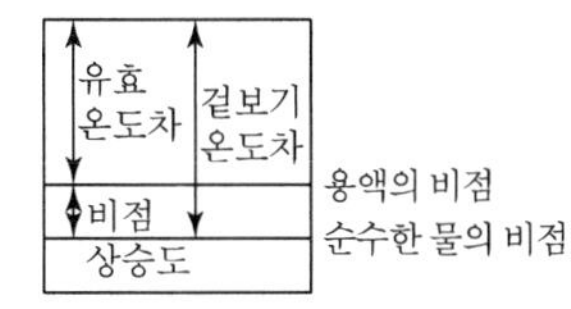

2. 증발관의 열원

열원으로 수증기를 사용할 때, 수증기의 응축잠열이 금속벽을 통해서 액으로 전달되어 용액의 비등이 일어난다.

1) 수증기를 열원으로 사용할 경우 이점

① 가열이 균일하여 국부적인 과열의 염려가 없다.
② 압력조절밸브의 조절에 의해 쉽게 온도를 변화, 조절할 수 있다.
③ 증기기관의 폐증기를 이용할 수 있다.
④ 물은 다른 기체, 액체보다 열전도도가 크므로, 열원 측의 열전달계수가 커진다.
⑤ 다중효용, 자기증기 압축법에 의한 증발을 할 수 있다.

◈ 수증기표(Steam Table)
물의 포화증기압, 증발잠열, 증기의 비용, 엔탈피(Enthalpy), 엔트로피(Entropy) 등을 종합하여 표시한 표

3. 증발조작에서 일어나는 현상

1) 비점 상승

일정온도에서 순수한 용매에 용질을 첨가하면 그 용액의 증기압은 용매의 증기압보다 낮아진다. 따라서 용액의 비점은 순용매의 비점보다 높아지며 이것을 비점 상승이라 한다.

Reference

듀링(Dühring)의 법칙

일정한 농도의 용액과 순용매가 동일한 증기압을 나타내는 온도는 서로 직선관계에 있다. 일정농도에서 용액의 비점과 용매의 비점을 플롯하면 직선이 되는데, 이를 듀링(Dühring) 선도라 한다.

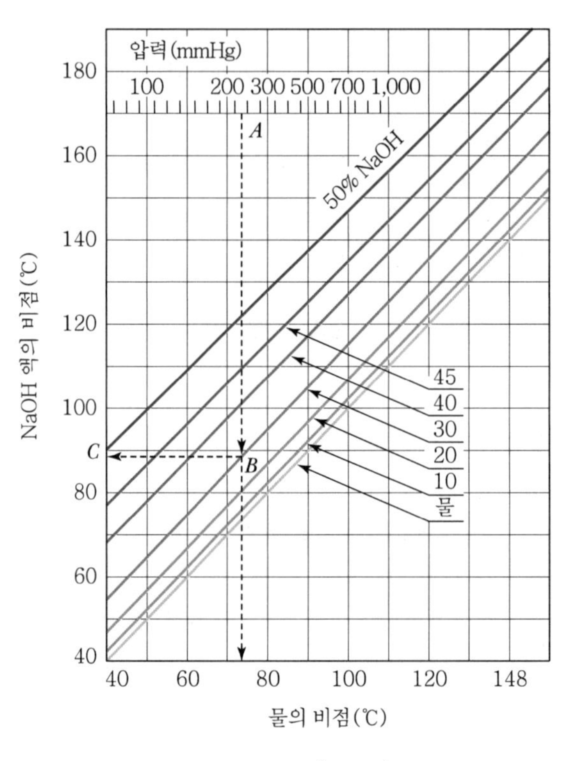

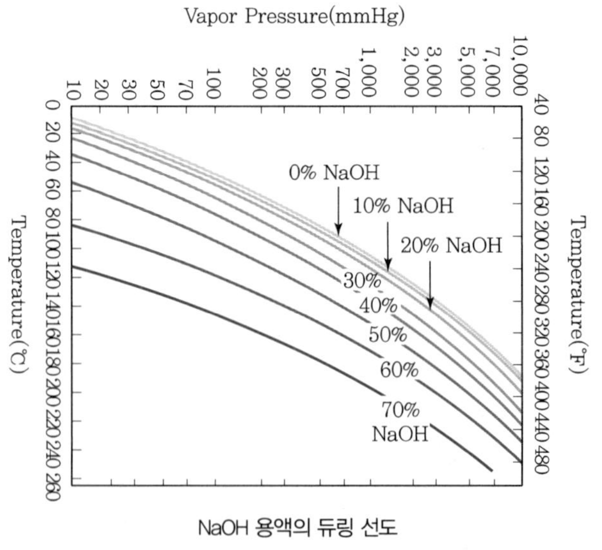

NaOH 용액의 듀링 선도

2) 비말동반(Entrainment)

증기 속에 존재하는 액체 방울의 일부가 증기와 함께 밖으로 배출되는 현상으로, 기포가 액면에서 파괴될 때 생성된다. 비말동반은 용액의 손실과 응축액의 오염을 초래한다.

(1) 지배적 요인

① 액면에서의 증기발생속도
② 액의 밀도
③ 표면장력
④ 점도
⑤ 장치의 구조

(2) 비말분리법

① **침강법** : 증발관의 상부에 큰 공간을 두고 증기의 속도를 느리게 하여 큰 비말을 떨어뜨린다.
② **방해판** : 유로에 방해판을 설치하여 급격한 방향 전환으로 분리한다.
③ **원심력** : 증기에 회전운동을 주어 원심력에 의해 분리하는 방법이다.

3) 거품(Foam)

특히 유기물질은 증발하는 동안 거품이 인다. 비말동반(Entrainment)의 원인이 된다.

(1) 발생원인

액체 표면의 표면장력이 주부 액체와 다른 액체를 형성하는 것과 표면층을 안정하게 하는 미세 고체나 콜로이드 물질에 의하여 생성된다.

(2) 제거방법

① 거품을 가열표면까지 끌어올려 뜨거운 표면과 접촉하여 부서지게 하는 방법
② 거품층에 수증기를 분출하여 파괴하는 방법
③ 방해판에 거품을 운반하는 액체를 고속으로 분출하여 기계적으로 부수는 방법
④ 황화피마자유, 면실유 등의 식물유 등을 첨가(소포제)
⑤ 방해판에 액체를 고속으로 분출하여 파괴
⑥ 강제순환식 증발관, 장관식 수직증발관 사용

4) 관석(Scale)

관벽에 침전물이 단단하고 강하게 부착되는 현상

(1) 역용해도곡선

대부분의 용질은 온도가 증가함에 따라 용해도가 증가하는데, $CaCO_3$, $CaSO_4$, Na_2SO_4, Na_2CO_3 등은 온도가 올라가면 용해도가 오히려 감소한다. 그러므로 이러한 염류가 포함된 용액을 가열하면 관벽에 침전이 석출하게 된다. 이것을 관석(Scale)이라 한다.

(2) 제거방법

① **기계적 방법** : 관석 제거기구를 사용
② **화학적 방법** : 산, 알칼리 등 화학약품으로 처리
③ **강제순환식 증발관** : 액체 순환속도를 크게 하여 관석의 생성속도를 감소시킴

4. 단일효용증발의 계산 

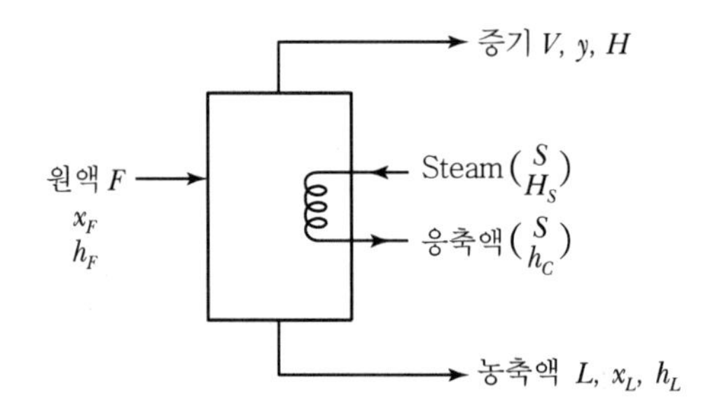

1) 물질수지식

$$F = L + V$$

용질의 물질수지식 $Fx_F = Lx_L + Vy$

2) 열수지식

$$Fh_F + SH_S = VH + Lh_L + Sh_C$$

$$Fh_F + S(H_S - h_C) = VH + Lh_L$$

3) 증발기의 가열면에 주어지는 열량

$$q = S(H_S - h_C) = S\lambda_S$$

$$q = S(H_S - h_C) = FC(t_2 - t_1) + V\lambda_V$$

여기서, λ_S : 수증기잠열(kcal/kg), λ_V : t_2에서 용액의 증발잠열
C : 원액 $t_1 \sim t_2$ 사이의 평균비열(kcal/kg ℃)
t_1 : 원액의 온도, t_2 : 장치 내 액의 비점
H_S, h_C : 같은 온도에서 포화증기와 응축수의 엔탈피
$H_S - h_C = \lambda_S$: 물의 증발잠열

◈ 잠열
상이 변할 때 발생하는 열
예 증발잠열, 응축잠열

TIP

유체의 엔트로피 변화

- $\Delta S = \dot{n} C_p \ln \frac{T_2}{T_1} - \dot{n} R \frac{P_2}{P_1}$
  여기서, $\dot{n}$: 몰유속(mol/h)
  C_p : 유체의 비열 (kcal/mol K)
  T_1 : 유체의 초기온도
  T_2 : 유체의 나중온도
- 전체 엔트로피 변화
  $\Delta S_T = \Delta S_H + \Delta S_C$
  여기서,
  ΔS_H : 고온유체의 엔트로피 변화
  ΔS_C : 저온유체의 엔트로피 변화

5. 다중효용증발

① 다중효용관은 수증기의 효율을 높이기 위해 증발관을 2중 이상으로 설치하여 증발관에서 발생한 증기를 다시 이용하는 것이 목적이다.

② 효용관의 수는 경제성을 고려하여 결정한다. 관수를 늘리면 가열증기 1kg당 증발수량(kg)이 커져서 수증기의 양은 절약되지만, 1관당 유효온도차가 작아져서 증발관의 총괄열전달면적이 증가하기 때문에 고정비용(건설비, 유지비)이 관수에 비례하여 증가한다.

TIP

효용관의 수

보통 2~4의 효용수로 설계하지만 비점 상승이 작을 때는 5~6으로 한다.

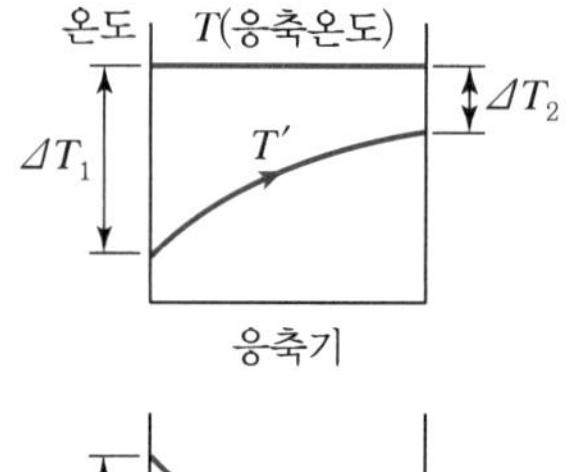

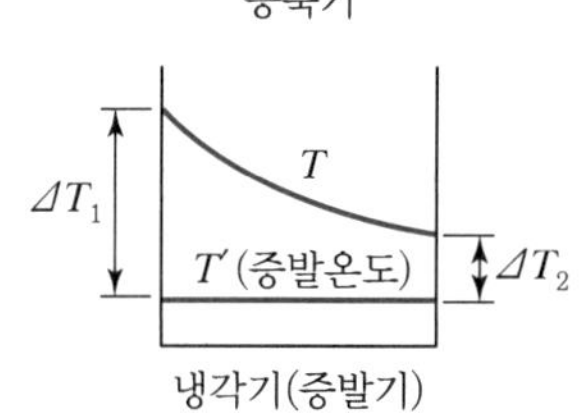

6. 급액방법

순류식 급액	농도가 가장 큰 액이 가장 낮은 온도에 있는 관에서 끓는다.
역류식 급액	순류식의 결점을 보강한 것으로 마지막 관에서 원액을 급송한다. 액이 저압에서 고압으로 흐르므로 각 관마다 펌프가 필요하다.
혼합식 급액	순류식, 역류식의 결점을 제거한 방식이다.
평행식 급액	각 증발관에 원액을 공급하고 수증기만을 순환시키는 방법이다. 각 관은 단일효용관과 같은 역할을 한다.

7. 진공증발

① 열원으로 폐증기를 이용할 경우, 온도가 낮으므로 농도가 높고 비점이 큰 용액의 증발은 불가능할 때가 많다. 이러한 경우에 진공펌프를 이용해서 관 내의 압력과 비점을 낮추어 유효한 증발을 할 수 있다. 즉, 진공증발이란 저압에서의 증발을 의미하며 증기의 경제가 주목적이다.

② 과즙이나 젤라틴과 같이 열에 예민한 물질을 진공증발 함으로써 저온에서 증발시킬 수 있어 열에 의한 변질을 방지할 수 있다.

CHAPTER 03

온도계

◆ 열전현상

두 개의 서로 다른 금속도선의 양 끝을 연결하여 폐회로를 구성하고 양단에 온도차를 주면, 두 접점 사이에 전위차가 발생한다. 이를 열전현상이라 하고, 이 때 발생한 전위차를 열기전력이라 한다.

1. 열전대온도계(Thermocouple)

1) 원리

서로 다른 두 종류의 금속을 접합하여 양접점의 온도를 다르게 하여 열기전력을 발생시킨다. 이 기전력을 측정하여 온도를 측정하는 것이다. 이와 같은 효과를 제베크 효과(Seeback Effect)라고 한다.

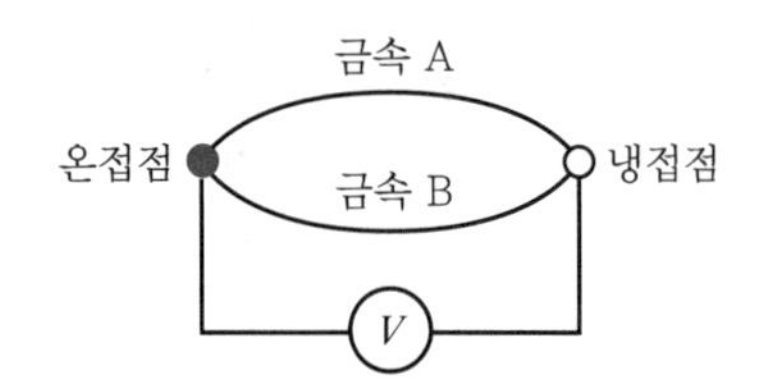

Reference

열전현상

(1) **제베크 효과**(Seeback Effect)
서로 다른 두 금속선 양쪽 끝을 접합하여 폐회로를 구성하고 한 접점에 열을 가하게 되면 두 접점의 온도차로 생기는 전위차에 의해 전류가 흐르게 되는 현상

(2) **펠티에 효과**(Peltier Effect)
열전대에 전류를 흐르게 했을 때 전류에 의해 발생하는 줄열 외에도 열전대의 각 접점에서 발열 또는 흡열작용이 일어나는 현상

(3) **톰슨 효과**(Thomson Effect)
동일한 금속에서 부분적인 온도차가 있을 때 전류를 흘리면 발열 또는 흡열이 일어나는 현상

2) 종류

Type	종류	기호	사용금속		사용온도	특징
			(+)	(−)		
R	백금－로듐	PR	백금－로듐	백금(100%)	0∼1,600℃	• 고온측정에 적합하며 고가이다. • 환원성 분위기에 약하다.
K	크로멜－알루멜	CA	크로멜	알루멜	−200∼1,200℃	• 열기전력이 크다. • 환원성 분위기에 강하다.
J	철－콘스탄탄	IC	철(100%)	콘스탄탄	−200∼800℃	• 열기전력이 크다. • 환원성에 강하나 산화성에는 약하다.
T	구리－콘스탄탄	CC	구리(100%)	콘스탄탄	−200∼350℃	• 저온용으로 사용한다. • 열기전력이 크고, 저항 및 온도계수가 작다.
E	크로멜－콘스탄탄	CRC	크로멜	콘스탄탄	−200∼800℃	• 전기저항이 높다. • 중저온용으로 저온에서 많이 사용한다.

◈ 보상도선

열전대와 거의 같은 기전력 특성을 갖는 전선을 보상도선이라 하며, 주로 구리와 구리－니켈 합금의 조합으로 되어 있다.

2. 방사온도계(Radiation Pyrometer)

물체로부터 나오는 방사에너지를 측정하여 온도를 측정하는 것으로 비교적 높은 온도 측정에 사용되는 비접촉식 온도계이다.

Reference

광고온계(Optical Pyrometer)

방사온도계의 하나로 측정물의 휘도를 표준램프의 휘도와 비교하여 온도를 측정한 것으로 700℃를 넘는 고온체, 온도계를 직접 삽입할 수 없는 고온체의 온도를 측정하는 데 사용된다. 파장에 따라 온도가 달라진다는 빈(Wien)의 법칙을 이용한 것이다.

◈ 휘도

한 방향에서 본 물체의 밝기 정도

3. 온도계의 보정

섭씨온도는 물의 어는점을 0℃, 물의 끓는점을 100℃로 하고 그 사이를 100등분한 것이다. 온도계의 눈금이 부정확한 경우 아래 식을 이용하여 온도를 보정한다.

$$T = T_b\left(\frac{t - t_0}{t_{100} - t_0}\right)$$

여기서, T : 보정온도

T_b : 끓는점

t : 온도계가 나타내는 온도

t_{100} : 온도계로 측정한 시료의 끓는점

t_0 : 온도계로 측정한 시료의 어는점

실전문제

01 내경 5cm, 외경이 10cm인 원통벽의 열전도도가 0.1kcal/m h ℃이고, 내면 온도 100℃, 외면 온도가 20℃일 경우, 그 원통 1m당 열손실을 구하라.

해설

$$\overline{A}_L = \pi DL = \pi \times \frac{0.1-0.05}{\ln\frac{0.1}{0.05}} \times 1 = 0.227\text{m}^2$$

$$l = r_2 - r_1 = 5 - 2.5 = 2.5\text{cm} = 0.025\text{m}$$

$$q = \frac{\Delta t}{R} = \frac{t_1 - t_2}{\frac{l}{k\overline{A}_L}} = \frac{(100-20)}{\frac{0.025}{0.1\times 0.227}} = 72.6\text{kcal/h}$$

02 두께 0.5cm, 열전도도가 40kcal/m h ℃인 금속벽의 한쪽에서는 120℃의 물이 흐르고 있다. 벽 양쪽의 경막열전달계수가 각각 6,000 및 1,800kcal/m^2 h ℃일 때, 총괄열전달계수는 얼마인가?

해설

$$U = \frac{1}{\frac{1}{h_1}+\frac{l_2}{k_2}+\frac{1}{h_3}} = \frac{1}{\frac{1}{6{,}000}+\frac{0.005}{40}+\frac{1}{1{,}800}}$$

$$= 1{,}180\text{kcal/m}^2\text{ h ℃}$$

03 증기가 통과하는 외반경 50mm인 강관에 두께가 50mm인 A보온재($k=0.06$kcal/m h ℃)를 바르고, 그 위에 25mm의 B보온재($k=0.075$kcal/m h ℃)를 감았다. A보온재의 내면 및 B보온재의 외면 온도가 각각 170℃, 38℃일 경우, 길이 1m당 다음을 구하라.

(1) 전체 열저항은 얼마인가?

(2) 열손실(kcal/h)은 얼마인가?

(3) A와 B보온재 사이의 온도는 몇 ℃인가?

해설

(1)

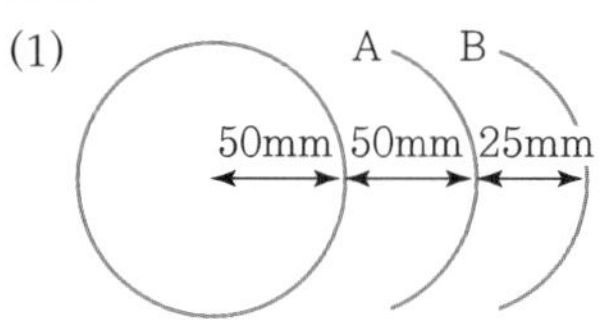

$$A : \overline{A}_L = \pi D_L L = 2\pi r_L L = 2\pi\frac{0.1-0.05}{\ln\frac{0.1}{0.05}}\times 1$$

$$= 0.453\text{m}^2$$

$$\therefore R_A = \frac{l_A}{k_A\overline{A}_L} = \frac{0.05}{0.06\times 0.453} = 1.84$$

$$B : \overline{A}_L = 2\pi r_L L = 2\pi\frac{0.125+0.1}{2}\times 1 = 0.706$$

$$\therefore R_B = \frac{l_B}{k_B\overline{A}_L} = \frac{0.025}{0.075\times 0.706} = 0.472$$

$$R = R_A + R_B = 1.84 + 0.472 = 2.312\text{h ℃/kcal}$$

(2) $q = \dfrac{\Delta t}{R} = \dfrac{\Delta t}{R_A + R_B} = \dfrac{(170-38)\text{℃}}{1.84+0.472} = 57.1\text{kcal/h}$

(3) $R : R_A = \Delta t : \Delta t_A$

$$\Delta t_A = \frac{R_A}{R}\Delta t = \frac{1.84}{2.312}(170-38) = 105\text{℃} = 170 - t$$

$$\therefore t = 65\text{℃}$$

04 이중관 열교환기의 총괄열전달계수가 69kcal/m^2 h ℃이고, 더운 액체와 찬 액체를 향류로 접촉시켰더니, 더운 편의 온도가 65℃에서 25℃로 내려가고, 찬 편의 온도가 20℃에서 55℃로 올라갔다. 1m^{2}의 면적당 열교환율은 얼마인가?

해설

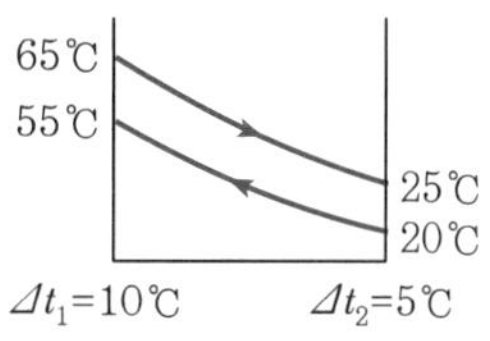

$$q = UA\Delta\bar{t}_L = 69\text{kcal/m}^2\text{ h ℃} \times 1 \times \frac{10-5}{\ln\frac{10}{5}}$$

$$= 497.7\text{kcal/h}$$

05 노벽의 두께가 200mm이고, 그 외측은 75mm의 석면으로 보온되어 있다. 벽의 내면 온도 400℃, 외면 온도가 38℃일 경우, 노벽 $10m^2$에서 3h 동안 잃은 열량을 구하여라.(단, 노벽과 석면의 평균 열전도도는 3.3, 0.13kcal/m h ℃이다.)

해설

$$q = \frac{\Delta t}{R_1 + R_2}$$

$$R_1 = \frac{l_1}{k_1 A_1} = \frac{0.2}{3.3 \times 10} = 0.00606\text{h ℃/kcal}$$

$$R_2 = \frac{0.075}{0.13 \times 10} = 0.0577\text{h ℃/kcal}$$

$$\therefore q = \frac{(400-38)}{0.00606 + 0.0577} = 5{,}677.5\text{kcal/h}$$

$$\therefore Q = q \times \theta = 5{,}677.5\text{kcal/h} \times 3\text{h} = 17{,}033\text{kcal}$$

06 이중관 열교환기에서 100℃의 수증기 1kg(λ = 539kcal/kg)을 39℃까지 냉각하기 위해서는 10℃의 지하수 몇 kg이 필요한가?(단, 냉각수의 배출온도는 70℃이고, 물의 비열은 1이다.)

해설

$$q = 1\text{kg} \times 539\text{kcal/kg} + 1\text{kg} \times 1\text{kcal/kg ℃} \times (100-39)\text{℃}$$

$$= 600\text{kcal}$$

고온의 수증기가 잃은 열량 = 저온의 지하수가 얻은 열량

$$q = m_c C\Delta t = m_c \times 1\text{kcal/kg ℃} \times (70-10)\text{℃} = 600\text{kcal}$$

$$\therefore m_c = 10\text{kg}$$

07 2중 열교환기에서 외관의 고온 유체 입구 온도 110℃, 출구 온도가 100℃이며, 내관의 저온 유체의 입구 온도 20℃, 출구 온도가 75℃였다. 향류로 흐를 경우 대수평균 온도차는 몇 ℃인가?

해설

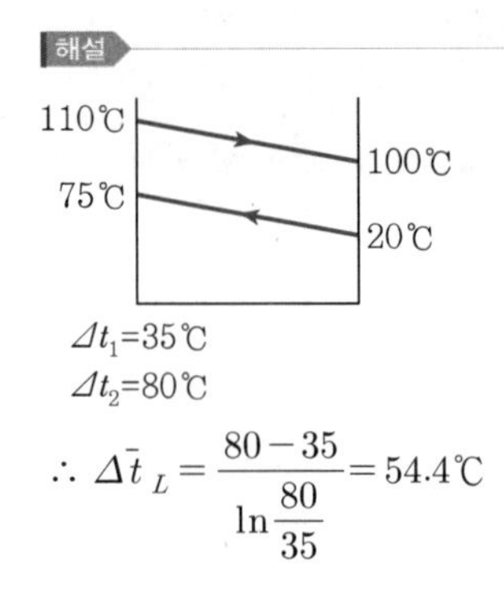

Δt_1=35℃

Δt_2=80℃

$$\therefore \Delta\bar{t}_L = \frac{80-35}{\ln\frac{80}{35}} = 54.4\text{℃}$$

08 내경이 10in인 투관(Jacket) 가운데 외경이 3in인 전열관이 3개 있는 다관식 열교환기의 상당직경(D_{eq})을 구하여라.

해설

$$D_{eq} = 4 \times \frac{\text{유로의 단면적}}{\text{열전달면의 둘레}}$$

$$= 4 \times \frac{\frac{\pi}{4}D_s^2 - n\frac{\pi}{4}D^2}{\pi D n} = \frac{D_s^2 - nD^2}{nD}$$

$$= \frac{10^2 - 3 \times 3^2}{3 \times 3} = 8.11\text{in}$$

09 복사능 0.5, 전열면적 $2m^2$, 온도가 200℃인 물질이 복사능 0.8, 전열면적 $10m^2$, 온도가 100℃인 물질에 둘러싸여 복사 전열이 일어날 때 복사에너지를 구하여라.

해설

$$q_{1.2} = 4.88 A_1 \mathcal{F}_{1.2}\left[\left(\frac{T_1}{100}\right)^4 - \left(\frac{T_2}{100}\right)^4\right]$$

$$\mathcal{F}_{1.2} = \frac{1}{\frac{1}{F_{1.2}} + \left(\frac{1}{\varepsilon_1} - 1\right) + \frac{A_1}{A_2}\left(\frac{1}{\varepsilon_2} - 1\right)}$$

$$= \frac{1}{1 + \frac{1}{0.5} - 1 + \frac{2}{10}\left(\frac{1}{0.8} - 1\right)} = 0.488$$

$$q_{1.2} = 4.88 \times 2 \times 0.488\left[\left(\frac{473}{100}\right)^4 - \left(\frac{373}{100}\right)^4\right]$$

$$= 1{,}462.1\text{kcal/h}$$

10 연도 기체 가운데 온도계를 넣었을 경우 200℃를 나타냈다. 한편 연도의 벽 온도는 100℃이다. 온도계의 표면적이 연도의 내면적에 비해 상당히 작을 경우 온도계에서 연도벽에서의 복사전열량을 구하라.(단, 온도계 표면적은 150cm², 그 복사능은 0.9이다.)

해설

$$q = 4.88A_1\varepsilon_1\left[\left(\frac{T_1}{100}\right)^4 - \left(\frac{T_2}{100}\right)^4\right] \quad (A_2 \gg A_1)$$
$$= (4.88)(0.015)(0.9)\left[\left(\frac{473}{100}\right)^4 - \left(\frac{373}{100}\right)^4\right] = 20.2\text{kcal/h}$$

11 24℃의 실내에 보온용 수증기관(외경 100mm)이 있는데, 이 표면 온도는 40℃, 복사능은 0.92이다. 관의 길이 1m당 복사하는 열손실은 몇 kcal/h인가?

해설

$$q = 4.88A\varepsilon\left[\left(\frac{T_1}{100}\right)^4 - \left(\frac{T_2}{100}\right)^4\right]$$
$$A = \pi DL = 3.14 \times 0.1 \times 1 = 0.314\text{m}^2$$
$$\therefore\ q = (4.88)(0.314)(0.92)\left[\left(\frac{313}{100}\right)^4 - \left(\frac{297}{100}\right)^4\right]$$
$$= 25.6\text{kcal/h}$$

12 3층의 벽돌로 쌓은 노벽이 있다. 내부에서 차례로 열저항이 1.5kcal⁻¹ h ℃, 1.3kcal⁻¹ h ℃, 0.25kcal⁻¹ h ℃이다. 내부온도가 760℃, 외부온도가 38℃일 때, 둘째 벽과 넷째 벽 사이의 온도는?

해설

760℃	R_1 1.5	R_2 1.3	R_3 0.25	38℃

$t = ?$

$$q = \frac{\Delta t}{R_1 + R_2 + R_3}$$
$$= \frac{(760-38)℃}{(1.5+1.3+0.25)\text{h ℃/kcal}} = 236.7\text{kcal/h}$$
$$R = R_1 + R_2 + R_3$$
$$= 1.5 + 1.3 + 0.25 = 3.05$$

$$\Delta t : \Delta t_3 = R : R_3$$
$$\Delta t_3 = \frac{R_3}{R}\Delta t = \frac{0.25}{3.05}(760-38) = 59.2℃$$
$$\Delta t_3 = t - 38 = 59.2℃$$
$$\therefore\ t = 97.2℃$$

13 안지름이 10cm인 강관에 1atm, 15℃의 공기가 25m/s의 속도로 들어가 40℃로 나간다. 관 외벽온도를 150℃로 일정하게 하면 관의 소요길이는 약 얼마인가? (단, 공기의 평균밀도를 1.23kg/m³, 비열을 0.24kcal/kg ℃, 총괄열전달계수를 60kcal/m² h ℃으로 한다.)

해설

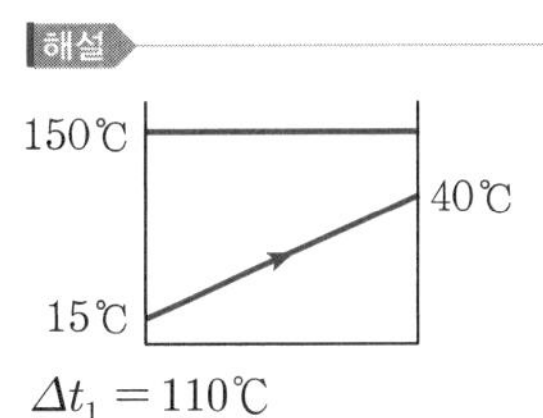

$$\Delta t_1 = 110℃$$
$$\Delta t_2 = 135℃$$

$$q = mc\Delta t = \rho\bar{u}Ac\Delta t$$
$$= (1.23\text{kg/m}^3)(25\text{m/s})$$
$$\times\left(\frac{\pi}{4}\times 0.1^2\text{m}^2\right)(0.24\text{kcal/kg ℃})(40-15)℃$$
$$= 1.45\text{kcal/s} = 5{,}220\text{kcal/h}$$

$$q = UA\Delta t = U \cdot \pi DL \cdot \Delta t$$
$$5{,}220\text{kcal/h}$$
$$= 60\text{kcal/m}^2\text{ h ℃} \times \pi \times 0.1 \times L \times \left(\frac{110+135}{2}\right)$$
$$\therefore\ L = 2.26\text{m}$$

14 열전도도가 0.5kcal/m h ℃, 두께가 25cm인 벽돌로 만든 가열로의 내벽 온도가 800℃, 외벽 온도가 50℃일 때 단위면적 m²당 열손실은 몇 kcal/m² h인가?

해설

$$\frac{q}{A} = \frac{\Delta t}{R} = \frac{(800-50)℃}{\dfrac{0.25\text{m}}{0.5\text{kcal/m h ℃}}} = 1{,}500\text{kcal/m}^2\text{ h}$$

15 메틸알코올이 이중관 열교환기의 내관에 흐르고 있으며 외관과 내관 사이에 흐르는 물에 의하여 냉각된다. 내관은 1in 규격 40인 파이프이며, 열전도도는 26BTU/ft h °F 단위로 다음과 같다.

알코올 측 계수 $h_i = 180$	내측 오염계수 $h_{di} = 1{,}000$
물 측 계수 $h_o = 300$	외측 오염계수 $h_{do} = 500$

내관의 외면을 기준으로 한 총괄전열계수(U_o)를 구하여라.(단, 1in 규격 40파이프의 $D_i = 1.049/12 = 0.0874\text{ft}$, $D_o = 1.315/12 = 0.1096\text{ft}$)

해설

$$U_i = \frac{1}{\frac{1}{h_i} + \frac{1}{h_{di}} + \frac{l_2}{k_2}\frac{D_i}{\overline{D}_L} + \frac{1}{h_o}\frac{D_i}{D_o} + \frac{1}{h_{di}}\frac{D_i}{D_o}} \text{ (내측 기준)}$$

$$U_o = \frac{1}{\frac{1}{h_i}\frac{D_o}{D_i} + \frac{D_o}{h_{di}D_i} + \frac{l_2 D_o}{k_2 \overline{D}_L} + \frac{1}{h_o} + \frac{1}{h_{do}}} \text{ (외측 기준)}$$

$$\overline{D}_L = \frac{D_o - D_i}{\ln\frac{D_o}{D_i}} = \frac{0.1096 - 0.0874}{\ln\frac{0.1096}{0.0874}} = 0.098\text{ft}$$

$$l_2 = r_o - r_1 = \frac{0.1096 - 0.0874}{2} = 0.0111\text{ft}$$

$$\therefore U_o = \frac{1}{\frac{1}{180}\frac{0.1096}{0.0874} + \frac{1}{1{,}000}\frac{0.1096}{0.0874} + \frac{0.0111}{26}\frac{0.1096}{0.098} + \frac{1}{300} + \frac{1}{500}}$$

$$= 71.3\text{BTU/ft}^2\text{ h °F}$$

16 물과 벤젠의 물성값이 다음 표와 같다. 프란틀 수를 계산하시오.

구분	벤젠	물
점도 μ(Pa s)	4.79×10^{-4}	9.67×10^{-4}
열전도도(W/m K)	0.15	0.598
비열 C_P(J/kg K)	1,820	4,184

해설

- 벤젠 : $N_{Pr} = \frac{C_P\mu}{k} = \frac{(4.79 \times 10^{-4})(1{,}820)}{0.15} = 5.81$
- 물 : $N_{Pr} = \frac{C_P\mu}{k} = \frac{(9.67 \times 10^{-4})(4{,}184)}{0.598} = 6.76$

17 전열을 좋게 하기 위해서는 되도록 적상응축으로 촉진해야 한다. 적상응축으로 촉진하는 방법 3가지를 쓰시오.

해설

① 증기 중에 소량의 유분을 가한다.
② 증기 중에 올레인산과 메르캅탄을 가한다.
③ 벽면에 기름을 바른다.
④ 동관에 크롬도금을 한다.

18 다음은 물에 텅스텐을 가열하였을 때 나타나는 곡선이다. 물음에 답하시오.

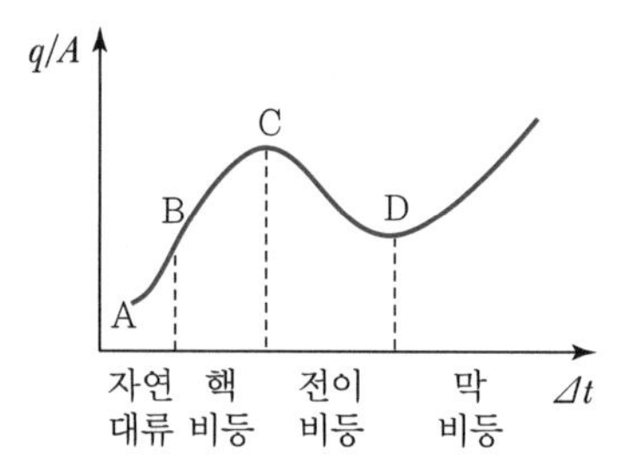

(1) A～B구간에 일어나는 열전달은?
(2) C점에서의 온도차를 무엇이라고 하는가?
(3) C점에서 q/A를 무엇이라고 하는가?
(4) D점을 무엇이라고 하는가?

해설

(1) 자연대류
(2) 임계온도차
(3) 정점열속, 최대열부하, Burnout점
(4) 라이덴프로스트(Leidenfrost)점

19 일반적으로 유체의 상변화가 없는 경우 Shell and Tube 열교환기를 사용한다. 유체의 상변화가 심하다고 가정하여라.

(1) 유체를 Shell 측에 보내는가? Tube 측에 보내는가?
(2) 그 이유에 대해서 쓰시오.

해설

(1) Shell 측
(2) 상변화 시 열팽창이나 열응력에 문제가 생기게 된다. Shell 측에서는 방해판을 설치하여 상변화가 발생한 경우 유체가 좌우로 유동하게 하고, 신축이음을 설치하여 응력을 완화시켜 줄 수 있기 때문이다.

20 이중관 열교환기에 있어서 외관의 고온유체가 입구에서 140℃, 출구에서 90℃이며, 저온유체가 내관의 입구온도가 40℃, 출구에서 70℃였다. 병류 및 향류의 경우 대수평균온도차를 구하시오.

해설

① 병류

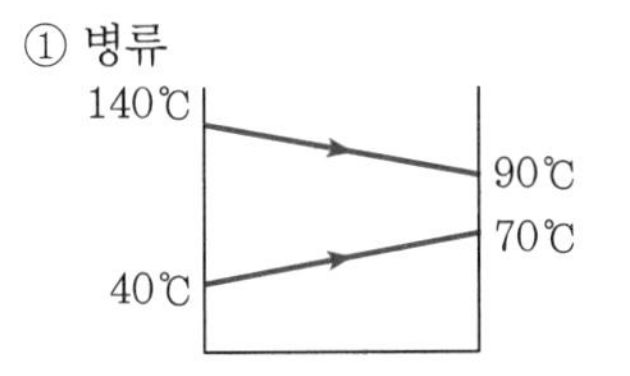

$\Delta t_1 = 100℃$, $\Delta t_2 = 20℃$

$$\Delta \bar{t}_L = \frac{100-20}{\ln\frac{100}{20}} = 49.7℃$$

② 향류

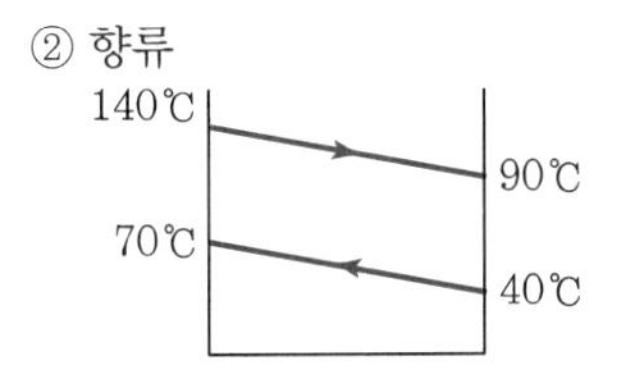

$\Delta t_1 = 70℃$, $\Delta t_2 = 50℃$

$$\Delta \bar{t}_L = \frac{70-50}{\ln\frac{70}{50}} = 59.4℃$$

21 세 겹의 단열재로 보온한 노벽이 있다. 내부에서부터 두께가 각각 100mm, 80mm, 300mm이고, 열전도도는 0.10kcal/m h ℃, 0.06kcal/m h ℃, 100kcal/m h ℃이다. 내면의 온도가 800℃이고, 외면의 온도는 40℃이다. 단위면적당 열손실은 몇 kcal/m² h인가?

해설

$$q = \frac{\Delta t}{R_1 + R_2 + R_3}$$

$$= \frac{(800-40)℃}{\frac{0.1}{0.1} + \frac{0.08}{0.06} + \frac{0.3}{100}}$$

$= 325.3\text{kcal/m}^2\ \text{h}$

22 열교환기 재킷 내에서 액상 반응시킨다. 반응온도를 50℃로 일정하게 해 주고 69,230kJ/h로 열을 공급한다. 단면적은 0.4m²이고 평균 열전도도는 35kcal/m h ℃, 두께는 20mm이다. 한편 내 · 외측의 경막계수는 500, 1,000kcal/m² h ℃이고 내측 및 외측 오염저항은 0.00038, 0.000063m² h ℃/kcal이다. 이때 열교환기의 포화온도를 구하시오.

해설

$q = UA\Delta T$

$$U = \frac{1}{\frac{1}{500} + 0.00038 + \frac{0.02}{35} + 0.000063 + \frac{1}{1,000}}$$

$= 249.1\text{kcal/m}^2\ \text{h}\ ℃$

$$\Delta T = \frac{q}{UA} = \frac{69,230\text{kJ/h}}{249.1\text{kcal/m}^2\ \text{h}\ ℃ \times 0.4\text{m}^2} \times \frac{1\text{kcal}}{4.184\text{kJ}}$$

$= 166.06℃$

∴ 포화온도 $= 166.06℃ + 50℃$

$= 216.06℃$

23 이중관 열교환기에서 더운 쪽의 유체가 370K에서 320K으로 냉각되며, 이때 질량유량은 50kg/s이다. 한편, 찬 쪽의 유체온도는 280K, 질량유량은 50kg/s이다. 열교환기 면적이 80cm²일 때 총괄열전달계수 U(kW/m² K)를 구하시오.(단, 더운 쪽 유체비열은 0.45, 찬 쪽 유체비열은 0.98kcal/kg K이다.)

해설

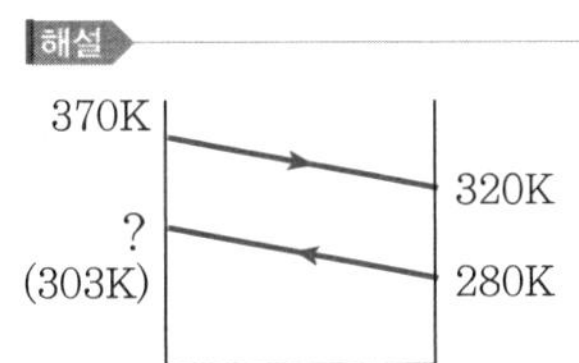

$Q = mc\Delta t$

$50\text{kg/s} \times 0.45\text{kcal/kg K} \times (370-320)\text{K}$

$= 50\text{kg/s} \times 0.98\text{kcal/kg K} \times (T-280)\text{K}$

∴ $T ≒ 303\text{K}$

$q = 50\text{kg/s} \times 0.45\text{kcal/kg K} \times (370-320)\text{K}$

$= 1,125\text{kcal/s}$

$$A = 80\text{cm}^2 \times \frac{1\text{m}^2}{100^2\text{cm}^2} = 0.008\text{m}^2$$

$\Delta T_1 = 370 - 303 = 67\text{K}$

$\Delta T_2 = 320 - 280 = 40\text{K}$

$$\therefore\ \Delta \overline{T}_{\ln} = \frac{67-40}{\ln\frac{67}{40}} = 52.34\text{K}$$

$$q = UA\Delta T$$

$$U = \frac{q}{A\Delta T} = \frac{1,125\text{kcal/s}}{0.008\text{m}^2 \times 52.34\text{K}}$$

$$= 2,686.76\text{kcal/m}^2\ \text{s K}$$

$$2,686.76\text{kcal/m}^2\ \text{s K} \times \frac{4.184\text{kJ}}{1\text{kcal}} = 11,241\text{kW/m}^2\ \text{K}$$

24 Dühring Law에 대해서 설명하시오.

해설

일정한 농도에서 용액과 순용매가 동일한 증기압을 나타내는 온도는 서로 직선관계에 있다는 경험적 법칙이다. 이 법칙에 따라 일정 농도에서 용액의 비점과 용매의 비점을 플롯(Plot)하면 직선이 된다.

25 흑체 및 회색체에 대해서 간단히 설명하시오.

해설

㉠ 흑체 : 흡수율(α)=1. 받은 복사에너지를 전부 흡수하고 반사나 투과는 없다.

㉡ 회색체
- 온도에 따라 변하지 않는 이상적인 물체로 표면의 흡수율이 모든 파장에 걸쳐 같다.
- 물체의 단색광 방사율이 모든 파장에서 동일하면 그 물체를 회색체라 한다.

26 이중관 열교환기에서 100℃ 수증기 1kg을 45℃까지 냉각하려면 10℃의 냉각수 몇 kg이 필요한가?(단, 100℃에서 수증기의 잠열 539kcal/kg, 냉각수의 배출 온도는 80℃이다.)

해설

수증기가 잃은 열량=냉각수가 얻은 열량

$$q = (mC_P\Delta t + m\lambda)_{\text{수증기}} = (mC_P\Delta t)_{\text{냉각수}}$$

$$q = 1\text{kg} \times 1\text{kcal/kg ℃} \times (100-45)\text{℃} + 1\text{kg} \times 539\text{kcal/kg}$$

$$= m \times 1\text{kcal/kg ℃} \times (80-10)\text{℃}$$

∴ 냉각수의 질량=8.5kg

27 벽 외경 기준 총괄전열계수가 400kcal/m² h ℃이고 외경이 10cm, 내경이 8cm이다. 내경기준 총괄전열계수는 얼마인가?

해설

$$U_iD_i = U_oD_o$$

$$\therefore\ U_i = U_o\frac{D_o}{D_i} = 400\text{kcal/m}^2\ \text{h ℃} \times \frac{10}{8}$$

$$= 500\text{kcal/m}^2\ \text{h ℃}$$

28 3중 효용관에서 처음 증발관에 들어가는 수증기의 온도는 110℃이고 맨 끝 효용관에서 나오는 온도는 51℃이다. 각 효용관의 총괄전열계수가 500, 300, 200일 때 제2효용관에서 액의 비점은 몇 ℃인가?

해설

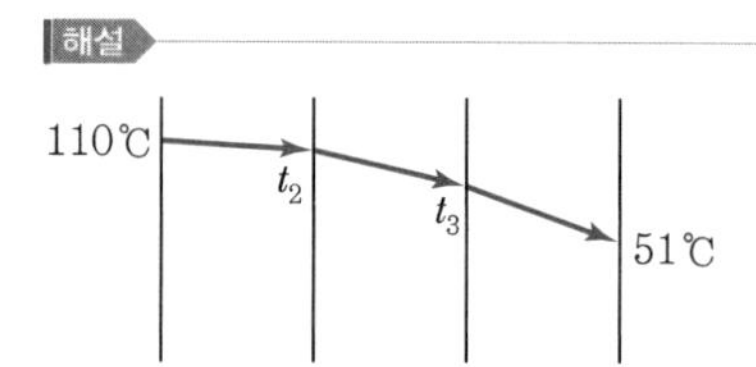

$$\Delta t_1 : \Delta t_2 : \Delta t_3 = R_1 : R_2 : R_3 = \frac{1}{U_1} : \frac{1}{U_2} : \frac{1}{U_3}$$

$$= \frac{1}{500} : \frac{1}{300} : \frac{1}{200} = 6 : 10 : 15$$

$$R = R_1 + R_2 + R_3$$

$$\Delta t : \Delta t_1 = R : R_1$$

$$\Delta t_1 = 110\text{℃} - t_2 = \frac{6}{31}(110-51) = 11.42\text{℃}$$

$$\therefore\ t_2 = 110\text{℃} - 11.42\text{℃} = 98.58\text{℃}$$

$$\Delta t_2 = t_2 - t_3 = \frac{10}{31}(110-51) = 19\text{℃}$$

$$98.58\text{℃} - t_3 = 19\text{℃}$$

$$\therefore\ t_3 = 79.58\text{℃}$$

29 막상응축과 적상응축에 대해 설명하여라.

해설

- 막상응축(Film Condensation) : 응축된 액이 피막상으로 벽면에 붙어 중력에 의하여 흘러내리는 응축이다.
- 적상응축(Dropwise Condensation) : 응축액이 적상이 되어 벽면을 미끄러져 내려오는 응축으로 전열을 좋게 하기 위해서는 적상응축으로 하는 것이 좋다.

30 이중관 열교환기에서 외관의 고온유체가 입구에서 110℃, 출구에서 100℃이며, 저온유체가 내관에서 입구온도 20℃, 출구온도 75℃이다. 병류 및 향류에서 온도차는?

해설

① 병류

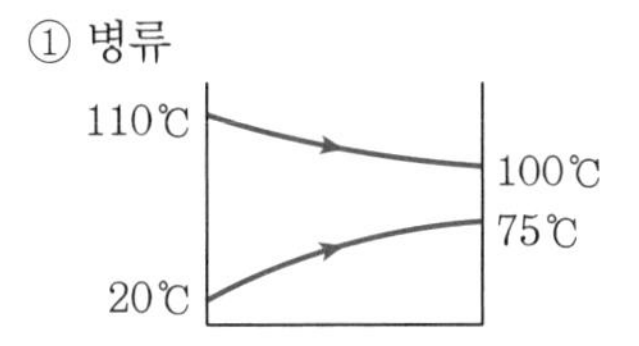

$\Delta t_1 = 90℃$, $\Delta t_2 = 25℃$

$$\Delta t_{LM} = \frac{90-25}{\ln\frac{90}{25}} = 50.7℃$$

② 향류

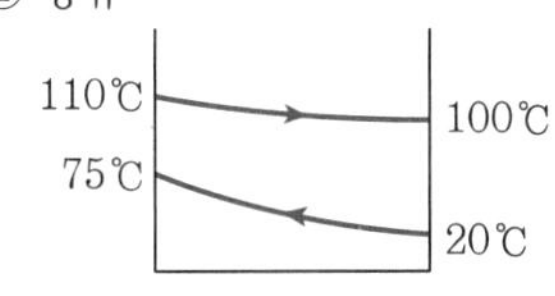

$\Delta t_1 = 35℃$, $\Delta t_2 = 80℃$

$$\Delta t_{LM} = \frac{80-35}{\ln\frac{80}{35}} = 54.4℃$$

31 키르히호프의 법칙에 대해 설명하시오.

해설

온도가 평형되어 있을 때 어떤 물체의 전체 복사력과 흡수능의 비는 그 물체의 온도에만 의존한다.
전체 복사력을 $W_1\ W_2$, 흡수능을 $\alpha_1 \alpha_2$라 하면

$$\frac{W_1}{\alpha_1} = \frac{W_2}{\alpha_2} = \frac{W_b}{1}$$

$$\therefore\ \alpha_1 = \frac{W_1}{W_b} = \varepsilon_1$$

$$\alpha_2 = \frac{W_2}{W_b} = \varepsilon_2$$

어떤 물체가 주위와 온도 평형에 있으면 그 물체의 복사능과 흡수능은 같다.

32 햇빛에서 최대복사강도를 가지는 파장이 5×10^{-5} cm일 때 태양의 표면온도를 빈의 법칙을 이용하여 구하시오.

해설

빈의 법칙

$$\lambda_{max} = \frac{0.2898}{T}$$

$$5\times10^{-5} = \frac{0.2898}{T}$$

$$\therefore\ T = \frac{0.2898}{5\times10^{-5}} = 5{,}796\text{K}$$

33 지구에서 받는 열이 1kW/m^2이고 대기층에 흡수되는 열이 0.3kW/m^2일 때 태양의 온도는?(태양은 흑체라고 가정하며 태양의 반지름은 700,000km이고, 지구와 태양 사이의 거리는 150,000,000km, 스테판-볼츠만 상수는 $5.67\times10^{-8}\text{W/m}^2\ \text{K}^4$이다.)

해설

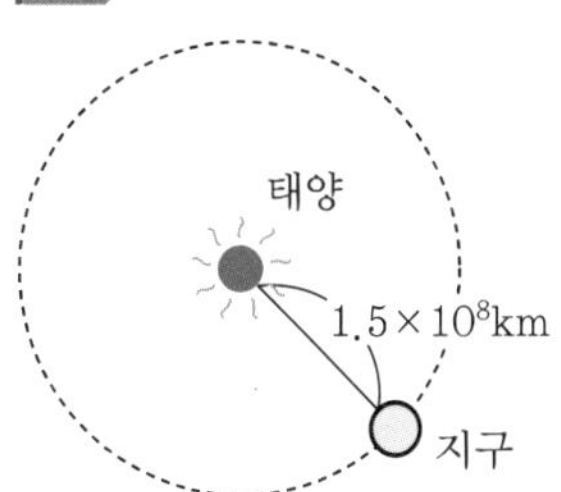

$$(1{,}000+300\text{W/m}^2)\times4\pi(1.5\times10^8)^2\times10^6\text{m}^2$$
$$=4\pi(7\times10^8)^2\text{m}^2\times5.67\times10^{-8}\text{W/m}^2\ \text{K}^4\times T^4$$
$$\therefore\ T = 5{,}696\text{K}$$

34 복사에너지 중에서 투과율이 0.2이고 흡수율이 0.5일 때 반사율은 얼마인가?

해설

흡수율 + 반사율 + 투과율 $= \alpha + \gamma + \delta = 1$

0.5 + 반사율 + 0.2 = 1

∴ 반사율 = 0.3

35 1기압 120℃에서 1kg의 수증기가 가지는 엔탈피는 얼마인가?(단, 수증기의 비열은 0.45kcal/kg ℃, 잠열은 539kcal/kg이다.)

해설

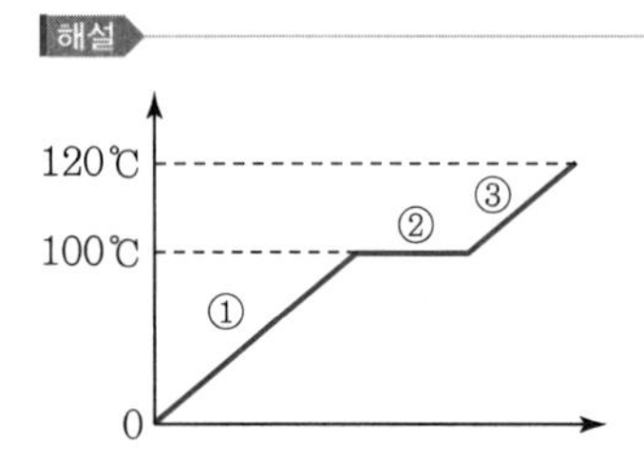

① $q_1 = mC\Delta t = 1\text{kg} \times 1\text{kcal/kg ℃} \times 100℃ = 100\text{kcal}$

② $q_2 = m\lambda = 1\text{kg} \times 539\text{kcal/kg} = 539\text{kcal}$

③ $q_3 = mC\Delta t = 1\text{kg} \times 0.45\text{kcal/kg ℃} \times 20℃ = 9\text{kcal}$

$\therefore\ q = q_1 + q_2 + q_3 = 648\text{kcal}$

36 어떤 증발관에서 1wt%의 용질을 가진 용액 10,000 kg/h를 급송하여 2wt%까지 농축한다. 가열기에 들어가는 수증기량은 5,620kg/h, 열량은 643kcal/kg, 가열기에서 나오는 응축액은 143kcal/kg이다. 이때 농축액의 비점은 102℃, 가열수증기의 포화온도는 112℃이다. 총괄열전달계수가 500kcal/m² h ℃일 때 가열면적은?

해설

$q = W_s(H_s - H_c)$

$= 5{,}620\text{kg/h} \times (643 - 143)\text{kcal/kg} = 2{,}810{,}000\text{kcal/h}$

$q = UA\Delta t = UA(t_s - t)$

$2{,}810{,}000\text{kcal/h} = 500\text{kcal/m}^2\text{ h ℃} \times A \times (112 - 102)$

$\therefore\ A = 562\text{m}^2$

37 20℃인 10% NaOH 4,500kg/h를 포화수증기로 증발시켜 20%로 만들려고 한다. 단면적 A는 40m²이고 포화수증기의 온도는 110℃이다.(단, NaOH 10%의 비열은 0.92kcal/kg ℃이고, 잠열은 545kcal/kg이며, 비점은 90℃이다. 또한 포화수증기의 상변화 잠열은 532kcal/kg이다.)

(1) 이때 시간당 필요한 포화수증기의 양은 몇 kg인가?

(2) 총괄열전달계수 U를 구하시오.

해설

(1)

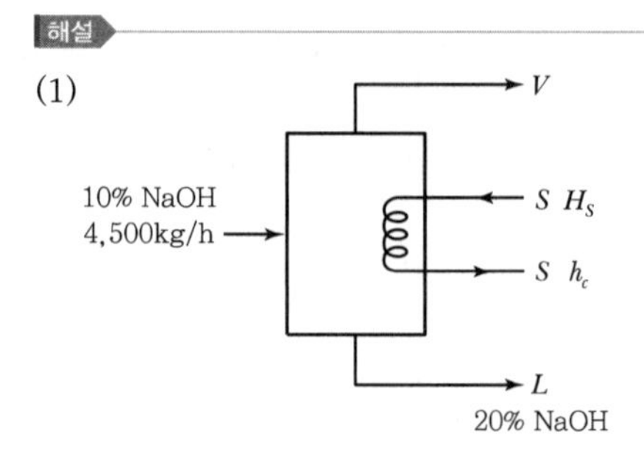

$4{,}500 \times 0.1 = L \times 0.2$

$L = 2{,}250\text{kg/h}$

$V = 2{,}250\text{kg/h}$

$q = FC(t_2 - t_1) + V\lambda_v$

$= 4{,}500\text{kg/h} \times 0.92\text{kcal/kg ℃} \times (90 - 20)℃$

$+ 2{,}250\text{kg/h} \times 545\text{kcal/kg}$

$= 1{,}516{,}050\text{kcal/h}$

$q = S(H_s - h_c) = S\lambda_s$

$= S \times 532\text{kcal/kg} = 1{,}516{,}050\text{kcal/h}$

$\therefore\ S = 2{,}850\text{kg/h}$

(2) $q = UA\Delta t$

$$U = \frac{q}{A\Delta t} = \frac{1{,}516{,}050\text{kcal/h}}{40\text{m}^2(110 - 90)℃}$$

$= 1{,}895\text{kcal/m}^2\text{ h ℃}$

38 증발관에 1wt%의 용질을 가진 용액을 10,000kg/h로 급송한다. 급액온도는 70℃이다. 이 용액을 2wt%까지 농축하려고 한다. 증발에 필요한 포화수증기의 양을 구하여라.(단, 급송액의 엔탈피=70kcal/kg, 농축액의 엔탈피=100kcal/kg, 증발증기의 엔탈피=639 kcal/kg, 가열수증기의 엔탈피=643kcal/kg, 응축액의 엔탈피=111kcal/kg이다.)

해설

$Fh_F + SH_s = VH + Lh_L + Sh_c$

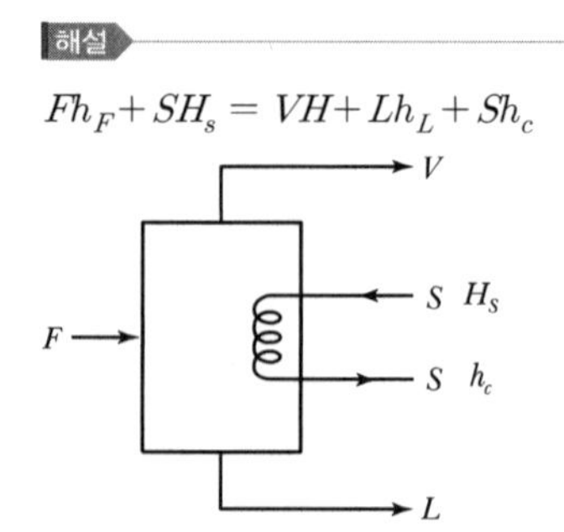

$10{,}000 \times 0.01 = 0.02 \times L$
$L = 5{,}000\text{kg}$
$V = 10{,}000 - 5{,}000 = 5{,}000\text{kg}$

$S(H_s - h_c) = VH + Lh_L - Fh_F$

$$\therefore\ S = \frac{VH + Lh_L - Fh_F}{H_s - h_c}$$
$$= \frac{(5{,}000)(639) + (5{,}000)(100) - (10{,}000)(70)}{(643 - 111)}$$
$$= 5{,}630\text{kg/hr}$$

39 10% NaOH 용액 100kg을 농축해서 80%의 NaOH 용액을 얻었다. 증발된 수분의 양은 얼마인가?

해설

$0.1 \times 100 = 0.8 \times D$
$D = 12.5\text{kg}$
증발된 수분의 양 $= 100 - 12.5 = 87.5\text{kg}$

[별해]
$$W = F\left(1 - \frac{a}{b}\right) = 100\left(1 - \frac{10}{80}\right) = 87.5\text{kg}$$

40 수증기를 증발관의 열원으로 사용할 때 장점 5가지를 쓰시오.

해설

① 국부적인 과열의 염려가 없다.
② 압력조절밸브로 쉽게 온도변화를 조절할 수 있다.
③ 증기기관의 폐증기를 이용할 수 있다.
④ 열전도도가 크므로 열원 측의 열전달계수가 크다.
⑤ 다중효용, 자기증기 압축법에 의한 증발을 할 수 있다.

41 이중관 열교환기에서 기름이 100℃에서 60℃로 냉각되며 비열은 0.45cal/g ℃, 질량유량은 50g/s이다. 한편, 냉각수는 5℃에서 45℃로 가열되며 질량유량은 30g/s이다. 다음 물음에 답하시오.

(1) 기름의 엔트로피 변화량(cal/K)을 구하시오.
(2) 냉각수의 엔트로피 변화량(cal/K)을 구하시오.
(3) 전체 엔트로피 변화량(cal/K)을 구하시오.

해설

(1) $Q_1 = m_1 C_{P1} \Delta t_1$
$= 50\text{g/s} \times 0.45\text{cal/g ℃} \times (60 - 100)\text{℃}$
$= -900\text{cal}$ (900cal의 열을 잃음)

$$\Delta S_1 = m_1 C_1 \ln\frac{T_2}{T_1} = 50\text{g/s} \times 0.45\text{cal/g K} \times \ln\frac{333}{373}$$
$$= -2.552\text{cal/K s}$$

(2) $900\text{cal} = m_2 C_{P2} \Delta t_2 = 30\text{g/s} \times C_{P2} \times (45 - 5)\text{℃}$
$\therefore\ C_{P2} = 0.75\text{cal/g ℃}$

$$\Delta S_2 = m_2 C_2 \ln\frac{T_2}{T_1} = 30\text{g/s} \times 0.75\text{cal/g K} \times \ln\frac{318}{278}$$
$$= 3.025\text{cal/K s}$$

(3) $\Delta S = \Delta S_1 + \Delta S_2 = -2.552 + 3.025 = 0.473\text{cal/K}$(초당)

42 고체벽의 양쪽에 두 유체가 흐르는 전열이 일어난다. 벽 외형 기준 총괄전열계수가 1,000kcal/m² h ℃이고, 외경이 10cm라면 내경 8cm 기준 총괄전열계수(kcal/m² h ℃)를 구하시오.

해설

$q = U_i A_i \Delta t = U_0 A_0 \Delta t$
$U_i A_i = U_0 A_0$
여기서, $A = \pi DL$
$U_i \times 8 = 1{,}000\text{kcal/m}^2\text{ h ℃} \times 10$
$\therefore\ U_i = 1{,}250\text{kcal/m}^2\text{ h ℃}$

43 6in 두께의 분말 코르크층을 평면벽의 열 전열층으로 사용한다. 코르크의 찬 쪽 온도는 40°F이고, 더운 쪽 온도는 180°F이다. 이 코르크의 열전도도는 32°F에서 0.021BTU/ft h °F이고, 200°F에서 0.032이다. 벽의 면적은 25ft²이다. 벽을 통과하는 열흐름속도(BTU/h)를 구하여라.

해설

$$\frac{40 + 180}{2} = 110\text{°F}$$
$$\bar{k}_{av} = 0.021 + \frac{(110 - 32)(0.032 - 0.021)}{200 - 32}$$
$$= 0.026\text{BTU/ft h °F}$$

$A = 25\text{ft}^2$

$\Delta T = 180 - 40 = 140°\text{F}$

$l = 6\text{in} \times \dfrac{1\text{ft}}{12\text{in}} = 0.5\text{ft}$

$q = 0.026\text{BTU/ft h °F} \times 25\text{ft}^2 \times \dfrac{140°\text{F}}{0.5\text{ft}} = 182\text{BTU/h}$

44 초기온도 80℃, 크기 5mm인 금속구가 30℃ 공기가 통과하는 유동층 내에서 냉각된다. 고체의 밀도는 1,100kg/m³, 열전도도는 0.13W/m ℃, 비열은 1,700 J/kg ℃이며, 외측 경막계수는 50W/m²이다.

(1) 평균온도가 35℃에 도달하는 데 걸리는 시간은? (단, $F_0 = 1.06$)

(2) 단면적당 열전달속도는?

해설

(1) ① $\dfrac{1}{U} = \dfrac{1}{h} + \dfrac{r_m}{5k} = \dfrac{1}{50} + \dfrac{2.5 \times 10^{-3}}{5 \times 0.13} = 0.0238$

$U = 41.9\text{W/m}^2\ ℃$

$\alpha = \dfrac{k}{\rho C_p} = \dfrac{0.13}{1{,}100 \times 1{,}700} = 6.95 \times 10^{-8}$

$F_0 = \dfrac{\alpha t}{r_m^2} = 1.06$

$\dfrac{(6.95 \times 10^{-8})t}{(2.5 \times 10^{-3})^2} = 1.06$

$\therefore t = 95\text{s}$

② $\ln \dfrac{T_f - \overline{T_b}}{T_f - T_a} = \dfrac{-3Ut}{\rho C_p r_m}$

$\ln \dfrac{30 - 35}{30 - 80} = \dfrac{-3 \times 41.9 \times t}{1{,}100 \times 1{,}700 \times (2.5 \times 10^{-3})}$

$\therefore t ≒ 86\text{s}$

(2) $\dfrac{Q}{A} = \dfrac{r_m \rho C_p (\overline{T_b} - T_a)}{3}$

$= \dfrac{(2.5 \times 10^{-3}\text{m})(1{,}100\text{kg/m}^3)(1{,}700\text{J/kg ℃})(80 - 35)℃}{3}$

$= 70{,}125\text{J/m}^2 = 70.12\text{kJ/m}^2$

45 열전온도계에 대하여 서술하시오.

해설

제베크 효과를 이용하여 넓은 범위의 온도를 측정하기 위해 두 종류의 금속으로 만든 온도계

㉠ 제베크(Seebeck) 효과 : 두 종류의 금속 A, B를 접합하고, 양 접점에 온도를 달리 해주면 온도차에 비례하여 열기전력이 생긴다.

㉡ 종류

- PR(백금 – 백금로듐)
- CA(크로멜 – 알루멜)
- IC(철 – 콘스탄탄)
- CC(동 – 콘스탄탄)

46 베크만온도계에 대하여 설명하시오.

해설

베크만이 용액의 끓는점 상승, 어는점 강하를 측정하기 위하여 고안한 특수온도계로 온도 그 자체보다 어떤 온도를 기준으로 하고 그 기준 온도에서 미세범위의 온도차를 정밀하게 측정할 수 있는 유리제 수은온도계의 일종이다.

47 서미스터(Thermistor)에 대해 설명하시오.

해설

망간, 니켈, 코발트, 철, 구리 등의 산화물을 소결해 만든 반도체로 전기저항이 온도에 따라 크게 변한다.

48 방사휘도에 대하여 설명하시오.

해설

방사휘도는 절대온도 T(K)의 완전 방사체 표면의 단위면적으로부터 단위시간에 그 면의 수직선 방향을 중심으로 한 단위 입체각 내에 방출되는 파장의 방사에너지를 말한다.

49 건습구 습도계의 특징을 간단히 설명하시오.

해설

물이 증발할 때 온도가 낮아지는 원리를 이용한다. 온도계를 이용하여 물이 증발하는 정도를 재어 습도를 측정하는 장치이다.

50 광고온계에 대해 설명하시오.

해설

고온물체의 휘도와 표준램프의 휘도를 비교하여 그 물체의 온도를 측정하는 온도계로 700℃를 넘는 고온체를 측정하는 데 사용된다.

물질전달

CHAPTER 01 증류

> **증류(Distillation)** : 혼합액을 끓는점 차이로 분리하는 조작으로, 2종 이상의 휘발 성분을 함유한 액체 혼합물을 가열하여 발생하는 그 증기의 조성은 액체(원액)의 조성과는 다르다. (휘발성 성분의 함량이 훨씬 많다.)

[01] 기액평형

1. 비점 도표, 기액평형 도표, 증기압 도표

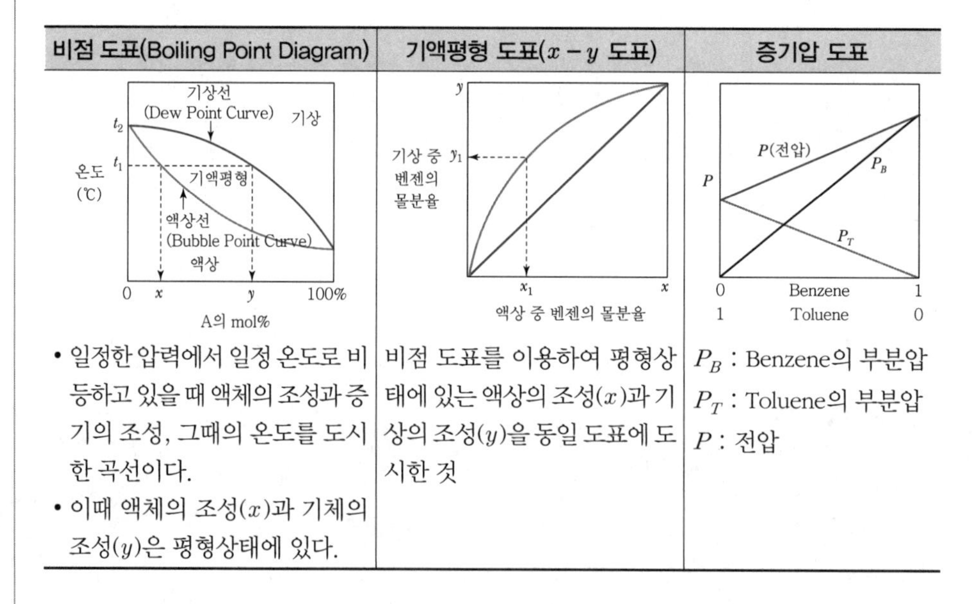

비점 도표(Boiling Point Diagram)	기액평형 도표($x-y$ 도표)	증기압 도표
• 일정한 압력에서 일정 온도로 비등하고 있을 때 액체의 조성과 증기의 조성, 그때의 온도를 도시한 곡선이다. • 이때 액체의 조성(x)과 기체의 조성(y)은 평형상태에 있다.	비점 도표를 이용하여 평형상태에 있는 액상의 조성(x)과 기상의 조성(y)을 동일 도표에 도시한 것	P_B : Benzene의 부분압 P_T : Toluene의 부분압 P : 전압

2. Raoult's Law(라울의 법칙)

① 특정 온도에서 혼합물 중 한 성분의 증기분압은 그 성분의 몰분율에 같은 온도에서 그 성분의 순수한 상태에서의 증기압을 곱한 것과 같다.

$p_A = P_A x_A,\ p_B = P_B(1-x_A)$

여기서, p_A, p_B : A,B의 증기분압, x_A : A의 몰분율
P_A, P_B : 각 성분의 순수한 상태의 증기압
A : 저비점 성분, B : 고비점 성분

$$P = p_A + p_B$$
$$= P_A x_A + P_B(1 - x_A)$$

$$y_A = \frac{p_A}{P} = \frac{P_A x_A}{P}$$

Reference

Dalton의 분압법칙

$$y_A = \frac{p_A}{p_A + p_B} = \frac{P_A x_A}{P_A x_A + P_B(1-x)} = \frac{P_A x_A}{P}$$

여기서, y_A : 증기상 A의 몰분율

증기 중 성분 A의 몰분율인 y는 전압에 대한 A의 분압의 비와 같다.

② **이상용액(Ideal Solution)** : Raoult's Law에 적용되는 용액을 이상용액이라 한다. 구조가 비슷한 것으로 이루어진 2성분계 용액은 라울의 법칙에 적용된다.

예 benzene − toluene, methane − ethane, methanol − ethanol

3. 비휘발도(Relative Volatility, 상대휘발도)

① 비휘발도가 클수록 증류에 의한 분리가 용이하다.

$$\alpha_{AB} = \frac{y_A/y_B}{x_A/x_B} = \frac{y_A/(1-y_A)}{x_A/(1-x_A)}$$

여기서, α_{AB} : 액상과 평형상태에 있는 증기상에 대하여 성분 B에 대한 성분 A의 비휘발도

② 액상이 Raoult's Law를 따르고, 기상이 Dalton의 법칙을 따른다고 가정한다.

$$y_A = \frac{P_A x_A}{P}$$

$$y_B = 1 - y_A = \frac{P_B x_B}{P} = \frac{P_B(1-x_A)}{P}$$

$$\alpha_{AB} = \frac{P_A}{P_B}$$

$$\therefore y = \frac{\alpha x}{1 + (\alpha - 1)x}$$

TIP

비휘발도

$$\alpha_{AB} = \frac{y_A/y_B}{x_A/x_B} = \frac{y_A/(1-y_A)}{x_A/(1-x_A)}$$

$$y_A = \frac{P_A x_A}{P}$$

$$1 - y_A = \frac{P_B(1-x_A)}{P}$$

$$\therefore \alpha_{AB} = \frac{P_A x_A / P_B(1-x_A)}{x_A/(1-x_A)} = \frac{P_A}{P_B}$$

비휘발도가 1이면 기-액 조성이 같아 분리할 수 없다.

$$\alpha_{AB} = \frac{y_A/(1-y_A)}{x_A/(1-x_A)}$$

$$\frac{\alpha_{AB} x_A}{1-x_A} = \frac{y_A}{1-y_A}$$

$$\therefore y_A = \frac{\alpha_{AB} x_A}{1 + (\alpha_{AB} - 1)x_A}$$

[02] 휘발도의 이상성과 공비 혼합물

- 공비점 : 한 온도에서 평형상태에 있는 증기의 조성과 액의 조성이 동일한 점
- 공비 혼합물 : 공비점을 가진 혼합물
- 공비제 : 공비증류를 하기 위해 첨가하는 물질

1. 휘발도

1) 실제 용액의 증기압

$$p_A = \gamma_A P_A x_A = k_A x_A$$

$$p_B = \gamma_B P_B (1 - x_A) = k_B (1 - x_A)$$

$$P = p_A + p_B = \gamma_A P_A x_A + \gamma_B P_B (1 - x_A)$$

액상이 비이상용액이고, 기상이 이상기체인 경우

$$\alpha_{AB} = \frac{\gamma_A P_A}{\gamma_B P_B} = \frac{k_A}{k_B}$$

여기서, γ_A. γ_B : 활동도계수

k_A. k_B : 휘발도, 평형계수

Reference

▪ Raoult's Law

이상용액 $\gamma_A = \gamma_B = 1$

휘발도가 이상적으로 낮은 경우 $\gamma_A < 1$, $\gamma_B < 1$

휘발도가 이상적으로 높은 경우 $\gamma_A > 1$, $\gamma_B > 1$

$p_A = P_A x_A$

▪ Henry's Law

x가 0에 근접할 때, 즉 휘발성의 용질을 포함한 묽은 용액이 기상과 평형에 있을 때 기상 내의 용질의 분압 p_A는 액상의 몰분율 x_A에 비례한다.

$p_A = H x_A$

여기서, H : 헨리상수(atm)

헨리상수의 단위가 mol/L atm이면 $C_A = H p_A$를 사용한다.

x_A가 0에 근접할 때 γ_A는 정수, x_A가 1에 근접할 때 γ_B는 정수

2. 휘발도가 이상적으로 낮은 경우 → 최고 공비 혼합물

① $\gamma_A < 1$, $\gamma_B < 1$인 경우 전압은 Raoult's Law보다 작아진다.

② 최고 공비 혼합물 – 최고 비점을 갖는 혼합물

③ 증기압 도표 – 극소점, 비점 도표 – 극대점

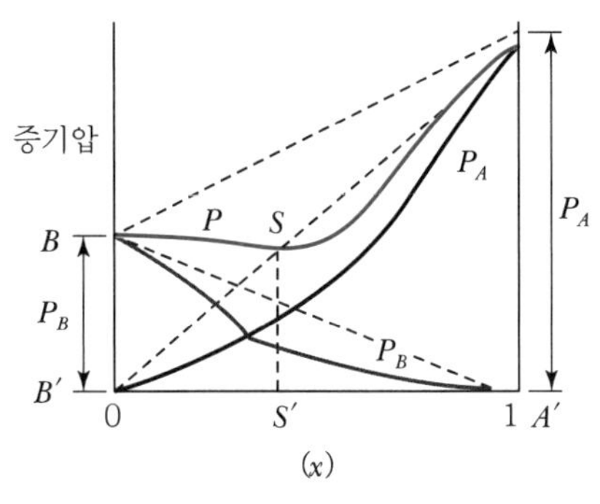

▲ 최고 공비 혼합물의 증기압 도표

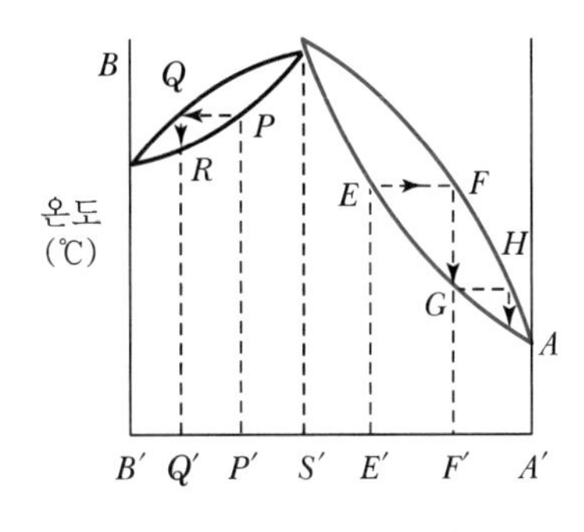

▲ 최고 공비 혼합물의 끓는점 도표

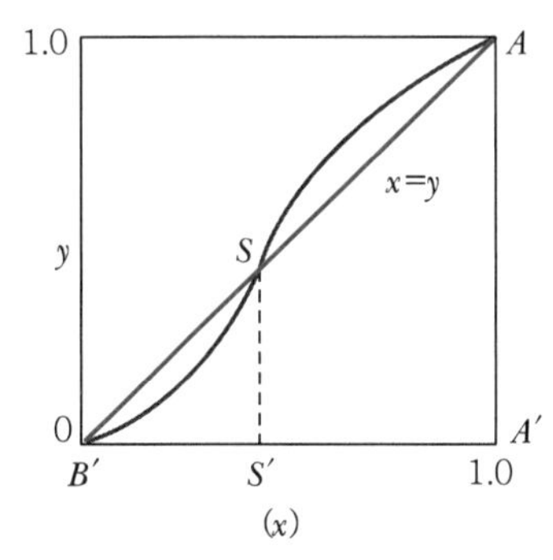

▲ 최고 공비 혼합물의 $x-y$ 도표

▼ **최고 공비 혼합물**

- 휘발도가 이상적으로 낮은 경우($\gamma_A < 1$, $\gamma_B < 1$)
- 증기압은 낮아지고 비점은 높아진다.
- 같은 분자 간 친화력 < 다른 분자 간 친화력

예 물 – HCl, 물 – HNO_3, 물 – H_2SO_4, Chloroform – Acetone

3. 휘발도가 이상적으로 큰 경우 → 최저 공비 혼합물

① $\gamma_A > 1$, $\gamma_B > 1$

② 증기압 도표 – 극대점, 비점 도표 – 극소점

③ 최저 공비 혼합물 – 최저 비점을 갖는 혼합물

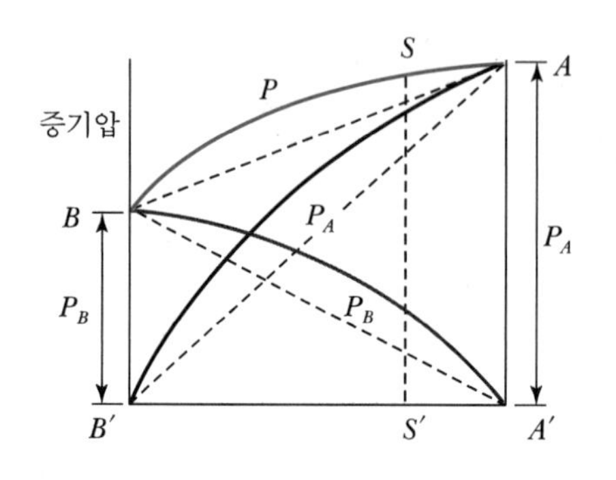

▲ 최저 공비 혼합물의 증기압 도표

▲ 최저 공비 혼합물의 끓는점 도표

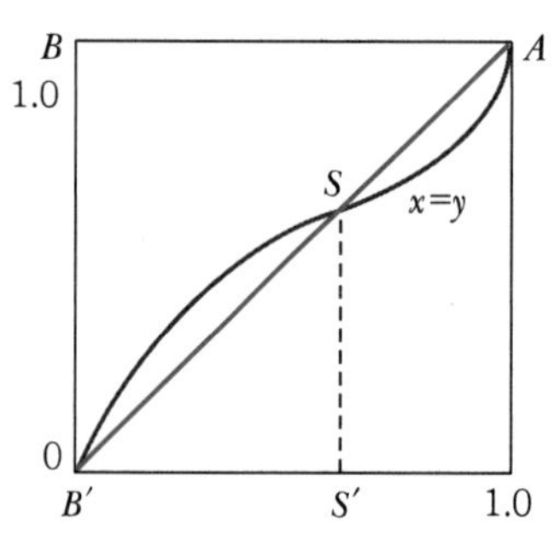

▲ 최저 공비 혼합물의 $x-y$ 도표

▼ **최저 공비 혼합물**

- 휘발도가 이상적으로 높은 경우($\gamma_A > 1$, $\gamma_B > 1$)
- 증기압은 높아지고 비점은 낮아진다.
- 같은 분자 간 친화력 > 다른 분자 간 친화력

예 물 – Ethyl alcohol, 에탄올 – 벤젠, 아세톤 – CS_2(이황화탄소)

[03] 증류방법

1. 평형증류(Flash 증류)

① 원액을 연속적으로 공급하여 발생증기와 잔액이 평형을 유지하면서 증류하는 조작

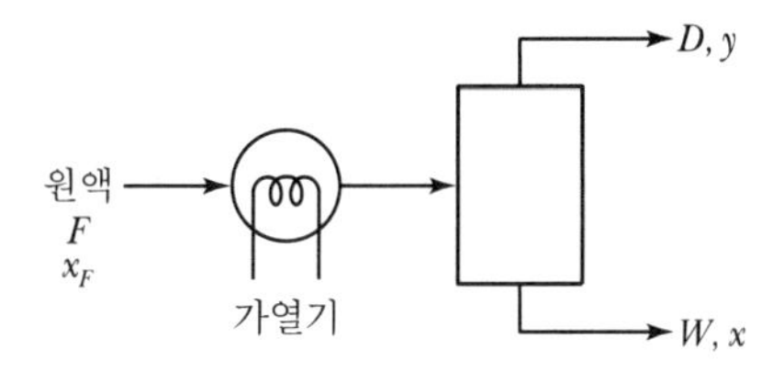

$$F = D + W\,[\text{kmol/h}]$$

$$Fx_F = Dy + Wx$$

$$\frac{W}{D} = \frac{y - x_F}{x_F - x}$$

$\frac{D}{F} = f$ 라 하면, $\frac{F-D}{D} = \frac{1}{f} - 1 = \frac{y - x_F}{x_F - x}$

$$\therefore\ y = -\frac{1-f}{f}x + \frac{x_F}{f}$$

② 발생된 증기가 나머지 액체와 평형을 이루게 하는 방법으로, 액체의 일정 비율은 기화시키고 증기를 액체로부터 분리한 다음, 증기를 응축시키는 과정으로 이루어져 있다.

2. 미분증류(단증류)

① 액을 끓여서 발생증기가 액과 접촉하지 못하게 하여 발생한 것들을 응축시키는 조작

② Rayleigh 식

$$\int_{w_1}^{w_0} \frac{dW}{W} = \ln\frac{w_0}{w_1} = \int_{x_1}^{x_0} \frac{dx}{y - x}$$

$y = \frac{\alpha x}{1 + (\alpha - 1)x}$ 대입

$$\ln\frac{w_0}{w_1} = \frac{1}{\alpha-1}\left(\ln\frac{x_0}{x_1} + \alpha\ln\frac{1-x_1}{1-x_0}\right)$$

여기서, w_0 : 초기량　　w_1 : 최종량
α : 비휘발도　　x_0 : 초기 몰분율
x_1 : 최종 몰분율

③ 실험실 등 소규모 증류에 사용한다.

④ 단증류는 Coaltar 등과 같은 다성분계의 예비분리를 위해 사용한다.

3. 수증기 증류

1) 수증기 증류의 목적

TIP

수증기는 열원과 증류물질의 분압을 낮추어 비점을 떨어뜨리는 역할을 한다.

① 윤활유, 아닐린, 니트로벤젠, 글리세린 및 고급지방산과 같이 증기압이 낮아서 비점이 높은 물질, 즉 상압에서 증류에 의해 비휘발성 물질로부터 분리하기가 쉽지 않는 경우

② 비점이 높아서 분해하는 물질(고온에서)

③ 물과 섞이지 않는 물질

2) 수증기 증류의 원리

$$P = P_A + P_B$$

여기서, P : 전압
P_A : 수증기의 증기압
P_B : 증류목적물의 증기압

$$\frac{W_A}{W_B} = \frac{P_A M_A}{P_B M_B}$$

여기서, W_A, W_B : 수증기량, 증류목적물의 양
M_A, M_B : 수증기분자량, 증류목적물의 분자량

Reference

진공수증기 증류

고급지방산과 같이 비점이 아주 높은 물질은 상압 수증기에 의해 증류하면 P_A가 아주 작아서 W_A / W_B, 즉 수증기 1kg에 동반되는 목적성분량이 아주 적어서 실용가치가 없다. 이 경우 진공펌프를 사용하고 온도도 되도록 높이며, 더욱 가열수증기를 사용한다.

4. 공비 혼합물의 증류

1) 추출증류

공비 혼합물 중의 한 성분과 친화력이 크고 비교적 비휘발성 물질을 첨가하여 액액추출의 효과와 증류의 효과를 이용하여 분리하는 조작

예 물 $-HNO_3$에 황산 첨가

Benzene－Cyclohexane에 Furfural 사용

2) 공비증류

첨가하는 물질이 한 성분과 친화력이 크고 휘발성이어서 원료 중의 한 성분과 공비 혼합물을 만들어 고비점 성분을 분리시키고 다시 새로운 공비 혼합물을 분리시키는 조작. 이때 사용된 첨가제를 공비제(Entrainer)라고 한다.

예 벤젠 첨가에 의한 알코올의 탈수 증류

5. 정류(Rectification)

① 정류탑에서 나온 증기를 응축기에서 응축한 후 그 응축액의 상당량을 정류탑으로 되돌아가게 환류(Reflux)하여 이 액이 상승하는 증류탑 내의 증기와 충분한 향류식 접촉을 시켜 각 성분의 순수한 물질로 분리하는 조작이다.

② 일반적으로 포종탑은 증류에, 충진탑은 흡수에 많이 이용된다.

◆ 환류

응축한 액의 일부를 다시 비기로 되돌리는 조작

[04] 정류탑의 설계(McCabe－Thiele 법)

1. 이론단수의 결정

$x-y$ 도표를 이용하여 도해적 풀이로 이론단수를 결정한다.

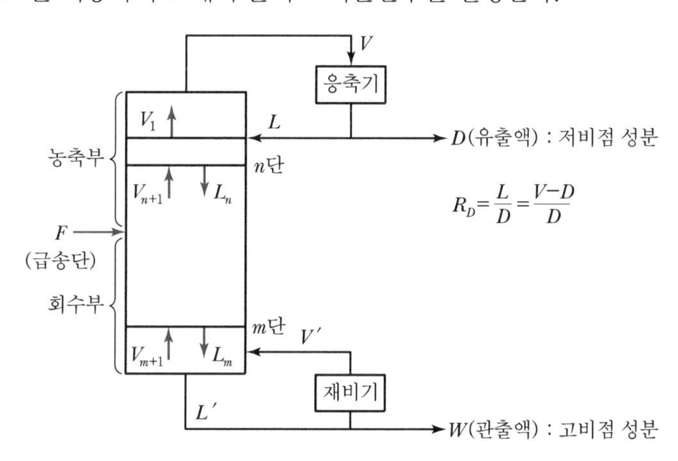

PART 1
PART 2
PART 3
PART 4
PART 5
PART 6
PART 7
PART 8

▼ McCabe－Thiele 법의 가정

- 관벽에 의한 열손실이 없으며 혼합열도 적어서 무시한다.
- 각 성분의 분자증발 잠열 λ 및 액체의 엔탈피 h는 탑 내에서 같다.

1) 농축부 조작선의 방정식

$$y_{n+1} = \frac{R_D}{R_D+1}x_n + \frac{x_D}{R_D+1}$$

(x_D, x_D)를 지나며, 기울기가 $\frac{R_D}{R_D+1}$이고, y절편이 $\frac{x_D}{R_D+1}$인 직선의 방정식

$R_D = \frac{L}{D}$

2) 회수부 조작선의 방정식

$$\therefore y_{m+1} = \frac{L+qF}{L+qF-W}x_m - \frac{W}{L+qF-W}x_w$$

TIP

원료선의 방정식

$y = \frac{q}{q-1}x - \frac{x_f}{q-1}$

$y = -\frac{1-f}{f}x + \frac{x_f}{f}$

여기서, q : 원액 중 액체의 몰분율
f : 원액 중 증기의 몰분율

3) 급송단(원료선)의 방정식 – q선의 방정식

$$y = \frac{q}{q-1}x - \frac{x_f}{q-1}$$

원액이 액체와 증기의 혼합물이라면 q는 액체의 몰분율이고 $1-q$는 증기의 몰분율이다.

Reference

q선도

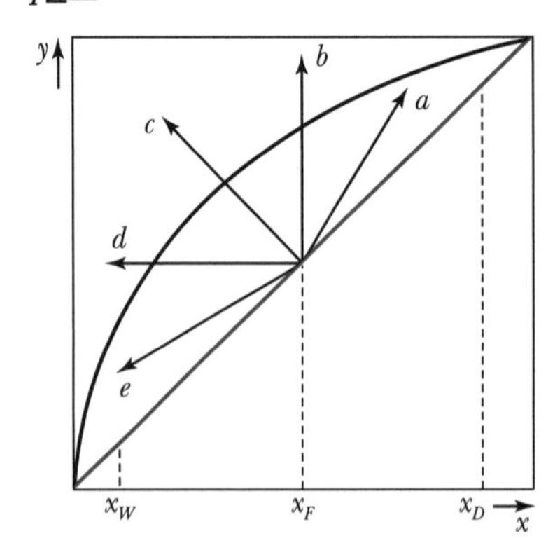

(a) $q>1$: 차가운 원액
(b) $q=1$: 비등에 있는 원액(포화원액)
(c) $0<q<1$: 부분적으로 기화된 원액
(d) $q=0$: 노점에 있는 원액(포화증기)
(e) $q<0$: 과열증기 원액

$$q = \frac{H_f - h_H}{H_f - h_f} = \frac{\text{원료 1kmol을 실제로 증발시키는 데 필요한 열량}}{\text{원료의 비점에서의 분자증발잠열}}$$

여기서, H_f : 원료 중 기체의 엔탈피

h_f : 원료 중 액체의 엔탈피

h_H : 원료 중 액과 기체의 엔탈피 합

① 원액이 비점 이하일 때

$$q = 1 + \frac{C_{pL}(t_b - t_F)}{\lambda}$$

② 원액이 과열증기일 때

$$q = -\frac{C_{pV}(t_F - t_d)}{\lambda}$$

여기서, C_{pV}, C_{pL} : 증기, 액체의 비열(kcal/kg ℃)

t_F : 급액온도

t_b, t_d : 원액의 비점과 노점

λ : 증발잠열

4) 도해적 풀이

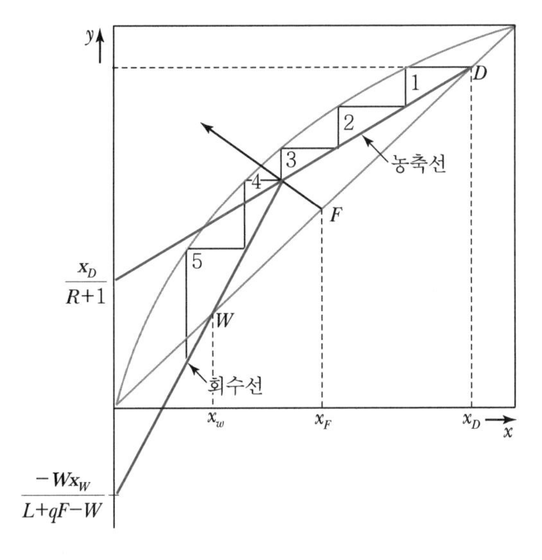

① $y = x$

② $D(x_D,\ x_D)$를 지나고 절편이 $\frac{x_D}{R_D+1}$인 직선을 그린다. → 농축조작선

③ 점 $F(x_F,\ x_F)$를 지나고 기울기가 $\frac{q}{q-1}$인 직선을 그려 농축조작선과의 교점을 구한다. → 농축선과 회수선의 교점

④ $W(x_w,\ x_w)$를 지나고 위의 교점과 연결하여 회수조작선을 그린다.

⑤ 계단작도 → 계단의 수가 이론단수(재비기가 있을 때는 단수 하나를 뺀다.)

2. 환류비의 영향

① 농축부 조작선의 기울기 $\dfrac{R_D}{R_D+1}$는 환류비가 증가함에 따라 증가한다.

② $R_D=\infty$, 즉 전환류일 때 최소단수가 되며, 이때 기울기는 1이 되고 조작선은 대각선과 같은 선이 된다.
$R_D=\infty$(전환류)일 때 단수는 최소가 되고 탑상유출물=0이며, 탑저유출물은 급액량과 같다.

③ **최소이론단수(N_{min})**

Fenske 식 : $N_{min}+1=\ln\left(\dfrac{x_D}{1-x_D}\cdot\dfrac{1-x_w}{x_w}\right)/\ln\alpha_{AB}$

여기서, α_{AB} : 평균 비휘발도

TIP

α_{AB}(상대휘발도, 비휘발도)

- α_{AB}가 일정할 때 사용한다.
- α_{AB}값 변화가 크지 않으면 양단에서의 값을 기하평균하여 사용한다.

Reference

Fenske 식의 유도

$$\alpha_{AB}=\frac{y_A/x_A}{y_B/x_B}=\frac{y_A/1-y_A}{x_A/1-x_A}$$

$n+1$단에 대해 $\dfrac{y_{n+1}}{1-y_{n+1}}=\alpha_{AB}\dfrac{x_{n+1}}{1-x_{n+1}}$

전환류일 때 $D=0,\ L/V=1$이므로 $y_{n+1}=x_n$

$$\therefore\ \frac{x_n}{1-x_n}=\alpha_{AB}\frac{x_{n+1}}{1-x_{n+1}}$$

$y_1=x_D$이므로, $\dfrac{x_D}{1-x_D}=\alpha_{AB}\dfrac{x_1}{1-x_1},\ \dfrac{x_1}{1-x_1}=\alpha_{AB}\dfrac{x_2}{1-x_2},$

$\cdots\ n$단까지 $\dfrac{x_{n-1}}{1-x_{n-1}}=\alpha_{AB}\dfrac{x_n}{1-x_n}$

위의 식을 모두 곱하면

$$\frac{x_D}{1-x_D}=\alpha_{AB}{}^{n}\frac{x_n}{1-x_n}$$

$n=N_{min}+1$

$$\frac{x_D}{1-x_D}=\alpha_{AB}{}^{N_{min}+1}\frac{x_w}{1-x_w}$$

$$N_{min}+1=\ln\left(\frac{x_D}{1-x_D}\cdot\frac{1-x_w}{x_w}\right)/\ln\alpha_{AB}$$

④ 최소환류비(R_{Dm})

이론단수 최대(무한대 단수)

$$R_{Dm} = \frac{x_D - y_f}{y_f - x_f}$$

$$y_f = \frac{\alpha x_f}{1+(\alpha-1)x_f}$$

Reference

상부조작선의 식

$$y_{n+1} = \frac{R_D}{R_D+1}x_n + \frac{x_D}{R_D+1}$$

$$(R_D+1)y_{n+1} = Rx_n + x_D$$

R_D에 대해 정리하면, $R_D = \frac{x_D - y_{n+1}}{y_{n+1} - x_n} = \frac{x_D - y'}{y' - x'}$

⑤ 최적환류비

최적환류비 = 최소환류비 × 1.2∼2배(약 1.5배)

Reference

환류비(Veflux Ratio, R)

$$R = \frac{L_0}{D} = \frac{\text{환류량}}{\text{유출량}} = \frac{V-D}{D}$$

- R이 클수록 각 성분의 분리도가 좋다.
- $R \to \infty$, $D=0$: 전환류 최소이론단수, 정류효과는 최대지만, 제품을 얻지 못한다.
- $R \to 0$, D는 증가 : 정류는 나빠진다. 무한대 단수, 환류는 하지 않고 증류한다.
- R이 클수록 이론단수는 줄어든다.
- 최소환류비($R_{\min}$)일 때 무한대 단수가 필요하다.

3. 탑효율

1) 총괄효율

탑 전체에 필요한 이상단의 수와 실제단수의 비로 정의된다.

$$\text{총괄효율} = \frac{N_t(\text{이론단수})}{N_r(\text{실제단수})}$$

TIP

최소환류비(R_{Dm})

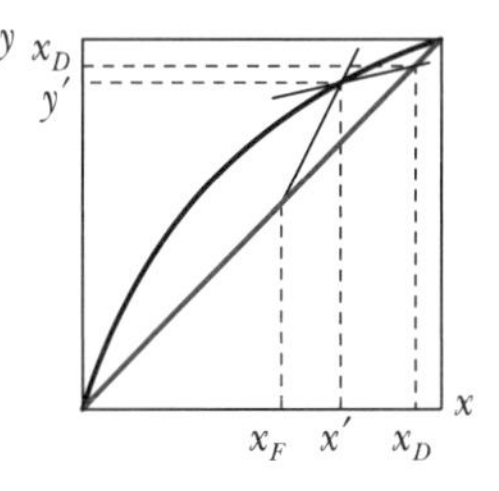

$$\frac{R_{Dm}}{R_{Dm}+1} = \frac{x_D - y'}{x_D - x'}$$

$$\therefore R_{Dm} = \frac{x_D - y'}{y' - x'}$$

공급액을 비점에서 공급할 때 $y' = y_f$, $x' = x_f$가 된다.

PART 1 PART 2 PART 3 PART 4 PART 5 PART 6 PART 7 PART 8

2) Murphree 효율

한 단과 다음 단 사이의 증기조성변화를 그 단을 나가는 증기가 그 단을 나가는 액체와 평형을 이룬다고 했을 때 생기는 증기조성의 변화로 나눈 것이다. 나가는 액체는 일반적으로 단 위의 평균액체와 같지 않다.

$$\eta = \frac{y_n - y_{n+1}}{y_n{}^* - y_{n+1}}$$

여기서, y_n : 단을 떠나는 증기의 조성
y_{n+1} : 단으로 들어가는 증기의 조성
$y_n{}^*$: 단을 떠나는 액과 평형에 있는 증기의 조성

3) 국부(Local) 효율

한 국부에서 성립되는 Murphree 효율을 의미한다.

$$\eta' = \frac{y_n' - y_{n+1}'}{y_{en}' - y_{n+1}'}$$

여기서, y_n' : n단의 특정지역을 나가는 증기의 조성
y_{n+1}' : n단의 같은 지역으로 들어가는 증기의 조성
y_{en}' : 같은 지역에서 액체와 평형을 이루는 증기의 조성

4. 정류탑의 직경

① 허용증기속도(m/s)로 상승증기량(m^3/s)을 나누면 탑의 단면적을 구하여 탑경을 얻는다.

② Gilliland 식(허용증기속도)

$$U_c(\text{m/s}) = C\left(\frac{\rho_L - \rho_V}{\rho_V}\right)^{\frac{1}{2}}$$

여기서, ρ_L : 강하액의 밀도(kg/m^3)
ρ_V : 증기의 밀도(kg/m^3)
C : 비례상수$\left(\dfrac{4d_p g}{3C_D}\right)^{0.5}$

③ U_c의 크기(경험상)

㉠ 상압탑 : 0.3~0.4m/s

㉡ 감압탑 : 1.2~1.5m/s

TIP

Gilliland 식의 유도

F_b, F_d, F_g, u_f, Vapor ρ_V

• 항력 $F_d = C_D\left(\frac{\pi d_p^2}{4}\right)\frac{u_c^2}{2}\rho_V$

• 부력 $F_b = \rho_V\left(\frac{\pi d_p^3}{6}\right)g$

• 중력 $F_g = \rho_L\left(\frac{\pi d_p^3}{6}\right)g$

$\Sigma F = F_g - F_b - F_d = 0$

$\rho_L\left(\frac{\pi d_p^3}{6}\right)g - \rho_V\left(\frac{\pi d_p^3}{6}\right)g - C_D\left(\frac{\pi d_p^2}{4}\right)\frac{u_c^2}{2}\rho_V = 0$

u_c에 대해 정리하면

$u_c = \left(\frac{4d_p g}{3C_D}\right)^{\frac{1}{2}}\left(\frac{\rho_L - \rho_V}{\rho_V}\right)^{\frac{1}{2}} = C\left(\frac{\rho_L - \rho_V}{\rho_V}\right)^{\frac{1}{2}}$

CHAPTER 02 추출

[01] 추출

1. 추출(Extraction)

고체나 액체 중 가용성 성분을 적당한 용제로 용해, 분리하는 조작

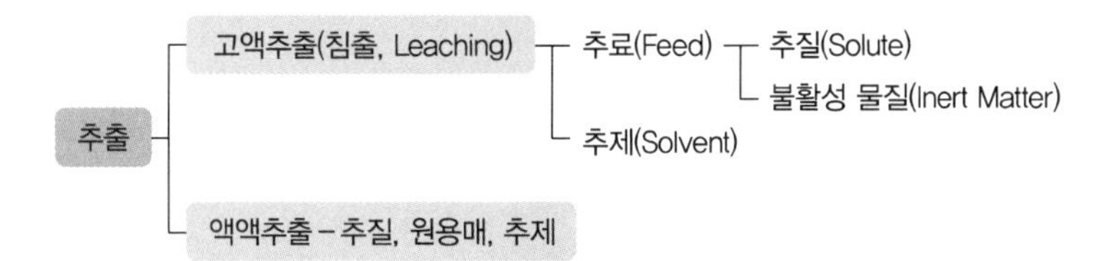

① 추출상(Extract Phase) : 추제가 풍부한 상

② 추잔상(Raffinate Phase) : 불활성 물질이 풍부한 상, 원용매가 풍부한 상

TIP

- 추료(Feed) : 고체 또는 액체원료
- 추질(Solute) : 추료 중 가용성 성분
- 원용매(Diluent) : 액체원료 중 가용성 성분 이외의 성분
- 불활성 물질(Inert Matter) : 고체원료 중 가용성 성분 이외의 성분
- 추제(Solvent) : 추출에 사용되는 용매

2. 추제의 선택조건

① 선택도가 커야 한다.

$$\beta = \frac{y_A/y_B}{x_A/x_B} = \frac{y_A/x_A}{y_B/x_B} = \frac{k_A}{k_B}$$

여기서, y : 추출상(wt%)
x : 추잔상(wt%)
k : 분배계수
A : 추질
B : 원용매

② 회수가 용이해야 한다.

③ 값이 싸고 화학적으로 안정해야 한다.

④ 비점 및 응고점이 낮으며 부식성과 유독성이 적고 추질과의 비중차가 클수록 좋다.

TIP

선택도

- 선택도가 클수록 분리효과가 좋다.
- 선택도 β는 1보다 커야 한다.
- 상계점에서는 $\beta = 1$이므로 추출이 어렵다.

3. 고액추출 계산

1) 추제비

$$\alpha = \frac{V}{v} = \frac{\text{분리된 추제의 양}}{\text{남은 추제의 양}}$$

2) 다회 추출

추잔율 : $\dfrac{a_n}{a_0} = \dfrac{1}{(\alpha+1)^n}$

추출률 : $\eta = 1 - \dfrac{1}{(\alpha+1)^n}$

추제를 m등분하여 m회 추출

추잔율 : $\dfrac{a_m}{a_0} = \dfrac{1}{\left(\dfrac{\alpha}{m}+1\right)^m}$

3) 다중단 추출

Hawley 추잔율 : $\dfrac{a_p}{a_0} = \dfrac{1}{1+\alpha+\alpha^2+\cdots\alpha^p} = \dfrac{\alpha-1}{\alpha^{p+1}-1}$

추출률 : $\eta = 1 - \dfrac{\alpha-1}{\alpha^{p+1}-1}$

4. 액액추출

1) 액액추출 계산

(1) 병류다단 추출

n단 추출에 대한 추잔율

$$\eta = \frac{x_n}{x_F} = \frac{1}{\left(1+m\dfrac{S}{B}\right)^n}$$

여기서, m : 분배계수
S : 추제의 양
B : 원용매의 양
n : 추출단수

(2) 회분단 추출

$$F+S=M=E+R$$

$$Mx_M=Ex_E+Rx_R=\mathrm{Ey}+\mathrm{Rx}$$

$$\frac{R}{E}=\frac{y-x_M}{x_M-x}$$

(3) 삼각 도표

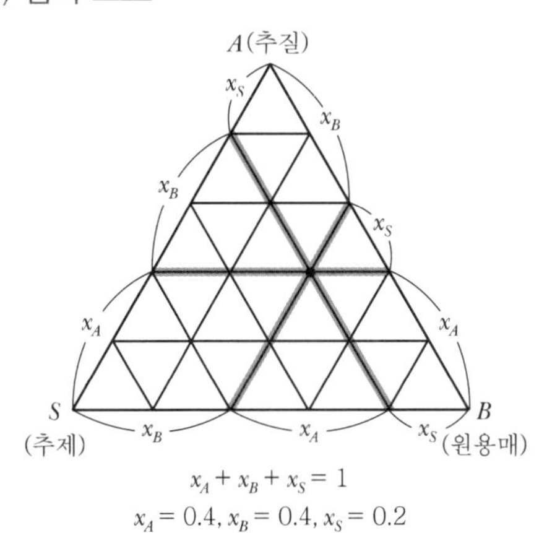

$x_A+x_B+x_S=1$

$x_A=0.4,\ x_B=0.4,\ x_S=0.2$

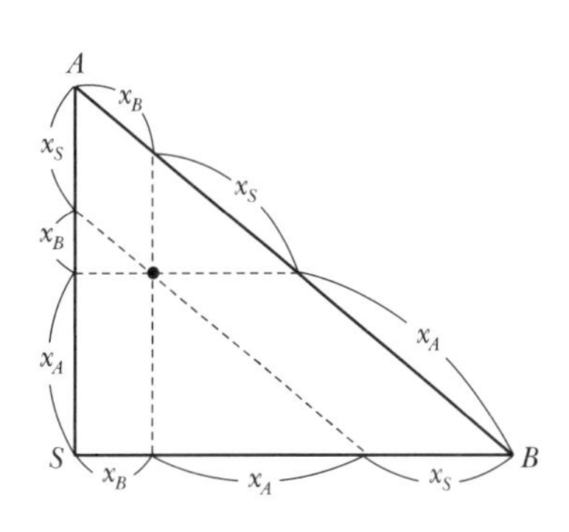

2) 초산 – 물 – 벤젠의 평형 도표

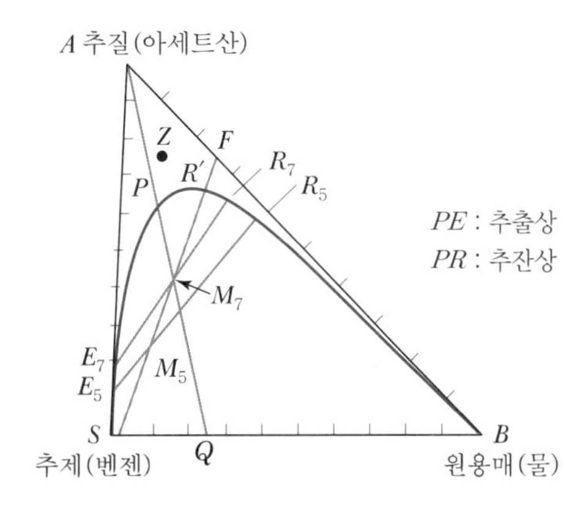

① **용해도 곡선** : 용액이 완전용해하여 균일상이 되는 점을 연결한 곡선(SPB 곡선)

② M_7 : 두 액상의 중량비

$$\frac{E_7}{R_7}=\frac{\overline{R_7M_7}}{\overline{M_7E_7}}$$

③ P : 상계점(Plait Point), 임계점(Critical Point)

㉠ 추출상과 추잔상에서 추질의 조성이 같은 점

㉡ Tie – line(대응선)의 길이가 0이 된다.

TIP

임계점 = 상계점 = 상접점

④ **용해도 곡선 내의 한 점 M_7 : 두 액상이 된다.**
추제가 많은 E_7(추출상)과 원용매가 많은 R_7(추잔상)이 평형상태

⑤ **평형곡선** : 추잔상에서 추질의 농도를 x, 추출상에서 추질의 농도를 y로 하여 액액 평형치를 나타낸 것을 평형곡선 또는 $x-y$ 곡선이라 한다.

⑥ **분배율과 분배법칙** : 농도가 묽을 경우 추출액상에서의 용질의 농도와 추잔액상의 용질의 농도의 비는 일정하다. 이 법칙을 분배법칙이라 하고, 그 비를 분배율이라 한다.

$$k=\frac{y}{x}=\frac{\text{추출상}}{\text{추잔상}}$$

⑦ **공액선** : 대응선의 양 점으로부터 수직 수평선을 그어 만나는 점을 공액선이라 하고 이것과 용해도 곡선의 교점이 상계점이다.

[02] 추출기

1. 고액추출기

1) 굵은 입자

① **침출조** : 밑바닥에 다공판이나 격자를 두고 그 위에 여과포를 깔아 놓은 탱크형의 장치이다.

② **다중단 추출장치** : 로버트 추출기(Robert Diffusion Battery)가 대표적이다.

③ **연속 추출기**

㉠ 고체입자를 연속적으로 보내는 것이 비교적 용이할 때 사용한다.

㉡ 대량생산에 적합하다.

㉢ 연속 추출기의 종류

바스켓 추출기 (Ballmann 추출기)	추료를 밑바닥에 구멍이 있는 바스켓 내에 정치한 후, 순환하게 하고, 상부에서 추제를 투입하여 추출한다.
Hildblandt 추출기 (Screw)	원통 내부에 스크루컨베이어를 장치하여 추료를 이동시키고 추제를 향류 접촉하여 추출한다.
Rotocel 추출기 (회전)	회전원통에 추료를 넣고 여기에 분무기로 분산하여 추출하는 장치이다.

2) 잔입자 – 분말용 추출기(Dorr 교반기)

주로 Dorr 교반기를 사용하는데, 추료가 분말상인 경우에 이것을 추제와 혼합하여 교반한 후 현탁 상태를 유지해 추출을 용이하게 한다.

2. 액액추출기

1) 액액추출기의 특성

① 액액추출은 기체흡수나 증류처럼 두상이 접촉하여 물질전달이 원활하도록 하는 것이다.

② 흡수나 증류조작은 기상과 액상의 밀도차가 크므로 쉽게 분리되지만, 액액추출은 밀도차가 작으므로 분리가 어렵다.

2) 액액추출의 종류

① 증류에 비해 효율이 낮고 고비용이 소요되지만, 비등점차가 나지 않는 물질을 분리할 때는 사용할 수 있다.

② 너무 높은 비점 때문에 분해될 우려가 있을 때에는 증류가 불가능하며, 추출에 의한 분리가 필요하다.

③ 기계적 교반을 하는 형식과 유체 자신의 흐름에 의해 교반하는 형식으로 분류되며, 조작은 회분식도 가능하나, 다회추출, 향류다단추출, 연속미분 추출 및 환류추출과 같은 연속식이 주로 사용된다.

3) 액액추출기의 종류

혼합침강기 (Mixer – Settler형 추출기)	• 혼합조와 침강조가 직렬로 연결된 것으로 여러 개를 조합하여 병류나 향류조작을 하기도 한다. • 장치의 구조가 간단하여 고정비가 적게 들고 조작조건과 추료나 추제의 종류도 광범위하여 수용액으로부터 우라늄이나 구리염의 추출에 이용되고 있다.
분무탑 · 충전탑	• 액체의 연속추출장치이다. • 무거운 액을 상부로부터, 가벼운 액을 하부로부터 접촉시킨다.
다공판탑 · 방해판탑	• 다공판을 통해 액체 방울의 재형성, 재분산이 일어나도록 여러 번 반복하여 효율을 높이는 것이다. • 다공판탑의 변형인 방해판탑은 부식에 의해 구멍이 커지거나 막히는 일이 없으므로 현탁된 고체를 함유한 용액의 취급에 적당하다.
Scheibel 탑	교반형 날개가 있으며 많이 사용된다.
Podbielniak 추출기	비중차가 적은 액체에 이용한다.

CHAPTER 03

물질전달 및 흡수

[01] 물질전달과 확산

1. 물질전달

같은 상이나 서로 다른 상 사이의 경계면에서 물질이 서로 이동하는 것 → 확산

1) 등몰확산

① A, B 두 성분이 동시에 확산한다.

② 속도는 같고 방향은 반대이다.($N_A = -N_B$)

예 증류

2) 일방확산

한 성분이 한 방향으로만 확산하는 것이다.($N_B = 0$)

예 증발, 추출, 흡수, 건조, 조습

2. 확산

1) 분자확산

① 물질 자신의 분자운동에 의해 일어난다.

② 각 분자가 무질서한 개별운동에 의해 유체 속을 운동 · 이동해 나가는 것이다.

2) 난류확산

교반이나 빠른 유속에 의한 난류상태에서 일어나는 확산이다.

[02] 물질전달속도

1. 기상 내의 물질전달속도

1) 물질전달속도식

$$\frac{dn_A}{d\theta} = k_G A\left(p_{A_1} - p_{A_2}\right) = k_G AP\left(y_1 - y_2\right)$$

여기서, n_A : 1→2로 전달된 A의 몰수(kmol)
θ : 시간(h)
A : 물질전달방향에 직각인 넓이
p_A : 성분 A의 분압
y : 성분 A의 몰분율
k_G : 기상물질 전달계수(kmol/h m^2 atm)

2) 확산

(1) Fick의 제1법칙

$$N_A = \frac{dn_A}{d\theta} = -D_G A\frac{dC_A}{dx}\,[\text{kmol/h}]$$

여기서, D_G : 분자확산계수(m^2/h)

(2) 일방확산

① **확산** : $N_A = \underbrace{-D_G A\frac{dC_A}{dx}}_{\text{분자확산}} + \underbrace{\left(N_A + N_B\right)\frac{p_A}{P}}_{\text{난류확산}}$

② **일방확산** : $N_B = 0$

$$\therefore N_A = \frac{D_G PA\left(p_{B_2} - p_{B_1}\right)}{RTx\, p_{BM}}$$

③ **기상물질 전달계수** : $k_G = \dfrac{D_G P}{RTx\, p_{BM}}\,[\text{kmol/h m}^2\text{ atm}]$

(3) 등몰확산

$$N_A = -N_B$$

$$\therefore N_A = \frac{D_G A\left(p_{A_1} - p_{A_2}\right)}{RTx}$$

$$k_G = \frac{D_G}{RTx}$$

단면적당 물질전달속도

$$J_A = \frac{N_A}{A} = -D_G\frac{dC_A}{dx}\,[\text{kmol/m}^2\text{ h}]$$

열확산계수 α, 동점도 ν, 분자확산계수 D의 차원은 면적을 시간으로 나눈 것이다.[L^{2}T^{-1}]

일방확산

$$N_A = \frac{D_r \rho_M}{x}\ln\frac{1-y_A}{1-y_{Ai}} = \frac{D_r \rho_M}{x}\frac{y_{Ai} - y_A}{\left(1-y_A\right)_L}$$

2. 액상 내의 물질전달속도

1) 물질전달속도식

$$\frac{dn_A}{d\theta} = k_L A\left(C_{A_1} - C_{A_2}\right)[\text{kmol/h}]$$
$$= k_L A \rho_m \left(x_{A_1} - x_{A_2}\right)$$

여기서, ρ_m : 액상의 몰밀도 $= \dfrac{A, B\text{ 몰수의 합}}{\text{전체 부피}}$

n_A : 1 → 2로 전달된 A의 몰수(kmol)

θ : 시간(h)

k_L : 액상물질전달계수(kmol/m^2 h kmol/m^3)

A : 물질전달방향에 직각인 넓이(m^2)

C_A : 성분 A의 몰농도(kmol/m^3)

x_A : 성분 A의 몰분율

2) 확산

(1) 일방확산

$$N_A = \frac{D_L}{x}\frac{\rho_m}{C_{BM}}A\left(C_{A_1} - C_{A_2}\right) = \frac{D_L}{x}\frac{\rho_m}{x_{BM}}A\left(x_{A_1} - x_{A_2}\right)$$

(2) 등몰상호확산

$$N_A = \frac{D_L}{x}A\left(C_{A_1} - C_{A_2}\right) = \frac{D_L \rho_m}{x}A\left(x_{A_1} - x_{A_2}\right)[\text{kmol/h}]$$

$$k_L = \frac{D_L}{x}$$

3. 경막에서의 물질전달속도

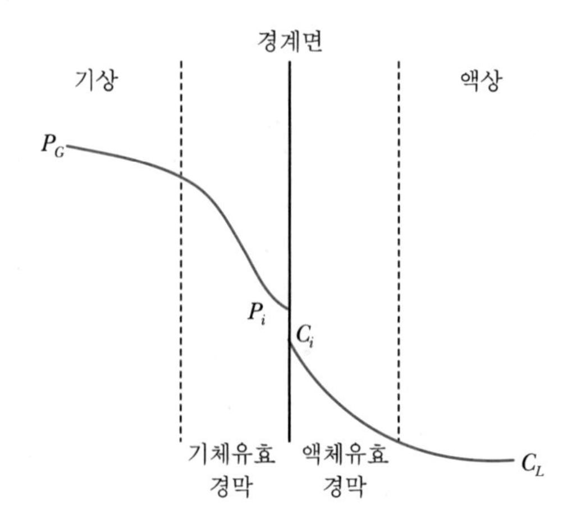

$$N_A = k_G A(p_G - p_i) = k_L A(C_i - C_L)$$

$$\frac{p_G - p_i}{C_L - C_i} = -\frac{k_L}{k_G}$$

Henry's Law에서 $C_L = Hp^*$, $C^* = Hp_G$를 대입한다.

$$N_A = K_L A(C^* - C_L)\text{[kmol/h]}$$

여기서, K_L : 총괄액상물질 전달계수(kmol/m^2 h kmol/m^3)

$$N_A = K_G A(p_G - p^*)$$

여기서, K_G : 총괄기상물질 전달계수(kmol/m^2 h atm)

$$\therefore \frac{1}{K_L} = \frac{H}{k_G} + \frac{1}{k_L}$$

$$\frac{1}{K_G} = \frac{1}{k_G} + \frac{1}{Hk_L}$$

Reference

- 기체경막저항 : 용해도가 대단히 큰 경우(H가 큰 경우)
  $1/k_G \gg 1/Hk_L$이므로 $K_G = k_G$(기체경막저항 지배)
- 액경막저항 : 용해도가 대단히 작은 경우(H가 작은 경우)
  $H/k_G \ll 1/k_L$이므로 $K_L = k_L$(액경막저항 지배)

4. 슈미트 수(Schmidt Number)

$$N_{sc} = \frac{\mu}{\rho D_G} = \frac{\nu}{D_G} = \frac{\text{운동학점도}}{\text{분자확산도}}$$

TIP

Colburn의 유사성
- 동점도와 분자확산계수의 비
- 습벽탑에서의 물질전달인자
  $J_D = \frac{f}{2} = 0.023N_{Re}^{-0.2}$

[03] 흡수장치

1. 흡수(Absorption)

혼합기체 중에서 한 성분을 액에 흡수시켜 분리하는 조작

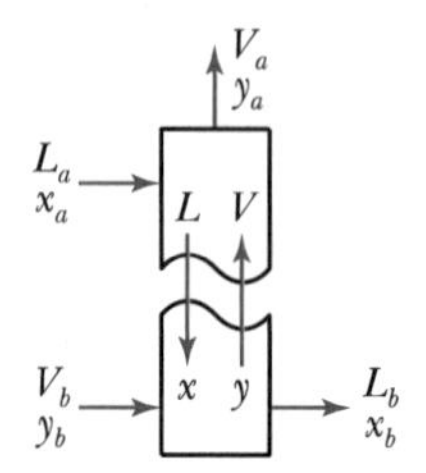

$L_a + V_b = L_b + V_a$

$L_a x_a + Vy = Lx + V_a y_a$

$\therefore\ y = \frac{L}{V}x + \frac{V_a y_a - L_a x_a}{V}$

2. 흡수장치

액과 기체를 접촉시키는 방법에 따라 다음과 같이 구분된다.

① **기포탑(Bubble Tower)** : 밑으로부터 기체를 강하하는 액중으로 상승공급하여 향류 접촉하도록 하는 탑

② **액저탑(Spray Tower)** : 상승하는 기류 중에 액이 분산하며 강하하여 흡수가 일어나도록 한다.

③ **충진탑(Packed Tower)** : 충진물질을 채워 접촉면적을 크게 한다.

3. 흡수속도를 크게 하기 위한 방법

① K_L, K_G를 크게 한다.

② 접촉면적 및 접촉시간을 크게 한다.

③ 농도차나 분압차를 크게 한다.

4. 충진물의 조건

① 큰 자유부피를 가질 것=공극률이 클 것

② 비표면적이 클 것

③ 가벼울 것

④ 기계적 강도가 클 것

⑤ 화학적으로 안정할 것

⑥ 값이 싸고 구하기 쉬울 것

5. 충진탑의 구조

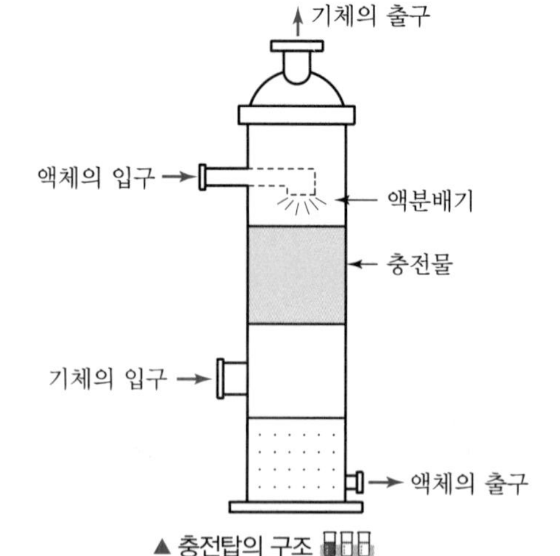

▲ 충전탑의 구조

TIP

충전물

- 라시히 링(Rasching Ring)
- 인터록스 새들(Intolox Saddle)
- 폴 링(Pall Ring)
- 사이클로헬릭스 링(Cyclohelix Ring)
- 벌 새들(Berl Saddle)
- 레싱 링(Lessing Ring)
- 십자간격 링(Cross－partion Ring)

6. 충진탑(충전탑)의 성질

1) 편류(Channeling)

① 액이 한곳으로만 흐르는 현상

② 충전물 꼭대기에서 한번 분배된 액체가 모든 충전물 표면 위에 얇은 경막을 이루며 탑 아래로 흘러내려 가야 한다. 그러나 실제로 경막이 어떤 곳에서는 두꺼워지고 어떤 곳에서는 얇아져서 액체가 충전물 어느 한쪽 경로를 따라 흐른다.

③ 방지법

㉠ 탑의 지름을 충진물 지름의 8~10배로 할 것

㉡ 불규칙 충전할 것

㉢ 액체 재분배기 설치

TIP

$\dfrac{D\text{(탑의 직경)}}{d\text{(충전물의 직경)}}$

- $\dfrac{D}{d}$ = 8~10 : 채널링 최소
- $\dfrac{D}{d}$ < 8~10 : 액이 벽으로 모임
- $\dfrac{D}{d}$ > 8~10 : 액이 중앙으로 모임

2) 부하속도(Loading Velocity)

① 기체의 속도가 차차 증가하면 탑 내의 액체유량이 증가한다. 기체속도가 증가하면 압력손실이 급격히 커지고 탑 내에 액체의 정체량이 증가하여 액체가 아래로 이동하는 것을 방해하는 점(L)이 나타난다. 이를 부하점이라 하고, 이때의 속도를 부하속도라 한다.

② 흡수탑의 작업은 부하속도를 넘지 않는 속도범위에서 해야 한다.

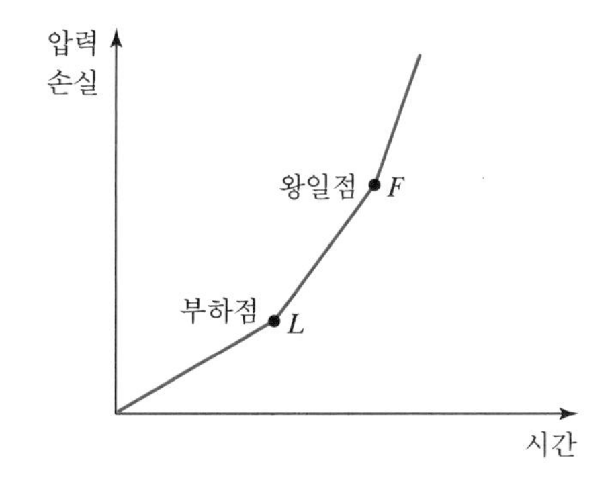

3) 왕일점(Flooding Point, 범람점)

① 기체의 속도가 아주 커서 액이 거의 흐르지 않고 넘치는 점. 향류 조작이 불가능하다.

② 부하점을 넘어 기체속도가 더욱 증가하면 액체의 정체량도 급격히 많아져서 압력강하가 더욱 커지게 되는 F점이 나타난다. 이 점을 왕일점이라 한다.

③ 기체가 거품상으로 강하액을 밀어올려 충전물의 상단은 액체층으로 덮이고 배출기체는 비말동반(Entrainment)을 일으킨다.

- 물질전달에 필요로 하는 농도 차이가 탑 밑바닥에서 0이 되어 무한대로 기다란 충전층이 필요해진다.
- 실제 탑에서는 정해진 기체의 조성 변화를 이루려면 액체유속이 이 최소치보다 커야 한다.

흡수인자법에 의한 이상단수의 계산

n단이 이상단이면

$y_n = mx_n + B$

$y_{n+1} = \dfrac{L(y_n - B)}{mV} + y_a - \dfrac{Lx_a}{V}$

흡수인자 $A = \dfrac{L}{mV}$

$N = \dfrac{\ln[(y_b - y_b^*)/(y_a - y_a^*)]}{\ln A}$

$A = \dfrac{y_b - y_a}{y_b^* - y_a^*}$

$\therefore N = \dfrac{\ln[(y_b - y_b^*)/(y_a - y_a^*)]}{\ln[(y_b - y_a)/(y_b^* - y_a^*)]}$

※ 조작선과 평형선이 평행이면 $A = 1$

$N = \dfrac{y_b - y_a}{y_a - y_a^*} = \dfrac{y_b - y_a}{y_b - y_b^*}$

TIP

$H_{OG} = \dfrac{G_H}{K_G ap}$

$H_{OL} = \dfrac{L_M}{K_L a\rho_m}$

$N_{OG} = \displaystyle\int_{y_2}^{y_1} \frac{dy}{y - y^*} = \int_{P_2}^{P_1} \frac{dP}{P - P^*}$

$N_{OL} = \displaystyle\int_{x_2}^{x_1} \frac{dx}{x^* - x} = \int_{C_2}^{C_1} \frac{dC}{C^* - C}$

7. 충전탑의 설계

1) 기체 – 액체 한계비

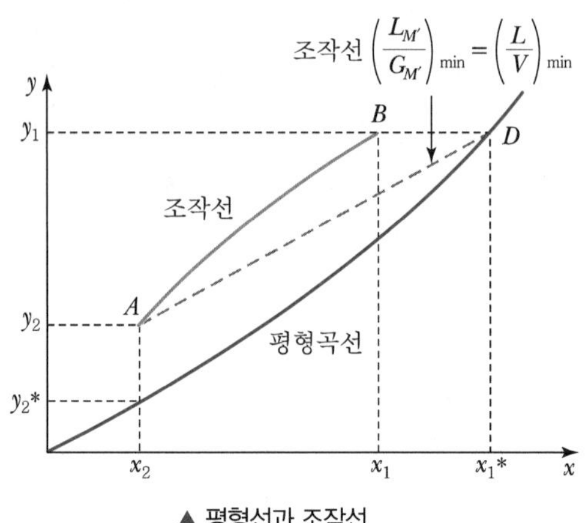

▲ 평형선과 조작선

① 그림에서 점선 AD는 최소용제비$\left(\dfrac{L_M}{G_M}\right)_{\min}$, 즉 기액한계비를 나타내며 이것으로 흡수에 필요한 최소용제량$(L_M)_{\min}$을 구할 수 있다.

② 조작선과 평형곡선의 간격이 클수록 흡수의 추진력이 커지므로 흡수탑의 높이도 작아진다.

2) 충전탑의 높이 결정

① HETP : 이론단의 상당높이(Height Equivalent to a Theoritical Plate) 충전탑에서 1개 이론단의 상당높이

$$HETP = \frac{Z}{N_P} = \frac{\text{탑의 높이}}{\text{이론단수}}$$

$$\therefore\ Z = HETP \times N_p[\text{m}]$$

② 이동단위수(NTU) 및 이동단위높이(HTU)에 의한 충전탑의 높이 결정

$$Z = H_{OG} \times N_{OG} = H_{OL} \times N_{OL}$$

$$= \frac{G_M}{K_G aP} \cdot \int_{y_2}^{y_1} \frac{dy}{y - y^*}$$

$$= \frac{L_M}{K_L a\rho_m} \cdot \int_{x_2}^{x_1} \frac{dx}{x^* - x} \quad (A = 1\text{m}^2\text{일 때})$$

여기서, $K_G a$: 총괄기상용량계수(kmol/m³ h atm)

$K_L a$: 총괄액상용량계수(kmol/m³ h kmol/m³)

G_M, L_M : 몰유속(kmol/h)

$$\int_{y_2}^{y_1} \frac{dy}{y-y^*} = \frac{\dfrac{y_1-y_2}{(y_1-y_1^*)-(y_2-y_2^*)}}{\ln\dfrac{y_1-y_1^*}{y_2-y_2^*}} = \frac{y_1-y_2}{\Delta y_{LM}}$$

$$\therefore\ Z = \frac{G_M}{k_G aP} \cdot \frac{y_1-y_2}{\Delta(y-y^*)_{LM}}\ (A=1\text{m}^2\text{일 때})$$

$$\therefore\ Z = \frac{G_M}{k_G aAP} \cdot \frac{y_1-y_2}{\Delta(y-y^*)_{LM}}$$

[04] 이동현상(전달현상) 공정의 유사성

1. 이동현상

① **운동량전달** : 유체의 흐름, 혼합, 침강, 여과
② **열전달** : 열의 전도, 대류, 증발, 증류, 건조
③ **물질전달** : 증류, 흡수, 추출, 건조

> TIP
> 이동공정의 전달속도 = $\dfrac{\text{추진력}}{\text{저항}}$

▼ **이동현상**

이동현상	법칙	식	단위	추진력	비례상수
운동량 전달	Newton의 법칙	$\tau = \dfrac{F_s}{A} = -\mu\dfrac{du}{dy}$	[N/m²] [kg m/s² m²]	속도차	점도 μ[kg/m s]
열전달	Fourier의 법칙	$q = \dfrac{Q}{A} = -k\dfrac{dt}{dl}$	[kcal/h m²]	온도차	열전도도 k[kcal/m h ℃]
물질 전달	Fick의 법칙	$N_A = \dfrac{dn_A}{d\theta} = -D_{AB}\dfrac{dC_A}{dx}$	[kmol/h m²]	농도차	분자확산계수 D_{AB}[m²/h]

위의 식은 단면적당의 값을 나타낸다.

> TIP
> 일반식
> $F_s = -\mu A\dfrac{du}{dy}$ [kg m/s²]
> $q = -kA\dfrac{dt}{dl}$ [kcal/h]
> $N_A = -D_{AB}A\dfrac{dC_A}{dx}$ [kmol/h]

CHAPTER 04

습도

1. 절대습도(Absolute Humidity)

건조공기 1kg에 수반되는 수증기의 kg 수[kg 수증기/kg 건조공기]

$$H=\frac{w_v}{w_a}=\frac{w_v}{w-w_v}=\frac{M_v}{M_g}\frac{p_v}{P-p_v}=\frac{18}{29}\frac{p_v}{P-p_v}[\text{kg}\,H_2O/\text{kg dry air}]$$

여기서, w : 습윤공기의 양(kg)
w_v : 수증기의 양(kg)
w_a : 건조공기의 양(kg)
M_v : 수증기의 분자량
M_g : 공기의 분자량
P : 전압
p_v : 수증기 압력

2. 몰습도(Mole Humidity)

건조기체 1kmol에 수반되는 수증기의 kmol 수

$$H_m=\frac{p_v}{P-p_v}[\text{kmol}\,H_2O/\text{kmol dry air}]$$

3. 포화습도(Saturated Humidity)

일정 온도에서 공기가 함유할 수 있는 최대 수증기량

$$H_s=\frac{18}{29}\frac{p_s}{P-p_s}[\text{kg}\,H_2O/\text{kg dry air}]$$

여기서, p_s : 포화수증기압

4. 상대습도(관계습도, Relative Humidity)

공기 중의 수증기분압 p_v와 그 온도에서의 포화수증기압 p_s의 비를 백분율로 표시하는 것

$$H_R = \frac{p_v}{p_s} \times 100[\%]$$

5. 비교습도(Percentage Humidity) ■■■

공기의 절대습도 H 와 그 온도에 따른 포화습도 H_s 의 비를 백분율로 표시하는 것

$$H_P = \frac{H}{H_s} \times 100[\%] = \frac{\frac{18}{29}\frac{p_v}{P-p_v}}{\frac{18}{29}\frac{p_s}{P-p_s}} \times 100$$

$$= \frac{p_v}{p_s} \times 100 \times \frac{P-p_s}{P-p_v} = H_R \cdot \frac{P-p_s}{P-p_v}$$

※ 일반적으로 $p_s > p_v$이므로 $H_P < H_R$이다.

6. 습비열(Humid Heat, C_H)

① 건조 기체 1kg과 이에 포함되는 증기를 1℃ 올리는 데 필요한 열량

$$C_H = C_g + C_v H$$

여기서, C_g : 건조기체의 비열(kcal/kg ℃)
C_v : 증기의 비열
H : 절대습도

② 공기 - 수증기

1atm에서 $C_H = 0.24 + 0.45H$

여기서, 건조공기의 비열=0.24kcal/kg ℃
수증기의 비열=0.45kcal/kg ℃

7. 습비용(Humid Volume, V_H)

① 건조기체 1kg과 이에 포함되는 증기가 차지하는 부피

$$V_H = 22.4\left(\frac{273+t_G}{273}\right)\left(\frac{760}{P}\right)\left(\frac{1}{M_g}+\frac{H}{M_v}\right)$$

② 공기 - 수증기

1atm에서 $V_H = (0.082t_G + 22.4)\left(\frac{1}{29}+\frac{H}{18}\right)$[m³/kg 건조공기]

여기서, t_G : 기체의 온도
H : 절대습도

8. 습윤기체의 엔탈피

건조기체 1kg과 이에 포함된 증기의 엔탈피

$i = C_g(t_G - t_o) + \{C_v(t_G - t_o) + \lambda_{to}\}H$

$= C_H(t_G - t_o) + \lambda_{to}H$

$i = (0.24 + 0.45H)(t_G - t_o) + 595H$

여기서, H : 절대습도

λ_{to} : 온도 t_o에서 증발잠열(kcal/kg)

0℃ 물의 증발잠열 : 595kcal/kg

9. 노점(Dew Point)

① 일정 습도를 가진 증기와 기체혼합물을 냉각시켜 포화상태가 될 때의 온도를 이슬점이라 한다.

② 대기 중의 수증기 분압이 그 온도에서의 포화증기압과 같아지는 지점으로 상대습도가 100%인 점을 의미한다.

10. 습구온도와 건구온도

1) 습구온도

① 대기와 평형상태에 있는 온도

② 온도계의 감온부를 천으로 둘러싼 후 그 한쪽에 물을 묻혀 감온부가 젖어 있는 상태에서 물이 증발하므로 온도가 낮아진다.

③ 일반적으로 건구온도보다 낮지만 포화상태($H_R = 100\%$)에서는 건구온도와 같아진다.

2) 건구온도

① 온도계의 수감부가 직접 햇빛에 닿지 않게 공기 중에 노출시켜 측정한 온도

② 현재 기온과 같다.

CHAPTER
05 건조

[01] 건조

1. 건조

고체물질에 함유되어 있는 수분을 가열에 의해 기화시켜 제거하는 조작

2. 고체 중의 수분함량 표시 방법

① 습량기준(수분량) : 습윤재료에 대한 H_2O의 양

$$x = \frac{W - W_o}{W} \text{[kgH}_2\text{O/kg습윤재료]}$$

② 건량기준(함수량) : 건조재료에 대한 H_2O의 양

$$w = \frac{W - W_o}{W_o} \text{[kgH}_2\text{O/kg건조재료]}$$

여기서, W : 습윤재료의 양(건조재료+물)(kg)
W_o : 완전건조량(kg)

[02] 건조의 원리

1. 평형

1) 평형함수율(Equilibrium Moisture Content)

결합수분을 갖는 재료를 일정습도의 공기로 건조시키는 경우 어느 정도까지 함수율이 내려가면 평형상태에 도달하여 그 이상은 건조가 진행되지 않는다. 이때의 함수율을 평형함수율이라 한다.

◆ 결합수분
평형곡선에서 100% 상대습도선과 만나는 점의 평형함수율

◆ 비결합수분
상대습도 100% 이상의 수분(건조 가능한 수분)

100% 상대습도에서 고체의 평형수분함량보다 낮은 수분함량에 대하여 결합수라 하며, 이보다 큰 수분함량은 비결합수라 한다.

2) 자유함수율(Free Moisture Content)

고체가 가진 전체 함수율 w와 그때의 평형함수율 w_e의 차를 자유함수율이라 한다.

$F = w - w_e$[kgH_2O/kg건조량]

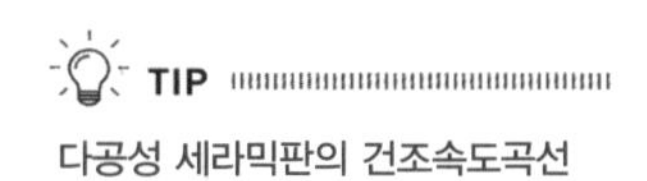

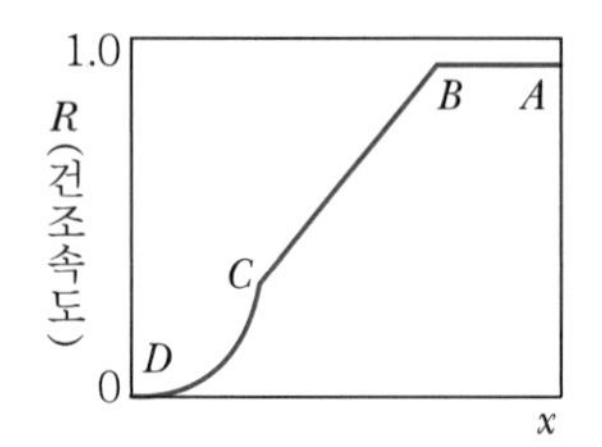

2. 건조속도

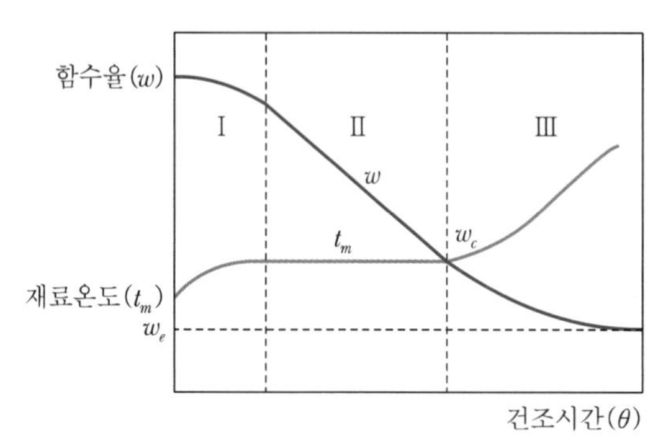

여기서, w_c : 임계함수율(항률기 → 감률기)

w_e : 평형함수율(더 이상 건조되지 않는다.)

1) 건조실험곡선

① 재료예열기간(I) : 재료가 예열되고, 함수율이 서서히 감소하는 기간(현열)이다.

② 항률건조기간(II) : 재료함수율이 직선적으로 감소하고, 재료온도가 일정한 기간(잠열)이다.

③ 감률건조기간(III)

㉠ 함수율의 감소율이 느리게 되어 평형에 도달할 때까지의 기간이다.

㉡ 재료의 건조특성이 나타나는 구간이다.

㉢ 임계함수율(w_c)에서 평형함수율(w_e)까지의 기간이다.

2) 함수율의 한계범위

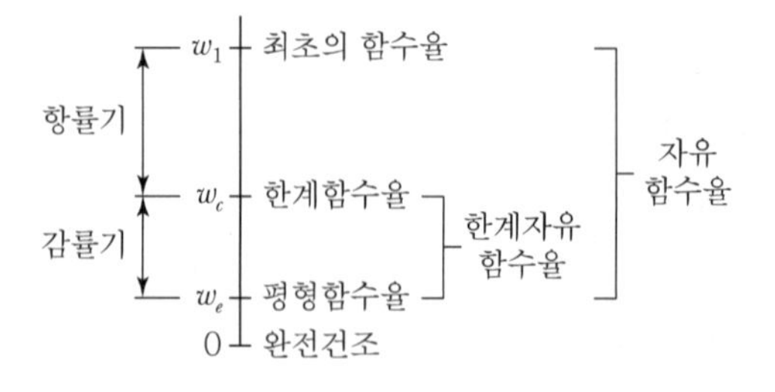

① 자유함수율 : $F = w - w_e$

② 한계자유함수율 : $F_c = w_c - w_e$

③ 한계함수율 : 항률기에서 감률기로 이행할 때의 함수율

3) 건조특성곡선

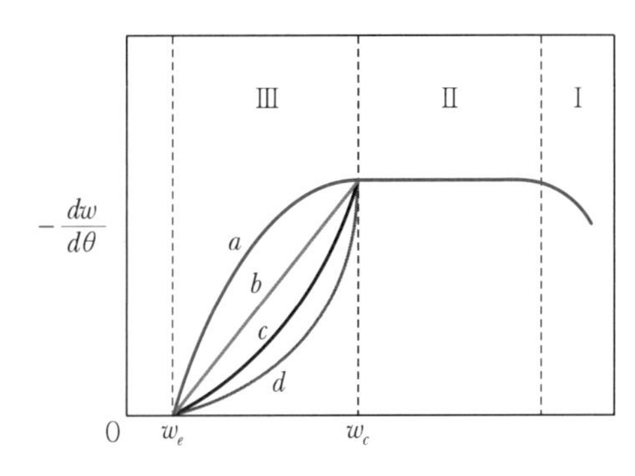

a : 식물성 섬유재료
b : 여제, 플레이크
c : 곡물, 결정품
d : 치밀한 고체 내부의 수분

① 볼록형(a) : 섬유재료의 수분 이동이 모세관 중에서 일어난다.

② 직선형(b) : 입상 물질을 여과한 플레이크상 재료. 잎담배 등의 건조형태이다.

③ 직선형+오목형(c) : 감률건조 1단+감률건조 2단의 건조과정, 곡물 결정품

④ 오목형(d) : 비누, 치밀한 고체와 같은 물질이 건조할 때 일어나는 형태

> **한계함수율(Critical Moisture Content) W_c**
> 항률건조기간에서 감률건조기간으로 이동하는 점

3. 건조속도의 계산

1) 항률건조속도

$$R_c = \left(\frac{W}{A}\right)\left(-\frac{dw}{d\theta}\right)_c = k_H(H_i - H) = \frac{h(t_G - t_i)}{\lambda_i}$$

$$R_c = \frac{w_1 - w_c}{A\theta_c}[\text{kgH}_2\text{O/m}^2\text{ h kg건조재료}]$$

여기서, k_H : 물질전달계수(kg/h m² ΔH)
h : 총괄열전달계수(kcal/m² h ℃)
λ_i : t_i에서의 증발잠열(kcal/kg)

(1) 공기가 고체 표면에 평행하게 흐를 경우

$h = 0.0176G^{0.8}$[kcal/m² h ℃]

$2{,}500 < G < 15{,}000$

여기서, G : 열풍의 질량속도(kcal/m² h)

(2) 공기가 고체 표면에 통기류일 때

열풍이 재료층을 통하는 사이에 온도가 떨어지며 층의 입구, 출구에서 추진력이 다르다.

k_H는 Lewis 법칙으로 $\frac{h}{k_H} \fallingdotseq C_H$에서 구한다.

2) 감률건조속도

(1) 감률기

① 함수율의 감소에 따라 건조속도가 감소하는 기간

② 재료의 표면온도가 점차 상승하는 것이 특징이다.

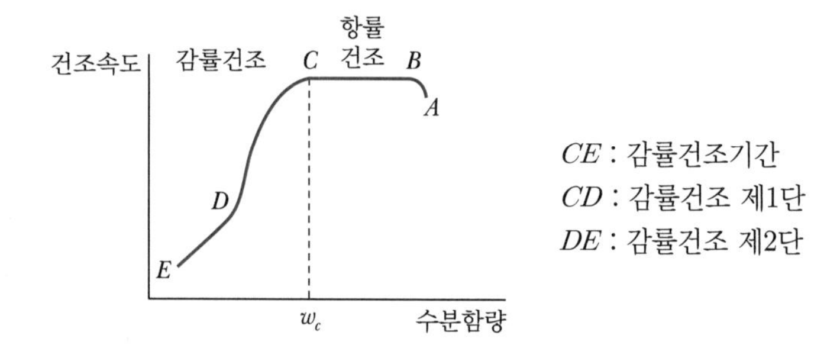

CE : 감률건조기간
CD : 감률건조 제1단
DE : 감률건조 제2단

(2) 감률건조 제1단

재료 표면의 습윤면적이 점차 작아지는 기간으로 건조속도는 함수율에 비례한다.

예 섬유재료, 입상 물질

$$R_f = \frac{W}{A}\left(-\frac{dw}{d\theta}\right)_f = k_{H_f}(H_i - H) = \frac{h_f(t_G - t_i)}{\lambda_i}$$

(3) 감률건조 제2단

표면은 이미 평균함수율에 도달해서 건조한 상태이고 재료의 내부에서 수분이 증발해 표면에 확산하는 기간이다.

예 곡물, 결정품, 비누, 치밀한 고체

① **감률건조시간** : $\theta_f = \frac{F_c}{R_c}\ln\frac{F_c}{F_2}$[h]

② **항률건조시간** : $\theta_c = \frac{F_1 - F_c}{R_c}$[h]

여기서, F_c : 한계자유함수율(kgH_2O/kg건조고체)
R_c : 항률건조속도(kgH_2O/kg건조고체 h)
F_2 : 건조 종말점에서 자유함수율

Reference

한계함수율이 F_c(kgH_2O/kg건조고체)인 물질을 F_1으로부터 F_2까지 건조하는 데 필요한 시간 θ(h)

$$\theta = \theta_c + \theta_f = \frac{1}{R_c}\left\{(F_1 - F_c) + F_c \ln\left(\frac{F_c}{F_2}\right)\right\}$$

4. 건조수축

함수율이 낮을 때 고체는 수축한다. ➡ 뒤틀림 현상
물질에 따라 이 성질은 다르며 단단한 다공성, 비공성 물질은 건조 중에 거의 수축하지 않는다. Colloid상, 섬유상 물질은 수분이 제거됨에 따라 심하게 수축한다.

① 물질의 표면적이 변화 : 야채, 식물
② 표면이 경화 : 점토, 비누
③ 휘거나 금이 가거나 전체 구조가 변하는 것 : 목재 – 습윤공기로 건조속도 조절

[03] 건조장치

1. 고체의 건조장치(Tray Dryer)

상자건조기 (Tray Dryer)	• 상자모양의 건조기 내에 괴상, 입상의 원료를 넣고 가열기체 또는 가열공기를 불어넣는 형식이다. • 소량건조에 적합하고 회분식이다. • 곡물, 과실, 점토, 비누, 목재, 양모, 도자기 등의 건조에 사용된다.
터널건조기 (Tunnel Dryer)	• 차에 실린 재료를 건조기 내의 터널에서 이동시키는 것이다. • 비교적 다량의 재료를 천천히 건조시켜야 할 벽돌, 내화제품, 목재에 쓰인다.
회전건조기 (Rotary Dryer)	• 조작이 안정하며 견고하고 처리량이 큰 이점이 있다. • 고체수송방법으로 다룰 수 있을 정도로 조작 초기에 건조되어 있어야 하며 건조기 벽에 부착될 정도의 점도가 있어서는 안 된다. • 재료의 진행방향과 향류, 병류로 열풍 접촉한다. • 원통 내에서 재료의 체류시간이 최대일 때 재료의 보유량을 최적 보유량이라 하며 공탑용적에 대하여 8～12%가 좋다. • 단점은 재료와 열풍과의 총괄열전달계수가 작은 것인데, 통기류식은 이러한 결점을 개선하여 수지분말, 결정염, 특히 비중이 적은 재료에 잘 사용된다. • 분말, 입상, 괴상 등에 적합하다.

2. 용액 및 슬러리 건조장치

드럼건조기 (Drum Dryer)	• 회전하는 원통을 가열해서 그 표면에 재료를 부착시켜 건조하는 장치이다. • 재료를 드럼 표면에 박막으로 붙여서 회전할 때 건조하도록 하는 것으로 드럼은 한 개 또는 두 개이다. • 플레이크상 또는 분체상 제품을 얻으며 비교적 소량에 적합하다.
교반건조기 (Agitated Dryer)	• 원료가 점착성이어서 회전건조기에서는 처리할 수 없고 상자건조기를 사용하기에는 별로 중요한 것이 아닌 경우에 기계적으로 교반기를 설치한 건조기가 적당하다. • 직접가열, 간접가열, 대기건조, 진공건조가 있다.
분무건조기 (Spray Dryer)	• 액 또는 미립자 현탁액을 노즐(Nozzle)이나 고속 회전 디스크(Disk)로 건조, 실내로 분무하여 고형입자 제품을 얻는 방법이다. • 다른 건조법에서는 얻을 수 없는 구상제품을 얻을 때 유리하다. • 분말식품, 세척제 등에 사용한다. • 열에 민감한 물질을 효과적으로 건조할 수 있다.

3. 연속시트(Sheet)상 건조기

원통건조기 (Cylinder Dryer)	• 종이나 직물의 연속시트를 건조하는 데 사용한다. • 여러 개의 원통으로 되어 있고 그 위로 계속해서 시트가 지나간다.
조하식 건조기 (Feston Dryer)	• 젖은 시트가 원통을 통과하여 적당한 길이의 롤 형태를 이루면 공기를 불어넣어 건조시킨다. • 직물이나 망판, 인쇄용지 등의 건조에 사용한다. • 페스톤 건조기라고도 한다.

4. 특수건조기

유동층 건조기 (Fludized Bed Dryer)	• 미분말을 가는 금망 또는 다공판상에 충전시켜서 통풍하면 재료는 유동을 시작하며 마치 물이 끓는 것과 같은 상태로 된다. 이와 같은 재료의 층을 유동층이라고 하며, 미분체가 부유운동을 하면서 건조되는 방식이다. • 기체와 고체 미립자가 양호하게 접촉 혼합되는 것으로 대상 재료는 15mm 이하이며 코크스, 결정염류, 수지분말 등 저함수율의 것에 적합하다.(15% 미만)
적외선 복사건조기 (Infrared Radiation Dryer)	• 자동차 페인트의 건조에 사용한다. • 적외선 복사열을 이용한다. • 직물, 사진필름 등의 얇은 물건에 사용한다.

고주파 가열건조기 (Dielectric Dryer)	• 원료를 고주파(5～50MHz), 고전압의 전기장에 놓아 건조물체의 내부를 균일하게 발열이 일어나도록 하는 방법이다. • 임의의 파장으로 한 종류의 재료만 특히 가열되는 선택 발열을 이용해서 합판의 접착에도 이용된다.
동결건조기 (Frozen Dryer)	• 열에 불안정한 물질에 대해서는 동결건조한다. • 수분을 동결한 상태 그대로 진공 중에서 승화에 의해 수증기를 제거하는 방법이다. • 항생물질, 혈청 등의 건조에 사용된다.

Exercise **01**

초기함수율 15%로부터 함수율 0.5%까지 건조고체 1,270kg/h를 건조시키기 위한 단열 회전식 건조기의 직경을 구하시오.(단, 고체는 25℃로 들어가서 93℃로 나오고, 가열공기는 150℃로 들어가서 98℃로 나온다. 고체의 비열=0.52kcal/kg ℃, 공기의 비열=0.24kcal/kg ℃, 공기의 최대허용질량속도=3,420 kg/m² h이고 잠열 λ(90℃)=534kcal/kg이다.)

풀이 $\frac{q_T}{\dot{m}_s} = C_{PS}(T_{sb} - T_{sa}) + X_a C_{PL}(T_v - T_{sa}) + (X_a - X_b)\lambda + X_b C_{PL}(T_{sb} - T_v)$

$+ (X_a - X_b) C_{PV}(T_{va} - T_v)$

여기서, T_{sa} : 공급원료의 온도

T_{sb} : 최종고체의 온도

T_v : 기화온도

T_{va} : 최종증기온도

λ : 기화열

C_{PS}, C_{PL}, C_{PV} : 각각 고체, 액체, 증기의 비열[cal/g ℃]

$q_T = \dot{m}_g C_g (T_{hb} - T_{ha})$

여기서, $\dot{m}_g$: 공기의 질량속도

C_g : 공기의 비열

T_{hb} : 공기의 공급온도

T_{ha} : 공기의 최종온도

$\dot{m}_s = 1{,}270\text{kg/h}$

$X_a = 0.15$, $X_b = 0.005$

$C_{PS} = 0.52\text{kcal/kg ℃}$, $C_{PL} = 1\text{kcal/kg ℃}$, $C_{PV} = 0.45\text{kcal/kg ℃}$

$\frac{q_T}{\dot{m}_s} = 0.52 \times (93-25) + 0.15 \times 1 \times (90-25) + (0.15-0.005) \times 534 + 0.005 \times 1 \times (93-90)$

$+ (0.15-0.005) \times 0.45 \times (98-90)$

$= 123.08\text{kcal/kg}$

$\therefore q_T = 1{,}270\text{kg/h} \times 123.08\text{kcal/kg} = 156{,}311.6\text{kcal/h}$

$156{,}311.6\text{kcal/h} = \dot{m}_g \times 0.24\text{kcal/kg}\,℃ \times (150-98)℃$

$\therefore\ \dot{m}_g = 12{,}524.97\text{kg/h}$

$\dot{m} = \rho u A = GA$

$A = \dfrac{\dot{m}}{G} = \dfrac{12{,}524.97\text{kg/h}}{3{,}420\text{kg/m}^2\,\text{h}} = 3.66\text{m}^2$

$A = \dfrac{\pi}{4} D^2$

$\therefore$ 직경 $D = \sqrt{\dfrac{4 \times 3.66}{\pi}} = 2.16\text{m}$

실전문제

01 다음 ( ) 안에 들어갈 알맞은 말을 쓰시오.

최저 공비 혼합물은 두 성분의 (①)이(가) 이상적으로 (②) 조성 변화에 따른 2성분계 혼합물의 성분전압은 (③)에 의해 나타나는 전압보다 (④) 되고 (⑤)에 있는 (⑥)의 조성과 (⑦)의 조성이 동일하게 되는 (⑧)이(가) 있는 혼합물이다.

해설

① 휘발도	② 높아	③ 라울의 법칙
④ 높게	⑤ 평형상태	⑥ 액체
⑦ 증기	⑧ 공비점	

02 McCabe－Thiele 법으로 조작선을 그릴 때 필요한 가정조건 2가지를 쓰시오.

해설

① 탑벽에 의한 열손실은 없으며 혼합열도 적어서 무시한다.
② 각 성분의 분자증발잠열(λ) 및 액체의 엔탈피(h)는 탑 내에서 같다.

03 공급단의 공급조건에서 q선의 기울기를 +, －, 0, ∞로 표시하시오.

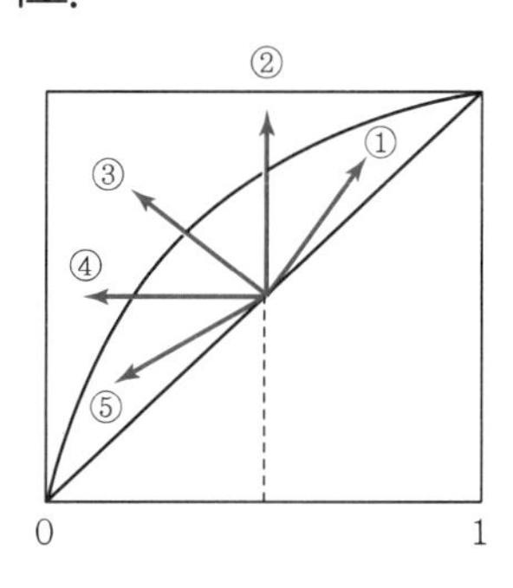

해설

① $q>1$: 차가운 용액(비점 이하) 기울기 : (+)
② $q=1$: 포화용액(비점에 있는 원액) 기울기 : (∞)
③ $0<q<1$: 부분적으로 기화된 원액 (액+증기의 혼합) 기울기 : (－)
④ $q=0$: 포화증기(노점에 있는 증기) 기울기 : (0)
⑤ $q<0$: 과열증기 기울기 : (+)

04 벤젠 45mol%, 톨루엔 55% 혼합액의 1atm에서 비점이 93.9℃이다. 원액이 55℃일 때 q－line(급액선)을 구하시오.(단, 혼합액의 평균 몰비열은 40kcal/kmol ℃이고, 평균 몰잠열은 7,620kcal/kmol이다.)

해설

차가운 원액(비점 이하)

$$q=1+\frac{C_{PL}(t_b-t_F)}{\lambda}$$

$$=1+\frac{40\text{kcal/kmol ℃}\times(93.9-55)\text{℃}}{7{,}620\text{kcal/kmol}}=1.2$$

q－line(급액선)

$$y=\frac{q}{q-1}x-\frac{x_F}{q-1}$$

$$=\frac{1.2}{1.2-1}x-\frac{0.45}{1.2-1}=6x-2.25$$

$$\therefore\ y=6x-2.25$$

05 벤젠과 톨루엔의 혼합물이 있다. 벤젠의 증기압은 780mmHg이고, 톨루엔의 증기압은 480mmHg이며 이 혼합물의 몰분율은 각각 0.6, 0.4이다. 벤젠증기의 Vol%는 얼마인가?

해설

$$P(\text{전압})=p_A+p_B=P_Ax_A+P_Bx_B$$

$$=780\times0.6+480\times0.4=660\text{mmHg}$$

$$y_A=\frac{P_Ax_A}{P}=\frac{780\times0.6}{660}=0.71(71\%)$$

06 다음 ( ) 안에 들어갈 알맞은 말을 쓰시오.

환류비 R이 커질수록 단수 N은 (①)하고, 탑지름은 (②)한다. 환류비를 ∞로 하면 단수는 (③)가 되며 유출량은 (④)이 되어 실제로는 사용하지 않으나, 이때 단수를 (⑤)라 하며 기준으로 사용된다.

해설

① 감소 ② 증가 ③ 최소 ④ 0 ⑤ 최소이론단수

07 다음 ( ) 안에 들어갈 알맞은 말을 쓰시오.

환류비를 작게 하면 단수는 (①)하고 환류비가 최소인 경우를 (②)라 하며, 단수는 (③)가 된다.

해설

① 증가 ② 최소환류비 ③ ∞

08 $\alpha=2$, $X_D=0.98$, $X_W=0.1$일 때 물음에 답하시오.

(1) 최소이론단수를 구하는 식을 유도하시오.

(2) 최소이론단수를 구하시오.

해설

(1) $\alpha_{AB}=\dfrac{y_A/x_A}{y_B/x_B}$

Raoult's Law에 의해서

$p_A=P_A x_A$, $p_B=P_B x_B$

$$y_A=\frac{P_A x_A}{P}=\frac{p_A}{P},\ y_B=\frac{P_B x_B}{P}=\frac{p_B}{P}$$

$$\alpha_{AB}=\frac{y_A/x_A}{y_B/x_B}=\frac{\dfrac{p_A}{P}/\dfrac{p_A}{P_A}}{\dfrac{p_B}{P}/\dfrac{p_B}{P_B}}=\frac{\dfrac{P_A}{P}}{\dfrac{P_B}{P}}=\frac{P_A}{P_B}$$

2성분계, $n+1$단에 대해 정리하면

$\dfrac{y_A}{y_B}=\dfrac{y_A}{1-y_A}$, $\dfrac{x_A}{x_B}=\dfrac{x_A}{1-x_A}$로 나타낼 수 있으므로

$$\alpha_{AB}=\frac{y_{n+1}/x_{n+1}}{(1-y_{n+1})/(1-x_{n+1})}=\frac{y_{n+1}(1-x_{n+1})}{x_{n+1}(1-y_{n+1})}$$

$\therefore \dfrac{y_{n+1}}{1-y_{n+1}}=\alpha_{AB}\dfrac{x_{n+1}}{1-x_{n+1}}$이 된다.

전환류일 경우 $D=0$, $\dfrac{L}{V}=1$이므로 $y_{n+1}=x_n$이 된다.

그러므로 위의 식은 $\dfrac{x_n}{1-x_n}=\alpha_{AB}\dfrac{x_{n+1}}{1-x_{n+1}}$

스틸을 1, 2, 3, …, n단이라 하면,

$$\alpha_{AB}\frac{x_w}{1-x_w}=\alpha_{AB}\frac{x_n}{1-x_n}=\frac{y_n}{1-y_n}$$

$y_{n+1}=x_n$, $\alpha_{AB}\dfrac{x_n}{1-x_n}=\dfrac{x_{n-1}}{1-x_{n-1}}$이므로

$$\left(\alpha_{AB}\frac{x_n}{1-x_n}\right)\left(\alpha_{AB}\frac{x_{n-1}}{1-x_{n-1}}\right)\cdots\left(\alpha_{AB}\frac{x_2}{1-x_2}\right)\left(\alpha_{AB}\frac{x_1}{1-x_1}\right)$$
$$=\left(\frac{x_{n-1}}{1-x_{n-1}}\right)\left(\frac{x_{n-2}}{1-x_{n-2}}\right)\cdots\left(\frac{x_1}{1-x_1}\right)\left(\frac{x_0}{1-x_0}\right)$$

$$\therefore\ \alpha_{AB}\frac{x_n}{1-x_n}=\frac{x_0}{1-x_0}\rightarrow\alpha_{AB}\frac{x_w}{1-x_w}=\frac{x_D}{1-x_D}$$

$$n\ln\alpha_{AB}=\ln\left(\frac{x_D}{1-x_D}\Big/\frac{x_w}{1-x_w}\right)$$

$$N_{\min}+1=\frac{\ln\left(\dfrac{x_D}{1-x_D}\Big/\dfrac{x_w}{1-x_w}\right)}{\ln\alpha_{AB}}=\frac{\ln\left(\dfrac{x_D}{1-x_D}\cdot\dfrac{1-x_w}{x_w}\right)}{\ln\alpha_{AB}}$$

(2) $$N_{\min}=\frac{\ln\left(\dfrac{x_D}{1-x_D}\cdot\dfrac{1-x_w}{x_w}\right)}{\ln\alpha_{AB}}-1=\frac{\ln\left(\dfrac{0.98}{1-0.98}\cdot\dfrac{1-0.1}{0.1}\right)}{\ln 2}-1=7.8\fallingdotseq 8$$

09 50wt% 벤젠과 50wt%의 톨루엔으로 혼합된 혼합물을 1atm하에서 공급하고 증류한다. 기상과 액상의 조성이 같을 때 공급선의 기울기를 구하시오.

해설

$y=\dfrac{q}{q-1}x-\dfrac{x_F}{q-1}$ 또는 $y=-\dfrac{(1-f)}{f}x+\dfrac{x_F}{f}$

여기서, q : 액상

f : 기상

$$slope=\frac{q}{q-1}=-\frac{(1-f)}{f}=\frac{0.5}{0.5-1}=-1$$

10 공비 혼합물의 증류를 위한 대표적인 증류방법 2가지를 설명하시오.

해설

① **추출증류** : 공비 혼합물 중의 한 성분과 친화력이 크고 비교적 비휘발성 물질을 첨가하여 액액추출의 효과와 증류의 효과를 이용하여 분리하는 조작
   예 물－질산에 황산 첨가, Benzene－Cyclohexane에 Furfural 사용
② **공비증류** : 첨가하는 물질의 한 성분이 친화력이 크고 휘발성이어서 원료 중의 한 성분과 공비 혼합물을 만들어 고비점 성분을 분리시키고 다시 새로운 공비 혼합물을 분리시키는 조작(공비제를 첨가제로 사용)
   예 Benzene 첨가에 의한 알코올의 탈수 증류

11 고액추출이나 액액추출에서 중요한 문제는 추제의 선택이다. 추제의 선택조건 4가지를 쓰시오.

해설

① 선택도가 커야 한다.

$$\beta=\frac{y_A/x_A}{y_B/x_B}=\frac{y_A/y_B}{x_A/x_B}=\frac{k_A}{k_B}$$

여기서, y : 추출상 질량분율
x : 추잔상
A : 추질
B : 원용매
k : 분배계수

② 회수가 용이해야 한다.
③ 값이 싸고 화학적으로 안정되어야 한다.
④ 비점, 응고점이 낮고, 부식성과 유독성이 적으며, 추질과의 비중차가 클수록 좋다.

12 액액추출장치를 2가지만 쓰시오.

해설

① Mixer－Settler형 추출기
② 분무탑
③ Scheibel 탑
④ 회전원판탑
⑤ Podbielniak 추출기

13 다음은 충전탑 내에서 Gas 흡수 시 유체의 유속 변화에 따라 일어나는 현상이다. 간단히 설명하시오.

(1) Channeling
(2) Loading Velocity
(3) Flooding Velocity

해설

(1) Channeling(편류현상)
충전탑 내의 액체가 충전물의 어떤 특정한 통로를 지나 흐르는 현상
(2) Loading Velocity(부하속도)
탑 내에서 정체량(Hold－up)이 증가하여 액체가 아래로 이동하는 것을 방해하는 점을 부하점이라 하며, 이때의 속도를 부하속도라 한다.
(3) Flooding Velocity(왕일점, 범람속도)
기체의 속도가 아주 커서 액이 거의 흐르지 않고 넘치는 점으로, 비말동반이 일어나고 향류조작이 불가능하다.

14 벤젠을 중량분율로 0.4를 포함하는 벤젠과 톨루엔의 혼합물 20,000kg/h로 급송하여 중량분율로 벤젠 0.98을 포함하는 탑상제품과 톨루엔 0.96을 포함하는 탑저제품으로 분리된다. 탑상제품의 양을 구하여라.

해설

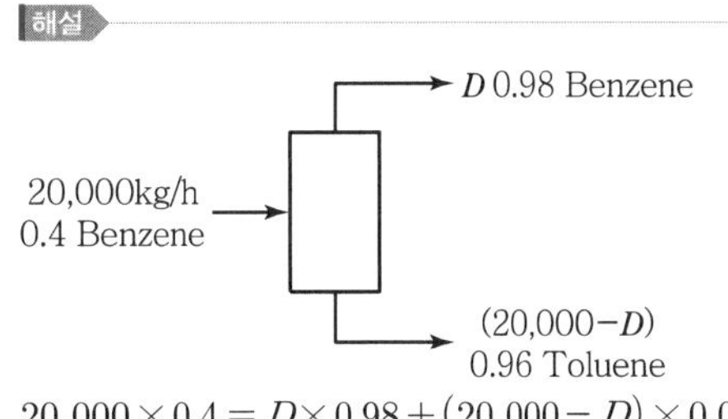

$20{,}000\times 0.4 = D\times 0.98 + (20{,}000 - D)\times 0.04$

$\therefore\ D = 7{,}659.6\text{kg}$

15 He, N_2 혼합기체가 298K, 1atm에서 파이프를 통해 일정하게 빠져나가고 있다. 파이프 끝의 한 점 p_{A1}에서 He의 분압은 0.6atm이고 0.2m 떨어진 다른 끝 p_{A2}에서는 0.2atm이다. He, N_2 혼합기체의 분자확산계수 $D_{AB}=0.687\times10^{-4}\text{m}^2/\text{s}$ 일 때 He의 전달속도를 구하여라.

해설

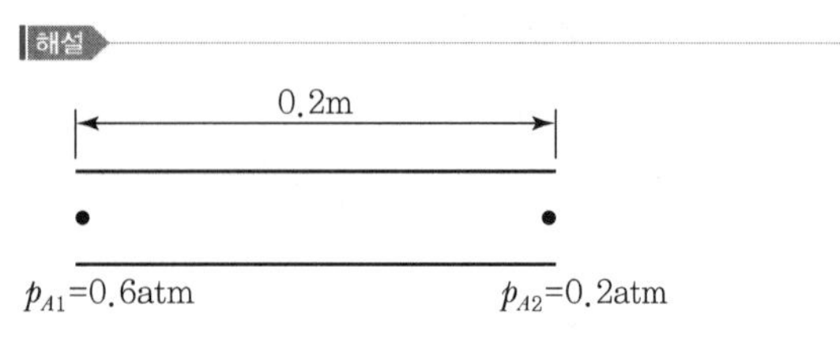

$$N_A = D_{AB}\frac{dC_A}{dz} = \frac{D_{AB}}{RT}\frac{dP_A}{dz} \quad \left(\because\ C_A = \frac{P_A}{RT}\right)$$

$$= \frac{0.687\times10^{-4}\mathrm{m^2/s}}{0.082\mathrm{m^3\ atm/kmol\ K}\times298\mathrm{K}}\ \frac{(0.6-0.2)\mathrm{atm}}{0.2\mathrm{m}}$$

$$= 5.62\times10^{-6}\mathrm{kmol/s\ m^2}$$

16 연도가스(Fuel Gas) 중에 함유되어 있는 SO_2를 Na_2SO_3 수용액으로 흡수하고자 한다. 이때 동반가스 100mol에 대해 1mol의 SO_2를 함유하고 있다. 이것을 흡수탑의 출구에서 0.05mol로 하려고 한다. 1atm하에서 매시 10,000kmol의 동반가스를 처리하는 데 충전층의 용적은 얼마나 필요한가?(단, 이 흡수탑의 용량계수 $K_G a$ = 400kmol/m^3 h atm이며, SO_2의 용해도는 상당히 크므로 용액과 평형에 있는 가스 중의 SO_2의 분압은 무시한다.)

해설

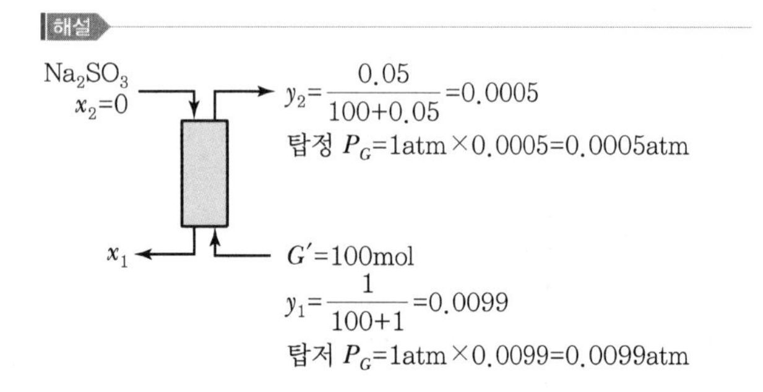

액의 농도와 평형인 SO_2 분압=0

$$P_G - P^* = \frac{(0.0099-0)-(0.0005-0)}{\ln\left(\frac{0.0099-0}{0.0005-0}\right)} = 0.00315\mathrm{atm}$$

① $N_A = G'(Y_1 - Y_2)$

$$= 10{,}000\left(\frac{1}{100} - \frac{0.05}{100}\right) = 95\mathrm{kmol/h}$$

여기서, $Y_1 = \frac{y_1}{1-y_1}$, $Y_2 = \frac{y_2}{1-y_2}$

② $N_A = G'\left(\frac{y_1}{1-y_1} - \frac{y_2}{1-y_2}\right)$

$$= 10{,}000\mathrm{kmol/h}\left(\frac{0.0099}{1-0.0099} - \frac{0.0005}{1-0.0005}\right)$$

$$= 95\mathrm{kmol/h}$$

$N_A = K_G a V(P_G - P^*)$

$95\mathrm{kmol/h} = 400\mathrm{kmol/m^3 h\,atm} \times V \times 0.00315\mathrm{atm}$

$\therefore\ V = 75.4\mathrm{m^3}$

17 20℃, 1atm의 압력에서 2vol% NH_3를 포함한 공기를 충전탑에 보내고 물을 흘려내려서 출구가스의 NH_3 농도를 0.02%로 하려고 한다. 공기만의 질량속도가 3,000kg/m^2 h이고, 물의 질량속도가 3,000kg/m^2 h이다. 25mm의 레시히링장치를 충전물로 쓰는 경우에 필요한 충전높이를 구하여라.(단, 이 농도 범위에서의 기액평형 관계는 $y^* = 0.75x$이고, 이때의 $K_G a$를 164kmol/m^3 h atm으로 한다.)

해설

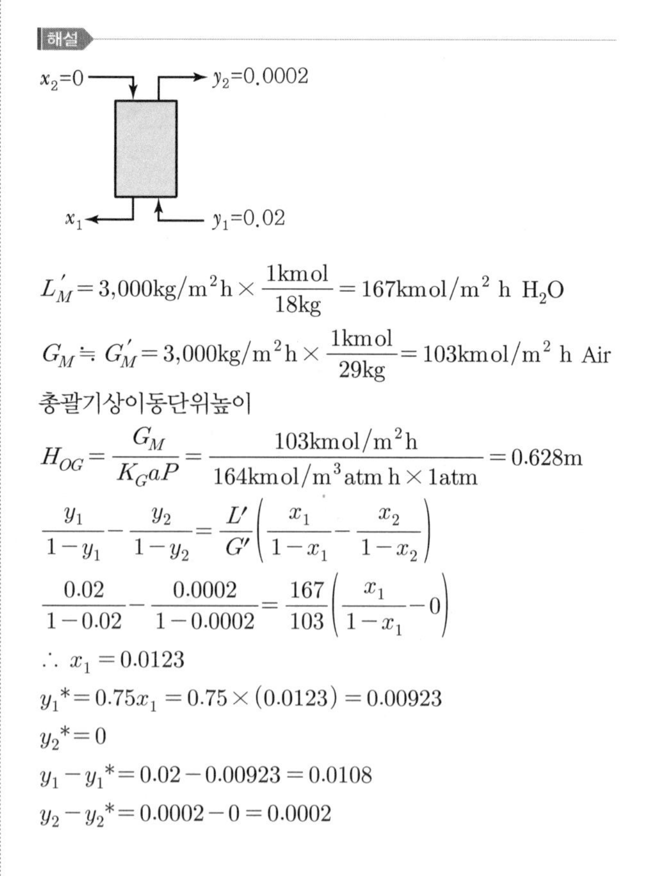

$$L_M' = 3{,}000\mathrm{kg/m^2h}\times\frac{1\mathrm{kmol}}{18\mathrm{kg}} = 167\mathrm{kmol/m^2\ h\ H_2O}$$

$$G_M \fallingdotseq G_M' = 3{,}000\mathrm{kg/m^2h}\times\frac{1\mathrm{kmol}}{29\mathrm{kg}} = 103\mathrm{kmol/m^2\ h\ Air}$$

총괄기상이동단위높이

$$H_{OG} = \frac{G_M}{K_G a P} = \frac{103\mathrm{kmol/m^2h}}{164\mathrm{kmol/m^3atm\,h}\times1\mathrm{atm}} = 0.628\mathrm{m}$$

$$\frac{y_1}{1-y_1} - \frac{y_2}{1-y_2} = \frac{L'}{G'}\left(\frac{x_1}{1-x_1} - \frac{x_2}{1-x_2}\right)$$

$$\frac{0.02}{1-0.02} - \frac{0.0002}{1-0.0002} = \frac{167}{103}\left(\frac{x_1}{1-x_1} - 0\right)$$

$\therefore\ x_1 = 0.0123$

$y_1^* = 0.75x_1 = 0.75\times(0.0123) = 0.00923$

$y_2^* = 0$

$y_1 - y_1^* = 0.02 - 0.00923 = 0.0108$

$y_2 - y_2^* = 0.0002 - 0 = 0.0002$

$$(y-y^*)_{ln} = \frac{0.0108-0.0002}{\ln\frac{0.0108}{0.0002}} = 0.00266$$

$$N_{OG} = \int_{y_2}^{y_1} \frac{dy}{y-y^*} = \frac{y_1-y_2}{(y-y^*)_{ln}} = \frac{0.02-0.0002}{0.00266} = 7.44$$

$\therefore\ Z = H_{OG} \times N_{OG} = 0.628 \times 7.44 = 4.67\text{m}$

18 20mol% NH_3로 혼합가스 200kmol/h를 충전탑 저부로 보내고 탑상부에서 순수한 물을 흘려보내어 암모니아 95%를 흡수한다. 높이는 20m이고 탑의 지름은 4m이며 탑상부와 탑저부의 대수평균 압력이 0.0537 atm이다.

(1) 기상용량계수는 몇 $\text{kmol/m}^3\ \text{h atm}$인가?

(2) 흡수된 NH_3의 양은 몇 kmol/h인가?

해설

(1) $N = K_G a V(P_G - P_L)$

$$K_G a = \frac{N}{V(P_G-P_L)} = \frac{38}{\left(\frac{\pi}{4}\times 4^2 \times 20\right)(0.0537)}$$

$$= 2.82\text{kmol/m}^3\ \text{h atm}$$

(2) 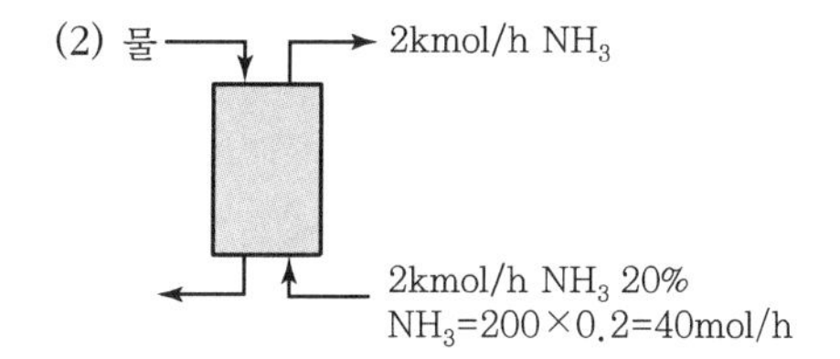

$N = 40\text{kmol/h} \times 0.95 = 38\text{kmol/h}$

19 흡수탑에서 CO_2 25%와 NH_3 75%의 혼합기체 중 NH_3의 일부가 흡수제거된다. 이때 흡수탑을 떠나는 기체가 37.5%의 NH_3를 포함할 때 처음 NH_3의 몇 %가 제거되는가?(단, CO_2의 양은 변하지 않는다.)

해설

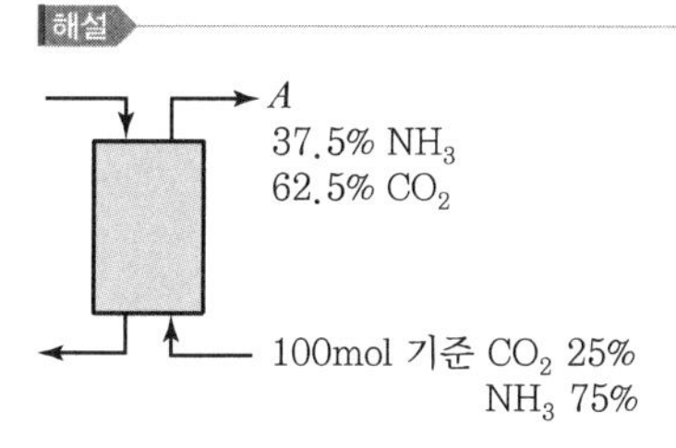

$A \times 0.625 = 100 \times 0.25$

$\therefore\ A = 40\text{mol}$

$40\text{mol} \times 0.375 = 15\text{mol}\ NH_3$

$NH_3 = 75\text{mol} - 15\text{mol} = 60\text{mol}$ 제거

$\therefore\ \frac{60\text{mol}}{75\text{mol}} \times 100 = 80\%$

20 온도 49℃, 압력 1atm의 습한 공기 205kg이 있다. 이 중에 5kg의 수증기를 함유한다고 할 때, 다음 물음에 답하시오.(단, p_s =88mmHg)

(1) 수증기 분압은 얼마인가?

(2) 이 공기의 절대습도는 얼마인가?

(3) 상대습도는 얼마인가?

(4) 비교습도는 얼마인가?

해설

(1) 몰분율=압력분율

$$\frac{p_v}{P} = \frac{5/18}{200/29+5/18} = 0.0387$$

$\therefore\ p_v = 0.0387P = 0.0387 \times 760\text{mmHg} = 29.4\text{mmHg}$

(2) $H = \frac{5}{205-5} = 0.025\text{kgH}_2\text{O/kg}$건조공기

(3) $H_R = \frac{p_v}{p_s} \times 100 = \frac{29.4}{88} \times 100 \fallingdotseq 33.4\%$

(4) $H_P = H_R \frac{P-p_s}{P-p_v} = 33.4\% \times \frac{760-88}{760-29.4} = 30.7\%$

21 1기압 32.2℃에서 상대습도가 50%인 공기의 백분율 습도는?(단, 32.3℃에서 포화습도는 $0.03095\text{kgH}_2\text{O/kg}$건조공기)

해설

%습도 : $H_P = \frac{H}{H_s} \times 100$

$$H_s = \frac{18}{29}\frac{p_s}{760-p_s} = 0.03095$$

$\therefore\ p_s = 36.2\text{mmHg}$

$H_R = \frac{p_v}{p_s} \times 100 = 50\%,\ \frac{p_v}{36.2} = 0.5$

$\therefore\ p_v = 18.1\text{mmHg}$

$$H = \frac{18}{29}\frac{18.1}{760-18.1} = 0.0151$$

$$\therefore\ H_P = \frac{0.0151}{0.03095} \times 100 = 48.8\%$$

22 1atm, 40℃에서 절대습도가 0.02인 공기의 습비열은 얼마인가?

해설

$$C_H = 0.24 + 0.45H$$
$$= 0.24 + (0.45 \times 0.02) = 0.249$$

23 건조에 관한 다음과 같은 용어가 있다. 각각을 설명하시오.

(1) 평형함수율
(2) 한계함수율
(3) 비결합수분

해설

(1) **평형함수율** : 평형상태에서 고체가 갖는 수분을 의미한다.
(2) **한계함수율** : 항률건조기간에서 감률건조기간으로 이동하는 점이다.
(3) **비결합수분** : 평형곡선에서 100% 이상 함유된 수분을 의미한다.

24 습한 재료 5kg이 있다. 건조 후의 고체 무게를 측정하니 4.4kg이었다. 처음 재료 수분(%)과 함수율(kgH_2O/kg건조고체)을 구하여라.

해설

$$\text{수분(\%)} = \frac{\text{수분의 양}}{\text{전체 재료의 양}} \times 100$$
$$= \frac{5-4.4}{5} \times 100 = 12\%$$

$$\text{함수율} = \frac{\text{수분의 양}}{\text{건조고체의 무게}}$$
$$= \frac{5-4.4}{4.4}$$
$$= 0.136\text{kgH}_2\text{O/kg건조고체}$$

25 건조에 관한 다음 용어를 설명하시오.

(1) 항률건조단계
(2) 감률건조단계

해설

(1) **항률건조단계** : 재료의 함수율이 직선적으로 감소하고 재료의 온도가 일정한 구간이다.
(2) **감률건조단계** : 함수율의 감소율이 느리게 되어 평형에 도달할 때까지의 기간이다.

26 다음 그림은 건조특성 곡선이다. ( ) 안에 알맞은 기호를 쓰시오.

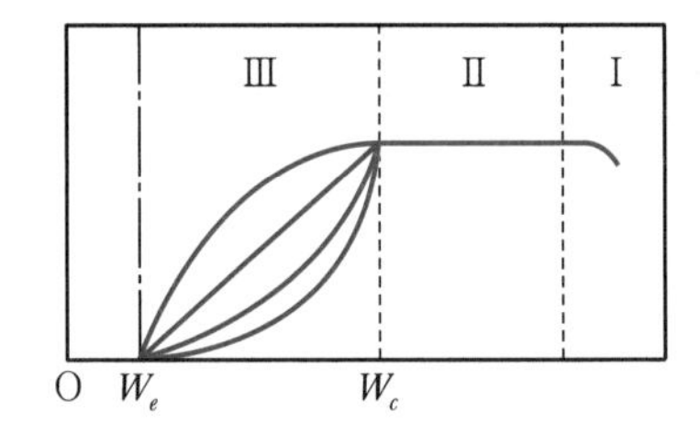

- 재료 예열 기간은 (①)이다.
- 고체 내부에서 건조가 일어나는 기간은 (②)이다.
- 재료 표면에서 건조가 일어나는 기간은 (③)이다.
- Ⅱ에서 Ⅲ으로 넘어가는 점을 (④)이라고 한다.

해설

① Ⅰ　② Ⅲ　③ Ⅱ　④ 한계함수율(W_c)

27 건조기준으로 함수율이 0.36인 고체를 한계함수율까지 건조하는 데 4시간이 걸렸다. 건조속도를 구하여라.(단, 한계함수율은 0.16이다.)

해설

$$R_c = \frac{w_1 - w_c}{\theta_c}$$
$$= \frac{0.36-0.16}{4}$$
$$= 0.05\text{kgH}_2\text{O/kg건조고체 h}$$

28 한 변의 길이 1.0m, 두께 6mm인 판상의 펄프를 일정 건조 조건에서 수분 66.7%에서 35%까지 건조하는 데 필요한 시간을 구하시오.(단, 이 건조 조건에서 평형수분은 0.5%, 한계수분은 62%(습량기준), 건조재료는 2kg으로 항률건조속도는 1.5kg/m^2 h이며, 감률건조속도는 함수율에 비례해서 감소한다.)

해설

습량기준 ⟶ 건량기준

$$w_1 = \frac{66.7}{100-66.7} = 2$$

$$w_2 = \frac{35}{100-35} = 0.538$$

$$w_c = \frac{62}{100-62} = 1.63$$

$$w_e = \frac{0.5}{100-0.5} = 0.005$$

$F_1 = w_1 - w_e = 2 - 0.005 = 1.995$

$F_2 = w_2 - w_e = 0.538 - 0.005 = 0.533$

$F_c = w_c - w_e = 1.63 - 0.005 = 1.625$

재료의 증발면적 $= 1 \times 1 \times 2 = 2\text{m}^2$

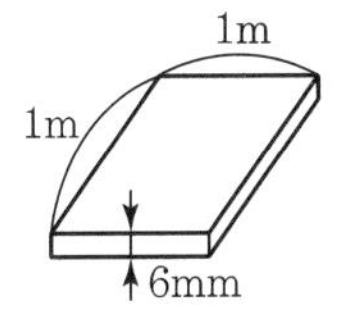

건조재료 = 2kg

$$\text{항률건조속도 } R_c = \frac{1.5(\text{kg/m}^2\text{ h})}{2/2(\text{kg 건조고체/m}^2)} = 1.5\text{kg/m}^2\text{ h}$$

$$\therefore \theta = \theta_c + \theta_f = \frac{1}{R_c}\left\{(F_1 - F_c) + F_c \ln\left(\frac{F_c}{F_2}\right)\right\} = \frac{1}{1.5}\left\{(1.995-1.625)+(1.625)\ln\frac{1.625}{0.533}\right\} = 1.45\text{h}$$

29 한계함수율이 20%인 물질이 5h에서 10%까지 감률건조되었다. 같은 조건에서 8%까지 건조하는 데 몇 시간이 걸리겠는가?(단, 평형수분은 5%, 백분율은 건량기준으로 한다.)

해설

$$\theta_f = \frac{F_c}{R_c}\ln\frac{F_c}{F_2} \qquad R_c = \frac{F_c}{\theta_f}\ln\frac{F_c}{F_2}$$

$F_c = 0.2 - 0.05 = 0.15$

$F_2 = 0.1 - 0.05 = 0.05$

$$\therefore R_c = \frac{0.15}{5\text{h}}\ln\frac{0.15}{0.05} = 0.033$$

∴ 8%까지 건조하는 데 걸리는 시간

$$\theta_f = \frac{F_c}{R_c}\ln\frac{F_c}{F_2} = \frac{0.15}{0.033}\ln\frac{0.15}{0.03} = 7.31\text{h}$$

$F_2 = 0.08 - 0.05 = 0.03$

30 어떤 혼합액을 100kmol/h의 속도로 연속 정류한다. 환류비는 4이고 유출량은 60kmol/h이며, 관출량은 40kmol/h이다. 원액이 비점에서 정류탑에 들어갈 때 탑의 급액단을 통과하는 증기의 양은 몇 kmol/h인가?

해설

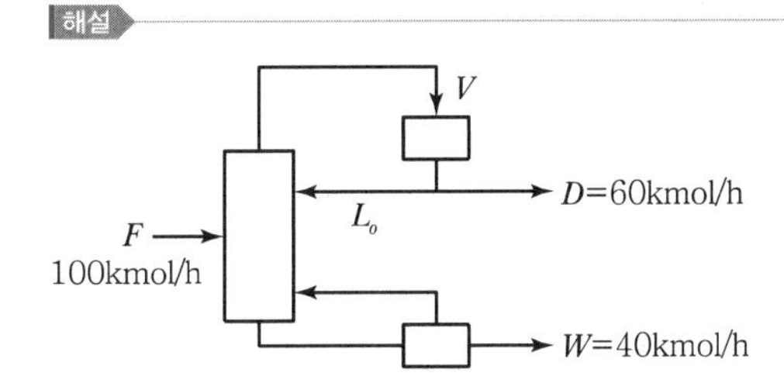

$$R_D = 4 = \frac{L_o}{D}$$

$\therefore L_o = 4 \times 60\text{kmol/h} = 240\text{kmol/h}$

$V = L_o + D$

$= 240\text{kmol/h} + 60\text{kmol/h} = 300\text{kmol/h}$

31 1atm에서 Aniline을 수증기 증류할 경우 유출액 중에 Aniline과 물의 중량비를 구하여라.(단, 증기압 온도 곡선에서 760mmHg, Aniline－물 혼합물의 비점은 98.4℃이고, 이때 Aniline의 증기압 P_A는 43mmHg이다.)

해설

$$\frac{W_A}{W_B} = \frac{P_A M_A}{P_B M_B} = \frac{43 \times 93}{(760-43)\times 18} = 0.31$$

32 추제비가 3인 경우 용제 V(mL)로 1회 추출할 경우 추출률을 구하시오.

해설

추출률 $\eta = 1-\dfrac{1}{(\alpha+1)^n}=1-\dfrac{1}{(3+1)^1}=0.75$

33 추제비 4, 단수 2로 향류다단 추출 시 추잔율은?

해설

$\dfrac{a_p}{a_o}=\dfrac{\alpha-1}{\alpha^{p+1}-1}=\dfrac{4-1}{4^{2+1}-1}=0.05$

34 11kg의 아세트알데히드와 10kg의 아세톤으로 된 용액을 17℃ 물 80kg으로 추출한다. 이 온도에서 추출액과 추잔액과의 평형관계는 $y=2.2x$이다. 1회 추출에서 아세트알데히드는 얼마나 추출되는가?

해설

추출률$=1-\dfrac{1}{\left(1+m\dfrac{S}{B}\right)^n}=1-\dfrac{1}{\left(1+\dfrac{2.2\times 80}{10}\right)^1}=0.946$

$11\text{kg}\times 0.946=10.41\text{kg}$

35 초산수용액을 Isopropylether로 추출한다. 원액은 초산 24.6kg, 물 80kg으로 구성되었다. 그때 원액에 100kg의 Ether를 가했을 때 몇 kg의 초산이 추출되는가?(단, 이 온도에서 추출의 평형관계는 다음과 같다.)

X	0.030	0.046	0.063	0.070
Y	0.1	0.15	0.20	0.22

해설

$K=\dfrac{Y}{X}$

평균 $K=3.1$

$y=mx \rightarrow y=3.1x$

추출률$=1-\dfrac{1}{\left(1+m\dfrac{S}{B}\right)^n}=1-\dfrac{1}{\left(1+\dfrac{3.1\times 100}{80}\right)}=0.795$

$24.6\text{kg}\times 0.795=19.56\text{kg}$

36 휘발성 A의 조성이 0.58몰분율인 어떤 A, B 두 성분용액을 상압에서 평형증류하여 유출물이 유출된 후 잔액의 조성이 0.4몰분율이었다. 원액 100kmol에 대하여 몇 kmol의 유출물이 생성되는가?(단, 용액은 이상용액이며, 상대휘발도는 2.5이다.)

해설

$F=D+W$

$Fx_F=Dy+(F-D)x_w$

$y=\dfrac{\alpha x}{1+(\alpha-1)x}$

$=\dfrac{2.5\times 0.4}{1+(2.5-1)\times 0.4}=0.625$

$100\times 0.58=D\times 0.625+(100-D)\times 0.4$

$D=80\text{kmol}$

37 메탄올 40mol%, 물 60mol%의 혼합물을 정류하여 95mol% 메탄올의 유출액과 5mol%의 관출액으로 분리하였다. 유출액 100kmol/h를 얻기 위한 공급액의 양은 얼마가 되는가?

해설

$F=D+W$

$Fx_F=Dx_D+(F-D)x_w$

$F\times 0.4=100\times 0.95+(F-100)\times 0.05$

$\therefore\ F=257.14\text{kmol/h}$

38 벤젠 45mol%, 톨루엔 55mol% 혼합물을 100 kmol/h로 증류탑에 급송하여 증류한다. 유출액의 농도는 벤젠 96mol%, 관출액의 농도는 벤젠 3mol%이다. 공급액은 비점에서 공급되며, 벤젠의 액조성이 45mol%일 때 기액 평형상태의 증기는 70mol%이다. 최소환류비를 구하여라.

해설

$R_{Dm}=\dfrac{x_D-y'}{y'-x'}=\dfrac{x_D-y_f}{y_f-x_f}$

$=\dfrac{0.96-0.7}{0.7-0.45}=1.04$

39 벤젠, 톨루엔의 혼합계에서 전압은 760mmHg이며 95.3℃에서 기액평형에 도달했다.(단, 벤젠, 톨루엔의 증기압은 각각 1,180mmHg, 481mmHg이다.)

(1) 기액평형 조성을 구하여라.
(2) 비휘발도를 구하여라.
(3) 액상의 조성 x와 기상의 조성 y 사이의 관계식은?

해설

(1) $P = P_A x_A + P_B(1 - x_A)$

$760 = 1{,}180 x_A + 481(1 - x_A)$

$\therefore x_A = 0.4$

$x_B = 1 - x_A = 1 - 0.4 = 0.6$

$y_A = \dfrac{P_A x_A}{P} = \dfrac{1{,}180 \times 0.4}{760} = 0.62$

$y_B = 1 - y_A = 1 - 0.62 = 0.38$

(2) $\alpha_{AB} = \dfrac{P_A}{P_B} = \dfrac{1{,}180}{481} = 2.45$

(3) $y = \dfrac{\alpha x}{1 + (\alpha - 1)x} = \dfrac{2.45x}{1 + (2.45 - 1)x}$

$\therefore y = \dfrac{2.45x}{1 + 1.45x}$

40 충진 높이가 3.05m인 탑에서 n−heptane과 methylcyclohexane의 혼합물을 정류하려고 한다. 전환류에서 유출물 중 n−heptane 몰분율은 0.88이고 관출물은 0.15이다. HETP를 구하여라.(단, 비휘발도 $\alpha = 1.07$이다.)

해설

최소이론단수(Fenske 식)

$$N_{\min} + 1 = \frac{\ln\left[\left(\dfrac{x_D}{1 - x_D}\right)\left(\dfrac{1 - x_w}{x_w}\right)\right]}{\ln\alpha}$$

$$= \frac{\ln\left[\left(\dfrac{0.88}{0.12}\right)\left(\dfrac{0.85}{0.15}\right)\right]}{\ln 1.07} = 55.1$$

$\therefore N_{\min} = 54.1$

$HETP = \dfrac{Z}{N_P} = \dfrac{3.05}{54.1} = 0.056\text{m}$

41 이상탑의 단수가 8, 등이론단높이(HETP)가 2m인 경우 충진탑의 높이는 얼마인가?

해설

$Z = HETP \times N_P = 2 \times 8 = 16\text{m}$

42 이상단에서 실제단을 구할 때 고려해야 할 효율의 종류 3가지를 쓰시오.

해설

① 총괄효율
② 머프리효율
③ 국부효율

43 정류탑에서 단 간격이 0.5m, 액의 평균밀도가 900 kg/m³, 증기의 평균밀도가 2.75kg/m³, 상승증기량이 8,750kg/h이다. 허용증기속도와 탑의 지름을 구하여라.(단, 탑 내의 평균온도는 93℃, 비례계수는 0.052이다.)

해설

① 허용증기속도

$$u_c = c\left(\frac{\rho_L - \rho_V}{\rho_V}\right)^{0.5} = 0.052\left(\frac{900 - 2.75}{2.75}\right)^{0.5}$$

$$= 0.94\,\text{m/s}$$

② 탑의 지름

$$\dot{m} = \rho_V u_c A = 2.75\text{kg/m}^3 \times 0.94\text{m/s} \times \frac{\pi}{4} D^2 \text{m}^2$$

$$= 8{,}750\,\text{kg/h} \times 1\text{h}/3{,}600\text{s}$$

$\therefore D = 1.09\text{m}$

44 2mol%의 에탄올과 98mol%의 물로 된 혼합물을 판형탑에서 탈거시켜 에탄올이 0.01mol%가 넘지 않는 탑 밑 제품을 얻으려고 한다. 공급원료는 기포점에 있으며, 수증기 유량은 공급원료 1mol당 0.2mol이다. 묽은 에탄올−물 용액에 대해서 평형선은 직선이며, $y_e = 9.0x_e$일 때, 이상단수를 구하시오.

해설

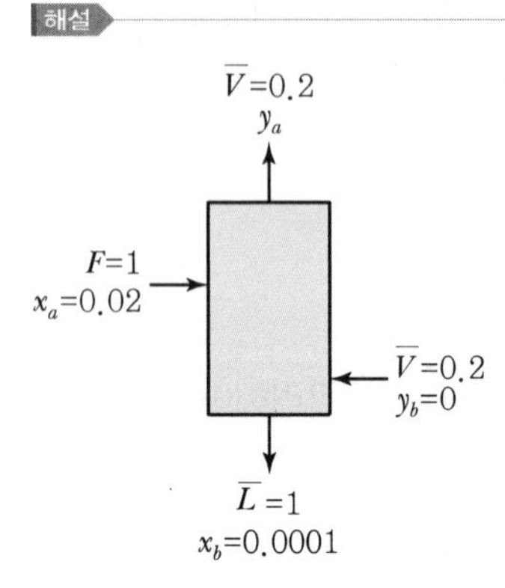

$y_a{}^* = mx_a = 9.0 \times 0.02 = 0.18$

$y_b{}^* = 9.0 \times 0.0001 = 0.0009$

$\overline{V}(y_a - y_b) = \overline{L}(x_a - x_b)$

$0.2(y_a - 0) = 1(0.02 - 0.0001)$

$\therefore\ y_a = 0.0995$

$$N = \frac{\ln[(y_a - y_a{}^*)/(y_b - y_b{}^*)]}{\ln[(y_b{}^* - y_a{}^*)/(y_b - y_a)]}$$

$$= \frac{\ln[(0.0995 - 0.18)/(0 - 0.0009)]}{\ln[(0.0009 - 0.18)/(0 - 0.0995)]}$$

$$= \frac{\ln 89.4}{\ln 1.8} = 7.6$$

45 흡수장치로 전압 2atm, 온도 20℃에서 공기 중의 NH_3를 물로 흡수시킨다. $k_G = 1.2$kmol/ m² h atm, $k_L = 0.38$kmol/m² h kmol/m³일 때 다음을 구하여라. (단, NH_3 - 물 계에서 $P = 0.0137C$이다.)

(1) 총괄 기상 물질전달계수 K_G

(2) 총괄 액상 물질전달계수 K_L

해설

(1) $H = \frac{C}{P} = \frac{1}{0.0137} = 73\text{kmol/m}^3\text{ atm}$

$$\frac{1}{K_G} = \frac{1}{k_G} + \frac{1}{Hk_L} = \frac{1}{1.2} + \frac{1}{73 \times 0.38}$$

$\therefore\ K_G = 1.15\text{kmol/m}^2\text{ h atm}$

(2) $\frac{1}{K_L} = \frac{H}{k_G} + \frac{1}{k_L} = \frac{73}{1.2} + \frac{1}{0.38}$

$\therefore\ K_L = 0.0158\text{kmol/m}^2\text{ h kmol/m}^3$

46 전압 760mmHg, 온도 20℃, 수소의 분압 200 mmHg인 혼합기체가 있다. 100kg의 물에 기체를 접촉하면 얼마의 수소가 물에 용해하는가?(단, Henry's Law $p = kx$, $k = 5.19 \times 10^7$atm/몰분율)

해설

$$p = 200\text{mmHg} \times \frac{1\text{atm}}{760\text{mmHg}} = 0.263\text{atm}$$

$$x = \frac{p}{k} = \frac{0.263\text{atm}}{5.19 \times 10^7} = 5.07 \times 10^{-9}\ \text{몰분율}$$

용해된 수소의 질량을 w라 하면

$$x = \frac{\frac{w}{2}}{\frac{w}{2} + \frac{100}{18}} = 5.07 \times 10^{-9}$$

$$\frac{X}{X + 5.56} = 5.07 \times 10^{-9}$$

$\therefore\ X = 28.17 \times 10^{-9}$

$X = \frac{w}{2} = 28.17 \times 10^{-9}$

$\therefore\ w = 5.63 \times 10^{-8}\text{kg}$

47 수소와 산소의 혼합기체 농도구배가 0.2kmol/m⁴ 이고 분자확산계수가 0.02m²/h일 때 단위면적 1m²에 대한 확산속도는 몇 kmol/h인가?

해설

$D_G = 0.02\text{m}^2/\text{h}$

$\frac{dC_A}{dx} = 0.2\text{kmol/m}^4$

$A = 1\text{m}^2$

Fick's Law

$$N_A = D_G A \frac{dC_A}{dx}$$

$$N_A = (0.02\text{m}^2/\text{h})(1\text{m}^2)(0.2\text{kmol/m}^4) = 0.004\text{kmol/h}$$

48 공극률이 0.4인 충전탑 내를 유체가 유효속도 0.8m/s로 흐르고 있을 때 충전탑 내의 실제속도는?

해설

실제속도 $\overline{V} = \frac{\overline{V_o}}{\varepsilon} = \frac{0.8}{0.4} = 2\text{m/s}$

PART

04

분쇄

CHAPTER 01

분쇄

TIP

분쇄(크기 축소)의 방법
압축, 충격, 마멸, 마찰, 절단

[01] 분쇄이론

Lewis 식

$$\frac{dW}{dD_p} = -kD_p^{-n}$$

여기서, D_p : 분쇄 원료의 대표 직경(m)
W : 분쇄에 필요한 일(에너지)(kg_f m/kg)
k, n : 정수

1. Rittinger의 법칙

$n = 2$일 때 Lewis 식을 적분하면

$$W = k_R'\left(\frac{1}{D_{p_2}} - \frac{1}{D_{p_1}}\right) = k_R(S_2 - S_1)$$

여기서, D_{p_1} : 분쇄원료의 지름(처음 상태)
D_{p_2} : 분쇄물의 지름(분쇄된 후 상태)
S_1 : 분쇄원료의 비표면적(cm^2/g)
S_2 : 분쇄물의 비표면적(cm^2/g)
k_R : 리팅거 상수

2. Kick의 법칙

$n = 1$일 때 Lewis 식을 적분하면

$$W = k_K \ln\frac{D_{p_1}}{D_{p_2}}$$

여기서, k_K : 킥의 상수

3. Bond의 법칙

$n=\frac{3}{2}$ 일 때 Lewis 식을 적분하면

$$W=2k_B\left(\frac{1}{\sqrt{D_{p_2}}}-\frac{1}{\sqrt{D_{p_1}}}\right)=\frac{k_B}{5}\frac{\sqrt{100}}{\sqrt{D_{p_2}}}\left(1-\frac{\sqrt{D_{p_2}}}{\sqrt{D_{p_1}}}\right)$$
$$=W_i\sqrt{\frac{100}{D_{p_2}}}\left(1-\frac{1}{\sqrt{\gamma}}\right)$$

여기서, k_B : 본드상수

일지수 $W_i=\frac{k_B}{5}$ (kWh/ton)

[02] 분쇄기의 종류

1. 분쇄 재료의 크기에 의한 분류

1) 조분쇄기(Coarse Crusher)

원료를 다음 중간분쇄에 적당한 크기 최대 40~80mm까지 분쇄하는 기계로, V자 모양의 조(Jaw)에 원광을 넣고 압착하여 분쇄하는 장치이다. 한쪽 턱은 고정되어 있고 다른 쪽은 왕복운동한다.

(1) 조분쇄기(Jaw Crusher)

① Blake Jaw : 분쇄생성물이 불균일하지만 일반적으로 사용한다.

② Dodge Jaw : 거의 일정한 제품을 얻을 수 있으나 미세한 알갱이로 막히는 일이 많다.

(2) 선동분쇄기(Gyratory Crusher)

고정된 유발과 편심으로 선회하는 원추형의 분쇄머리(Cone Head)로 분쇄하며 간격은 항상 변화한다. 대규모 분쇄에 적합하며 큰 분쇄물은 전단과 휨작용, 작은 것은 압축과 전단작용으로 일어난다. 선동분쇄기는 그 동작이 왕복운동이기보다는 회전운동이기 때문에 왕복운동을 하는 Jaw Crusher에 비해 소모동력이 적고 고르며 단위 배출면적당의 분쇄능률도 더 크다.

2) 중간분쇄기(Intermediate Crusher)

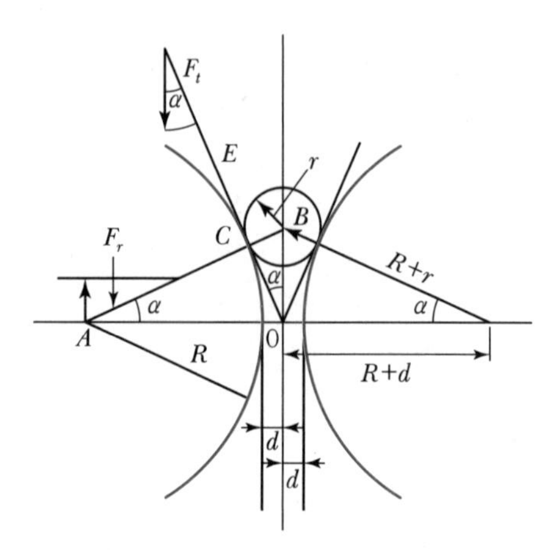

▲ 이중롤 분쇄기의 물림각

(1) 롤분쇄기(Roll Crusher)

① **이중롤 분쇄기(Double Roll Crusher)** : 2개의 평활한 원통형롤이 서로 반대방향으로 회전하면서 분쇄, 압축, 전단, 마찰에 의해 분쇄

㉠ 롤분쇄기의 물림각

$\mu \geq \tan\alpha$

여기서, μ : 마찰계수
2α : 물림각

㉡ $\cos\alpha = \dfrac{R+d}{R+r}$

여기서, R : 롤의 반경
r : 입자의 반경
d : 롤 사이 거리의 반

㉢ 분쇄능력

$Q = (60N)(\pi D)(2dw) = 120\pi NDdw[\mathrm{m^3/h}]$

㉣ 분쇄량

$M = rQ = 120\pi NDd\omega r[\mathrm{ton/h}]$

여기서, ω : 롤면의 폭(m)
N : 롤의 회전속도(rpm)
D : 롤의 직경
d : 롤 사이 거리의 반
r : 분쇄원료의 비중

② **단일롤 분쇄기** : 톱니가 달린 한 개의 롤과 벽 사이에서 분쇄, 압착, 충격, 찢음이 동시 작용한다. 물림각 문제는 일어나지 않으나 대체로 다소 경도가 작은 것만 분쇄할 수 있다.

(2) 해머밀(Hammer Mill)

단단한 분쇄 원료보다는 오히려 부서지기 쉬운 석회석, 석고, 암염, 석탄의 분쇄에 적합하며 아스베스트, 사탕수수, 코크스 등 섬유질의 분쇄에도 이용된다.

(3) 에지러너(Edge－Runner)

① 큰 롤러(Roller)가 원판통 위에서 돌면서 롤러의 압력과 전단력으로 분쇄원료를 부스러뜨리는 기계이다.

② 분쇄와 함께 혼합도 되며 반죽상태의 원료도 처리할 수 있다.

③ 도자기 원료나 시멘트 원료의 분쇄 및 혼합에 쓰인다.

3) 미분쇄기

(1) 볼밀(Ball Mill)

① 서서히 회전하는 원통 내에서 강철, 볼, 자제 볼 등을 넣어서 원료와 함께 회전한다.

② 분쇄는 여러 가지 작용에 의하여 일어나지만 마찰에 의한 것이 크다.

- Steel 볼이 회전하는 최대회전수 $N[\text{rpm}] = \dfrac{42.3}{\sqrt{D}}$
- 최적회전수$= \dfrac{(0.75)(42.3)}{\sqrt{D}} = \dfrac{32}{\sqrt{D}}$

여기서, D : Mill의 지름

(2) 코니컬 볼밀(Conical Ball Mill)

원통 안에서 큰 입자에서 작은 입자까지 분쇄한다.

4) 초미분쇄기

쇄성물의 크기를 200mesh 이하로 미분쇄하는 장치이다.

① 제트밀(Jet Mill)

② 유체 에너지밀(Fluid Energy Mill)

③ 콜로이드밀

④ 마이크로 분쇄기

◆ mesh(메시)
체눈의 크기를 나타내는 단위

TIP

유체에너지밀
- 초미분쇄기
- 높은 압력의 노즐에서 나오는 유체에 분쇄할 재료를 빨려 들어가게 하여 입자 간 충돌에 의해 분쇄하는 기계

CHAPTER 02

교반

◆ 교반(Agitation)

주로 액체를 대상으로 하는 조작으로 액체와 액체, 액체와 기체, 액체와 약간의 고체를 다룬다.

◆ 반죽(Kneading)

대량의 고체에 소량의 액체를 혼합한다.

◆ 혼합(Mixing)

두 종 이상의 물리적 성질이 다른 고체입자를 섞어서 균일한 혼합물을 얻는 조작이다.

1. 교반의 목적

① 성분의 균일화
② 물질전달속도의 증대
③ 열전달속도의 증대
④ 물리적 변화 촉진
⑤ 화학적 변화 촉진
⑥ 분산액 제조

2. 교반장치

1) 노형 교반기(Paddle Type Agitator)

① 점도가 비교적 낮은 액체의 교반에 이용한다.
② 젓은 노를 약간 경사지게 해서 액체가 아래, 위로 운동을 하게 하거나, 두 개의 노가 서로 반대 방향으로 돌게 하면 교반이 잘 된다.

2) 공기 교반기(Air Agitator)

① 액체 속에 공기를 불어넣어서 공기의 유동으로 액을 교반시킨다.
② 설비가 간단하면서도 능률이 좋다.

3) 프로펠러형 교반기(Propeller Type Agitator)

점도가 높은 액체나 무거운 고체가 섞인 액체의 교반에는 적당치 못하며, 점도가 낮은 액체의 다량 처리에 적합하다.

4) 터빈형 교반기(Turbine Type Agitator)

급격한 교반을 해야 할 경우에 적합하다.

5) 나선형(Screw Type) 교반기와 리본형(Ribbon Type) 교반기

① 점도가 큰 액체에 사용한다.
② 교반과 함께 운반도 한다.

6) 제트형 교반기(Jet Type Agitator)

한쪽 또는 양쪽에서 액을 분출구로부터 뿜어내어 교반하는 것으로서 노즐(Nozzle) 부에서 분출된 것을 노즐 교반기라 한다.

3. 교반 소요동력

1) 유체가 완전히 발달된 난류가 일어날 때 임펠러의 소요동력(혼합의 성능)

(1) 변형 Reynolds 수

$$N_{Re} = \frac{D^2 N\rho}{\mu} = \frac{\text{회전력}}{\text{점성력}}$$

① $N_{Re} < 10$: 층류 국부적 유동

② $10 < N_{Re} < 1,000$: 층류 상하순환

③ $N_{Re} \geq 1,000$: 난류

(2) 교반에서의 Froude 수

$$N_{Fr} = \frac{DN^2}{g}$$

(3) 소요동력

$$P = \left(\frac{K}{g_c}\right)(\rho N^3 D^5)$$

여기서, P : 동력($kg_f\,m/s$)

ρ : 밀도(kg/m^3)

N : 교반기의 날개속도(rpm)

D : 날개의 지름(m)

K : 상수

CHAPTER 03

혼합

TIP

표준편차 σ 가 작으면 완전혼합된다.

1. 혼합도

① 혼합기 내의 여러 곳에서 취한 시료 중에 A성분이 균일하게 분포되었는지를 나타내는 분산(Variance) σ^2를 써서 표시한다.

② 표준편차(Standard Deviation) σ의 값은 혼합이 이상에 가까워질수록 작아진다.

$$\sigma^2 = \frac{1}{n}\sum_{i=1}^{n}(C_i - C_m)^2$$

여기서, C_m : 완전혼합된 경우 A의 평균농도

C_i : 각 시료의 농도

$$\sigma = \sqrt{\frac{1}{n}\sum_{i=1}^{n}(C_i - C_m)^2}$$

③ 두 성분이 완전히 분리된 경우

$$\sigma_o{}^2 = C_m(1 - C_m)$$

$$\sigma_o = \sqrt{C_m(1 - C_m)}$$

2. 균일도지수 I : 혼합도를 나타내는 방법

$$I = \frac{\sigma}{\sigma_o} = \sqrt{\frac{\sum_{i=1}^{n}(C_i - C_m)^2}{nC_m(1 - C_m)}}$$

① 혼합 초기에는 $\sigma = \sigma_o$이므로 $I = 1$이다.

② 완전혼합에는 $C_i = C_m$이므로 $\sigma = 0$, $I = 0$이다.

③ 혼합이 진행 중에는 $I = 0 \sim I = 1$ 사이에 있다.

3. 혼합에 영향을 주는 물리적인 조건

① **밀도** : 밀도는 차이가 작은 것이 좋으나 밀도차가 클 때는 밀도가 큰 것이 아래로 내려가므로 상하가 고루 교환되도록 회전하는 방법을 이용한다.

② **입도** : 입도는 작은 것이 좋다.

③ **형상** : 섬유상의 것은 혼합하기 어렵다.

④ **수분 및 습윤성** : 일반적으로 수분이 적은 것은 혼합하기 쉽다. 액체와 고체의 혼합, 반죽에서는 습윤성이 큰 것이 좋다.

⑤ **혼합비** : 대량의 것과 소량의 것, 건조분말과 습한 것의 혼합물은 한쪽을 분할하여 가한다.

CHAPTER 04

침강

[01] 침강이론

1. 자유침강

입자가 용기의 벽이나 다른 입자로부터 멀리 떨어져 있어서, 그 낙하에 영향을 미치지 않는 경우를 자유침강이라 한다. 즉, 고체입자 사이에 충돌이나 간섭을 무시할 수 있는 침강을 의미한다.

① $N_{Re} < 1$, 층류 : Stokes의 법칙

$$U_t = \frac{D_p^{\,2}(\rho_s - \rho)g}{18\mu}\,[\mathrm{m/s}]$$

항력계수 : $C_D = \dfrac{24}{N_{Re}}$

② $1 < N_{Re} < 1{,}000$, 전이영역 : Allen의 법칙

$$U_t = \frac{4}{225}\left[\frac{(\rho_s - \rho)^2 g^2}{\rho\mu}\right]^{1/3} D_p\,[\mathrm{m/s}]$$

③ $1{,}000 < N_{Re} < 200{,}000$: Newton의 법칙

$$U_t = \sqrt{\frac{3g(\rho_s - \rho)D_p}{\rho}}$$

항력계수 : $C_D = 0.44$

④ 일반식

$$U_t = \sqrt{\frac{4g(\rho_p - \rho)D_p}{3C_D\,\rho}}$$

◆ 최종침강속도

입자가 유체 중에서 정지상태에 있다가 외부의 힘에 의해 침강하기 시작하는 과정에서 처음에는 가속되어 임계속도에 도달하게 되며, 임계속도에 도달하면 계속 그 속도를 유지하게 되는데, 이때의 속도를 최종침강속도라고 한다.

 TIP

항력(Drag Force)

- 입자와 액체의 상대적 움직임 때문에 생긴다.
- 항력은 움직임을 방해하며, 이동방향에 평행으로 작용하지만, 방향은 반대이다.

항력계수

$$C_D = \frac{F_D / A_P}{\rho u_o^{\,2}/2} = \frac{\text{단위 투영면적당 항력}}{\text{밀도} \times \text{속도두}}$$

일반적으로 공기 중 기름방울이 침강될 때 Stokes 법칙을 사용하고, 공기 중 빗방울(물)이 침강될 때 Newton 법칙을 사용한다.

Reference

판별식 K를 이용

N_{Re} 수를 구할 수 없는 경우에는 판별식 K를 이용하여 각각의 식을 적용한다.

$$K = D_P\left[\frac{g\rho(\rho_P-\rho)}{\mu^2}\right]^{1/3}$$

㉠ Stokes 법칙

$$N_{Re\cdot P} = \frac{D_P u_t \rho}{\mu} = \frac{D_P^3 g\rho(\rho_P-\rho)}{18\mu^2}$$

$$N_{Re\cdot P} = \frac{1}{18}K^3$$

$N_{Re\cdot P} = 1$일 때 $K = 18^{1/3} = 2.6$

$\therefore\ K < 2.6$ → Stokes 법칙 적용

㉡ Newton 법칙

$N_{Re\cdot P} = 1.75K^{1.5}$

$N_{Re\cdot P} = 1,000$일 때 $K = 68.9$

$N_{Re\cdot P} = 200,000$일 때 $K = 2,360$

$\therefore\ 68.9 < K < 2,360$ → Newton 법칙 적용

㉢ Stokes 법칙과 Newton 법칙 사이의 범위

$2.6 < K < 68.9$

2. 간섭침강

입자들이 서로 충돌하지 않더라도 가까이 있어서, 입자의 운동을 다른 입자가 방해하면 간섭침강이라 한다. 즉, 입자 사이에 간섭이 일어나면서 생기는 침강을 말한다.

$$U = U_t\,\phi(\varepsilon)$$

여기서, U : 부유물의 간섭침강속도(m/s)
U_t : 부유물의 자유침강속도(m/s)

$$\varepsilon = \frac{\text{현탁액의 부피} - \text{고체입자의 부피}}{\text{현탁액의 부피}}$$

= 현탁액 내의 부피분율로 나타낸 액체 공간

CHAPTER 05

유동화

1. 유동화 조건

1) 유동화와 유동층

고체 입자층에서 액체나 기체가 아주 저속으로 통과하면 입자들은 거의 움직이지 않으며, 유속을 조금씩 증가시키면 압력강하와 개별입자에 대한 항력이 증가하여, 입자들이 움직이기 시작하고 유체 중에 현탁된다. 이러한 현상을 유동화라 하며, 이 상태의 층이 유동층이다.

TIP

ΔP(압력강하) 계산

Ergun 식 이용

$$\frac{\Delta P}{L} = \frac{150\mu(1-\varepsilon)^2 u_o}{\varepsilon^3 {D_p}^2} + \frac{1.75(1-\varepsilon)\rho {u_o}^2}{\varepsilon^3 D_p}$$

여기서, L : 층의 높이

D_p : 입자의 평균지름

u_o : 공탑속도

ρ : 유체의 밀도

μ : 유체의 점도

ε : 입자의 공극률

2) 고체층에서 압력강하 및 층높이와 공탑속도의 관계

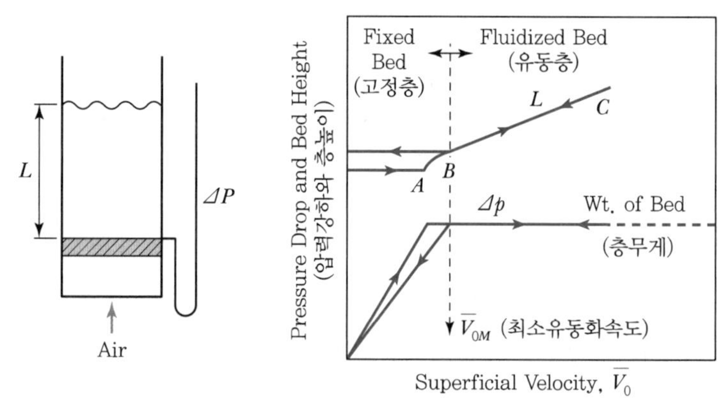

▲ 고체층에서 공탑속도 vs. 층높이 및 압력강하

① 상부는 열려 있고 촉매층은 바닥의 다공판 위에 있는 수직관을 고려한다. 다공판(분산판) 밑에 공기를 저속으로 도입하면 공기는 상승하지만, 입자는 움직이지 않는다.

② 유속이 조금 증가하면 압력강하가 증가하지만 입자는 움직이지 않고, 층높이는 그대로 유지된다. 유속이 어떤 값에 이르면, 층에서의 압력강하가 입자에 작용하는 중력(층의 무게)과 균형을 이루고, 이 이상 유속이 증가하면 입자가 움직이기 시작한다. → A점

③ 유속이 더욱 증가하면 입자들이 서로 충분히 떨어져서 층안을 돌아다니게 되어 참유동화가 일어난다. → B점

④ 일단 층이 유동화가 되면 층에서의 압력강하는 일정하지만 층높이는 유속 증가에 따라 계속 증가한다. 유동층의 유량을 점점 감소시키면 압력강하는 일정하면서도 층높이가 감소한다.

⑤ 다시 유동화시키면 B점에서 압력강하와 층무게가 같아지므로 점 B가 최소유동화속도 $\overline{V}_{0M}$을 나타낸다.

Reference

표면장력(σ : Surface Tension)

- 분자 간 인력으로 인해 표면에 생기는 응집력
- 표면적을 늘이는 데 단위길이당 가해야 하는 힘(N/m)

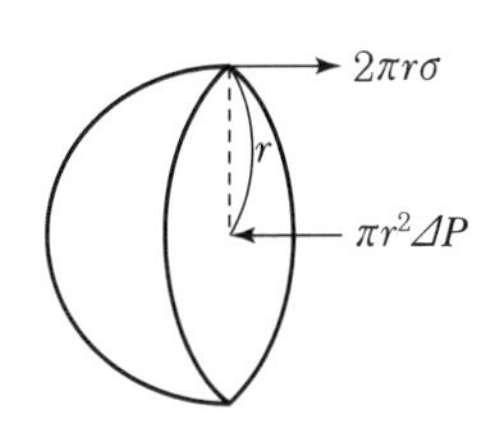

$\pi r^2 \Delta P = 2\pi r \sigma$

$\Delta P = \dfrac{2\sigma}{r}$ ⋯ 물방울

여기서, σ : 표면장력

ΔP : 압력차

r : 구의 반경

cf 비눗방울 : $\Delta P = \dfrac{4\sigma}{r}$

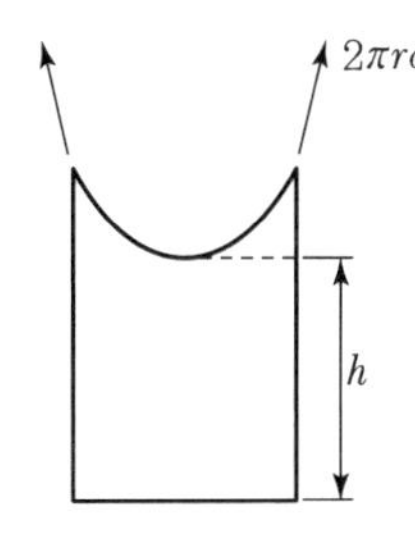

$2\pi r \sigma \cos\theta = \rho g \pi r^2 h$

$\therefore\ h = \dfrac{2\sigma\cos\theta}{\rho g r}$

실전문제

01 20℃에서 CO_2의 분압이 450mmHg인 기체혼합물이 물과 접촉하고 있다. 물 100kg에 용해된 CO_2의 중량%를 구하여라.(단, 헨리의 법칙이 적용되며 $p = Kx$에서 20℃, CO_2의 K는 0.142×10^4atm/몰분율이다.)

해설

$$\frac{450\text{mmHg}}{760\text{mmHg}} = 0.142 \times 10^4 x$$

$$\therefore\ x = 4.17 \times 10^{-4}$$

$$\frac{\frac{w}{44}}{\frac{w}{44} + \frac{100}{18}} = 4.17 \times 10^{-4}$$

$$\therefore\ w = 0.102\text{kg}$$

$$\frac{0.102}{100 + 0.102} \times 100 = 0.1\%$$

02 100℃에서 질산바륨의 물에 대한 용해도가 30g질산바륨/100gH_2O이고, 0℃에서는 5g질산바륨/100g H_2O이다. 질산바륨 용질의 양이 150g일 때 100℃에서 포화수용액을 제조한 뒤 0℃로 냉각시킨다면 석출되는 바륨의 양은?

해설

100℃		0℃
100gH_2O 30g	⟶	100g : 5g
500gH_2O 150g	⟶	500g : 25g

∴ 150g − 25g = 125g 석출

03 직경이 0.2cm인 빗방울의 최종침강속도는 얼마인가?(단, $N_{Re} > 1,000$, 빗방울은 구형이며, 공기의 밀도는 0.0012g/cm³, 점도는 0.00018g/cm s이다.)

해설

$$g = 980\text{cm/s}^2$$

$$\rho_s = 1\text{g/cm}^3$$

$$\rho = 0.0012\text{g/cm}^3$$

$$U_t = \sqrt{\frac{3g(\rho_s - \rho)D_P}{\rho}} = \sqrt{\frac{3 \times 980 \times (1 - 0.0012) \times 0.2}{0.0012}} = \sqrt{490,000} = 700\text{cm/s}$$

04 직경이 15μm인 기름방울과 공기의 혼합물 중에서 기름방울을 침강시키려고 한다. 기름의 비중은 0.9이며 공기 21℃, 1atm에서 밀도는 1.2×10^{-3}g/cm³, 점도는 0.018cP일 때 종말속도는 몇 cm/s인가?

해설

$$15\mu\text{m} = 15 \times 10^{-6} \times 10^2 = 15 \times 10^{-4}\text{cm}$$

$$0.018\text{cP} = 0.018 \times 10^{-2}\text{P} = 0.00018\text{P(g/cm s)}$$

① 판별식 이용

$$K = D_P\left[\frac{g\rho(\rho_p - \rho)}{\mu^2}\right]^{\frac{1}{3}} = (15 \times 10^{-4})\left[\frac{(980)(1.2 \times 10^{-3})(0.9 - 1.2 \times 10^{-3})}{(0.018 \times 0.01)^2}\right]^{\frac{1}{3}} = 0.48(K < 2.6)$$

K값이 2.6보다 작으므로 Stokes 법칙을 이용한다.

② $N_{Re} = \dfrac{Du\rho}{\mu}$

$$= \frac{(15 \times 10^{-4}\text{cm})(0.612\text{cm/s})(1.2 \times 10^{-3}\text{g/cm}^3)}{(0.00018\text{g/cm s})} = 0.00612(\text{층류})$$

$$\therefore\ U_t = \frac{D^2(\rho_s - \rho)g}{18\mu} = \frac{(15 \times 10^{-4}\text{cm})^2(0.9 - 1.2 \times 10^{-3})\text{g/cm}^3(980\text{cm/s}^2)}{18 \times 0.00018\text{g/cm s}} = 0.612\text{cm/s}$$

05 점토의 겉보기밀도가 1.5g/cm³이고, 진밀도가 2g/cm³이다. 기공도를 구하시오.

해설

$$기공도(\varepsilon) = 1 - \frac{겉보기밀도}{진밀도}$$

$$= 1 - \frac{1.5}{2} = 0.25$$

06 롤분쇄기에 상당직경 4cm인 원료를 도입하여 상당직경 1cm로 분쇄한다. 분쇄원료와 롤 사이의 마찰계수가 $\frac{1}{\sqrt{3}}$일 때 롤지름은 약 몇 cm인가?

해설

$$\mu = \tan\alpha = \frac{1}{\sqrt{3}}$$

$$\therefore \alpha = 30°$$

$$\cos\alpha = \frac{R+d}{R+r} = \frac{R+\frac{1}{2}}{R+\frac{4}{2}} = \frac{\sqrt{3}}{2}$$

$R = 9.2\text{cm}$

$D = 18.4\text{cm}$

07 석회석을 분쇄하여 시멘트를 만들고자 할 때 지름이 1m인 볼밀(Ball Mill)의 능률이 가장 좋은 최적회전속도는 약 몇 rpm인가?

해설

$$N_{max}(최대회전수) = \frac{42.3}{\sqrt{D}}[\text{rpm}]$$

$$N_{opt}(최적회전수) = 0.75 \times \frac{42.3}{\sqrt{D}} = \frac{32}{\sqrt{D}}[\text{rpm}]$$

$$\therefore N_{opt} = \frac{32}{\sqrt{1}} = 32\text{rpm}$$

08 교반기의 종류 3가지를 쓰고 설명하시오.

해설

① **노형 교반기** : 점도가 비교적 낮은 액체에 이용한다. 젓은 노를 약간 경사지게 해서 액체가 아래위로 운동하게 하거나 2개의 노를 서로 반대방향으로 돌리게 하면 교반이 잘된다.

② **프로펠러형 교반기** : 점도가 높은 액체나 무거운 고체가 섞인 액체의 교반에는 적당하지 못하며, 점도가 낮은 액체의 다량 처리에 알맞다.

③ **나선형 교반기 · 리본형 교반기** : 점도가 큰 액체에 사용하며 교반도 하면서 운반도 한다.

PART 05

반응운전

CHAPTER 01

반응시스템 파악

1. 화학반응의 분류

① 균일계 : 단일상에서만 반응이 일어나는 경우
② 불균일계 : 두 상 이상에서 반응이 진행되는 경우

▼ 화학반응의 분류

구분	Noncatalytic(비촉매반응)	Catalytic(촉매반응)
Homogeneous (균일계)	대부분 기상반응	대부분 액상반응
Homogeneous (균일계) / Heterogeneous (불균일계)	불꽃 연소반응과 같은 빠른 반응	• 콜로이드상에서의 반응 • 효소와 미생물의 반응
Heterogeneous (불균일계)	• 석탄의 연소 • 광석의 배소 • 산+고체의 반응 • 기액 흡수 • 철광석의 환원	• NH_3 합성 • 암모니아 산화 → 질산 제조 • 원유의 Cracking • $SO_2 \xrightarrow{\text{산화}} SO_3$

2. 화학반응속도식

시간의 변화에 따라서 반응물의 농도는 감소하고, 생성물의 농도는 증가하는 현상을 이용하여 화학반응속도를 설명할 수 있다.

$A \rightarrow B$

소모속도 $r_A = -\dfrac{1}{V}\dfrac{dN_A}{dt}$

생성속도 $r_B = \dfrac{1}{V}\dfrac{dN_B}{dt}$

여기서, r_A : 반응물의 소모속도(kmol/m³ h)
r_B : 생성물의 생성속도(kmol/m³ h)
N_A : 반응물의 몰수(kmol)
N_B : 생성물의 몰수(kmol)
V : 반응계의 부피(m³)
t : 시간(h)

TIP

$C=\dfrac{N}{V}$ 이므로

$r_B=\dfrac{d(N_B/V)}{dt}=\dfrac{dC_B}{dt}$

여기서, C_B : 시간에 따라 생성되는 생성물 B의 생성농도

$-r_A=-\dfrac{dC_A}{dt}=k_C C_A{}^a C_B{}^b C_C{}^c \cdots$

이상기체의 경우

$P_i V = n_i RT$

$P_i=\dfrac{n_i}{V}RT$

$\therefore\ P_i = C_i RT$

$-r_A=-\dfrac{1}{RT}\dfrac{dP_A}{dt}$

$=\dfrac{1}{(RT)^{a+b+c\cdots}}\times k_C P_A{}^a P_B{}^b P_C{}^c \cdots$

$=k_P P_A{}^a P_B{}^b P_C{}^c$

3. 온도에 의한 반응속도

$$k \propto T^m e^{-E_a/RT}$$

여기서, k : 속도상수

E_a : 활성화 에너지(J/mol 또는 cal/mol)

R : 기체상수(8.314J/mol K 또는 1.987cal/mol K)

T : 절대온도(K)

① $m=0$: 아레니우스식

② $m=\frac{1}{2}$: 충돌이론

③ $m=1$: 전이이론

4. 아레니우스식(Arrhenius Equation)

$$\text{속도상수 } k = Ae^{-E_a/RT}$$

여기서, A : 빈도인자

$$\ln k = \ln A - \frac{E_a}{RT}$$

↳ E_a(활성화 에너지)가 작고 T(절대온도)가 클수록 속도상수 k값이 커진다.

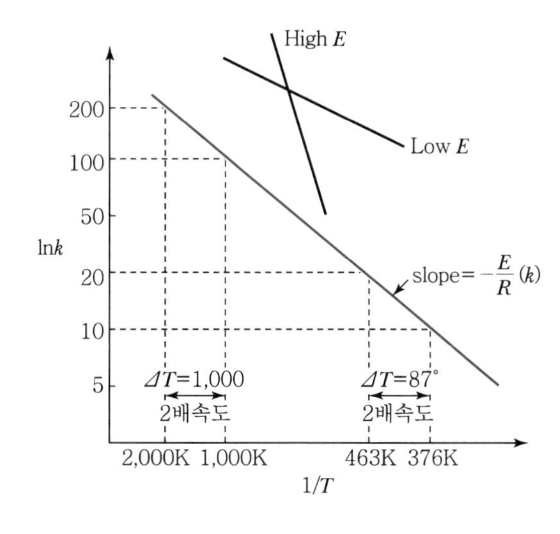

TIP

발열반응

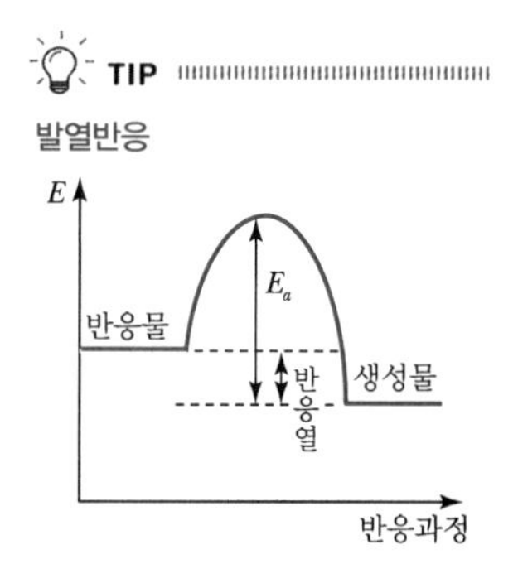

TIP

흡열반응

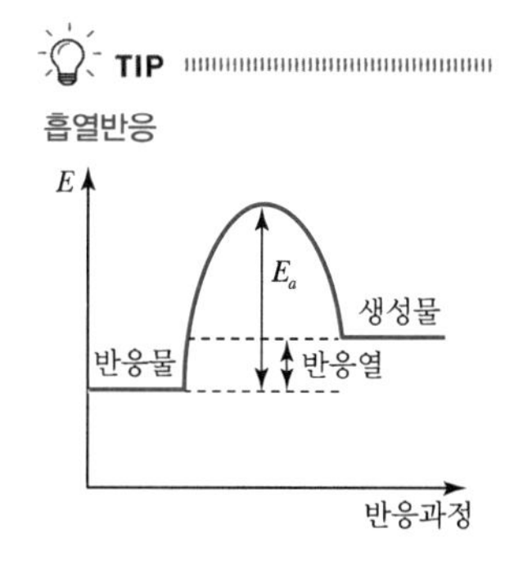

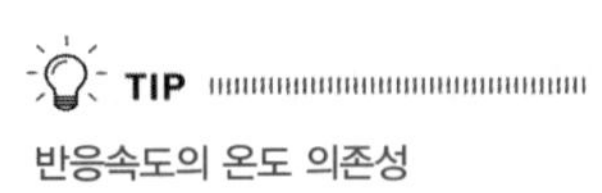

반응속도의 온도 의존성

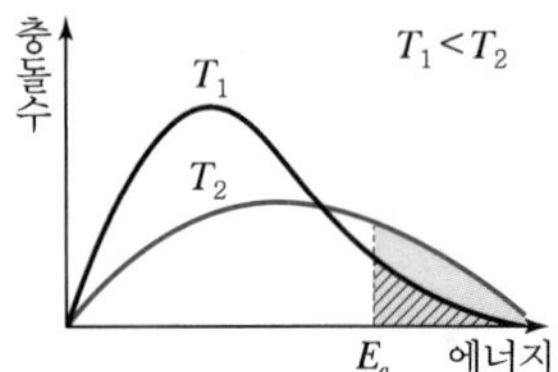

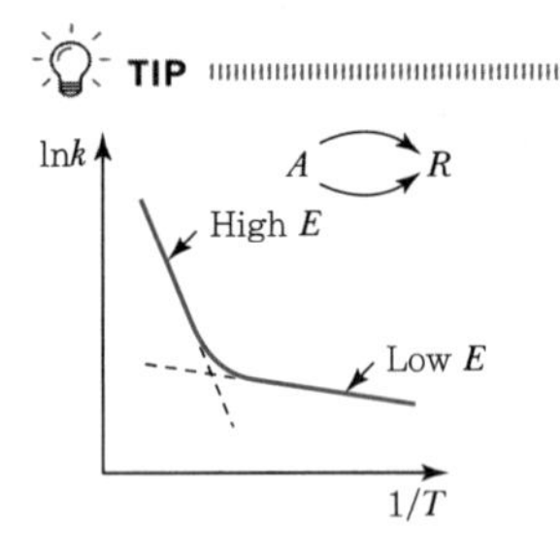

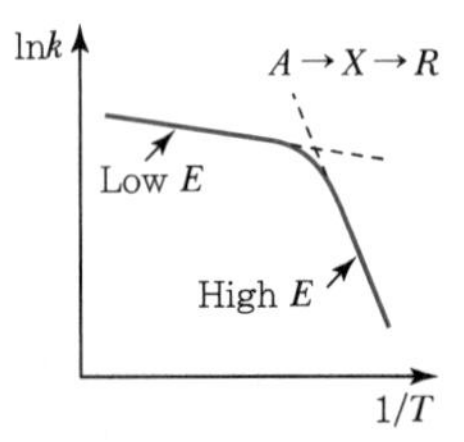

① $\frac{1}{T}$이 클수록(T가 작을수록) k의 변화가 크다. 즉, 저온일수록 k의 변화가 크다.

② T가 높아지면 $\ln k$도 높아진다.

③ 높은 온도보다 낮은 온도에 더 예민하다.

④ Slope가 가파를수록 E_a(활성화 에너지)가 크다.

⑤ E_a가 클수록 k는 작아져서 반응속도는 느리다.
E_a가 작을수록 k는 커져서 반응속도는 빠르다.

⑥ $k_1 = Ae^{-E_a/RT_1} \rightarrow \ln k_1 = \ln A - \frac{E_a}{RT_1}$ ································ ⓐ

$k_2 = Ae^{-E_a/RT_2} \rightarrow \ln k_2 = \ln A - \frac{E_a}{RT_2}$ ································ ⓑ

ⓐ－ⓑ

$$\ln\frac{k_1}{k_2} = -\frac{E_a}{R}\left(\frac{1}{T_1} - \frac{1}{T_2}\right)$$

↳ 한 온도에서 k값을 알 때 다른 온도에서 k값을 구하는 식

Exercise 01

우유를 63℃에서 30분 동안 가열하면 살균이 된다. 그러나 이를 74℃에서 가열하면 동일한 결과를 얻는 데 15초가 소요된다. 이 공정의 활성화 에너지를 구하여라.

풀이

$$\ln\frac{k_2}{k_1} = \ln\frac{r_2}{r_1} = \ln\frac{t_1}{t_2} = \frac{E_a}{R}\left(\frac{1}{T_1} - \frac{1}{T_2}\right)$$

$$\ln\left(\frac{30\text{min} \times \frac{60\text{s}}{1\text{min}}}{15\text{s}}\right) = \ln\frac{E_a}{8.314\text{J/mol K}}\left(\frac{1}{(273+63)} - \frac{1}{(273+74)}\right)$$

$\therefore\ E_a = 422{,}000\text{J/mol}$
$= 422\text{kJ/mol}$

5. 반응차수와 속도법칙

$$aA + bB \xrightarrow{k} cC + dD$$

$-r_A = kC_A^a C_B^b$ [mol/L s]

기초반응의 반응차수 : $a+b$

비기초반응의 반응차수 : $\alpha + \beta$

$$-\frac{r_A}{a} = -\frac{r_B}{b} = \frac{r_C}{c} = \frac{r_D}{d}$$

1) 기초반응

$$A + B \underset{k_2}{\overset{k_1}{\rightleftharpoons}} R + S$$

평형상태 $(\Delta G)_{P.T} = 0$

$(\Delta G)_{P.T} = -RT\ln K$

$\therefore K = 1$

정반응속도 = 역반응속도

$-r_A = k_1 C_A C_B - k_2 C_R C_S = 0$

$$\therefore K_e = \frac{k_1}{k_2} = \frac{C_R C_S}{C_A C_B}$$

2) 반응속도상수

$-r_A = kC_A^n$

$[\text{mol/L s}] = k[\text{mol/L}]^n$

$$k = \frac{\text{mol/L s}}{[\text{mol/L}]^n} = [\text{mol/L}]^{1-n}\left[\frac{1}{\text{s}}\right]$$

k의 단위 $= [농도]^{1-n}[시간]^{-1}$
$= [\text{mol/L}]^{1-n}[\text{s}]^{-1}$

TIP

반응의 유형

- 균일반응 : 단 하나의 상을 수반하는 반응
- 불균일반응 : 2개 이상의 상을 수반하며, 일반적으로 반응은 상 사이의 계면에서 일어난다.

- 가역반응 : 정반응, 역반응이 동시에 진행되는 반응
- 비가역반응 : 한 방향으로만 진행하는 반응

- 기초반응 : 반응차수가 양론적인 반응(Elementary Reaction)
  예 $A + 2B \rightarrow R$
  $-r_A = kC_A C_B^2$
- 비기초반응 : 비양론적인 반응. 실험식에 의해 속도식 차수가 결정된다.
  예 $A + B \rightarrow R$
  $-r_A = \dfrac{k_1 C_A^{\frac{1}{2}} C_B^2}{1 + k_2 C_A}$

- 단일반응 : 단일의 반응속도식
- 복합반응
  - 연속반응($A \rightarrow R \rightarrow S$)
  - 평행반응($A \begin{smallmatrix} \nearrow R \\ \searrow S \end{smallmatrix}$)
  - 연속평행반응

✿ 분자도

한 반응단계에 참여하는 원자, 이온 또는 분자의 수이다.

▼ 속도상수의 단위

반응차수	반응속도식	단위
0차 반응	$-r_A = k$	mol/L s
1차 반응	$-r_A = kC_A$	1/s
2차 반응	$-r_A = kC_A^{\ 2}$	L/mol s

3) 분자중간체, 비연쇄반응기구

효소 촉매 발효반응

$$A \xrightarrow{\text{enzyme}} R$$

$$-r_A = r_R = \frac{K[A][E_0]}{[M]+[A]}$$

↳ Michaelis 상수, $[E_0]$: 효소농도, $[A]$: A의 농도$(=C_A)$

A + 효소 ⇄ (A · 효소)*

(A · 효소)* → R + 효소

① A의 농도가 높을 때 : $[A]$에 무관하고 0차 반응에 가까워진다.

$[M]+[A] \simeq [A]$

$-r_A = K[E_0]$

② A의 농도가 낮을 때 : 반응속도$\propto[A]$

$[M]+[A] \simeq [M]$

$$-r_A = \frac{K[E_0]}{[M]}[A]$$

③ 나머지 : $[E_0]$에 비례

TIP

효소촉매 반응식의 다른 표현

Michaelis－Menten식

$$-r_s = \frac{V_{max}(s)}{K_m + (s)}$$

여기서, K_m : Michaelis 상수

(s) : 기질의 농도

V_{max} : 최대반응속도

- 기질의 농도(s)가 아주 낮을 경우 $(K_m \gg (s))$

  $-r_s \cong \frac{V_{max}(s)}{K_m}$

  ∴ $-r_s$는 (s)에 대해 1차

- 기질의 농도(s)가 아주 높을 경우 $((s) \gg K_m)$

  $-r_s \cong \frac{V_{max}(s)}{(s)} = V_{max}$

  ∴ $-r_s$는 (s)에 대하여 0차 : (s)와 무관

4) PSSH(유사정상상태 가설)

극도로 짧은 시간 동안에 존재하는 기상활성중간체의 존재를 말하며 반응중간체가 형성되는 만큼 사실상 빠르게 반응하기 때문에 활성중간체(A^*) 형성의 알짜 생성속도는 0이다.

$r_A{}^* = 0$

예 $2A \underset{k_2}{\overset{k_1}{\rightleftarrows}} A_2{}^*$

$$A_2{}^* + B \underset{k_4}{\overset{k_3}{\rightleftarrows}} A + AB$$

실제로는 4개의 기초반응을 나타낸다.

$$2A \xrightarrow{k_1} A_2{}^* \qquad \frac{-r_A}{2} = \frac{r_{A_2{}^*}}{1}$$

$$A_2{}^* \xrightarrow{k_2} 2A$$

$$A_2{}^* + B \xrightarrow{k_3} A + AB$$

$$A + AB \xrightarrow{k_4} A_2{}^* + B$$

$$r_{AB} = k_3[A_2{}^*][B] - k_4[A][AB]$$

$$r_{A_2{}^*} = \frac{1}{2}k_1[A]^2 - k_2[A_2{}^*] - k_3[A_2{}^*][B] + k_4[A][AB] = 0$$

$$\therefore [A_{2*}] = \frac{\frac{1}{2}k_1[A]^2 + k_4[A][AB]}{k_2 + k_3[B]}$$

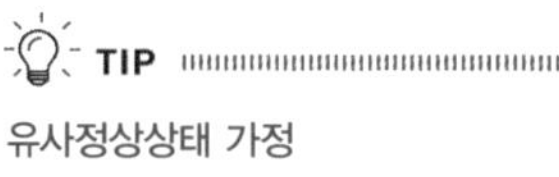

유사정상상태 가정

$$A + A \underset{k_{-1}}{\overset{k_1}{\rightleftarrows}} A^* + A$$

$$A^* \xrightarrow{k_2} B$$

$$r_A{}^* = k_1 C_A{}^2 - k_{-1} C_A{}^* C_A - k_2 C_A{}^* = 0$$

$$C_A{}^* = \frac{k_1 C_A{}^2}{k_{-1} C_A + k_2}$$

B의 생성속도 $r_B = k_2 C_A{}^*$

$$\therefore r_B = \frac{k_1 k_2 C_A{}^2}{k_{-1} C_A + k_2}$$

만일 $k_{-1} = 0$이면

$r_B = k_1 C_A{}^2$

CHAPTER 02

회분식 반응기

1. 전화율(X_A : Conversion)

$$X_A = \frac{\text{반응한 } A\text{의 mol수}}{\text{초기에 공급한 } A\text{의 mol수}} = \frac{N_{A0} - N_A}{N_{A0}}$$

$$\therefore N_A = N_{A0}(1 - X_A)$$

여기서, N_A : 시간 t에서 존재하는 몰수

N_{A0} : 시간 $t=0$에서 반응기 내에 존재하는 초기의 몰수

$C_A = C_{A0}(1 - X_A)$

$dC_A = -C_{A0}dX_A$

$dX_A = -\frac{dC_A}{C_{A0}}$

$V=$Const인 경우

$$\therefore C_A = C_{A0}(1 - X_A) = C_{A0} - C_{A0}X_A$$

2. 정용 회분식 반응기

회분식 반응기
- 비정상상태
- 실험실용 소형 반응기
- 반응물질을 반응하는 동안에 담아두는 일정한 용기
- 소량 다품종 생산에 적합하며, 소규모 조업에 이용한다.
- 인건비가 비싸고 매회 품질이 균질하지 못할 수 있으며, 대규모 생산이 어렵다.

▼ 물질수지식

Input − Output + Generation = Accumulation

$$F_{A0} - F_A + \int^V r_A dV = \frac{dN_A}{dt}$$

$$F_{A0} = F_A = 0$$

$$\therefore \frac{dN_A}{dt} = \int^V r_A dV = r_A V$$

$$-N_{A0}\frac{dX_A}{dt} = r_A V$$

$$N_{A0}\frac{dX_A}{dt} = -r_A V$$

$$\therefore t = N_{A0}\int_0^{X_A} \frac{dX_A}{-r_A V} = C_{A0}\int_0^{X_A} \frac{dX_A}{-r_A}$$

Reference

정용계에서 얻은 전압 데이터의 해석

$aA+bB \rightarrow rR+sS+\text{inert}$

$t=0$	N_{A0}	N_{B0}	N_{R0}	N_{S0}	N_{inert}
$t=t$	$-ax$	$-bx$	$+rx$	$+sx$	
	$N_A=N_{A0}-ax$	$N_B=N_{B0}-bx$	$N_R=N_{R0}+rx$	$N_S=N_{S0}+sx$	

$N_0=N_{A0}+N_{B0}+N_{R0}+N_{S0}+N_{\text{inert}}$

$\therefore N=N_0+(r+s-a-b)x=N_0+x\Delta n$

여기서, $\Delta n=r+s-a-b$

$$C_A=\frac{P_A}{RT}-\frac{N_A}{V}=\frac{N_{A0}-ax}{V}$$

$$\therefore C_A=\frac{N_{A0}}{V}-\frac{a}{V}\cdot\frac{N-N_0}{\Delta n}=C_{A0}-\frac{a}{\Delta n}\frac{N-N_0}{V}$$

$$P_A=C_ART=P_{A0}-\frac{a}{\Delta n}(\pi-\pi_0)$$

여기서, π : 전압

π_0 : 초기전압

P_{A0} : 초기분압

1) 비가역 단분자형 0차 반응

속도식	반감기
$-r_A=-\frac{dC_A}{dt}=kC_A^{\circ}=k$ $-\int_{C_{A0}}^{C_A}dC_A=kdt$ $-(C_A-C_{A0})=kt$ $C_{A0}X_A=kt$	$X_A=\frac{1}{2}$ $t_{1/2}=\frac{C_{A0}}{2k}$

TIP

- $t<\frac{C_{A0}}{k}$: 반응 지속
- $t\geq\frac{C_{A0}}{k}$: 반응 완료

TIP

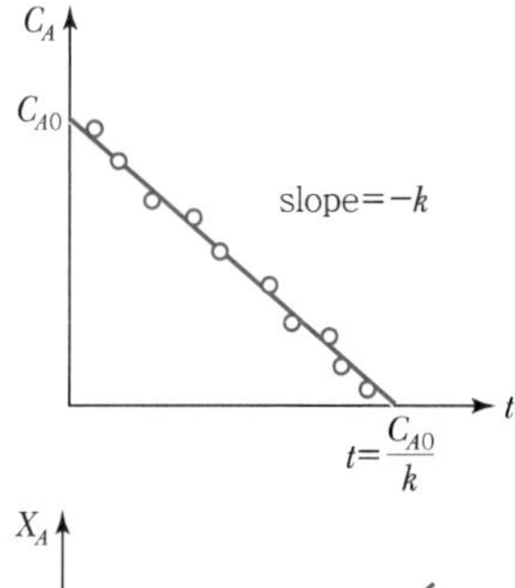

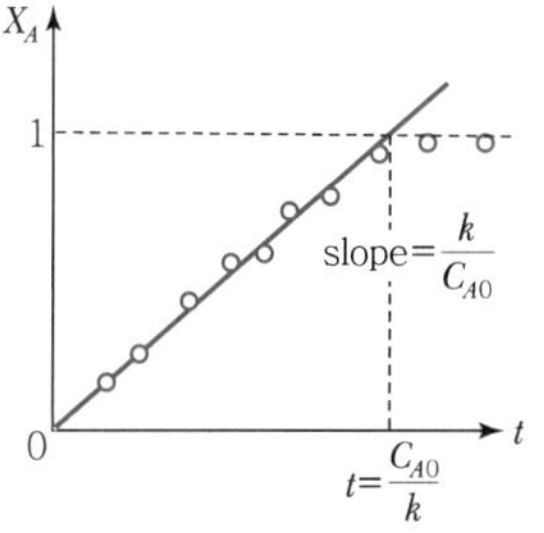

TIP

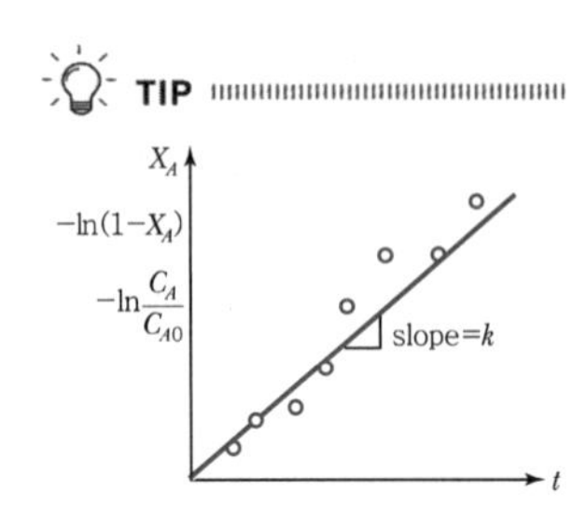

2) 비가역 단분자형 1차 반응

$A \rightarrow R$

속도식	반감기
$-r_A = -\frac{dC_A}{dt} = kC_A = kC_{A0}(1-X_A)$ $-\frac{dC_A}{C_A} = kdt$ $-\int_{C_{A0}}^{C_A}\frac{dC_A}{C_A} = k\int_0^t dt$ $-\ln\frac{C_A}{C_{A0}} = kt$ $-\ln(1-X_A) = kt$	$X_A = \frac{1}{2}$ $t_{1/2} = \frac{\ln 2}{k}$

TIP

$\frac{1}{C_A}$, $\frac{1}{C_{A0}}$, slope=k, t

$\frac{X_A}{1-X_A}$, slope=$C_{A0}k$, t

3) 비가역 단분자형 2차 반응

$2A \rightarrow R$

속도식	반감기
$-r_A = -\frac{dC_A}{dt} = C_{A0}\frac{dX_A}{dt} = kC_A^2 = kC_{A0}^2(1-X_A)^2$ $-\frac{dC_A}{C_A^2} = kdt$ $-\int_{C_{A0}}^{C_A}\frac{dC_A}{C_A^2} = k\int_0^t dt$ $\frac{1}{C_A} - \frac{1}{C_{A0}} = kt$ $\frac{1}{C_{A0}}\frac{X_A}{(1-X_A)} = kt$	$X_A = \frac{1}{2}$ $t_{1/2} = \frac{1}{kC_{A0}}$

4) 비가역 2분자형 2차 반응

$A + B \rightarrow R$

① 속도식

$$-r_A = -\frac{dC_A}{dt} = -\frac{dC_B}{dt} = kC_A C_B$$

시간 t에서 반응된 A와 B의 양이 같으며 이는 $C_{A0}X_A$로 나타낼 수 있다.

$$-r_A = C_{A0}\frac{dX_A}{dt} = k(C_{A0} - C_{A0}X_A)(C_{B0} - C_{A0}X_A)$$

$M = \dfrac{C_{B0}}{C_{A0}}$ 라 하면

$$-r_A = C_{A0}\frac{dX_A}{dt} = kC_{A0}^2(1-X_A)(M-X_A)$$

변수분리하여 부분분수로 나누어 적분하면

$$\int_0^{X_A}\frac{dX_A}{(1-X_A)(M-X_A)} = C_{A0}k\int_0^t dt$$

$$\frac{1}{M-1}\int_0^{X_A}\left(\frac{1}{1-X_A} - \frac{1}{M-X_A}\right)dX_A = C_{A0}kt$$

$$\ln\frac{1-X_B}{1-X_A} = \ln\frac{M-X_A}{M(1-X_A)} = \ln\frac{C_BC_{A0}}{C_{B0}C_A} = \ln\frac{C_B}{MC_A}$$
$$= C_{A0}(M-1)kt = (C_{B0}-C_{A0})kt \qquad M \neq 1$$

5) 비가역 n차 반응

① 속도식

$$-r_A = -\frac{dC_A}{dt} = kC_A^n$$

$$-\frac{dC_A}{C_A^n} = kdt$$

적분하면 $\dfrac{1}{n-1}C_A^{1-n}\Big|_{C_{A0}}^{C_A} = kt$

$$\therefore C_A^{1-n} - C_{A0}^{1-n} = k(n-1)t \qquad n \neq 1$$

② 반감기

$$t_{1/2} = \frac{2^{n-1}-1}{k(n-1)}C_{A0}^{1-n} \qquad n \neq 1$$

TIP

$$\int_0^{X_A}\frac{dX_A}{(1-X_A)(M-X_A)} = C_{A0}k\int_0^t dt$$

$$\frac{1}{M-1}\int_0^{X_A}\left(\frac{1}{1-X_A} - \frac{1}{M-X_A}\right)dX_A = C_{A0}kt$$

$$-\ln(1-X_A)\Big|_0^{X_A} + \ln(M-X_A)\Big|_0^{X_A} = (M-1)C_{A0}kt$$

$$\ln\frac{M-X_A}{M(1-X_A)} = \ln\frac{C_{B0}-C_{A0}X_A}{MC_{A0}(1-X_A)} = \ln\frac{C_B}{MC_A} = \ln\frac{C_BC_{A0}}{C_{B0}C_A} = \ln\frac{C_{B0}(1-X_B)}{\frac{C_{B0}}{C_{A0}}C_{A0}(1-X_A)} = \ln\frac{1-X_B}{1-X_A}$$

반응차수(n)

$$n = 1 - \frac{\ln\left(\frac{t_{1/2\cdot 2}}{t_{1/2\cdot 1}}\right)}{\ln\left(\frac{C_{A0\cdot 2}}{C_{A0\cdot 1}}\right)}$$

기체의 경우 C_{A0} 대신 P_{A0}를 넣어도 식이 성립한다.

$$n = 1 - \frac{\ln\left(\frac{t_{1/2\cdot 2}}{t_{1/2\cdot 1}}\right)}{\ln\left(\frac{P_{A0\cdot 2}}{P_{A0\cdot 1}}\right)}$$

TIP

$n = 1$차

$$-\ln\frac{C_A}{C_{A0}} = kt$$

$$-\ln(1-X_A) = kt$$

PART 1 PART 2 PART 3 PART 4 PART 5 PART 6 PART 7 PART 8

6) 비가역 평행반응

$$A \xrightarrow{k_1} R, \quad A \xrightarrow{k_2} S$$

$$-r_A = -\frac{dC_A}{dt} = k_1 C_A + k_2 C_A = (k_1 + k_2) C_A$$

$$-\ln\frac{C_A}{C_{A0}} = (k_1 + k_2)t$$

$$\frac{r_R}{r_S} = \frac{C_R - C_{R0}}{C_S - C_{S0}} = \frac{k_1}{k_2}$$

$C_{R0} = C_{S0} = 0$이고 $k_1 > k_2$인 경우 농도 대 시간의 곡선은 다음과 같다.

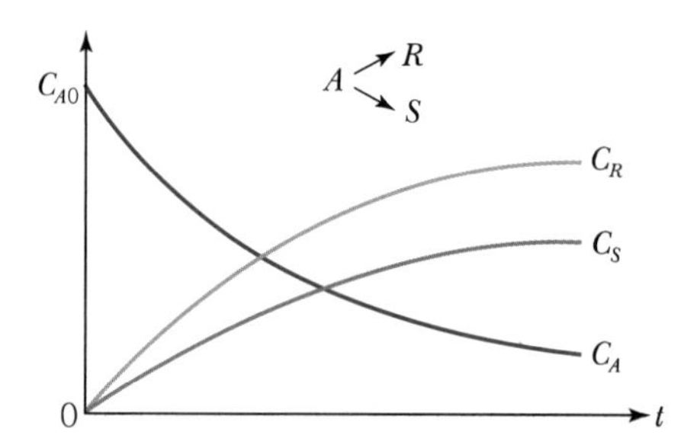

7) 비가역 연속반응

$$A \xrightarrow{k_1} R \xrightarrow{k_2} S$$

① $-r_A = -\dfrac{dC_A}{dt} = k_1 C_A$

적분하면 $-\ln\dfrac{C_A}{C_{A0}} = k_1 t$

$$\therefore C_A = C_{A0} e^{-k_1 t}$$

② $r_R = \dfrac{dC_R}{dt} = k_1 C_A - k_2 C_R$

$$\frac{dC_R}{dt} + k_2 C_R = k_1 C_A = k_1 C_{A0} e^{-k_1 t} \quad \cdots\cdots ⓐ$$

TIP

$k_1 = k_2 = k$인 경우

$A \xrightarrow{k} R \xrightarrow{k} S$

$-r_A = -\dfrac{dC_A}{dt} = kC_A$

$C_A = C_{A0} e^{-kt}$

$r_R = \dfrac{dC_R}{dt} = kC_A - kC_R$

$\dfrac{dC_R}{dt} + kC_R = kC_{A0} e^{-kt}$

라플라스 변환

$sC_R(s) + kC_R(s) = \dfrac{kC_{A0}}{s+k}$

$C_R(s) = \dfrac{kC_{A0}}{(s+k)^2}$

$\rightarrow C_R = kC_{A0} t e^{-kt}$

$\dfrac{dC_R}{dt} = kC_{A0} e^{-kt} - k^2 C_{A0} t e^{-kt} = 0$

$\therefore t_{max} = \dfrac{1}{k}$

$\therefore C_{R \cdot max} = kC_{A0} \cdot \dfrac{1}{k} e^{-k \times \frac{1}{k}}$

$= \dfrac{C_{A0}}{e}$

▼ 1차 선형 미분방정식 풀이 방법

적분인자 이용	라플라스 변환 이용
$\frac{dy}{dx}+py=Q$ $ye^{\int pdx}=\int Qe^{\int pdx}dx+\text{상수}$ 적분인자 $e^{\int pdx}$ $\frac{dC_R}{dt}+k_2C_R=k_1C_{A0}e^{-k_1t}$ $C_Re^{\int k_2dt}=\int k_1C_{A0}e^{-k_1t}\cdot e^{\int k_2dt}dt$ $C_Re^{k_2t}=\frac{k_1C_{A0}}{k_2-k_1}\left[e^{(k_2-k_1)t}-1\right]$ $\therefore C_R=C_{A0}k_1\left(\frac{e^{-k_1t}}{k_2-k_1}+\frac{e^{-k_2t}}{k_1-k_2}\right)$	$\frac{dC_R}{dt}+k_2C_R=k_1C_{A0}e^{-k_1t}$ $sC_R(s)+k_2C_R(s)=\frac{k_1C_{A0}}{s+k_1}$ $C_R(s)=\frac{k_1C_{A0}}{(s+k_1)(s+k_2)}$ $=\frac{k_1C_{A0}}{k_2-k_1}\left(\frac{1}{s+k_1}-\frac{1}{s+k_2}\right)$ $=\frac{k_1C_{A0}}{k_2-k_1}(e^{-k_1t}-e^{-k_2t})$ $\therefore C_R=k_1C_{A0}\left(\frac{e^{-k_1t}}{k_2-k_1}+\frac{e^{-k_2t}}{k_1-k_2}\right)$

$$\therefore C_R=C_{A0}k_1\left(\frac{e^{-k_1t}}{k_2-k_1}+\frac{e^{-k_2t}}{k_1-k_2}\right)$$

$$C_S=C_{A0}-C_A-C_R$$
$$=C_{A0}\left(1+\frac{k_2}{k_1-k_2}e^{-k_1t}+\frac{k_1}{k_2-k_1}e^{-k_2t}\right)$$

$k_2 \gg k_1$일 때 $C_S=C_{A0}(1-e^{-k_1t})$

$k_1 \gg k_2$일 때 $C_S=C_{A0}(1-e^{-k_2t})$

$\frac{dC_R}{dt}=0 \rightarrow R$의 최대농도가 되는 시간$=t_{max}$

$$\therefore t_{max}=\frac{1}{k_{log\,mean}}=\frac{\ln(k_2/k_1)}{k_2-k_1} \quad \cdots\cdots\cdots\cdots \text{ⓑ}$$

ⓐ, ⓑ식을 결합하면

$$\frac{C_{R\max}}{C_{A0}}=\left(\frac{k_1}{k_2}\right)^{k_2/(k_2-k_1)}$$

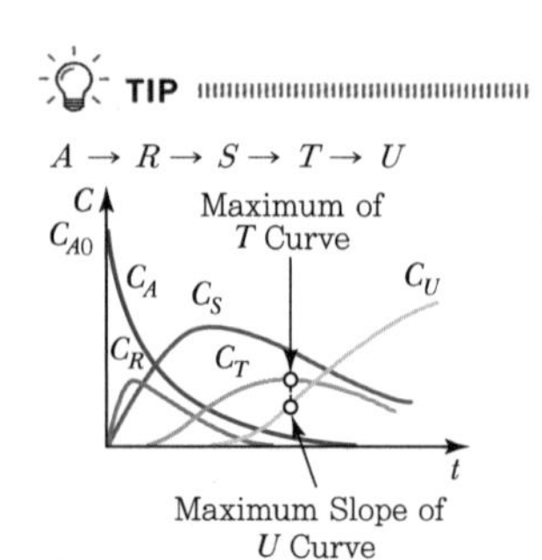

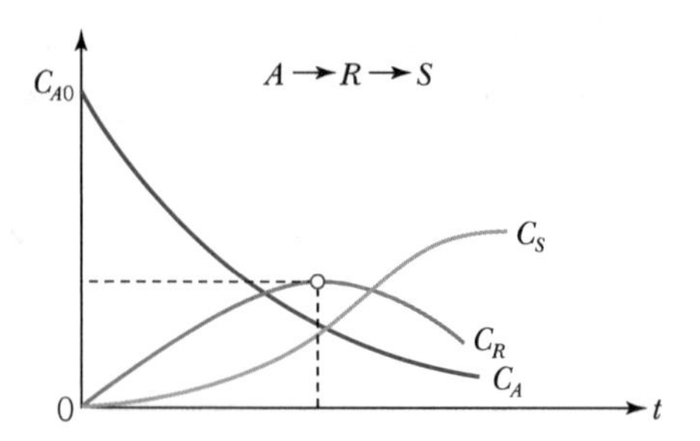

TIP

- 자동촉매반응이 진행되려면 생성물 R이 존재하여야 한다.
- 극소량 농도의 R에 의해 반응이 시작 → R이 생성됨에 따라 반응속도는 증가한다. → A가 다 소모되면 반응속도는 0이 된다.(정지)

8) 자동촉매반응

반응 생성물 중의 하나가 촉매로 작용하는 반응

예 효소반응

$$A+R \rightarrow R+R$$

$$-r_A = -\frac{dC_A}{dt} = kC_AC_R$$

A가 모두 소모되어도 $A+R$의 총몰수는 변하지 않으므로

$$C_0 = C_A + C_R = C_{A0} + C_{R0} = (\text{상수})$$

$$C_R = C_0 - C_A$$

$$\therefore \text{반응속도 } -r_A = kC_A(C_0 - C_A)$$

$$-\frac{dC_A}{dt} = kC_A(C_0 - C_A)$$

$$\frac{dC_A}{C_A(C_0 - C_A)} = -kdt$$

$$\int_{C_{A0}}^{C_A} \frac{1}{C_0}\left(\frac{1}{C_A} + \frac{1}{C_0 - C_A}\right)dC_A = -k\int_0^t dt$$

$$\frac{1}{C_0}\left[\ln\frac{C_A}{C_{A0}} - \ln\frac{C_0 - C_A}{C_0 - C_{A0}}\right] = -kt$$

$$\ln\frac{C_A/C_{A0}}{C_R/C_{R0}} = -kC_0t = -k(C_{A0} + C_{R0})t$$

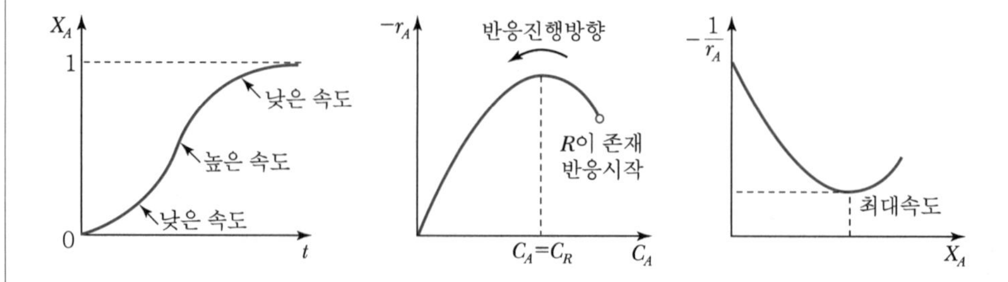

9) 1차 가역반응

$$A \underset{k_2}{\overset{k_1}{\rightleftarrows}} R$$

$K_e = K =$ 평형상수이고, 반응속도식은 다음과 같다.

$$-r_A = -\frac{dC_A}{dt} = k_1 C_A - k_2 C_R = k_1\left(C_A - \frac{C_R}{k_1/k_2}\right) = k_1\left(C_A - \frac{C_R}{K_e}\right) = 0$$

평형에서 $\frac{dC_A}{dt} = 0$이므로

$$K_e = \frac{k_1}{k_2} = \frac{C_{Re}}{C_{Ae}} = \frac{C_{R0} - C_{R0}X_{Ae}}{C_{A0} - C_{A0}X_{Ae}} = \frac{C_{R0} + C_{A0}X_{Ae}}{C_{A0}(1 - X_{Ae})}$$

$$C_{R0}X_{Ae} = -C_{A0}X_{Ae}$$

$M = \frac{C_{R0}}{C_{A0}}$라 하자.

$$K_e = \frac{C_{A0}(M + X_{Ae})}{C_{A0}(1 - X_{Ae})} = \frac{M + X_{Ae}}{1 - X_{Ae}}$$

순수한 A, 즉 $C_{R0} = 0$인 경우 $K_e = \frac{X_{Ae}}{1 - X_{Ae}}$

$-r_A = C_{A0}\frac{dX_A}{dt} = k_1 C_{A0}\frac{(M+1)}{M + X_{Ae}}(X_{Ae} - X_A)$을 적분하면

$$\therefore -\ln\left(1 - \frac{X_A}{X_{Ae}}\right) = -\ln\frac{C_A - C_{Ae}}{C_{A0} - C_{Ae}} = \frac{M+1}{M + X_{Ae}}k_1 t$$

TIP

$C_{R0} = 0$일 때

$M = 0$

$K_e = \frac{k_1}{k_2} = \frac{X_{Ae}}{1 - X_{Ae}}$

$\therefore X_{Ae} = \frac{k_1}{k_1 + k_2}$

$\frac{C_A - C_{Ae}}{C_{A0} - C_{Ae}} = e^{-\frac{k_1 t}{X_{Ae}}} = e^{-(k_1 + k_2)t}$

3. 변용 회분식 반응기

$$V = V_0(1 + \varepsilon_A X_A)$$

여기서, V_0 : 초기 반응기의 부피

V : 시간 t에서 반응기의 부피

ε_A : 부피변화율(확장인자)

$$\varepsilon_A = \frac{V_{(X_A = 1)} - V_{(X_A = 0)}}{V_{(X_A = 0)}}$$

TIP

변용 회분식 반응기

$C_A = \frac{C_{A0}(1 - X_A)}{V_0(1 + \varepsilon_A X_A)}$

$V = V_0(1 + \varepsilon_A X_A)$

TIP

$aA + bB \rightarrow cC + dD$

$\delta = \frac{c + d - a - b}{a}$

$$\varepsilon_A = y_{A0}\delta$$

여기서, $\delta = \dfrac{\text{생성물의 몰수} - \text{반응물의 몰수}}{\text{반응물 } A\text{의 몰수}}$

Reference

등온기상반응

$A \rightarrow 4R$

(1) 순수한 반응물 A만으로 시작하면 $\varepsilon_A = \dfrac{4-1}{1} = 3$이 된다.

그러나 처음에 50% 불활성 물질이 존재한다면

A : 불활성 물질 = 50% : 50% = 1 : 1(몰비)로 존재하므로

$\varepsilon_A = \dfrac{5-2}{2} = 1.5$

(2) $\varepsilon_A = y_{A0}\delta$

순수한 반응물 A만으로 시작하면 $y_{A0} = 1$이 된다.

$\varepsilon_A = 1 \times \dfrac{4-1}{1} = 3$

불활성 물질이 50% 존재한다면, $y_{A0} = 0.5$이므로

$\varepsilon_A = 0.5 \times \dfrac{4-1}{1} = 1.5$

1) n차 반응

$$-r_A = -\frac{1}{V}\frac{dN_A}{dt} = kC_A^{\,n}$$

$$= \frac{1}{V_0(1+\varepsilon_A X_A)}\frac{N_{A0}dX_A}{dt}$$

$$= \frac{C_{A0}}{1+\varepsilon_A X_A}\frac{dX_A}{dt}$$

$$= \frac{kC_{A0}^{\,n}(1-X_A)^n}{(1+\varepsilon_A X_A)^n}$$

$$\int_0^{X_A}\frac{(1+\varepsilon_A X_A)^{n-1}}{(1-X_A)^n}dX_A = C_{A0}^{\,n-1}kt$$

Exercise 01

어떤 액상반응 $A \rightarrow R$이 1차 비가역으로 회분식 반응기에서 일어나 A의 50%가 전환되는 데 5분이 걸린다. 75%가 전환되는 데에는 약 몇 분이 걸리겠는가?

풀이

$A \rightarrow R,\ \varepsilon_A = 0$

$-\ln(1-X_A) = kt$

$-\ln(1-0.5) = k \times 5\text{min}$

$\therefore\ k = 0.139\,\text{min}^{-1}$

$-\ln(1-0.75) = 0.139 \times t$

$\therefore\ t = 9.97 \fallingdotseq 10\,\text{min}$

Exercise 02

A가 분해되는 정용 회분식 반응기에서 $C_{A0} = 2\text{mol/L}$이고, 8분 후 A의 농도 C_A를 측정한 결과 1mol/L이었다. 속도상수 $k(\text{min}^{-1})$를 구하여라.(단, 속도식 $-r_A = \dfrac{kC_A}{1+C_A}$)

풀이

$$-r_A = -\frac{dC_A}{dt} = \frac{kC_A}{1+C_A}$$

$$-\int_{C_{A0}}^{C_A} \frac{1+C_A}{C_A} dC_A = \int_0^t k dt$$

$$-\int_{C_{A0}}^{C_A} \left(\frac{1}{C_A} + 1\right) dC_A = kt$$

$$\ln\frac{C_A}{C_{A0}} + C_A - C_{A0} = -kt$$

$$\ln\frac{1}{2} + 1 - 2 = -k \times 8\,\text{min}$$

$$\therefore\ k = 0.21\,\text{min}^{-1}$$

Exercise **03**

다음 연속반응에서 A와 R의 반응속도가 $-r_A = k_1 C_A$, $r_R = k_1 C_A - k_2$일 때 회분식 반응기에서 C_R / C_{A0}를 구하시오.(단, 반응은 순수한 A만으로 시작한다.)

$$A \rightarrow R \rightarrow S$$

풀이

$$A \xrightarrow{k_1} R \xrightarrow{k_2} S$$

$$-r_A = -\frac{dC_A}{dt} = k_1 C_A$$

$$-\ln\frac{C_A}{C_{A0}} = k_1 t$$

$$\therefore\ C_A = C_{A0} e^{-k_1 t}$$

$$r_R = \frac{dC_R}{dt} = k_1 C_A - k_2$$

$$\frac{dC_R}{dt} = k_1 C_{A0} e^{-k_1 t} - k_2$$

적분하면 $C_R = \int_0^t (k_1 C_{A0} e^{-k_1 t} - k_2) dt = -\frac{k_1}{k_1} C_{A0} e^{-k_1 t} \Big|_0^t - k_2 t \Big|_0^t = -C_{A0} e^{-k_1 t} + C_{A0} - k_2 t$

$$\therefore\ \frac{C_R}{C_{A0}} = -e^{-k_1 t} + 1 - \frac{k_2 t}{C_{A0}} = 1 - e^{-k_1 t} - \frac{k_2 t}{C_{A0}}$$

Exercise **04**

$A \xrightarrow{k_1} R$ 및 $A \xrightarrow{k_2} 2S$인 두 반응이 동시에 등온회분 반응기에서 진행된다. 50분 후 A의 90%가 분해되어 생성물비는 9.1mol R/1mol S이다. 반응차수는 각각 1차일 때, 반응 초기 속도상수 k_2는 몇 min^{-1}인가?

풀이

$$-\ln\frac{C_A}{C_{A0}} = (k_1 + k_2)t$$

$$-\ln(1 - X_A) = (k_1 + k_2)t$$

$$k_1 + k_2 = \frac{-\ln(1-0.9)}{50\text{min}} = 0.04605$$

1mol S당 9.1mol R이 생성되므로 2mol S당 18.2mol R이 생성된다.

$$k_1 = 18.2 k_2$$

$$k_1 + k_2 = 0.04605$$

$$\therefore\ k_2 = 2.4 \times 10^{-3} \text{min}^{-1}$$

Exercise **05**

체적이 일정한 회분식 반응기에서 다음과 같은 1차 가역반응이 초기 농도가 0.1mol/L인 순수 A로부터 출발하여 진행된다. 평형에 도달했을 때 A의 분해율이 85%이면 이 반응의 평형상수 K_c는 얼마인가?

$$A \underset{k_1}{\overset{k_2}{\rightleftarrows}} R$$

풀이

$$K_c = \frac{k_2}{k_1} = \frac{C_{R0} + C_{A0}X_{Ae}}{C_{A0}(1 - X_{Ae})}$$

순수한 A인 경우 $C_{R0} = 0$이므로

$$K_c = \frac{X_{Ae}}{1 - X_{Ae}} = \frac{0.85}{1 - 0.85} = 5.67$$

PART 1 PART 2 PART 3 PART 4 PART 5 PART 6 PART 7 PART 8

단일이상반응기

이상반응기
- 회분식 반응기(Batch Reactor)
- 연속흐름반응기(PFR, 관형 반응기)
- 연속교반반응기(CSTR, 혼합흐름반응기, MFR)

회분식 반응기의 특징
- 반응물을 처음에 용기에 채우고 잘 혼합한 후 일정시간 동안 반응시킨다. 이 결과로 생긴 혼합물은 방출시킨다.
- 시간에 따라서 조성이 변하는 비정상상태이다.
- 회분식 반응기에서는 반응이 진행하는 동안 반응물, 생성물의 유입과 유출이 없다.
  $F_{A0} = F_A = 0$
- 반응기 내에서 반응 혼합물이 완전혼합이면 반응속도 변화가 없다.
  $-r_A = \text{Const}$
- 높은 전화율을 얻을 수 있다.
- 소규모 조업, 새로운 공정의 시험, 연속조작이 용이하지 않은 공정에 이용한다.
- 인건비가 비싸고 매회 품질이 균일하지 못할 수 있으며 대규모 생산이 어렵다.

$\frac{N_A}{V} = C_A$

여기서, N_A : 몰
V : 부피
C_A : 몰농도

$F_{A0} = C_{A0}v_0$

여기서, F_{A0} : A의 초기 몰유속
C_{A0} : A의 초기 몰농도
v_0 : A의 초기 부피유량

1. 회분식 반응기(Batch Reactor)

정용 회분식 반응기($\varepsilon_A = 0$)	변용 회분식 반응기($\varepsilon_A \neq 0$)
$t = C_{A0}\int_0^{X_A}\frac{dX_A}{-r_A} = -\int_{C_{A0}}^{C_A}\frac{dC_A}{-r_A}$	$t = N_{A0}\int_0^{X_A}\frac{dX_A}{(-r_A)V} = C_{A0}\int_0^{X_A}\frac{dX_A}{(-r_A)(1+\varepsilon_A X_A)}$

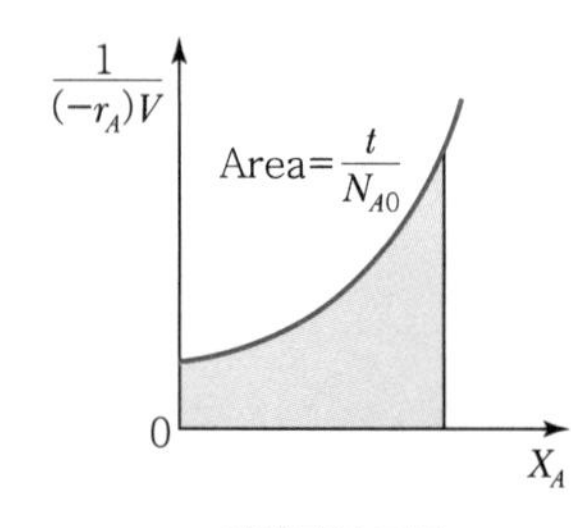

▲ 일반적인 경우

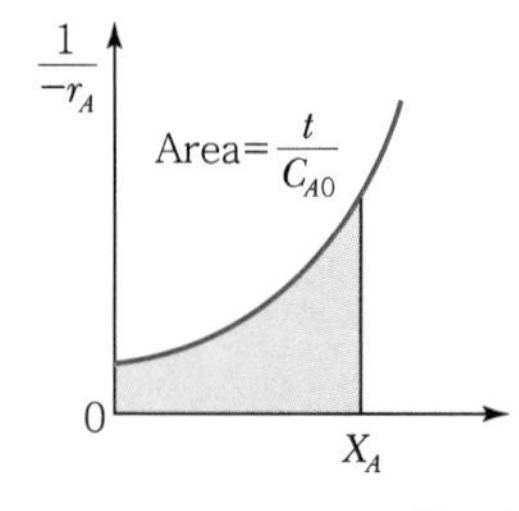

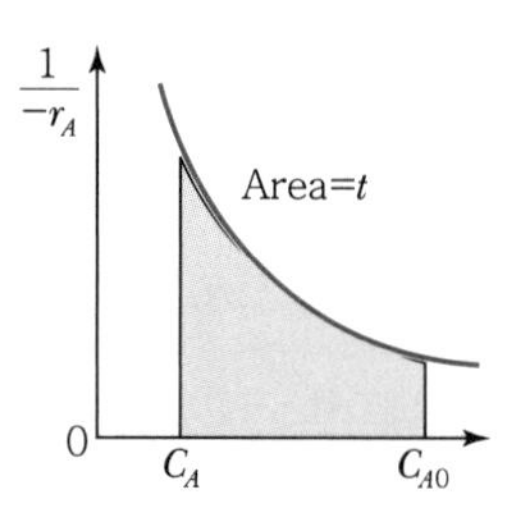

▲ 정용, 정밀도계의 경우

2. 반회분 반응기

1) 특징

① 회분식 반응기와 흐름식 반응기의 중간 형태로서 시간에 따라 조성과 용적이 변한다.

② 한 반응물은 용기에 넣어두고 다른 반응물을 첨가시키면서 반응이 진행되므로 반응속도의 조절이 용이하다.

③ 선택도를 높일 수 있다.(부반응의 최소화)

2) 몰수지

$A + B \rightarrow C$

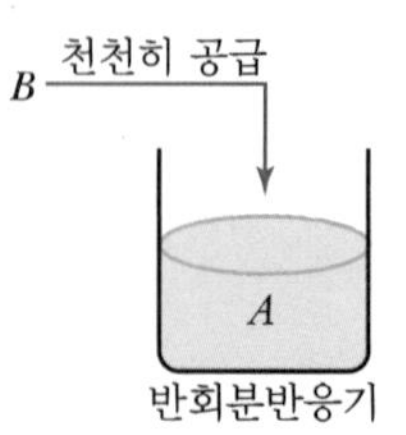

(1) A에 관한 몰수지

유입속도 − 유출속도 + 생성속도 = 축적속도

$$0-0+r_A V=\frac{dN_A}{dt}$$

$$r_A V=\frac{dC_A V}{dt}=V\frac{dC_A}{dt}+C_A\frac{dV}{dt} \quad \cdots\cdots\cdots ⓐ$$

입량 − 출량 + 생성량 = 축적량

$$\rho_0 v_0-0+0=\frac{d(\rho V)}{dt}$$

$$\rho_0=\rho$$

$$\frac{dV}{dt}=v_0$$

$$\therefore\ V=V_0+v_0 t$$

ⓐ식을 정리하면 $r_A V=V\dfrac{dC_A}{dt}+C_A v_0$

$$r_A=\frac{dC_A}{dt}+C_A\frac{v_0}{V}$$

(2) B에 관한 몰수지

F_{B0}의 속도로 반응기에 도입

$$F_{B0}-0+r_B V=\frac{dN_B}{dt}$$

$$\frac{dN_B}{dt}=r_B V+F_{B0}$$

$$\frac{dC_B V}{dt}=C_B\frac{dV}{dt}+V\frac{dC_B}{dt}=r_B V+F_{B0}$$

$$\frac{dC_B}{dt}=r_B+\frac{F_{B0}}{V}-\frac{C_B}{V}\cdot\frac{dV}{dt}=r_B+\frac{C_{B0}v_0}{V}-\frac{C_B v_0}{V}$$

$$\frac{dC_B}{dt}=r_B+\frac{v_0(C_{B0}-C_B)}{V}$$

(3) C에 관한 몰수지

$$\frac{dN_C}{dt}=r_C V=-r_A$$

$$\frac{dN_C}{dt} = \frac{d(C_C V)}{dt} = V\frac{dC_C}{dt} + C_C\frac{dV}{dt} = V\frac{dC_C}{dt} + v_0 C_C$$

$$\frac{dC_C}{dt} = r_C - \frac{v_0 C_C}{V}$$

3. 흐름식 반응기

1) 특징

① 일정한 조성을 갖는 반응물을 일정한 유량으로 공급한다.

② 연속적으로 많은 양을 처리할 수 있으며, 반응속도가 큰 경우에 많이 이용한다.

③ 반응기 내의 체류시간(τ)이 동일하다.

④ 반응물 조성이 시간에 따라 변화가 없다. → 정상상태

⑤ 종류

PFR(플러그흐름반응기)	CSTR(혼합흐름반응기, MFR)
• 유지관리가 쉽고, 흐름식 반응기 중 반응기 부피당 전화율이 가장 높다. • 반응기 내 온도조절이 어렵다.	• 내용물이 잘 혼합되어 균일하게 되는 반응기 • 반응기에서 나가는 흐름은 반응기 내의 유체와 동일한 조성을 갖는다. • 강한 교반이 요구될 때 사용한다. • 온도조절이 용이한 편이다. • 흐름식 반응기 중 반응기 부피당 전화율이 가장 낮다.
F_{A0} → V ΔV $V+\Delta V$ → F PFR	F_{A0} → F_A CSTR

2) 공간시간과 공간속도

회분식 반응기에서 반응시간 t가 성능의 측정인 것과 같이 공간시간과 공간속도는 흐름반응기에 대한 성능의 측정이다.

(1) 공간시간(Space Time) : τ

반응기 부피만큼의 공급물 처리에 필요한 시간

$$\tau = \frac{\text{반응기의 부피}}{\text{공급물의 부피유량}} = \frac{V}{v_0} = \frac{C_{A0}V}{F_{A0}} = \frac{1}{S} = [\text{시간}]$$

• 액상(정밀도)
τ(공간시간) $= \bar{t}$ (체류시간)

• 기상(변밀도)
τ(공간시간) $\neq \bar{t}$ (체류시간)

여기서, $v_0 = \dfrac{F_{A0}[\text{mol/h}]}{C_{A0}[\text{mol/m}^3]}$

(2) 공간속도(Space Velocity) : S

단위시간당 처리할 수 있는 공급물의 부피를 반응기 부피로 나눈 값

$$S=\frac{\text{공급물의 부피유량}}{\text{반응기의 부피}}=\frac{1}{\tau}=[\text{시간}]^{-1}$$

3) 혼합흐름반응기(CSTR : Continuous Stirred Tank Reactor)

(1) 물질수지식

입량=출량+반응에 의한 소모량+축적량

$$F_{A0}=F_A+(-r_A)V+\frac{dN_A}{dt}$$

정상상태 $\frac{dN_A}{dt}=0$

$$F_{A0}=F_A+(-r_A)V$$

$$F_{A0}=F_{A0}(1-X_A)+(-r_A)V$$

$$\therefore F_{A0}X_A=(-r_A)V$$

$\varepsilon_A=0$	$\varepsilon_A\neq 0$
$\frac{V}{F_{A0}}=\frac{X_A}{-r_A}=\frac{C_{A0}-C_A}{C_{A0}(-r_A)}=\frac{\tau}{C_{A0}}$	$\frac{V}{F_{A0}}=\frac{X_A}{-r_A}=\frac{\Delta X_A}{-r_A}=\frac{\tau}{C_{A0}}$
$\tau=\frac{V}{v_0}=\frac{C_{A0}V}{F_{A0}}=\frac{C_{A0}X_A}{-r_A}$ $=\frac{C_{A0}-C_A}{-r_A}$	$\tau=\frac{V}{v_0}=\frac{C_{A0}V}{F_{A0}}=\frac{C_{A0}X_A}{-r_A}$

(2) CSTR의 성능식

① CSTR 0차 반응

$$k\tau=C_{A0}-C_A=C_{A0}X_A$$

② CSTR 1차 반응

$\varepsilon_A=0$	$\varepsilon_A\neq 0$
$\tau=\frac{C_{A0}X_A}{-r_A}=\frac{C_{A0}X_A}{kC_{A0}(1-X_A)}$	$\tau=\frac{C_{A0}X_A}{-r_A}=\frac{C_{A0}X_A}{\frac{kC_{A0}(1-X_A)}{1+\varepsilon_A X_A}}$
$\therefore k\tau=\frac{X_A}{1-X_A}$	$\therefore k\tau=\frac{X_A}{1-X_A}(1+\varepsilon_A X_A)$

TIP

CSTR
- 액상반응에 주로 사용한다.
- 정상상태에서 운전되며, 반응기 내부는 완전 혼합된다.
- CSTR 내에서 온도, 농도, 반응속도는 시간, 공간에 따라 변하지 않는다.

체류시간($\bar{t}$)
- CSTR

$$\bar{t}=\frac{\tau}{1+\varepsilon_A X_A}$$

- PFR

$$\bar{t}=C_{A0}\int_0^{X_A}\frac{dX_A}{(-r_A)(1+\varepsilon_A X_A)}$$

- 일반적인 경우

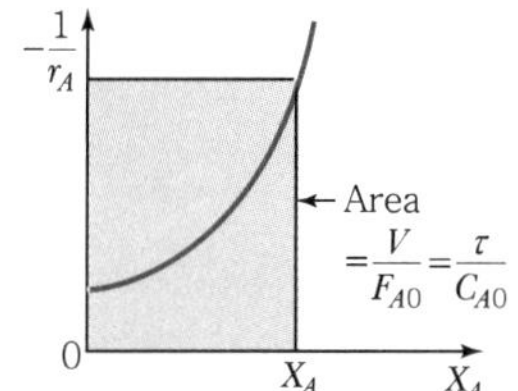

- 정용, 정밀도계의 경우

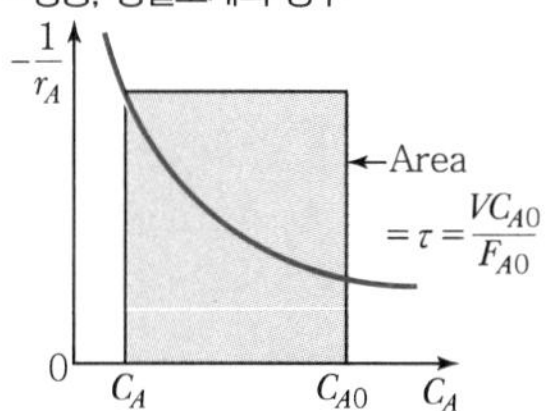

CSTR 1차 가역반응($\varepsilon_A=0$)

$$A \underset{k_2}{\overset{k_1}{\rightleftarrows}} R$$

$$C_{R0}=0$$

$$k_1\tau=\frac{(C_{A0}-C_A)(C_{A0}-C_{Ae})}{C_{A0}(C_A-C_{Ae})}=\frac{X_A X_{Ae}}{X_{Ae}-X_A}$$

③ CSTR 2차 반응

$\varepsilon_A = 0$	$\varepsilon_A \neq 0$
$\tau = \dfrac{C_{A0}X_A}{-r_A} = \dfrac{C_{A0}X_A}{kC_{A0}^2(1-X_A)^2}$	$\tau = \dfrac{C_{A0}X_A}{-r_A} = \dfrac{C_{A0}X_A}{\dfrac{kC_{A0}^2(1-X_A)^2}{(1+\varepsilon_A X_A)^2}}$
$\therefore\ k\tau C_{A0} = \dfrac{X_A}{(1-X_A)^2}$	$\therefore\ k\tau C_{A0} = \dfrac{X_A}{(1-X_A)^2}(1+\varepsilon_A X_A)^2$

④ CSTR n차 반응

$\varepsilon_A = 0$	$\varepsilon_A \neq 0$
$\tau = \dfrac{C_{A0}X_A}{-r_A} = \dfrac{C_{A0}X_A}{kC_{A0}^n(1-X_A)^n}$	$\tau = \dfrac{C_{A0}X_A}{-r_A} = \dfrac{C_{A0}X_A}{\dfrac{kC_{A0}^n(1-X_A)^n}{(1+\varepsilon_A X_A)^n}}$
$\therefore\ k\tau C_{A0}^{n-1} = \dfrac{X_A}{(1-X_A)^n}$	$\therefore\ k\tau C_{A0}^{n-1} = \dfrac{X_A}{(1-X_A)^n}(1+\varepsilon_A X_A)^n$

Reference

담쾰러수

Damköhler수 = Da(무차원수)

Da를 이용하면 연속흐름반응기에서 달성할 수 있는 전화율의 정도를 쉽게 추산할 수 있다.

$$Da = \frac{-r_{A0}V}{F_{A0}} = \frac{\text{입구에서 반응속도}}{A\text{의 유입유량}} = \frac{\text{반응속도}}{\text{대류속도}}$$

- 1차 비가역 반응

$$Da = \frac{-r_{A0}V}{F_{A0}} = \frac{k_1 C_{A0} V}{v_0 C_{A0}} = \tau k_1$$

- 2차 비가역 반응

$$Da = \frac{-r_{A0}V}{F_{A0}} = \frac{k_2 C_{A0}^2 V}{v_0 C_{A0}} = \tau k_2 C_{A0}$$

결과적으로 Da가 0.1 이하이면 전화율은 10% 이하가 되고, Da가 10 이상이면 전화율은 90% 이상이 된다.

$\therefore\ Da \le 0.1$이면 $X \le 0.1$

$Da \ge 10$이면 $X \ge 0.9$

예 CSTR 1차 액상반응인 경우 $k\tau = \dfrac{X_A}{1-X_A}$

즉 $Da = k\tau$이므로 $Da = \dfrac{X_A}{1-X_A}$가 되고

X_A에 관해 정리하면, $X_A = \dfrac{Da}{1+Da}$가 된다.

4) 연속흐름반응기(PFR : Plug Flow Reactor)

(1) 물질수지식

Input = Output + Consumption + Accumulation

(입량 = 출량 + 소모량 + 축적량)

축적량 = 0

C_{A0}, F_{A0}, $X_{A0} = 0$, v_0 → F_A, X_A | dV | $F_A + dF_A$, $X_A + dX_A$ → C_{Af}, F_{Af}, X_{Af}, v_f

$$F_A = (F_A + dF_A) + (-r_A)dV$$

$dF_A = d[F_{A0}(1 - X_A)] = -F_{A0}dX_A$ 가 된다.

$$\therefore F_{A0}dX_A = (-r_A)dV$$

$$\int_0^V \frac{dV}{F_{A0}} = \int_0^{X_{Af}} \frac{dX_A}{(-r_A)}$$

① $\varepsilon_A = 0$인 경우

$$\frac{V}{F_{A0}} = \frac{\tau}{C_{A0}} = \int_0^{X_{Af}} \frac{dX_A}{-r_A} = -\frac{1}{C_{A0}} \int_{C_{A0}}^{C_{Af}} \frac{dC_A}{-r_A}$$

$$\tau = \frac{V}{v_0} = C_{A0} \int_0^{X_{Af}} \frac{dX_A}{-r_A} = -\int_{C_{A0}}^{C_{Af}} \frac{dC_A}{-r_A}$$

② $\varepsilon_A \neq 0$인 경우

$$\frac{V}{F_{A0}} = \frac{\tau}{C_{A0}} = \int_0^{X_{Af}} \frac{dX_A}{-r_A}$$

$$\tau = \frac{V}{v_0} = \frac{VC_{A0}}{F_{A0}} = C_{A0} \int_0^{X_{Af}} \frac{dX_A}{-r_A}$$

• 일반적인 경우

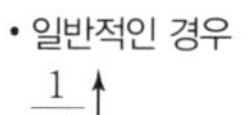

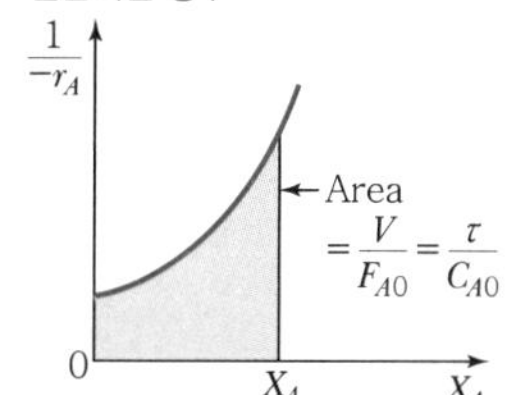

• 정용, 정밀도계의 경우

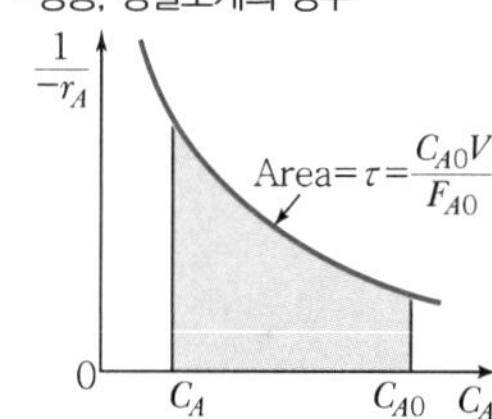

(2) PFR의 성능식

① $\varepsilon_A=0$인 경우

㉠ 비가역 0차 반응

$$\tau=-\int_{C_{A0}}^{C_A}\frac{dC_A}{-r_A}=C_{A0}\int_0^{X_A}\frac{dX_A}{-r_A}$$

$$\therefore k\tau=C_{A0}-C_A=C_{A0}X_A$$

㉡ 비가역 1차 반응

$$-r_A=kC_A=kC_{A0}(1-X_A)$$

$$\tau=C_{A0}\int_0^{X_A}\frac{dX_A}{-r_A}$$

$$=C_{A0}\int_0^{X_A}\frac{dX_A}{kC_{A0}(1-X_A)}$$

$$\therefore k\tau=-\ln(1-X_A)$$

㉢ 비가역 2차 반응

$$-r_A=kC_A^2=kC_{A0}^2(1-X_A)^2$$

$$\tau=C_{A0}\int_0^{X_A}\frac{dX_A}{-r_A}$$

$$=C_{A0}\int_0^{X_A}\frac{dX_A}{kC_{A0}^2(1-X_A)^2}$$

$$\therefore k\tau C_{A0}=\frac{X_A}{1-X_A}$$

㉣ 비가역 n차 반응

$$-r_A=kC_A^n=kC_{A0}^n(1-X_A)^n$$

ⓐ $\tau=C_{A0}\int_0^{X_A}\frac{dX_A}{-r_A}$

$$=C_{A0}\int_0^{X_A}\frac{dX_A}{kC_{A0}^n(1-X_A)^n}$$

$$\therefore k\tau C_{A0}^{n-1}=\int_0^{X_A}\frac{dX_A}{(1-X_A)^n}$$

TIP

PFR 1차 가역반응($\varepsilon_A=0$)

$$A\underset{k_2}{\overset{k_1}{\rightleftarrows}}R$$

$$C_{R0}=0$$

$$k_1\tau=\left(1-\frac{C_{Ae}}{C_{A0}}\right)\ln\left(\frac{C_{A0}-C_{Ae}}{C_A-C_{Ae}}\right)$$

$$=X_{Ae}\ln\left(\frac{X_{Ae}}{X_{Ae}-X_A}\right)$$

ⓑ $\tau = -\int_{C_{A0}}^{C_A} \frac{dC_A}{-r_A}$

$$= -\int_{C_{A0}}^{C_A} \frac{dC_A}{kC_A^n} = \frac{1}{k}\frac{C_A^{1-n}}{(n-1)}\Bigg|_{C_{A0}}^{C_A}$$

$$= \frac{1}{k(n-1)}\left(C_A^{1-n} - C_{A0}^{1-n}\right)$$

$$\therefore \tau = \frac{C_{A0}^{1-n}}{k(n-1)}\left[\left(\frac{C_A}{C_{A0}}\right)^{1-n} - 1\right]$$

② $\varepsilon_A \neq 0$인 경우

$$\tau = C_{A0}\int_0^{X_A} \frac{dX_A}{-r_A}$$

㉠ 비가역 1차 반응

$$-r_A = kC_A = \frac{kC_{A0}(1-X_A)}{1+\varepsilon_A X_A}$$

$$\tau = C_{A0}\int_0^{X_A} \frac{dX_A}{\frac{kC_{A0}(1-X_A)}{(1+\varepsilon_A X_A)}} = \frac{1}{k}\int_0^{X_A} \frac{1+\varepsilon_A X_A}{1-X_A} dX_A$$

$$= \frac{1}{k}\int_0^{X_A}\left(\frac{1}{1-X_A} + \frac{\varepsilon_A X_A}{1-X_A}\right)dX_A$$

$$= \frac{1}{k}\left\{\int_0^{X_A} \frac{1}{1-X_A}dX_A + \varepsilon_A\int_0^{X_A} \frac{X_A}{1-X_A}dX_A\right\}$$

$$= \frac{1}{k}\left\{\left[-\ln(1-X_A)\right]_0^{X_A} + \varepsilon_A\left[(1-X_A) - 1 - \ln(1-X_A)\right]_0^{X_A}\right\}$$

$$= \frac{1}{k}\{-\ln(1-X_A) - \varepsilon_A \ln(1-X_A) - \varepsilon_A X_A\}$$

$$= \frac{1}{k}\left\{(1+\varepsilon_A)\ln\frac{1}{1-X_A} - \varepsilon_A X_A\right\}$$

$$\therefore k\tau = \left[(1+\varepsilon_A)\ln\frac{1}{1-X_A} - \varepsilon_A X_A\right]$$

TIP

치환적분

$1-X_A = t$로 치환

$-dX_A = dt$

$\int_0^{X_A} \frac{X_A}{1-X_A}dX_A$

$= -\int \frac{1-t}{t}dt$

$= -\int (\frac{1}{t} - 1)dt$

$= -\ln t + t$

$= -[\ln(1-X_A) - (1-X_A)]_0^{X_A}$

$= -\ln(1-X_A) + (1-X_A) - 1$

$= -\ln(1-X_A) - X_A$

㉡ 비가역 n차 반응

$$-r_A = kC_A^n = \frac{kC_{A0}^n(1-X_A)^n}{(1+\varepsilon_A X_A)^n}$$

$$\tau = C_{A0}\int_0^{X_A}\frac{dX_A}{-r_A} = C_{A0}\int_0^{X_A}\frac{dX_A}{kC_A^n}$$

$$= C_{A0}\int_0^{X_A}\frac{dX_A}{\dfrac{kC_{A0}^n(1-X_A)^n}{(1+\varepsilon_A X_A)^n}} = \frac{1}{kC_{A0}^{n-1}}\int_0^{X_A}\frac{(1+\varepsilon_A X_A)^n}{(1-X_A)^n}dX_A$$

$$\therefore\ \tau = \frac{1}{kC_{A0}^{n-1}}\int_0^{X_A}\frac{(1+\varepsilon_A X_A)^n}{(1-X_A)^n}dX_A$$

Exercise **01**

순수한 에탄 원료를 분해시켜 연간 2억 kg의 에틸렌을 생산하는 데 필요한 플러그흐름반응기의 부피(m^3)를 구하여라.(단, 압력은 8atm, 온도는 1,200K에서 등온적으로 운전하여 에탄의 전화율을 90%로 얻고자 한다.)

$$C_2H_6 \rightarrow C_2H_4 + H_2 \qquad k_{1,200K} = 4.07s^{-1}$$

풀이 $C_2H_6 \rightarrow C_2H_4 + H_2$

30kg : 28kg

x : 2×10^8kg/y

$\therefore\ x = 2.14\times10^8$kg/y

2.14×10^8 kg	1y	1d	1h	1kmol
y	365d	24h	3,600s	30kg

$= 0.226$kmol/s

$$F_{A0} = \frac{0.226\text{kmol/s}}{0.9} = 0.25\text{kmol/s}$$

$$C_{A0} = \frac{P_{A0}}{RT} = \frac{8\text{atm}}{0.082\text{m}^3\ \text{atm/kmol K}\times1{,}200\text{K}} = 0.0813\text{kmol/m}^3$$

$$\varepsilon_A = y_{A0}\delta = 1\times\frac{2-1}{1} = 1$$

$$\tau = \frac{1}{k}\left[(1+\varepsilon_A)\ln\frac{1}{1-X_A} - \varepsilon_A X_A\right] = \frac{1}{4.07}\left[(1+1)\ln\frac{1}{1-0.9} - 1\times0.9\right] = 0.91\text{s}$$

$$\tau = \frac{C_{A0}V}{F_{A0}}$$

$$0.91\text{s} = \frac{0.0813\text{kmol/m}^3\times V}{0.25\text{kmol/s}}$$

$\therefore\ V = 2.8\text{m}^3$

Exercise **02**

혼합흐름반응기에서 반응속도식이 $-r_A = kC_A{}^2$인 반응에 대해 50% 전화율을 얻었다. 모든 조건을 동일하게 하고 반응기의 부피만 5배로 했을 경우 전화율을 구하시오.

풀이

CSTR 2차이므로 $k\tau C_{A0} = \dfrac{X_A}{(1-X_A)^2}$

$\dfrac{0.5}{(1-0.5)^2} = 2$이므로 $k\tau C_{A0} = 2$가 된다.

반응기 부피 = 5배 → 공간시간 = 5τ

$5k\tau C_{A0} = \dfrac{X_A}{(1-X_A)^2} = 10$ $\qquad 10X_A^2 - 21X_A + 10 = 0$

$X_A = \dfrac{21 \pm \sqrt{21^2 - 4 \cdot 10 \cdot 10}}{20}$ $\qquad \therefore X_A = 0.73$

Exercise **03**

순수한 기체반응물 A가 용적 1L인 혼합반응기에 1L/s로 보내진다. $A \rightarrow 4R$로 등온반응하여 A가 50% 반응했을 때의 체류시간(s)을 구하시오.

풀이

$\tau = \dfrac{V}{v_o} = \dfrac{1\text{L}}{1\text{L/s}} = 1\text{s}$

$\varepsilon_A = y_{Ao}\delta = \dfrac{4-1}{1} = 3$

$1 + \varepsilon_A X_A = 1 + 3 \times 0.5 = 2.5$

$\bar{t} = \dfrac{\tau}{1+\varepsilon_A X_A} = \dfrac{1}{1+3\times 0.5} = \dfrac{1}{2.5} = 0.4$

Exercise **04**

$A \rightarrow R$인 반응이 부피가 0.1L인 플러그흐름반응기에서 $-r_A = 50C_A^2 \text{mol/L min}$으로 일어난다. A의 초기 농도 C_{A0}는 0.1mol/L이고 공급속도가 0.05L/min일 때 전화율을 구하시오.

풀이

$\tau = \dfrac{V}{v_0} = \dfrac{0.1\text{L}}{0.05\text{L/min}} = 2\text{min}$

2차 PFR이므로 $k\tau C_{A0} = \dfrac{X_A}{1-X_A}$

$(50)(2)(0.1) = \dfrac{X_A}{1-X_A}$

$\therefore X_A = 0.91$

Exercise 05

단분자형 1차 비가역반응을 시키기 위하여 관형반응기를 사용하였을 때 공간속도가 2,500/h이었으며 이때 전화율은 30%이었다. 전화율이 90%가 되었을 때 공간속도를 구하시오.

풀이

$S = 2{,}500\text{h}^{-1}$

$\tau = \dfrac{1}{2{,}500} = 4 \times 10^{-4}\text{h}$

$-\ln(1 - X_A) = k\tau$

$-\ln(1 - 0.3) = k \times 4 \times 10^{-4}\text{h}$

$k = 891.7\text{h}^{-1}$

$-\ln(1 - 0.9) = 891.7 \times \tau$

$\tau = 2.58 \times 10^{-3}$

$S = \dfrac{1}{2.58 \times 10^{-3}} = 387\text{h}^{-1}$

Exercise 06

기체반응 $2A \rightarrow R + S$를 1atm, 100℃ 등온하의 회분식 반응기에서 반응시킨 결과, 20%의 Inert Gas를 포함한 반응물 A의 90%를 반응시키는 데 5분이 걸렸다. 동일 조성의 반응물을 1atm, 100℃하에서 운전되는 플러그흐름반응기에 100mol/h로 공급하여 90%의 전화율을 얻고자 할 때 반응기의 체적(L)을 구하여라.

풀이

$2A \rightarrow R + S$

$y_{A0} = 0.8$

$\varepsilon_A = y_{A0}\delta = 0.8 \times \dfrac{2-2}{2} = 0$

$\tau = 5\text{min}\ (X_A = 0.9)$

$\tau = \dfrac{V}{v_0} = \dfrac{C_{A0}V}{F_{A0}}$

$C_{A0} = \dfrac{P_{A0}}{RT} = \dfrac{1 \times 0.8\text{atm}}{0.082\text{L atm/mol K} \times 373\text{K}} = 0.0261\text{mol/L}$

$5\text{min} = \dfrac{0.0261\text{mol/L} \times V}{100\text{mol/h} \times \dfrac{1\text{h}}{60\text{min}}}$

$\therefore\ V = 319.28\text{L}$

5) 충전층을 통한 흐름

다공성 입자가 충전된 층에서의 압력강하를 계산하는 데 사용되는 식

→ 에르군식(Ergun Equation)

$$\frac{dP}{dz} = -\frac{G}{\rho g_c D_P}\left(\frac{1-\phi}{\phi^3}\right)\times\left[\frac{150(1-\phi)\mu}{D_P}+1.75G\right]$$

여기서, P : 압력

ϕ : 세공률 $=\frac{\text{공극의 부피}}{\text{전체 층의 부피}}=$ 공극률

$1-\phi$: $\frac{\text{고체의 부피}}{\text{전체 층의 부피}}$

D_P : 층 내 입자의 직경

μ : 층을 통과하는 기체의 점도

z : 관의 충전층 길이

u : 공탑속도 $=\frac{\text{부피흐름속도}}{\text{관의 단면적}}$

g : 기체밀도

G : 공탑질량속도 $=\rho u$

$$\rho=\rho_0\frac{v_o}{v}=\rho_0\frac{P}{P_0}\left(\frac{T_0}{T}\right)\frac{F_{T0}}{F_T}$$

TIP

$$\beta_0=\frac{G(1-\phi)}{\rho_0 g_c D_P \phi^3}\times\left[\frac{150(1-\phi)\mu}{D_P}+1.75G\right]$$

$$\alpha=\frac{2\beta_0}{A_c\rho_c(1-\phi)P_0}$$

- $\varepsilon=0$인 경우

$$y=\frac{P}{P_0}=(1-\alpha W)^{1/2}$$

- $\varepsilon\neq 0$인 경우

$$y=\frac{P}{P_0}=\left(1-\frac{2\beta_0 Z}{P_0}\right)^{1/2}$$

Exercise 07

직경 $\frac{1}{4}$인치의 촉매입자들이 충전된 길이 60ft인 $1\frac{1}{2}$인치 Sch40관에서 압력강하를 구하여라.(단, 층을 통하여 공기가 104.4 lb/h로 흐르고 있으며, 온도는 260℃로 관 길이에 따라 일정하다. 공극률은 45%이며, 유입압력은 10atm이다. $1\frac{1}{2}$인치 Sch40관은 직경이 0.0208ft, 면적이 0.01414ft^{2}이며, 점도는 0.0673 lb/ft h, 밀도는 0.413 lb/ft^{3}이다.)

풀이

$$\frac{P}{P_0}=\left(1-\frac{2\beta_0 Z}{P_0}\right)^{1/2}$$

$$\beta_0=\frac{G(1-\phi)}{\rho_0 g_c D_P\phi^3}\left[\frac{150(1-\phi)\mu}{D_P}+1.75G\right]$$

$$G=\frac{\dot{m}}{A_c}=\frac{104.4\ \text{lb/h}}{0.01414\ \text{ft}^2}=7{,}383.3\ \text{lb/h ft}^2$$

260℃, 10atm인 공기

$$v_0=\frac{\dot{m}}{\rho_0}=\frac{104.4\ \text{lb/h}}{0.413\ \text{lb/ft}^3}=252.8\ \text{ft}^3/\text{h}=7.16\text{m}^3/\text{h}$$

$$g_c = 32.174\frac{\text{lb ft}}{\text{lb}_\text{f}\ \text{s}^2} \times \frac{3{,}600^2\text{s}^2}{1\text{h}^2} = 4.17\times 10^8\frac{\text{lb ft}}{\text{lb}_\text{f}\ \text{h}^2}$$

$$\beta_0 = \left[\frac{7{,}383.3\ \text{lb/h ft}^2(1-0.45)}{(0.413\ \text{lb/ft}^3)(4.17\times 10^8\text{lb ft/lb}_\text{f}\ \text{h}^2)(0.0208\text{ft})(0.45)^3}\right]$$

$$\times\left[\frac{150(1-0.45)\times 0.0673\ \text{lb/ft h}}{0.0208\text{ft}} + 1.75\times 7{,}383.3\ \text{lb/h ft}^2\right]$$

$$= 164.1\ \text{lb}_\text{f}/\text{ft}^3 \times \frac{1\text{ft}^3}{144\text{in}^2}\times\frac{1\text{atm}}{14.7\text{psi}}$$

$$= 0.0775\ \frac{\text{atm}}{\text{ft}}$$

$$y = \frac{P}{P_0} = \left(1 - \frac{2\beta_0 Z}{P_0}\right)^{1/2}$$

$$= \left(1 - \frac{2\times 0.0775\ \text{atm/ft}\times 60\text{ft}}{10\text{atm}}\right)^{1/2}$$

$$\therefore\ P = 0.265P_0 = 0.265\times 10\text{atm} = 2.65\,\text{atm}$$

$$\Delta P = P_0 - P = 10 - P = 2.65\,\text{atm}$$

$$\therefore\ P = 7.35\,\text{atm}$$

Reference

촉매의 무게(W)

① 압력강하가 있는 충전층 반응기($A+B\rightarrow C$)

$$\frac{dX_A}{dW} = \frac{r_A{}'}{F_{A0}}$$

$$P_A = P_{A0}(1-x)y$$

$$P_B = P_{A0}(\theta_B - x)y$$

$$P_C = P_{A0}\times y$$

$$y = \frac{P}{P_0} = (1-\alpha W)^{1/2}$$

여기서, α : 압력강하 매개변수

② 압력강하가 없는 유동층 CSTR

촉매의 무게 $W = \dfrac{F_{A0} - F_A}{-r_A{}'} = \dfrac{F_{A0}X}{-r_A{}'}$

반응기 부피 $V = \dfrac{W}{\rho_b}$

여기서, ρ_b : 촉매의 벌크밀도

CHAPTER 04

다중반응계

1. PFR

① **직렬연결** : 직렬로 연결된 N개의 PFR(total volume = V)은 부피가 V인 한 개의 PFR과 같다.

② **병렬연결**

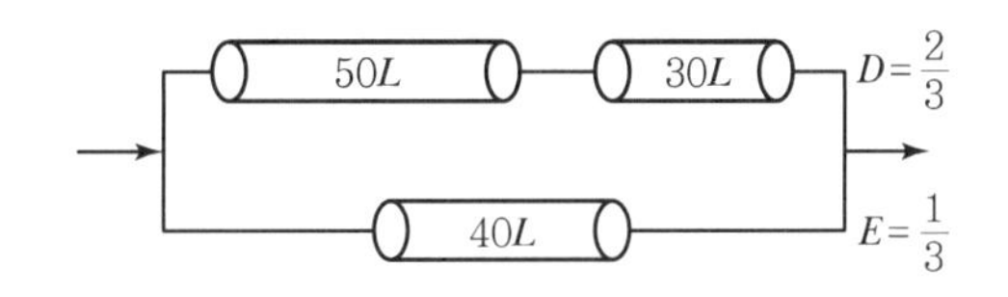

$$\frac{F_D}{F_E} = \frac{V_D}{V_E} = \frac{80L}{40L} = \frac{2}{1}$$

2. CSTR

- $n > 0$인 비가역 n차 반응과 같이 반응물의 농도가 증가함에 따라 반응속도가 증가하는 반응에 대해서는 플러그흐름반응기가 혼합흐름반응기보다 더 효과적이다.
- CSTR을 직렬로 연결하면 PFR과 같아진다.

1) 직렬로 연결된 혼합흐름반응기

① 1차 반응

$$\frac{C_{i-1}}{C_i} = 1 + k\tau_i$$

$$\frac{C_o}{C_N} = \frac{1}{1 - X_N} = (1 + k\tau_i)^N$$

$$\tau_N = N\tau_i = \frac{N}{k}\left[\left(\frac{C_o}{C_N}\right)^{1/N} - 1\right]$$

$N \rightarrow \infty$ 인 극한에 대해서는 플러그 흐름에 대한 식으로 변한다.

$$\tau_p = \frac{1}{k}\ln\frac{C_o}{C}$$

Reference

직렬로 연결된 두 개의 CSTR의 크기는 일반적으로 반응속도론과 전화율에 의해 결정된다.

- 1차 반응 : 동일한 크기의 반응기가 최적
- $n > 1$반응 : 작은 반응기 → 큰 반응기
- $n < 1$반응 : 큰 반응기 → 작은 반응기

2) 직렬로 연결된 다른 유형의 반응기

TIP

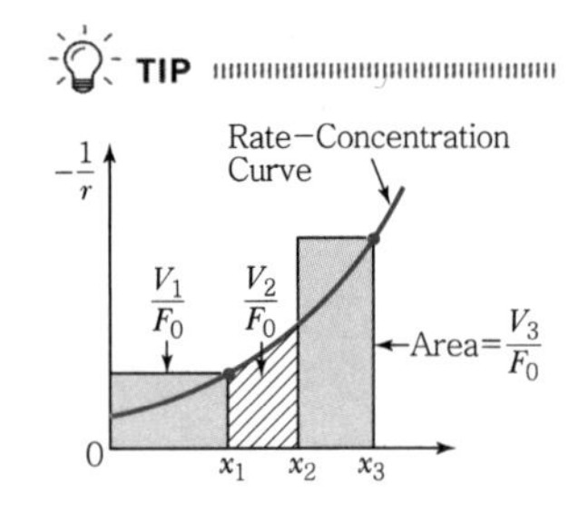

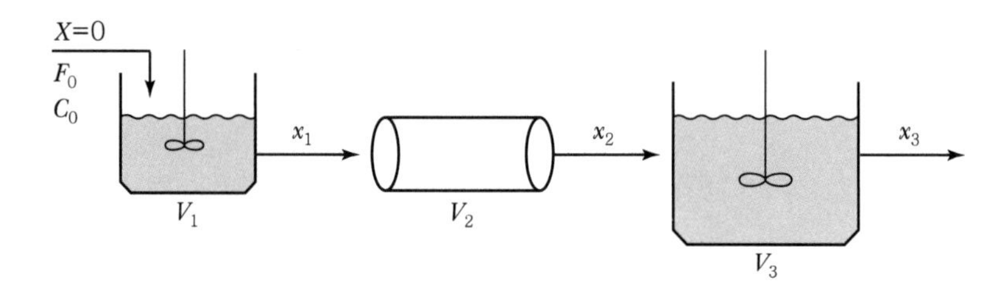

$$\frac{V_1}{F_0} = \frac{X_1 - X_0}{(-r)_1}, \quad \frac{V_2}{F_0} = \int_{X_1}^{X_2} \frac{dX}{(-r)_2}, \quad \frac{V_3}{F_0} = \frac{X_3 - X_2}{(-r)_3}$$

Reference

이상반응기 세트의 최적 배열

- 반응속도−농도곡선이 단조증가하는 반응($n > 0$인 n차 반응)에 대해서는 반응기들을 직렬로 연결해야 한다.
- 반응속도−농도곡선이 오목($n > 1$)하면 반응물의 농도를 가능한 한 크게, 볼록($n < 1$)하면 가능한 한 작게 배열한다.

> $n > 1$: PFR → 작은 CSTR → 큰 CSTR 순서로 배열
> $n < 1$: 큰 CSTR → 작은 CSTR → PFR 순서로 배열

3) 순환반응기

TIP

순환반응기

- $R \to 0$: PFR
- $R \to \infty$: CSTR

PFR(플러그흐름반응기)로부터 생성물 흐름을 분리하여 그중 일부를 반응기 입구로 순환시키는 것이 유리할 때가 있다.

$$\text{순환비 } R = \frac{\text{반응기 입구로 되돌아 가는 유체의 부피(환류량)}}{\text{계를 떠나는 부피}}$$

순환비는 0에서 무한대까지 변화시킬 수 있으며 순환비를 증가시키면 플러그흐름($R = 0$)에서 혼합흐름($R = \infty$)으로 변화한다.

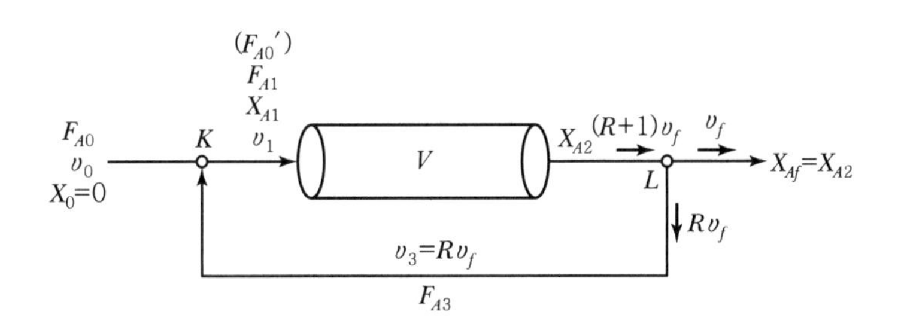

① 일반적인 경우

$$\frac{V}{F_{A0}}=(R+1)\int_{X_{Ai}}^{X_{Af}}\frac{dX_A}{-r_A}$$

$$X_{Ai}=\frac{R}{R+1}X_{Af}$$

② $\varepsilon=0$인 경우

$$\tau=\frac{C_{A0}V}{F_{A0}}=-(R+1)\int_{C_{Ai}}^{C_{Af}}\frac{dC_A}{-r_A}$$

$$C_{Ai}=\frac{C_{A0}+RC_{Af}}{R+1}$$

4) 자동촉매반응

① PFR과 CSTR에서의 반응기 부피 비교

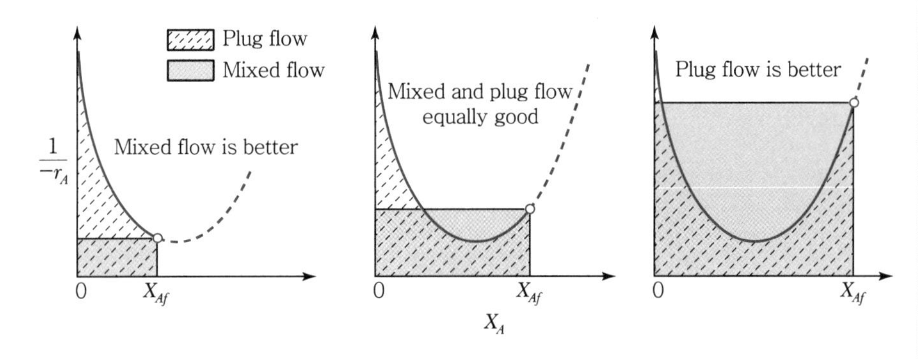

㉠ 전화율이 낮을 때는 CSTR이 더 우수하다.

㉡ 전화율이 높을 때는 PFR이 더 우수하다.

㉢ 자동촉매반응은 전화율에 따라 반응기를 선택한다.

X_A가 낮을 때	X_A가 중간일 때	X_A가 높을 때
CSTR(MFR) 선택	PFR, CSTR 선택	PFR 선택
$V_c < V_p$	$V_c \simeq V_p$	$V_c > V_p$

② 위와 같은 사실은 PFR이 항상 CSTR보다 효과적인 보통의 n차 반응($n>0$)과는 다르다. PFR을 순수한 반응물의 공급물로는 운전할 수 없으며, 이 경우 반응물의 공급물에 계속 생성물을 첨가시켜야 하므로 순환반응기를 사용하는 것이 이상적이다.

Exercise **01**

일정한 온도로 조작되고 있는 순환비가 3인 순환플러그흐름반응기에서 1차 액상반응 $A \rightarrow R$이 40%까지 전환되었다. 반응계의 순환류를 폐쇄시켰을 경우 전화율을 구하여라.(단, 다른 조건은 그대로 유지한다.)

풀이

$-r_A = kC_A = kC_{A0}(1-X_A)$

$R=3,\ X_A=0.4$

$X_{Ai} = \dfrac{R}{R+1}X_{Af} = \dfrac{3}{3+1}\times 0.4 = 0.3$

순환류 폐쇄 $R\rightarrow 0$이므로 PFR에 접근

$$\frac{\tau_p}{C_{A0}} = \frac{V_p}{F_{A0}} = (R+1)\int_{X_{Ai}}^{X_{Af}} \frac{dX}{-r_A}$$

$$= 4\int_{X_{Ai}}^{X_{Af}} \frac{dX_A}{kC_{A0}(1-X_A)}$$

$$= \frac{4}{kC_{A0}}\left[-\ln\frac{1-X_{Af}}{1-X_{Ai}}\right] = \frac{4}{kC_{A0}}\left(-\ln\frac{0.6}{0.7}\right)$$

$k\tau = 4\left(-\ln\dfrac{0.6}{0.7}\right) = 0.617$

1차 PFR

$-\ln(1-X_A) = k\tau = 0.617$

$\therefore\ X_A = 0.46$

CHAPTER 05 반응기와 반응운전 효율화

[01] 복합반응

1. 평행반응

1)

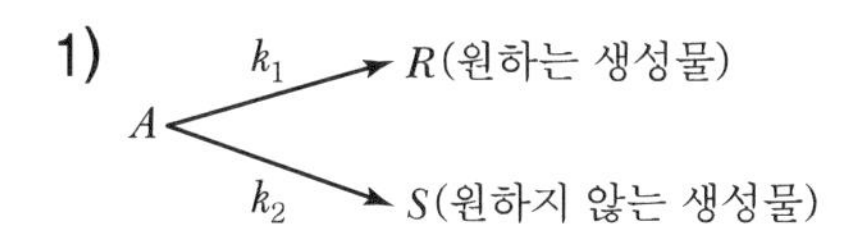

반응속도식은 다음과 같다.

$$r_R = \frac{dC_R}{dt} = k_1 C_A^{a_1}$$

$$r_S = \frac{dC_S}{dt} = k_2 C_A^{a_2}$$

R과 S의 상대적인 생성속도의 비를 구하고, 그 비를 가능한 한 크게 하고자 한다.

$$\frac{r_R}{r_S} = \frac{dC_R}{dC_S} = \frac{k_1}{k_2} C_A^{a_1 - a_2}$$

$a_1 > a_2$	• 원하는 반응 > 원하지 않는 반응 • 선택도 $\frac{R}{S}$의 비를 높이려면 반응물의 농도가 높아져야 한다. R을 생성하기 위해서는 회분반응기나 플러그흐름반응기가 좋다.
$a_1 < a_2$	• 원하는 반응 < 원하지 않는 반응 • 원하는 반응이 원하지 않는 반응보다 반응차수가 낮은 경우 R을 생성하기 위해서는 반응물의 농도가 낮아야 한다. 따라서 큰 혼합흐름반응기를 사용해야 한다.
$a_1 = a_2$	두 반응의 반응차수가 같으므로 $\frac{r_R}{r_S} = \frac{dC_R}{dC_S} = \frac{k_1}{k_2} =$ 상수 그러므로 반응기의 유형에는 무관하며 k_1/k_2에 의해 결정된다.

TIP

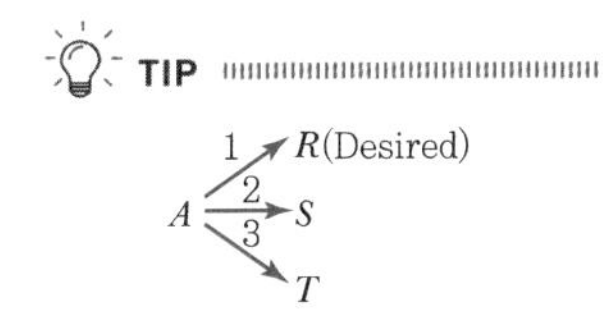

$E_1 > E_2$, $E_1 < E_3$

$k_1 = k_{10} e^{-E_1/RT}$

$E_1 > E_2$이면 고온, $E_1 < E_3$이면 저온을 요구하므로 가장 유리한 생성물 분모를 얻는 온도

$$\frac{1}{T_{opt}} = \frac{R}{E_3 - E_2} \ln\left(\frac{E_3 - E_1}{E_1 - E_2} \frac{k_{30}}{k_{20}}\right)$$

TIP

k_1/k_2를 변화시키는 방법

- 운전 온도를 변화시키는 방법 : 두 반응의 E_a(활성화 에너지)가 서로 다르면 k_1/k_2를 변화시킬 수 있다.
- 촉매를 사용하는 방법

평행반응에 있어서 반응물의 농도는 생성물의 분포를 조절하는 열쇠이다. 반응물의 농도가 높으면 고차의 반응에 유리하고, 반응물의 농도가 낮으면 저차의 반응에 유리하다. 반면 같은 차수의 반응인 경우 반응물의 농도가 생성물의 농도에 아무런 영향을 미치지 못한다.

(1) 농도 조절

C_A를 높게 유지하는 방법	C_A를 낮게 유지하는 방법
• 회분식 반응기, 플러그흐름반응기(PFR) 사용 • X_A(전화율)을 낮게 유지 • 공급물에서 불활성 물질을 제거 • 기상계에서 압력을 증가	• CSTR(혼합흐름반응기) 사용 • X_A(전화율)을 높게 유지 • 공급물에서 불활성 물질 증가 • 기상계에서 압력 감소

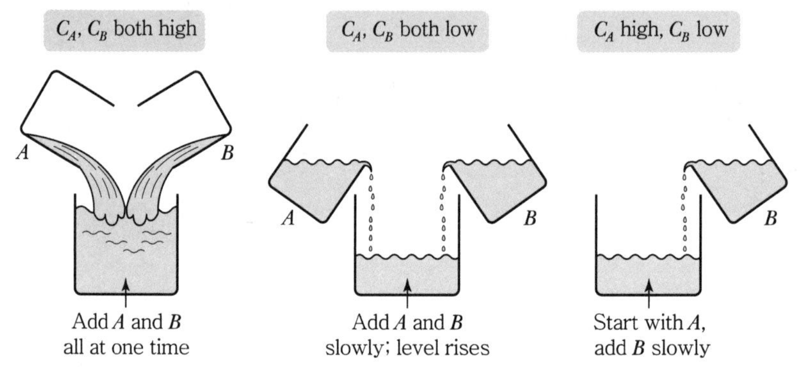

▲ 불연속 운전에서 반응물의 농도를 조절하는 방법

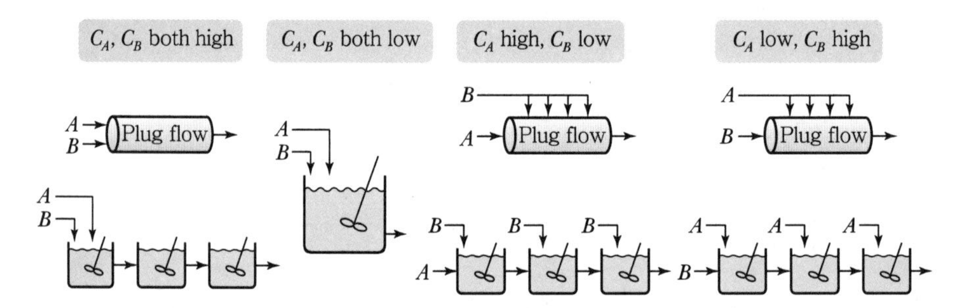

▲ 연속흐름 운전에서 반응물의 농도를 조절하는 방법

2)

$$A+B \xrightarrow{k_1} R, \quad A+B \xrightarrow{k_2} S$$

$$S=\frac{r_R}{r_S}=\frac{dC_R}{dC_S}=\frac{k_1 C_A^{a_1} C_B^{b_1}}{k_2 C_A^{a_2} C_B^{b_2}}=\frac{k_1}{k_2} C_A^{a_1-a_2} C_B^{b_1-b_2}$$

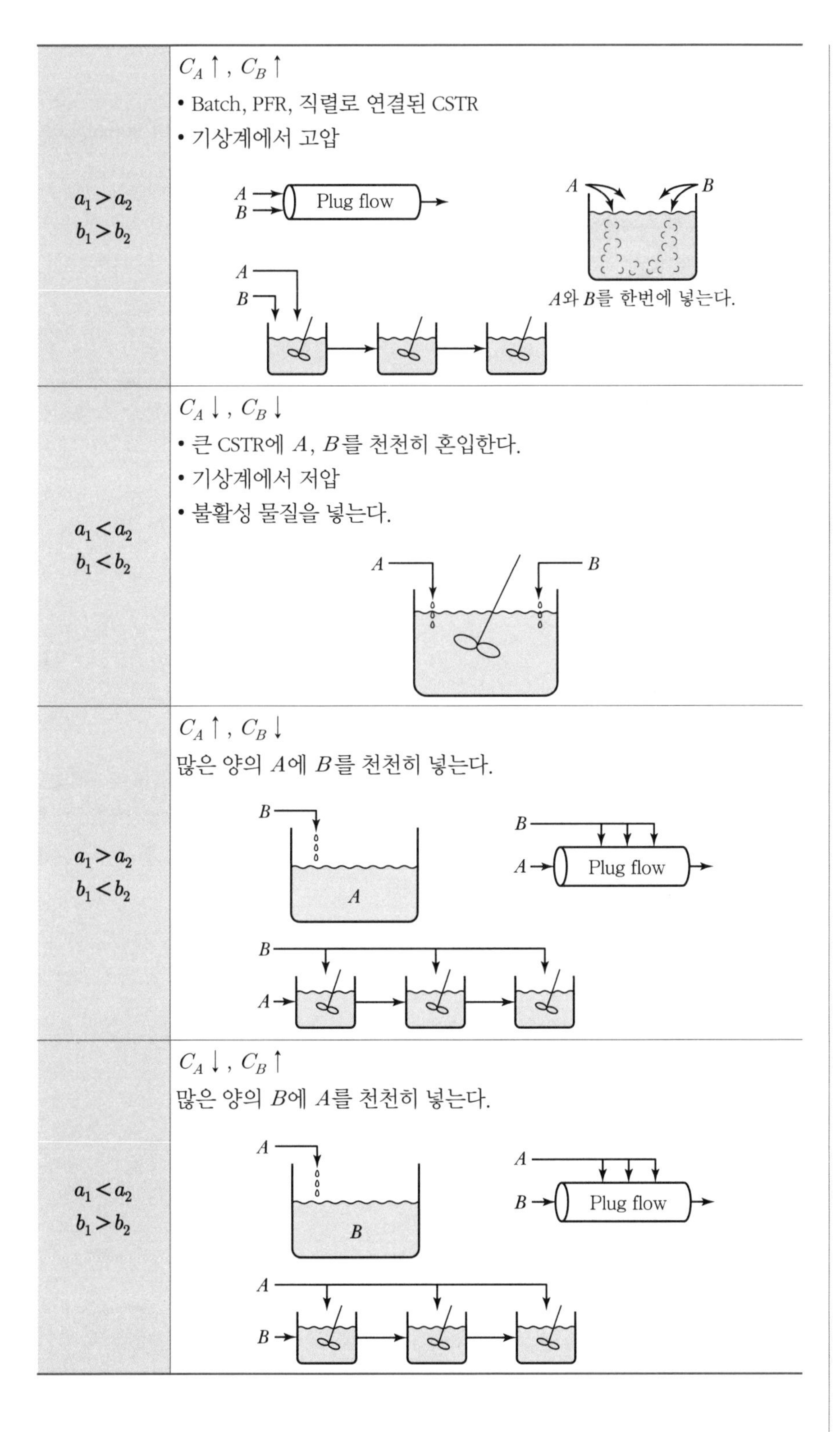

$a_1 > a_2$ $b_1 > b_2$	$C_A \uparrow$, $C_B \uparrow$ • Batch, PFR, 직렬로 연결된 CSTR • 기상계에서 고압 A와 B를 한번에 넣는다.
$a_1 < a_2$ $b_1 < b_2$	$C_A \downarrow$, $C_B \downarrow$ • 큰 CSTR에 A, B를 천천히 혼입한다. • 기상계에서 저압 • 불활성 물질을 넣는다.
$a_1 > a_2$ $b_1 < b_2$	$C_A \uparrow$, $C_B \downarrow$ 많은 양의 A에 B를 천천히 넣는다.
$a_1 < a_2$ $b_1 > b_2$	$C_A \downarrow$, $C_B \uparrow$ 많은 양의 B에 A를 천천히 넣는다.

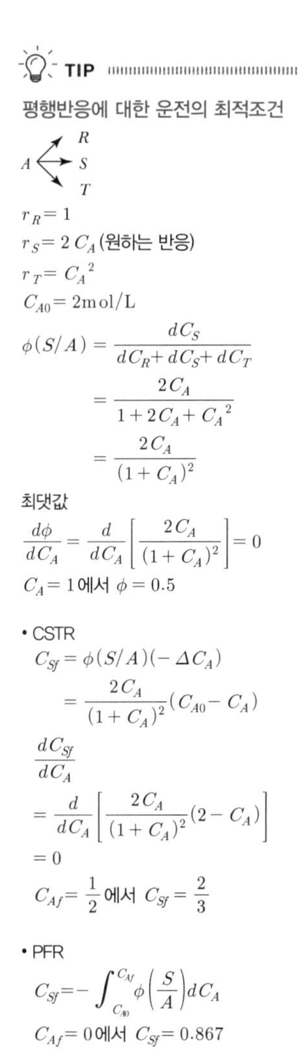

TIP

평행반응에 대한 운전의 최적조건

$A \rightarrow R$, $A \rightarrow S$, $A \rightarrow T$

$r_R = 1$

$r_S = 2C_A$ (원하는 반응)

$r_T = C_A^2$

$C_{A0} = 2\text{mol/L}$

$$\phi(S/A) = \frac{dC_S}{dC_R + dC_S + dC_T} = \frac{2C_A}{1 + 2C_A + C_A^2} = \frac{2C_A}{(1+C_A)^2}$$

최댓값

$$\frac{d\phi}{dC_A} = \frac{d}{dC_A}\left[\frac{2C_A}{(1+C_A)^2}\right] = 0$$

$C_A = 1$에서 $\phi = 0.5$

• CSTR

$$C_{Sf} = \phi(S/A)(-\Delta C_A) = \frac{2C_A}{(1+C_A)^2}(C_{A0} - C_A)$$

$$\frac{dC_{Sf}}{dC_A} = \frac{d}{dC_A}\left[\frac{2C_A}{(1+C_A)^2}(2 - C_A)\right] = 0$$

$C_{Af} = \frac{1}{2}$에서 $C_{Sf} = \frac{2}{3}$

• PFR

$$C_{Sf} = -\int_{C_{A0}}^{C_{Af}} \phi\left(\frac{S}{A}\right) dC_A$$

$C_{Af} = 0$에서 $C_{Sf} = 0.867$

Exercise 01

다음 A와 B 흐름의 유량은 동일하게 반응기에 공급되고 각 흐름의 농도는 반응물에 대하여 20mol/L이다. $X_A = 90\%$일 때 C_R을 구하여라.

$$A+B \xrightarrow{k_1} R\text{(Desired)}, \quad A+B \xrightarrow{k_2} S$$

$$\frac{dC_R}{dt} = 1.0C_A^{1.5}C_B^{0.3}$$

$$\frac{dC_S}{dt} = 1.0C_A^{0.5}C_B^{1.8}$$

풀이

$$\phi\left(\frac{R}{A}\right) = \frac{dC_R}{dC_R + dC_S} = \frac{1.0C_A^{1.5}C_B^{0.3}}{1.0C_A^{1.5}C_B^{0.3} + 1.0C_A^{0.5}C_B^{1.8}}$$

$$= \frac{C_A}{C_A + C_B^{1.5}} = \frac{1}{1 + C_A^{0.5}} \qquad (\because\ C_A = C_B)$$

㉠ PFR

$C_{A0} = C_{B0} = 10$

$C_{A0}{}' = 20$, $C_{B0}{}' = 20$ → $C_{Af} = C_{Bf} = 1$, $C_{Rf} + C_{Sf} = 9$

$$\Phi_P = \frac{-1}{C_{A0} - C_A}\int \phi dC_A = \frac{-1}{10-1}\int_{10}^{1} \frac{1}{1 + C_A^{0.5}} dC_A = 0.32$$

$\therefore\ C_{Rf} = 9(0.32) = 2.86$

$C_{Sf} = 9(1 - 0.32) = 6.14$

㉡ CSTR

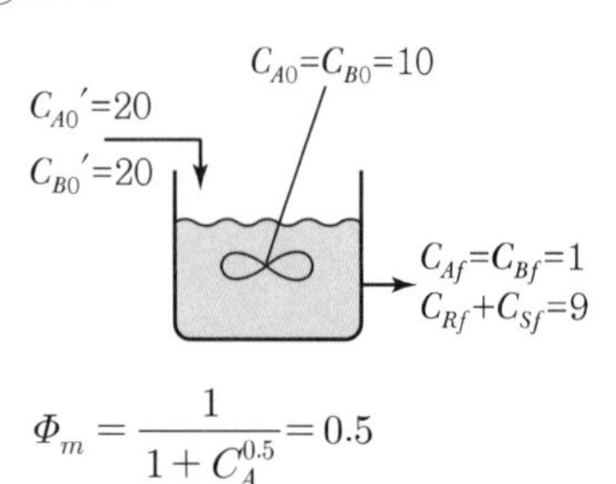

$$\Phi_m = \frac{1}{1 + C_A^{0.5}} = 0.5$$

$\therefore\ C_{Rf} = 9(0.5) = 4.5\text{mol/L}$

$C_{Sf} = 9(1 - 0.5) = 4.5\text{mol/L}$

3) 수율

(1) 수율(생성물 분포와 반응기 크기의 결정)

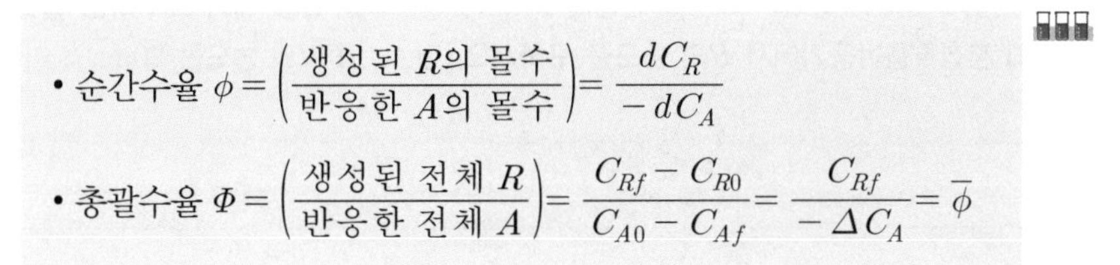

• 순간수율 $\phi = \left(\frac{\text{생성된 } R\text{의 몰수}}{\text{반응한 } A\text{의 몰수}}\right) = \frac{dC_R}{-dC_A}$

• 총괄수율 $\Phi = \left(\frac{\text{생성된 전체 } R}{\text{반응한 전체 } A}\right) = \frac{C_{Rf} - C_{R0}}{C_{A0} - C_{Af}} = \frac{C_{Rf}}{-\Delta C_A} = \overline{\phi}$

① PFR : $\Phi_p = \frac{-1}{C_{A0} - C_A}\int_{C_{A0}}^{C_{Af}} \phi dC_A = \frac{1}{\Delta C_A}\int_{C_{A0}}^{C_{Af}} \phi dC_A$

② CSTR(MFR) : $\Phi_m = \phi_{C_{Af}}$

Exercise **02**

다음의 균일계 액상평행반응에서 S의 순간수율을 최대로 하는 C_A의 농도는?(단, $r_R = C_A$, $r_S = 2C_A^2$, $r_T = C_A^3$이다.)

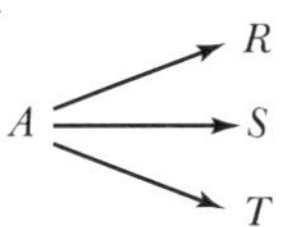

풀이

순간수율 $\phi = \frac{dC_S}{-dC_A}$

$-r_A = C_A + 2C_A^2 + C_A^3$

$r_S = 2C_A^2$

$\therefore \phi = \frac{2C_A^2}{C_A + 2C_A^2 + C_A^3} = \frac{2C_A^2}{C_A(1 + 2C_A + C_A^2)} = \frac{2C_A}{(1 + C_A)^2}$

$\frac{d\phi}{dC_A} = \frac{2(1 + C_A)^2 - 2C_A \cdot 2(1 + C_A)}{(1 + C_A)^4} = \frac{2 - 2C_A}{(1 + C_A)^3} = 0$

$C_A = 1$일 때 순간수율이 가장 높다.

$\therefore \phi = \frac{2C_A}{(1 + C_A)^2} = \frac{2}{2^2} = 0.5$

Exercise 03

$A+B \rightarrow R$ 반응의 $r_R = 1.0\, C_A^{1.5} C_B^{0.3}$과 $A+B \rightarrow S$ 반응의 $r_S = 1.0\, C_A^{0.5} C_B^{1.3}$에서 R이 요구하는 물질이고 A의 전화율이 90%일 때 혼합흐름반응기에서 R의 농도를 구하시오.(단, A와 B의 농도는 20mol/L이며 같은 속도로 들어간다.)

$$A+B \begin{cases} \nearrow R(\text{Desired}) \\ \searrow S \end{cases}$$

풀이

수율 $\phi\left(\frac{R}{A}\right) = \frac{C_A^{1.5} C_B^{0.3}}{C_A^{1.5} C_B^{0.3} + C_A^{0.5} C_B^{1.3}} = \frac{C_A}{C_A + C_B}$

$C_A = C_B$이므로 $\phi\left(\frac{R}{A}\right) = 0.5$

C_{A0}=20mol/L, C_{B0}=20mol/L → C_{A0}'=10mol/L, C_{B0}'=10mol/L → $C_{Af}=C_{Bf}=1$, $C_{Rf}+C_{Sf}=9$

$C_{Rf} = 9 \times 0.5 = 4.5\text{mol/L}$

(2) 선택도(S)

$$\text{선택도}(S) = \frac{\text{원하는 생성물이 형성된 몰수}}{\text{원하지 않는 생성물이 형성된 몰수}} = \frac{r_R}{r_S} = \frac{dC_R}{dC_S}$$

2. 연속반응

1) 비가역 연속 1차 반응

$$A \xrightarrow{k_1} R \xrightarrow{k_2} S$$

반응속도는 다음과 같이 표현된다.

$$-r_A = k_1 C_A$$

$$r_R = k_1 C_A - k_2 C_R$$

$$r_S = k_2 C_R$$

TIP

연속반응의 예

$A \xrightarrow[n=1]{k_1} R \xrightarrow[n=0]{k_2} S$

$-r_A = k_1 C_A$

$r_R = k_1 C_A - k_2$

$C_{R0} = C_{S0} = 0$인 회분 또는 PFR

$\frac{C_A}{C_{A0}} = e^{-k_1 t}$

$\frac{C_R}{C_{A0}} = 1 - e^{-k_1 t} - \frac{k_2}{C_{A0}} t$

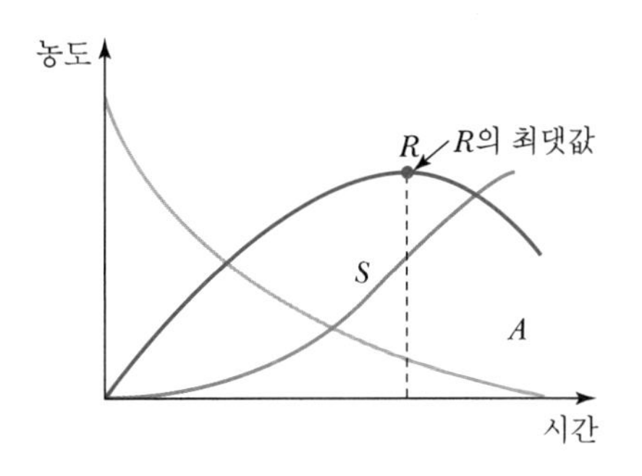

(1) PFR

$$k\tau = -\ln(1-X_A)$$

$$\frac{C_A}{C_{A0}} = e^{-k_1\tau}$$

$$\frac{C_R}{C_{A0}} = \frac{k_1}{k_2-k_1}\left(e^{-k_1\tau} - e^{-k_2\tau}\right)$$

$$C_S = C_{A0} - C_A - C_R$$

중간체의 최고농도와 그때의 시간은 다음과 같이 구한다.

$$\frac{C_{R\max}}{C_{A0}} = \left(\frac{k_1}{k_2}\right)^{k_2/k_2-k_1}$$

$$\tau_{p\cdot opt} = \frac{1}{k_{\log\text{mean}}} = \frac{\ln(k_2/k_1)}{k_2-k_1}$$ ← 대수평균의 역수

(2) CSTR

정상상태의 물질수지를 다음과 같이 나타낼 수 있다.

입력량=출력량+반응에 의한 소모량

$$F_{A0} = F_A + (-r_A)V$$

$$vC_{A0} = vC_A + k_1C_AV$$

$$\frac{V}{v} = \tau_m = \bar{t}$$

$$\frac{C_A}{C_{A0}} = \frac{1}{1+k_1\tau_m}$$

TIP

$$C_S = C_{A0} - C_A - C_R$$
$$= C_{A0} - C_{A0}e^{-k_1\tau} - C_{A0}\left(\frac{k_1}{k_2-k_1}\right)\left(e^{-k_1\tau} - e^{-k_2\tau}\right)$$

정리하면

$$\frac{C_S}{C_{A0}} = 1 + \frac{k_2}{k_1-k_2}e^{-k_1\tau} + \frac{k_1}{k_2-k_1}e^{-k_2\tau}$$

TIP

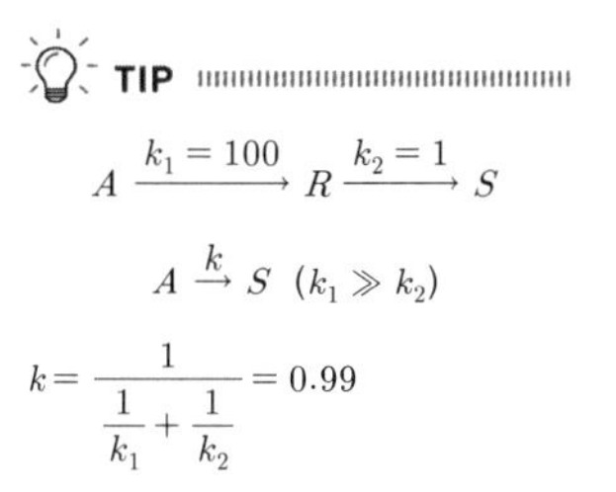

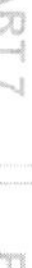

또한 성분 R에 대한 물질수지식은 다음과 같이 나타낼 수 있다.

$$vC_{R0} = vC_R + (-r_R)V$$

$$0 = vC_R + (-k_1C_A + k_2C_R)V$$

$$\therefore \frac{C_R}{C_{A0}} = \frac{k_1\tau_m}{(1+k_1\tau_m)(1+k_2\tau_m)}$$

$C_A + C_R + C_S = C_{A0} =$ 일정

$$\therefore \frac{C_S}{C_{A0}} = \frac{k_1k_2\tau_m^2}{(1+k_1\tau_m)(1+k_2\tau_m)}$$

R의 최고농도와 이때의 시간은 $\dfrac{dC_R}{d\tau_m} = 0$으로 두면 구할 수 있다.

$$\tau_{m \cdot opt} = \frac{1}{\sqrt{k_1k_2}} \leftarrow \text{기하평균의 역수}$$

$$\frac{C_{R\max}}{C_{A0}} = \frac{1}{\left[(k_2/k_1)^{1/2}+1\right]^2}$$

(3) 성능의 특성

① 원하는 생성물(R)의 최대농도를 얻는 데 $k_1 = k_2$인 경우를 제외하고는 항상 PFR이 CSTR보다 짧은 시간을 요하며, 이 시간차는 k_2/k_1이 1에서 멀어질수록 점차 커진다.

② PFR에서의 R의 수율이 CSTR에서 보다 항상 크다.

③ 반응의 $k_2/k_1 \ll 1$이면 A의 전화율을 높게 설계해야 하며 이때 미사용 반응물의 회수는 필요 없다.

④ $k_2/k_1 > 1$이면 A의 전화율을 낮게 설계해야 하며 R의 분리와 미사용 반응물의 회수가 필요하다.

2) 연속 · 평행반응

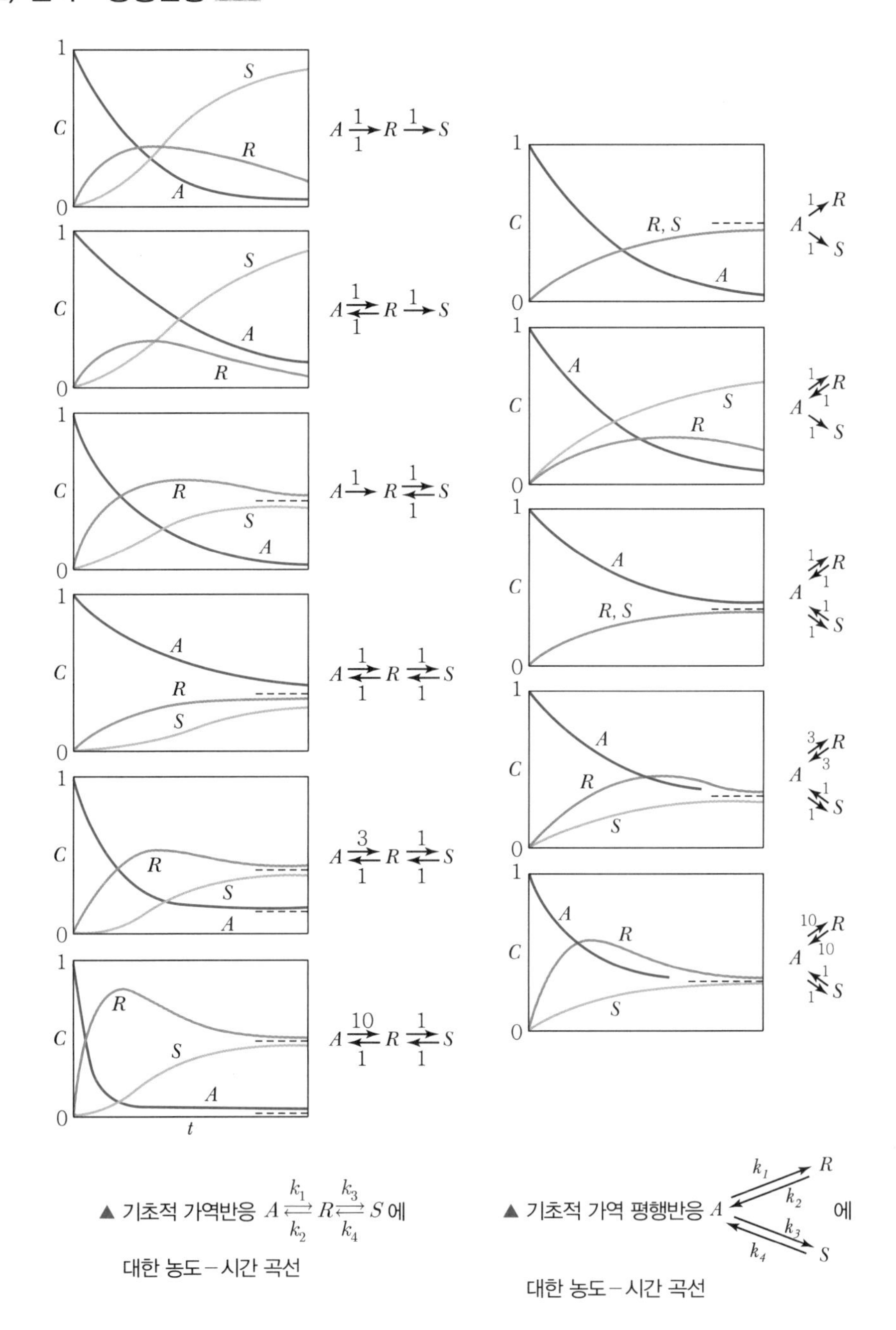

▲ 기초적 가역반응 $A \underset{k_2}{\overset{k_1}{\rightleftarrows}} R \underset{k_4}{\overset{k_3}{\rightleftarrows}} S$ 에 대한 농도 – 시간 곡선

▲ 기초적 가역 평행반응 $R \underset{k_1}{\overset{k_2}{\rightleftarrows}} A \underset{k_4}{\overset{k_3}{\rightleftarrows}} S$ 에 대한 농도 – 시간 곡선

Exercise 04

플러그흐름반응기에서의 반응이 아래와 같을 때 반응시간에 따른 C_B의 관계식을 나타내어라.(단, 반응 초기에는 A만 존재하며 $k_2 = k_1 + k_3$을 만족한다.)

$$A \xrightarrow{k_1} B \xrightarrow{k_2} C, \quad A \xrightarrow{k_3} D$$

풀이

$k_1 + k_3 = k_2$

$$-r_A = -\frac{dC_A}{dt} = (k_1 + k_3)C_A$$

$$-\ln\frac{C_A}{C_{A0}} = k_2 t$$

$$\therefore\ C_A = C_{A0}e^{-k_2 t}$$

$$r_B = \frac{dC_B}{dt} = k_1 C_A - k_2 C_B$$

$$\frac{dC_B}{dt} + k_2 C_B = k_1 C_{A0}e^{-k_2 t}$$

① 적분인자 $e^{\int k_2 dt} = e^{k_2 t}$ 이용

$$C_B e^{k_2 t} = \int k_1 C_{A0} e^{-k_2 t} \cdot e^{k_2 t} dt = k_1 C_{A0} t$$

$$\therefore\ C_B = k_1 C_{A0} t\, e^{-k_2 t}$$

② 라플라스 변환 이용

$$s C_B(s) + k_2 C_B(s) = \frac{k_1 C_{A0}}{s + k_2}$$

$$\therefore\ C_B(s) = \frac{k_1 C_{A0}}{(s+k_2)^2}$$

$$\xrightarrow{\text{역라플라스 변환}}\ \therefore\ C_B = k_1 C_{A0} t\, e^{-k_2 t}$$

[02] 온도와 압력의 영향

1. 단일반응

1) 단열조작

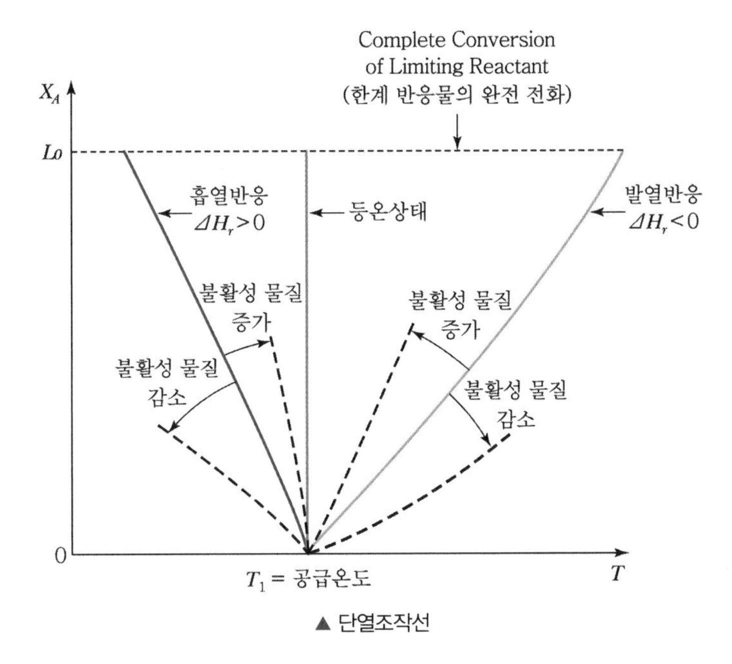

▲ 단열조작선

> **TIP**
> 단열조작선
> 불활성 물질의 첨가로 C_p가 증가하면 곡선은 수직선에 가까워지며 이 수직선은 반응의 진행에 대하여 온도가 불변이다.

(1) 유입되는 공급물의 엔탈피

$$H_1' = C_p'(T_1 - T_1) = 0$$

(2) 유출되는 흐름의 엔탈피

$$H_2''X_A + H_2'(1 - X_A) = C_p''(T_2 - T_1)X_A + C_p'(T_2 - T_1)(1 - X_A)$$

여기서, C_p' : 미반응 공급물 / 반응물 1mol

C_p'' : 완전 전화된 생성물

(3) 반응에 의해 흡수된 엔탈피

$$\Delta H_{r1} X_A$$

입량 = 출량 + 반응에 의한 소모량 + 축적량

$$0 = C_p''(T_2 - T_1)X_A + C_p'(T_2 - T_1)(1 - X_A) + \Delta H_{r1} X_A$$

$$\therefore X_A = \frac{C_p'(T_2 - T_1)}{-\Delta H_{r1} - (C_p'' - C_p')(T_2 - T_1)}$$

$$= \frac{C_p'\Delta T}{-\Delta H_{r1} - (C_p'' - C_p')\Delta T}$$

$$X_A = \frac{C_p' \Delta T}{-\Delta H_{r2}} = \frac{\text{공급물을 } T_2\text{까지 올리는 데 필요한 열}}{T_2\text{에서 반응에 의해 방출되는 열}}$$

① $\frac{C_p}{-\Delta H_r}$ 이 작은 경우(순수한 기체반응물)에는 혼합흐름반응기가 최적이다.

② $\frac{C_p}{-\Delta H_r}$ 이 큰 경우(불활성 물질이 대량 포함된 기체 또는 액체계)에는 플러그흐름반응기가 최적이다.

2) 비단열조작

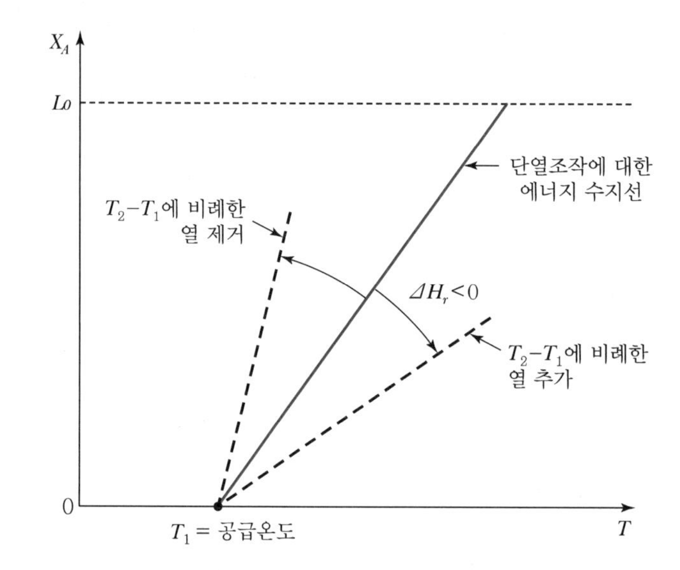

$$Q = C_p''(T_2 - T_1)X_A + C_p'(T_2 - T_1)(1 - X_A) + \Delta H_{r1} X_A$$

여기서, Q : 유입되는 반응물 A의 1몰에 대하여 반응기에 가해지는 총 열량
C_p' : 유입되는 반응물 A의 1몰에 대한 미반응 공급물 흐름의 평균비열
C_p'' : 유입되는 반응물 A의 1몰에 대한 완전 전화된 생성물 흐름의 평균비열

$$\Delta H_r = \Delta H_0 + \int_{T_0}^{T} \nabla C_p \, dT$$

$$X_A = \frac{C_p' \Delta T - Q}{-\Delta H_{r2}}$$

$$= \frac{\text{공급물을 } T_2\text{까지 올리기 위한 열전달 후에도 필요한 순수한 열}}{T_2\text{에서 반응 시 발생한 열}}$$

$C_p'' = C_p'$

$$X_A = \frac{C_p \Delta T - Q}{-\Delta H_r}$$

열의 입력량이 온도차 $\Delta T_2 = T_2 - T_1$에 비례하면 에너지수지선은 T_1에서 회전한다.

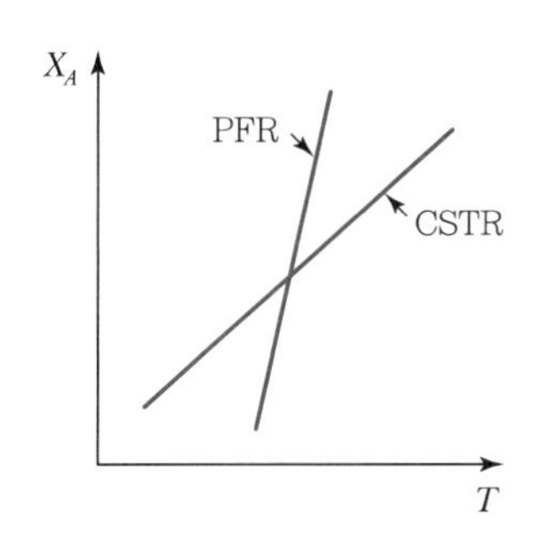

2. 다중정상상태(MSS)

- 1차 반응이 일어나는 CSTR의 정상상태, 단열상태조작
- 일정 범위의 공간시간을 갖도록 유량을 변화시키면서 다중정상상태 온도를 관찰
- 파라미터 하나를 약간 변화시키면서 에너지수지와 몰수지 곡선의 교점이 하나 이상일 때, 에너지수지와 몰수지를 동시에 만족시키는 조건이 2개 이상이므로 조작 가능한 반응기의 정상상태가 다수가 된다.

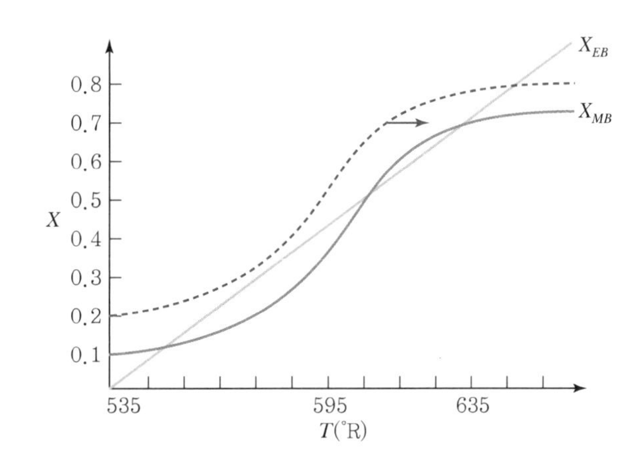

- 몰수지

$$X_{MB} = \frac{\tau k}{1 + \tau k} = \frac{\tau A e^{-E/RT}}{1 + \tau A e^{-E/RT}}$$

- 에너지수지

$$X_{EB} = \frac{\Sigma \Theta_i C_{Pi}(T - T_{io})}{-[\Delta H_{RX}^{\circ}(T_R) + \Delta C_P(T - T_R)]}$$

$$-X\Delta H^{\circ}_{RX} = C_{P0}(1+\kappa)(T-T_c)$$

$$C_{P0} = \Sigma\Theta_i C_{Pi}$$

$$\kappa = \frac{UA}{C_{P0}F_{A0}}$$

$$\text{CSTR} \quad X = \frac{-r_A V}{F_{A0}}$$

$$\left(\frac{-r_A V}{F_{A0}}\right)(-\Delta H^{\circ}_{RX}) = C_{P0}(1+\kappa)(T-T_c)$$

발생열 $G(T) = (-\Delta H^{\circ}_{RX})\left(\frac{-r_A V}{F_{A0}}\right)$

제거열 $R(T) = C_{P0}(1+\kappa)(T-T_c)$

1) 제거열 $R(T)$

(1) 유입온도 변화

$R(T)$는 온도에 따라서 선형적으로 증가하고, 그 기울기는 $C_{P0}(1+\kappa)$이다. 유입온도 T_0가 증가함에 따라 선분은 동일한 기울기를 유지하면서 오른쪽으로 이동한다.

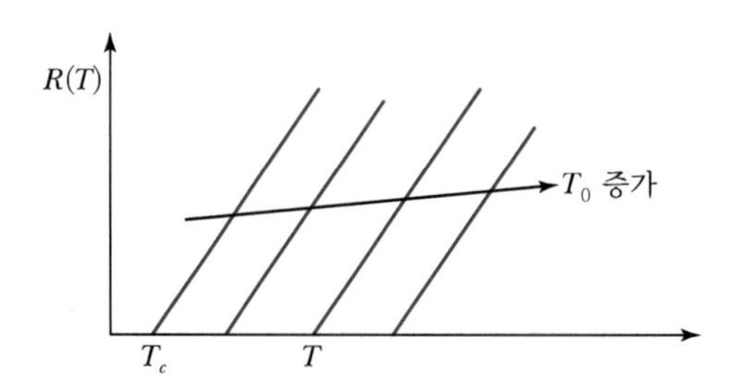

(2) 비단열 매개변수 κ변화

몰유량 F_{A0}를 감소시키거나 열교환면적을 증가시켜 κ를 증가시키면 기울기가 증가하게 되고, 절편은 왼쪽으로 이동한다.

① $T_a < T_o$: $\kappa = 0$이면, $T_c = T_o$

$\kappa = \infty$ 이면, $T_c = T_a$

② $T_a > T_o$: 교점은 κ가 증가함에 따라 오른쪽으로 이동한다.

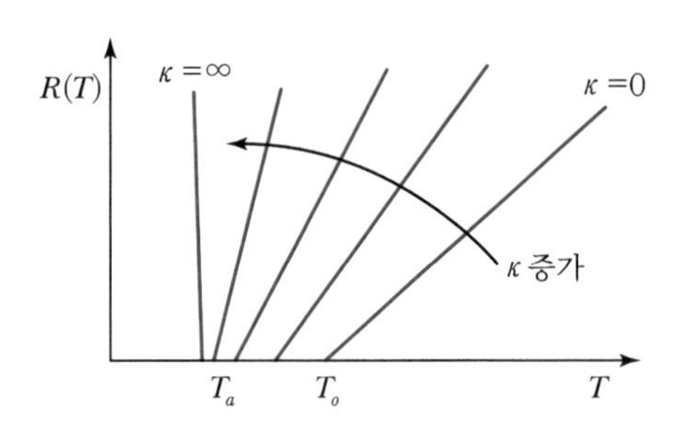

2) 발생열 $G(T)$

$G(T) = (-\Delta H^{\circ}_{RX})X$

1차 CSTR 액상반응

$$V = \frac{F_{A0}X}{kC_A} = \frac{v_0 C_{A0} X}{kC_{A0}(1-X)}$$

$$\therefore\ X = \frac{\tau k}{1+\tau k}$$

$$\therefore\ G(T) = \frac{-\Delta H^{\circ}_{RX}\tau k}{1+\tau k}$$

$$G(T) = \frac{-\Delta H^{\circ}_{RX}\tau A e^{-E/RT}}{1+\tau A e^{-E/RT}}$$

① 아주 낮은 온도

$G(T) = -\Delta H^{\circ}_{RX}\tau A e^{-E/RT}$

② 아주 높은 온도

$G(T) = -\Delta H^{\circ}_{RX}$

3) 점화 – 소화 곡선

$R(T)$와 $G(T)$의 교점들은 반응기가 정상상태에서 조작될 수 있는 온도를 얻는다.

TIP

2차 액상반응

$$X = \frac{(2\tau k C_{A0}+1) - \sqrt{4k\tau C_{A0}+1}}{2\tau k C_{A0}}$$

• 활성화 에너지에 따른 $G(T)$의 변화

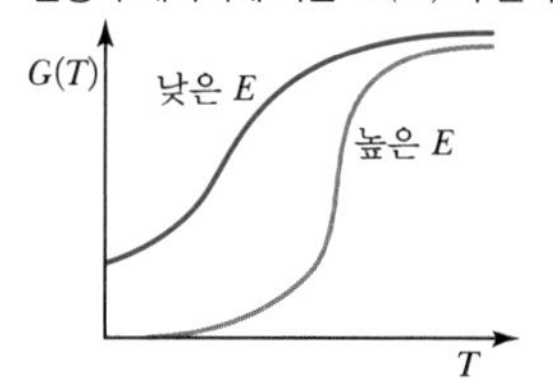

• 공간시간에 따른 $G(T)$의 변화

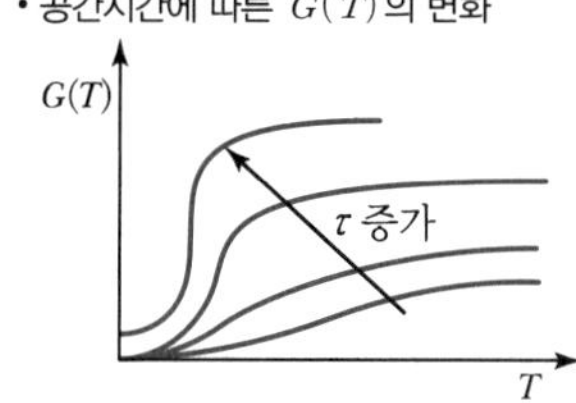

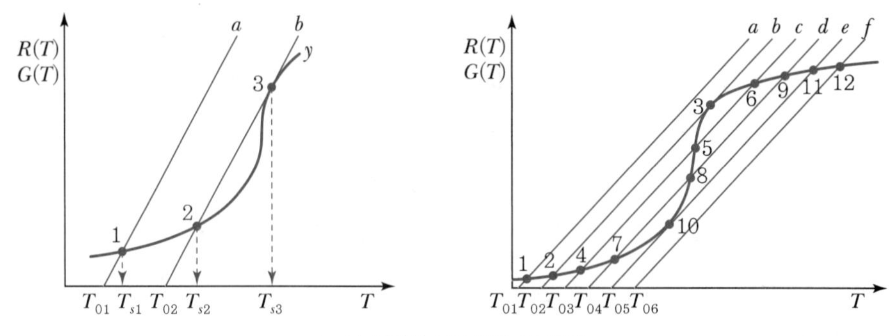

▲ T_0 변화에 따른 다중정상상태

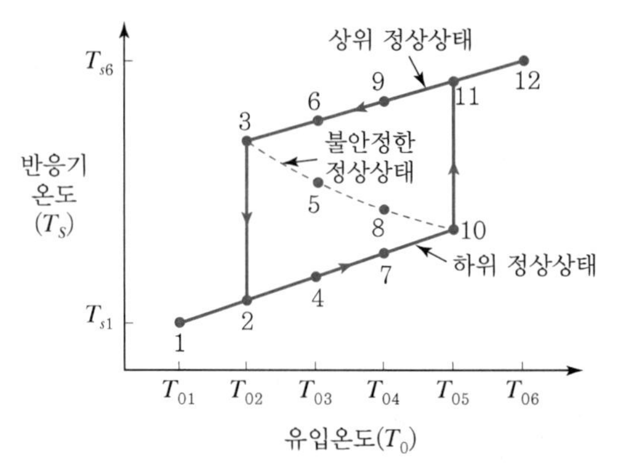

▲ 온도 점화-소화 곡선

① 낮은 온도 T_{01}에서 반응기에 원료를 공급하면 교점은 점 1 한 개만 생기고, 이 교점으로부터 반응기 내의 정상상태온도 T_{s1}을 찾을 수 있다. 이 온도는 T축을 따라 수직으로 읽어 내려가면 된다.

② 유입온도를 T_{02}로 증가시키면 $G(T)$ 곡선은 변하지 않으나 $R(T)$ 곡선은 오른쪽으로 이동하여 점 2에서 $G(T)$와 만나고 점 3에서 접하게 된다. 여기서 정상상태온도는 T_{s2}와 T_{s3}의 2개가 있다.

③ 유입온도가 증가함에 따라 정상상태온도는 T_{05}에 도달할 때까지 바닥선을 따라 증가한다.

④ T_{05}를 넘는 온도에서는 약간만 증가해도 정상상태 반응기 온도는 T_{s11}로 도약하게 된다. 이와 같이 도약이 일어나는 온도를 **점화온도**라 한다.

⑤ 반응기가 T_{s12}에서 조작되고, 유입온도가 T_{06}으로부터 냉각되기 시작하면 유입온도 T_{02}에 해당하는 정상상태 반응기 온도 T_{s3}에 도달하게 된다. 온도가 T_{02} 이하로 서서히 감소하면 정상상태 반응기 온도는 T_{s2}로 떨어지게 된다. 이 온도 T_{02}를 **소화온도**라 한다.

3. 복합반응

1) 생성물 분포와 온도

복합반응에서 경쟁적인 두 단계의 반응속도상수를 k_1, k_2라 할 때, 이 두 단계의 상대적 반응속도는 다음과 같다.

$$\frac{k_1}{k_2} = \frac{k_1' e^{-E_1/RT}}{k_2' e^{-E_2/RT}} = \frac{k_1'}{k_2'} e^{(E_2 - E_1)/RT} \propto e^{(E_2 - E_1)/RT}$$

온도가 상승할 때

$\therefore$ $E_1 > E_2$이면 k_1/k_2는 증가

$E_1 < E_2$이면 k_1/k_2는 감소

① 활성화 에너지가 큰 반응이 온도에 더 민감하다.

② 활성화 에너지가 크면 고온이 적합하고 활성화 에너지가 작으면 저온이 적합하다.

2) 평행반응

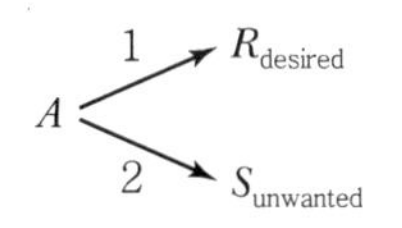

1단계는 촉진시키고 2단계는 억제함으로써 k_1/k_2의 값이 커진다.

$\therefore$ $E_1 > E_2$이면 고온 사용

$E_1 < E_2$이면 저온 사용

TIP

1이 목적생성물인 경우

- $E_1 > E_2$: 고온 사용
- $E_1 < E_2$: 저온 사용

3) 연속반응

$$A \xrightarrow{1} R_{desired} \xrightarrow{2} S$$

k_1/k_2를 증가시키면 R의 생산이 증가한다.

$\therefore$ $E_1 > E_2$이면 고온 사용

$E_1 < E_2$이면 저온 사용

4) 연속평행반응

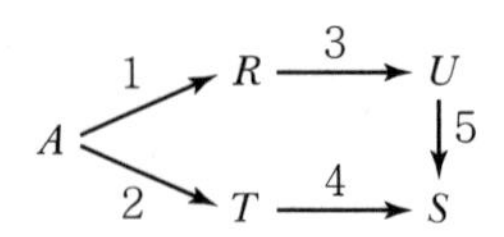

$\begin{pmatrix} E_1 < E_2 < E_3 < E_4 \\ E_5 = 0 \end{pmatrix}$라고 하자.

① 원하는 생성물이 중간체 R인 경우 : 1단계가 2단계, 3단계에 비하여 빨라야 한다.
$E_1 < E_2$, $E_1 < E_3$이므로 저온과 플러그 흐름을 사용한다.

② 원하는 생성물이 최종생성물 S인 경우 : 속도가 중요하므로 고온과 플러그 흐름을 사용한다.

③ 원하는 생성물이 중간체 T인 경우 : 2단계가 1단계, 4단계에 비하여 빨라야 한다.
$E_2 > E_1$, $E_2 < E_4$이므로 강온(Falling Temperature)과 플러그흐름을 사용한다.

④ 원하는 생성물이 중간체 U인 경우 : 1단계가 2단계보다 빠르고, 3단계가 5단계보다 빨라야 한다. $E_1 < E_2$이므로 승온(Rising Temperature)과 플러그흐름을 사용한다.

TIP

정규분포곡선

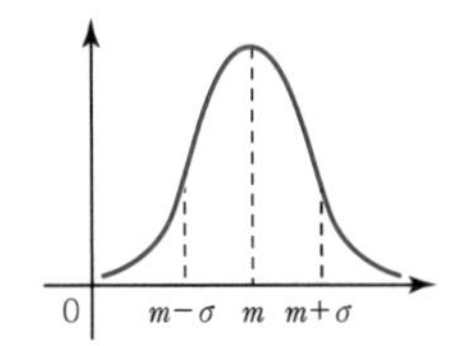

여기서, σ : 표준편차

TIP

비이상흐름(RTD)

- 이상반응기로부터의 편기는 유체의 편류, 유체의 순환 및 용기 내의 정체 구역의 형성으로 일어난다.
- 체류시간 분포(RTD : Residence Time Distribution)
반응기를 통하여 각각 다른 경로를 갖는 유체의 원소들이 반응기를 통과하는 시간이 다르며 반응기를 떠나는 유체의 흐름에 대한 시간의 분포를 출구 수명분포 E 또는 유체의 체류시간 분포 RTD라 한다.

CHAPTER 06 촉매반응

1. 촉매반응단계

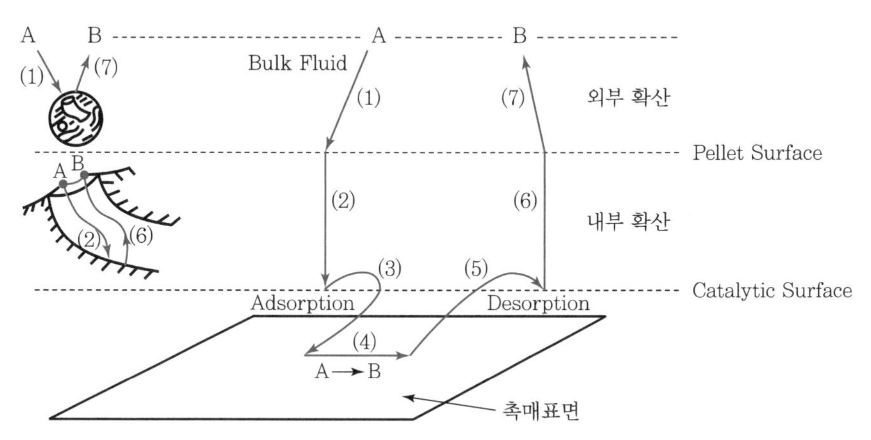

▲ 불균일 촉매의 물질 전달과 반응단계

(1) 반응기 내의 유체 벌크에서 촉매의 펠릿 표면으로 물질(A) 전달하는 단계
(2) 촉매의 펠릿 표면에서 활성점 표면으로 세공 확산하는 단계
(3) 세공 확산된 반응물(A)이 촉매 활성점 표면에 흡착하는 단계
(4) 흡착된 반응물이 촉매 활성점 표면에서 반응하는 단계(A → B)
(5) 반응 생성물(B)이 촉매 활성점 표면에서 탈착하는 단계
(6) 입자 내부에서 촉매의 펠릿 표면으로 생성물이 세공 확산하는 단계
(7) 촉매의 펠릿 표면에서 반응기 유체 벌크로 생성물을 물질 전달하는 단계

2. 율속단계(속도결정단계)

예 $A \rightarrow C$의 촉매반응에서 탈착반응이 율속단계인 경우

- 흡착 : $A+S \underset{k_1'}{\overset{k_1}{\rightleftarrows}} A \cdot S$
- 표면반응 : $A \cdot S \underset{k_2'}{\overset{k_2}{\rightleftarrows}} C \cdot S$
- 탈착 : $C \cdot S \underset{k_3'}{\overset{k_3}{\rightleftarrows}} C+S$

TIP

흡착이 속도결정단계인 경우 랭뮤어 흡착등온식(A는 기체)

$A+S \underset{k_{-1}}{\overset{k_1}{\rightleftarrows}} A \cdot S$

$r_1 = k_1 P_A C_V - k_{-1} C_{A \cdot S}$

$= k_1\left(P_A C_V - \dfrac{C_{A \cdot S}}{K_1}\right)$

평형에서 $r_1 = 0$

$\therefore\ C_{A \cdot S} = K_1 P_A C_V$

$C_t = C_V + C_{A \cdot S}$

$= C_V(1+K_1 P_A)$

$C_V = \dfrac{C_t}{1+K_1 P_A}$

$\therefore\ C_{A \cdot S} = \dfrac{K_1 P_A C_t}{1+K_1 P_A}$

① 흡착속도

$$r_1 = k_1\left(C_A C_S - \frac{C_{A\cdot S}}{K_1}\right)$$

② 표면반응속도

$$r_2 = k_2\left(C_{A\cdot S} - \frac{C_{C\cdot S}}{K_2}\right)$$

③ 탈착속도

$$r_3 = k_3\left(C_{C\cdot S} - \frac{C_C C_S}{K_3}\right) \rightarrow \text{율속단계}$$

여기서, $K_1 = \frac{k_1}{k_1'}$

k_1 : 정반응 속도상수

k_1' : 역반응 속도상수

K_1 : 평형상수

$$\frac{r_1}{k_1} \fallingdotseq 0 : C_{A\cdot S} = K_1 C_A C_S$$

$$\frac{r_2}{k_2} \fallingdotseq 0 : C_{C\cdot S} = K_2 C_{A\cdot S} = K_1 K_2 C_A C_S$$

$$r_3 = k_3\left(C_{C\cdot S} - \frac{C_C C_S}{K_3}\right) = k_3\left(K_1 K_2 C_A C_S - \frac{C_C C_S}{K_3}\right)$$

$$C_t = C_S + C_{A\cdot S} + C_{C\cdot S}$$

$$= C_S + K_1 C_A C_S + K_1 K_2 C_A C_S$$

여기서, C_t : 촉매의 농도

C_S : 빈활성점에서의 농도

$$\therefore\ C_S = \frac{C_t}{1 + K_1 C_A + K_1 K_2 C_A}$$

$$\therefore\ r_3 = \frac{k_3 K_1 K_2 C_t (C_A - C_C / K)}{1 + K_1 C_A + K_1 K_2 C_A}$$

$$K = K_1 K_2 K_3$$

TIP

비가역적 표면반응이 속도제한 단계인 경우 총괄반응속도

- 단일활성점

$$A\cdot S \rightarrow B\cdot S$$

$$-r_A' = \frac{kP_A}{1 + K_A P_A + K_B P_B}$$

- 이중활성점

$$A\cdot S + S \rightarrow B\cdot S + S$$

$$-r_A' = \frac{kP_A}{(1 + K_A P_A + K_B P_B)^2}$$

$$A\cdot S + B\cdot S \rightarrow C\cdot S + S$$

$$-r_A' = \frac{kP_A P_B}{(1 + K_A P_A + K_B P_B + K_C P_C)^2}$$

- 엘레이 – 리디얼(Eley – Rideal)

$$A\cdot S + B(g) \rightarrow C\cdot S$$

$$-r_A' = \frac{kP_A P_B}{1 + K_A P_A + K_C P_C}$$

TIP

A의 농도 $= C_A = [A]$이므로 $[A]$로 나타내면

$$r_3 = \frac{k_3 K_1 K_2 [S_0]([A] - [C]/K)}{1 + (K_1 + K_1 K_2) C_A}$$

3. 표면속도론과 결합된 기공확산 저항

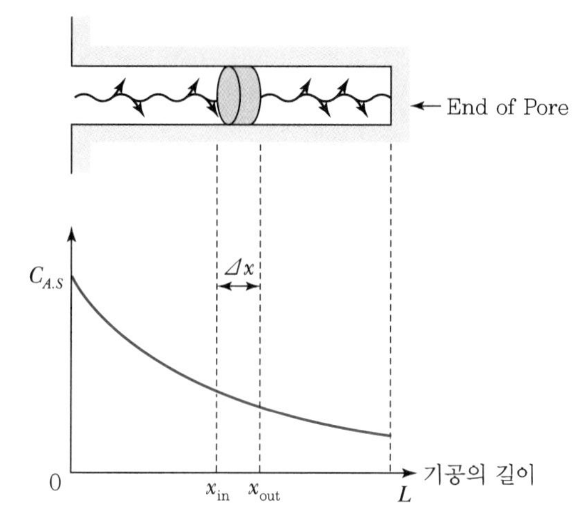

▲ 길이 L의 원통형 단일기공일 때 반응물의 농도

반응물 A가 기공 내로 확산되어 들어가 표면에서 1차 반응이 일어난다.

$A \rightarrow$ 생성물

$$-r_A'' = -\frac{1}{S}\frac{dN_A}{dt} = k''C_A$$

Flow in $\quad \pi r^2 \quad$ Flow out

$$\left(\frac{dN_A}{dt}\right)_{in} = -\pi r^2 D\left(\frac{dC_A}{dx}\right)_{in} \qquad r \qquad \left(\frac{dN_A}{dt}\right)_{out} = -\pi r^2 D\left(\frac{dC_A}{dx}\right)_{out}$$

Δx

$$\text{반응에 의해 표면에서 } A\text{의 소모속도} = \left(\frac{\text{소모속도}}{\text{단위표면적}}\right)(\text{표면적})$$

$$= \left(-\frac{1}{S}\frac{dN_A}{dt}\right)(\text{Surface})$$

$$= k''C_A(2\pi r\Delta x)$$

정상상태에서 물질수지식을 세우면

출력량 − 입력량 + 반응에 의한 소모량 = 0

$$-\pi r^2 D\left(\frac{dC_A}{dx}\right)_{out} + \pi r^2 D\left(\frac{dC_A}{dx}\right)_{in} + k''C_A(2\pi r\Delta x) = 0$$

$$\frac{\left(\frac{dC_A}{dx}\right)_{out} - \left(\frac{dC_A}{dx}\right)_{in}}{\Delta x} - \frac{2k''}{Dr}C_A = 0$$

$\Delta x \rightarrow 0$인 극한에서

$$\frac{d^2 C_A}{dx^2} - \frac{2k''}{Dr} C_A = 0$$

여기서, k''의 단위 = 길이/시간

$kV = k'W = k''S$

$$k = k''\left(\frac{\text{Surface}}{\text{Volume}}\right) = k''\left(\frac{2\pi rL}{\pi r^2 L}\right) = \frac{2k''}{r}$$

$$\frac{d^2 C_A}{dx^2} - \frac{k}{D} C_A = 0$$

$$\therefore C_A = M_1 e^{mx} + M_2 e^{-mx}$$

$$m = \sqrt{\frac{k}{D}} = \sqrt{\frac{2k''}{Dr}}$$

여기서, M_1, M_2 : 상수

$x = 0,\ C_A = C_{A \cdot S}$

$x = L,\ \frac{dC_A}{dx} = 0$

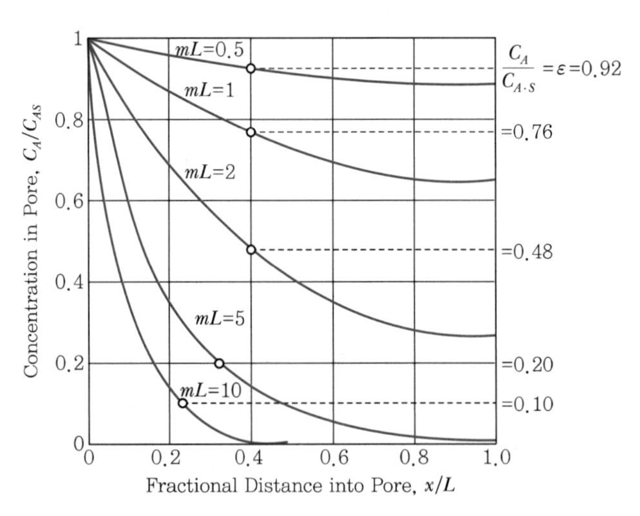

▲ 파라미터 $mL = L\sqrt{k/D}$의 함수로서 촉매 기공 내에서 반응물 농도의 분포와 평균값

➡ 기공 내부로 들어감에 따라 농도가 점차로 떨어지는데, Thiele 계수라고 불리는 무차원량 mL에 의존한다.

$$\frac{C_A}{C_{A \cdot S}} = \frac{e^{m(L-x)} + e^{-m(L-x)}}{e^{mL} + e^{-mL}} = \frac{\cosh m(L-x)}{\cosh mL}$$

기공확산 저항에 따른 반응속도의 저하를 측정하기 위해 유효인자 ε를 정의한다.

Effective Actor(유효인자) $\varepsilon = \dfrac{\text{Actual Mean Reaction Rate Within Pore}}{\text{Rate if Not Slowed by Pore Diffusion}}$

$$= \frac{\bar{r}_A \text{ With Diffusion}}{r_A \text{ Without Diffusion Resistance}}$$

특히, 1차 반응에서 반응속도가 농도에 비례하므로

$$\varepsilon_{first\ order} = \frac{\overline{C_A}}{C_{A \cdot S}} = \frac{\tanh mL}{mL} = \frac{\tanh\phi}{\phi}$$

여기서, $mL = \phi$ =Thiele 계수

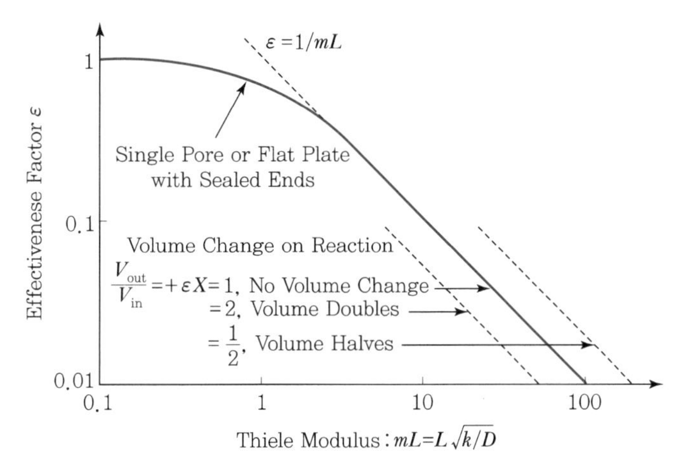

▲ Thiele 계수 mL 또는 M_T의 함수로서의 유효인자

> **Reference**
>
> **기공확산의 영향**
>
> 반응속도에 대한 기공확산의 영향은 mL의 크고 작음에 좌우된다.
>
> $mL < 0.4$: $\varepsilon \cong 1$ 반응물의 농도가 기공 내에서 그다지 떨어지지 않기 때문에 기공확산에 의한 반응에의 저항은 무시할 수 있다.
>
> $mL = L\sqrt{\dfrac{k}{D}}$ 로 값이 작으면 ① 기공이 짧거나, ② 반응속도가 느리거나, ③ 확산이 빠르다는 것을 의미한다. → 확산에 대한 저항을 낮추는 경향이 있다.
>
> $mL > 4$: $\varepsilon = 1/mL$이고 반응물의 농도가 기공 내부로 들어감에 따라 급격히 0으로 떨어지지 때문에 확산이 반응속도에 미치는 영향이 크다. → 기공확산 저항이 크다.

TIP

티엘수(Thiele Modulus, ϕ)

반응속도 대비 분자확산계수의 비로 나타낸다.

- $\phi \ll 1$일 때 $\eta = 1$: 세공 확산의 제한이 없는 경우
- $\phi = 1$일 때 $\eta = 0.762$: 세공 확산의 제한이 약간 있는 경우
- $\phi \gg 1$일 때 $\eta = 1/\phi$: 세공 확산의 제한이 강한 경우

실전문제

01 N_2O의 분해반응 속도상수는 1차 반응으로 694℃에서 0.138L/mol s이고, 812℃에서 0.37L/mol s이다. 이 반응의 활성화 에너지는 몇 kcal인지 구하여라.

해설

$T_1 = 694℃ = 967K$　　$k_1 = 0.138L/mol\ s$

$T_2 = 812℃ = 1,085K$　　$k_2 = 0.37L/mol\ s$

$R = 1.987cal/mol\ K$

$$\ln\frac{k_2}{k_1} = \frac{E_a}{R}\left(\frac{1}{T_1} - \frac{1}{T_2}\right)$$

$$\ln\frac{0.37}{0.138} = \frac{E_a}{1.987}\left(\frac{1}{967} - \frac{1}{1,085}\right)$$

$\therefore E_a = 17,424cal/mol = 17.42kcal/mol$

02 $\log k$의 $1/T$에 대한 기울기가 $-5,000K$일 때 활성화 에너지는 얼마인지 구하여라.

해설

$$k = k_o \exp\left[-\frac{E_a}{RT}\right]$$

$$\log k = \log k_o - \frac{E_a}{2.303RT}$$

$$\therefore -\frac{E_a}{2.303R} = -5,000$$

$\therefore E_a = (5,000)(2.303)(1.987)$

$= 22,880cal/mol = 22.88kcal/mol$

03 온도가 27℃에서 37℃로 되었을 때 반응속도가 2배로 빨라졌다면 활성화 에너지는 얼마인지 구하여라.

해설

$T_1 = 273 + 27℃ = 300K$

$T_2 = 273 + 37℃ = 310K$

$R = 1.987cal/mol\ K$

$$\ln\frac{k_2}{k_1} = \frac{E_a}{R}\left(\frac{1}{T_1} - \frac{1}{T_2}\right)$$

$$\ln 2 = \frac{E_a}{1.987}\left(\frac{1}{300} - \frac{1}{310}\right)$$

$\therefore E_a = 12,809cal/mol = 12.81kcal/mol$

04 어떤 액상 비가역 1차 반응에서 1,000초 동안에 반응물의 반이 분해되었다. 반응물이 처음의 1/10로 될 때까지의 시간을 구하여라.

해설

$$t_{1/2} = \frac{\ln 2}{k}$$

$$\therefore k = \frac{\ln 2}{t_{1/2}} = \frac{\ln 2}{1,000}$$

$$-\ln(1 - X_A) = kt$$

$$-\ln(1 - 0.9) = \frac{\ln 2}{1,000}t$$

$\therefore t = 3,321.9s$

05 $2A \rightarrow 2R$인 반응이 회분식 반응기에서 진행된다. 반응이 2차인 경우 5분 후에 50%의 A가 소모되었다. 전환율 75%가 소모되는 데 걸리는 시간을 구하여라.

해설

$$\frac{1}{C_A} - \frac{1}{C_{A0}} = kt$$

$$\frac{X_A}{1 - X_A} = kC_{A0}t$$

$$kC_{A0} = \frac{1}{t} \times \frac{X_A}{1 - X_A} = \frac{1}{5min} \times \frac{0.5}{1 - 0.5} = 0.2$$

$$\therefore t = \frac{1}{kC_{A0}} \times \frac{X_A}{1 - X_A} = \frac{1}{0.2} \times \frac{0.75}{1 - 0.75} = 15min$$

06 $A \to 2R$인 기체상 반응은 기초반응이다. 이 반응이 순수한 A로 가득 채워진 부피가 일정한 회분식 반응기에서 일어날 때 10분 반응 후 전환율이 80%였다. 이 반응을 순수한 A를 사용하여 공간시간이 10분인 Mixed Flow 반응기에서 반응시킬 경우 A의 전환율을 구하여라.

해설

⟨batch⟩

$X = 0.8, \quad t = 10\text{min}$

$kt = -\ln(1 - X_A)$

$k \times 10 = -\ln(1 - 0.8)$

$\therefore\ k = 0.161\text{min}^{-1}$

⟨CSTR⟩

$$k\tau = \frac{X_A}{1 - X_A}(1 + \varepsilon_A X_A), \quad \varepsilon_A = 1\frac{2-1}{1} = 1$$

$$0.161 \times 10\text{min} = \frac{X_A}{1 - X_A}(1 + X_A)$$

$$1.61 = \frac{X_A(1 + X_A)}{1 - X_A}$$

정리하면 $X^2 + 2.61X - 1.61 = 0$

근의 공식에 의해 $X = \dfrac{-2.61 \pm \sqrt{2.61^2 + 4 \times 1.61}}{2}$

$\therefore\ X_A = 0.515$

07 $A \to R$인 액상 2차 반응이 CSTR에서 진행될 때 전화율이 0.5이다. 반응기 체적을 6배로 증가시킬 때 전화율을 구하여라.

해설

⟨CSTR⟩

$$2\text{차} : k\tau C_{A0} = \frac{X_A}{(1 - X_A)^2} = \frac{0.5}{(1 - 0.5)^2} = 2$$

체적이 6배이므로 공간시간도 6배

$$2 \times 6 = \frac{X_A}{(1 - X_A)^2}$$

정리하면 $12X_A{}^2 - 25X_A + 12 = 0$

근의 공식에 의해 $X = \dfrac{25 \pm \sqrt{25^2 - 4 \times 12 \times 12}}{24}$

$\therefore\ X_A = 0.75$

08 아세트알데히드를 518℃에서 분해하였을 때 최초에 압력이 각각 343mmHg 및 169mmHg에서 반감기가 각각 410초, 880초이다. 이 반응의 차수를 구하여라.

해설

$$t_{1/2} = \frac{2^{n-1} - 1}{k(n-1)} C_{A0}{}^{1-n}$$

$$\ln t_{1/2} = \ln\left[\frac{2^{n-1} - 1}{k(n-1)}\right] + (1-n)\ln C_{A0}$$

$$\therefore\ n = 1 - \frac{\ln(t_{1/2\cdot 2}/t_{1/2\cdot 1})}{\ln(C_{A0\cdot 2}/C_{A0\cdot 1})}$$

$$= 1 - \frac{\ln(880/410)}{\ln(169/343)} = 2.08 \fallingdotseq 2\text{차}$$

09 시안화암모늄이 요소로 변하는 반응에서 초기농도 a(mol/L)에 대한 반감기 $t_{1/2}$(h)를 측정하였더니 다음과 같은 결과를 얻었다. 이때 반응차수를 구하여라.

$NH_4CNO \to CO(NH_2)_2$

초기농도	0.05	0.1	0.2
반감기($t_{1/2}$)	37.03	19.15	9.45

해설

$$t_{1/2} = \frac{2^{n-1} - 1}{k(n-1)} C_{A0}{}^{1-n} \quad (n \neq 1)$$

$$\therefore\ n = 1 - \frac{\ln(t_{1/2\cdot 2}/t_{1/2\cdot 1})}{\ln(C_{A0\cdot 2}/C_{A0\cdot 1})}$$

$$= 1 - \frac{\ln(19.15/37.03)}{\ln(0.1/0.05)} = 1.95 \fallingdotseq 2\text{차}$$

10 자동촉매반응에 대하여 설명하여라.

해설

반응의 생성물이 촉매로 작용하는 반응을 말한다. 처음에는 생성물이 거의 존재하지 않으므로 반응속도가 아주 느리나, 생성물이 생기면서 증가하였다가 반응물이 소비되면서 다시 느려진다.

11 일정한 온도로 조작되고 있는 순환비가 2인 PFR 반응기에서 2차 액상반응 $2A \rightarrow 2R$이 50%까지 전환되었다. 만일 이때에 순환류를 폐쇄하였을 경우 전환율을 구하여라.

해설

PFR 순환반응기

$$V_P = F_{A0}(R+1)\int_{X_{A1}}^{X_{Af}} \frac{dX_A}{-r_A}$$

$$X_{A1} = \left(\frac{R}{R+1}\right)X_{Af} = \frac{2}{3}X_{Af}$$

$$-r_A = kC_{A0}^{\ 2}(1-X_A)^2$$

$$\therefore\ V_P = \frac{3F_{A0}}{kC_{A0}^{\ 2}}\int_{\frac{2}{3}X_{Af}}^{X_{Af}} \frac{dX_A}{(1-X_A)^2} = \frac{3F_{A0}}{kC_{A0}^{\ 2}}\left[\frac{1}{1-X_A}\right]_{\frac{2}{3}X_{Af}}^{X_{Af}}$$

$X_{Af} = 0.5$이므로

$$\tau_P = \frac{V_P}{v_o} = \frac{C_{A0}V_P}{F_{A0}} \ \rightarrow\ V_P = \frac{F_{A0}\cdot\tau_P}{C_{A0}}$$

$$\frac{F_{A0}\cdot\tau_P}{C_{A0}} = \frac{3F_{A0}}{kC_{A0}^{\ 2}}\left[\frac{1}{1-X_A}\right]_{\frac{2}{3}X_{Af}}^{X_{Af}}$$

$$k\tau_P C_{A0} = 3\left[\frac{1}{1-0.5} - \frac{1}{1-\left(\frac{2}{3}\right)(0.5)}\right] = 1.5$$

순환류를 차단하였을 때 PFR

$$k\tau C_{A0} = \frac{X_A}{1-X_A}$$

$$1.5 = \frac{X_A}{1-X_A}$$

$$\therefore\ X_A = 0.6$$

12 $A \rightarrow R$인 반응기 부피가 0.1L인 플러그흐름반응기에서 $-r_A = 5C_A\ \mathrm{min}^{-1}$이다. A의 초기농도 C_{A0}는 0.1mol/L이고 공급속도가 0.5L/min일 때 전환율을 구하여라.

해설

PFR 1차

$$k\tau = -\ln(1-X_A)$$

$$\tau = \frac{V}{v_o} = \frac{0.1\mathrm{L}}{0.5\mathrm{L/min}} = 0.2\mathrm{min}$$

$$5\times 0.2 = -\ln(1-X_A)$$

$$\therefore\ X_A = 0.632$$

13 어떤 단일성분물질의 분해반응을 1차 반응으로 99%까지 분해하는 데 6,646초가 소요되었다면 30%까지 분해하는 데는 약 몇 초가 소요되는지 구하여라.

해설

$$\ln(1-X_A) = -kt$$

$$\ln(1-0.99) = -k\times 6{,}646\mathrm{s}$$

$$\therefore\ k = 0.000693\mathrm{s}^{-1}$$

$$\ln(1-0.3) = -0.000693\times t$$

$$\therefore\ t = 514.7\mathrm{s}$$

14 CSTR 반응기 2개를 직렬연결하여 액상반응시켰다. 이 반응의 차수를 구하시오.

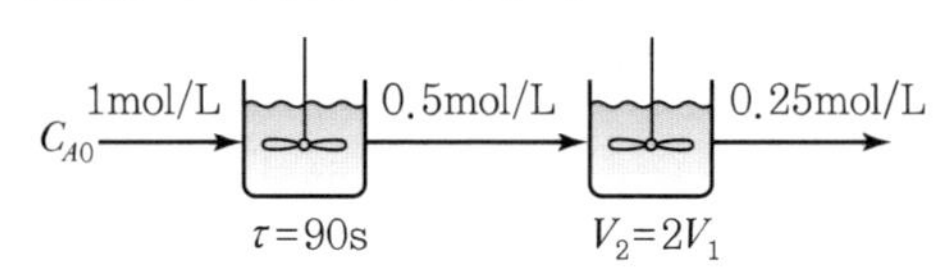

해설

㉠ $\tau = \dfrac{V}{v_o}$, $\tau_2 = 2\tau_1 = 180\mathrm{s}$

㉡ $k\tau C_{A0}^{\ n-1} = \dfrac{X_A}{(1-X_A)^n}$

$$k\times 90\times 1 = \frac{0.5}{(1-0.5)^n}$$

$$k\times 180\times 1\times(0.5)^{n-1} = \frac{0.5}{(1-0.5)^n}$$

우변이 같으면 좌변도 같으므로

$$90 = 180\times 0.5^{n-1}$$

$$0.5 = 0.5^{n-1}$$

$\therefore\ n = 2$차

15 다음과 같이 평행반응이 진행되고 있을 때 원하는 생성물이 R이라면 반응물의 농도는 어떻게 조절해 주어야 하는지 설명하시오.

$A+B\rightarrow R$	$\dfrac{dC_R}{dt} = k_1 C_A^{\ 0.5} C_B^{\ 1.8}$
$A+B\rightarrow S$	$\dfrac{dC_S}{dt} = k_2 C_A C_B^{\ 0.3}$

해설

$$S=\frac{dC_R}{dC_S}=\frac{k_1 C_A{}^{0.5} C_B{}^{1.8}}{k_2 C_A C_B{}^{0.3}}=\frac{k_1 C_B{}^{1.5}}{k_2 C_A{}^{0.5}}$$

$\therefore$ C_B는 높게, C_A는 낮게 조절한다.

16 순수한 기체 반응물 A가 혼합반응기에 2L/s의 속도로 유입되고 있다. 반응기의 부피는 1L이고 전화율은 50%이다. $A \rightarrow 3B$로 반응이 진행될 때 평균체류시간을 구하시오.

해설

$$\tau=\frac{V}{v_0}=\frac{1\text{L}}{2\text{L/s}}=\frac{1}{2}\text{s}$$

$$\varepsilon_A=1\cdot\frac{3-1}{1}=2$$

$$\text{평균체류시간 } \bar{t}=\frac{V}{v_0(1+\varepsilon_A X_A)}=\frac{\tau}{(1+\varepsilon_A X_A)}$$

$$=\frac{\frac{1}{2}\text{s}}{(1+2\times0.5)}=\frac{1}{4}\text{s}=0.25\text{s}$$

17 회분식 반응기에서 0.5차 반응을 10min 동안 수행하니 75%의 액체 반응물 A가 생성물 R로 전화되었다. 같은 조건에서 15min 동안 반응을 시킨다면 전화율을 구하여라.

해설

$$-r_A=\frac{-dC_A}{dt}=kC_A{}^{0.5}$$

$$C_{A0}\frac{dX_A}{dt}=k\sqrt{C_{A0}(1-X_A)}$$

$$\therefore \frac{dX_A}{\sqrt{1-X_A}}=\frac{k}{\sqrt{C_{A0}}}dt$$

$$\int_0^{0.75}\frac{dX_A}{\sqrt{1-X_A}}=\frac{k}{\sqrt{C_{A0}}}\times10\text{min}$$

$$-2\sqrt{1-X_A}\Big|_0^{0.75}=\frac{k}{\sqrt{C_{A0}}}\times10$$

$$\therefore \frac{k}{\sqrt{C_{A0}}}=0.1$$

$$-2\sqrt{1-X_A}\Big|_0^{X_A}=0.1t=0.1\times15\text{min}$$

$$-2\sqrt{1-X_A}+2=1.5$$

$$\sqrt{1-X_A}=0.25$$

$$\therefore X_A=0.94$$

18 1차 직렬반응이 $A\xrightarrow{k_1}R\xrightarrow{k_2}S$, $k_1=200\text{s}^{-1}$, $k_2=10\text{s}^{-1}$일 경우 $A\xrightarrow{k}S$로 볼 수 있다. 이때 k의 값을 구하여라.

해설

$$A\xrightarrow{k}S\ (k_1\gg k_2)$$

$$\therefore k=\frac{1}{\frac{1}{k_1}+\frac{1}{k_2}}=\frac{1}{\frac{1}{200}+\frac{1}{10}}=9.52\text{s}^{-1}$$

19 혼합흐름반응기에서 일어나는 액상 1차 반응의 전화율이 50%일 때 같은 크기의 혼합흐름반응기를 직렬로 하나 더 연결하고 유량을 같게 할 때 최종 전화율을 구하여라.

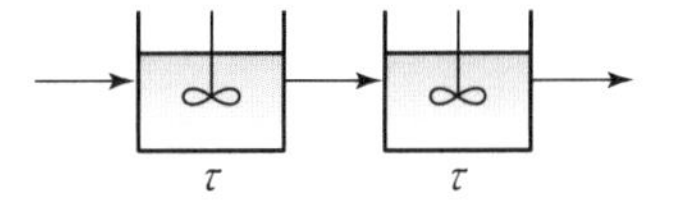

해설

$$1\text{차}: k\tau=\frac{X_A}{1-X_A}=\frac{0.5}{1-0.5}=1$$

$$X_{Af}=1-\frac{1}{(1+k\tau)^N}$$

$$\therefore X_{Af}=1-\frac{1}{(1+1)^2}=1-\frac{1}{4}=\frac{3}{4}$$

20 기체반응물 $A(C_{A0}=1\text{mol/L})$를 혼합흐름반응기 $(V=0.1\text{L})$에 넣어서 반응시킨다. 반응식이 $2A \rightarrow R$이고, 실험결과가 다음 표와 같을 때, 이 반응의 속도식 $(-r_A;\ \text{mol/L h})$을 구하여라.

u_0(L/h)	1.5	3.6	9.0	30.0
C_{Af}(mol/L)	0.340	0.500	0.667	0.857

해설

$V=0.1\text{L}$

$$\varepsilon_A = y_{A0}\delta = \frac{1-2}{2} = -\frac{1}{2}$$

$$C_A = \frac{C_{A0}(1-X_A)}{1+\varepsilon_A X_A} = \frac{1-X_A}{1-\frac{1}{2}X_A}$$

$$-r_A = \frac{C_{A0}-C_A}{\tau} = \frac{C_{A0}X_A}{\tau} = \frac{v_0 C_{A0} X_A}{V}$$

v_0	C_A	X_A	$-r_A = \frac{v_0 C_{A0} X_A}{V}$	$\log C_A$	$\log(-r_A)$
1.5	0.340	0.795	11.925	−0.4685	1.076
3.6	0.500	0.667	24.012	−0.301	1.38
9.0	0.667	0.5	45	−0.1759	1.653
30.0	0.857	0.25	75	−0.067	1.875

$$-r_A = kC_A^n$$

$$\underbrace{\log(-r_A)}_{Y} = \underbrace{\log k}_{y\text{절편}} + \overbrace{n}^{\text{기울기(차수)}}\underbrace{\log C_A}_{X}$$

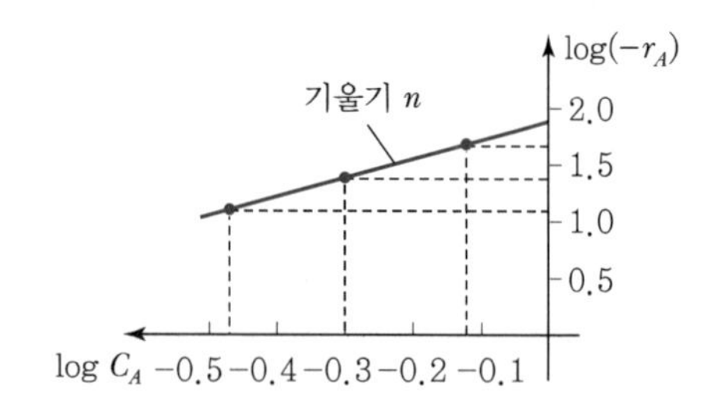

$$slope = \frac{1.875-1.076}{-0.067-(-0.4685)} = 2 \text{ : 2차 반응}$$

$$-r_A = kC_A^2$$

$11.925 = k \times 0.34^2 \rightarrow k = 103$

$24.012 = k \times 0.5^2 \rightarrow k = 96.048$

$45 = k \times 0.667^2 \rightarrow k = 101$

$75 = k \times 0.857^2 \rightarrow k = 102$

$$k_{av} = \frac{103+96.048+101+102}{4}$$

$$= 100.5 \fallingdotseq 100\text{L/mol h}$$

$\therefore$ 속도식 $-r_A = (100\text{L/mol h})\,C_A{}^2$

21 반응물 A가 아래와 같이 반응하고, 이 반응이 회분식 반응기에서 진행될 때, R 물질의 최대 농도(mol/L)는?(단, 반응기에 A물질만 1.0mol/L로 공급하였다.)

$$A \xrightarrow{k_1} R \begin{cases} \xrightarrow{k_2} S \\ \xrightarrow{k_3} T \end{cases} \qquad k_1=6\text{h}^{-1},\ k_2=3\text{h}^{-1},\ k_3=1\text{h}^{-1}$$

해설

$$A \xrightarrow{k_1} R \begin{cases} \xrightarrow{k_2} S \\ \xrightarrow{k_3} T \end{cases}$$

$$-r_A = \frac{-dC_A}{dt} = k_1 C_A$$

$$-\ln\frac{C_A}{C_{A0}} = k_1 t$$

$$\therefore\ C_A = C_{A0}e^{-k_1 t}$$

$$-r_R = \frac{-dC_R}{dt} = -k_1 C_A + (k_2+k_3)C_R$$

$$-\frac{dC_R}{dt} = -k_1 C_A + (k_2+k_3)C_R$$

㉠ 라플라스 변환 이용

$$\frac{dC_R}{dt} = k_1 C_A - (k_2+k_3)C_R$$

$$\frac{dC_R}{dt} + (k_2+k_3)C_R = k_1 C_{A0}e^{-k_1 t}$$

$$sC_R(s) + (k_2+k_3)C_R(s) = \frac{k_1 C_{A0}}{(s+k_1)}$$

$$C_R(s) = \frac{k_1 C_{A0}}{(s+k_1)(s+(k_2+k_3))}$$

$$= \frac{k_1 C_{A0}}{k_2+k_3-k_1}\left(\frac{1}{s+k_1} - \frac{1}{s+(k_2+k_3)}\right)$$

$$\therefore\ C_R(t) = \frac{k_1 C_{A0}}{k_2+k_3-k_1}\left[e^{-k_1 t} - e^{-(k_2+k_3)t}\right]$$

㉡ 적분인자 이용

$$C_R e^{\int (k_2+k_3)dt} = \int k_1 C_{A0} e^{-k_1 t} e^{\int (k_2+k_3)dt} dt$$

$$C_R e^{(k_2+k_3)t} = \int k_1 C_{A0} e^{-k_1 t} e^{(k_2+k_3)t} dt$$

$$= \int k_1 C_{A0} e^{(k_2+k_3-k_1)t} dt$$

$$= \frac{k_1 C_{A0}}{k_2+k_3-k_1} e^{(k_2+k_3-k_1)t} \Big|_0^t$$

$$= \frac{k_1 C_{A0}}{k_2+k_3-k_1} \left[e^{(k_2+k_3-k_1)t} - 1 \right]$$

$$\therefore\ C_R = \frac{k_1 C_{A0}}{k_2+k_3-k_1} \left[e^{-k_1 t} - e^{-(k_2+k_3)t} \right]$$

R의 최대 농도를 구하면

$$\frac{dC_R}{dt} = 0$$

$$\frac{dC_R}{dt} = \frac{k_1 C_{A0}}{k_2+k_3-k_1} \left[-k_1 e^{-k_1 t} + (k_2+k_3) e^{-(k_2+k_3)t} \right] = 0$$

$$k_1 e^{-k_1 t} = (k_2+k_3) e^{-(k_2+k_3)t}$$

$$\frac{k_1}{k_2+k_3} = e^{[k_1-(k_2+k_3)]t}$$

$$\ln \frac{k_1}{k_2+k_3} = [k_1-(k_2+k_3)] t_{\max}$$

$$\therefore\ t_{\max} = \frac{\ln \frac{k_1}{k_2+k_3}}{k_1-(k_2+k_3)} = \frac{\ln \frac{6}{3+1}}{6-(3+1)} = 0.2\text{h}$$

$$C_{R \cdot \max} = \frac{k_1 C_{A0}}{k_2+k_3-k_1} \left[e^{-k_1 t_{\max}} - e^{-(k_2+k_3)t_{\max}} \right]$$

$$= \frac{6 \times 1}{3+1-6} \left[e^{-6\times 0.2} - e^{-(3+1)\times 0.2} \right]$$

$$= 0.444\text{mol/L}$$

22 215℃에서 균일계 기체반응 $A \to 3R$의 반응속도식은 $-r_A = 10^{-2} C_A^{\frac{1}{2}}$ (mol/L s)이다. 215℃, 5atm에서 작동되는 플러그흐름반응기에 50% A와 50% 불활성 물질을 갖는 공급물이 유입될 때 80% 전화율을 일으키는 데 필요한 공간시간을 구하시오.(단, $C_{A0}=0.0625$ mol/L이다.)

해설

$y_{A0}=0.5$, 215℃, 5atm → PFR (τ) → $X_A=0.8$

$$\varepsilon_A = y_{A0}\delta = \frac{1}{2} \times \frac{3-1}{1} = 1$$

$$\tau = C_{A0}\int_0^{X_A} \frac{dX_A}{-r_A} = C_{A0}\int_0^{X_A} \frac{dX_A}{k C_{A0}^{\frac{1}{2}} \left(\frac{1-X_A}{1+\varepsilon_A X_A} \right)^{\frac{1}{2}}}$$

$$= \frac{C_{A0}^{\frac{1}{2}}}{k} \int_0^{0.8} \left(\frac{1+X_A}{1-X_A} \right) dX_A$$

㉠ 도시적분

X_A	$\frac{1+X_A}{1-X_A}$	$\left(\frac{1+X_A}{1-X_A}\right)^{\frac{1}{2}}$
0	1	1
0.2	$\frac{1.2}{0.8}=1.5$	1.227
0.4	2.3	1.528
0.6	4	2
0.8	9	3

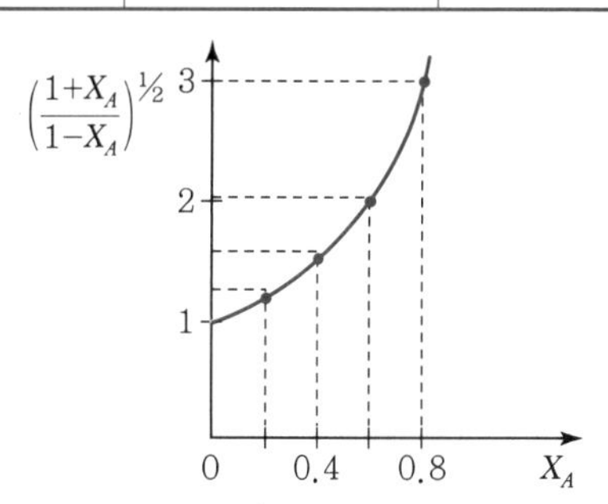

$$\text{Area} = \int_0^{0.8} \left(\frac{1+X_A}{1-X_A} \right)^{\frac{1}{2}} dX_A = (1.70)(0.8) = 1.36$$

$$\tau = \frac{(0.0625)^{\frac{1}{2}}}{10^{-2}} \times 1.36 = 34\text{s}$$

㉡ 수치적분

$$\int_0^{0.8} \left(\frac{1+X_A}{1-X_A} \right)^{\frac{1}{2}} dX_A$$

$$= (0.8) \left[\frac{1(1)+4(1.227)+2(1.528)+4(2)+1(3)}{12} \right]$$

$$= 1.331$$

$$\tau = \frac{(0.0625)^{\frac{1}{2}}}{10^{-2}} \times 1.331 = 33.28\text{s}$$

PART 06

화공계측 제어

CHAPTER 01

라플라스 변환

미분방정식을 대수방정식으로 전환시켜주는 라플라스 변환을 활용함으로써 공정 제어 시스템의 표현과 해석이 용이하게 이루어질 수 있다.

Reference

일반적인 공정제어 시스템

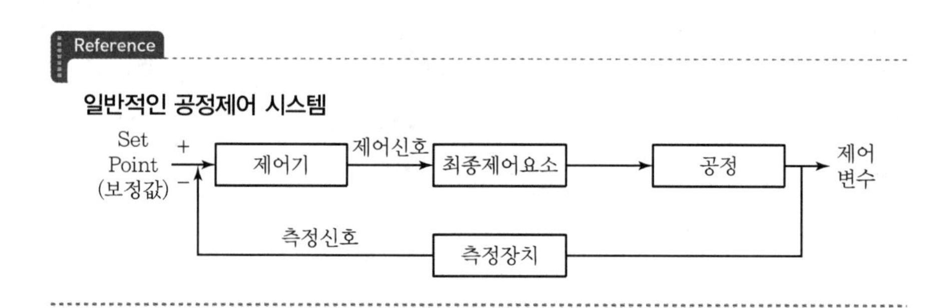

TIP

변수

㉠ 입력변수
- 조절변수 : 제어기에 의해 조절되는 변수
- 외부교란변수 : 공정에 바람직하지 않은 영향을 미치는 변수

㉡ 출력변수
- 제어변수 : 원하는 값으로 유지되어야 하는 변수

TIP

자동차를 원하는 방향, 속도로 운전하는 경우

- 공정 : 자동차
- 측정요소(센서) : 눈
- 제어기 : 뇌(머리)
- 최종제어요소 : 손, 발

cf 조작변수 : 핸들

TIP

미분방정식(t에 대한 함수)
- 라플라스 변환(s에 대한 함수)
- 라플라스 역변환(t에 대한 함수)

1. 라플라스 변환

$$F(s) = \mathcal{L}\{f(t)\} = \int_0^{\infty} f(t)e^{-st}dt$$

1) 주요 함수의 라플라스 변환

$f(t)$	$F(s) = \mathcal{L}\{f(t)\}$
$\delta(t)$	1
$u(t)$	$\frac{1}{s}$
t	$\frac{1}{s^2}$
t^n	$\frac{n!}{s^{n+1}}$
e^{-at}	$\frac{1}{s+a}$
te^{-at}	$\frac{1}{(s+a)^2}$

$f(t)$	$F(s) = \mathcal{L}\{f(t)\}$
$\frac{t^{n-1}e^{-at}}{(n-1)!}$	$\frac{1}{(s+a)^n}$
$\frac{1}{a-b}(e^{-bt}-e^{-at})$	$\frac{1}{(s+a)(s+b)}$
$\sin\omega t$	$\frac{\omega}{s^2+\omega^2}$
$\cos\omega t$	$\frac{s}{s^2+\omega^2}$
$\sinh\omega t$	$\frac{\omega}{s^2-\omega^2}$
$\cosh\omega t$	$\frac{s}{s^2-\omega^2}$
$e^{-at}\sin\omega t$	$\frac{\omega}{(s+a)^2+\omega^2}$
$e^{-at}\cos\omega t$	$\frac{s+a}{(s+a)^2+\omega^2}$

2) 라플라스 변환의 주요 특성

① 선형성

$$\mathcal{L}\{af(t)+bg(t)\} = aF(s)+bG(s)$$

② 시간지연

$$\mathcal{L}\{f(t-\theta)u(t-\theta)\} = e^{-\theta s}F(s)$$

③ 미분식의 라플라스 변환

$$\mathcal{L}\left\{\frac{df(t)}{dt}\right\} = sF(s)-f(0)$$

$$\mathcal{L}\left\{\frac{d^2f(t)}{dt^2}\right\} = s^2F(s)-sf(0)-f'(0)$$

$$\mathcal{L}\left\{\frac{d^nf(t)}{dt^n}\right\} = s^nF(s)-s^{n-1}f(0)-s^{n-2}f'(0) - \cdots - s\frac{d^{n-2}f(0)}{dt^{n-2}} - \frac{d^{n-1}f(0)}{dt^{n-1}}$$

PART 1 PART 2 PART 3 PART 4 PART 5 PART 6 PART 7 PART 8

Exercise 01

다음 방정식을 라플라스 변환시켜 $F(s)$를 구하여라.

$$2\frac{df(t)}{dt} + f(t) = 3,\ f(0) = 1$$

풀이

$$2\frac{df(t)}{dt} + f(t) = 3,\ f(0) = 1$$

$$2[sF(s) - f(0)] + F(s) = \frac{3}{s}$$

$$2[sF(s) - 1] + F(s) = \frac{3}{s}$$

$$\therefore\ F(s) = \frac{2s+3}{2s^2+s}$$

④ 적분식의 라플라스 변환

$$\mathcal{L}\left[\int_0^t f(x)dx\right] = \frac{1}{s}F(s)$$

⑤ s 평면에서 평행이동

$$\mathcal{L}\left[e^{at}f(x)\right] = F(s-a)$$

⑥ 시간의 곱

$$\mathcal{L}\left[tf(t)\right] = -\frac{dF(s)}{ds}$$

⑦ 초기치 정리

$$\lim_{t\to 0} f(t) = \lim_{s\to\infty} sF(s)$$

⑧ 최종치 정리

$$\lim_{t\to\infty} f(t) = \lim_{s\to 0} sF(s)$$

Exercise 02

$F(s)=\dfrac{4s^4+2s^2-12}{s(s^4-2s^3+s^2-10s+4)}$ 의 초기값을 구하여라.

풀이 $\lim_{t\to 0} f(t)=\lim_{s\to\infty} sF(s)$

$=\lim_{s\to\infty} s\times\dfrac{4s^4+2s^2-12}{s(s^4-2s^3+s^2-10s+4)}$

$=4$

3) 라플라스 변환 그래프

함수	함수의 표현식 $f(t)$	라플라스 변환식 $F(s)$	그래프
단위충격함수 (Impulse Function)	$\delta(t)$	1	0
단위계단함수 (Step Function)	$u(t)$	$\frac{1}{s}$	1, 0
단위경사함수 (Ramp Function)	t	$\frac{1}{s^2}$	0
포물선 함수	$t^n u(t)$	$\frac{n!}{s^{n+1}}$	0
지수감쇠함수	e^{-at}	$\frac{1}{s+a}$	1, 0
정현파함수	$A\sin\omega t$	$A\frac{\omega}{s^2+\omega^2}$	A, 0
여현파함수	$A\cos\omega t$	$A\frac{s}{s^2+\omega^2}$	A, 0

2. 미분방정식 풀이

1) 역라플라스 변환

$F(s) \rightarrow f(t)$

라플라스 변환 $F(s)$을 시간의 함수 $f(t)$로 역변환한다.

$f(t) = \mathcal{L}^{-1}[F(s)]$

Exercise **03**

$F(s) = \dfrac{s^2+2s-10}{s^2(s^2+4s+5)}$ 일 때, $f(t)$를 구하여라.

풀이 먼저 $F(s)$를 부분 분수로 바꾼다.

$$F(s) = \frac{s^2+2s-10}{s^2(s^2+4s+5)} = \frac{A}{s} + \frac{B}{s^2} + \frac{Cs+D}{s^2+4s+5}$$

우변을 정리하면

$$\frac{As(s^2+4s+5)+B(s^2+4s+5)+(Cs+D)s^2}{s^2(s^2+4s+5)}$$

$$= \frac{(A+C)s^3+(4A+B+D)s^2+(5A+4B)s+5B}{s^2(s^2+4s+5)}$$

좌변과 우변이 같아야 하므로

$\therefore$ $A+C=0$, $4A+B+D=1$, $5A+4B=2$, $5B=-10$ → $B=-2$, $A=2$, $C=-2$, $D=-5$

$$\therefore F(s) = \frac{2}{s} + \frac{-2}{s^2} + \frac{-2s-5}{s^2+4s+5}$$

$$= \frac{2}{s} - \frac{2}{s^2} - \frac{2s+5}{s^2+4s+5}$$

$$= \frac{2}{s} - \frac{2}{s^2} - \frac{2(s+2)+1}{(s+2)^2+1}$$

$$= \frac{2}{s} - \frac{2}{s^2} - 2\frac{(s+2)}{(s+2)^2+1} - \frac{1}{(s+2)^2+1}$$

$$\therefore f(t) = 2-2t-2e^{-2t}\cos t - e^{-2t}\sin t$$

2) 미분방정식 풀이

Exercise **04**

공정의 동특성이 다음과 같은 2차 선형 미분방정식으로 나타나는 경우, 시간에 따른 출력 $y(t)$를 구하여라.

$$\frac{d^2y(t)}{dt^2}+3\frac{dy(t)}{dt}+2y(t)=5u(t) \qquad y(0)=\frac{dy(0)}{dt}=0$$

풀이

$$s^2Y(s)+3sY(s)+2Y(s)=\frac{5}{s} \qquad \therefore\ Y(s)=\frac{5}{s(s^2+3s+2)}$$

$\frac{5}{s(s^2+3s+2)}$를 부분분수로 나타내면 다음과 같다.

$$\begin{aligned}\frac{5}{s(s^2+3s+2)}&=\frac{5}{s(s+1)(s+2)}=\frac{A}{s}+\frac{B}{s+1}+\frac{C}{s+2}\\&=\frac{A(s+1)(s+2)+Bs(s+2)+Cs(s+1)}{s(s+1)(s+2)}\\&=\frac{(A+B+C)s^2+(3A+2B+C)s+2A}{s(s+1)(s+2)}\end{aligned}$$

좌변과 우변이 같아야 하므로

$$\left.\begin{aligned}&A+B+C=0\\&3A+2B+C=0\\&2A=5\end{aligned}\right\}\rightarrow \begin{aligned}&A=\frac{5}{2}\\&B=-5\\&C=\frac{5}{2}\end{aligned}$$

$$\therefore\ Y(s)=\frac{5/2}{s}-\frac{5}{s+1}+\frac{5/2}{s+2}$$

$$\therefore\ y(t)=\frac{5}{2}u(t)-5e^{-t}+\frac{5}{2}e^{-2t}$$

Exercise **05**

$\frac{2dy}{dt}+y(t)=x(t)$, $y(0)=0$, $x(t)=u(t-1)$일 때 출력변수 $y(t)$를 구하여라.

풀이

$$X(s)=\frac{e^{-s}}{s} \qquad 2sY(s)+Y(s)=\frac{e^{-s}}{s}$$

$$\therefore\ Y(s)=\frac{e^{-s}}{s(2s+1)}$$

$$Y(s)=\left(\frac{1}{s}-\frac{2}{2s+1}\right)e^{-s}$$

$$y(t)=1-e^{-\frac{1}{2}(t-1)}$$

3) 선형화 방법

(1) 편차변수

어떤 공정변수의 시간에 따른 값과 정상상태값의 차이

$$x'(t) = x(t) - x_s$$

여기서, $x(t)$: 변수 x의 시간에 따른 값
x_s : x의 정상상태값
x' : 편차변수

(2) Taylor 급수전개

$$f(x) \cong f(x_s) + \frac{df(x_s)}{dx}(x - x_s)$$

$$f(x, y) \cong f(x_s, y_s) + \frac{\partial f(x_s, y_s)}{\partial x}(x - x_s) + \frac{\partial f(x_s, y_s)}{\partial y}(y - y_s)$$

Exercise 06

액체 탱크로부터의 액체 유출량은 탱크 내 액위 h의 함수로서 $q_o = c\sqrt{h}$ 로 주어진다. 이를 선형화하시오.

풀이

$$q_{os} = c\sqrt{h_s} + \frac{c}{2\sqrt{h_s}}(h - h_s)$$

$$= \frac{c\sqrt{h_s}}{2} + \frac{c}{2\sqrt{h_s}}h$$

CHAPTER 02

전달함수와 블록선도

1. 전달함수

- 공정의 전달함수는 공정의 입력변수와 출력변수 사이의 동적 관계를 나타내주는 함수이다.
- 공정의 입력변수와 출력변수 사이의 관계를 블록선도를 이용하여 알기 쉽게 표현할 수 있다.

입력변수 $x(t)$ → [공정 Process] → 출력변수 $y(t)$

$$G(s) = \frac{Y(s)}{X(s)}$$

1) 액체저장탱크

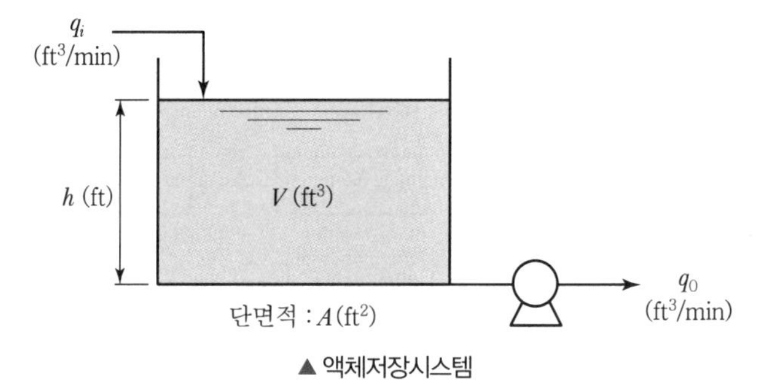

▲ 액체저장시스템

$$\frac{d}{dt}(\rho V) = q_i\rho - q\rho$$

$V = Ah$, ρ는 일정할 때

$$A\frac{dh}{dt} = q_i - q$$

Reference

유출 유량 q와 액위 h의 관계

- 유출량 q가 액위 h에 비례하는 경우

  비례상수를 $\frac{1}{R_u}$이라 하면

  $q=\frac{1}{R_u}h$

  $\therefore\ A\frac{dh}{dt}=q_i-\frac{1}{R_u}h$

- 유출량 q가 액위 h의 제곱근에 비례하는 경우

  비례상수를 C_u라 두면

  $q=C_u\sqrt{h}$

  선형화하면 $\sqrt{h}\cong\sqrt{h_s}+\frac{1}{2\sqrt{h_s}}(h-h_s)$

  $\therefore\ A\frac{dh}{dt}=q_i-C_u\sqrt{h_s}-\frac{C_u}{2\sqrt{h_s}}(h-h_s)$

2. 블록선도

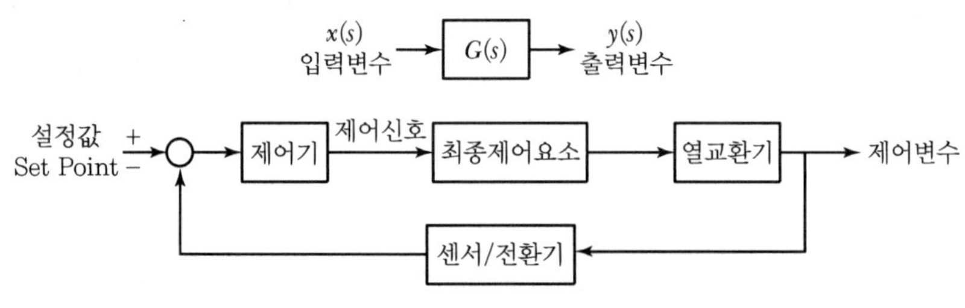

▲ 열교환기 제어시스템의 블록선도

1) 총괄전달함수

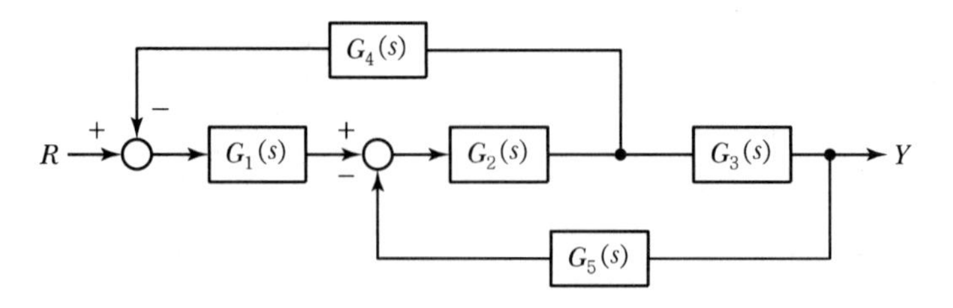

블록선도를 해석하면

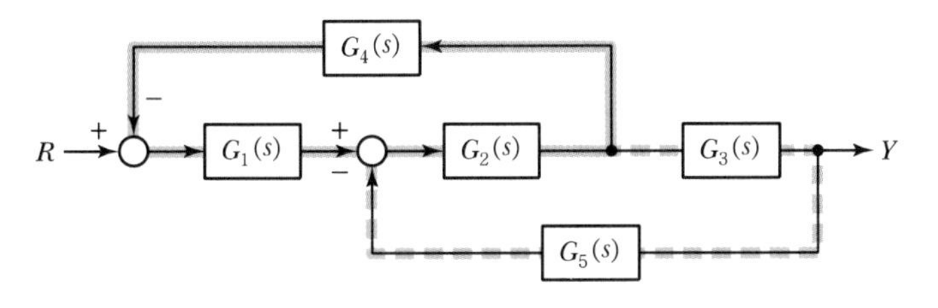

$$G(s)=\frac{Y(s)}{R(s)}=\frac{\text{직선}}{1+\text{회선}(1)+\text{회선}(2)+\cdots+\text{회선}(n)}$$

직선 : ⟶, 회선 :

$$G(s)=\frac{G_1G_2G_3}{1+G_1G_2G_4+G_2G_3G_5}$$

TIP

• 풀이 과정

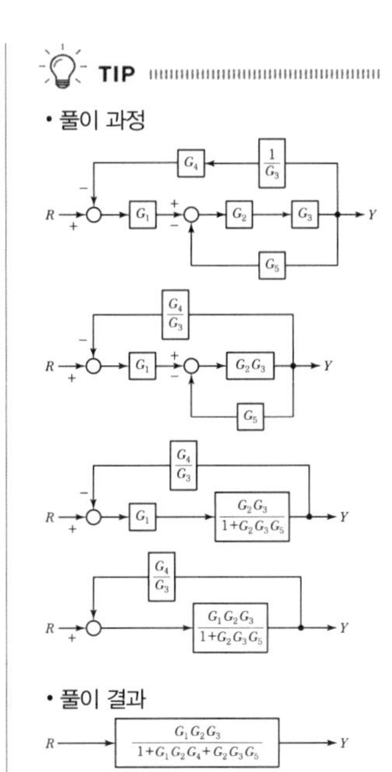

• 풀이 결과

$$R \rightarrow \frac{G_1G_2G_3}{1+G_1G_2G_4+G_2G_3G_5} \rightarrow Y$$

Exercise **01**

다음 블록선도에서 $\frac{C}{R}$의 전달함수를 구하시오.

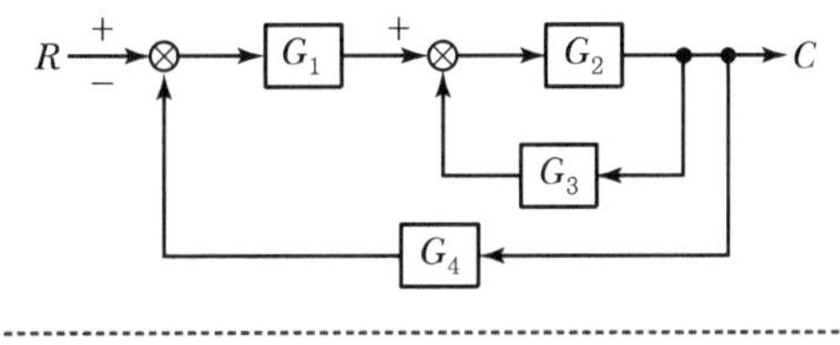

풀이 $G(s)=\frac{C(s)}{R(s)}=\frac{G_1G_2}{1+G_2G_3+G_1G_2G_4}$

3. 1차 공정의 동특성

1차 공정은 그 모델식이 1차 미분방정식으로 표현되는 공정을 의미한다. 따라서 1차 공정의 전달함수의 분모는 s의 1차 식이 된다.

1) 1차 공정의 전달함수

$$a\frac{dy}{dt}+by=cx(t)$$

$b=0$일 때

$a\dfrac{dy}{dt}=cx(t)$

$\dfrac{dy}{dt}=\dfrac{c}{a}x(t)$

$y(0)=0$

$\dfrac{c}{a}=K'$

$sY(s)=K'X(s)$

$\therefore\ G(s)=\dfrac{Y(s)}{X(s)}=\dfrac{K'}{s}$

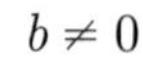

$b\neq 0$

$$\frac{a}{b}\frac{dy}{dt}+y=\frac{c}{b}x(t)$$

여기서, $\dfrac{a}{b}=\tau$: 시간상수

$\dfrac{c}{b}=K$: 이득(Gain)

$$\tau\frac{dy}{dt}+y=Kx(t)$$

$$\tau sY(s)+Y(s)=KX(s)$$

$$\therefore\ G(s)=\frac{Y(s)}{X(s)}=\frac{K}{\tau s+1}$$

2) 수은온도계

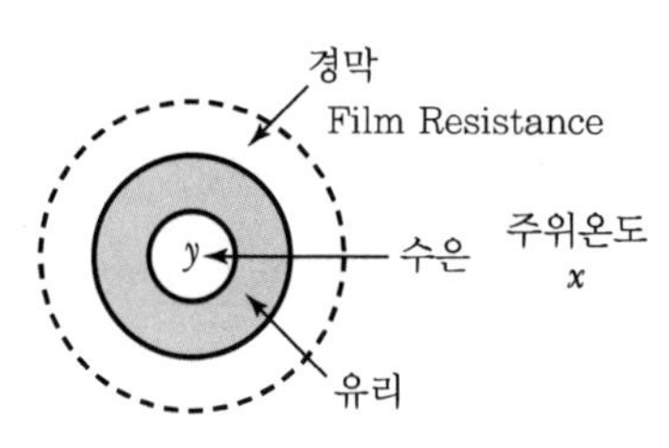

▲ 온도계 단면도

입력속도 − 출력속도 = 축적속도

$$hA(x-y)-0=mC\frac{dy}{dt}$$

편차변수

$x-x_s=X$

$y-y_s=Y$

$$hA(X-Y)-0=mC\frac{dY}{dt}$$

여기서, A : 유리구의 전열면적

C : 수은의 비열

m : 유리구 내의 수은의 양

t : 시간

h : 열전달의 경막계수

혼합공정

q, $x(t)$ 소금수용액 → $y(t)$, q

입구농도 : x　출구농도 : y

소금수용액 유입속도 − 소금수용액 유출속도 = 소금수용액 축적속도

$qx-qy=\dfrac{d(Vy)}{dt}$

$V\dfrac{dy}{dt}+qy=qx$

$\dfrac{V}{q}\dfrac{dy}{dt}+y=x$

$\tau=\dfrac{V}{q}$

$\tau sY(s)+Y(s)=X(s)$

$G(s)=\dfrac{Y(s)}{X(s)}=\dfrac{1}{\tau s+1}$

$$hA(X-Y) = mC\frac{dY}{dt}$$

$$\frac{mC}{hA}\frac{dY}{dt} = X - Y$$

$\frac{mC}{hA} = \tau$를 대입하면

$$\tau\frac{dY}{dt} = X - Y$$

$$\tau s Y(s) + Y(s) = X(s)$$

$$\therefore\ G(s) = \frac{Y(s)}{X(s)} = \frac{1}{\tau s + 1}$$

Reference

일반적인 공정 입력

입력	그래프	함수	라플라스 변환
임펄스 (Impulse)	0	$u(t) = \delta(t)$	$U(s) = 1$
계단 (Step)	A, 0	$u(t) = A \quad (t \geq 0)$	$U(s) = \frac{A}{s}$
블록 임펄스	Δt, A	$u(t) = A$	$U(s) = \frac{A}{s}[1 - e^{\Delta ts}]$
경사 (Ramp)	a, 0	$u(t) = at \quad (t \geq 0)$ $u(t) = 0 \quad (t < 0)$	$U(s) = \frac{a}{s^2}$
사인파	P(주기), A	$u(t) = A\sin\omega t \quad (t \geq 0)$	$U(s) = \frac{A\omega}{s^2 + \omega^2}$

3) 교반공정의 계단응답 특성

(1) 교반공정의 모델링

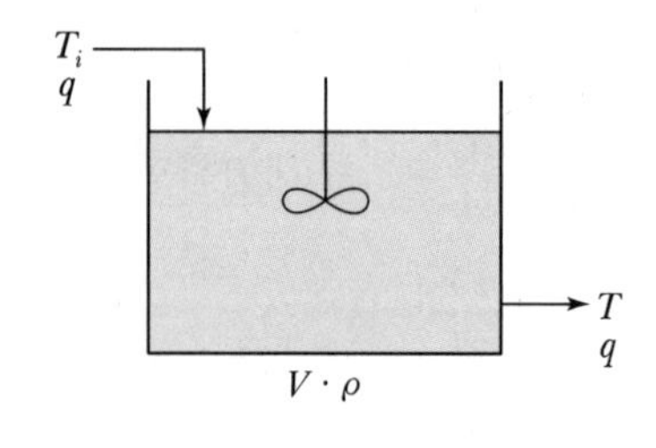

$$\frac{d(\rho V C_p T)}{dt} = \rho q C_p (T_i - T)$$

$$\frac{V}{q}\frac{dT}{dt} = T_i - T$$

$$\tau \frac{dT}{dt} = T_i - T$$

$$\tau s T(s) + T(s) = T_i(s)$$

전달함수 $G(s) = \dfrac{T(s)}{T_i(s)} = \dfrac{1}{\tau s + 1}$

> **TIP**
> 시간상수 τ
> 교반공정의 경우
> $\tau = \dfrac{V}{q} = \dfrac{[\mathrm{m}^3]}{[\mathrm{m}^3/\mathrm{s}]} = [\mathrm{s}]$

(2) 교반공정의 계단응답 특성

① 1차 공정의 전달함수

$$G(s) = \frac{T(s)}{T_i(s)} = \frac{1}{\tau s + 1}$$

② 입력함수 : A 크기의 계단입력

$$T_i(s) = \frac{A}{s}$$

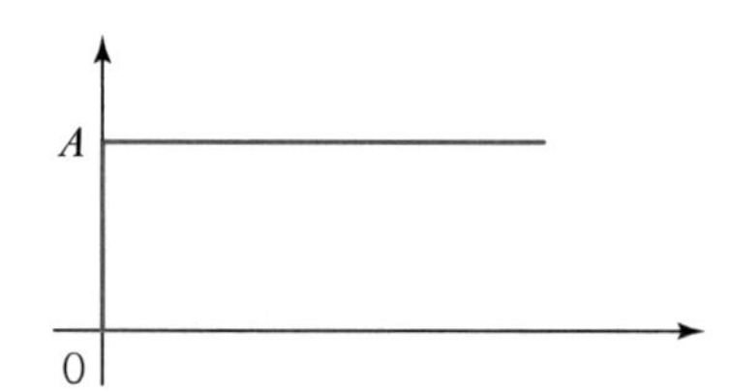

③ 출력함수(s)

$$T(s) = G(s)T_i(s) = \frac{K}{\tau s + 1} \cdot \frac{A}{s}$$

④ 출력함수(t) : 역라플라스 변환

$$T(s) = \frac{KA}{s(\tau s + 1)} = KA\left(\frac{1}{s} - \frac{1}{s + 1/\tau}\right)$$

$$\therefore\ T(t) = A(1 - e^{-t/\tau})$$

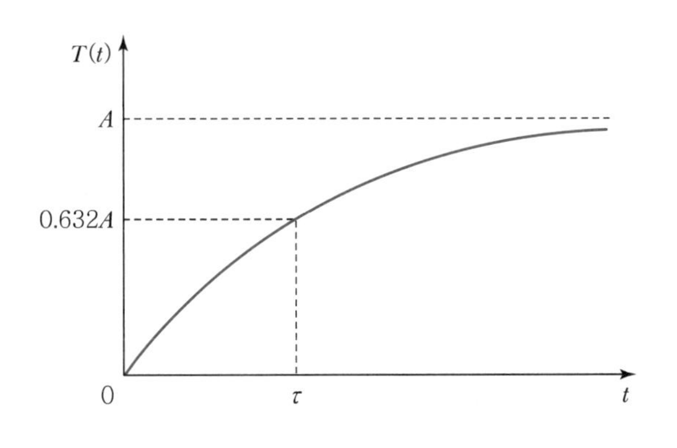

t	$y(t)/KA$
0	0
τ	0.632
2τ	0.865
3τ	0.950
4τ	0.982
5τ	0.993
∞	1.0

4) 1차 공정의 응답형태

(1) 계단응답

① 1차 공정의 전달함수

$$G(s) = \frac{Y(s)}{X(s)} = \frac{K}{\tau s + 1}$$

$$X(s) \longrightarrow \boxed{\frac{K}{\tau s+1}} \longrightarrow Y(s)$$

② 입력함수 : A 크기의 계단입력

$$X(s) = \frac{A}{s}$$

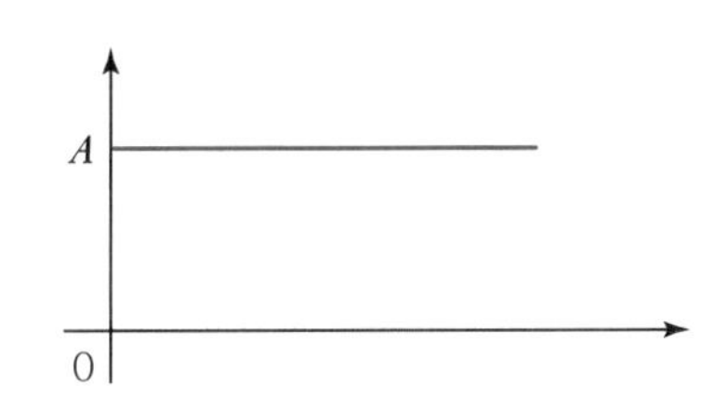

③ 출력함수(s)

$$Y(s) = G(s)X(s) = \frac{K}{\tau s + 1}\frac{A}{s}$$

④ 출력함수(t) : 역라플라스 변환

$$y(t) = KA(1 - e^{-t/\tau})$$

(2) 1차 공정의 단위 임펄스 응답 특성

① 1차 공정의 전달함수

$$G(s) = \frac{Y(s)}{X(s)} = \frac{K}{\tau s + 1}$$

TIP

시간 지연이 있는 경우

$y(t) = KA(1 - e^{-(t-\theta)/\tau})$

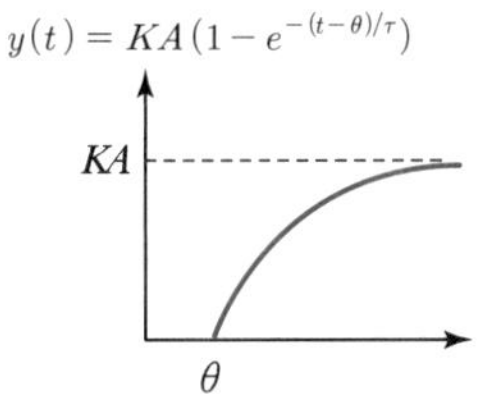

TIP

시간상수

- 시간의 단위를 갖는다.
- 시간상수가 크면 클수록 입력변화에 대한 응답속도는 느려진다.
- 액체저장탱크 : $\tau = AR$
- 교반공정 : $\tau = \frac{V}{q}$
- 온도계 : $\tau = \frac{mC}{hA}$
- 가열공정 : $\tau = \frac{\rho V}{\omega}$

② 입력함수 : 단위 임펄스 입력

$X(s) = 1$

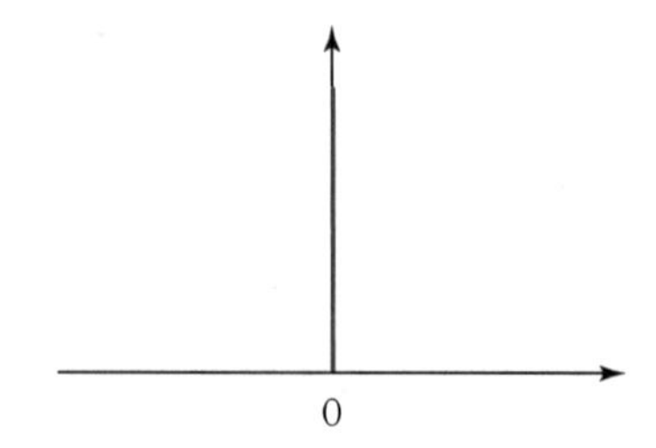

③ 출력함수(s)

$$Y(s) = G(s)X(s) = \frac{K}{\tau s + 1} \cdot 1$$

④ 출력함수(t) : 역라플라스 변환

$$y(t) = \frac{K}{\tau} e^{-t/\tau}$$

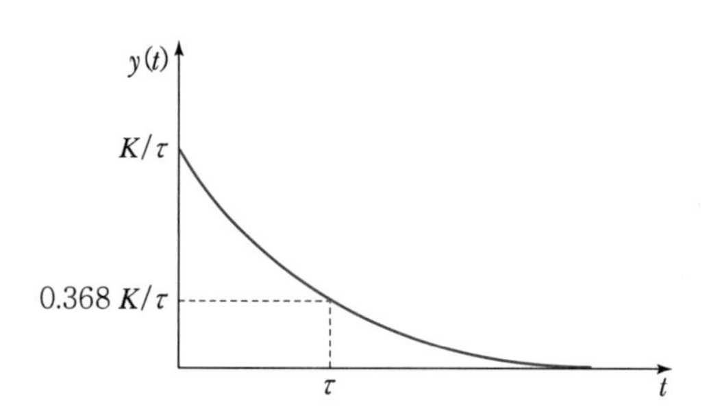

(3) 블록펄스(Block Pulse) 응답

① 1차 공정의 전달함수

$$G(s) = \frac{Y(s)}{X(s)} = \frac{K}{\tau s + 1}$$

② 입력함수

$$X(s) = \frac{H}{s}(1 - e^{-Ts})$$

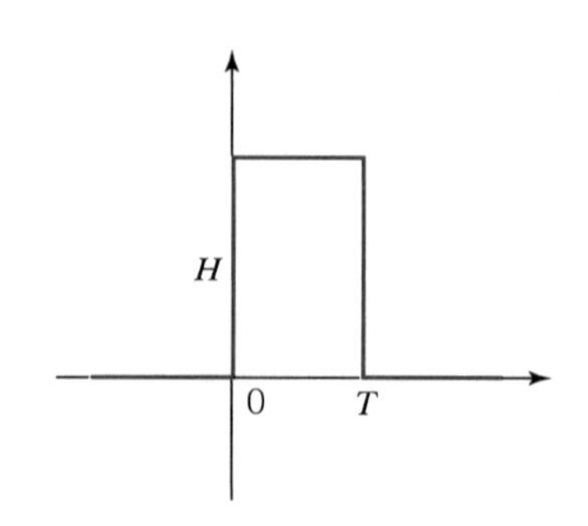

③ 출력함수(s)

$$Y(s)=\frac{KH}{s(\tau s+1)}(1-e^{-Ts})$$

④ 출력함수(t)

$$y(t)=KH[1-e^{-t/\tau}-\{1-e^{-(t-T)/\tau}\}u(t-T)]$$

(4) 경사함수 응답

① 1차 공정의 전달함수

$$G(s)=\frac{Y(s)}{X(s)}=\frac{K}{\tau s+1}$$

② 입력함수 : 경사함수 입력

$$X(s)=\frac{A}{s^2},\ X(t)=Atu(t)$$

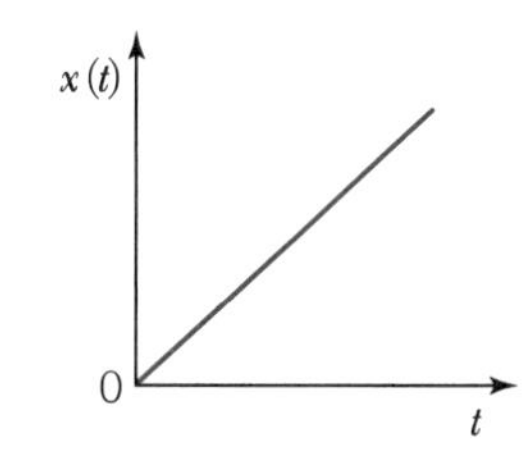

③ 출력함수(s)

$$Y(s)=G(s)X(s)=\frac{K}{\tau s+1}\frac{A}{s^2}=KA\left(\frac{\tau^2}{\tau s+1}-\frac{\tau}{s}+\frac{1}{s^2}\right)$$

④ 출력함수(t) : 역라플라스 변환

$y(t)=KA(t+\tau e^{-t/\tau}-\tau)$

시간이 무한히 지나면 $(t\rightarrow\infty)$, $e^{-t/\tau}$ 항은 무시할 수 있으므로

$y(t)=KA(t-\tau)$가 된다.

(5) Sine 함수의 응답

① 1차 공정의 전달함수 : $G(s)=\dfrac{K}{\tau s+1}$

② 입력함수

$$X(t)=A\sin\omega t\,u(t),\ X(s)=A\frac{\omega}{s^2+\omega^2}$$

TIP

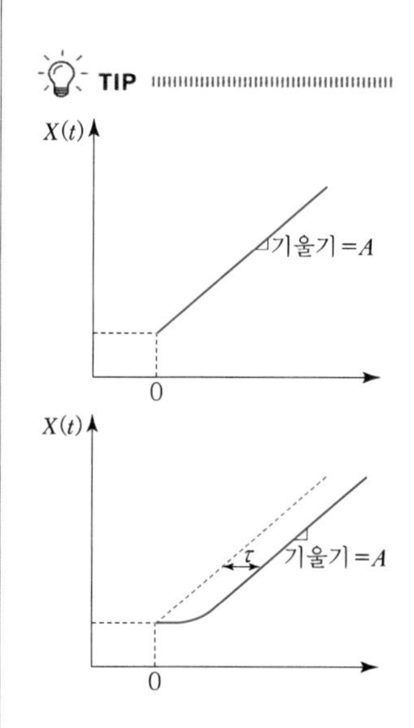

sin파 응답

- 입력

$y = A\sin\omega t$

- 출력

$y = \dfrac{KA}{\sqrt{1+\tau^2\omega^2}}\sin(\omega t+\phi)$
$= \hat{A}\sin(\omega t+\phi)$

$\therefore\ AR(\text{진폭비}) = \dfrac{\hat{A}}{A} = \dfrac{\frac{KA}{\sqrt{1+\tau^2\omega^2}}}{A} = \dfrac{K}{\sqrt{1+\tau^2\omega^2}}$

$\therefore\ \phi(\text{위상각}) = -\tan^{-1}(\tau\omega)$

③ 출력함수

$$Y(s) = G(s)X(s) = \frac{KA\omega}{(\tau s+1)(s^2+\omega^2)}$$

$$Y(s) = \frac{KA}{1+\tau^2\omega^2}\left(\frac{\tau^2\omega}{\tau s+1} - \frac{\tau\omega s}{s^2+\omega^2} + \frac{\omega}{s^2+\omega^2}\right)$$

역라플라스 변환하면

$$y(t) = \frac{KA\omega\tau}{1+\tau^2\omega^2}e^{-t/\tau} + \frac{KA}{\sqrt{1+\tau^2\omega^2}}\sin(\omega t+\phi)$$

여기서, ϕ는 위상각 : $\phi = \tan^{-1}(-\tau\omega)$

$t \rightarrow \infty$ 일 때

$$y(\infty) = \frac{KA}{\sqrt{1+\tau^2\omega^2}}\sin(\omega t+\phi)$$

진동주기 $T = \dfrac{2\pi}{\omega}$

(6) 기타 입력에 대한 응답

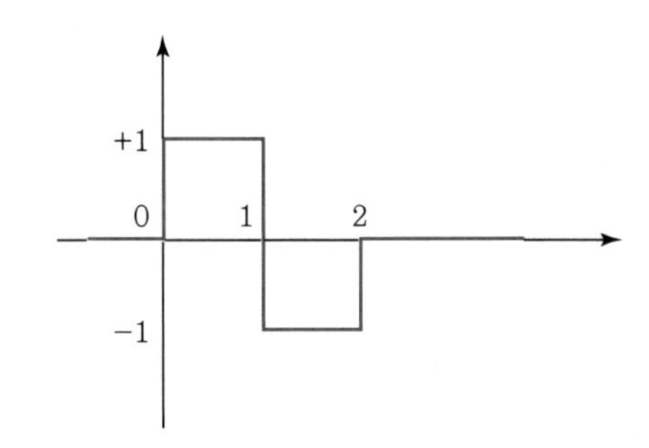

$$y(t) = u(t) - 2u(t-1) + u(t-2)$$

$$\therefore\ Y(s) = \frac{1}{s} - \frac{2e^{-s}}{s} + \frac{e^{-2s}}{s}$$

$$= \frac{1}{s}(1 - 2e^{-s} + e^{-2s})$$

Exercise **02**

이득(Gain)이 1인 1차계로 나타낼 수 있는 수은온도계가 0℃를 가리키고 있다. 이 온도계를 항온조 속에 넣고 3분이 경과한 후 온도계는 40℃를 가리켰다. 수은온도계의 시간상수가 2분일 때 항온조의 온도를 구하시오.

풀이

$$G(s) = \frac{Y(s)}{X(s)} = \frac{K}{\tau s+1}$$

입력함수 $X(s) = \frac{A}{s}$

출력함수 $Y(s) = \frac{KA}{s(\tau s+1)} = KA\left(\frac{1}{s} - \frac{\tau}{\tau s+1}\right)$

$y(t) = KA(1-e^{-\frac{t}{\tau}})$

$K=1,\ \tau=2$

$y(3) = A(1-e^{-\frac{3}{2}}) = 40$

$\therefore\ A = 51.49$℃

Exercise **03**

그림과 같은 응답을 보이는 시간함수에 대한 라플라스 함수를 구하시오.

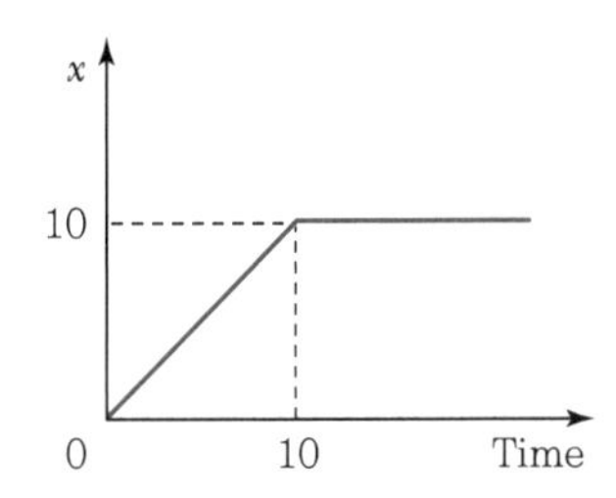

풀이

$$f(t) = \begin{cases} t & (0 \le t < 10) \\ 10 & (t \ge 10) \end{cases}$$

$$\therefore\ F(s) = \frac{1}{s^2} - \frac{e^{-10s}}{s^2}$$

Exercise **04**

시간상수 τ가 0.1분이고, 이득 K_P가 1이며, 1차 공정의 특성을 지닌 온도계가 초기에 90℃를 유지하고 있다. 이 온도계를 100℃의 물속에 넣었을 때 온도계의 읽음값이 98℃가 되는 데 걸리는 시간을 구하시오.

풀이

$$G(s) = \frac{1}{\tau s+1} = \frac{1}{0.1s+1}$$

$x(t) = 10 \rightarrow X(s) = \frac{10}{s}$

$$Y(s)=\frac{1}{0.1s+1}\cdot\frac{10}{s}=10\left(\frac{1}{s}-\frac{1}{s+10}\right)$$

$$y(t)=10(1-e^{-10t})$$

$$8=10(1-e^{-10t})$$

$$1-e^{-10t}=0.8$$

$$e^{-10t}=0.2$$

$$-10t=\ln 0.2$$

$$\therefore\ t=0.161\,\text{min}$$

4. 2차 공정의 동특성

$X(s) \rightarrow \boxed{G(s)=\frac{K}{\tau^2s^2+2\tau\zeta s+1}} \rightarrow Y(s)$

$$G(s)=\frac{Y(s)}{X(s)}=\frac{K}{\tau^2s^2+2\zeta\tau s+1}$$

여기서, τ : 시간상수
ζ : 제동비

1) 입력변수가 단위계단변화인 경우

$$X(s)=\frac{1}{s}$$

$$\begin{aligned}Y(s)&=G(s)X(s)\\&=\frac{K}{s(\tau^2s^2+2\tau\zeta s+1)}\\&=\frac{K}{\tau^2 s(s-r_1)(s-r_2)}\\&=\frac{K}{\tau^2}\left\{\frac{A}{s}+\frac{B}{s-r_1}+\frac{C}{s-r_2}\right\}\end{aligned}$$

$$\therefore\ r_1=\frac{-\zeta+\sqrt{\zeta^2-1}}{\tau},\ r_2=\frac{-\zeta-\sqrt{\zeta^2-1}}{\tau}$$

$$A=\frac{1}{r_1r_2},\ B=\frac{1}{r_1(r_1-r_2)},\ C=\frac{1}{r_2(r_2-r_1)}$$

2차 공정의 전달함수의 분모를 0으로 둔 방정식의 근 r_1과 r_2로부터 응답 $Y(t)$는 제동비 ζ의 값에 따라 좌우된다는 것을 짐작할 수 있다.

TIP

$X(s) \rightarrow \boxed{G_1(s)} \rightarrow \boxed{G_2(s)} \rightarrow Y(s)$

$$\begin{aligned}G(s)&=G_1(s)G_2(s)\\&=\left(\frac{K_1}{\tau_1 s+1}\right)\left(\frac{K_2}{\tau_2 s+1}\right)\\&=\frac{K}{\tau_1\tau_2 s^2+(\tau_1+\tau_2)s+1}\end{aligned}$$

$$G(s)=\frac{K}{\tau^2s^2+2\tau\zeta s+1}$$

$$\therefore\ \tau=\sqrt{\tau_1\tau_2}$$

$$\zeta=\frac{\tau_1+\tau_2}{2\sqrt{\tau_1\tau_2}}$$

㉠ 비간섭계

$$q=\frac{h}{R}$$

$$\therefore\ \frac{H_2(s)}{Q_i(s)}=\frac{R_2}{(\tau_1 s+1)(\tau_2 s+1)}$$

$\tau_1=R_1A_1$

$\tau_2=R_2A_2$

㉡ 간섭계

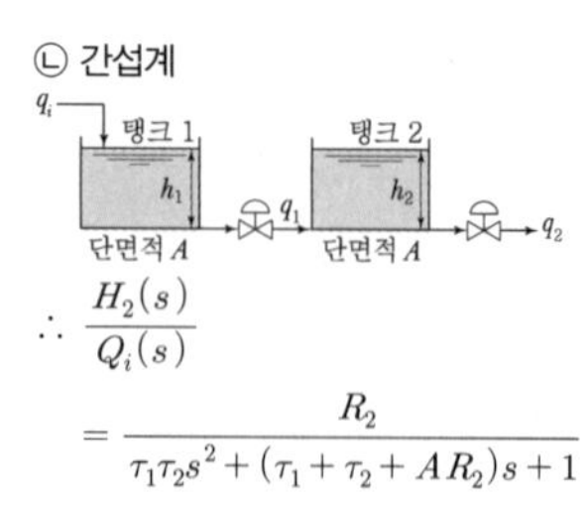

$$\therefore\ \frac{H_2(s)}{Q_i(s)}=\frac{R_2}{\tau_1\tau_2 s^2+(\tau_1+\tau_2+AR_2)s+1}$$

① $\zeta < 1$

㉠ 과소감쇠된 시스템(Underdamped System)

㉡ r_1, r_2는 허근

㉢ ζ가 작아질수록 진동의 폭은 커진다.

㉣ 역라플라스 변환

$$Y(t) = K\left\{1 - e^{-\zeta t/\tau}\left(\cos\frac{\sqrt{1-\zeta^2}}{\tau}t + \frac{\zeta}{\sqrt{1-\zeta^2}}\sin\frac{\sqrt{1-\zeta^2}}{\tau}t\right)\right\}$$

$$Y(t) = K\left\{1 - \frac{1}{\sqrt{1-\zeta^2}}e^{-\zeta t/\tau}\sin\left(\frac{\sqrt{1-\zeta^2}}{\tau}t + \phi\right)\right\}$$

$$\phi = \tan^{-1}\left(\frac{\sqrt{1-\zeta^2}}{\zeta}\right)$$

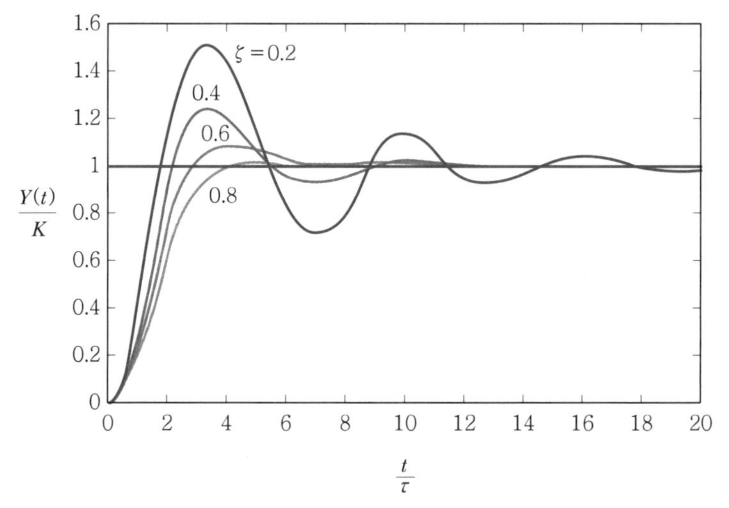

▲ 과소감쇠된 시스템의 계단응답

② $\zeta = 1$

㉠ 임계감쇠된 시스템(Critically Damped System)

㉡ $r_1 = r_2$ 중근

㉢ $Y(t)$는 진동을 보이지 않으면서 정상상태값에 가장 빠르게 도달한다.

$$Y(t) = K\left\{1 - \left(1 + \frac{t}{\tau}\right)e^{-t/\tau}\right\}$$

TIP

예 감쇠진동기

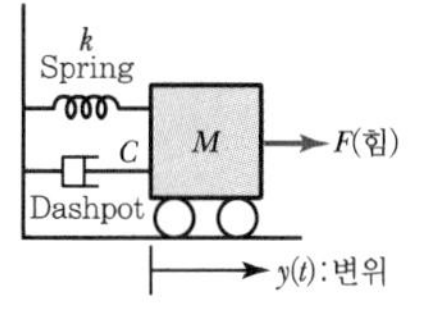

여기서, k : Hook 상수
C : 감쇠계수

$$M\frac{d^2y(t)}{dt^2} = -ky(t) - c\frac{dy(t)}{dt} + F(t)$$

$$M\frac{d^2y(t)}{dt^2} + c\frac{dy(t)}{dt} + ky(t) = F(t)$$

$$\frac{M}{k}\frac{d^2y(t)}{dt^2} + \frac{c}{k}\frac{dy(t)}{dt} + y(t) = \frac{F(t)}{k}$$

$$\tau^2\frac{d^2y(t)}{dt^2} + 2\tau\zeta\frac{dy(t)}{dt} + y(t) = x(t)$$

$$\frac{M}{k} = \tau^2$$

$$\frac{c}{k} = 2\tau\zeta$$

$$\frac{F(t)}{k} = x(t)$$

$$\tau^2 s^2 Y(s) + 2\tau\zeta s Y(s) + Y(s) = X(s)$$

$$\therefore \frac{Y(s)}{X(s)} = \frac{1}{\tau^2 s^2 + 2\tau\zeta s + 1}$$

TIP

2차 공정의 계단응답 특성

- 시간상수 τ가 작으면 응답이 빠르다.
- $\zeta < 1$일 때에만 진동이 일어난다.
- ζ가 커질수록 응답이 느려진다.
- 진동이 없으면서 가장 빠른 응답은 $\zeta = 1$일 때 얻어진다.

③ $\zeta > 1$

㉠ 과도감쇠된 시스템(Overdamped System)

㉡ r_1, r_2는 서로 다른 2개의 실근

㉢ 응답은 진동을 보이지 않으나 $\zeta = 1$인 경우보다 느리게 정상상태값에 도달한다.

$$Y(t) = K\left[1 - \frac{1}{2}e^{-\zeta t/\tau}\left\{\left(1 + \frac{\zeta}{\sqrt{\zeta^2 - 1}}\right)e^{\frac{\sqrt{\zeta^2-1}}{\tau}t} + \left(1 - \frac{\zeta}{\sqrt{\zeta^2 - 1}}\right)e^{\frac{-\sqrt{\zeta^2-1}}{\tau}t}\right\}\right]$$

> **TIP**
> 실제 화학공장의 열린 루프(Open-loop) 응답은 임계감쇠, 또는 과도감쇠 시스템의 응답과 유사하며 열린 루프 응답이 거의 진동을 보이지 않는다. 그러나 닫힌 루프(Closed-loop) 시스템이 되면 진동이 흔히 일어난다.

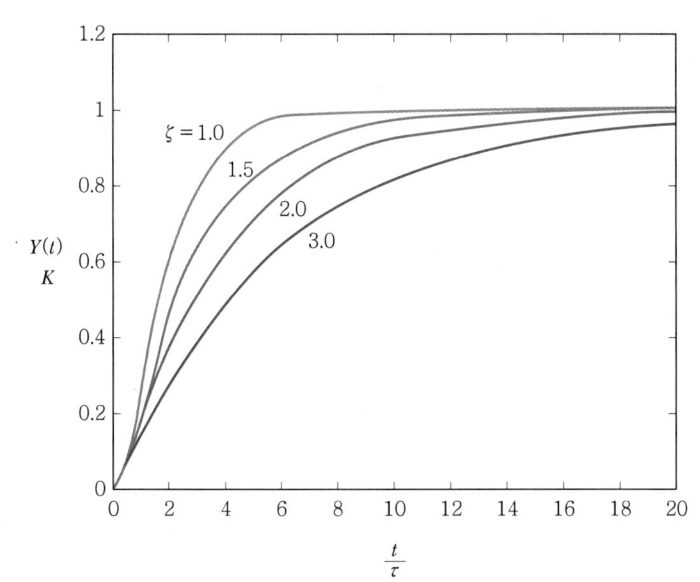

▲ 과도감쇠된 시스템의 계단응답

2) $\zeta < 1$ 과소감쇠 공정의 응답 특성

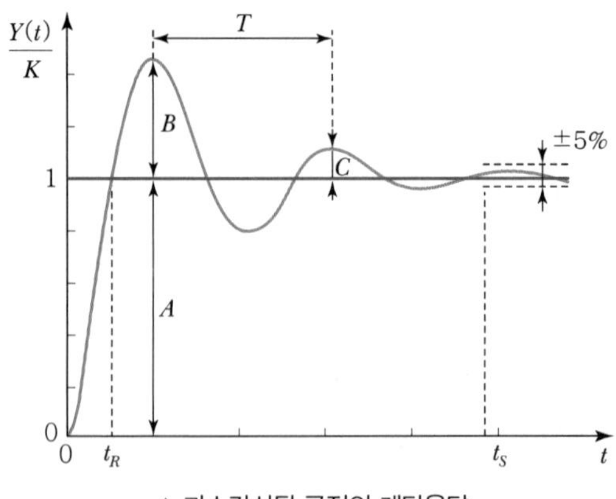

▲ 과소감쇠된 공정의 계단응답

오버슈트 **(Overshoot)**	응답이 정상상태값을 초과하는 정도를 나타내는 양이며, 다음과 같이 정의한다. $\text{Overshoot} = \dfrac{B}{A} = \exp\left(-\dfrac{\pi\zeta}{\sqrt{1-\zeta^2}}\right)$
감쇠비 **(Decay Ratio)**	진폭이 줄어드는 비율을 의미한다. $\text{감쇠비} = \dfrac{C}{B} = \exp\left(-\dfrac{2\pi\zeta}{\sqrt{1-\zeta^2}}\right) = (\text{Overshoot})^2$
주기(T)	진동의 주기를 나타낸다. $T = \dfrac{2\pi\tau}{\sqrt{1-\zeta^2}}$
진동수(f)	주기 T의 역수로 진동응답의 시간당 진동수를 나타낸다. $f = \dfrac{1}{T} = \dfrac{\sqrt{1-\zeta^2}}{2\pi\tau}$ 라디안(Radian) 진동수 $\omega = 2\pi f = \dfrac{\sqrt{1-\zeta^2}}{\tau}$
고유진동주기(T_n)와 **고유진동수(f_n)**	$\zeta = 0$일 때의 주기와 진동수를 의미한다. $T_n = 2\pi\tau,\ f_n = \dfrac{1}{T_n} = \dfrac{1}{2\pi\tau}$
상승시간 **(Rise Time, t_R)**	응답이 최초로 최종값(정상상태값)에 도달하는 데 걸린 시간을 의미한다.
안정시간 **(Setting Time, t_S)**	응답이 최종값의 ±5% 이내에 위치하기 시작할 때까지 걸린 시간을 의미한다.
최초 진동의 피크에 **도달하는 시간(t_P)**	$\dfrac{dY(t)}{dt} = 0$으로부터 $t_P = \dfrac{\pi\tau}{\sqrt{1-\zeta^2}}$

3) 2차 공정의 Sine 응답 

진폭이 A인 Sine 함수 $X(t) = A\sin\omega t$이면 $X(s) = \dfrac{A\omega}{s^2+\omega^2}$

출력함수 $Y(s) = \dfrac{KA\omega}{(s^2+\omega^2)(\tau^2 s^2 + 2\tau\zeta s + 1)}$

역라플라스 변환하면

$$Y(t) = e^{-\zeta t/\tau}\left(C_1\cos\frac{\sqrt{1-\zeta^2}}{\tau}t + C_2\sin\frac{\sqrt{1-\zeta^2}}{\tau}t\right) + \frac{KA}{\sqrt{(1-\tau^2\omega^2)^2+(2\tau\zeta\omega)^2}}\sin(\omega t+\phi)$$

여기서, C_1, C_2 : 상수

$$\phi = -\tan^{-1}\left(\frac{2\tau\omega\zeta}{1-\tau^2\omega^2}\right)$$

TIP

- 입력
  $x(t) = A\sin\omega t$
- 출력
  $y(t) = \dfrac{KA}{\sqrt{(1-\tau^2\omega^2)^2+(2\tau\zeta\omega)^2}} \times \sin(\omega t+\phi) = \hat{A}\sin(\omega t+\phi)$

$\phi = -\tan^{-1}\left(\dfrac{2\tau\zeta\omega}{1-\tau^2\omega^2}\right)$

$\therefore AR = \dfrac{\hat{A}}{A} = \dfrac{K}{\sqrt{(1-\tau^2\omega^2)^2+(2\tau\omega\zeta)^2}}$

시간이 상당히 흐르면 $e^{-\zeta t/\tau}$항은 0에 가까워지므로 응답 $Y(t)$는 일정한 진동을 가지는 Sine 곡선이 된다.

$$\lim_{t \to \infty} Y(t) = \frac{KA}{\sqrt{(1-\tau^2\omega^2)^2 + (2\tau\omega\zeta)^2}} \sin(\omega t + \phi)$$

위 식과 같이 일정한 진동을 가지는 응답을 시스템의 진동응답이라 한다.

Reference

진폭비(Amplitude Ratio, AR)

- 진폭비 $AR = \dfrac{\text{출력변수의 진폭}}{\text{입력변수의 진폭}} = \dfrac{K}{\sqrt{(1-\tau^2\omega^2)^2 + (2\tau\omega\zeta)^2}}$
- 정규진폭비 $AR_N = \dfrac{AR}{K} = \dfrac{\text{진폭비}}{\text{공정의 정상상태이득}} = \dfrac{1}{\sqrt{(1-\tau^2\omega^2)^2 + (2\tau\omega\zeta)^2}}$
- AR_N의 최댓값은 위의 식을 ω에 대하여 미분한 다음 0으로 놓고 구한다.

  AR_N이 최대일 경우 $\tau\omega = \sqrt{1-2\zeta^2}$ 이며,

  이때의 AR_N 값은 $AR_{N \cdot \max} = \dfrac{1}{2\zeta\sqrt{1-\zeta^2}}$ 이다.

  위에서 ζ의 범위는 $0 < \zeta < 0.707$이다.

TIP

수송지연 근사법

$$e^{-\theta s} = \frac{1}{e^{\theta s}} = \frac{1}{1+\theta s + \frac{\theta^2 s^2}{2} + \frac{\theta^3 s^3}{3!}}$$

$$\therefore e^{-\theta s} \cong \frac{1}{1+\theta s}$$

$$e^{-\theta s} = \frac{e^{\frac{-\theta s}{2}}}{e^{\frac{\theta s}{2}}}$$

- Padé 1차 근사

$$e^{-\theta s} \cong \frac{1-\frac{\theta s}{2}}{1+\frac{\theta s}{2}}$$

- Padé 2차 근사

$$e^{-\theta s} \cong \frac{1-\frac{\theta s}{2}+\frac{\theta^2 s^2}{12}}{1+\frac{\theta s}{2}+\frac{\theta^2 s^2}{12}}$$

4) 시간지연(수송지연, 불감시간)

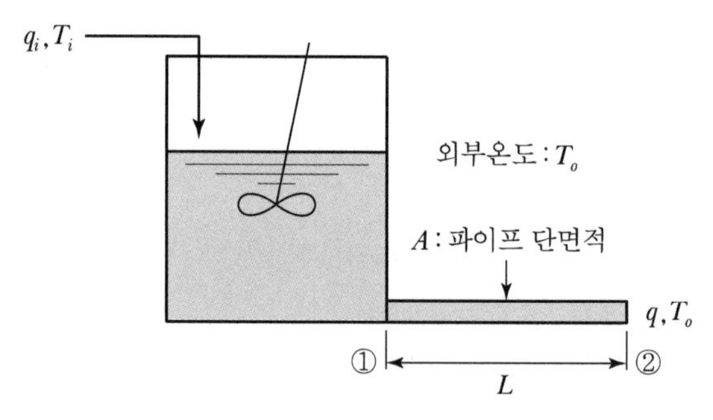

여기서, ①, ② : 유출파이프(단열, 난류흐름 가정)

$$\theta = \frac{L}{q/A} = \frac{LA}{q}$$

$$G(s) = \frac{T_o(s)}{T(s)} = e^{-\theta s}$$

Exercise 05

전달함수 $G(s)=\dfrac{3}{(2s+1)(3s+1)}$ 일 때 진폭비를 구하시오.

풀이

$$G(s)=\frac{K}{\tau^2 s^2+2\tau\zeta s+1}=\frac{3}{(2s+1)(3s+1)}$$

$$=\frac{3}{6s^2+5s+1}$$

$$\therefore \tau^2=6,\ \tau=\sqrt{6}$$

$$2\sqrt{6}\zeta=5,\ \zeta=\frac{5}{2\sqrt{6}}$$

$$K=3$$

$$AR=\frac{K}{\sqrt{(1-\tau^2\omega^2)^2+(2\tau\omega\zeta)^2}}$$

$$=\frac{3}{\sqrt{(1-6\omega^2)^2+\left(2\sqrt{6}\,\omega\cdot\dfrac{5}{2\sqrt{6}}\right)^2}}$$

$$=\frac{3}{\sqrt{1+13\omega^2+36\omega^4}}$$

5. 복합공정의 동특성

복합공정은 3차 이상의 고차공정이나 시간지연이 존재하는 1차, 2차 공정 또는 복잡한 특성을 보이는 공정을 통칭한다.

1) 고차공정

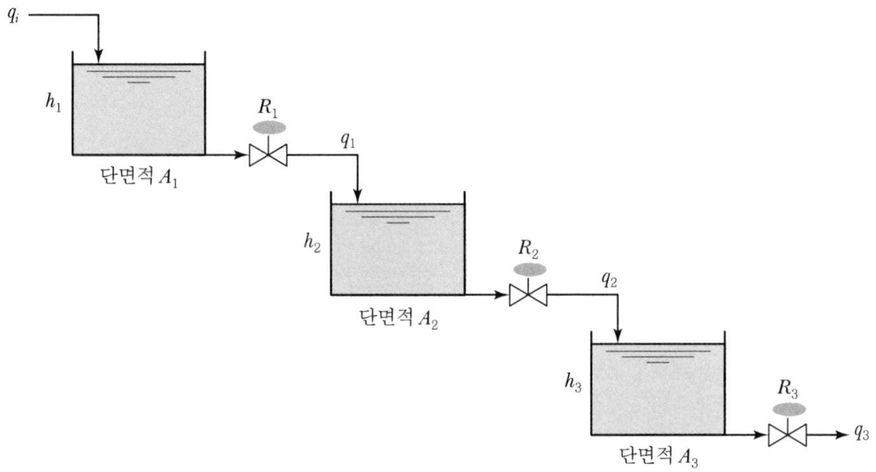

TIP

고차공정의 단위계단응답

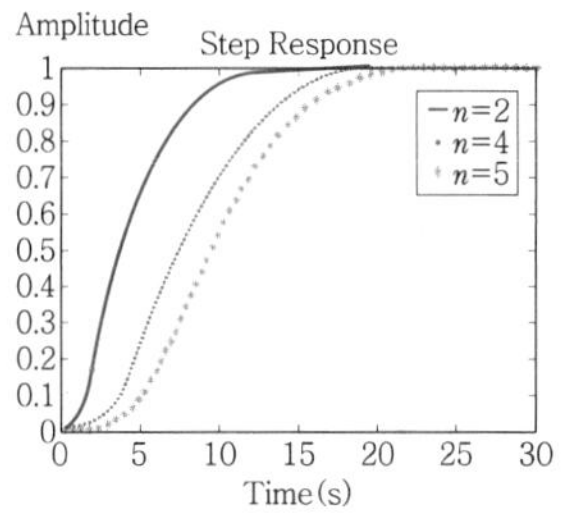

$$\frac{H_3(s)}{Q_i(s)} = \frac{H_1(s)}{Q_i(s)} \cdot \frac{H_2(s)}{H_1(s)} \cdot \frac{H_3(s)}{H_2(s)} = \frac{K_1K_2K_3}{(\tau_1 s+1)(\tau_2 s+1)(\tau_3 s+1)}$$

n개의 탱크가 연결되어 있다면 전달함수는 다음과 같다.

$$G(s) = \frac{H_n(s)}{Q_i(s)} = \prod_{i=1}^{n} G_i(s) = \frac{K}{\prod_{i=1}^{n}(\tau_i s+1)}$$

$$K = \prod_{i=1}^{n} K_i$$

TIP

Zero가 하나인 2차 공정의 계단응답의 예

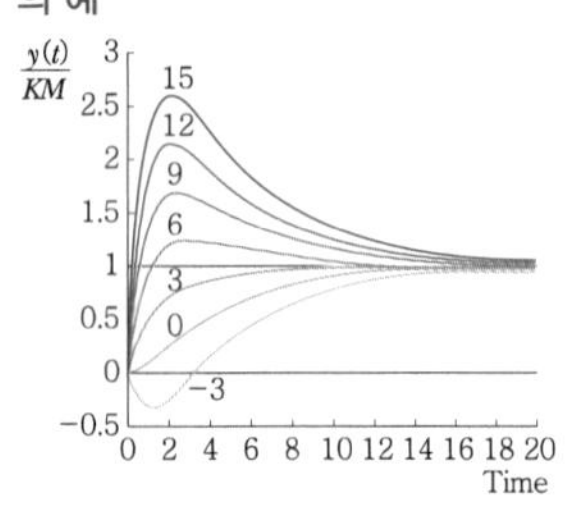

2) 역응답

$$G(s) = \frac{Y(s)}{X(s)} = \frac{K(\tau_a s+1)}{(\tau_1 s+1)(\tau_2 s+1)},\ X(s) = \frac{M}{s}$$

$$Y(s) = G(s)X(s) = \frac{KM(\tau_a s+1)}{s(\tau_1 s+1)(\tau_2 s+1)}$$

τ_a가 0보다 작을 때 응답이 처음에는 아래로 처지다가 다시 정상상태값으로 근접함을 알 수 있는데, 이러한 형태의 응답을 역응답이라고 한다.

$\tau_a < 0$이면 공정의 Zero는 양의 값을 갖는다. 따라서 공정의 Zero가 양이면 역응답이 나타날 수 있다.

▼ τ_a의 크기에 따른 응답 모양

τ_a의 크기	응답 모양
$\tau_a > \tau_1$	Overshoot가 나타남
$0 < \tau_a \le \tau_1$	1차 공정과 유사한 응답
$\tau_a < 0$	역응답

CHAPTER 03 제어계 설계

[01] 제어계의 구성

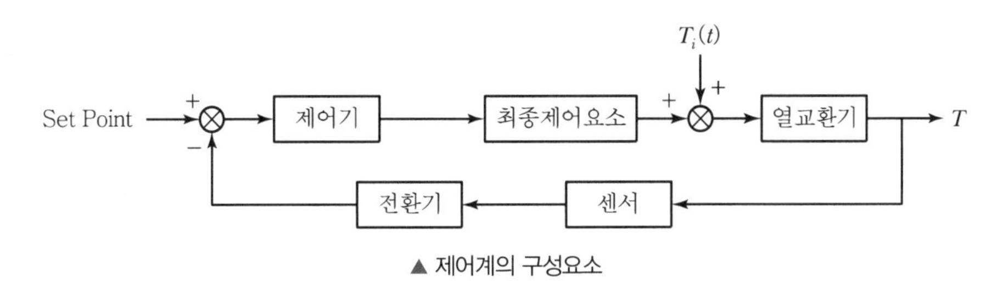

▲ 제어계의 구성요소

1. 전환기

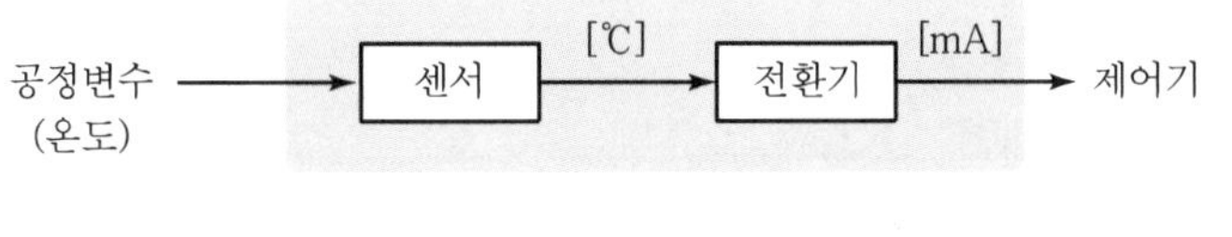

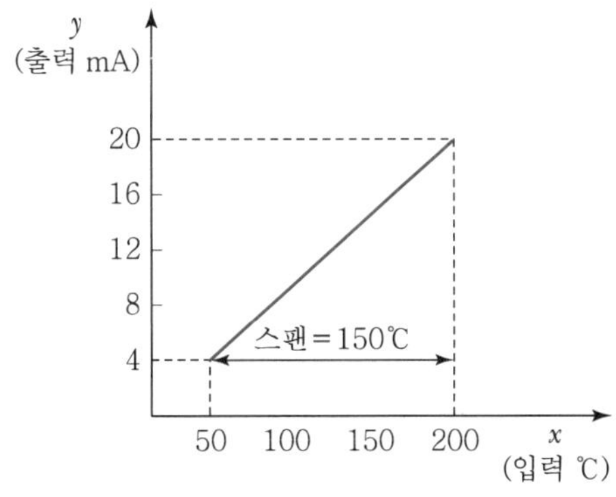

▲ 전환기의 입력과 출력

$$Y = \frac{(20-4)\text{mA}}{(200-50)℃}(X - 50℃) + 4\text{mA} = \left(0.107\frac{\text{mA}}{℃}\right)X - 1.33\text{mA}$$

$$= K_m X + C$$

여기서, K_m : 전환기의 Gain

$$K_m = \frac{\text{전환기의 출력범위}}{\text{전환기의 입력범위}}$$

TIP

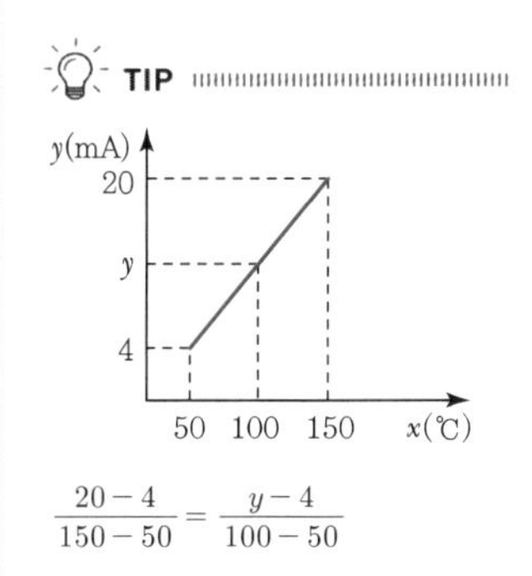

$$\frac{20-4}{150-50} = \frac{y-4}{100-50}$$

2. 제어밸브

- 최종제어요소
- 유체의 흐름을 원하는 수준으로 유지하기 위하여 사용하는 장치

FC(Fail－closed) 밸브	사고의 처리나 예방을 위해 밸브를 잠가야 할 경우 사용
FO(Fail－open) 밸브	사고의 처리나 예방을 위해 밸브를 열어야 할 경우 사용
AO(Air－to－open, 공기압 열림) 밸브	• 공기압의 증가에 따라 열리는 밸브 • 일반적으로 FC 밸브에 해당
AC(Air－to－close, 공기압 닫힘) 밸브	• 공기압의 증가에 따라 닫히는 밸브 • 일반적으로 FO 밸브에 해당

TIP

공기압 열림(AO) 제어밸브의 구조

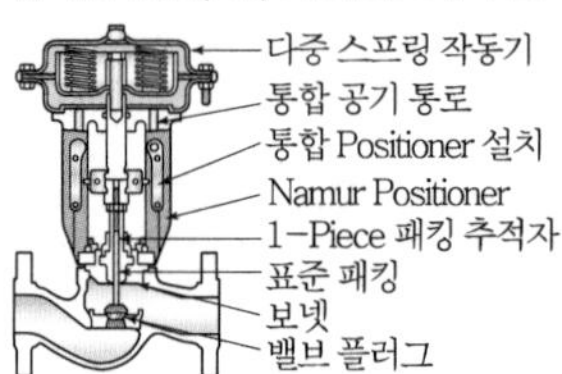

3. Feedback 제어모드

1) 제어기의 기능

제어기는 전환기로부터의 공정신호(제어변수)를 Set Point와 비교한 다음 제어변수가 Set Point로 유지되도록 적절한 제어신호를 제어밸브로 보내주는 기능을 한다.

(1) 열교환기 제어

유출온도 T가 Set Point보다 커지면?

① 제어기는 수증기 밸브를 닫아주어야 한다.

② AO밸브인 경우 제어기는 밸브로 보내는 제어신호를 감소시킨다.

③ 제어기로 도입되는 입력신호의 증가에 대해 제어기로부터의 출력신호는 감소된다(Reverse : 역동작).

TIP

- 공정이 역동작(Reverse)이면 제어기는 정동작이다.
- 공정이 정동작(Direct)이면 제어기는 역동작이다.

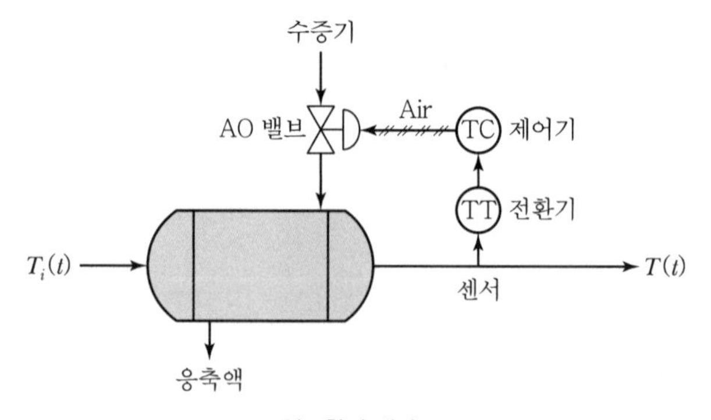

▲ 열교환기 제어구조

(2) 액위제어

액위가 Set Point 이상으로 높아지면?

① 제어기는 밸브를 열어주는 기능을 해야 한다.

② AO밸브인 경우 제어기는 밸브로 보내는 제어신호를 증가시킨다.

③ 제어기로 도입되는 입력신호의 증가에 대해 제어기로부터의 출력신호도 증가된다(Direct : 정동작).

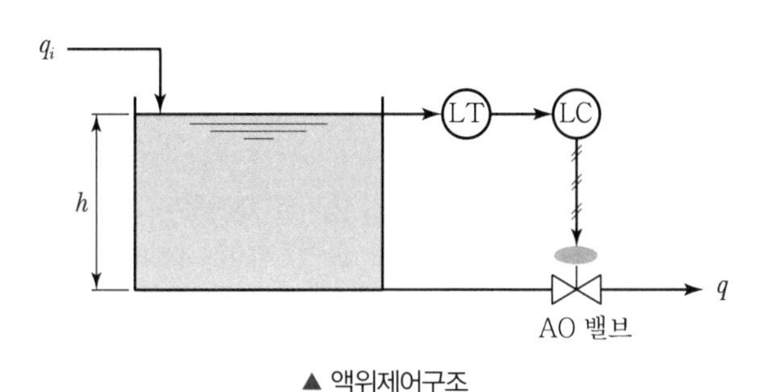

▲ 액위제어구조

2) 제어모드 ■■■

(1) 비례(P : Proportional) 제어기

① 제어기로부터의 출력신호가 Set Point와 측정된 변수값의 차이, 즉 오차에 비례하는 제어기이다.

② 제어기로부터의 출력신호 $m(t)$

$$m(t) = \overline{m} + K_c[r(t) - c_m(t)] = \overline{m} + K_c e(t)$$

여기서, $r(t)$: 설정값

$c_m(t)$: 센서/전환기에 의해 측정된 제어변수

$e(t)$: 설정값 − 제어변수, 즉 오차신호

K_c : 제어기 이득

$\overline{m}$: 오차신호 $e(t) = 0$일 때, 제어기 출력신호값 조정 가능(psig나 mA)

③ K_c는 오차신호에 대해 제어기의 출력신호가 얼마나 변할 것인지를 결정하는 파라미터이다.

④ 비례 제어기의 장단점

㉠ 장점 : 조절해 주어야 할 제어기의 파라미터는 K_c 하나뿐이다.

㉡ 단점 : 정상상태에서 항상 오차가 존재한다.

➡ 잔류편차(Offset) : 정상상태에서의 오차

⑤ 제어기의 이득 대신 비례밴드(PB : Proportional Band)를 사용한다.

$$PB(\%) = \frac{100}{K_c}$$

제어기 이득의 역수로 표현되며, 제어기의 출력신호가 최솟값에서 최댓값으로 변하는 데 필요한 %오차를 의미한다.

Exercise 01

공기식 비례 제어기는 차가운 유체의 출력온도를 60~100℉의 범위로 제어하는 데 사용된다. 제어기는 설정점이 일정한 값으로 측정온도가 71℉에서 75℉로 변할 때 출력압력이 3psig(밸브가 완전히 닫힘)에서 15psig(밸브가 완전히 열림)까지 도달하도록 조정되어 있다.

① 제어기 이득(K_c)을 구하여라.

② 제어기 이득이 0.4psi/℉로 변한다고 할 때 밸브가 완전히 열린 상태에서 완전히 닫힌 상태로 되게 하는 온도의 오차를 구하여라.

③ 비례 대역(PB%)을 구하여라.

풀이

① 이득 $= \frac{\Delta P}{\Delta \varepsilon} = \frac{15\text{psig} - 3\text{psig}}{75°\text{F} - 71°\text{F}} = 3\text{psi}/°\text{F}$

② $\Delta T = \frac{\Delta P}{\text{이득}} = \frac{12\text{psi}}{0.4\text{psi}/°\text{F}} = 30°\text{F}$

③ $\text{PB} = \frac{75°\text{F} - 71°\text{F}}{100°\text{F} - 60°\text{F}} \times 100 = 10\%$

TIP

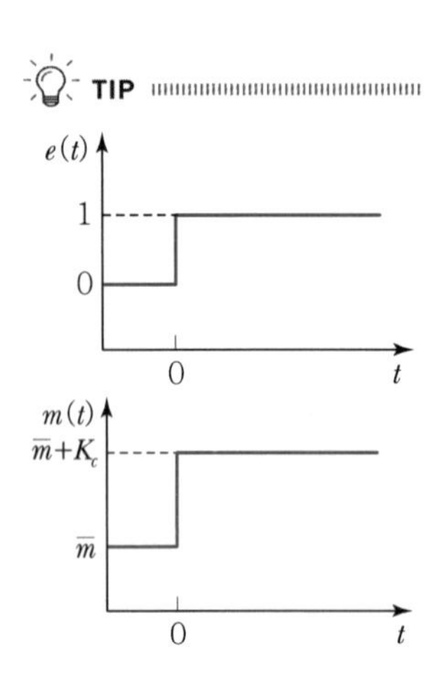

◆ PI 제어기

잔류편차는 없으나 진동성이 증가할 수 있다.

⑥ P 제어기의 계단응답

$$E(s) = \frac{1}{s}$$

$$M(s) = K_c E(s) = \frac{K_c}{s}$$

$$m'(t) = K_c u(t)$$

$$\therefore\ m(t) = K_c u(t) + m_s$$

$$= K_c u(t) + \overline{m}$$

(2) 비례－적분(PI : Proportional－Integral) 제어기

① 잔류편차를 없애주기 위해 비례 제어기에 적분기능을 추가로 붙인 것이 비례－적분 제어기이다.

$$m(t) = \overline{m} + K_c e(t) + \frac{K_c}{\tau_I}\int e(t)dt$$

여기서, τ_I : 적분시간을 나타내는 파라미터

τ_I가 작을수록 K_c/τ_I는 커지므로 적분에 더 가중치가 있게 된다.

τ_I 대신에 τ_I의 역수인 $\tau_{IR} = \dfrac{1}{\tau_I}$를 이용한다.(리셋률)

$$G_c = \frac{M(s)}{E(s)} = K_c\left(1 + \frac{1}{\tau_I s}\right)$$

② PI 제어기의 계단응답

$$E(s) = \frac{1}{s}$$

$$M(s) = K_c\left(1 + \frac{1}{\tau_I s}\right) \cdot \frac{1}{s}$$

$$= K_c\left(\frac{1}{s} + \frac{1}{\tau_I s^2}\right)$$

$$\therefore\ m'(t) = K_c\left(1 + \frac{t}{\tau_I}\right)u(t)$$

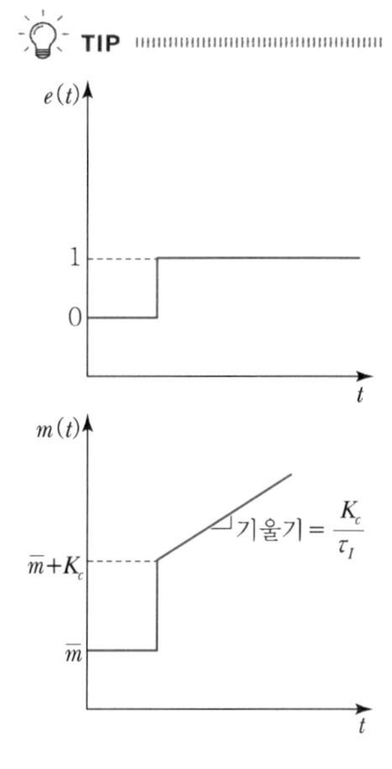

Reference

Reset Windup

- 적분 제어작용에서 나타나는 현상으로 적분 제어기의 단점이다.
- 오차 $e(t)$가 0보다 클 경우 $e(t)$의 적분값은 시간이 지날수록 점점 커진다. 실제로 사용되는 제어기의 출력값은 물리적으로 한계가 있으며 $e(t)$의 적분으로 인한 $m(t)$값은 결국 최대허용치에 머물게 될 것이다.
- 제어기 출력 $m(t)$가 최대허용치에 머물고 있음에도 불구하고 $e(t)$의 적분값은 계속 증가되는데 이 현상을 Windup이라고 한다.
- 제어기 출력이 한계에 달했음에도 불구하고 $e(t)$의 적분값이 계속 커지면, 적분작용을 중지시킨다.
- 방지 방법 : Anti Reset Windup 기법 이용

③ Offset은 없앨 수 있으나 제어시간이 오래 걸린다.

TIP

Anti Reset Windup

Reset Windup이 발생하면 제어오차의 크기와 상관없이 제어출력이 구동기의 조작한계에 포화되어 운전되므로 사실상 제어불능 상태가 된다. 제어기 출력이 오차를 줄이기 위해 포화상태에 도달한 후에도 적분항이 계속 축적된다. 제어기 출력이 포화될 때 적분제어 동작을 중지시키며, 출력이 포화되지 않을 때 적분을 재개함으로써 Reset Windup이 발생하지 않도록 한다.

(3) 비례 – 미분(PD : Proportional – Derivative) 제어기

TIP

제어기의 위상 

- PD 제어기 : 위상앞섬
  = 위상인도(Phase Lead)
- PI 제어기 : 위상지연(Phase Lag)

$$m(t) = \overline{m} + K_c e(t) + K_c \tau_D \frac{de(t)}{dt}$$

$$G_c(s) = \frac{M(s)}{E(s)} = K_c(1 + \tau_D s)$$

[미분동작]

① 공정이 변화해가는 추세를 감안하였다.

② Offset(잔류편차)은 없어지지 않으나, 최종값에 도달하는 시간을 단축한다.

③ 시상수가 큰 공정에 적합하다.

④ 측정잡음에 민감하다.

Reference

PD 제어기의 Ramp(경사) 응답

$E(s) = \frac{1}{s^2}$

$M(s) = K_c(1 + \tau_D s) \cdot \frac{1}{s^2} = K_c\left(\frac{1}{s^2} + \frac{\tau_D}{s}\right)$

$m'(t) = K_c(t + \tau_D)u(t)$

$\therefore\ m(t) = \overline{m} + K_c(t + \tau_D)u(t)$

(4) 비례 – 적분 – 미분(PID : Proportional – Integral – Derivative) 제어기

비례 제어기에 적분기능과 미분기능을 추가한 형태

$$m(t) = \overline{m} + K_c e(t) + \frac{K_c}{\tau_I}\int e(t)dt + K_c \tau_D \frac{de(t)}{dt}$$

$$G_c(s) = \frac{M(s)}{E(s)} = K_c\left(1 + \frac{1}{\tau_I s} + \tau_D s\right)$$

① K_c, τ_I, τ_D 세 개의 조절 파라미터를 가진다.

② 오차의 크기뿐 아니라 오차가 변화하는 추세, 오차의 누적양까지 감안한다.

③ 시간상수가 비교적 큰 온도 농도제어에 널리 이용한다.

TIP

잔류편차가 허용되면 P 제어기, 잔류편차가 허용되지 않으면 PI 제어기, 진동이 제거되어야 한다면 PID 제어기를 선택한다.

④ Lead/Lag 형태로 나타내기도 한다.

$$G_c(s) = K_c'\left(1+\frac{1}{\tau_I s}\right)\left(\frac{\tau_D' s+1}{\alpha\tau_D' s+1}\right)$$

여기서, $\alpha = 0.05\sim0.2$(보통은 0.1)

⑤ Offset을 없애주고 Reset 시간도 단축시키므로 가장 이상적인 제어방법이다.

⑥ 가장 널리 사용되고 있다.

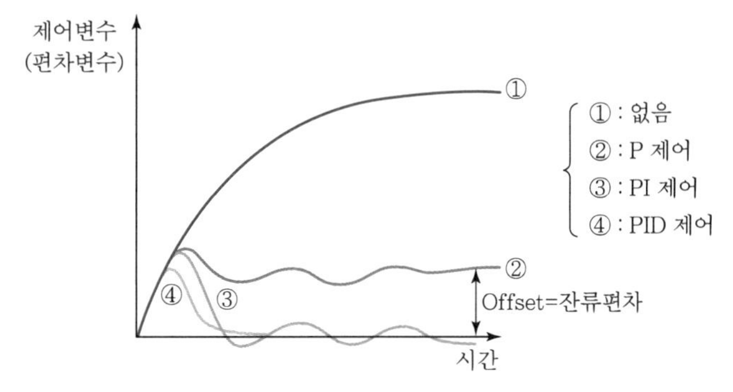

▲ 응답에 미치는 제어의 영향 관계도

Offset(잔류편차)
= 정상상태에서의 오차
$= R(\infty) - C(\infty)$

제어모드의 특성

제어기 파라미터	상승 시간	오버 슈트	안정 시간	잔류 편차
K_c를 증가	감소	증가	조금 변화	감소
τ_I를 증가	증가	감소	감소	제거
τ_D를 증가	감소	감소	감소	조금 변화

4. 과도응답

◆ 과도응답
출력이 정상상태가 되기까지의 응답

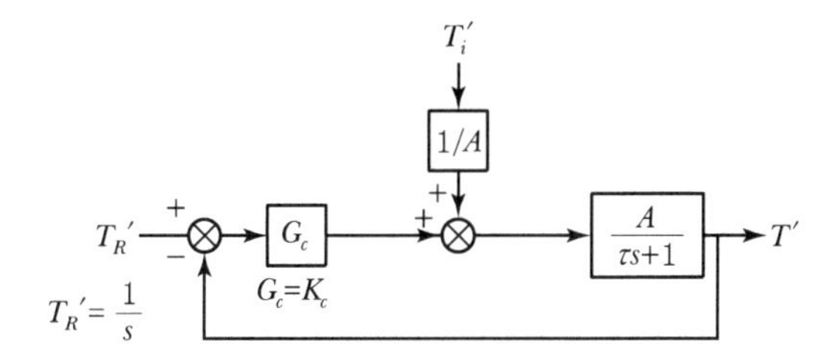

1) Servo 문제(추적제어)

$$T_R' = \frac{1}{s},\ T_i' = 0$$

$$G(s) = \frac{T'}{T_R'} = \frac{\frac{K_c A}{\tau s+1}}{1+\frac{K_c A}{\tau s+1}} = \frac{K_c A}{\tau s+1+K_c A}$$

$$Y(s) = \frac{K_c A}{\tau s+1+K_c A}\cdot\frac{1}{s}$$

$$\lim_{t\to\infty} y(t) = \lim_{s\to 0} s\frac{K_c A}{s(\tau s+1+K_c A)} = \frac{K_c A}{1+K_c A}$$

$$\text{Offset} = r(\infty) - y(\infty) = 1-\frac{K_c A}{1+K_c A} = \frac{1}{1+K_c A}$$

➡ K_c를 증가시키면 잔류편차 감소

2) Regulatory 문제(조절제어)

$$T_R' = 0,\ T_i' = \frac{1}{A}$$

$$G(s) = \frac{\frac{1}{\tau s+1}}{1+\frac{K_c A}{\tau s+1}} = \frac{1}{\tau s+1+K_c A}$$

$$Y(s) = \frac{1}{\tau s+1+K_c A} \cdot \frac{1}{s}$$

$$\lim_{y\to\infty} y(t) = \lim_{s\to 0} s\,\frac{1}{\tau s+1+K_c A} \cdot \frac{1}{s} = \frac{1}{1+K_c A}$$

$$\text{Offset} = r(\infty) - y(\infty) = 0 - \frac{1}{1+K_c A} = -\frac{1}{1+K_c A}$$

➡ 제어기 이득 K_c를 증가시키면 잔류편차 감소

Exercise **02**

다음 공정에 비례 제어기($K_c=3$)가 연결되어 있고, 초기 정상상태에서 설정값이 5만큼 계단변화할 때 잔류편차를 구하시오.

$$G_P(s) = \frac{2}{3s+1}$$

풀이 $K_c = 3$

$$G(s) = \frac{\frac{2K_c}{3s+1}}{1+K_c\frac{2}{3s+1}} = \frac{2K_c}{3s+1+2K_c} = \frac{6}{3s+7}$$

$$x(\infty) = r(\infty) = 5,\ X(s) = \frac{5}{s}$$

$$C(s) = G(s)X(s)$$

$$= \frac{6}{3s+7} \cdot \frac{5}{s} = \frac{30}{s(3s+7)}$$

$$c(\infty) = \lim_{t\to\infty} c(t) = \lim_{s\to 0} sC(s)$$

$$= \lim_{s\to 0} s \times \frac{30}{s(3s+7)} = \frac{30}{7}$$

$$\text{Offset} = r(\infty) - c(\infty)$$

$$= 5 - \frac{30}{7} = \frac{5}{7}$$

[02] 닫힌 루프 제어구조의 안정성

1. 닫힌 루프 특성방정식의 근과 안정성

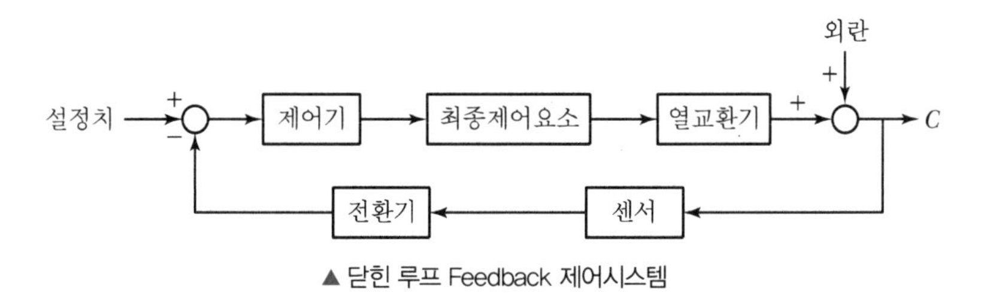

▲ 닫힌 루프 Feedback 제어시스템

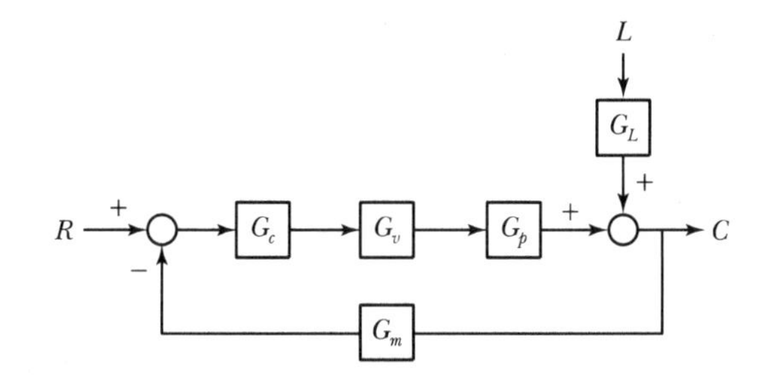

1) 폐루프 제어시스템의 총괄전달함수

$$C=\frac{G_c G_v G_p}{1+G_c G_v G_p G_m}R+\frac{G_L}{1+G_c G_v G_p G_m}L$$

2) 폐루프 제어시스템의 특성방정식

$$1+G_c G_v G_p G_m=1+G_{OL}=0$$

여기서, G_{OL} : 개루프 총괄전달함수

Reference

닫힌 루프 Feedback 제어시스템의 안정성

Feedback 제어시스템의 특성방정식의 근 가운데 어느 하나라도 양 또는 양의 실수부를 갖는다면 그 시스템은 불안정하다.

TIP

전달함수

$G(s)=\frac{N(s)}{D(s)}$

- 극점(Pole)
  분모=0, $D(s)$=0을 만족하는 근
- 영점(Zero)
  분자=0, $N(s)$=0을 만족하는 근

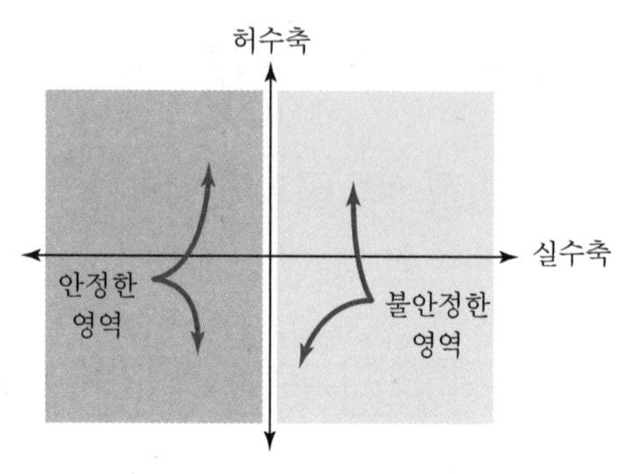

▲ 근의 위치에 따른 안정성

특성방정식의 근이 복소평면상에서 허수축을 기준으로 왼쪽 평면상에 존재하면 제어시스템은 안정하며, 오른쪽 평면상에 존재하면 제어시스템은 불안정하다.

➡ 허수축과 우반면상에 있으면 불안정하다.

Exercise **01**

$G_m = G_R = G_T = 1$이며 $G_v = K_v$, $G_p = G_L = \dfrac{K_p}{\tau s + 1}$, 비례 제어기를 사용할 때 이 제어시스템이 안정하기 위한 조건을 구하여라.

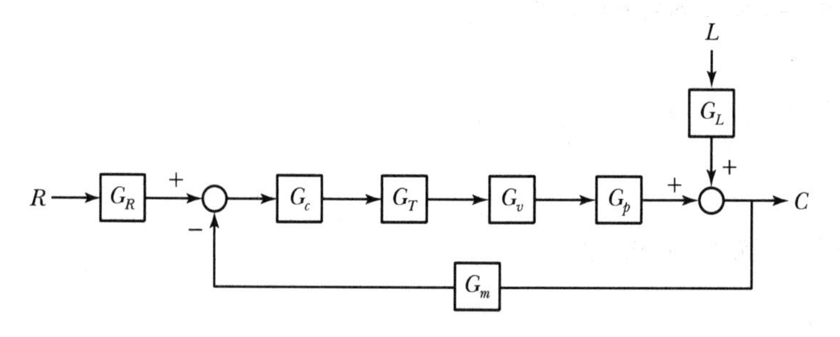

풀이 총괄전달함수의 분모, 즉 특성방정식은

$$1 + G_c G_T G_v G_p G_m = 1 + \frac{K_v K_p}{\tau s + 1} G_c = 0$$

비례 제어기를 사용하므로 $G_c = K_c$이다.

$$1 + \frac{K_c K_v K_p}{\tau s + 1} = 0$$

$$\tau s + 1 + K_c K_v K_p = 0$$

$$\therefore\ s = -\frac{1 + K_c K_v K_p}{\tau}$$

근 s가 음이면 제어시스템은 안정하다.

s가 음이기 위한 조건은

$$-\frac{1+K_cK_vK_p}{\tau}<0$$

$$1+K_cK_vK_p>0$$

$$\therefore\ K_cK_vK_p>-1$$

안정하기 위한 조건은

$K_pK_v>0$인 경우 $K_c>\frac{-1}{K_pK_v}$

$K_pK_v<0$인 경우 $K_c<\frac{-1}{K_pK_v}$

Exercise **02**

위 예제 01의 그림에서 $G_m=G_R=G_T=1$, $G_P=G_L=\frac{1}{5s+1}$, $G_v=\frac{1}{2s+1}$, 비례 제어기를 사용할 때 제어시스템이 안정하기 위한 제어기의 이득 K_c의 범위는?

풀이 특성방정식은

$$1+G_cG_vG_TG_pG_m=1+\frac{K_c}{(2s+1)(5s+1)}=0$$

정리하면 $10s^2+7s+(1+K_c)=0$이므로

$$s=\frac{-7\pm\sqrt{49-40(1+K_c)}}{20}$$

- $49-40(1+K_c)<0$, 즉 $K_c>0.225$이면 허근. 실수부는 음이므로 시스템은 안정하다.
- s가 음의 실근이라면 $49-40(1+K_c)\geq 0$

  $\sqrt{49-40(1+K_c)}<7$이어야 하므로 $-1<K_c\leq 0.225$

$\therefore$ $K_c>-1$이면 시스템은 안정하다. 그러나 $K_c>0.225$이면 s는 복소수가 되고 응답에 진동이 나타날 수 있다.

2. Routh의 안정성 판별법 ■■■

① 특성방정식의 근을 구하지 않고, 멱급수 방정식의 근이 양의 실수부를 갖는지 여부를 판별할 수 있는 방법

➡ 제어시스템이 안정하기 위해서는 특성방정식의 모든 근이 음의 실수부를 가져야 한다.

② 특성방정식 – s의 고차 방정식

$$a_n s^{n} + a_{n-1} s^{n-1} + \cdots + a_1 s + a_o = 0 \ (a_n > 0)$$

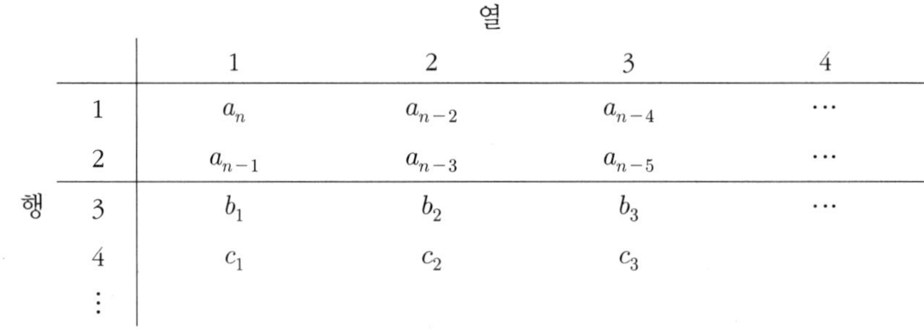

열

행	1	2	3	4
1	a_n	a_{n-2}	a_{n-4}	$\cdots$
2	a_{n-1}	a_{n-3}	a_{n-5}	$\cdots$
3	b_1	b_2	b_3	$\cdots$
4	c_1	c_2	c_3	
$\vdots$				

$$b_1 = \frac{a_{n-1}a_{n-2} - a_n a_{n-3}}{a_{n-1}} \qquad b_2 = \frac{a_{n-1}a_{n-4} - a_n a_{n-5}}{a_{n-1}}$$

$$c_1 = \frac{b_1 a_{n-3} - a_{n-1} b_2}{b_1} \qquad c_2 = \frac{b_1 a_{n-5} - a_{n-1} b_3}{b_1}$$

TIP

Routh 판별법
- 모든 요소가 양이면 모든 근이 음의 실근을 갖는다.
- 양의 실근의 수 = 부호의 바뀐 횟수

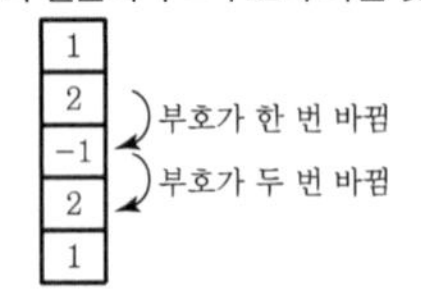

양의 실수부를 갖는 근이 2개이다.
→ 불안정
- Array 구성에서 첫 번째 열의 요소가 0이 되면 허수축 위에 근이 존재하므로 Array 구성은 더 이상 진행될 수 없다.

Exercise 03

특성방정식 $10s^3 + 17s^2 + 8s + 1 + K_c = 0$이 안정하기 위한 제어기의 이득 K_c의 범위를 구하여라.

풀이

1	10	8
2	17	$1+K_c$
3	$\frac{17\times 8 - 10(1+K_c)}{17} = \frac{126-10K_c}{17} > 0$	0
4	$\frac{\frac{126-10K_c}{17}(1+K_c) - 17\times 0}{\frac{126-10K_c}{17}} = 1+K_c > 0$	

$\frac{126-10K_c}{17} > 0 \qquad \therefore K_c < 12.6$

$1 + K_c > 0 \qquad \therefore K_c > -1$

$\therefore -1 < K_c < 12.6$

3. 직접치환법

$$C(s) = \frac{As+B}{s^2+{\omega_u}^2} + \cdots$$

$$c(t) = M\sin(\omega_u t + \phi) + \cdots$$

진폭이 M, 진동수 ω_u 인 일정한 진동이 감쇠되거나 증폭되지 않고 반복됨을 알 수 있다.

$$T_u = \frac{2\pi}{\omega_u}$$

여기서, ω_u : 한계진동수
T_u : 한계주기

TIP

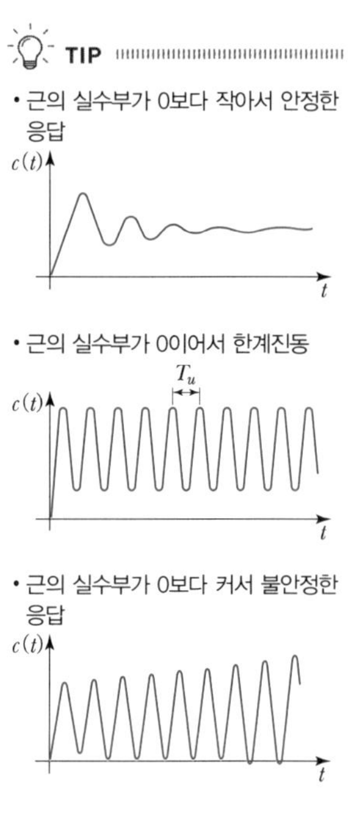

Exercise **04**

직접치환법을 이용하여 특성방정식이 다음과 같은 제어시스템이 안정하기 위한 조건을 구하여라.

$$10s^3 + 17s^2 + 8s + 1 + K_c = 0$$

풀이 s 대신 $i\omega_u$ 대입

$-10i{\omega_u}^3 - 17{\omega_u}^2 + 8i\omega_u + 1 + K_c = 0$

(실수부) $-17{\omega_u}^2 + 1 + K_c = 0$

(허수부) $-10i{\omega_u}^3 + 8i\omega_u = 0$

$\omega_u = \pm 0.894 \quad K_c = 12.6$
$\omega_u = 0 \quad K_c = -1$
허용 가능한 최솟값 · 최댓값

$\therefore$ K_c의 범위 $-1 < K_c < 12.6$

한계주기 $T_u = \frac{2\pi}{\omega_u} = \frac{2\pi}{0.894} = 7.03$

Exercise 05

$s^3+6s^2+11s+6(1+K_c)=0$의 특성방정식으로 표현되는 닫힌 루프 제어계가 안정하기 위한 K_c의 범위를 구하려고 한다.

① Routh 판별법을 이용하여 구하시오.
② 직접치환법을 이용하여 구하시오.

풀이 ① Routh 판별법

1	1	11
2	6	$6(1+K_c)$
3	$\dfrac{6\times 11-1\times 6(1+K_c)}{6}=10-K_c>0$	
4	$\dfrac{(10-K_c)\times 6(1+K_c)-6\times 0}{(10-K_c)}=1+K_c>0$	

$K_c<10$

$K_c>-1$ $\quad\quad\therefore -1<K_c<10$

② $s^3+6s^2+11s+6(1+K_c)=0$

$(i\omega)^3+6(i\omega)^2+11(i\omega)+6(1+K_c)=0$

$-\omega^3 i-6\omega^2+11\omega i+6(1+K_c)=0$

$-6\omega^2+6(1+K_c)+(11\omega-\omega^3)i=0$

(실수부) $-6\omega^2+6(1+K_c)=0$

(허수부) $\omega(11-\omega^2)=0$

$\omega_u=0$ $\quad\quad K_c=-1$

$\omega_u=\pm\sqrt{11}$ $\quad\quad K_c=10$

$\therefore -1<K_c<10$

4. 근궤적도(Root Locus)

① K_c의 변화에 따른 근의 이동상황을 복소평면상에 표시한 그림

② K_c를 변화시켜 가면서 특성방정식의 근을 구하여 복소평면상에 표시하여 근이 K_c에 따라 이동하는 추세를 파악한다.

➡ 제어시스템이 안정하기 위한 K_c의 범위를 결정할 수 있다.

예 $s^3+6s^2+11s+6+2K_c=0$

- $K_c=0$이면 $s=-1,\ -2,\ -3$

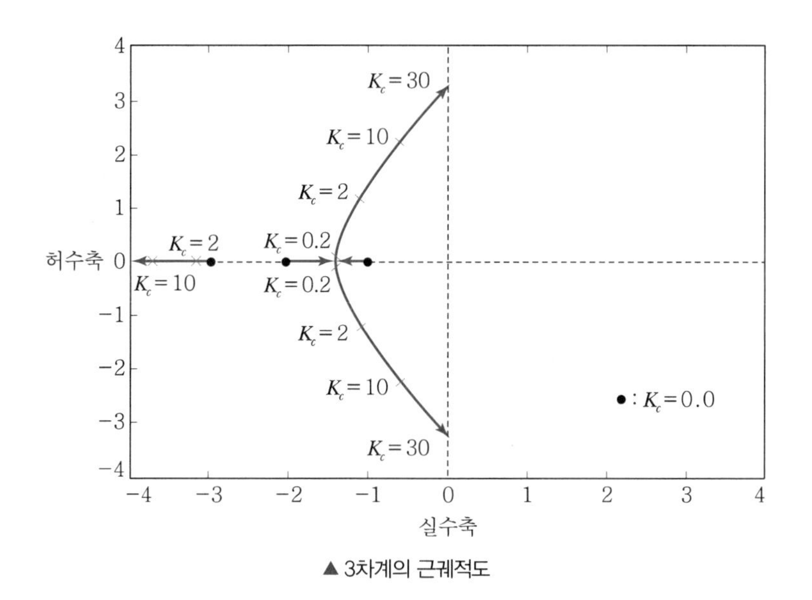

▲ 3차계의 근궤적도

TIP

- K_c가 증가함에 따라 근 중 하나는 음의 실수부 쪽으로 계속 감소하고, 다른 두 근은 각각 허수축을 지나 불안정한 영역으로 발산한다.
- $K_c = 30$일 때 두 근은 허수축상에 위치하며, K_c의 허용범위는 $K_c < 30$이다.
- K_c가 감소하여 −3이 되면 특성방정식은 $s^3 + 6s^2 + 11s = 0$이 되어 원점에 근이 놓이게 되므로 $K_c < -3$이면 양의 실수축상에 근이 놓여 불안정하게 된다.

5. 나이키스트(Nyquist, 안정성 판별법)

Nyquist 선도가 점$(-1, 0)$을 시계방향으로 감싸는 횟수를 N이라 하면 열린 루프 특성방정식의 근 가운데 불안정한 근의 수 Z는 $Z = N + P$개이다. 여기서, P는 열린 루프 전달함수의 Pole 가운데 오른쪽 영역에 존재하는 Pole(극점)의 수이다. Nyquist 선도가 점$(-1, 0)$을 시계방향으로 감싸는 경우는 다음 그림과 같다. 열린 루프 시스템이 안정한 경우 $P = 0$이므로 $Z = N$이 된다. 따라서 Nyquist 선도가 $(-1, 0)$을 한 번이라도 시계방향으로 감싼다면 닫힌 루프 시스템은 불안정하다. Nyquist 선도가 점$(-1, 0)$을 시계반대방향으로 감싸면 N은 음의 값을 갖는다.

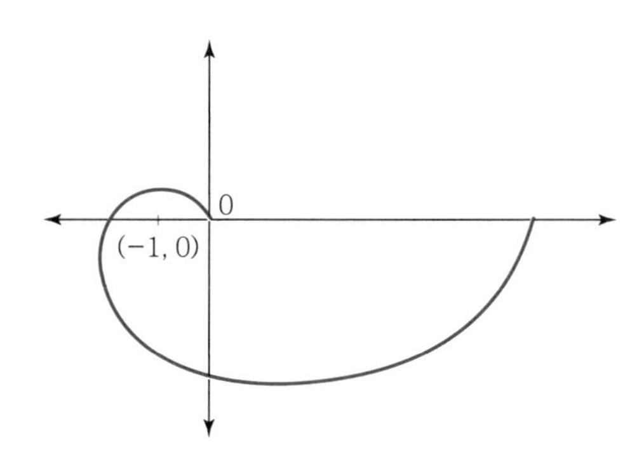

TIP

시스템의 안정성 판별법

- 직접계산법 : 직접치환법, 근궤적도
- 간접계산법 : Routh−Huriwitz 안정성 판별법, 나이키스트 안정성 판별법

Reference

폐루프(닫힌 루프)의 전달함수

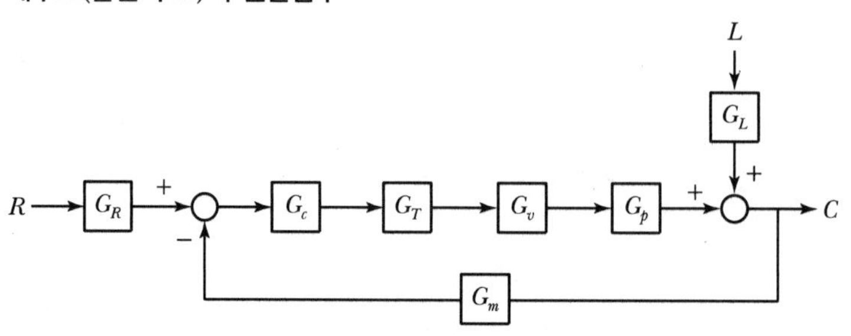

- 닫힌 루프 제어시스템의 총괄전달함수

$$C=\frac{G_R G_c G_T G_v G_p}{1+G_c G_v G_T G_p G_m}R+\frac{G_L}{1+G_c G_v G_T G_p G_m}L$$

- 설정값 측정제어(Servo Control) 문제, 추적제어

$$\frac{C}{R}=\frac{G_R G_c G_v G_T G_p}{1+G_{OL}}$$

$G_{OL}=G_c G_v G_T G_p G_m$ 개루프(열린 루프) 전달함수

외부교란변수는 없고 설정값만 변하는 경우

- 조정기제어(Regulator Control) 문제, 조절제어

$$\frac{C}{L}=\frac{G_L}{1+G_{OL}}$$

$G_{OL}=G_c G_v G_T G_p G_m$

설정값은 일정하게 유지되고($R=0$) 외부교란변수의 변화만 일어나는 경우

[03] 진동응답

1. 1차 공정의 진동응답

$$X(s) = \frac{A\omega}{s^2+\omega^2}$$

$$\begin{aligned} Y(s) &= G(s)X(s) \\ &= \frac{K}{\tau s+1} \cdot \frac{A\omega}{s^2+\omega^2} \end{aligned}$$

$$\begin{aligned} y(t) &= \frac{KA}{\sqrt{\tau^2\omega^2+1}} \sin(\omega t+\phi) \\ &= \hat{A}\sin(\omega t+\phi) \end{aligned}$$

위상각 $\phi = -\tan^{-1}(\tau\omega)$

진폭비 $AR = \dfrac{\hat{A}}{A} = \dfrac{K}{\sqrt{\tau^2\omega^2+1}}$

여기서, A : 입력 변수의 진폭
$\hat{A}$: 출력 변수의 진폭

TIP
정규화된 진폭비
$AR_N = \dfrac{AR}{K} = \dfrac{1}{\sqrt{\tau^2\omega^2+1}}$

2. 2차 공정의 진동응답

$$\begin{aligned} Y(s) &= G(s)X(s) \\ &= \frac{K}{\tau^2 s^2+2\tau\zeta s+1} \cdot \frac{A\omega}{s^2+\omega^2} \end{aligned}$$

$$\begin{aligned} y(t) &= \frac{KA}{\sqrt{(1-\tau^2\omega^2)^2+(2\tau\zeta\omega)^2}} \sin(\omega t+\phi) \\ &= \hat{A}\sin(\omega t+\phi) \end{aligned}$$

위상각 $\phi = -\tan^{-1}\left(\dfrac{2\tau\zeta\omega}{1-\tau^2\omega^2}\right)$

진폭비 $AR = \dfrac{\hat{A}}{A} = \dfrac{K}{\sqrt{(1-\tau^2\omega^2)^2+(2\tau\zeta\omega)^2}}$

TIP
정규화된 진폭비
$AR_N = \dfrac{AR}{K}$
$= \dfrac{1}{\sqrt{(1-\tau^2\omega^2)^2+(2\tau\zeta\omega)^2}}$

3. n차 공정의 진동응답

$$\hat{A} = A\sqrt{R^2 + I^2}$$

$$AR = \frac{\hat{A}}{A} = \sqrt{R^2 + I^2} = |G(i\omega)|$$

$$\phi = \tan^{-1}\left(\frac{I}{R}\right)$$

> **TIP**
>
> Bode 선도
>
> - Bode 선도는 $G(i\omega)$로부터 얻어지는 진폭비 AR과 위상각 ϕ를 ω의 함수로서 log－log와 Semilog 그래프에 나타낸 그림이다. 진폭비와 ω의 관계는 log－log 그래프, 위상각 ϕ와 ω의 관계는 Semilog 그래프로 나타낸다.
> - 위상각은 라디안으로 얻어지는데 Bode 선도에서는 도(°)로 나타내므로 $\phi \times \frac{180}{\pi}$를 그래프에 나타낸다.

4. Bode 선도

1) 공정이득

$$G(s) = K$$

$AR = K,\ \phi = 0°$이므로 ω와 무관한 값을 가진다.

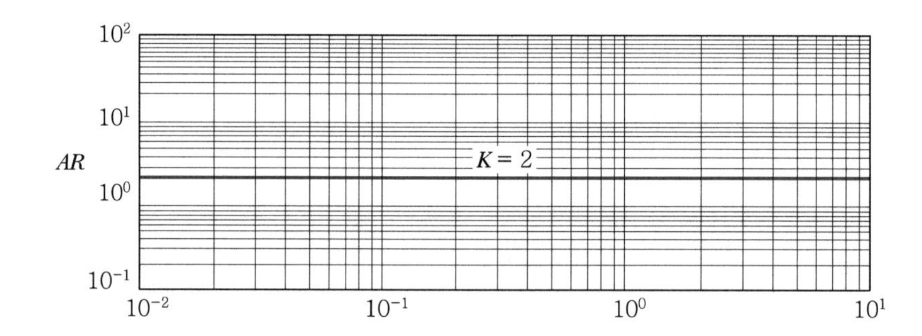

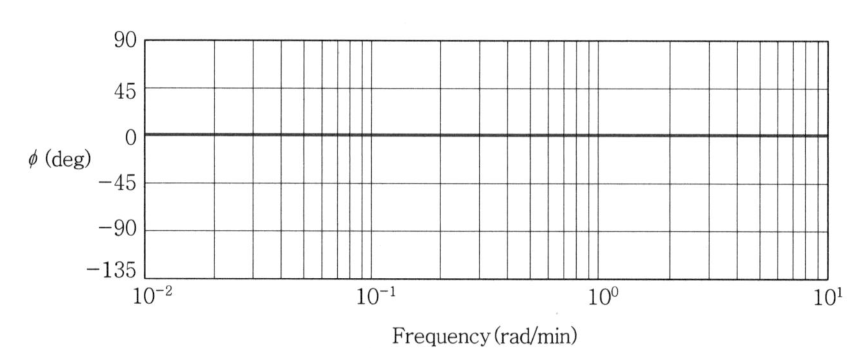

▲ 공정이득의 Bode 선도

2) 1차 공정

$$AR_N = \frac{AR}{K} = \frac{1}{\sqrt{1+\tau^2\omega^2}}$$

$$\phi = -\tan^{-1}(\tau\omega)(°)$$

$$\log AR_N = -\frac{1}{2}\log(1+\tau^2\omega^2)$$

① $\omega \to 0 \begin{cases} AR_N \to 1,\ \log AR_N \to 0 \\ \phi \to 0° \end{cases}$

② $\omega \to \infty \begin{cases} AR_N \to \dfrac{1}{\tau\omega},\ \log AR_N \to -\log\tau\omega \\ \phi \to -90° \end{cases}$

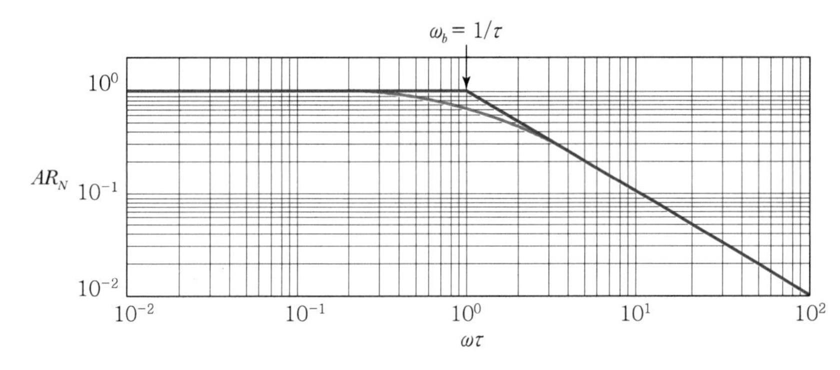

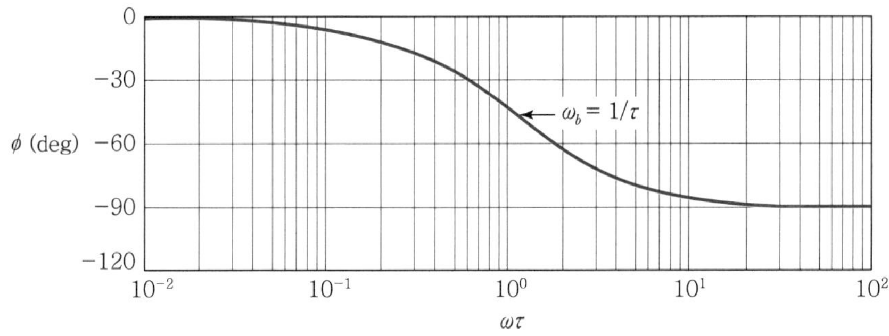

▲ 1차 공정의 Bode 선도

> $\omega \to 0$, $\omega \to \infty$ 일 때 얻은 두 점근선의 연장선이 만나는 시점은 $\tau\omega = 1$, 즉 $\omega = \dfrac{1}{\tau}$ 일 때이며 이 진동수를 Corner 진동수, Break 진동수라 한다.

Corner 진동수에서

진폭비 $AR_N = \dfrac{1}{\sqrt{1+\tau^2\omega^2}}\Bigg|_{\tau\omega=1} = \dfrac{1}{\sqrt{2}} = 0.707$

$\therefore\ AR = 0.707K$

위상각 $\phi|_{\tau\omega=1} = -\tan^{-1}(1) = -45°$

TIP

Corner 진동수 = Break 진동수
= 구석점 주파수

$\omega = \dfrac{1}{\tau}$

$\therefore\ \tau\omega = 1$

2차계

$G(s) = \dfrac{K}{\tau^2 s^2 + 2\tau\zeta s + 1}$

$AR = \dfrac{K}{\sqrt{(1-\tau^2\omega^2)^2 + (2\tau\omega\zeta)^2}}$

$AR_N = \dfrac{1}{\sqrt{(1-\tau^2\omega^2)^2 + (2\tau\omega\zeta)^2}}$

$\phi = -\tan^{-1}\left(\dfrac{2\tau\omega\zeta}{1-\tau^2\omega^2}\right)$

TIP

직렬로 연결된 1차계

$AR = \dfrac{K}{\sqrt{\tau_1{}^2\omega^2+1}\ \sqrt{\tau_2{}^2\omega^2+1}}$

$\phi = \tan^{-1}(-\tau_1\omega) + \tan^{-1}(-\tau_2\omega)$

3) 2차 공정

$$\omega \to \infty \begin{cases} AR_N \to \dfrac{1}{\tau^2\omega^2},\ \log AR_N \to -2\log\tau\omega \\ \phi \to -\tan^{-1}(0) = -180° \end{cases}$$

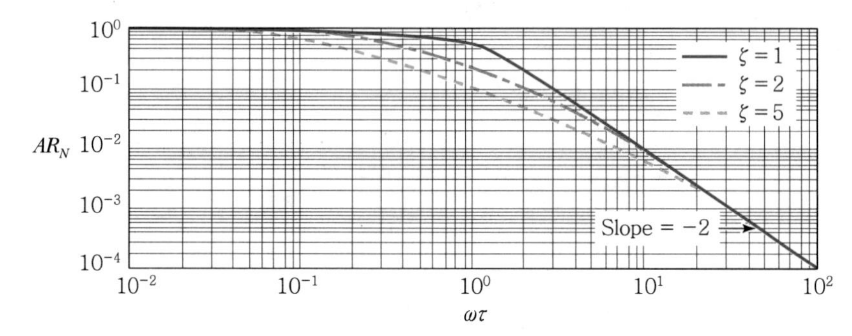

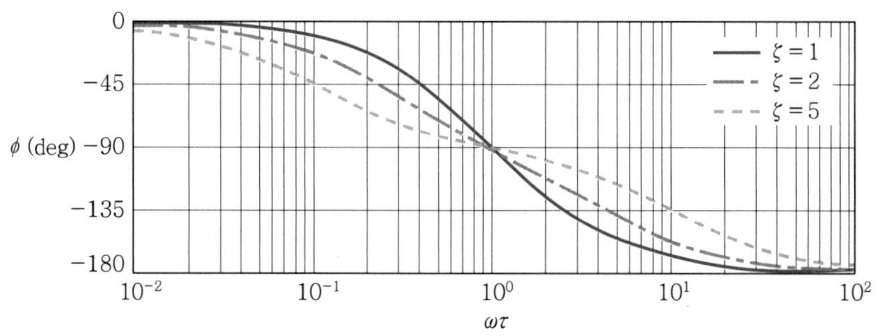

▲ 2차 공정의 Bode 선도($\zeta \geq 1$)

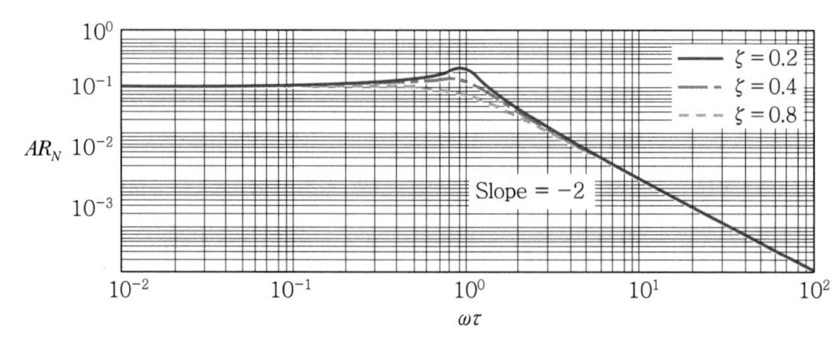

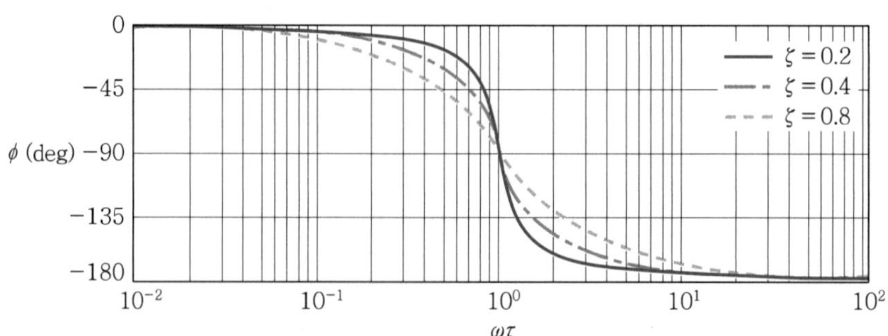

▲ 2차 공정의 Bode 선도($\zeta < 1$)

$$\frac{dAR_N}{d\omega} = 0 \qquad \omega = \omega_r = \frac{\sqrt{1-2\zeta^2}}{\tau}$$

$$1-2\zeta^2 > 0 \qquad \zeta < \frac{\sqrt{2}}{2} = 0.707$$

> ω_r은 공명진동수(Resonant Frequency)라 한다. $\omega = \omega_r$일 때 AR은 최대이고 출력변수는 입력변수보다 큰 진폭을 갖는 진동을 나타낸다.
>
> $$AR_N\Big|_{\omega=\omega_r} = \frac{1}{\sqrt{(2\zeta^2)^2 + 4\zeta^2(1-2\zeta^2)}} = \frac{1}{2\zeta\sqrt{1-\zeta^2}}$$

TIP

공명진동수

$\zeta < 1$인 경우 AR_N은 최댓값을 갖는다. AR_N을 ω로 미분 후 0이라 놓고 계산하면 최댓값을 구할 수 있다.

$$\frac{dAR_N}{d\omega} = 0$$

$$\omega_r = \frac{\sqrt{1-2\zeta^2}}{\tau}$$

4) 제어기의 진동응답

(1) 비례 제어기

$G_c(s) = K_c$이므로 $AR = K_c$이고 위상각은 0이다.

(2) 비례 – 적분 제어기

$$G_c(s) = K_c\left(1 + \frac{1}{\tau_I s}\right)$$

$$AR = |G_c(i\omega)| = \left|K_c\left(1 + \frac{1}{\tau_I \omega i}\right)\right| = K_c\sqrt{1 + \frac{1}{{\tau_I}^2 \omega^2}}$$

$$\phi = \measuredangle G_c(i\omega) = -\tan^{-1}\left(\frac{1}{\tau_1 \omega}\right)$$

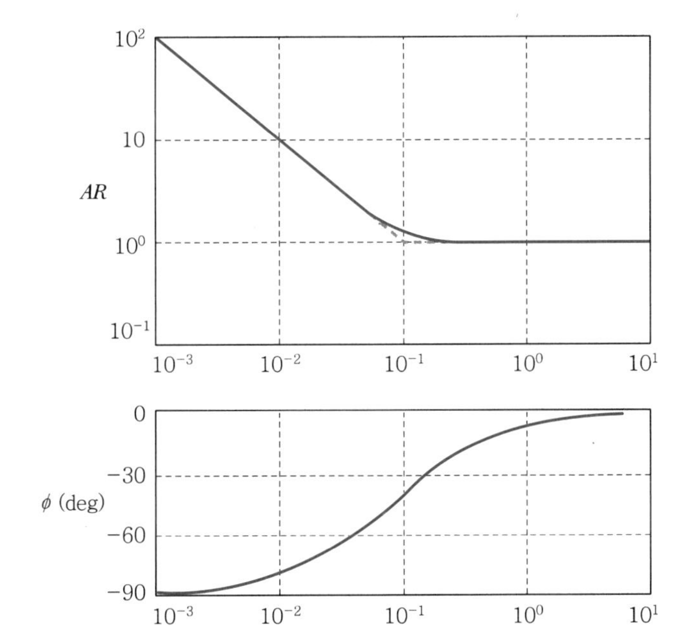

▲ $K_c = 2$, $\tau_I = 10$일 때 PI 제어기의 Bode 선도

(3) 비례 – 미분 제어기

$G_c(s) = K_c(1 + \tau_D s)$

$AR = |G_c(i\omega)| = K_c\sqrt{1 + \tau_D{}^2\omega^2}$

$\phi = \measuredangle\, G_c(i\omega) = \tan^{-1}(\tau_D \omega)$

$\omega \to \infty$ 이면 $AR \to \infty$, $\phi \to 90°$

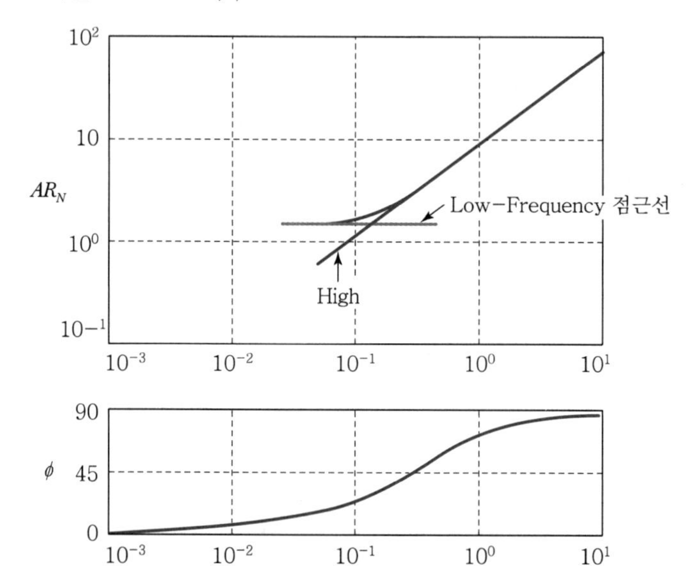

▲ $K_c = 2$, $\tau_D = 4$일 때 PD 제어기의 Bode 선도

이 계는 위상앞섬(Phase Lead)을 나타내므로 중요하다.

(4) 비례 – 적분 – 미분 제어기

$$G_c(s) = K_c\left(1 + \frac{1}{\tau_I s} + \tau_D s\right)$$

$$G_c(i\omega) = K_c\left(1 + \frac{1}{\tau_I \omega i} + \tau_D \omega i\right) = K_c\left\{1 + \left(\tau_D \omega - \frac{1}{\tau_I \omega}\right)i\right\}$$

$$AR = |G_c(i\omega)| = K_c\sqrt{1 + \left(\tau_D \omega - \frac{1}{\tau_I \omega}\right)^2}$$

$$\phi = \measuredangle\, G_c(i\omega) = \tan^{-1}\left(\tau_D \omega - \frac{1}{\tau_I \omega}\right)$$

Bode 안정성 기준

열린 루프 전달함수의 진동응답의 진폭비가 임계진동수에서 1보다 크면 닫힌 루프 제어시스템은 불안정하다.

- Bode 선도에서 열린 루프 전달함수 : $G_{OL}=G_cG_vG_pG_m$
- Bode 안정성 기준은 G_{OL}이 안정한 경우에만 적용된다.
- 임계진동수($\phi=-180°$, $\omega=\omega_c$)에서 진폭비가 1인 경우, 즉 $\phi=-180°$에서 $AR=1$인 경우 제어시스템의 응답은 한계응답에서처럼 일정한 진동을 보인다.

5. Nyquist 선도

- 제어시스템의 진동응답을 그래프로 나타내는 방법 중 하나이다.
- Nyquist 선도는 진동수 ω가 0에서부터 무한히 증가함에 따라 변하는 $G(i\omega)$를 복소평면상에 도시한 것이다.

1) 1차 공정

1차 공정의 진동응답은

$$AR=\frac{K}{\sqrt{(\tau\omega)^2+1}},\ \phi=-\tan^{-1}(\tau\omega)(°)$$

① $\omega=0$: $AR=K,\ \phi=0°$

② $\omega=\frac{1}{\tau}$: $AR=\frac{K}{\sqrt{1+1}}=0.707K,\ \phi=-\tan^{-1}(1)=-45°$

③ $\omega\to\infty$: $AR=0,\ \phi=-\tan^{-1}(\infty)=-90°$

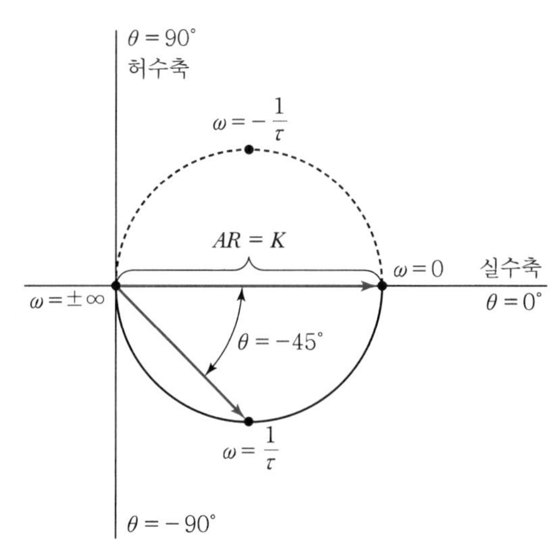

▲ 1차 공정의 Nyquist 선도

2) 2차 공정

2차 공정의 진동응답은

$$AR=\frac{K}{\sqrt{(1-\tau^2\omega^2)^2+(2\tau\zeta\omega)^2}},\ \phi=-\tan^{-1}\left(\frac{2\tau\zeta\omega}{1-\tau^2\omega^2}\right)(°)$$

① $\omega=0$: $AR=K,\ \phi=0°$

② $\omega=\frac{1}{\tau}$: $AR=\frac{K}{2\zeta},\ \phi=-\tan^{-1}(\infty)=-90°$

③ $\omega\rightarrow\infty$: $AR=0,\ \phi=-\tan^{-1}(0)=-180°$

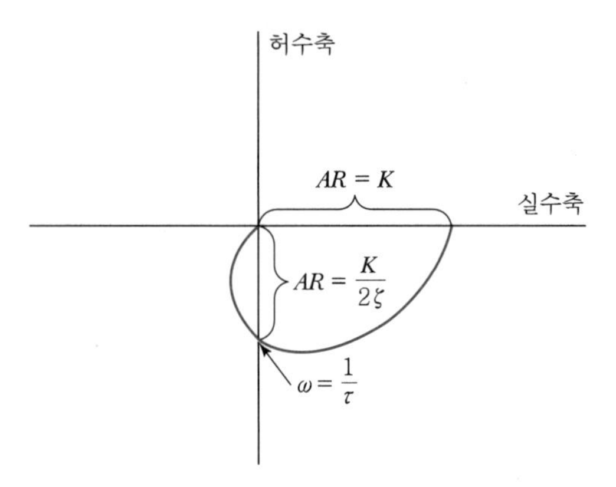

▲ 2차 공정의 Nyquist 선도

3) Nyquist 안정성 기준

① Nyquist 선도가 점$(-1,\ 0)$을 시계방향으로 감싸는 횟수를 N이라 하면 열린 루프 특성방정식의 근 가운데 불안정한 근의 수 Z는 $Z=N+P$개이다.

여기서, P : 열린 루프 전달함수의 Pole 가운데 오른쪽 영역에 존재하는 Pole(극점)의 수

② 열린 루프 시스템이 안정한 경우 $P=0$이므로 $Z=N$이다. 그러므로 Nyquist 선도가 점$(-1, 0)$을 한 번이라도 시계방향으로 감싼다면 닫힌 루프 시스템은 불안정하다.

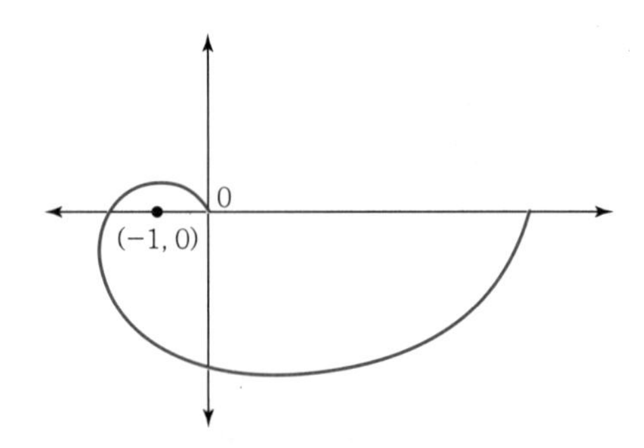

▲ Nyquist 선도에서의 불안정성

6. 이득마진과 위상마진

① 한계이득 K_{cu}는 닫힌 루프 제어시스템이 불안정해지는 경계점이다. 따라서 제어기의 Gain K_c를 K_{cu}에 가깝게 정해 주었다면 그만큼 닫힌 루프 시스템이 불안정해지기 쉽다는 부담이 생기게 된다.

② Bode 선도에서 제어시스템의 안정성의 상대적인 척도를 나타내는 파라미터로 이득마진(GM : Gain Margin)과 위상마진(PM : Phase Margin)을 사용한다.

㉠ $\phi = -180°$일 때의 진동수(임계진동수) ω_c에서의 진폭비를 AR_c라 하고 진폭비가 1일 때의 진동수 ω_g에서의 위상각을 ϕ_g라고 하면 GM과 PM은 다음과 같이 정의한다.

$$GM = \frac{1}{AR_c} \qquad PM = 180 + \phi_g$$

㉡ 제어기는 GM이 대략 1.7~2.0, PM이 대략 30~45° 범위를 갖도록 조정된다.

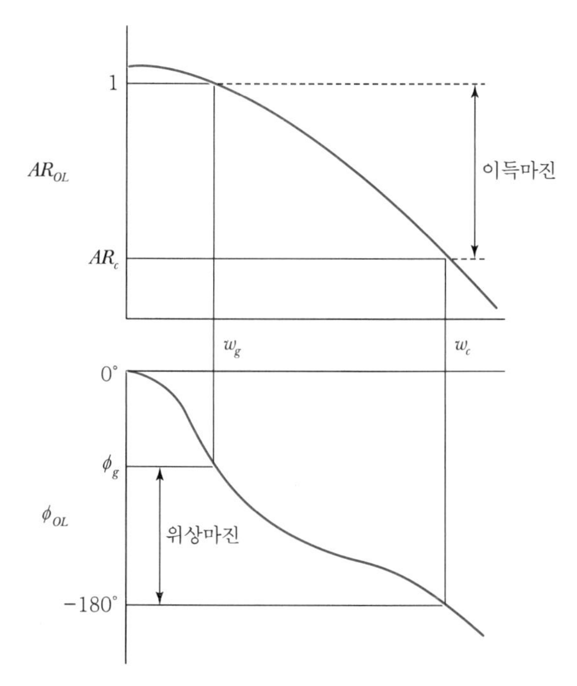

▲ 이득마진과 위상마진

㉢ GM과 PM이 작을수록 제어시스템은 안정성 영역의 한계에 가까이 다다르므로 닫힌 루프 응답은 점점 더 큰 진동을 보이게 될 것이다.

$$\text{제어기 이득} : K_c = \frac{K_{cu}}{GM} \rightarrow \text{한계이득}$$

Exercise **01**

$G(j\omega)=\dfrac{10(j\omega+5)}{j\omega(j\omega+1)(j\omega+2)}$ **에서 ω가 아주 작을 때, 즉 $\omega\to 0$일 때의 위상각은?**

풀이

$$\phi=\angle G(i\omega)=\tan^{-1}\left(\frac{I}{R}\right)$$

$$G(i\omega)=\frac{50(0.2i\omega+1)}{2i\omega(i\omega+1)(0.5i\omega+1)}$$

$$\phi=\tan^{-1}(0.2\omega)-\tan^{-1}(\omega)-\tan^{-1}(0.5\omega)-\frac{\pi}{2}$$

$$\omega\to 0$$

$$\therefore\ \phi=\tan^{-1}(0)-\tan(0)-\tan^{-1}(0)-\frac{\pi}{2}=-\frac{\pi}{2}$$

[04] Cascade 제어

1. Cascade 제어

Feedback 제어기 외에 2차적인 Feedback 제어기를 추가시켜 교란변수의 영향을 소거시키는 제어방법으로 단일 루프 제어시스템의 성능을 높일 수 있는 능률적인 방법이다.

예 연속교반 가열기의 제어구조

TIP

Cascade 제어에서 두 개의 Feedback (대개 PID) 제어기를 이용한다. 주제어기인 온도제어기(TC)의 출력은 부제어기인 유량제어기(FC)의 설정치가 된다.

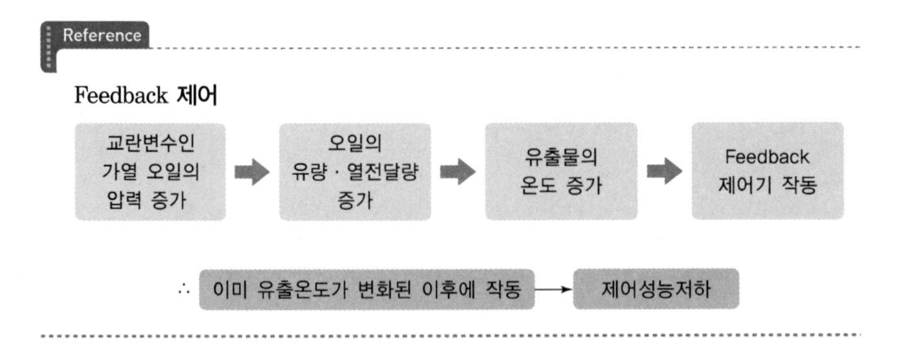

2. Cascade 제어 방법

가열오일의 압력 변화와 같이 제어성능에 큰 영향을 미치는 교란변수의 영향을 미리 보정해 준다. 이를 위해 교란변수 변동을 나타내주는 2차 공정변수를 측정해야 한다. 연속교반 가열기의 경우 가열 오일의 압력 변화를 잘 나타내주는 변수는 오일의 유량이므로 이를 2차 공정변수로 한다.

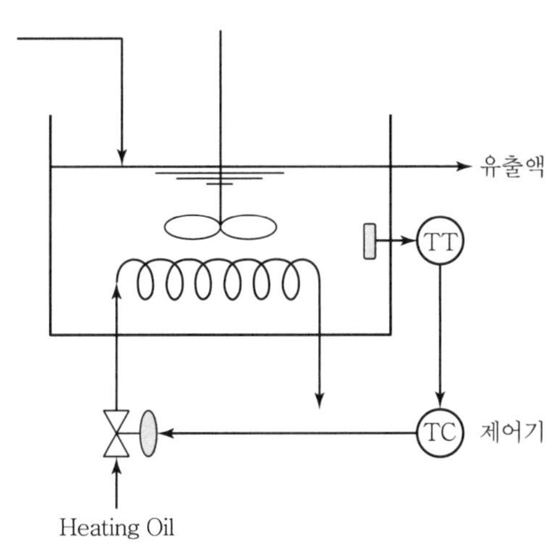

▲ 연속교반 가열기의 제어구조

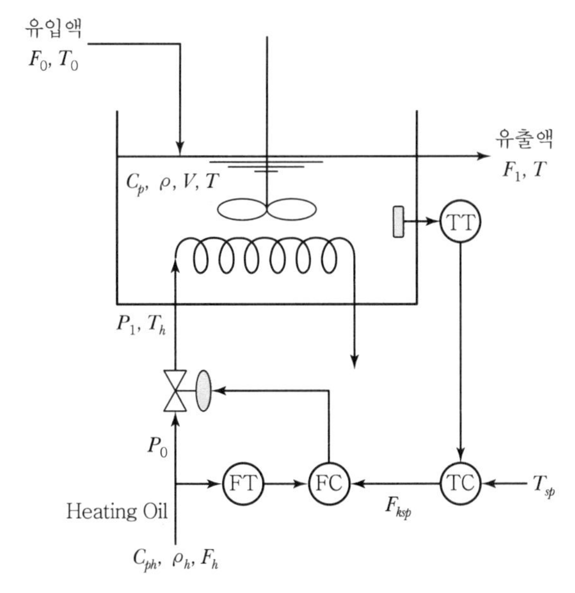

▲ 연속교반 가열기의 Cascade 제어

가열기의 압력이 변하는 순간 오일유량도 변하는데 이는 유량측정기(FT)에 의해 감지되어 유량제어기(FC)에 의해 유량변화의 억제를 위한 제어작용이 일어난다.

Secondary 제어기(FC)의 응답이 더 빠르지 않다면 Cascade 구조의 이점은 없다. 주제어기(Primary 제어기)는 다음과 같은 기능을 한다.

① 2차 루프에서도 완전히 제거되지 않는 교란변수의 영향을 보정한다.
② Cascade 루프 이외의 다른 부분에서 도입될 수 있는 교란의 영향을 보정한다.
③ 주설정치(연속교반 가열기의 경우 T_{sp}) 변화에 대처한다.

Reference

Cascade 구조에서 온도제어기(주제어기)보다 유량제어기의 FC(부제어기)의 동특성이 매우 빠르다.

주제어기	부제어기
Primary 제어기	Secondary 제어기
Master	Slave
Outer	Inner

계측제어설비

[01] 설계도면 파악

1. 공정흐름도(PFD : Process Flow Diagram) 

- 공정흐름도 : 공정계통과 장치설계기준을 나타내는 도면
- 주요 장치, 장치 간의 공정 연관성, 운전조건, 운전변수, 물질수지, 에너지수지, 제어설비 및 연동장치 등 기술적 정보를 파악할 수 있는 도면

1) 공정흐름도의 특성

① 제조공정을 한눈에 볼 수 있도록 정확하고 알기 쉽게 만들어야 한다.
➡ 가능하면 전산시스템을 한 도면에 표현하는 것이 좋다.
② 공정흐름 순서에 따라 왼쪽에서 오른쪽으로 장치 및 동력기계를 배열한다.
③ 물질수지와 열수지는 도면의 아래쪽에 표시한다.

2) 공정흐름도에 표시해야 할 사항

① 공정처리 순서 및 흐름의 방향
② 주요 동력기계, 장치 및 설비류의 배열
③ 기본제어논리
④ 기본설계를 바탕으로 한 온도, 압력, 물질수지, 열수지
⑤ 압력용기, 저장탱크 등 주요 용기류의 간단한 사양
⑥ 열교환기, 가열로 등의 간단한 사양
⑦ 펌프, 압축기 등 주요 동력기계의 간단한 사양
⑧ 회분식 공정인 경우 작업순서 및 시간

TIP

공정흐름도
- 공정설계 계산이 거의 끝나고 공정배관 계장도 작성에 착수하기 전에 작성하는 공정흐름에 관한 도면으로 유틸리티를 제외한 모든 공정을 나타낸다.
- 장치, 배관, 계기 등이 기호와 약어로 표시되고 그 위에 중요 지점마다 온도, 압력, 유량 등의 중요 정보를 작성하여 물질수지와 열수지를 나타낸다.

특성요인도
- 특성(일의 결과나 문제점)과 요인(원인)이 어떻게 관계하고 있는가를 한눈에 알아보기 쉽게 작성한 그림
- 생선뼈 그림

공정흐름도에 제시되는 정보 사항
㉠ 공정 설계 개념을 파악하는 데 필요한 기본 사항
- 제조공정 개요
- 공정흐름
- 공정제어의 원리
- 제조설비의 종류 및 기본 사양

㉡ 세부 사항
- 공정 처리 순서 및 흐름의 방향
- 주요 동력 기계, 장치 및 설비류의 배열
- 기본 제어 논리
- 기본 설계를 바탕으로 한 온도, 압력, 물질수지 및 열수지 등
- 압력용기, 저장탱크 등 주요 용기류의 간단한 사양
- 열교환기, 가열로 등의 간단한 사양
- 펌프, 압축기 등 주요 동력기계의 간단한 사양
- 회분식 공정인 경우에는 작업 순서 및 작업 시간

3) 공정흐름 파악하기

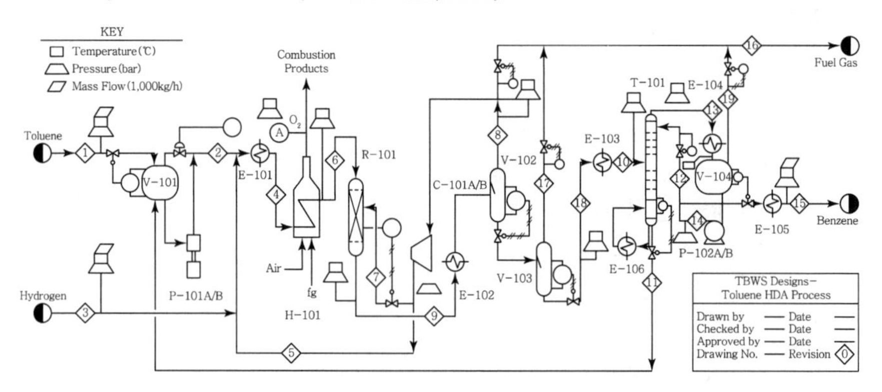

▲ 공정흐름도 : 톨루엔을 원료로 한 벤젠 생산공정

(1) 공정흐름 정보 확인

① **공정흐름 정보**

공정흐름도에는 공정처리 순서 및 흐름의 방향을 화살표로 표기하여 전반적인 공정흐름을 확인할 수 있다.

② **공정장치 정보**

㉠ 저장조, 펌프, 열교환기, 히터, 반응기, 압축기, 증류탑이 설치되어 있다.

㉡ 장치 약어와 기호로 구성된 장치, 기기를 파악한다.

③ **운전조건 정보**

각 라인에 온도, 압력, 흐름의 양이 표기되어 있어 각 부분에 대한 운전조건을 파악한다.

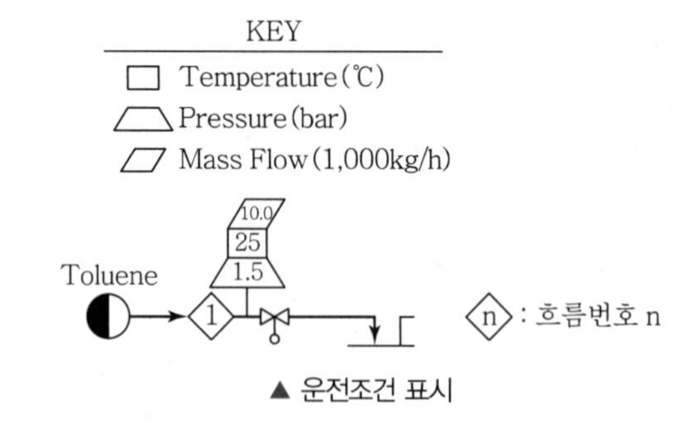

▲ 운전조건 표시

(2) 공정흐름 파악

① 원료인 톨루엔(◇1)을 저장조(V−101)를 거쳐(◇2) 수소(◇3)와 일부 재순환(◇5)을 함께 예열하기 위해, 열교환기(E−101)(◇4)와 히터(H−101)로

가열(⑥)하여 반응기(R－101)로 투입하여 반응시킨다.

② 반응기를 통해 생성된 생성물(⑨)은 냉각기(E－102)를 통해 온도를 낮추고 고압 분리기(V－102)와 저압 분리기(V－103)를 통해 액체인 벤젠과 기체인 수소가 분리되고(⑱), 다시 열교환기(E－103)를 거쳐 증류탑(T－101)에서 순도 높은 벤젠을 생산하여 열교환기(E－105)와 저장조(V－104)를 거쳐 펌프(P－102A/B)로 송출되어(⑭) 일부(⑫)는 증류탑으로 환류되고, 대부분은 열교환기(E－105)를 거쳐 배출(⑮)되어 벤젠을 얻게 된다.

③ 고압 분리기(V－102)에서 분리된 기체(수소＋메탄)(⑧)는 압축기(C－101A/B)로 일부(⑦)는 반응기로 보내지고 대부분은 이송(⑤)되어 새로 투입되는 수소와 합쳐서 예열 열교환기(E－101)로 이송된다.

④ 고압(V－102), 저압 분리기(V－103)와 저장조(V－104)에서 분리된 기체 성분(⑰)은 메탄 성분이 다량 포함되어 저장조(V－104)로부터 분리된 가스(⑲)와 합류되어 연료 가스로 사용하고자 해당 공정이나 장치로 이송(⑯)된다.

⑤ 원료인 톨루엔을 수소와 반응시켜 벤젠과 메탄으로 분리하여 제품인 벤젠을 생산하며 연료로 사용할 수 있는 수소와 메탄을 얻을 수 있는 전반적인 공정 흐름을 파악할 수 있다.

⑥ 공정 중 가열 또는 냉각, 압축 또는 팽창, 주흐름 또는 가지흐름의 판단은 흐름번호 전후의 공정조건, 즉 온도와 압력, 유량 등을 비교하여 판단할 수 있다.

2. 공정배관 계장도(P & ID : Piping and Instrument Diagram)

P&ID는 운전 시에 필요한 모든 공정장치, 동력기계, 배관, 공정제어 및 계기 등을 표시하고 이들 상호 간에 연관관계를 나타내 주며, 상세설계, 건설, 변경, 유지보수 및 운전 등을 하는 데 필요한 기술적 정보를 파악할 수 있는 도면이다.

1) 공정배관 계장도의 내용

① 공정배관 계장도에는 모든 화학공정 전반이 포함된다.

➡ 탑(Tower), 베셀(Vessel), 반응기(Reactor), 열교환기(Exchanger), 드럼(Drum), 가열로(Heater), 탱크, 보일러, 펌프, 냉각탑(Cooling Tower)의 공정 연관성, 운전조건, 운전변수, 제어설비 및 연동장치 등에 대해 상세하게 수록되어 있다.

② 설계변경, 유지, 보수 등에 필요한 기술정보와 온도, 압력, 유량 등의 중요한 정보도 포함되어 있다.

2) 공정배관 계장도에 표시되어야 할 사항

(1) 일반사항

① 공정배관 계장도에 사용되는 부호(Symbol) 및 범례도(Legend)
② 장치 및 기계, 배관, 계장 등 고유번호 부여 체계
③ 약어 · 약자 등의 정의
④ 기타 특수 요구사항

(2) 장치 및 동력기계

설치되는 예비기기를 포함한 모든 공정장치 및 동력기계가 표시되어야 한다.

① 모든 장치와 장치의 고유번호, 명칭, 용량, 전열량 및 재질 등의 주요 명세
② 모든 동력기계와 동력기계의 고유번호, 명칭, 용량 및 동력원(전동기, 터빈, 엔진 등) 등의 주요 명세
③ 탑류, 반응기 및 드럼 등의 경우에는 맨홀, 트레이(Tray)의 단수, 분배기 등 내부의 간단한 구조 및 부속품
④ 모든 벤트 및 드레인의 크기와 위치
⑤ 장치 및 동력기계의 연결부
⑥ 장치 및 동력기계의 보온, 보냉 및 트레이싱(Heat Tracing)

(3) 배관

모든 배관 및 덕트와 유체의 흐름방향 등이 표시되어야 한다.

① 배관 및 덕트의 호칭지름, 배관번호, 재질, 플랜지 호칭압력, 보온 및 보냉 등
② 정상운전, 시운전 시에 필요한 모든 배관에 설치되어 있는 벤트 및 드레인
③ 모든 차단밸브 및 밸브의 종류
④ 특별한 부속품류, 시료채취배관, 시운전용 및 운전중지에 필요한 배관
⑤ 스팀이나 전기에 의한 트레이싱(Heat Tracing)
⑥ 보온 및 보냉의 종류
⑦ 배관의 재질이 바뀌는 위치 및 크기
⑧ 공급범위 등 기타 특수조건 등의 표기

(4) 계측기기

모든 계기 및 자동조절밸브 등이 표시되어야 한다.

① 센서, 조절기, 지시계, 기록계, 경보계 등을 포함한 제어계통
② 분산제어시스템(DCS) 또는 아날로그 등 제어장치의 구분
③ 현장설치계기, 현장패널표시계기, 분산제어시스템 표시계기 등의 구분
④ 고유번호, 종류, 형식, 기능
⑤ 자동조절밸브와 긴급차단밸브의 크기, 형태, 측관의 규격 및 정전과 같은 이상 시 밸브의 개폐 위치

⑥ 공기 또는 전기 등 신호라인(Signal Line)
⑦ 안전밸브의 크기, 설정압력 및 토출 측 연결부위의 조건
⑧ 계장용 배관 및 계기의 보온종류
⑨ 비정상운전 및 안전운전을 위한 연동시스템

3. 공정배관 계장도에 사용되는 계장기호

1) 계측용 배관 및 배선 그림기호

종류	그림기호	비고(일본)
배관	──────	
공기압배관	─//─//─//─//─	─A─A─A─
유압배관	─/─/─/─/─/─	─L─L─L─
전기배선	- - - - - - - -	─E─E─E─
세관	─×─×─×─×─	
전자파 · 방사선	─∿∿∿─	

2) 계장용 문자기호

변량기호	기능기호	일련번호
F	E	001
①	② 기능기호는 1개 이상	③ 세 자리 숫자

▲ 문자기호 표시방법

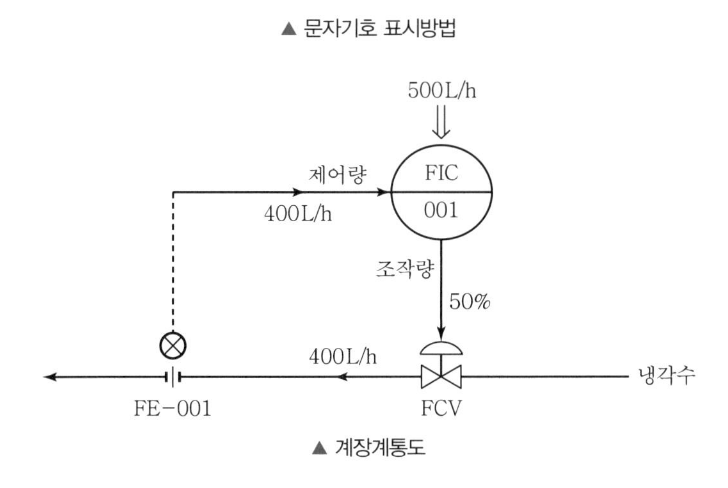

▲ 계장계통도

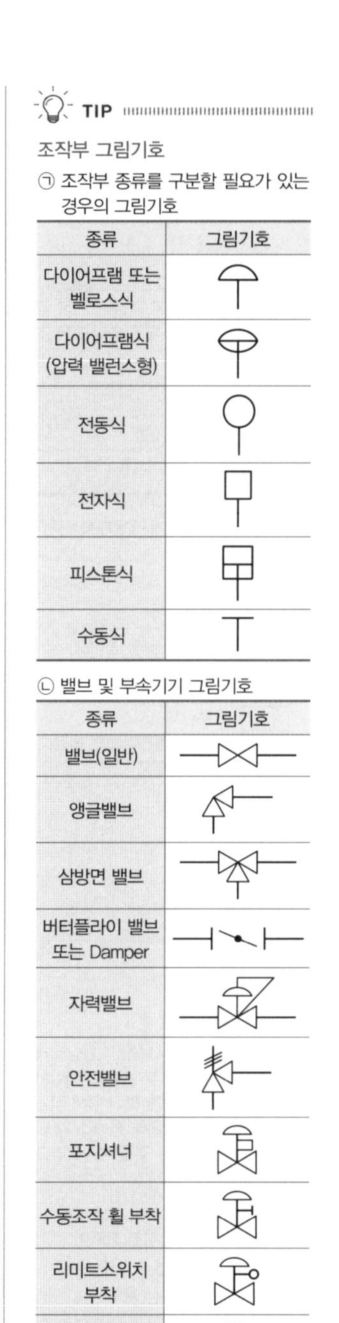
TIP

조작부 그림기호

㉠ 조작부 종류를 구분할 필요가 있는 경우의 그림기호

종류	그림기호
다이어프램 또는 벨로스식	
다이어프램식 (압력 밸런스형)	
전동식	
전자식	
피스톤식	
수동식	

㉡ 밸브 및 부속기기 그림기호

종류	그림기호
밸브(일반)	
앵글밸브	
삼방면 밸브	
버터플라이 밸브 또는 Damper	
자력밸브	
안전밸브	
포지셔너	
수동조작 휠 부착	
리미트스위치 부착	
밸브 개도 전송기 부착	

TIP

- FIC : 유량지시조절기
- FE : 유량계측기
- FCV : 유량조절밸브
- : 체크밸브
- : 글로브밸브
- : 제어밸브

(1) 변량기호

변량기호란 변하는 양으로 유량, 레벨, 습도, 압력 등과 연계된 장치를 의미한다.

변량기호	변량	비고
A	조성(Analysis)	• CO_2, O_2와 같이 잘 알려져 있는 화학기호는 그대로 문자기호를 사용한다. • pH는 수소이온농도의 문자기호로 사용한다. • 비율을 나타내는 'R'과 차이를 나타내는 'D'를 문자기호 뒤에 붙여도 된다.
C	전도도(Conductive)	
D	밀도(Density)	
E	전기적인 양(Eletric)	
F	유량(Flow)	
G	길이 또는 두께	
L	레벨(Level)	
M	습도(Moisture)	
P	압력(Pressure)	
S	속도, 회전수(Speed)	
T	온도(Temperature)	
U	불특정 또는 여러 변량	
V	점도(Viscosity)	
W	중량(Weight) 또는 힘	
Z	위치 또는 개도	

(2) 기능기호

변량기호에서 표기된 계측기의 부가기능을 수행하는 장치이다.

기능기호	계측설비 형식 또는 기능	기능기호	계측설비 형식 또는 기능
A	경보(Alarm)	Q	적산(Quantity)
C	조정(Control)	R	기록(Recording)
E	검출(Element)	S	시퀀스 제어(Sequence)
G	감시	T	전송 또는 변환(Transfer)
H	수동(Hand)	U	불특정 또는 다수 기능
I	지시(Indicating)	V	밸브 조작
K	계산기 제어	Y	연산
L	로깅(Logging)	Z	안전 또는 긴급
P	시료 채취 및 측정점	X	기타 형식 또는 기능

TIP

P & ID에 사용하는 일반적인 기호

• 계장선 기호

———	공정에 연결된 계장 공급선 혹은 파이프 연결
—//——//—	공기
- - - - - - -	전기
—o——o—	S/W 신호

• 계장 위치와 인식

ABB	플랜트에서의 계장 위치
ABB	제어실 패널 전면에서의 계장 위치
ABB	제어실 패널 후면에서의 계장 위치
ABB	분산제어시스템의 일부로서 접근 가능한 계장

◆ 로깅(Logging)

시스템을 작동할 때 시스템 작동상태의 기록과 보존, 이용자의 습성 조사 및 시스템 동작의 분석 등을 하기 위해 작동 중의 각종 정보를 기록해 둘 필요가 있다. 이 기록을 만드는 것을 로깅이라고 한다.

◆ 시퀀스 제어(개회로 제어)

미리 정해진 순서에 따라 제어의 각 단계를 차례로 진행해 가는 제어

3) 공정흐름도와 공정배관 계장도(P & ID) 차이와 연관성 파악하기

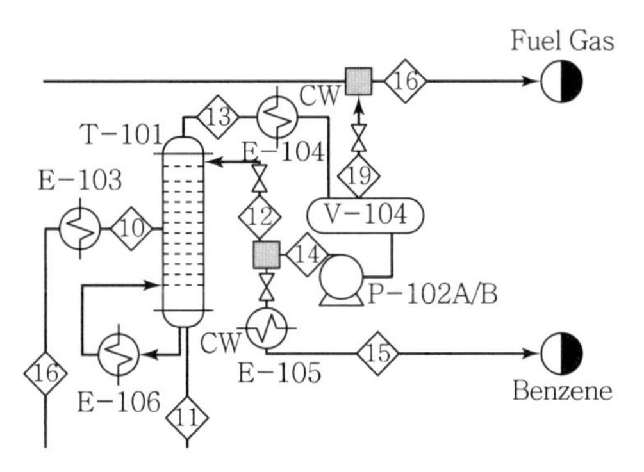

▲ 공정흐름도 중 T-101 부분(그림 1)

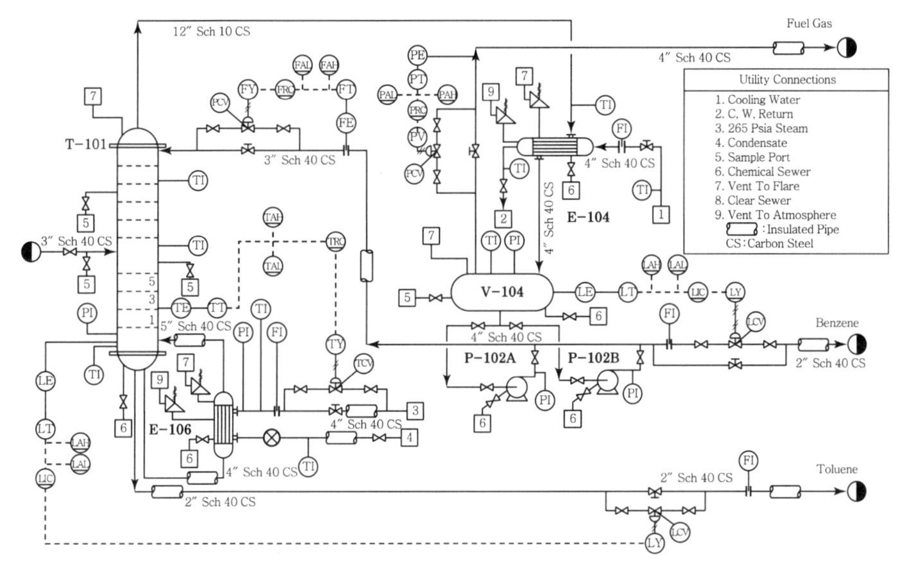

▲ 공정배관 계장도(그림 2)

(1) 주공정흐름

① 3″ 배관으로 T－101 증류탑 중간부로 들어온 용액은 E－106 리보일러(Re－boiler)에서 공급된 열에 의해 비점이 낮은 벤젠은 상부로, 비점이 높은 톨루엔은 하부로 증류조작에 의해 분리된다.

② 12″ 배관을 통해 탑 상부로 유출된 벤젠을 대부분 포함한 기체상태의 유출물은 열교환기 E－104에 의해 냉각되어 액체상태로 V－104의 저장조 하부를 나와 4″ 배관을 통해 펌프 102A/B에 의해 일부는 증류탑 T－101 상부로 보내지고, 일부는 2″ 탄소강배관을 통해 V－104의 저장조 레벨과 연동되는 조절밸브에 의해 유량이 조절되어 다음 공정으로 보내진다.

TIP

구분	공정흐름도	P & ID
표시 내용	공정단위 기기의 간결한 표시	모든 장치, 배관, 계장 등 상세한 표시
흐름	정상운전 시의 흐름 표시	모든 흐름 표시 (임시, Spare, Drain, Vent 등)
기기 장치	Spare기기는 생략	Spare, Stand-by 기기도 포함
라인	유량이 0인 라인은 생략	모든 라인 표시
계장	주요 계장만 표시	모든 제어장치, Loop 표시
배관	배관치수 등 생략	치수, 번호 표시
정보	공정흐름, 물질수지, 주요 장치 등 기본정보	엔지니어링, 건설, 구매, 운전 등을 위한 상세정보

③ 4″ 배관으로 탑 하부로 배출된 톨루엔이 많이 포함된 용액 일부는 열교환기 E-106에서 가열되어 액체상태로 남아 있던 벤젠 성분이 다시 증류탑 T-101의 하부로 재유입된다.

④ 2″ 배관을 통해 탑 하부를 나온 대부분이 톨루엔 성분인 다른 일부 흐름은 T-101의 하부용액레벨과 연동되는 조절밸브에 의해 유량이 조절되는 컨트롤밸브로 다음 공정으로 보내진다.

(2) 장치 주위 흐름

① E-106

T-101 하부에서 유출된 일부 용액은 265psia 스팀으로 가열되어 다시 T-101 하부로 유입되며, 265psia 스팀은 열을 용액에 전달하고 응축되어 응축수로 배출된다.

② V-104

V-104 상부로 배출된 기체는 압력조절밸브로 조절하여 Fuel Gas로 공정으로 보내진다.

(3) 배관 주위 공정흐름

배관과 연결된 바이패스, 드레인, 벤트, 스트레이너, 안전밸브 등 모든 흐름이 표기되어 세부적인 흐름을 파악할 수 있다.

(4) 계장시스템

T-101 하부의 우측에는 온도를 제어하는 시스템, 좌측에는 레벨을 제어하는 2개의 제어시스템이 있는데 기호와 약어를 활용하여 확인한다.

레벨 제어시스템			온도 제어시스템		
LE	Level Element	레벨 계측기	TE	Temperature Element	온도 계측기
LT	Level Transmitter	레벨 신호 변환기	TT	Temperature Transmitter	온도 신호 변환기
LAH	Level Alarm High	레벨 경보 (높을 경우)	TAH	Temperature Alarm High	온도 경보 (높을 경우)
LAL	Level Alarm Low	레벨 경보 (낮을 경우)	TAL	Temperature Alarm Low	온도 경보 (낮을 경우)
LIC	Level Indicating Controller	레벨 지시 조절기	TRC	Temperature Recording Controller	온도 기록 조절기
LY	Level Calculation	레벨 신호 계산기	TY	Temperature Calculation	온도 신호 계산기
LCV	Level Control Valve	레벨조절밸브	TCV	Temperature Control Valve	온도조절밸브

[02] 공정제어의 종류

1. 직접디지털제어(DDC : Direct Digital Control)

① 조절계의 기능을 디지털 장치로 실현하고 있는 제어 방식이다.
   ➡ 조절계의 입출력은 아날로그 신호도 가능하다.

② 아날로그 제어기기를 디지털 제어기기로 변경한 다음 마이크로프로세서를 이용하여 공정을 제어하는 방식이다.

③ 한 대의 컴퓨터에 프로세스 데이터의 입출력 및 플랜트의 감시, 조작, 제어 등을 모두 집중화시켜 관리하는 시스템이다.

④ 모든 제어기능이 한 대에 집중되어 있으므로, 컴퓨터에 이상이 발생하면 공정 전체가 제어 불능 상태가 되어 신뢰성 저하의 문제점이 있다.

2. 분산제어시스템(DCS : Distributed Control System)

1) DCS의 기능

① DDC의 단점을 보완하기 위하여 하나의 중앙처리장치를 여러 개의 작은 중앙처리장치로 나누어 기능별로 분리하고 작은 용량의 중앙처리장치를 가진 각각의 컴퓨터를 통신 네트워크로 연결시켜 전체 시스템으로 구성한다.

② 공정제어에 적용되는 시스템을 각 플랜트에 알맞은 단위 서브시스템으로 분리하고, 각 소단위 시스템에서는 각각의 주어진 역할을 수행하며, 상호 간에 통신을 가능하게 한 것이다. 제어시스템을 분산시켜 구축하여 소형 DDC 시스템 여러 개를 유기적으로 연결한 것과 같은 효과를 내도록 한 것이다.

③ 프로세스 제어기능을 여러 대의 컴퓨터에 분산시켜서 신뢰성을 향상시키고 이상이 발생했을 때 그 파급효과를 최소화시킨다.

④ DCS는 '기능의 분산과 정보의 집중'이라는 두 가지 특징이 균형을 유지하면서 개발되었다.

분산제어시스템의 특징
- 시스템의 유연성이 높다.
- 시스템의 구축 및 변경이 편하다.
- 고급 제어의 실현과 연산의 정확성이 우수하다.
- 공정의 감시, 조작성이 우수하다.
- 시스템의 신뢰성이 높다.
- 이중화 및 시스템의 분산으로 안정성이 높다.

2) DCS의 장점

① 일관성 있는 공정관리가 가능하고 제어의 신뢰도를 향상시키며, 다양한 응용을 할 수 있고 유연성 있는 제어가 가능하다.

② 한 조작자가 처리공정에 대한 많은 정보처리 및 제어기능을 수행하여 집중관리를 할 수 있으므로, 인력의 효율적 활용 및 유지보수가 용이하다.

③ 복잡한 연산과 논리회로를 구성할 수 있고, 자료의 수집 및 보고서 작성 기능이 있으며, 개별적인 시스템의 추가로 다른 플랜트 구역과 자동화 개념으로 쉽게 접속할 수 있다.

3. 논리연산 제어장치(PLC : Programmable Logic Controller)

① 논리연산, 순서 조작, 시한, 계수 및 산술 연산 등의 제어 동작을 실행시키기 위한 장치이다.

② 제어 순서를 일련의 명령어 형식으로 기억하는 메모리가 있으며, 이 메모리의 내용에 따라 기계와 프로세스의 제어를 디지털 또는 아날로그 입출력을 통하여 행하는 디지털 조작형의 공업용 전자 장치이다.

③ 복잡한 시퀀스 시스템을 프로그램으로 바꾸어 사용하기 편리하도록 만든 장치이다.

④ PLC를 이용하면 설계가 간단하고 패널 제작도 쉬우며, 추후 회로 수정 작업 및 증설 작업도 쉽게 할 수 있다. PLC는 자신이 가지고 있는 주소(Address)가 있다.

Reference

플래시 탱크(재증발탱크)의 에너지 계산

① 플래시 탱크(재증발탱크)의 공정도를 파악한다.

소 내 25ata 증기배관(벙커C유 버너 분무용 증기배관)상에 설치되어 있는 증기트랩에서 발생되는 응축수는 보통 드레인 탱크로 버려지고 있으나 이를 플래시 탱크를 통해 회수하여 소 내 유틸리티(증기, 용수 등)로 활용하여 에너지를 계산한다.

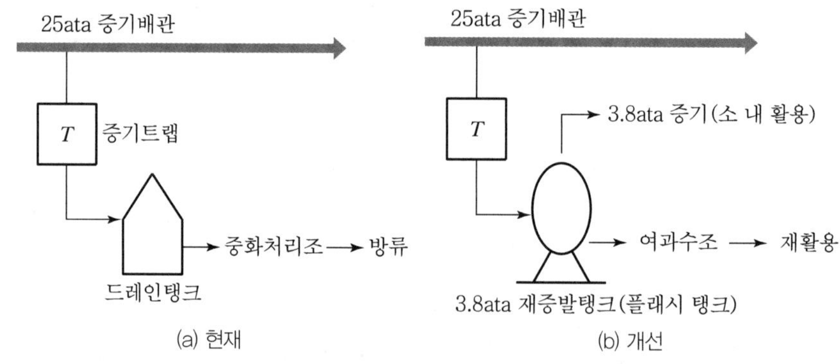

(a) 현재 (b) 개선

▲ 증기배관의 개선

② 25ata 증기배관 방열 등으로 인한 응축발생량(회수하지 않을 경우)을 계산한다.

㉠ 일반적으로 현장 보온관의 배관 손실은 2~3%이나 본 검토에서는 2%로 한다.

㉡ 실례로 소 내에서 소요되는 25ata 증기(h_1 =228.611kcal/kg, h_2 =668.93kcal/kg)는 약 5톤/시간 정도로 소요된다고 하면,

$$\text{응축발생량} = \text{증기량} \times \text{응축발생률} = \text{증기량} \times \frac{\text{손실열량}}{\text{25ata 증기잠열}}$$

$$= \text{증기량} \times \frac{h_2 \times 0.02}{h_2 - h_1} = 5\text{톤/시간} \times 0.03 = 0.15\text{톤/시간}$$

③ 25ata 증기배관에서 발생한 응축수를 기존 3.8ata 재증발 탱크로 회수할 경우 에너지 회수량(3.8ata 증기의 h_1 =141.8kcal/kg, h_2 =653.11kcal/kg)을 계산한다.

㉠ 재증발탱크에서 발생되는 재증발증기와 응축수는 각각 탈기기 등 소 내 공정에 활용할 수 있으며 응축수는 보일러 급수로 활용할 수 있다.

재증기발생량 = 응축수발생량 × 재증기발생률

$$= 0.15\text{톤/시간} \times \frac{25\text{ata 현열} - 3.8\text{ata 현열}}{3.8\text{ata 잠열}}$$

$$= 0.15\text{톤/시간} \times \frac{228.611\text{kcal/kg} - 141.8\text{kcal/kg}}{653.11\text{kcal/kg} - 141.8\text{kcal/kg}}$$

$$= 0.025\text{톤/시간}$$

㉡ 3.8ata 재증발탱크에서 발생하는 응축수량을 계산한다.

25ata 증기배관 응축수발생량 − 재증기발생량 = 0.15 − 0.025

= 0.125톤/시간

㉢ 환산증기발생량(총증기회수량)을 계산한다.

- 환산증기발생량 $= 0.025\text{톤/시간} + 0.125\text{톤/시간} \times \frac{141.81\text{kcal/kg}}{653.11\text{kcal/kg}}$

  = 0.0521톤/시간

- 연간 에너지회수량 = 0.0521톤/시간 × 8,760시간/년 = 460톤/년

④ 에너지 회수 경제성을 계산한다.

연간 에너지 회수금액 = 460톤/년 × 76L/톤 × 330원/L(벙커C의 S = 0.3%)

= 34,500L/년 × 330원/L ≒ 11,385,000원/년

실전문제

01 $X(s)=\dfrac{2}{s^2+2s+2}$의 역라플라스 변환 $x(t)$를 구하여라.

해설

$$X(s)=\frac{2}{(s+1)^2+1}=\frac{2\times 1}{(s+1)^2+1^2}$$

$\omega=1$

$\therefore\ x(t)=2e^{-t}\sin t$

02 $q=aT^4$인 경우 $T=100$ 부근에서 q를 선형화하여라.

해설

$q=aT^4$

$$q\simeq aT_s^4+4aT_s^3(T-T_s)$$
$$=a(100)^4+4a\times 100^3(T-100)$$
$$=10^8a+4\times 10^6a(T-100)$$

03 $F(s)=\dfrac{1}{s^2+5s+6}$일 때 $f(t)$를 구하여라.

해설

$$F(s)=\frac{1}{s^2+5s+6}=\frac{1}{(s+2)(s+3)}=\frac{1}{s+2}-\frac{1}{s+3}$$

$f(t)=e^{-2t}-e^{-3t}$

04 $F(s)=\dfrac{2}{s(s^3-3s^2+s+2)}$일 때 최종값을 구하여라.

해설

$$\lim_{t\to\infty}f(t)=\lim_{s\to 0}sF(s)=\lim_{s\to 0}\frac{2s}{s(s^3-3s^2+s+2)}=1$$

05 단면적이 3ft^3인 액체저장탱크에서 유출유량은 $8\sqrt{h-2}$로 주어진다. 정상상태 액위(h_s)가 9ft일 때, 이 계의 시간상수(τ : 분)를 구하여라.

해설

$A=3\text{ft}^2$

$q_o=8\sqrt{h-2}$, $h_s=9\text{ft}$

q_o 선형화

$$q_o=8\sqrt{h_s-2}+\frac{8}{2\sqrt{h_s-2}}(h-h_s)$$
$$=8\sqrt{9-2}+\frac{8}{2\sqrt{9-2}}(h-9)$$
$$=\frac{4}{\sqrt7}h+\frac{20}{\sqrt7}$$

$$A\frac{dh}{dt}=q_i-q$$
$$=q_i-\left(\frac{4}{\sqrt7}h+\frac{20}{\sqrt7}\right)$$
$$\frac{4}{\sqrt7}h=\frac{h}{\sqrt7/4}\leftarrow R(\text{저항})$$

$$A\frac{dh}{dt}=q_i-\frac{h}{R}$$
$$AR\frac{dh}{dt}=Rq_i-h$$
$$AR=\tau$$
$$\tau\frac{dh}{dt}+h=Rq_i$$
$$\tau sH(s)+H(s)=RQ_i(s)$$
$$G(s)=\frac{H(s)}{Q_i(s)}=\frac{R}{\tau s+1}$$
$$\therefore\ \tau=AR=3\times\frac{\sqrt7}{4}=1.98$$

06 액위탱크에서 $q(t) = 2\sqrt{h(t)}$로 주어지며, 탱크의 단면적은 $4ft^2$이고 정상상태에서의 액위 $h_s = 9ft$이다.

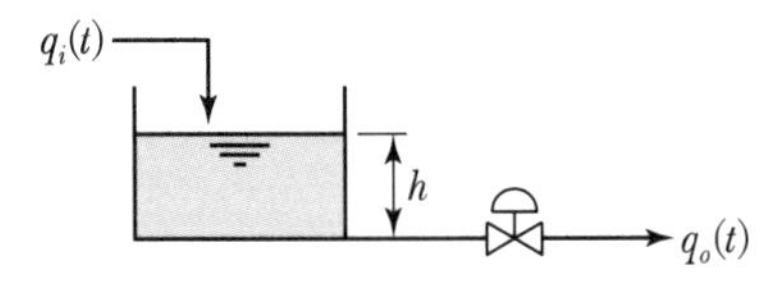

(1) 액위탱크의 모델식을 구하고 선형화시킨 다음 편차변수를 써서 나타내어라.

(2) 유입유량에 단위계단변화가 도입되었을 때 액위 $h(t)$를 구하여라.

해설

(1) $q_o = 2\sqrt{h} \cong 2\sqrt{h_s} + \frac{2}{2}\frac{1}{\sqrt{h_s}}(h - h_s)$

$= 2\sqrt{9} + \frac{1}{\sqrt{9}}(h-9)$

$= \frac{1}{3}h + 3$

$A\frac{dh}{dt} = q_i - q_o$

$4\frac{dh}{dt} = q_i - q_o = q_i - \left(\frac{1}{3}h + 3\right)$

정상상태 $0 = q_{is} - 2\sqrt{h_s} \rightarrow q_{is} = 2\sqrt{9} = 6$

$4\frac{dh}{dt} = q_i - q_o$

$0 = 4\frac{dh_s}{dt} = q_{is} - q_{os}$

편차변수 $4\frac{dh'}{dt} = q_i' - q_o' = q_i' - \frac{1}{3}h'$

$4sH(s) + \frac{1}{3}H(s) = Q_i(s)$

$\left(4s + \frac{1}{3}\right)H(s) = Q_i(s)$

$\therefore H(s) = \frac{3}{(12s+1)}Q_i(s)$

(2) $H(s) = \frac{3}{12s+1} \cdot \frac{1}{s} = 3\left(\frac{1}{s} - \frac{1}{s + \frac{1}{12}}\right)$

$h(t) = 3(1 - e^{-\frac{t}{12}})$

$\therefore h(t) = 9 + 3(1 - e^{-\frac{t}{12}})$

$= 12 - 3e^{-\frac{t}{12}}$

07 단면적이 $2ft^2$인 어떤 탱크가 $2ft^3/min$의 입력유속으로 정상상태에서 작동되고 있다. 탱크에 대한 유출유량(q_o)－액위(h) 관계가 다음 그래프와 같을 경우 물음에 답하시오.

(1) 전달함수 $\frac{H(s)}{Q(s)}$를 구하여라.

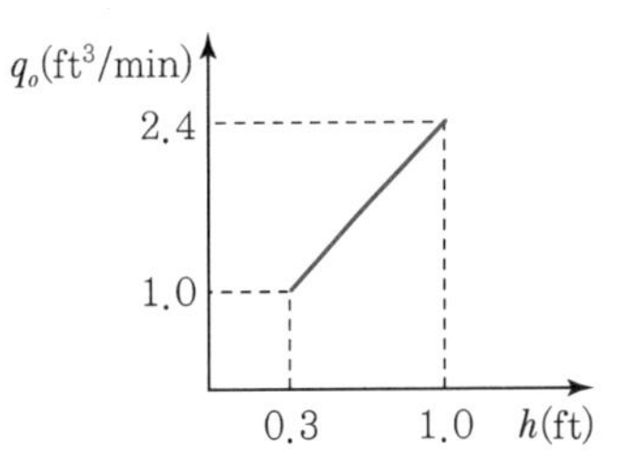

(2) 탱크로의 입구유속이 2.0에서 $2.2ft^3/min$으로 계단변화할 때 2분 후 액위를 계산하여라.

해설

(1) 기울기 $= \frac{2.4 - 1.0}{1.0 - 0.3} = 2$

$q_o = 2(h - 0.3) + 1.0$

$\therefore q_o = 2h + 0.4$

$q_s = 2ft^3/min$

탱크의 단면적$(A) = 2ft^2$

$A\frac{dh}{dt} = q_i - q_o$

$2\frac{dh}{dt} = q_i - (2h + 0.4)$

정상상태 $0 = A\frac{dh_s}{dt} = q_{is} - (2h_s + 0.4)$

편차변수 $A\frac{d(h-h_s)}{dt} = (q_i - q_{is}) - 2(h - h_s)$

$A\frac{dh'}{dt} = q_i' - 2h'$

$AsH(s) = Q(s) - 2H(s)$

$2(s+1)H(s) = Q(s)$

$\therefore \frac{H(s)}{Q(s)} = \frac{1}{2(s+1)}$

(2) 정상상태 $2\frac{dh_s}{dt} = q_{is} - (2h_s + 0.4)$

$0 = 2 - 2h_s - 0.4$

$\therefore h_s = 0.8$

$$H(s) = G(s)X(s)$$
$$= \frac{\frac{1}{2}}{s+1} \cdot \frac{0.2}{s}$$
$$= 0.1\left(\frac{1}{s(s+1)}\right) = 0.1\left(\frac{1}{s} - \frac{1}{s+1}\right)$$
$$h(t) = 0.1(1-e^{-t})$$
$$h(2) = 0.1(1-e^{-2}) = 0.0865$$
$$h = h_s + 0.0865$$
$$= 0.8 + 0.0865$$
$$= 0.89\text{ft}$$

08 다음 블록선도로부터 전달함수 $\frac{C(s)}{R(s)}$ 및 $\frac{C(s)}{L(s)}$를 구하여라.

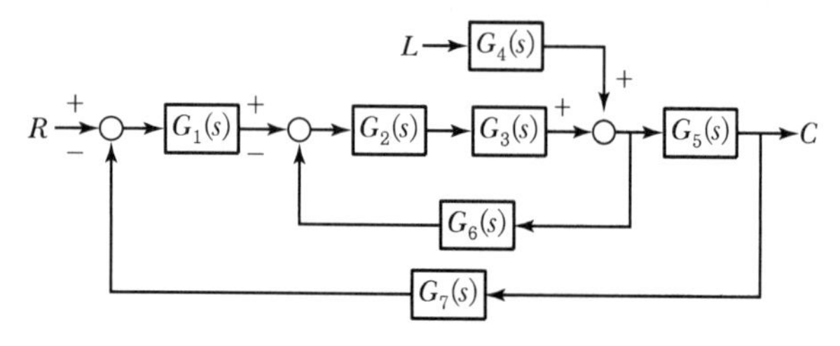

해설

$$\frac{C(s)}{R(s)} = \frac{G_1(s)G_2(s)G_3(s)G_5(s)}{1+G_2(s)G_3(s)G_6(s)+G_1(s)G_2(s)G_3(s)G_5(s)G_7(s)}$$
$$\frac{C(s)}{L(s)} = \frac{G_4(s)G_5(s)}{1+G_2(s)G_3(s)G_6(s)+G_1(s)G_2(s)G_3(s)G_5(s)G_7(s)}$$

09 어떤 항온조에 담겨 있는 온도계에서 온도계의 온도와 항온조 유체의 실제 온도 사이는 이득(gain)이 1이고 시간상수가 0.2분인 1차계로 나타낼 수 있다. 온도계가 평형에 도달한 후 항온조의 유체온도가 1℃/min의 비율로 시간에 따라 선형적으로 증가하기 시작하였다. 1분 경과 후 온도계의 온도와 항온조 유체의 실제 온도 사이의 온도차를 구하여라.

해설

$$G(s) = \frac{K}{\tau s+1} = \frac{1}{\tau s+1}$$
$$x(t) = t \qquad X(s) = \frac{1}{s^2}$$

$$Y(s) = G(s)X(s) = \frac{1}{s^2(\tau s+1)}$$
$$= \frac{A}{s} + \frac{B}{s^2} + \frac{C}{\tau s+1} = \frac{1}{s^2} - \frac{\tau}{s} + \frac{\tau}{s+\frac{1}{\tau}}$$
$$y(t) = t - \tau + \tau e^{-\frac{t}{\tau}}$$
$$y(1) = 1 - 0.2 + 0.2e^{-\frac{1}{0.2}} = 0.8$$
$$x - y = X - Y = 1 - 0.8 = 0.2℃$$

10 이득(Gain)이 1이고, 시간상수가 1분인 1차계로 나타내어지는 수은온도계가 0℃를 가리키고 있다. 이 온도계를 항온조 속에 넣고 1분이 경과한 후 온도계가 31.6℃를 가리켰다. 이 항온조의 온도를 구하여라.

해설

$$y(t) = KA(1-e^{-\frac{t}{\tau}}) = A(1-e^{-\frac{1}{1}}) = 31.6℃$$
$$\therefore A = 50℃$$

11 수은온도계에서 온도계를 둘러싸고 있는 유체와 수은 사이의 열전달을 고려해 보자.(단, 유리관 안과 밖의 전열저항은 무시한다.)

(1) 유체의 온도(T_f)와 수은온도(T) 사이의 전달함수를 구하여라.

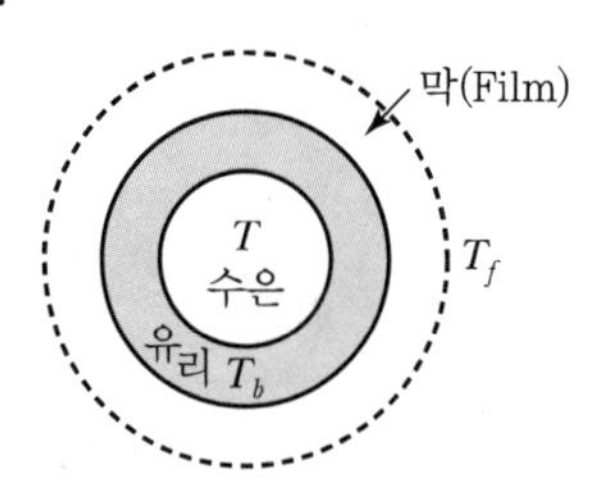

(2) 어느 순간 오일중탕의 온도가 200°F의 평균값을 중심으로 4°F의 진폭을 갖는 sine 함수의 변화를 나타내었다. 시간상수는 0.1min이며 진동수(f)가 $\frac{20}{\pi}$ cycles/min인 경우 위상각(ϕ)을 구하고, 시간이 충분히 경과한 후 온도계의 온도를 시간의 함수로 나타내어라.(단, 수은온도계는 200°F의 오일중탕에 오랫동안 놓여 있어서 열적 평형상태가 유지된다고 가정한다.)

해설

(1) $UA(T_f - T) = mc\frac{dT}{dt}$ .... ㉠

정상상태에서

$UA(T_{fs} - T_s) = mc\frac{dT_s}{dt} = 0$ .... ㉡

㉠－㉡을 하면

$UA(T_f' - T') = mc\frac{dT'}{dt}$

$\frac{mc}{UA}\frac{dT'}{dt} = T_f' - T'$

$\frac{mc}{UA} = \tau$

$\tau\frac{dT'}{dt} = T_f' - T'$

$\tau s T(s) + T(s) = T_f(s)$

$\therefore \frac{T(s)}{T_f(s)} = \frac{1}{\tau s + 1}$

(2) $\tau = 0.1\text{min}$

$T_{fs} = 200°\text{F}$

A(진폭)$= 4°\text{F}$

f(진동수)$= \frac{20}{\pi}\text{cycles/min}$

$\omega = 2\pi f = 2\pi \times \frac{20}{\pi} = 40\text{rad/min}$

$\hat{A} = \frac{KA}{\sqrt{1+\tau^2\omega^2}}$ $\quad (K=1)$

$= \frac{4}{\sqrt{1+0.1^2\times 40^2}} \simeq 0.97°\text{F}$

ϕ(위상각)$= \tan^{-1}(-\tau\omega) = \tan^{-1}(-4)$

$= -1.326\text{rad} \times \frac{180°}{\pi} = -76.01°$

시간이 충분히 경과한 후 온도계의 눈금은

$T_f' = 0.97\sin(40t - 76.01)$

$\therefore T_f = 200 + 0.97\sin(40t - 76.01)$

12 액위 탱크에서 $A_1 = A_2 = 10\text{ft}^2$, $R_1 = 0.1\text{ft/cfm}$, $R_2 = 0.35\text{ft/cfm}$이다. 정상상태에서 q는 20cfm으로 유지되고 있다. 어느 순간 $t=0$에서 첫 번째 탱크에 10ft^3의 물을 갑자기 주입시켰다면, $H_2(t)$의 최댓값과 이때의 시간을 구하여라.(단, $q_1 = \frac{h_1}{R_1}$, $q_2 = \frac{h_2}{R_2}$이다.)

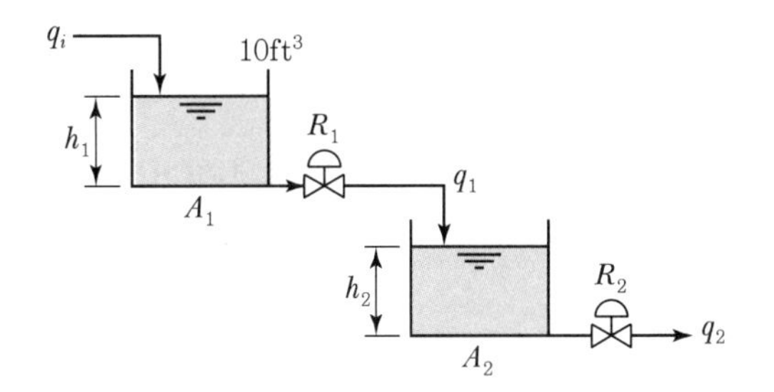

해설

비간섭계

$\frac{H_2}{Q} = \frac{R_2}{(\tau_1 s+1)(\tau_2 s+1)} = \frac{0.35}{(s+1)(3.5s+1)}$

$q(t) = 10\delta(t) \rightarrow Q(s) = 10$

$\tau_1 = R_1A_1 = 0.1\times 10 = 1\text{min}$

$\tau_2 = R_2A_2 = 0.35\times 10 = 3.5\text{min}$

$\therefore H_2 = \frac{0.35}{(s+1)(3.5s+1)}\times 10$

$= -\frac{1.4}{s+1} + \frac{1.4}{s+\frac{1}{3.5}}$

$\therefore h_2(t) = 1.4(e^{-\frac{t}{3.5}} - e^{-t})$

$\frac{dh_2}{dt} = 0$

$1 - \frac{1}{3.5}e^{\frac{5t}{7}} = 0$

$\therefore t = 1.75$

$h_2(1.75) = 1.4(0.606 - 0.174) = 0.605\text{ft}$

13 1차계의 단위계단응답에서 시간 t가 2τ, 3τ, 4τ일 때 최종값의 %로 나타내면 다음과 같다. ( ) 안에 알맞은 수를 넣으시오.(단, τ는 1차계의 시간상수이다.)

경과시간	τ	2τ	3τ	4τ	5τ
최종값의 %	63.2%	( )	( )	( )	99.3%

해설

- 2τ : 86.5%
- 3τ : 95.0%
- 4τ : 98.2%

14 어떤 계의 단위계단응답이 $Y(t)=1-\left(1+\frac{t}{\tau}\right)e^{-\frac{t}{\tau}}$ 일 경우, 이 계의 단위충격응답을 구하여라.

해설

단위계단응답 $\xrightarrow{\text{미분}}$ 단위충격응답

$$y(t)=1-e^{-\frac{t}{\tau}}-\frac{t}{\tau}e^{-\frac{t}{\tau}}$$

$$y'(t)=\frac{1}{\tau}e^{-\frac{t}{\tau}}+\frac{t}{\tau^2}e^{-\frac{t}{\tau}}-\frac{1}{\tau}e^{-\frac{t}{\tau}}$$

$$=\frac{t}{\tau^2}e^{-\frac{t}{\tau}}$$

15 총괄전달함수가 $\frac{1}{(s+1)(s+2)}$ 인 계의 주파수 응답에 있어 주파수가 2rad/s일 때 진폭비를 구하여라.

해설

$$G(s)=\frac{1}{(s+1)(s+2)}=\frac{1}{s^2+3s+2}=\frac{\frac{1}{2}}{\frac{1}{2}s^2+\frac{3}{2}s+1}$$

$$K=\frac{1}{2}$$

$$\tau^2=\frac{1}{2} \quad \therefore \tau=\frac{1}{\sqrt{2}}$$

$$2\tau\zeta=\frac{3}{2} \quad \therefore \zeta=\frac{3}{2\sqrt{2}}$$

$$\omega=2$$

$$\therefore AR=\frac{K}{\sqrt{(1-\tau^2\omega^2)^2+(2\tau\zeta\omega)^2}}$$

$$=\frac{0.5}{\sqrt{\left(1-\frac{1}{2}\times 4\right)^2+\left(2\times\frac{1}{\sqrt{2}}\times\frac{3}{2\sqrt{2}}\times 2\right)^2}}$$

$$=\frac{1}{2\sqrt{10}}$$

16 다음 공정과 제어기를 고려할 때 정상상태(Steady State)에서 물음에 답하시오.

제어기 : $u(t)=1.0(1.0-y(t))+\frac{1.0}{2.0}\int_0^t(1-y(\tau))d\tau$
공정 : $\frac{d^2y(t)}{dt^2}+2\frac{dy(t)}{dt}+y(t)=u(t-0.1)$

(1) $y(t)$를 구하여라.

(2) $\int_0^t(1-y(\tau))d\tau$를 구하여라.

해설

(1) $y(t)$ 계산

$$u(t)=1.0(1.0-y(t))+\frac{1.0}{2.0}\int_0^t(1-y(\tau))d\tau$$

$$U(s)=\frac{1}{s}-Y(s)+\frac{1}{2s^2}-\frac{Y(s)}{2s}$$

$$\frac{d^2y(t)}{dt^2}+\frac{2dy(t)}{dt}+y(t)=u(t-0.1)$$

$$s^2Y(s)+2sY(s)+Y(s)=U(s)e^{-0.1s}$$

$$(s^2+2s+1)Y(s)\cdot e^{0.1s}=U(s)$$

$$=\frac{1}{s}-Y(s)+\frac{1}{2s^2}-\frac{Y(s)}{2s}$$

$$\left(s^2e^{0.1s}+2se^{0.1s}+e^{0.1s}+1+\frac{1}{2s}\right)Y(s)=\frac{1}{s}+\frac{1}{2s^2}$$

$$=\frac{2s+1}{2s^2}$$

$$\therefore Y(s)=\frac{\frac{2s+1}{2s^2}}{s^2e^{0.1s}+2se^{0.1s}+e^{0.1s}+1+\frac{1}{2s}}$$

$$=\frac{\frac{2s+1}{2s^2}}{\frac{2s^3e^{0.1s}+4s^2e^{0.1s}+2se^{0.1s}+2s+1}{2s}}$$

$$=\frac{\frac{2s+1}{s}}{2s^3e^{0.1s}+4s^2e^{0.1s}+2se^{0.1s}+2s+1}$$

$$\lim_{t\to\infty}y(t)=\lim_{s\to 0}sY(s)$$

$$=\lim_{s\to 0}\frac{2s+1}{2s^3e^{0.1s}+4s^2e^{0.1s}+2se^{0.1s}+2s+1}=1$$

(2) $\int_0^t (1-y(\tau))d\tau$ 계산

$$f(t)=\int_0^t (1-y(\tau))d\tau$$

$$F(s)=\frac{1}{s^2}-\frac{Y(s)}{s}$$

$$\lim_{t\to\infty} f(t)=\lim_{s\to 0} s\left(\frac{1}{s^2}-\frac{Y(s)}{s}\right)=\lim_{s\to 0}\left(\frac{1}{s}-Y(s)\right)$$

$$=\lim_{s\to 0}\left(\frac{1}{s}-\frac{\frac{2s+1}{s}}{2s^3e^{0.1s}+4s^2e^{0.1s}+2se^{0.1s}+2s+1}\right)$$

$$=\lim_{s\to 0}\frac{2s^3e^{0.1s}+4s^2e^{0.1s}+2se^{0.1s}+2s+1-2s-1}{2s^4e^{0.1s}+4s^3e^{0.1s}+2s^2e^{0.1s}+2s^2+s}$$

$$=\lim_{s\to 0}\frac{2s^2e^{0.1s}+4se^{0.1s}+2e^{0.1s}}{2s^3e^{0.1s}+4s^2e^{0.1s}+2se^{0.1s}+2s+1}$$

$$=2$$

17 비례 제어기를 이용하여 60°F에서 100°F 범위 내에서 온도를 조절하고 있다. 측정온도가 상수를 갖는 설치점에서 71°F으로부터 75°F으로 변화할 때 제어기의 입력은 3psi(밸브 전개)에서 15psi(밸브 전폐)까지 변화한다.

(1) 비례대를 구하여라.

(2) 제어기 이득을 구하여라.

(3) 제어기의 비례대가 75%까지 변화하는 경우 밸브를 전개에서 전폐까지 가도록 하는 데 필요한 온도변화를 구하여라.

(4) (3)에서의 이득(Gain)을 구하여라.

해설

(1) 비례대 $=\dfrac{75-71(°\text{F})}{100-60(°\text{F})}\times 100=10\%$

(2) 이득 $=\dfrac{\Delta P}{\Delta T}=\dfrac{15-3(\text{psi})}{75-71(°\text{F})}=3\text{psi}/°\text{F}$

(3) ΔT=비례대×온도범위

$=0.75\times 40°\text{F}=30°\text{F}$

(4) $K=\dfrac{15-3(\text{psi})}{30°\text{F}}=0.4\text{psi}/°\text{F}$

18 다음의 제어시스템이 안정하기 위한 제어기의 이득 K_c의 범위를 구하여라.(단, 비례 제어기의 $G_c=K_c$, $G_v=K_v=2$, $G_m=K_m=0.25$, $G_p=\dfrac{4e^{-s}}{5s+1}$이다.)

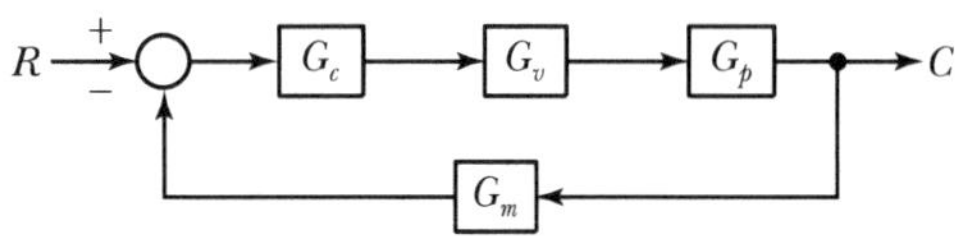

해설

특성방정식

$$1+G_cG_vG_pG_m=0$$

$$1+K_c\cdot 2\cdot\frac{4e^{-s}}{5s+1}\cdot 0.25=0$$

$$1+\frac{2K_ce^{-s}}{5s+1}=0$$

Pade 1차식 $e^{-s}\simeq\dfrac{1-\frac{1}{2}s}{1+\frac{1}{2}s}$

$$1+\frac{2K_c\left(1-\frac{1}{2}s\right)}{(5s+1)\left(1+\frac{1}{2}s\right)}=0$$

$$\therefore\ 5s^2+(11-2K_c)s+(2+4K_c)=0$$

Routh 배열

1	5	$2+4K_c$
2	$11-2K_c$	
3	$\dfrac{(11-2K_c)(2+4K_c)-0}{11-2K_c}>0$	

$11-2K_c>0\qquad\therefore\ K_c<\dfrac{11}{2}$

$2+4K_c>0\qquad\therefore\ K_c>-\dfrac{1}{2}$

$\therefore\ -\dfrac{1}{2}<K_c<\dfrac{11}{2}$

19 전달함수 $G(s)=\dfrac{4}{9s^2+9s+1}$와 같이 표현되는 2차 공정에 대하여 원하는 닫힌 루프 전달함수의 응답이 $\left(\dfrac{C}{R}\right)_d=\dfrac{1}{2s+1}$과 같은 1차식이 되도록 제어기 상수를 결정하시오.

해설

$$G_c=\frac{1}{G(s)}\cdot\frac{\dfrac{1}{\tau_c s+1}}{1-\dfrac{1}{\tau_c s+1}}$$

$$=\frac{1}{\tau_c s}\cdot\frac{\tau^2s^2+2\tau\zeta s+1}{K}$$

$$=\frac{2\tau\zeta}{K\tau_c}\left[1+\frac{1}{2\tau\zeta s}+\frac{\tau}{2\zeta}s\right]$$

$$G_c=K_c\left(1+\frac{1}{\tau_I s}+\tau_D s\right)$$

$K=4,\ \tau=3,\ 2\tau\zeta=9,\ \zeta=1.5,\ \tau_c=2$

$$G_c=\frac{1}{G(s)}\left[\frac{\left(\dfrac{C}{R}\right)_d}{1-\left(\dfrac{C}{R}\right)_d}\right]=\frac{1}{G(s)}\left[\frac{\dfrac{1}{2s+1}}{1-\dfrac{1}{2s+1}}\right]$$

$$=\frac{1}{G(s)}\cdot\frac{1}{2s}$$

$$=\frac{9s^2+9s+1}{4}\cdot\frac{1}{2s}$$

$$=\frac{2\times3\times1.5}{4\times2}\left[1+\frac{1}{2\times3\times1.5s}+\frac{3}{2\times1.5}s\right]$$

$$=\frac{9}{8}\left(1+\frac{1}{9s}+s\right)$$

$$\therefore\ K_c=\frac{9}{8},\ \tau_I=9,\ \tau_D=1$$

20 어떤 공정에 단위계단입력을 도입하여 다음과 같은 응답을 얻었다.

t(s)	0	1	2	3	4	5	6
y	0	0.4	1.2	1.8	2.0	2.0	2.0

동일한 공정에 대한 다음과 같은 입력을 도입하여 얻어지는 응답을 구하여라.

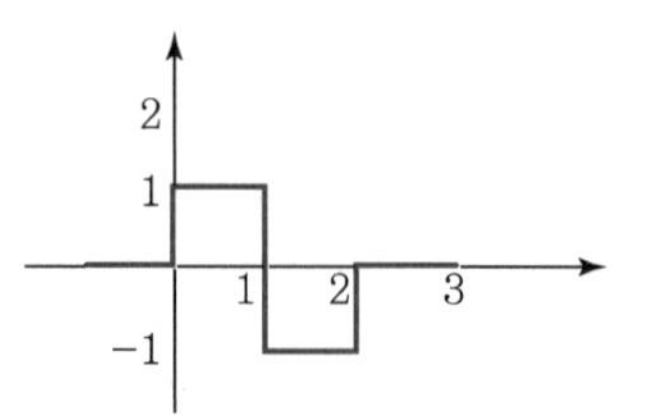

해설

$x(t)=u(t)-2u(t-1)+u(t-2)$

t(s)	0	1	2	3	4	5	6
단위계단 응답	0	0.4	1.2	1.8	2.0	2.0	2.0
$-2u(t-1)$에 대한 응답		0	−0.8	−2.4	−3.6	−4.0	−4.0
$u(t-2)$에 대한 응답			0	0.4	1.2	1.8	2.0
$x(t)$에 대한 응답	0	0.4	0.4	−0.2	−0.4	−0.2	0

21 다음 공정과 제어기를 고려할 때 정상상태(Steady State)에서 y값을 구하시오.

> 제어기 : $u(t)=0.5(2.0-y(t))$
>
> 공정 : $\dfrac{d^2y(t)}{dt^2}+2\dfrac{dy}{dt}+y(t)=0.1\dfrac{du(t-1)}{dt}+u(t-1)$

해설

$$u(t)=0.5(2.0-y(t))=1-\frac{1}{2}y(t)$$

$$U(s)=\frac{1}{s}-\frac{1}{2}Y(s)$$

$$\mathcal{L}\left[u(t-1)\right]=\left[\frac{1}{s}-\frac{1}{2}Y(s)\right]e^{-s}$$

$$\frac{d^2y(t)}{dt^2}+2\frac{dy(t)}{dt}+y(t)=0.1\frac{du(t-1)}{dt}+u(t-1)$$

$$s^2Y(s)+2sY(s)+Y(s)$$
$$=0.1s\left(\frac{1}{s}-\frac{1}{2}Y(s)\right)e^{-s}+\left(\frac{1}{s}-\frac{1}{2}Y(s)\right)e^{-s}$$
$$=\frac{1}{10}e^{-s}-\frac{1}{20}sY(s)e^{-s}+\frac{1}{s}e^{-s}-\frac{1}{2}Y(s)e^{-s}$$

$$\left[s^2+2s+1+\frac{1}{20}se^{-s}+\frac{1}{2}e^{-s}\right]Y(s)=\frac{1}{10}e^{-s}+\frac{1}{s}e^{-s}$$

$$\therefore\ Y(s)=\frac{\frac{1}{10}e^{-s}+\frac{1}{s}e^{-s}}{s^2+2s+1+\frac{1}{20}se^{-s}+\frac{1}{2}e^{-s}}$$

$$\lim_{t\to\infty}y(t)=\lim_{s\to 0}sY(s)$$

$$=\lim_{s\to 0}\frac{\frac{1}{10}se^{-s}+e^{-s}}{s^2+2s+1+\frac{1}{20}se^{-s}+\frac{1}{2}e^{-s}}$$

$$=\frac{1}{1+\frac{1}{2}}=\frac{2}{3}$$

22 다음 그림에서 Servo Problem인 경우, Proportional Control($G_c=K_c$)의 Offset을 구하여라.(단, $T_R(t)=u(t)$인 단위계단신호이다.)

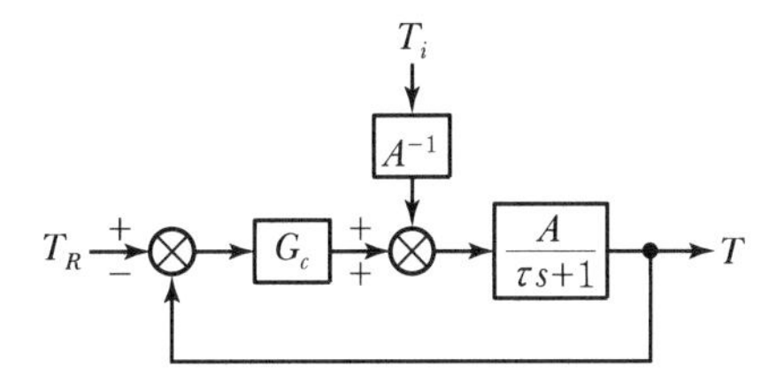

해설

$$T_R(s)=\frac{1}{s}$$

$$\frac{T}{T_R}=\frac{\frac{K_cA}{\tau s+1}}{1+\frac{K_cA}{\tau s+1}}=\frac{K_cA}{\tau s+1+K_cA}$$

$$T=\frac{K_cA}{s(\tau s+1+K_cA)}$$

$$T(\infty)=\lim_{t\to\infty}T(t)=\lim_{s\to 0}sT(s)=\lim_{s\to 0}\frac{K_cA}{\tau s+1+K_cA}$$

$$\text{Offset}=r(\infty)-c(\infty)$$
$$=T_R(\infty)-T(\infty)$$
$$=1-\frac{K_cA}{1+K_cA}$$
$$=\frac{1}{1+K_cA}$$

23 PFD와 P & ID에 대하여 설명하시오.

해설

(1) PFD : 주요 장치, 장치 간의 공정 연관성, 운전조건, 운전변수, 물질수지, 에너지수지, 제어설비 및 연동장치 등 기술적 정보를 파악할 수 있는 도면

(2) P & ID : 운전 시에 필요한 모든 공정장치, 동력기계, 배관, 공정제어 및 계기 등을 표시하고 이들 상호 간에 연관관계를 나타내주며, 상세설계, 건설, 변경, 유지보수 및 운전 등을 하는 데 필요한 기술적 정보를 파악할 수 있는 도면

24 배관도면(P & ID)에서 표시해야 할 것 5가지를 쓰시오.

해설

① 배관, 덕트의 직경, 배관번호, 재질
② 밸브의 종류, 위치
③ 모든 배관에 설치되어 있는 벤트, 드레인
④ 부속품류
⑤ 그 밖의 계측기기

25 라플라스 변환이 다음과 같을 경우 $f(t)$의 최종값은 얼마인가?

$$f(s)=\frac{s^2+2s+1}{s(s^3+3s^2+3s+1)}$$

해설

$$\lim_{t\to\infty}f(t)=\lim_{s\to 0}sF(s)=\lim_{s\to 0}\frac{s^2+2s+1}{s^3+3s^2+3s+1}=1$$

26 공정의 동특성이 다음과 같은 2차 선형 미분방정식으로 나타나는 경우 시간에 따른 출력 $y(t)$를 구하여라.

$$\frac{d^2y(t)}{dt^2}+3\frac{dy(t)}{dt}+2y(t)=5u(t)$$

$$y(0)=\frac{dy(0)}{dt}=0$$

해설

$$s^2 Y(s) + 3s\,Y(s) + 2\,Y(s) = \frac{5}{s}$$

$$\therefore\ Y(s) = \frac{5}{s(s^2+3s+2)}$$

$$= \frac{5}{s(s+1)(s+2)}$$

$$= \frac{5/2}{s} - \frac{5}{s+1} + \frac{5/2}{s+2}$$

$$\therefore\ y(t) = \frac{5}{2} - 5e^{-t} + \frac{5}{2}e^{-2t}$$

27 다음 표를 참고하여 열교환망(Pinch Method)을 설계하여라.(단, 최소허용온도차 $\Delta T_m = 20℃$ 이며, 핀치의 상부흐름은 5개, 하부흐름은 4개이다.)

Stream	T_s	T_t	C_p	ΔH
Hot	400	60	0.3	102
Hot	210	40	0.5	85
Cold	20	160	0.4	56
Cold	100	300	0.6	120

※ T_s : Supply Temperature(℃)

T_t : Target Temperature(℃)

C_p : (MW/K)

해설

온도 구간	ΔT(℃)	$\Sigma C_{PC} - \Sigma C_{PH}$	ΔH (MW)	0	+15
390 – 310	80	−0.3	−24	24	39
310 – 200	110	0.3	33	−9	6
200 – 170	30	−0.2	−6	−3	12
170 – 110	60	0.2	12	−15	0
110 – 50	60	−0.4	−24	9	24
50 – 30	20	−0.1	−2	11	26

- 온류 핀치 온도 : 110+10=120℃
- 냉류 핀치 온도 : 110−10=100℃
- 열교환기 수=(5−1)+(4−1)=7
- 최소 뜨거운 유틸리티 요구량=15MW
- 최소 차가운 유틸리티 요구량=26MW

작업형 (단증류 실험방법)

CHAPTER 01

개요

1. 실험의 목적

이성분계 혼합물의 단증류 실험을 통해 원리를 이해하고 유출액과 잔류액을 얻고 이를 측정하여 실제 실험값과 Rayleigh 식을 이용한 이론값을 비교해 본다.

2. 개인 실험 준비물

① 실험복
② 검은색 펜
③ 공학용 계산기
④ 격자모양이 있는 눈금자
⑤ 목장갑
⑥ 테프론테이프(대부분 고사장에 준비되어 있으나, 제공하지 않는 고사장이 간혹 있을 수 있다.)

3. 주의사항

① 비중병의 무게, 밀도는 소수 넷째 자리까지 적고 나머지는 소수 둘째 자리까지 적는다.
② 시약을 한 번 더 받거나 실험기구를 파손하면 감점요인이 된다.
③ 비중병의 뚜껑 끝이 깨져 있는지 확인하고 깨진 비중병은 교환하도록 한다.
④ 답안을 샤프로 작성하면 안 된다. 샤프자국은 깨끗하게 지운다.
⑤ 답안을 정정할 때는 정정부분을 두 줄로 그어 표시한다.

4. 실험기구

1) 개인용 실험기구

명칭	기구	용도
둥근바닥플라스크		• 비등석 3~5개를 넣고 수용액을 넣은 후 히팅멘틀에서 가열한다. • 삼방어댑터가 연결되어 있는 일체형도 있다.
비커		• 시약을 보관할 때 사용한다. • 시약보관 시 알코올이 증발하지 않도록 파라필름으로 막아둔다.
삼각플라스크		증류를 통해 유출된 유출액을 포집할 때 사용한다.
비중병	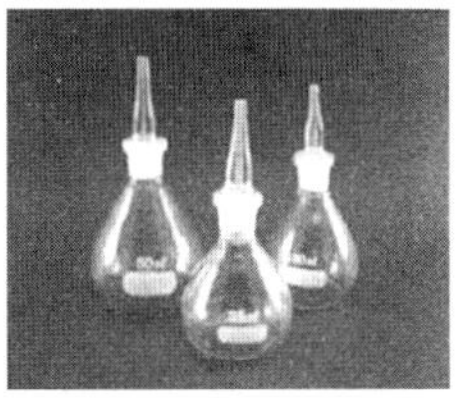	• 밀도를 측정하는 기구이다. • 액체를 가득 넣고 뚜껑을 덮으면 뚜껑 끝에 모세관 현상에 의해 액체가 볼록 튀어 나와야 한다.
메스실린더	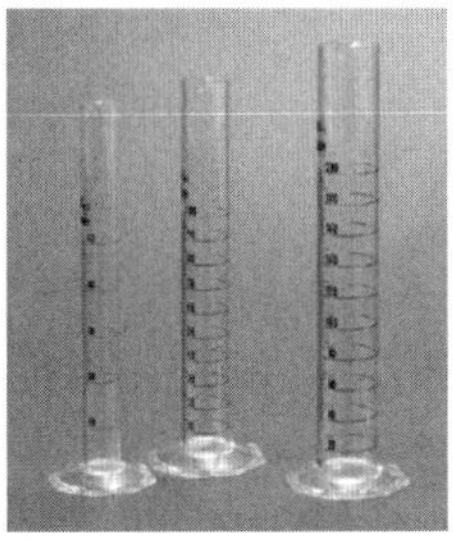	• 액체의 부피를 측정하는 기구이다. • 메니스커스의 눈금을 읽는다.

PART 1 PART 2 PART 3 PART 4 PART 5 PART 6 PART 7 PART 8

명칭	기구	용도
냉각기		고무호스를 연결하여 물을 계속해서 넣어주고 빠지도록 함으로써 유출되는 증기를 액화한다.
고무호스		냉각기의 입구 · 출구에 각각 연결한다.
삼방어댑터		3개의 접속부위에 각각 둥근바닥플라스크, 냉각기, 온도계를 설치한다.
냉각기어댑터		냉각기에 연결하여 유출액을 삼각플라스크에 모은다.
온도계		• 삼방어댑터 위에 설치하되 온도계 끝이 어댑터 축방향 중간에 오도록 설치한다. • 둥근바닥플라스크 내의 온도를 측정한다.

명칭	기구	용도
히팅멘틀		• 둥근바닥플라스크를 가열하는 장치이다. • 온도조절스위치로 온도를 조절한다.
지지대		클램프 등을 이용하여 고정하는 장치이다.
클램프	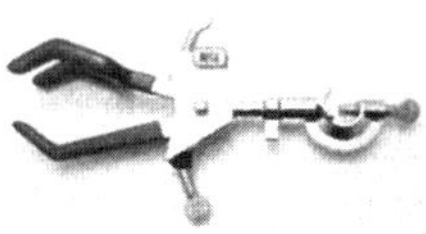	냉각기를 움직이지 못하게 고정하는 장치이다.
세척병	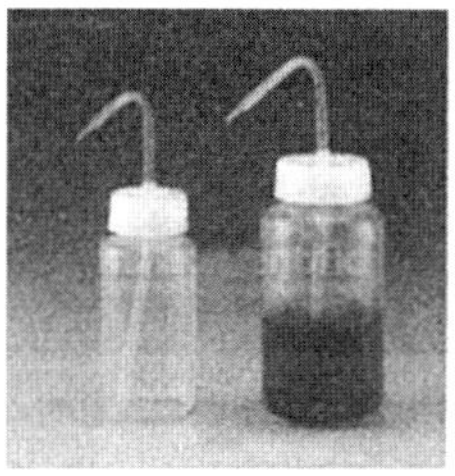	증류수 등을 비중병에 주입하거나 비중병을 세척할 때 사용한다.

2) 공용 실험기구

명칭	기구	용도
시약		증류에 이용하는 약품이다.
증류수		용액의 농도를 맞추거나 세척할 때 사용한다.

명칭	기구	용도
일반저울		둥근바닥플라스크, 삼각플라스크 등의 무게를 측정한다.
정밀저울		비중병의 무게를 측정하는 저울(소수 넷째 자리까지 측정)이다.
파라필름	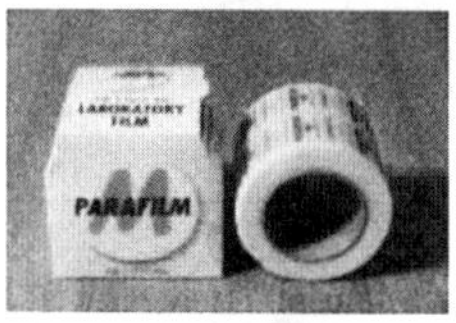	간편하게 밀봉할 때 사용한다.
테프론테이프		파라필름으로 막은 후 테프론테이프로 감아 유출을 방지한다.
비등석	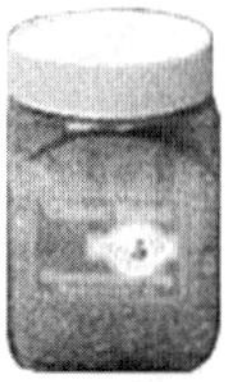	갑자기 끓어오르는 것을 방지하기 위해 3~5개 정도 넣어준다.
스포이드, 피펫, 필러	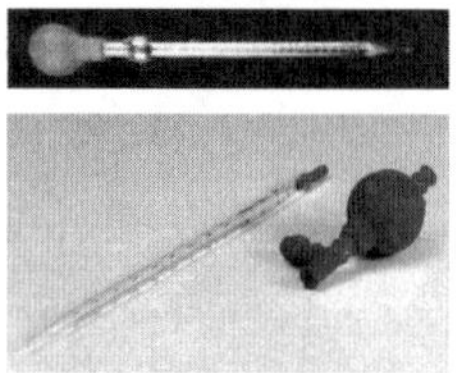	액체의 부피를 정밀하게 측정하기 위해 사용한다.
바세린	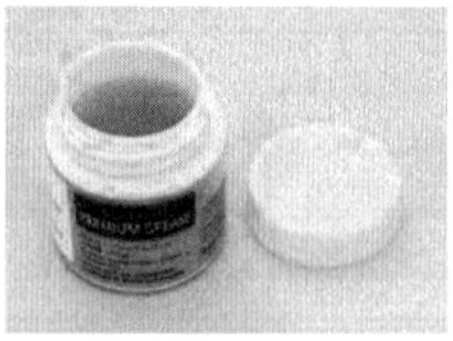	기구의 접합부를 끼울 때 부드럽게 하기 위해 바른다.

CHAPTER 02 실험보고서

측정값	수용액		잔류액		유출액		손실
비중병+ 용액무게(g)		(확인)		(확인)		(확인)	–
빈 플라스크 무게(g)				(확인)		(확인)	–
플라스크+ 용액무게(g)		(확인)		(확인)		(확인)	–
밀도(g/cm³)							–
양(g)							
조성(wt%)							–
시약[A]양(g)							

※ 시험에 따라 시약[A]의 양(g) 대신 에탄올의 양(g)으로 출제된다.

C_2H_5OH 수용액의 상대밀도 조성(1atm)

%	10℃	15℃	20℃	25℃	30℃	35℃	40℃	%	10℃	15℃	20℃	25℃	30℃	35℃	40℃
0	0.99973	0.99913	0.99823	0.99708	0.99568	0.99406	0.99225	50	0.9216	0.91776	0.91384	0.90985	0.90580	0.90168	0.87950
1	785	725	636	520	379	217	034	51	.91943	555	160	760	353	.89940	519
2	602	542	453	336	194	031	.98846	52	723	333	.90936	534	125	710	288
3	426	365	275	157	014	.98849	663	53	502	110	711	307	.89896	479	056
4	258	195	103	.98984	.98839	672	485	54	279	.90885	485	079	667	248	.88823
5	098	032	.98938	817	670	501	311	55	055	659	258	.89850	437	016	589
6	.98946	.98877	780	656	507	335	142	56	.90831	433	031	621	206	.88784	356
7	801	729	627	500	347	172	.97975	57	607	207	.89803	392	.88975	552	122
8	660	584	478	346	189	009	808	58	381	.89980	574	162	744	319	.87888
9	524	442	331	193	031	.97846	641	59	154	752	344	.88931	512	085	653
10	393	304	187	043	.97875	685	475	60	.89927	523	113	699	278	.87851	417
11	267	171	047	.97897	723	523	312	61	698	293	.88882	446	044	615	180
12	145	041	.97910	753	573	371	150	62	468	062	650	233	.87809	379	.86943
13	026	.97914	775	611	424	216	.95989	63	237	.88830	417	.87998	574	142	705
14	.97911	790	643	472	278	063	828	64	006	597	183	763	337	.86905	466
15	800	669	514	334	133	.96911	670	65	.88774	364	.87948	527	100	667	227
16	692	552	387	199	.96990	760	512	66	541	130	713	291	.86863	429	.85987
17	583	433	259	162	844	607	352	67	308	.87895	477	054	625	109	747
18	473	313	129	.96923	697	452	189	68	074	660	241	.86817	337	.85950	407
19	363	191	.96997	782	547	294	023	69	.87839	424	004	579	148	710	266
20	252	068	864	639	395	134	.95856	70	602	187	.86766	340	.85908	470	025
21	139	.96944	729	495	242	.95973	687	71	365	.86949	527	100	667	228	.84783
22	024	818	592	348	087	809	516	72	127	710	287	.85859	426	.84986	540
23	.96907	669	453	199	.95929	643	343	73	.86888	470	047	618	184	743	297
24	767	558	312	048	769	476	168	74	648	229	.85806	376	.84941	500	053
25	665	424	168	95895	607	306	.94991	75	408	.85988	564	134	698	257	.83809
26	539	287	020	738	442	133	810	76	168	747	322	.84891	566	013	564
27	406	144	.95867	576	272	.94955	625	77	.85927	505	079	607	211	.83768	319
28	268	.95996	710	410	098	774	438	78	685	262	.84835	403	.83966	523	074
29	125	844	548	241	.94922	590	248	79	442	018	590	158	720	277	.82827
30	.95977	686	382	067	741	403	055	80	197	.84772	344	.83911	473	029	578
31	823	524	212	.94890	557	214	.93860	81	.84950	525	096	664	224	.82780	329
32	665	357	038	709	370	021	662	82	702	277	.83848	415	.82974	530	079
33	502	186	.94860	525	180	.93825	461	83	453	028	599	164	724	279	.81828
34	334	011	679	337	.93986	626	.257	84	203	.83777	348	.82913	473	027	576
35	162	.94832	494	146	790	425	051	85	.83951	525	095	660	220	.81774	322
36	.94986	650	306	.93952	591	221	.92843	86	697	271	.82840	405	.81965	519	067
37	805	464	114	756	390	016	634	87	441	014	583	148	708	262	.80811
38	620	273	.93919	556	186	.92808	422	88	181	.82754	323	.81888	448	003	552
39	431	079	720	353	.92979	597	208	89	.82919	492	062	626	186	.80742	291
40	238	.93882	518	148	770	385	.91992	90	654	227	.81797	362	.80922	478	028
41	042	682	314	.92940	558	170	774	91	386	.81959	529	094	655	211	.79761
42	.93842	478	107	729	344	.91952	554	92	114	688	257	.80823	384	.79941	491
43	639	271	.92897	516	128	733	332	93	.81839	413	.80983	549	111	669	220
44	433	062	685	301	.91910	513	108	94	61	134	705	272	.79835	393	.78947
45	226	.92852	472	085	629	291	.90884	95	278	.80852	424	.79991	555	114	670
46	017	640	257	.91868	472	069	660	96	.80991	566	138	706	271	.78831	388
47	.92806	426	041	649	250	.90845	434	97	698	274	.79846	415	.78981	542	100
48	593	211	.91823	429	028	621	207	98	399	.79975	547	117	684	247	.77806
49	379	.91995	604	208	.90805	396	.89979	99	094	670	243	.78814	382	.77946	507
								100	.7978	360	.78934	606	075	641	203

CHAPTER 03

실험이론

1. 실험이론

1) 조성 구하는 법

① 비중병을 이용하여 질량을 구한다.

② 비중병에 증류수를 넣어 부피를 구한다.

③ 밀도$=\dfrac{\text{질량}}{\text{부피}}$에서 밀도를 구한다.

④ "상대밀도 조성표"에서 조성을 구한다.

⑤ 내삽법, 선형보간법을 이용하여 정확한 조성을 구한다.

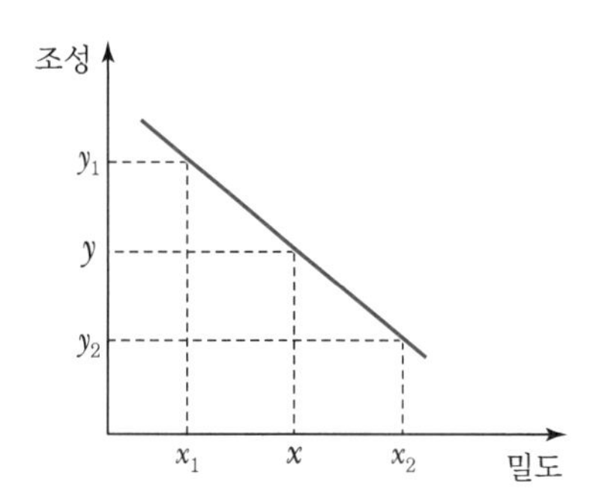

$$\frac{y-y_1}{x-x_1}=\frac{y_2-y_1}{x_2-x_1}$$

$$\therefore y=\frac{y_2-y_1}{x_2-x_1}(x-x_1)+y_1$$

↳ 내삽법, 선형보간법

2) Rayleigh 식

$$\frac{dW}{W}=\frac{dx}{y-x}$$

$$\int_{W_2}^{W_1}\frac{dW}{W}=\ln\frac{W_1}{W_2}=\int_{x_2}^{x_1}\frac{dx}{y-x}=\int_{x_0}^{x_1}\frac{dx}{y-x}-\int_{x_0}^{x_2}\frac{dx}{y-x}=I_1-I_2$$

$$\therefore \ln\frac{W_2}{W_1}=-I_1+I_2$$

↳ Rayleigh 식

여기서, W_1 : 수용액의 양

W_2 : 잔류액량의 이론값

I_1 : 그래프에서 수용액의 조성에서 읽은 값

I_2 : 그래프에서 잔류액의 조성에서 읽은 값

Rayleigh 식을 이용하여 잔류액량의 이론값을 구한다.

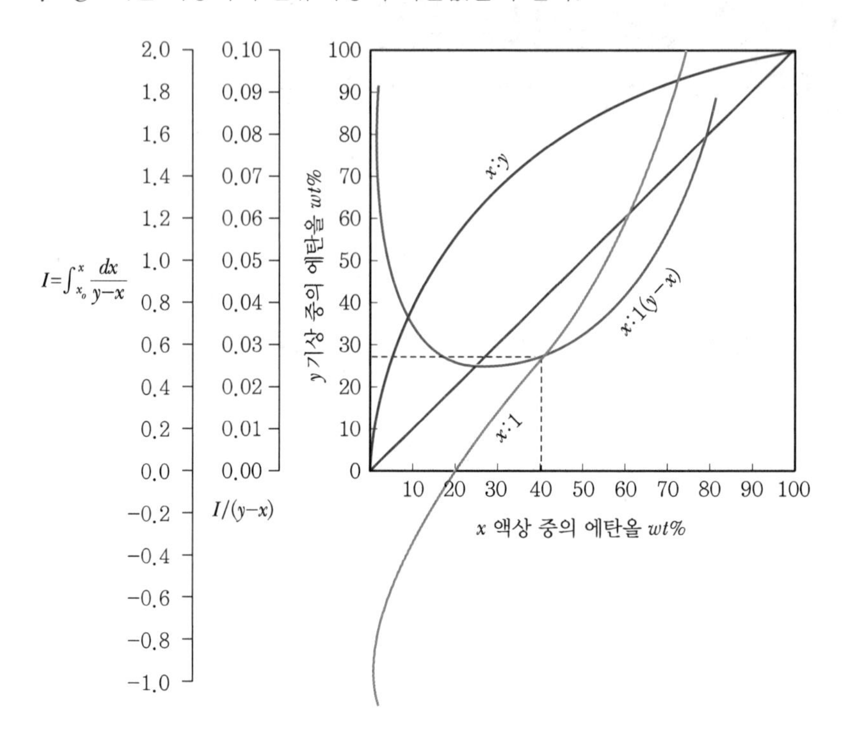

2. 실험기구 설치

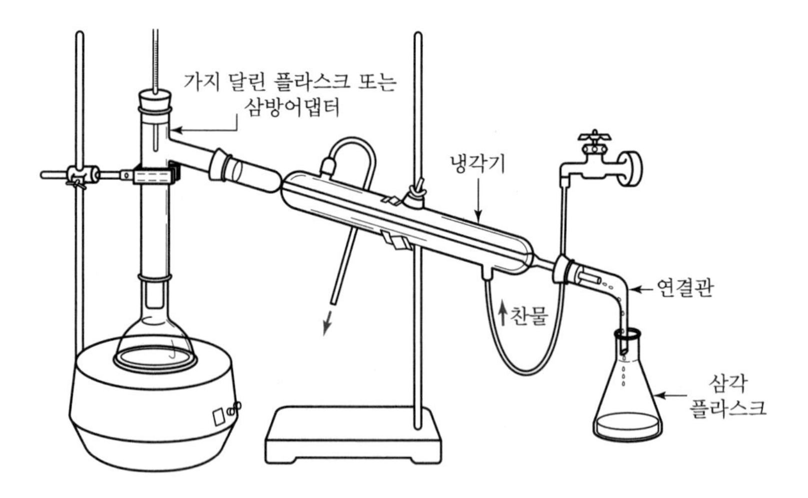

실험과정

Exercise

40wt% 에탄올수용액 300mL를 제조한 후 160mL를 취하여 질량을 측정하고 실험순서에 따라 실험을 실시한 후 실험결과와 Rayleigh 식에 의해 계산한 값을 비교하여 제출하시오.(실험조건 : 20℃, 1atm)

Reference

실제 시험에서는 %농도, 알코올의 종류, 부피, 실험조건(25℃, 1atm)이 바뀔 수 있다.

예 30% 에탄올수용액 250mL를 제조한 후 170mL을 취하여 실험하여라.(25℃, 1기압)

- 에탄올은 80℃ 이하(에탄올의 비점 : 78.4℃)에서 증류하고 메탄올은 그보다 낮은 온도(68℃ 부근)에서 증류한다.
- 비중병 이용 시 세척은 측정해야 할 용액으로 한다.
- 유출액, 잔류액량은 "비중병의 부피+세척해야 할 양"만큼 남아야 한다.
- 실험조건이 25℃이면 상대밀도 조성표에서 25℃에 맞는 밀도를 찾아야 한다.

예 25℃, 40% 에탄올의 밀도는 0.93148이다.
25℃, 0% 에탄올의 밀도(증류수의 밀도)는 0.99708이다.

1. 실험순서

1) 필요한 실험기구를 챙겨서 준비한다.

2) 온도를 확인한다.

3) 빈 비중병의 무게를 측정하고 확인받는다.

정밀저울로 소수 넷째 자리까지 측정한다.

소수 넷째 자리까지 측정
소수 다섯째 자리에서 반올림하여 소수 넷째 자리까지 나타낸다.

4) 빈 플라스크의 무게를 측정하고 확인받는다.

① 둥근바닥플라스크에 비등석을 3알 정도 넣고 일반저울에서 소수 둘째 자리까지 측정한다.

② 삼각플라스크를 일반저울에서 소수 둘째 자리까지 측정한다.

5) 비중병 + 증류수 무게를 측정하고 확인받는다.

증류수병 등을 이용하여 비중병에 증류수를 넣고 정밀저울로 소수 넷째 자리까지 측정한다.

Reference

- 비중병에 용액을 넣고 뚜껑을 닫을 때는 모세관 현상에 의해 끝부분에 용액이 볼록 튀어나오도록 해야 한다.
- 비중병 뚜껑의 끝이 깨져 있는지 확인하고 깨진 뚜껑이 있을 때에는 교환한다.

TIP

원액 = 시약[A]

6) 비중병 + 원액(시약[A])의 무게를 측정하고 확인받는다.

① 받아온 원액으로 비중병을 한 번 헹군 후 원액을 채워서 무게를 측정한다.
② 정밀저울로 소수 넷째 자리까지 측정한다.
③ 원액을 미리 받아온 경우에는 파라필름으로 막아 증발을 방지해야 한다.

<table>
<tr><td rowspan="2">빈 비중병의 무게(g)</td><td rowspan="4">확인</td><td>증류수 + 비중병의 무게(g)</td><td rowspan="2">확인</td></tr>
<tr><td>80.9091</td></tr>
<tr><td rowspan="2">31.5178</td><td>시약[A]용액 + 비중병의 무게(g)</td><td rowspan="2">확인</td></tr>
<tr><td>70.8156</td></tr>
</table>

TIP

빈 비중병 = Ag
증류수 + 비중병 = Bg
시약 + 비중병 = Cg

① 증류수의 질량 = $(B-A)$g
시약의 질량 = $(C-A)$g
② 증류수의 부피 = 비중병의 부피

$$V=\frac{m}{\rho}=\frac{(B-A)\text{g}}{\text{상대밀도 조성표 0\%(지정온도)}}$$

③ 시약의 밀도

$$\rho=\frac{m}{V}=\frac{(C-A)\text{g}}{\text{비중병의 부피}}$$

④ 시약의 밀도는 상대밀도 조성표에서 %농도로 나타낸다.
⑤ 정확한 %농도가 없을 시 선형보간법(내삽법)을 이용하여 정확한 %농도를 구한다.

7) 시약[A](에탄올) 원액의 조성을 구한다.

① 증류수의 질량 = 80.9091 − 31.5178 = 49.3913g
② 에탄올의 질량 = 70.8156 − 31.5178 = 39.2978g

> ※ 에탄올 수용액 상대밀도 조성표에서
> 0%, 20℃ → 0.99823

③ 0% 에탄올 수용액은 순수한 증류수와 같으므로 0.99823은 20℃에서 증류수의 밀도가 된다.

④ 증류수 $V=\frac{m}{\rho}=\frac{49.3913\text{g}}{0.99823\text{g/mL}}=49.4789\text{mL}$

⑤ 에탄올 $\rho=\frac{m}{V}=\frac{39.2978\text{g}}{49.4789\text{g/mL}}=0.7942\text{g/mL}$

⑥ 에탄올 수용액 상대밀도 조성표에서 밀도 0.7942g/mL는 98%와 99% 사이에 해당된다.

%	15℃	20℃	25℃
50%	0.91776	0.91384	0.90985
~			
98%	0.79975	0.79547	0.79117
99%	0.79670	0.79243	0.78814

⑦ 원액의 조성

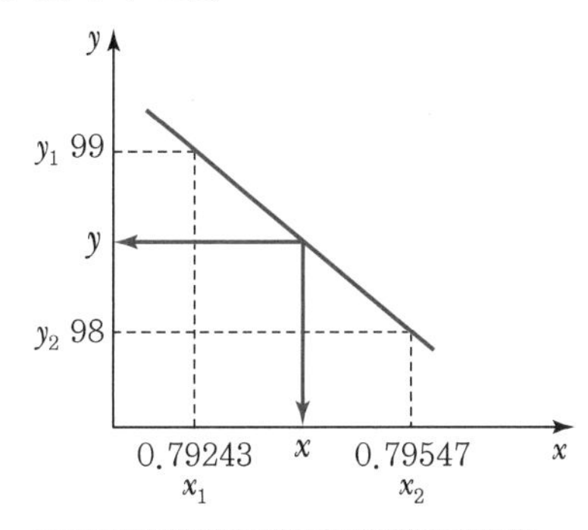

$$y=\frac{y_2-y_1}{x_2-x_1}(x-x_1)+y_1$$

$$y=\frac{98-99}{(0.79547-0.79243)}(0.7942-0.79243)+99=98.4178\%$$

감독관에게 받아온 에탄올 수용액(원액)은 98.4178%이다.

8) 시약[A](에탄올 원액)를 가지고 40% 에탄올 수용액 300mL를 제조한다.

① 20℃, 40% 에탄올 수용액의 밀도는 상대밀도 조성표에 의해 0.93518g/mL임을 알 수 있다.

② $\rho=0.93518\text{g/mL}$

$m=\rho V=0.93518\text{g/mL}\times300\text{mL}=280.554\text{g}$

③ 에탄올 원액의 양을 x라 하면

$$x\times\frac{98.4178}{100}=280.554\times\frac{40}{100}$$

∴ $x=114.0257$g(에탄올의 양)

증류수의 양 $=280.554-114.0257=166.5283$g

TIP

시약(에탄올 원액)으로 30% 에탄올 수용액 300mL 제조(25℃)(단, 다른 측정값들은 교재내용과 같다고 가정한다.)

① 25℃, 30% 에탄올 수용액의 밀도
$\rho=0.95067\text{g/mL}$

② $m=\rho V=0.95067\text{g/mL}\times300\text{mL}$
$=285.201\text{g}$

③ 에탄올 원액의 양(g)

$$x\times\frac{98.4178}{100}=285.201\times\frac{30}{100}$$

∴ $x=86.9358$g(에탄올의 양)

∴ 증류수의 양 $=285.201-86.9358$
$=198.2652$g

④ ③의 양을 부피로 바꾼다.

- 증류수의 부피

$$V=\frac{(B-A)}{\rho}=\frac{49.3913\text{g}}{0.99708\text{g/mL}}=49.5359\text{mL}$$

- 에탄올의 밀도

$$\rho=\frac{(C-A)}{V}=\frac{39.2978\text{g}}{49.5359\text{mL}}=0.7933\text{g/mL}$$

∴ 에탄올 원액

$$V=\frac{m}{\rho}=\frac{86.9358\text{g}}{0.7933\text{g/mL}}=109.5875\text{mL}$$

∴ 증류수

$$V=\frac{m}{\rho}=\frac{198.2652\text{g}}{6.99708\text{g/mL}}=198.8458\text{mL}$$

∴ 에탄올 수용액 $=308.43$mL

문제에서 40% C_2H_5OH 수용액 300mL를 제조하라고 했는데 ④에서의 값이 310.39mL라고 틀렸다고 생각하면 안 된다. A와 B의 혼합물은 각각의 A의 부피와 B의 부피의 합보다 작은 것이 당연하다. A와 B의 분자 크기가 다르기 때문이다. 실제로 C_2H_5OH 143.57mL와 증류수 166.82mL를 혼합하면 에탄올 수용액 300mL가 된다.

④ ③에서 계산한 양을 부피로 바꾼다.

C_2H_5OH 원액 $V=\dfrac{m}{\rho}=\dfrac{114.0257g}{0.7942g/mL}=143.57mL$

증류수 $V=\dfrac{m}{\rho}=\dfrac{166.5283g}{0.99823g/mL}=166.82mL$

C_2H_5OH의 부피 + 증류수의 부피 = 143.57 + 166.82 = 310.39mL

Reference

제조한 에탄올 수용액이 40%가 맞는지 확인하고 싶다면 비중병에 제조한 에탄올 수용액을 넣어 질량을 측정한다.(77.7564g)

77.7564g − 31.5178 = 46.2386g

$\rho=\dfrac{m}{V}=\dfrac{46.2386g}{49.4789mL}=0.9345$

에탄올 상대밀도 조성표에서

%	15℃	20℃	25℃
40%		0.93518	
41%		0.93314	

$y=\dfrac{(40-41)}{(0.93518-0.93314)}(0.9345-0.93314)+41=40.33\%$

∴ 오차가 거의 없으므로 잘 제조된 에탄올 수용액이다.

메스실린더를 이용한 부피 측정 눈금에 눈높이를 맞추어 읽는다.

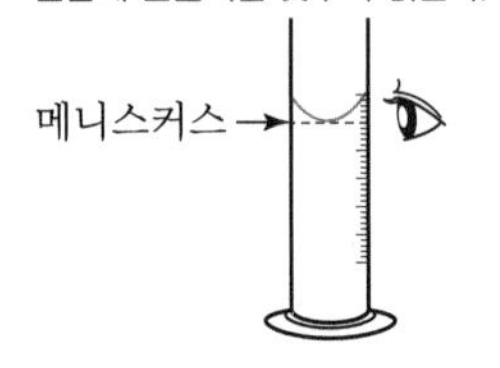

⑤ 수용액의 제조

㉠ 메스실린더로 에탄올 원액 143.57mL를 측정하여 비커에 넣는다.

㉡ 증류수로 메스실린더를 헹군 후 증류수 166.8236mL를 측정하여 에탄올이 든 비커에 넣는다.

㉢ 유리막대로 적당히 저어준다. 이때, 소수점 뒷자리의 부피를 맞추기 위해 스포이트나 피펫을 이용하여 좀 더 정밀하게 해 준다.

㉣ 파라필름으로 막아둔다.

9) 위에서 제조한 에탄올 수용액 300mL 중 160mL를 취해 비등석이 들어 있는 둥근바닥플라스크에 넣어 파라필름으로 막아둔다.

① 160mL의 무게를 측정하여 확인받는다.

② 비중병에 제조한 에탄올 수용액의 무게를 측정하여 확인받는다.

측정값	수용액		잔류액		유출액		손실
비중병 + 용액무게(g)	77.7564	(확인)		(확인)		(확인)	
빈 플라스크 무게(g)	289.09			(확인)	119.95g	(확인)	
플라스크 + 용액무게(g)	435.62	(확인)		(확인)		(확인)	
밀도(g/cm³)							
양(g)							
조성(wt%)							
시약[A] 양(g)							

※ 시약[A]의 양 대신 에탄올의 양(g)으로 출제될 수 있다.

10) 실험기구 설치

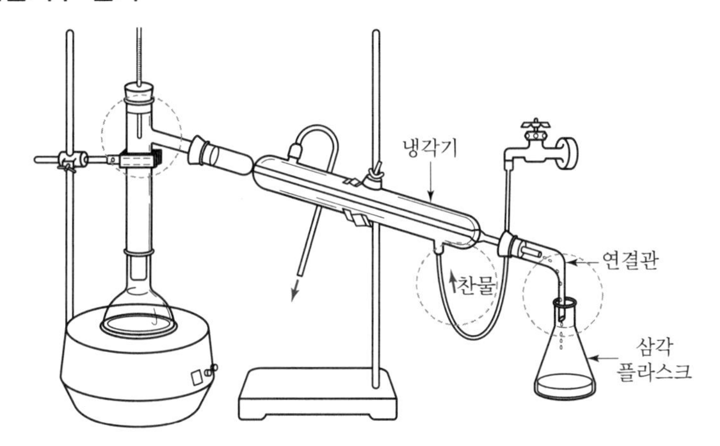

① 둥근바닥플라스크에 삼방어댑터를 끼우고(가지 달린 플라스크는 그대로 사용), 파라필름으로 3~4번, 테프론테이프로 2~3번 감싸준다. 온도계의 위치는 온도계 끝이 가지의 중간쯤에 오게 한다.

② 냉각기는 물이 아래로 들어가서 위로 나올 수 있게 향류로 호스를 연결한다. 스탠드에 클램프를 이용하여 경사지게 설치한다.

③ 곡형어댑터를 삼각플라스크 벽 쪽으로 연결한 후 파라필름으로 막고 테프론테이프로 적당히 감싸준다.(압력이 샐 틈을 주기 위해 삼각플라스크 위쪽에 샤프 등으로 작은 구멍 하나 정도 내주기도 한다.)

④ 히팅멘틀에 둥근바닥플라스크를 올려놓고 온도를 최대로 높여준 후 80℃ 정도에서 유지시킨다.

⑤ 유출액이 70~80mL(비중병의 부피보다 많아야 함) 정도 유출되었다면 가열을 중단한다.(경우에 따라 다르지만 30~40분 정도 소요된다.)

모든 이음부위는 파라필름, 테프론테이프를 이용하여 새는 부분이 없도록 한다. 너무 많이 하면 분리가 어려우므로 적당히 한다.

TIP

냉각기의 설치

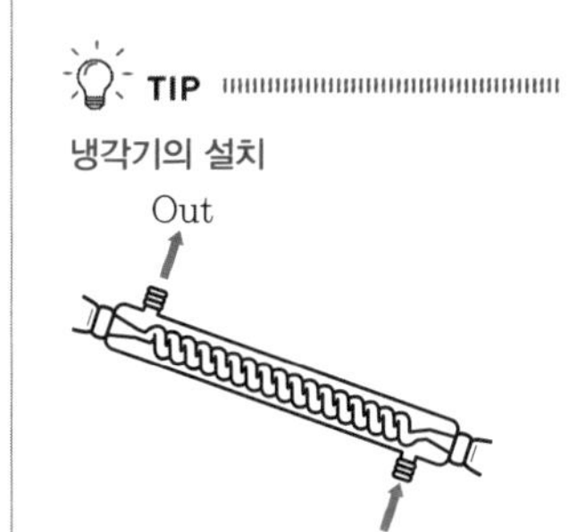

⑥ 둥근바닥플라스크를 멘틀에서 분리한 후 40～50℃가 될 때 냉각기를 분리하여 젖은 휴지로 둥근 바닥을 감싸 조금 더 식힌 후 흐르는 수돗물로 식혀준다.(입구는 파라필름으로 막는다.)

⑦ 유출액이 담긴 삼각플라스크의 무게를 일반저울로 측정한 후 확인받는다.

⑧ 유출액을 비중병에 넣어 정밀저울로 무게를 측정한 후 확인받는다.

⑨ 잔류액의 온도가 20℃ 정도(실온)까지 내려가면 파라필름을 제거하고 일반저울로 무게를 측정한 후 확인받는다.

⑩ 잔류액을 비중병에 담아 정밀저울로 무게를 측정한 후 확인받는다.

측정값	수용액		잔류액		유출액		손실
비중병＋용액무게(g)	77.7564	(확인)	79.7930	(확인)	74.8753	(확인)	
빈 플라스크 무게(g)	289.09			(확인)	119.95	(확인)	
플라스크＋용액무게(g)	435.62	(확인)	369.75	(확인)	184.04	(확인)	
밀도(g/cm^3)							
양(g)							
조성(wt%)							
시약[A]양(g)							

빈 비중병의 무게＝31.5178g

비중병의 부피＝49.4789mL

11) 나머지 도표 완성

측정값	수용액		잔류액		유출액		손실
비중병＋용액무게(g)	77.7564	(확인)	79.7930	(확인)	74.8753	(확인)	
빈 플라스크 무게(g)	289.09			(확인)	119.95	(확인)	
플라스크＋용액무게(g)	435.62	(확인)	369.75	(확인)	184.04	(확인)	
밀도(g/cm^3)	❷ 0.9345		❻ 0.9757		❿ 0.8763		
양(g)	❶ 146.53		❺ 80.66		❾ 64.09		1.78
조성(wt%)	❸ 40.33%		❼ 14.57%		⓫ 66.35%		
시약[A]양(g)	❹ 60.04		❽ 11.94		⓬ 43.21		4.89
에탄올양(g)	59.09		11.75		42.52		4.82

(1) 수용액

❶ 양(g) = (플라스크 + 용액무게) − 빈 플라스크 무게

$= 435.62 - 289.09$

$= 146.53\text{g}$

❷ $\rho = \dfrac{m}{V} = \dfrac{77.7564 - 31.5178}{49.4789} = 0.9345$

❸ 상대밀도 조성표

%		20℃
40%		0.93518
41%		0.93314

$$y = \frac{40-41}{0.93518-0.93314}(0.9345-0.93314)+41 = 40.33\%$$

❹ 시약[A]의 양(g)

처음에 구한 시약[A]의 조성은 98.4178%(0.9842)이므로

수용액의 양×수용액의 조성 = 시약[A]의 양(x)×시약[A]의 조성

$146.53 \times 0.4033 = x \times 0.9842$

$\therefore\ x = 60.04\text{g}$

※ 에탄올의 양(g)

$146.53 \times 0.4033 = 59.09\text{g}$

(2) 잔류액

❺ 양(g) = (플라스크 + 용액무게) − 빈 플라스크 무게

$= 369.75 - 289.09$

$= 80.66\text{g}$

❻ $\rho = \dfrac{m}{V} = \dfrac{79.7930 - 31.5178}{49.4789} = 0.9757$

❼ 상대밀도 조성표

%		20℃
14%		0.97643
15%		0.97514

$$y = \frac{14-15}{0.97643-0.97514}(0.9757-0.97514)+15 = 14.57\%$$

❽ 시약[A]의 양

$80.66g \times 0.1457 = x \times 0.9842$

$\therefore x = 11.94g$

※ 에탄올의 양(g)

$80.66 \times 0.1457 = 11.75g$

(3) 유출액

❾ 양(g)=(플라스크+용액무게)−빈 플라스크 무게

=184.04−119.95

=64.09g

❿ $\rho = \frac{m}{V} = \frac{74.8753 - 31.5178}{49.4789} = 0.8763$

⓫ 상대밀도 조성표

%		20℃
66%		0.87713
67%		0.87477

$$y = \frac{66-67}{0.87713-0.87477}(0.8763-0.87477)+67 = 66.35\%$$

⓬ 시약[A]의 양

$64.09g \times 0.6635 = x \times 0.9842$

$\therefore x = 43.21g$

※ 에탄올의 양(g)

$64.09 \times 0.6635 = 42.52g$

(4) 손실

양(g), 시약[A]의 양 또는 에탄올의 양(g)에서 구한다.

손실=수용액의 양−잔류액의 양−유출액의 양

양(g)에서의 손실=146.53−80.66−64.09=1.78g

시약[A]에서의 손실=60.04−11.94−43.21=4.89g

에탄올양에서의 손실=59.09−11.75−42.52=4.82g

CHAPTER 05 이론값

1. 잔류액량의 이론값

$$\therefore \ln\frac{W_2}{W_1} = -I_1 + I_2$$

↳ Rayleigh 식

여기서, W_1 : 수용액의 질량

W_2 : 잔류액의 질량

I_1 : 수용액의 wt%와 만나는 I그래프 값

I_2 : 잔류액의 wt%와 만나는 I그래프 값

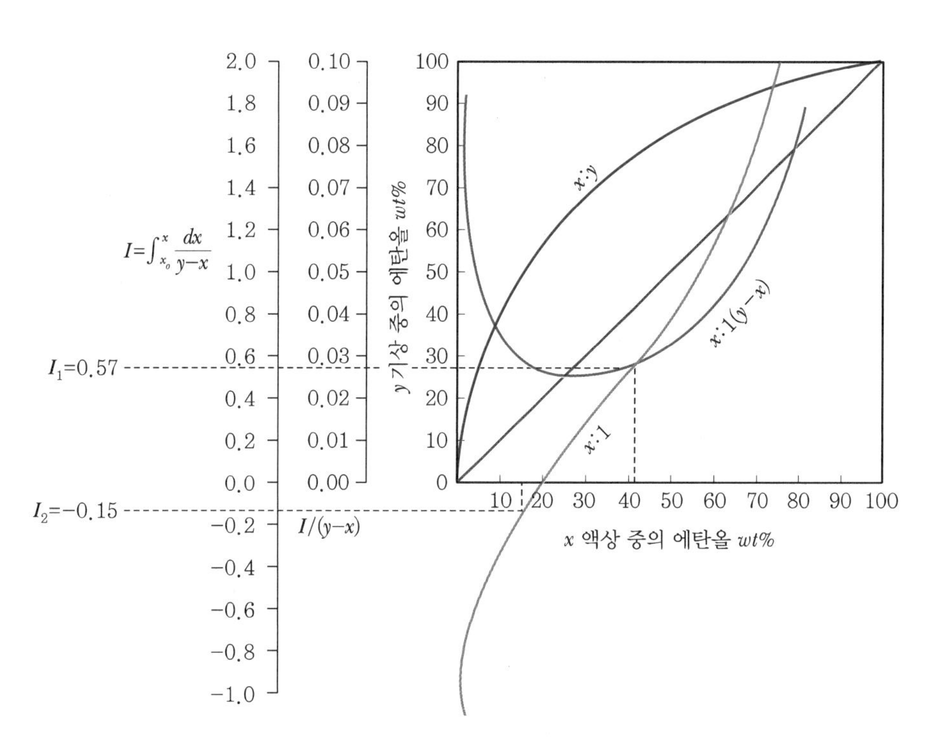

$W_2 = W_1 \exp[-I_1 + I_2]$

$W_1 = 146.53\text{g}$

$I_1 = 40.33\%$ 에서 I의 값

$W_2 = ?$

$I_2 = 14.57\%$ 에서 I의 값

$W_2 = 146.53\exp[-0.57 - 0.15] = 71.32\text{g}$

2. 유출액의 평균조성

$$X_{dav} = \frac{W_1x_1 - W_2x_2}{W_1 - W_2}$$

여기서, W_1 : 수용액의 양
W_2 : 잔류액량의 이론값
x_1 : 수용액의 조성
x_2 : 잔류액의 조성

$$\therefore X_{dav} = \frac{146.53 \times 40.33 - 71.32 \times 14.57}{146.53 - 71.32} = 64.76\% \,(0.6476)$$

Reference

계산한 유출액의 평균조성이 앞에서 실험한 값과 차이가 많이 날 때는 I_1과 I_2를 적절히 조절하여 오차를 줄인다.

- X_{dav}가 너무 클 경우 : I_1을 증가시키고 I_2를 감소시킨다.
- X_{dav}가 너무 작을 경우 : I_1을 감소시키고 I_2를 증가시킨다.

3. 오차

① 오차 = |실험값 − 이론값|

$= |66.35 - 64.76|$

$= 1.59$

② 오차율 $= \dfrac{|\text{실험값} - \text{이론값}|}{\text{이론값}}$

$= \dfrac{|66.35 - 64.76|}{64.76}$

$= 0.025$

③ 오차백분율 = 오차율 × 100[%]

$= 0.025 \times 100$

$= 2.5\%$

PART 08

필답형 기출문제

2009년 제1회 기출문제

01 열전달과 관련하여 Fourier 법칙에 대해서 설명하시오.

해설

Fourier's Law
단위시간당 단위면적을 통하여 흐르는 열량. 열플럭스는 온도구배에 비례하고 비례상수는 열전도도이다.

$$\frac{dq}{A} = -k\frac{dt}{dl}$$

$$\boxed{dq = -kA\frac{dt}{dl}}$$

여기서, q : 열전달속도(kcal/h)
A : 단면적(m^2)
dt : 온도차(℃)
dl : 거리(m)
k : 열전도도(kcal/m h ℃)

02 McCabe－Theie에서 q의 의미를 쓰시오.

해설

원액이 액체와 증기의 혼합물이라면 q는 액체의 몰분율이고, $1-q=f$는 증기의 몰분율이다.

$$q = \frac{\text{원료 1mol을 실제로 증발시키는 데 필요한 열량}}{\text{원료의 비점에서의 분자증발잠열}}$$

※ 원료선의 방정식은 $y = -\frac{q}{1-q}x + \frac{x_F}{1-q}$로 나타낸다.

03 액액추출의 원리와 액액추출을 이용하는 경우에 대해 쓰시오.

해설

① 액체 원료를 액체용제로 처리하여 원료 중에 함유된 가용성 성분을 용해 분리하는 조작
② 증류로는 분리하기 어려운 물질, 즉 비점차가 나지 않는 물질을 분리할 때 사용한다.

04 복사에너지 중에서 투과율이 0.1이고 반사율이 0.2이다. 이 경우 흡수율을 구하시오.

해설

$\alpha + \delta + \gamma = 1$
흡수율＋투과율＋반사율＝1
$\alpha + 0.1 + 0.2 = 1$
$\therefore \ \alpha = 0.7$

05 안지름이 4mm이고 길이가 3m인 관에 20℃, 1atm의 산소가 1.0cm^3/s의 속도로 유입된다. 마찰손실(kg_f m/kg)을 구하여라.(단, $\rho = 1.33kg/m^3$, $\mu = 0.021cP$)

해설

$Q = uA$

$1cm^3/s = u \times \frac{\pi}{4} \times 0.4^2 cm^2$

$\therefore \ u = 7.96cm/s = 0.0796m/s$

$$N_{Re} = \frac{Du\rho}{\mu}$$
$$= \frac{(0.004m)(0.0796m/s)(1.33kg/m^3)}{0.021 \times 0.01 \times 0.1kg/m\ s}$$
$= 20.16$(층류)

Hagen－Poiseuille 식

$$F = \frac{\Delta P}{\rho}$$
$$= \frac{32\mu \bar{u} L}{g_c D^2 \rho}$$
$$= \frac{32(0.021 \times 0.01 \times 0.1kg/m\ s)(0.0796m/s)(3m)}{(9.8kg\ m/kg_f\ s)(0.004m)^2(1.33kg/m^3)}$$
$= 0.77kg_f\ m/kg$

06 가로가 7m, 세로가 2m인 평판이 있다. 평판이 지면을 따라서 0.3m/s로 움직이고 평판과 지면과의 거리는 0.1m이며 그 사이는 물로 채워져 있다. 평판에 미친 힘(N)을 구하여라.(단, $\mu = 1\times10^{-3}$kg/m s)

해설

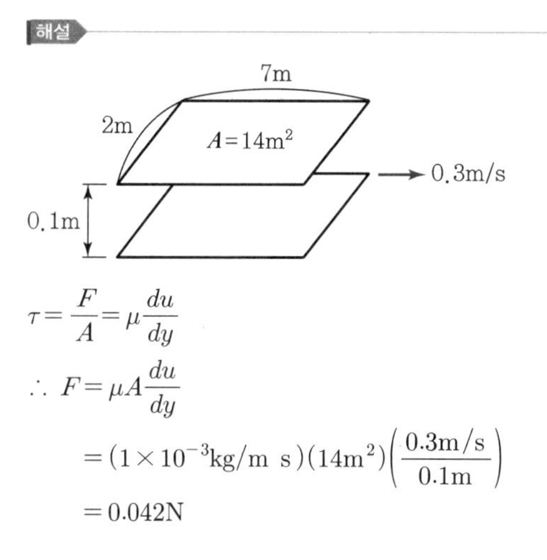

$\tau = \frac{F}{A} = \mu\frac{du}{dy}$

$\therefore\ F = \mu A\frac{du}{dy}$

$= (1\times10^{-3}\text{kg/m s})(14\text{m}^2)\left(\frac{0.3\text{m/s}}{0.1\text{m}}\right)$

$= 0.042\text{N}$

07 수소기체가 녹아 있는 물 100kg이 온도 20℃에서 기체상과 평형에 있을 때 기체상의 전체 압력은 760 mmHg이고 수소 분압은 200mmHg이다. 물에 용해된 수소는 몇 kg인가?(단, 20℃에서 수소의 헨리상수는 $H = 5.19\times10^7$atm이고 용액은 이상성을 따른다.)

해설

$p_A = Hx_A$

$200\text{mmHg}\times\frac{1\text{atm}}{760\text{mmHg}} = 5.19\times10^7\text{atm}\times x_A$

$\therefore\ x_A = 5.07\times10^{-9}$

$x_A = \frac{\frac{w}{2}}{\frac{w}{2}+\frac{100-w}{18}} = 5.07\times10^{-9}$

$\therefore\ w$(수소의 질량)$= 5.64\times10^{-8}$kg

※ H(헨리상수)의 단위가 mol/L atm인 경우 식은 $C_A = Hp_A$가 된다.

08 벤젠과 톨루엔의 혼합물이 반응기 내로 들어간다. 각각 50mol%인 벤젠 톨루엔 혼합물 1,000kmol/h로 공급, 탑상부에는 99% 벤젠, 탑하부에는 98% 톨루엔이 나온다. 탑상부와 탑하부의 유출물의 양(kmol/h)을 구하시오.

해설

$0.5\times1{,}000 = D\times0.99 + (1{,}000 - D)\times0.02$

탑상부 $D = 494.8$kmol/h

탑하부 $W = 1{,}000 - 494.8 = 505.2$kmol/h

09 내화벽돌 10cm, 단열벽돌 15cm, 보통벽돌 20cm의 순서로 있고 각각의 열전달계수는 0.1, 0.01, 1kcal/m h ℃이다. 내부온도는 900℃이고 외부온도는 40℃이다. 총 열손실(kcal/m² h)을 구하고 각각의 경계면에서 온도를 구하시오.

해설

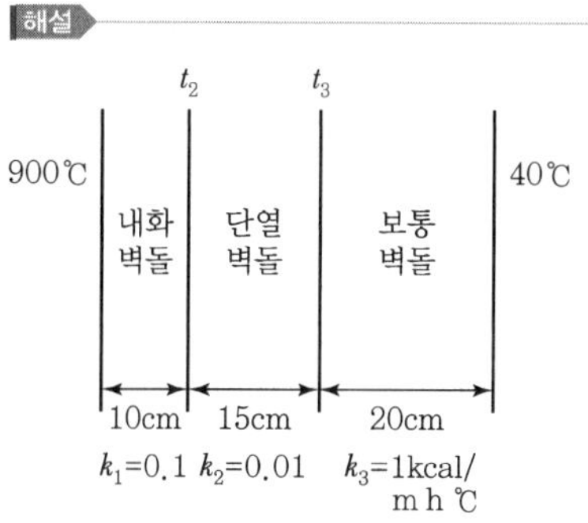

$\frac{q}{A} = \frac{t_1 - t_4}{R_1+R_2+R_3} = \frac{t_1-t_4}{\frac{l_1}{k_1}+\frac{l_2}{k_2}+\frac{l_3}{k_3}} = \frac{(900-40)℃}{\frac{0.1}{0.1}+\frac{0.15}{0.01}+\frac{0.2}{1}}$

$= \frac{860℃}{1+15+0.2} = 53.1\text{kcal/m}^2\text{ h}$

$R = R_1+R_2+R_3 = 1+15+0.2 = 16.2$

① $\Delta t : \Delta t_1 = R : R_1$

$860 : \Delta t_1 = 16.2 : 1$

$\Delta t_1 = 900 - t_2 = 53.1$　　$\therefore\ t_2 = 847℃$

② $\Delta t_1 : \Delta t_2 = R_1 : R_2$

$53.1 : \Delta t_2 = 1 : 15$

$\Delta t_2 = t_2 - t_3 = 796.5℃$

$\therefore\ t_3 = t_2 - 796.5℃ = 847 - 796.5 = 50.5℃$

10 왕복펌프의 종류 두 가지와 그 용도를 쓰시오.

해설

① Piston Pump(피스톤 펌프) : 밀폐된 실린더 속에서 피스톤의 왕복운동으로 급수하는 펌프로 일반용이다.
② Plunger Pump(플런저 펌프) : 피스톤펌프보다 고압의 배출 압력을 필요로 할 때 사용된다.
③ 격막펌프 : 왕복요소가 금속, 플라스틱, 고무로 만든 유연한 격막으로 이 격막을 사용하면 수송대상액체에 노출되는 충전물이나 씰이 필요하지 않으므로, 유독액체나 부식성 액체의 취급에 유리하다.

11 비중이 0.883이고 점도는 1Poise, 내경은 7.8cm, 유량이 $10m^3/h$일 때 N_{Re}를 구하여라.

해설

$\rho = 0.883 \times 1{,}000 kg/m^3$

$\mu = 1Poise = 1 \times 0.1 kg/m\ s$

$D = 7.8cm = 0.078m$

$$N_{Re} = \frac{Du\rho}{\mu}$$

$$Q = uA$$

$$10m^3/h \times \frac{1h}{3{,}600s} = u \times \frac{\pi}{4} \times 0.078^2 m^2$$

$\therefore\ u = 0.58m/s$

$$N_{Re} = \frac{(0.078)(0.58)(0.883 \times 1{,}000)}{1 \times 0.1} = 399.5$$

12 0℃, 1atm, $380m^3$인 건조공기가 있고, 이 기체가 16.4kg의 수분을 가질 때, 건조공기 kg당 가지는 수분의 양을 구하여라.

해설

$$PV = \frac{w}{M}RT$$

$$1atm \times 380m^3 = \frac{w}{29} \times 0.082m^3\ atm/kmol\ K \times 273K$$

$\therefore\ w = 492.3kg$ 건조공기

$$\text{건조공기 1kg당 수분의 양} = \frac{16.4kgH_2O}{492.3kg\ \text{건조공기}} = 0.033kgH_2O/kg\ dry\ air$$

13 어느 공장에서 $7.5kg_f/cm^2$에서 응축수(포화액) 24ton/h가 발생한다. 이를 $2kg_f/cm^2$의 압력으로 감압하고 플래시(재증발)시켜 $2kg_f/cm^2$의 스팀을 생산하여 재사용하고자 한다. 다음 물음에 답하시오.

압력 (kg_f/cm^2)	온도 (℃)	비용적(m^3/kg)		엔탈피(kcal/kg)	
		포화액	포화증기	포화액	포화증기
7.5	164.1	0.0011	0.278	165.7	659.6
2.0	117.6	0.001	1.02	119.9	646.2

(1) 플래시되는 $2kg_f/cm^2$ 스팀의 양을 구하시오.(단, 외부열손실은 없다.)

(2) 플래시 드럼 내에서 응축과 스팀에 혼합되어 비말되는 것을 방지하기 위해 용기 내 스팀의 평균유속을 1m/s로 한다. 이 플래시 드럼이 수직형이라고 할 때 스팀관의 직경은 몇 m인가?

해설

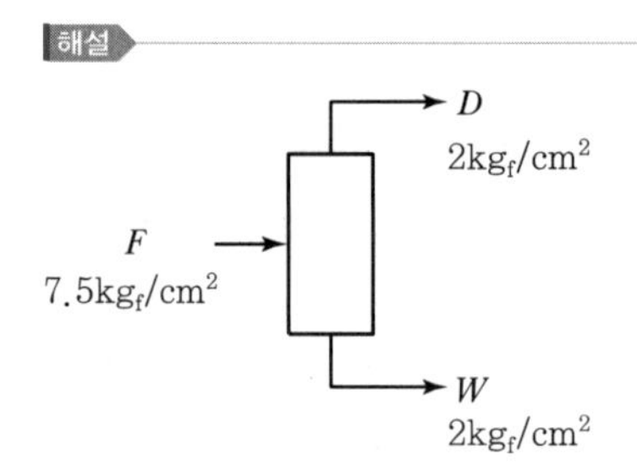

원료는 압력 $7.5kg_f/cm^2$로 들어와 압력 $2kg_f/cm^2$로 배출된다.

(1) $24{,}000kg/h \times 165.7kcal/kg$
$= D \times 646.2 + (24{,}000 - D) \times 119.9$
$\therefore\ D = 2{,}088.5kg/h$
$W = 24{,}000 - 2{,}088.5 = 21{,}911.5kg/h$
$\therefore$ 스팀의 양 $D = 2{,}088.5kg/h$

(2) 스팀의 유량
$Q = 2{,}088.5kg/h \times 1.02m^3/kg \times 1h/3{,}600s$
$= 0.59m^3/s$

$$A = \frac{Q}{u} = \frac{0.59m^3/s}{1m/s} = 0.59m^2$$

$$A = \frac{\pi}{4}D^2$$

$$0.59m^2 = \frac{\pi}{4}D^2$$

$\therefore$ 스팀관의 직경 $D = 0.87m$

2010년 제1회 기출문제

01 공비증류에 대하여 설명하고 예를 한 가지 적으시오.

해설

첨가하는 물질의 한 성분이 친화력이 크고 휘발성이어서 원료 중의 한 성분과 공비 혼합물을 만들어 고비점성분을 분리시키고, 이 새로운 공비 혼합물을 분리시키는 조작이다. 즉, 제3성분의 첨가로 새로운 공비 혼합물을 만들어 이 공비 혼합물의 끓는점이 원용액의 끓는점보다 충분히 낮아지도록 하여 증류함으로써 증류잔류물이 순수한 성분이 되게 하는 증류이다.

예 벤젠첨가에 의한 알코올의 탈수증류

02 McCabe－Thiele 법의 농축부조작선에서 2가지 인자를 쓰시오.

해설

$$y = \frac{R}{R+1}x + \frac{x_D}{R+1}$$

여기서, R : 환류비

x_D : 탑상의 조성

03 U자관 마노미터를 사용하여 오리피스에 걸리는 압력차를 측정하였다. 마노미터 속의 유체는 비중 0.8인 액체이며 오리피스를 통해 흐르는 유체는 밀도가 1.293kg/m³인 공기이다. 마노미터 읽음이 12.7cm일 때 오리피스에 걸리는 압력차는 몇 N/m²인가?

해설

$$\rho_A = 0.8 \times 1,000 = 800\text{kg/m}^3$$

$$\begin{aligned}\Delta P &= g(\rho_A - \rho_B)R \\ &= 9.8\text{m/s}^2 \times (800 - 1.293)\text{kg/m}^3 \times 0.127\text{m} \\ &= 994.07\text{N/m}^2\end{aligned}$$

04 뉴턴의 점성법칙 식을 쓰고 기호와 의미를 쓰시오.

해설

$$\tau = \frac{F}{A} = \mu\frac{du}{dy}$$

여기서, τ : 전단응력

μ : 점도

$\frac{du}{dy}$: 속도구배

05 1기압에서 메탄올의 몰분율이 0.4인 수용액을 증류하면 몰분율은 0.73으로 된다. 메탄올의 물에 대한 비휘발도를 구하시오.

해설

$$\alpha = \frac{y_A/y_B}{x_A/x_B} = \frac{y_A/1-y_A}{x_A/1-x_A} = \frac{0.73/0.27}{0.4/0.6} = 4.056$$

06 내경 40cm, 외경 100cm, 길이 10m인 배관에 내부온도 500K, 외부온도 320K, 열전도도 k=0.2W/m K일 때 열전달속도 q(kW)를 구하여라.

해설

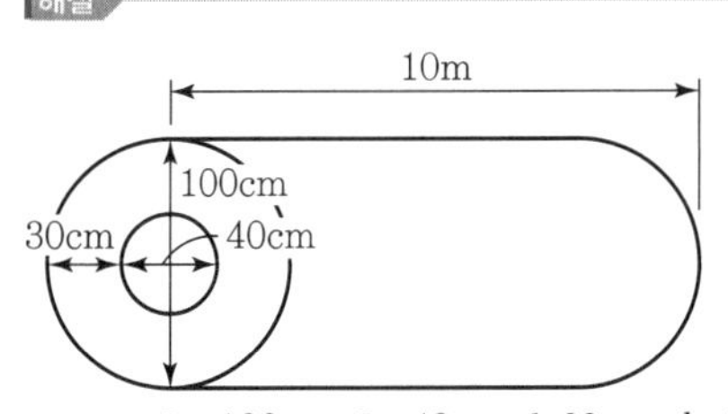

D_o=100cm, D_i=40cm, l=30cm, k=0.2W/m K
=1m =0.4m

$$\overline{A}_L = \pi D_L L = \pi \times \frac{1-0.4}{\ln\frac{1}{0.4}} \times 10 = 20.56\text{m}^2$$

$$q = \frac{\Delta t}{\frac{l}{kA}} = \frac{(500-320)}{\frac{0.3}{0.2 \times 20.56}} = 2,467.2\text{W} = 2.47\text{kW}$$

07 이중 향류열교환기 내관에 기름 3,630kg/h가 들어가고 372K에서 350K까지 냉각한다. 외관에는 물이 1,540kg/h가 들어가고 도입온도는 289K이다. 기름의 비열은 2.3kJ/kg K, 물의 비열은 4.187kJ/kg K이다.

(1) 열교환량(kJ/h)은?

(2) 물의 배출온도(K)는?

(3) 대수평균온도차는?

해설

(1) 기름이 잃은 열

$q = mC_p\Delta t$

$= 3{,}630\text{kg/h} \times 2.3\text{kJ/kg K} \times (372-350)\text{K}$

$= 183{,}678\text{kJ/h}$

(2) $q = mC_p\Delta t$

기름이 잃은 열 = 물이 얻은 열

$183{,}678\text{kJ/h} = 1{,}540\text{kg/h} \times 4.187\text{kJ/kg K} \times (T-289)\text{K}$

$\therefore\ T = 317.49\text{K}$

(3)

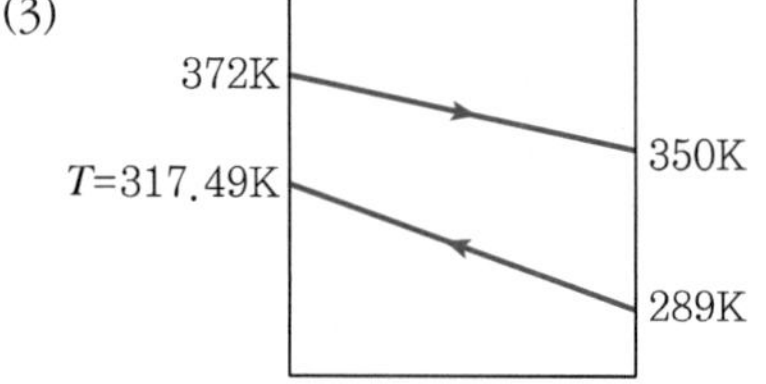

$\Delta T_1 = 372 - 317.49 = 54.51\text{K}$

$\Delta T_2 = 350 - 289 = 61\text{K}$

$\therefore\ \Delta T_{LM} = \dfrac{61-54.51}{\ln\dfrac{61}{54.51}} = 57.69\text{K}$

08 층류에서 $f=0.01$이고 밀도가 0.5g/cm^3, 점도가 1cP인 비압축성 유체가 매초 5cm/s로 흐른다. 원관의 내경은?

해설

$u = 5\text{cm/s},\ \rho = 0.5\text{g/cm}^3,\ \mu = 1\text{cP} = 0.01\text{P}$

$N_{Re} = \dfrac{Du\rho}{\mu} = \dfrac{D\times 5\times 0.5}{0.01} = 250D$

$f = \dfrac{16}{N_{Re}}$

$0.01 = \dfrac{16}{250D}$

$\therefore\ D = 6.4\text{cm}$

09 직경 $D=10\text{cm}$, 비중 = 1, 점도 = 1cP, 유속 $u=10\text{cm/s}$일 때 레이놀즈수를 구하여라.

해설

$D=10\text{cm},\ \rho=1\text{g/cm}^3,\ \mu=1\text{cP}=0.01\text{P},\ u=10\text{cm/s}$

$N_{Re} = \dfrac{Du\rho}{\mu} = \dfrac{10\times10\times1}{0.01} = 10{,}000$

10 벤젠 40mol%, 톨루엔 60mol%의 혼합물을 100 lbmol/h의 속도로 정류탑에 급송하여 증류하려 한다. 유출액의 농도는 95mol%이고 관출액의 농도는 5mol%이다. 원액은 비점에서 공급되며 환류비는 2이다.(단, 비휘발도는 3이다.)

(1) 최소환류비를 구하여라.

(2) 상부조작선의 방정식을 구하여라.

해설

(1) $y = \dfrac{\alpha x}{1+(\alpha-1)x} = \dfrac{3\times0.4}{1+(3-1)\times0.4} = 0.67$

$R_{\min} = \dfrac{x_D - y'}{y'-x'} = \dfrac{x_D - y_f}{y_f - x_f}$

$= \dfrac{0.95-0.67}{0.67-0.4} = 1.04$

(2) $y = \dfrac{R}{R+1}x + \dfrac{x_D}{R+1}$

$= \dfrac{2}{2+1}x + \dfrac{0.95}{2+1} = 0.67x + 0.32$

11 동점도의 의미와 차원을 쓰시오.

(1) 의미

(2) 차원

해설

(1) $\nu = \dfrac{\mu}{\rho}$

운동하는 유체의 점도로, 유동성의 지표로 사용되며 유체의 점도를 밀도로 나누어 나타낸다.

단위는 cm^2/s (Stokes) 등을 사용한다.

(2) $[L^2/T]$ (길이^2/시간)

12 A, B 혼합용액을 회분증류한다. 초기 A의 몰분율은 0.55이고 증류 후 액체 A의 몰분율은 0.4이다. 공급액 1mol당 탑저액의 양은 몇 mol인가?(단, A는 $y = 1.2x + 0.1$의 관계식을 따른다.)

해설

$$\int_{n_o}^{n_1} \frac{dn}{n} = \int_{x_o}^{x_1} \frac{dx}{y-x}$$

$$\ln\frac{n_1}{n_o} = \int_{x_o}^{x_1} \frac{dx}{1.2x+0.1-x}$$

$$= \int_{x_o}^{x_1} \frac{dx}{0.2x+0.1}$$

$$= 10\int \frac{dx}{2x+1}$$

$$= \frac{10}{2}\ln\frac{2x_1+1}{2x_0+1}$$

$$\ln\frac{n_1}{n_o} = 5\ \ln\frac{2x_1+1}{2x_o+1}$$

여기서, n_o : 초기몰수

n_1 : 최종몰수

x_o : 초기액체 A의 몰분율

x_1 : 최종액체 A의 몰분율

$$\ln\frac{n_1}{1} = 5\ \ln\left(\frac{2\times 0.4+1}{2\times 0.55+1}\right)$$

$$\therefore\ n_1 = \left(\frac{2\times 0.4+1}{2\times 0.55+1}\right)^5$$

탑저액의 양 $n_1 = 0.46\text{mol}$

13 물이 들어 있는 피토관의 마노미터 읽음이 25mm이고 피토관의 직경은 30cm이다. 개방압이 150mmH₂O이고 공기의 온도가 15℃일 때 공기의 최대유속을 구하여라.

해설

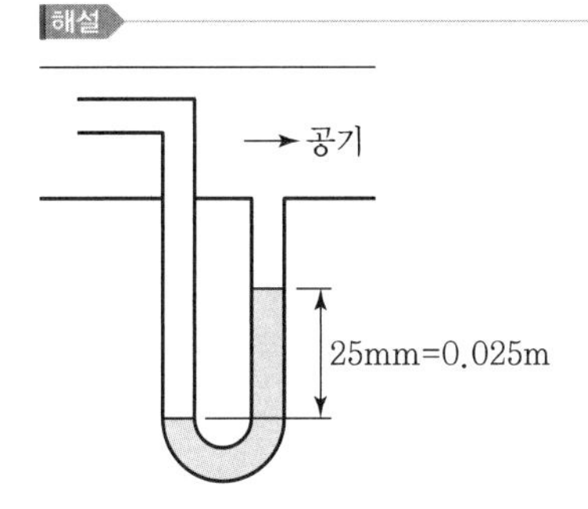

① 절대압 P

$$P = P_g + P_{atm}$$

$$= 150\text{mmH}_2\text{O} \times \frac{101.3\times 10^3\text{Pa}}{10.33\times 10^3\text{mmH}_2\text{O}} + 101.3\times 10^3\text{Pa}$$

$$= 102{,}771\text{Pa}$$

② 공기의 밀도

$$d_{air} = \frac{PM}{RT}$$

$$= \frac{102{,}771\text{N/m}^2\times 29\text{kg/1kmol}\times 1\text{kmol/1,000mol}}{8.314\text{J/mol K}\times(273+15)\text{K}}$$

$$= 1.245\text{kg/m}^3$$

③ 공기의 최대유속

$$U_{\max} = \sqrt{\frac{2g(\rho'-\rho)R}{\rho}}$$

$$= \sqrt{\frac{2\times 9.8\times(1{,}000-1.245)\times 0.025}{1.245}}$$

$$= 19.83\text{m/s}$$

2010년 제2회 기출문제

01 NH_3의 합성반응에서 전화율이 70%일 때 공간시간은 1h이다. 반응물을 $2m^3/min$의 유속으로 보낼 때 필요한 반응기의 체적(m^3)은?(단, N_2와 H_2는 1 : 3의 비율로 유입된다.)

해설

$N_2 + 3H_2 \rightarrow 2NH_3$

$\varepsilon_A = y_{Ao}\delta = \frac{1}{4}\left(\frac{2-1-3}{1}\right) = -0.5$

$\tau = \frac{V}{v_o}$

$1h = \frac{V}{2m^3/min \times 60min/1h}$

$\therefore V = 120m^3$

02 수평관의 길이가 50m, 직경이 0.4m인 밸브 3개($K_f=0.2$), 엘보 2개($K_f=0.9$)가 설치되어 있고 흐름은 난류이며 유체의 속도는 6m/s, 마찰계수는 0.004이다. 이때 수평관에서 발생하는 마찰손실(J/kg)은?

해설

$L=50m,\ D=0.4m,\ u=6m/s,\ f=0.004$

$\Sigma F = \left(\frac{4fL}{D} + \Sigma k_f\right)\frac{u^2}{2}$

$= \left(\frac{4\times 0.004\times 50}{0.4} + 0.2\times 3 + 0.9\times 2\right)\frac{6^2}{2}$

$= 79.2J/kg$

03 유체의 상변화가 심할 경우 Shell and Tube 열교환기에서 유체를 Shell 측에 보내는지 Tube 측에 보내는지 적고 이유를 쓰시오.

해설

① Shell 측에 보내야 한다.
② Tube 측에 보내면 열팽창, 열응력 문제가 발생한다. Shell 측에 방해판을 설치하여 상변화 유체를 좌우로 유동하게 해주고, 신축이음을 설치하여 응력을 완화시킬 수 있다.

04 화학공장에서 많이 쓰이고 유체흐름 직경과 관직경이 거의 동일하며 유체흐름을 바꾸지 않는 밸브는 무엇인가?

해설

게이트 밸브
가장 많이 쓰이는 밸브는 게이트 밸브와 글로브 밸브인데 게이트 밸브는 유체가 통과하는 개구지름이 관지름과 거의 같으며, 흐름방향이 변하지 않는다. 따라서 많이 열수록 압력강하가 적어진다. 유체의 흐름에 직각으로 움직이는 문으로 유로를 개폐한다.
예 저수지 수문

05 벤젠, 톨루엔의 혼합물이 기액 평형상태에 있다. 벤젠의 액상몰분율은 0.372, 기상몰분율은 0.712이고 전압이 760mmHg일 때 순수한 벤젠의 증기압과 벤젠의 분압을 구하시오.

해설

$P = p_A + p_B$

$y_A = \frac{P_A x_A}{P}$

$0.712 = \frac{P_A \times 0.372}{760}$

$\therefore P_A = 1{,}454.62mmHg$(순수한 벤젠의 증기압)

$p_A = 1{,}454.62 \times 0.372 = 541.12mmHg$(벤젠의 분압)

06 직경 10m, 높이가 5m인 원형탱크 밑바닥에 노즐을 설치하였다. 물을 가득 채웠을 때 노즐에서 유체가 흘러나오는 속도를 구하시오.

해설

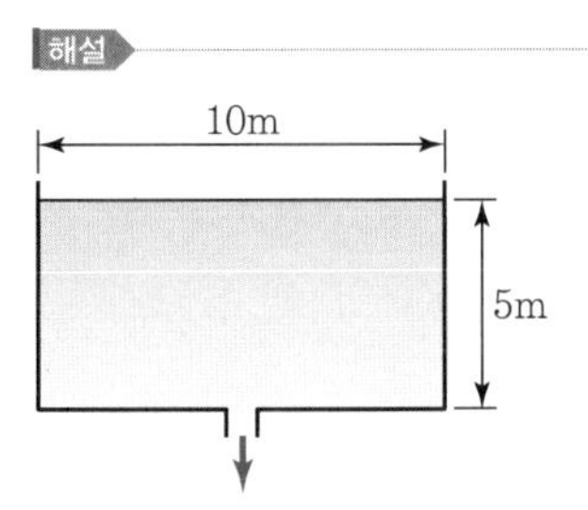

$u = \sqrt{2gh}$

$= \sqrt{2 \times 9.8\text{m/s}^2 \times 5\text{m}}$

$= 9.9\text{m/s}$

07 열로가 15cm, 0.15W/m ℃와 30cm, 1.5W/m ℃인 이중벽으로 되어 있다. 벽돌로벽 내부가 1,000℃, 외부가 100℃일 때 열전달손실은?

해설

$$\frac{q}{A} = \frac{(1{,}000 - 100)\text{℃}}{\frac{0.15\text{m}}{0.15\text{W/m ℃}} + \frac{0.3\text{m}}{1.5\text{W/m ℃}}} = 750\text{W/m}^2$$

08 향류열교환기에서 35℃, 25kg/s의 물로 20kg/s의 물을 95℃에서 75℃로 냉각하려고 한다. 총괄전열계수가 2,000W/m² ℃일 때, 필요한 전열면적을 구하시오.

해설

고온의 유체가 잃은 열 = 저온의 유체가 얻은 열

$q = m C_p \Delta t$

$25\text{kg/s} \times 4{,}184\text{J/kg ℃} \times (t - 35)\text{℃}$

$= 20\text{kg/s} \times 4{,}184\text{J/kg ℃} \times (95 - 75)\text{℃}$

$= 1{,}673{,}600\text{J/s}$

$\therefore t = 51\text{℃}$

$\therefore q = 1{,}673{,}600\text{J/s}$

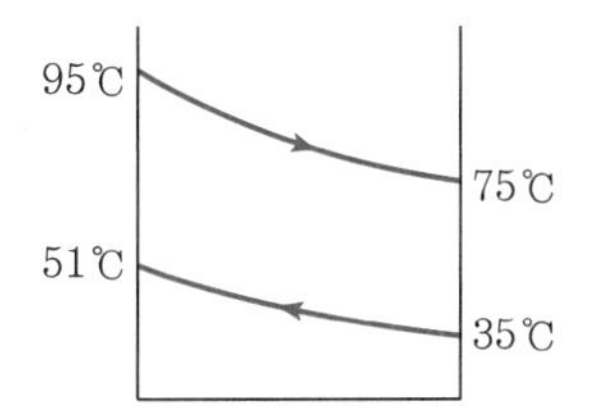

$\Delta t_1 = 95 - 51 = 44\text{℃}$

$\Delta t_2 = 75 - 35 = 40\text{℃}$

$$\Delta \bar{t}_{LM} = \frac{44 - 40}{\ln \frac{44}{40}} = 41.97\text{℃}$$

$q = UA\Delta \bar{t}_{LM}$

$1{,}673{,}600\text{J/s} = 2{,}000\text{W/m ℃} \times A \times 41.97\text{℃}$

$\therefore A = 19.94\text{m}^2$

09 질량 0.07g, 직경이 5mm인 속이 빈 강철구를 액체에 떨어뜨렸을 때 종말속도는 0.5cm/s이다. 항력계수(C_D)와 점도(cP)를 구하시오.(단, 액체의 비중은 0.9이다.)

해설

$$u_t = \sqrt{\frac{4D(\rho_s - \rho)g}{3C_D\rho}}$$

$g = 980\text{cm/s}^2$

$$\text{강철구의 밀도} = \frac{m}{V} = \frac{m}{\frac{\pi}{6}D^3} = \frac{0.07\text{g}}{\frac{\pi}{6} \times 0.5^3\text{cm}^3} = 1.07\text{g/cm}^3$$

$$\text{종말속도 } u_t = 0.5\text{cm/s} = \sqrt{\frac{4 \times 0.5(1.07 - 0.9) \times 980}{3C_D \times 0.9}}$$

$\therefore C_D = 493.63$

$$C_D = \frac{24}{N_{Re}} = 493.63(N_{Re} < 1)$$

$\therefore N_{Re} = 0.0486$

$$N_{Re} = \frac{Du\rho}{\mu} = \frac{(0.5\text{cm})(0.5\text{cm/s})(0.9\text{g/cm}^3)}{\mu} = 0.0486$$

$\therefore \mu = 4.63\text{g/cm s (Poise)}$

$= 463\text{cP}$

10 휘발성분의 조성이 50mol%인 2성분계 혼합물을 증류한다. 공급액은 비점에서 공급되며 탑상에서 휘발성 물질 90mol%을 얻고 싶을 때 최소환류비는?(단, 휘발성 액조성이 50mol%일 때 기액평형상태의 증기조성은 75mol%이다.)

해설

$$R_{\min} = \frac{x_D - y_f}{y_f - x_f} = \frac{0.9 - 0.75}{0.75 - 0.5} = 0.6$$

11 복수기 내 절대압력이 $0.051 kg_f/cm^2$이다. 대기압이 700mmHg일 때, 복수기의 진공압력(kg_f/cm^2)과 진공도(%)는?

해설

진공압=대기압−절대압

$$= 700mmHg \times \frac{1.0332kg_f/cm^2}{760} - 0.051kg_f/cm^2$$

$$= 0.9kg_f/cm^2$$

$$\therefore \text{진공도} = \frac{\text{진공압}}{\text{대기압}} \times 100$$

$$= \frac{0.9}{700 \times \frac{1.0332}{760}} \times 100 = 94.6\%$$

12 1atm에서 벤젠의 몰분율이 0.5인 톨루엔과의 혼합 용액을 증류하면, 벤젠을 0.9 포함하는 탑상제품을 얻는다. 벤젠의 톨루엔에 대한 비휘발도가 3이라면 벤젠 증기의 몰분율은?

해설

$$\alpha_{AB} = \frac{y_A/y_B}{x_A/x_B} = \frac{y_A/1-y_A}{x_A/1-x_A} = \frac{y_A/1-y_A}{0.5/0.5} = 3$$

$$\therefore y_A = 0.75$$

[별해]

$$y = \frac{\alpha x}{1+(\alpha-1)x}$$

$$= \frac{3 \times 0.5}{1+(3-1) \times 0.5}$$

$$= 0.75$$

13 지름이 10m이고 높이가 5m인 탱크에 물이 가득 차 있고, 탱크 밑에 지름이 10cm인 구멍으로 물이 빠져나간다. 이 탱크가 다 비워지는 시간은?

해설

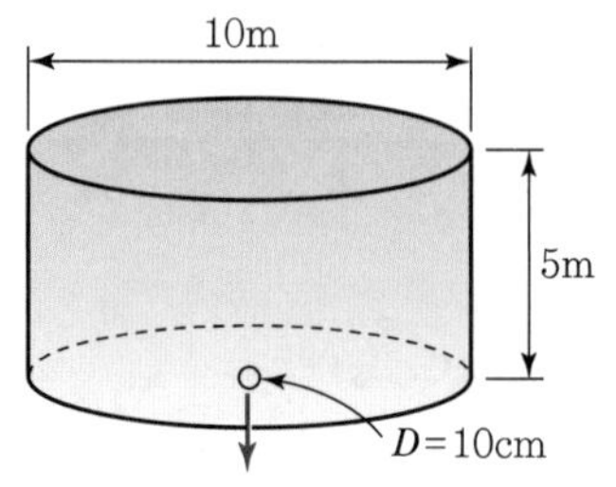

① 풀이

$$q = -\frac{dV}{dt} = -A\frac{dh}{dt} = -\frac{\pi}{4} \times 10^2 \frac{dh}{dt} = -78.5\frac{dh}{dt} \quad \cdots ㉠$$

$$q = A_2 u_2 = \frac{\pi}{4} \times 0.1^2 \sqrt{2 \times 9.8 \times h} = 0.035\sqrt{h} \quad \cdots\cdots ㉡$$

㉠, ㉡에서

$$-78.5\frac{dh}{dt} = 0.035\sqrt{h}$$

$$-\int_5^0 \frac{dh}{\sqrt{h}} = 0.000443\int_0^t dt$$

$$2\sqrt{h}\Big|_0^5 = 0.000443t$$

$$2\sqrt{5} = 0.000443t$$

$$\therefore t = 10{,}095s = 2.8h$$

② 공식화

$$q = -A\frac{dh}{dt} = A_o\sqrt{2gh}$$

$$\frac{dh}{\sqrt{h}} = -\frac{A_o}{A}\sqrt{2g}\,dt$$

적분하면

$$2\sqrt{h_f} - 2\sqrt{h_i} = -\frac{A_o}{A}\sqrt{2g}\,t$$

$$\therefore t = \frac{2\sqrt{h_i} - 2\sqrt{h_f}}{\sqrt{2g}} \times \frac{A}{A_o}$$

(표면의 높이를 0으로 하므로)

$$= \frac{2\sqrt{h_f}}{\sqrt{2g}} \cdot \frac{D^2}{D_0^2}$$

$$= \frac{2\sqrt{5}}{\sqrt{2 \times 9.8}} \times \frac{10^2}{0.1^2}$$

$$= 10{,}101.53s = 2.8h$$

2010년 제4회 기출문제

01 절대점도와 동점도의 단위를 적으시오.

해설

① 절대점도 : g/cm s = Poise
② 동점도 : cm^2/s = Stokes

02 50℃ 기름이 내경이 40mm인 강관에 200kg/h로 들어가서 95℃로 나온다. 이 기름은 50psig, 108℃ 수증기로 가열된다. 기름의 비열은 0.7kcal/kg ℃, 총괄 열전달계수는 500kcal/m² h ℃일 때 다음을 구하여라.(단, 수증기의 증발잠열은 531kcal/kg, 현열은 무시하고 증발잠열만 존재한다고 가정한다.)

(1) 열교환량(kcal/h)
(2) 열교환기의 길이(m)
(3) 수증기 소모량(kg/h)

해설

(1) 열교환량

$q = mC_p\Delta t$
$= 200\text{kg/h} \times 0.7\text{kcal/kg ℃} \times (95-50)\text{℃}$
$= 6{,}300\text{kcal/h}$

(2) 열교환기의 길이

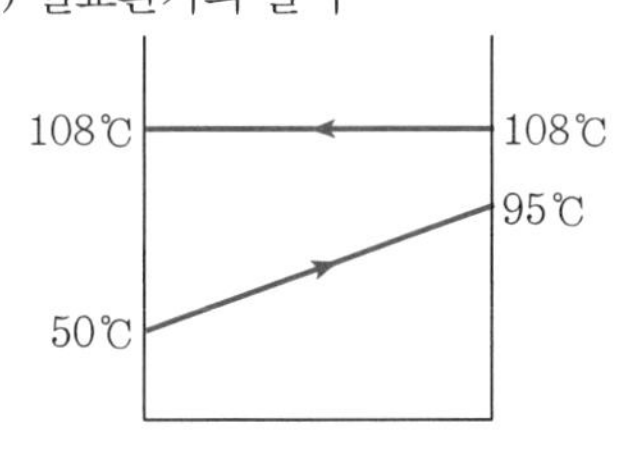

$\Delta t_1 = 108 - 50 = 58\text{℃}$
$\Delta t_2 = 108 - 95 = 13\text{℃}$

$$\bar{\Delta t}_{LM} = \frac{58-13}{\ln\frac{58}{13}} = 30.1\text{℃}$$

$q = UA\bar{\Delta t}_L$
$6{,}300\text{kcal/h} = 500\text{kcal/m}^2\text{ h ℃} \times A \times 30.1\text{℃}$
$\therefore A = 0.42\text{m}^2$

$A = \pi DL = 3.14 \times 0.04 \times L = 0.42$
$\therefore L = 3.34\text{m}$

(3) 수증기 소모량

$q = m\lambda$
$6{,}300\text{kcal/h} = m \times 531\text{kcal/kg}$
$\therefore m = 11.86\text{kg/h}$

03 한 변의 길이가 10cm인 정삼각형 덕트가 있다. 이 덕트로 20℃의 물이 17g/s로 흐른다. 이 흐름이 Laminar인지 Turbulent인지 정하는 과정을 쓰시오.(단, 밀도는 1g/cm^3, 점도는 0.01P)

해설

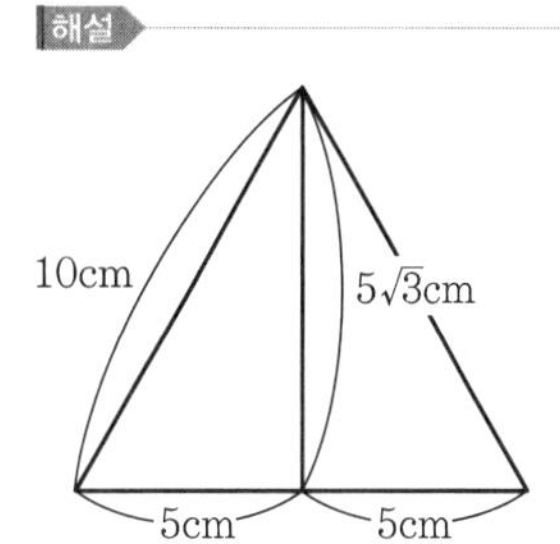

$$A = \frac{1}{2} \times 10 \times 5\sqrt{3} = 25\sqrt{3}\text{ cm}^2$$

$\dot{m} = \rho uA$
$17\text{g/s} = 1\text{g/cm}^3 \times u \times 25\sqrt{3}\text{ cm}^2$
$\therefore u = 0.3926\text{cm/s}$

$$D_{eq} = 4 \times \frac{\text{유로의 단면적}}{\text{유체가 접한 총길이}}$$
$$= 4 \times \frac{25\sqrt{3}}{30} = 5.77\text{cm}$$

$$N_{Re} = \frac{Du\rho}{\mu} = \frac{(5.77)(0.3926)(1)}{0.01} = 226.5(\text{층류})$$

※ 층류 : $N_{Re} < 2{,}100$

04 관의 허용응력이 200kg/cm²이고 내부 작업 압력이 8kg/cm²이다. Schedule No.는?

해설

$$\text{Schedule No.} = 1{,}000 \times \frac{\text{내부 작업 압력}}{\text{재료의 허용응력}}$$
$$= 1{,}000 \times \frac{8\text{kg/cm}^2}{200\text{kg/cm}^2} = 40$$

05 단면이 매우 큰 저장 탱크에서 비중이 0.9, 점도는 2cP인 용액을 직경 10cm인 보통관을 통해 시간당 70m³을 10m 상부에 있는 저장탱크로 올리려고 한다. 전 계에 있어서의 마찰손실은 무시한다. 펌프의 효율은 60%이며, 관의 길이는 0.99km이다. 이때 소요되는 제동 동력 kW를 구하시오.

해설

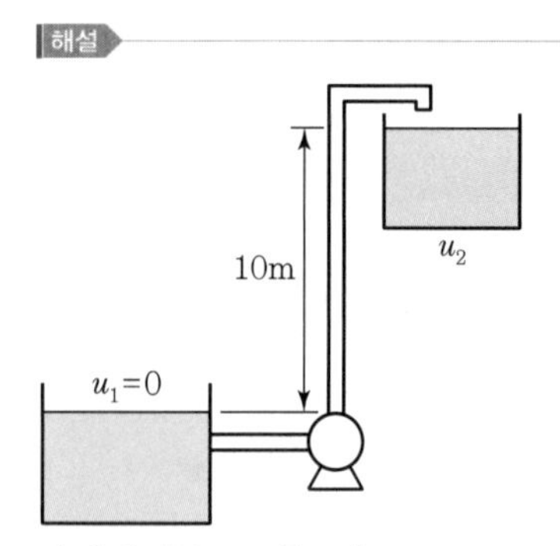

단면이 매우 큰 탱크이므로 $u_1 = 0$

$D = 10\text{cm} = 0.1\text{m}$

$\rho = 0.9 \times 1{,}000 = 900\text{kg/m}^3$

$\mu = 2\text{cP} = 0.02 \times 0.1\text{kg/m s}$

$L = 0.99\text{km} = 990\text{m}$

$$u_2 = \frac{Q}{A} = \frac{70\text{m}^3/\text{h} \times 1\text{h}/3{,}600\text{s}}{\frac{\pi}{4} \times 0.1^2\text{m}^2} = 2.48\text{m/s}$$

$$N_{Re} = \frac{Du\rho}{\mu} = \frac{(0.1)(2.48)(900)}{0.02 \times 0.1} = 111{,}600(\text{난류})$$

$$W_p = \frac{{u_2}^2 - {u_1}^2}{2} + g(Z_2 - Z_1) + \frac{P_2 - P_1}{\rho} + \Sigma F$$
$$= \frac{2.48^2 - 0}{2} + 9.8 \times 10$$
$$= 101.07\text{J/kg}$$

$$\dot{m} = \rho u A = \rho Q$$
$$= 900\text{kg/m}^3 \times 70\text{m}^3/\text{h} \times 1\text{h}/3{,}600\text{s}$$
$$= 17.5\text{kg/s}$$

$$P = \frac{W_p \cdot \dot{m}}{\eta} = \frac{101.07\text{J/kg} \times 17.5\text{kg/s}}{0.6}$$
$$= 2{,}948\text{W} = 2.95\text{kW}$$

06 벤젠 45mol%, 톨루엔 55mol%인 혼합물을 시간당 10,000kg으로 증류탑에 급송한다. 탑상부에서 95mol% 벤젠이, 탑하부에서 98mol% 톨루엔이 유출될 때 탑상부 및 탑하부에서의 제품의 양(kg/h)을 구하시오.

해설

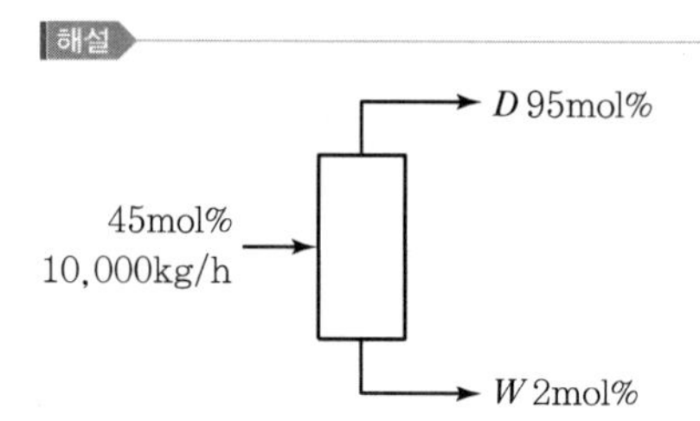

mol% → wt%

$$n_A = \frac{W_A}{M_A}\left(\text{몰} = \frac{\text{질량}}{\text{분자량}}\right)$$

$\therefore\ W_A = n_A M_A$

벤젠의 질량분율

- F : wt% $= \dfrac{(45 \times 78)}{(45 \times 78) + (55 \times 92)} \times 100 = 40.96\text{wt\%}$
- D : wt% $= \dfrac{(95 \times 78)}{(95 \times 78) + (5 \times 92)} \times 100 = 94.15\text{wt\%}$
- W : wt% $= \dfrac{(2 \times 78)}{(2 \times 78) + (98 \times 92)} \times 100 = 1.7\text{wt\%}$

$10{,}000\text{kg} \times 0.4096 = D \times 0.9415 + (10{,}000 - D) \times 0.017$

$\therefore\ D = 4{,}246.62\text{kg/h}$

$W = 10{,}000 - 4{,}246.62 = 5{,}753.38\text{kg/h}$

몰분율 → 질량분율

$$A\text{의 질량분율} = \frac{(A\text{의 분자량} \times A\text{의 몰분율})}{[(A\text{의 분자량} \times A\text{의 몰분율}) + (B\text{의 분자량} \times B\text{의 몰분율})]}$$

질량분율 → 몰분율

$$A\text{의 몰분율} = \frac{\left(\dfrac{A\text{의 질량분율}}{A\text{의 분자량}}\right)}{\left(\dfrac{A\text{의 질량분율}}{A\text{의 분자량}}\right) + \left(\dfrac{B\text{의 질량분율}}{B\text{의 분자량}}\right)}$$

07 복사능 0.85, 전열면적 1m², 복사전열량 20,000 kcal/h, 표면온도는 800℃인 평판의 외부온도는 몇 ℃인가?

해설

$$q = 4.88\varepsilon A\left[\left(\frac{T_1}{100}\right)^4 - \left(\frac{T_2}{100}\right)^4\right] = 20{,}000\text{kcal/h}$$

$$4.88 \times 0.85 \times 1\left[\left(\frac{273+800}{100}\right)^4 - \left(\frac{T_2}{100}\right)^4\right] = 20{,}000$$

$\therefore\ T_2 = 958.31\text{K} = 686.31℃$

08 1atm, 32.2℃에서 상대습도는 50%이다. 비교습도는?(단, 포화절대습도는 0.03095kgH₂O/kg Air)

해설

$$H_s = \frac{18}{29} \times \frac{p_s}{P - p_s}$$

$$= \frac{18}{29} \times \frac{p_s}{760 - p_s} = 0.03095\text{kgH}_2\text{O/kg Air}$$

$\therefore\ p_s = 36.1\text{mmHg}$

$$H_R = \frac{p_v}{p_s} \times 100[\%]$$

$$\frac{p_v}{36.1\text{mmHg}} \times 100 = 50\%$$

$\therefore\ p_v = 18.05\text{mmHg}$

$$H_p = \frac{H}{H_s} \times 100[\%]$$

$$= \frac{\frac{18}{29} \cdot \frac{p_v}{P - p_v}}{\frac{18}{29} \cdot \frac{p_s}{P - p_s}} \times 100$$

$$= H_R \times \frac{P - p_s}{P - p_v}$$

$$= 50\% \times \frac{760 - 36.1}{760 - 18.05} = 48.78\%$$

09 속도구배에 따른 전단응력의 그래프에서 A~D에 해당하는 것을 [보기]에서 각각 찾아 쓰시오.

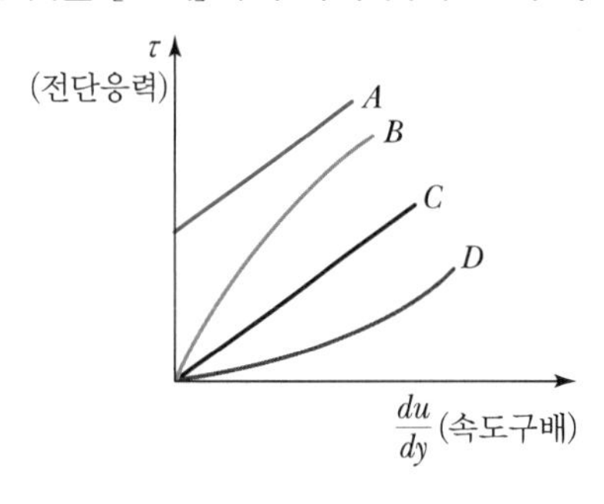

[보기]

가. 뉴턴 유체　　나. 의소성 유체
다. 딜라탄트 유체　　라. 빙햄 유체

해설

- A : 라. 빙햄 유체
- B : 나. 의소성 유체
- C : 가. 뉴턴 유체
- D : 다. 딜라탄트 유체

10 다음 그림을 보고 물음에 답하시오.

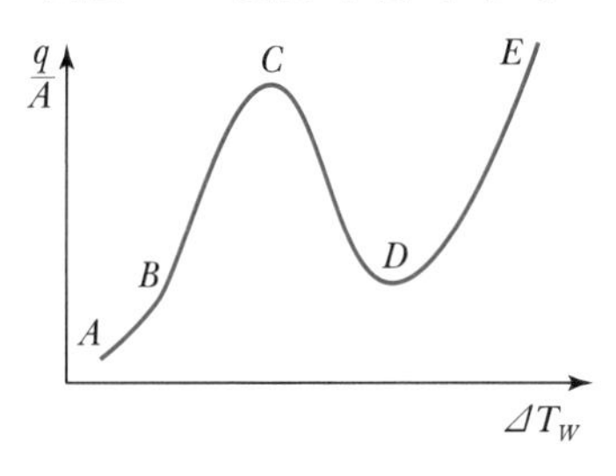

(1) C점에서의 온도차를 무엇이라고 하는가?

(2) C점에서의 속도 $\frac{q}{A}$를 무엇이라고 하는가?

(3) D점을 무엇이라고 하는가?

해설

(1) 임계온도차
(2) 정점열속 또는 최대열부하
(3) Leidenfrost Point(라이덴프로스트점)

2011년 제1회 기출문제

01 내경 15cm이고 길이가 10m인 관 속을 액체가 30L/h의 유량으로 흐른다. 액체의 비중은 1.4, 점도는 0.5cP이다. 마찰계수를 이용하여 압력손실(N/m^2)을 구하여라.

해설

$Q = uA$

$$u = \frac{Q}{A} = \frac{30\text{L/h} \times \frac{1\text{m}^3}{1{,}000\text{L}} \times \frac{1\text{h}}{3{,}600\text{s}}}{\frac{\pi}{4} \times 0.15^2\text{m}^2} = 0.00047\text{m/s}$$

$$N_{Re} = \frac{Du\rho}{\mu}$$

$$= \frac{(0.15\text{m})(0.00047\text{m/s})(1{,}400\text{kg/m}^3)}{0.5 \times 0.01 \times 0.1\text{kg/m s}}$$

$= 197.4$(층류)

$$f = \frac{16}{N_{Re}} = \frac{16}{197.4} = 0.081$$

$$F = \frac{\Delta P}{\rho} = \frac{2fu^2L}{D}$$

$$\Delta P = \rho F = \frac{2(0.081)(0.00047)^2(10)(1{,}400)}{0.15}$$

$$= 0.00334\text{N/m}^2$$

$$= 3.34 \times 10^{-3}\text{N/m}^2$$

02 순수한 메탄올의 자유도가 1일 때 상의 수를 구하시오.

해설

$F = 2 - P + C = 1$

$= 2 - P + 1 = 1$

$\therefore P = 2$(상의 수)

03 다음 (　) 안에 알맞은 말을 쓰시오.

> 증류탑에서 환류비가 증가하면 제품의 순도는 (①)지고 유출액량은 (②)진다. 또한 단수는 (③)하고 이에 따라 탑의 지름은 (④)한다.

해설

① 높아　② 작아　③ 감소　④ 증가

04 760mmHg에서 공기의 상대습도가 59%이다. 절대습도를 구하시오.(단, 포화수증기압은 76.32mmHg이다.)

해설

$$H_R = \frac{p_v}{p_s} \times 100 = 59\%$$

$$\frac{p_v}{76.32\text{mmHg}} = 0.59$$

$\therefore p_v = 45.03\text{mmHg}$

$$H = \frac{18}{29}\frac{p_v}{P - p_v}$$

$$= \frac{18}{29}\frac{45.03}{760 - 45.03}$$

$= 0.039\text{kgH}_2\text{O/kg}$ 건조공기

05 건조기준으로 함수율이 0.36인 고체를 한계함수율까지 건조하는 데 4시간이 걸렸다. 건조속도를 구하여라.(단, 한계함수율은 0.16이다.)

해설

$$R_c = \frac{W_1 - W_2}{\theta_c} = \frac{0.36 - 0.16}{4}$$

$= 0.05\text{kgH}_2\text{O/kg}$ 건조고체 h

06 한 변의 길이가 1m인 두께 6mm인 판상의 펄프를 일정조건에서 수분 66.7%에서 35%까지 건조하는 데 필요한 시간을 구하여라.(단, 건조속도에서 평형수분은 0.5%, 한계수분은 62%(습량기준), 건조재료는 2kg으로 항률건조속도는 1.5kg/m^2 h이며 감률건조속도는 함수율에 비례해서 감소한다.)

해설

습량기준(수분%) → 건량기준(함수율)

$w_1 = \dfrac{66.7}{100-66.7} = 2$

$w_2 = \dfrac{35}{100-35} = 0.538$

$w_c = \dfrac{62}{100-62} = 1.63$

$w_e = \dfrac{0.5}{100-0.5} = 0.005$

$F_1 = w_1 - w_e = 2 - 0.005 = 1.995$

$F_2 = w_2 - w_e = 0.538 - 0.005 = 0.533$

$F_c = w_c - w_e = 1.63 - 0.005 = 1.625$

$F_1 - F_c = 1.995 - 1.625 = 0.37$

증발면적 $= 1\text{m}^2 \times 2 = 2\text{m}^2$

건조재료 $= 2\text{kg}$

$R_c = 1.5\text{kg/m}^2\,\text{h} \times \dfrac{2\text{m}^2}{2\text{kg 건조재료}}$

$\quad = 1.5\text{kgH}_2\text{O/kg건조재료 h}$

$\theta = \dfrac{1}{R_c}\left\{(F_1 - F_c) + F_c \ln\dfrac{F_c}{F_2}\right\}$

$\quad = \dfrac{1}{1.5}\left\{0.37 + 1.625\ln\dfrac{1.625}{0.533}\right\}$

$\quad = 1.45\text{h}$

07 다음의 경사마노미터에서 사잇각 α를 계산하여라.

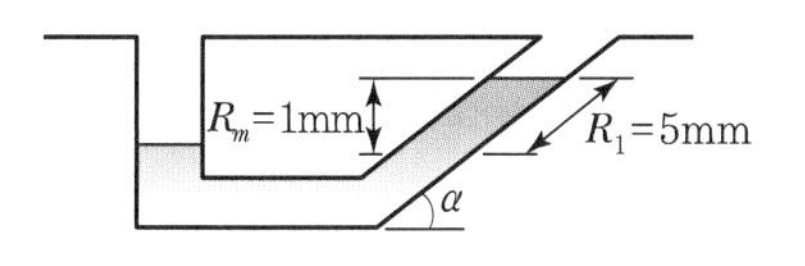

해설

$\sin\alpha = \dfrac{1}{5} \rightarrow \sin^{-1}\left(\dfrac{1}{5}\right) = \alpha$

$\therefore \alpha = 11.5°$

08 Schedule No.를 구하는 공식을 쓰시오.

해설

$$\text{Schedule No.} = 1{,}000 \times \frac{\text{내부 작업 압력}(\text{kg}_f/\text{cm}^2)}{\text{재료의 허용응력}(\text{kg}_f/\text{cm}^2)}$$

09 단면이 큰 탱크로부터 물을 12kg/s의 속도로 높이 20m인 탱크에 같은 굵기의 관을 사용하여 6.5m/s로 수송하려고 한다. 유체의 두손실을 무시하고 펌프의 효율을 70%로 하면 소요동력(HP)은?(단, 1HP=746W이다.)

해설

$u_2 = 6.5\text{m/s}$

$Z_2 - Z_1 = 20\text{m}$

$W_p = \dfrac{{u_2}^2 - {u_1}^2}{2} + g(Z_2 - Z_1) + \dfrac{P_2 - P_1}{\rho} + \Sigma F$

$\quad = \dfrac{6.5^2 - 0^2}{2} + 9.8 \times 20 = 217\text{J/kg}$

$\dot{m} = \rho u A = 12\text{kg/s}$

$\therefore P = \dfrac{W_p \dot{m}}{746\eta} = \dfrac{(217)(12)}{746(0.7)} = 5\text{HP}$

10 흑체(Black Body)에 대해 설명하시오.

해설

① 흡수율이 1인 물체로 받은 복사에너지를 전부 흡수하고 반사나 투과는 없다.

② 주어진 온도에서 최대 가능 방사력을 가지는 이상적인 물체이다.

11 다음 비등특성곡선을 보고 물음에 답하시오.

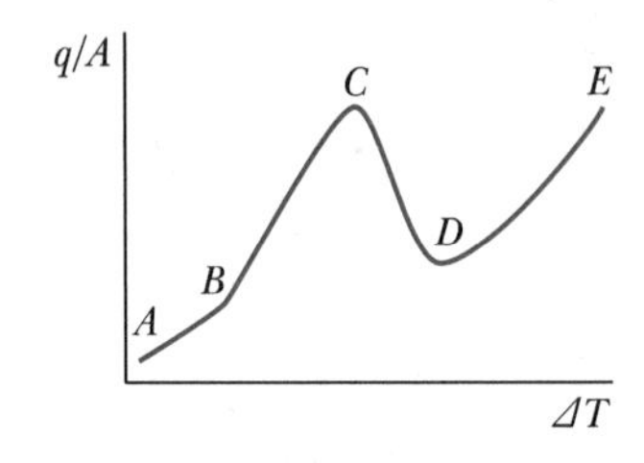

(1) B−C

(2) C−D

(3) D−E

(4) 열효율이 가장 좋은 구간

해설

(1) B−C : 핵비등
(2) C−D : 전이비등
(3) D−E : 막비등
(4) 열효율이 가장 좋은 구간 : B−C(핵비등구간)
열플럭스가 급격히 증가하여 기포가 활발하게 발생하는 구간으로 열효율이 가장 좋다.

12 최소유동화속도에 대해 공탑속도(x축)와 압력강하 및 층의 높이(y축)를 기준으로 그래프를 그리시오.

해설

고체층에서 공탑속도 vs. 압력강하 및 층 높이

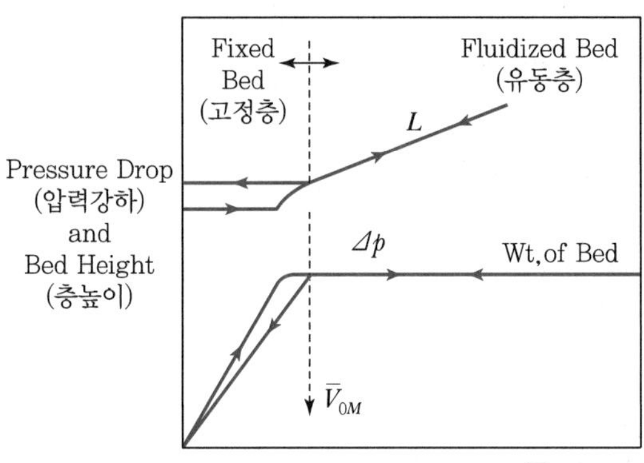

고정층의 유동화는 최소유동화속도 $\bar{V}_{0M}$에서 일어난다.

2011년 제2회 기출문제

01 벤젠과 톨루엔의 혼합물이 760mmHg 압력에서 기액평형을 이루고 있다. 벤젠의 기상조성과 액상조성을 구하시오.(단, 순수벤젠과 톨루엔의 고유증기압은 각각 1,180mmHg, 481mmHg이다.)

해설

$P = P_A x_A + P_B x_B$

$= P_A x_A + P_B(1 - x_A)$

$760 = 1{,}180 x_A + 481(1 - x_A)$

$\therefore x_A = 0.399$

$\therefore y_A = \dfrac{P_A x_A}{P}$

$= \dfrac{1{,}180 \times 0.399}{760} = 0.62$

02 Kirchhoff 법칙에 대해 설명하시오.

해설

키르히호프 법칙

온도가 평형에 있을 때 어떤 물체의 전체 복사력과 흡수능의 비는 그 물체의 온도에만 의존한다.

$\dfrac{W_1}{\alpha_1} = \dfrac{W_2}{\alpha_2}$

여기서, W_1, W_2 : 전체복사력

α_1, α_2 : 흡수능(흡수율)

어떤 물체가 그 외계와 온도 평형에 있을 때 그 방사율과 흡수율은 동일하다.

$\dfrac{W_b}{1} = \dfrac{W_1}{\alpha_1}$

$\therefore \alpha_1 = \dfrac{W_1}{W_b} = \varepsilon_1$

03 40℃ 공기 중에 물이 가득 차 있는 지름 2m의 구가 있다. 구 속의 물이 10분 동안 60℃에서 50℃로 냉각될 때 총괄열전달계수(kcal/m² h ℃)를 구하여라.(단, 구의 두께는 무시한다.)

해설

구의 부피 $= \dfrac{\pi}{6} D^3$

시간당 물이 잃은 열량

$q = m C_p \Delta t = \rho V C_p \Delta t$

$= 1{,}000\text{kg/m}^3 \times \left(\dfrac{\pi}{6} \times 2^3\right)\text{m}^3 \times 1\text{kcal/kg ℃}$

$\times (60 - 50)\text{℃} \times \dfrac{1}{10\text{min}} \times \dfrac{60\text{min}}{1\text{h}}$

$= 251{,}200\text{kcal/h}$

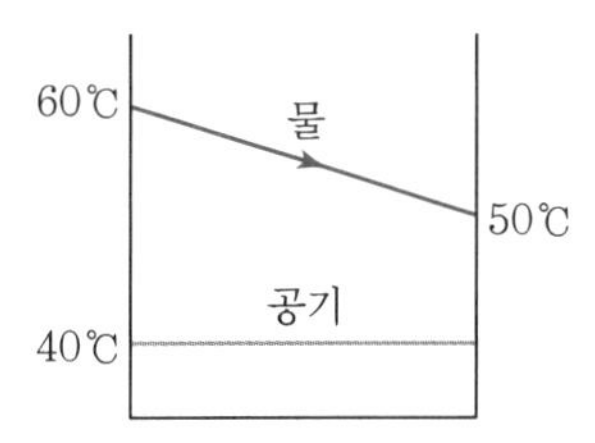

$\Delta \bar{t}_{LM} = \dfrac{20 - 10}{\ln \dfrac{20}{10}} = 14.4℃$

$\Delta t_1 = 60℃ - 40℃ = 20℃$

$\Delta t_2 = 50℃ - 40℃ = 10℃$

구의 표면적 $= \pi D^2$

$q = UA\Delta \bar{t}_L$

$251{,}200\text{kcal/h} = U \times \pi \times 2^2 \times 14.4℃$

$\therefore U = 1{,}388.9\text{kcal/m}^2\text{ h ℃}$

04 아래 표의 물성값을 참조하여 벤젠과 물의 Prandlt Number를 계산하여라.

구분	벤젠	물
점도(Pa s)	4.79×10^{-4}	9.67×10^{-4}
열전도도(W/m K)	0.15	0.598
비열(J/kg K)	1,820	4,184

(1) 벤젠

(2) 물

해설

(1) 벤젠

$$N_{Pr}=\frac{C_p\mu}{k}=\frac{(1{,}820)(4.79\times10^{-4})}{0.15}=5.81$$

(2) 물

$$N_{Pr}=\frac{C_p\mu}{k}=\frac{4{,}184(9.67\times10^{-4})}{0.598}=6.77$$

05 100℃의 수증기를 이용하여 관 속 저온의 물을 20℃에서 70℃로 가열한다. 이때 산술평균온도차에 대한 대수평균온도차의 백분율을 구하여라.

해설

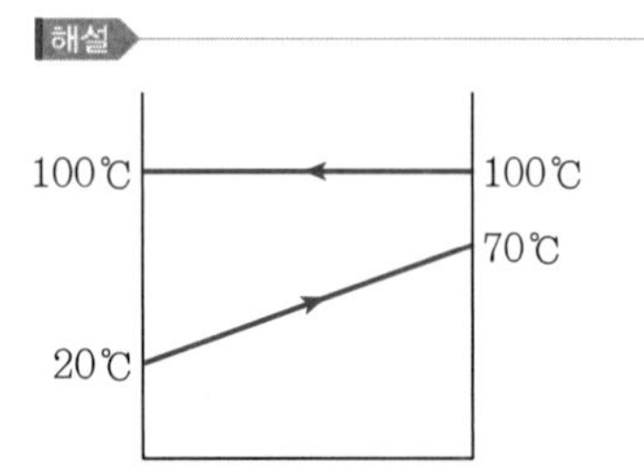

$\Delta t_1=80℃$

$\Delta t_2=30℃$

- 산술평균온도차 $\Delta\bar{t}=\frac{80+30}{2}=55℃$
- 대수평균온도차 $\Delta\bar{t}_{LM}=\frac{80-30}{\ln\frac{80}{30}}=50.98℃$

$$\therefore\ \frac{\text{대수평균온도차}}{\text{산술평균온도차}}\times100\%=\frac{50.98}{55}\times100=92.68\%$$

06 3성분계 액액추출의 용해도 곡선에서 상계점의 의미를 농도와 관련지어 설명하시오.

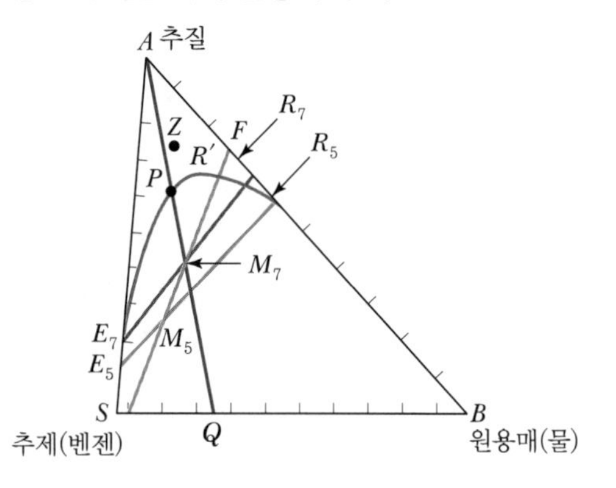

해설

상계점(임계점)

tie line의 길이가 0이 되는 점으로 추출상과 추잔상의 조성이 같아지는 점(P)

07 정류탑 상부에 78℃ 에탄올 증기가 600kg/h의 유량으로 모두 응축된다. 물이 응축기에 25℃로 들어가서 45℃로 나올 때 들어가는 물의 최소 유량(kg/h)을 구하여라.(단, 78℃에서 에탄올의 잠열 : 200kcal/kg)

해설

에탄올이 잃은 열=물이 얻은 열

$600\text{kg/h}\times200\text{kcal/kg}=m\times1\text{kcal/kg ℃}\times(45-25)℃$

$\therefore\ m=6{,}000\text{kg/h}$

2012년 제1회 기출문제

01 열교환기에서 기름이 255kg/h로 15℃에서 95℃로 가열되고 가열원으로 115℃ 수증기를 사용한다. 이때의 열전달면적(m²)을 구하시오.(단, 기름의 비열은 2.3 kJ/kg ℃, 총괄열전달계수는 2,240kJ/m² h ℃이다.)

해설

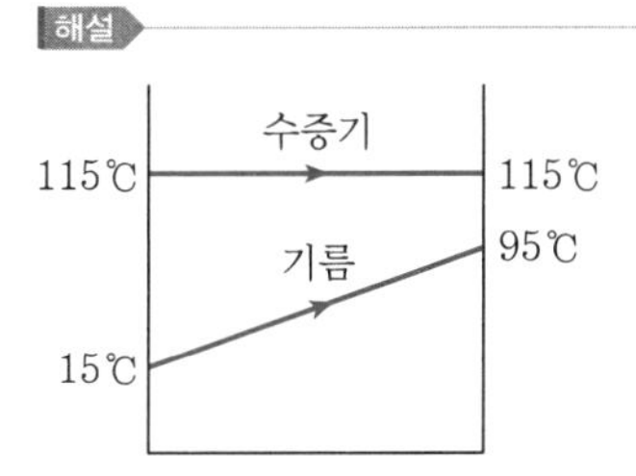

$\Delta t_1 = 115 - 15 = 100℃$

$\Delta t_2 = 115 - 95 = 20℃$

$$\Delta \bar{t}_{LM} = \frac{100-20}{\ln\frac{100}{20}} = 49.7℃$$

$q = m C_p \Delta t$

$= 255\text{kg/h} \times 2.3\text{kJ/kg ℃} \times (95-15)℃ = 46{,}920\text{kJ/h}$

$q = UA\Delta \bar{t}_{LM}$

$46{,}920\text{kJ/h} = 2{,}240\text{kJ/m}^2\text{ h ℃} \times A \times 49.7℃$

$\therefore A = 0.42\text{m}^2$

02 비교습도가 40%이고 포화증기압 p_s가 4.2kPa일 때 상대습도를 구하시오.(단, 전체압력은 100kPa이다.)

해설

$$H_p = H_R \times \frac{P - p_s}{P - p_v} = 40\%$$

$$\frac{p_v}{4.2} \times 100 \times \frac{100-4.2}{100-p_v} = 40\%$$

$\therefore p_v = 1.723\text{kPa}$

$$\therefore H_R = \frac{p_v}{p_s} \times 100[\%] = \frac{1.723}{4.2} \times 100 = 41.03\%$$

03 지름이 10m, 높이 5m인 개방형 탱크가 있다. 내부에 비중 1.2인 액체가 가득 차 있을 때 계기압(kg_f/cm^2)을 구하시오.

해설

계기압(게이지압)

$$P = \rho \frac{g}{g_c} h = (1{,}200\text{kg/m}^3)\left(\frac{\text{kg}_f}{\text{kg}}\right)(5\text{m})$$

$$= 6{,}000\text{kg}_f/\text{m}^2 \times 1\text{m}^2/100^2\text{cm}^2 = 0.6\text{kg}_f/\text{cm}^2$$

04 비중이 0.9, 지름이 5cm, 점도가 1.5cP인 유체가 층류가 되려면 유체의 속력은 몇 cm/s 이하가 되어야 하는가?

해설

층류 $N_{Re} < 2{,}100$

$$\frac{Du\rho}{\mu} < 2{,}100$$

$$\frac{5\text{cm} \times u \times 0.9\text{g/cm}^3}{1.5 \times 0.01\text{P}} < 2{,}100$$

$\therefore u < 7\text{cm/s}$ (7cm/s 이하)

05 Benzene 45mol%, Toluene 55% 혼합액이 1atm에서 비점이 93.9℃이다. 원액이 55℃일 때 q-line을 구하여라.(단, 혼합액의 평균 몰비열은 40kcal/kmol ℃, 평균 몰잠열은 7,620kcal/kmol이다.)

해설

$$q = 1 - \frac{C_p(t_F - t_b)}{\lambda} = 1 + \frac{C_p(t_b - t_F)}{\lambda}$$

$$= 1 - \frac{40\text{kcal/kmol ℃} \times (55 - 93.9)℃}{7{,}620\text{kcal/kmol}} = 1.2$$

$$y = \frac{q}{q-1}x - \frac{x_F}{q-1}$$

$$= \frac{1.2}{1.2-1}x - \frac{0.45}{1.2-1} = 6x - 2.25$$

06 수소기체가 녹아 있는 물 100kg이 20℃에서 기체와 평형에 있을 때 기체상의 전압은 760mmHg이고 수소의 분압은 200mmHg이다. 물에 용해된 수소는 몇 kg인가?(단, 20℃에서 수소의 헨리상수는 5.19×10^7 atm/몰분율이다.)

해설

$p_A = Hx_A$

$200\text{mmHg} \times \dfrac{1\text{atm}}{760\text{mmHg}} = 5.19 \times 10^7 \text{atm}/\text{몰분율} \times x_A$

$\therefore x_A = 5.07 \times 10^{-9}$

$x_A = \dfrac{n_A}{n_A + n_{H_2O}}$

$= \dfrac{\frac{w}{2}}{\frac{w}{2} + \frac{100-w}{18}} = 5.07 \times 10^{-9}$

$\therefore w = 5.63 \times 10^{-8}\text{kg}$

※ w의 질량은 아주 작으므로 계산할 때는 $\dfrac{\frac{w}{2}}{\frac{w}{2} + \frac{100}{18}}$로 해도 된다. $\dfrac{w}{2} = x$로 놓고 계산 후 $w = 2x$로 하면 쉽게 구할 수 있다.

07 노의 벽은 225mm 내화벽돌, 115mm 단열벽돌, 6mm 강철판으로 이루어져 있고, 노의 내면온도는 1,200K, 외면온도는 310K이다. 열전도도는 각각 1W/m K, 0.138W/m K, 44.98W/m K이고 열손실은 315W/m²이다. 단열벽돌과 강철판 사이에 공기층이 존재한다면 단열벽돌에 해당하는 공기층의 두께는 몇 mm인가?

해설

내화벽돌	단열벽돌	공기층	강철판
225mm	115mm	?	6mm
k_1=1 W/m K	k_2=0.138 W/m K		k_3=44.98 W/m K

$\dfrac{q}{A} = \dfrac{t_1 - t_2}{\frac{l_1}{k_1} + \frac{l_2}{k_2} + \frac{l}{k_2} + \frac{l_3}{k_3}}$

$= \dfrac{(1{,}200 - 310)\text{K}}{\frac{0.225}{1} + \frac{0.115}{0.138} + \frac{l}{0.138} + \frac{0.006}{44.98}} = 315\text{W/m}^2$

$\therefore l = 0.2438\text{m} = 243.8\text{mm}$

08 정상상태이고 관경이 일정한 관에서 비중 1인 유체가 흐른다. 입구에서 압력은 50kN/m², 출구에서의 압력은 90kN/m²이다. 관 길이는 400m, 높이차는 10m, 레이놀즈수는 40,000이다. 펌프가 한 일이 150J/kg일 때 마찰손실은?

해설

$W_p = \dfrac{{u_2}^2 - {u_1}^2}{2} + g(Z_2 - Z_1) + \dfrac{P_2 - P_1}{\rho} + \Sigma F$

$150\text{J/kg} = 9.8 \times 10 + \dfrac{(90-50) \times 10^3 \text{N/m}^2}{1{,}000\text{kg/m}^3} + \Sigma F$

$\therefore \Sigma F = 12\text{J/kg}$

09 단면이 아주 큰 저장탱크에서 물을 내경 0.05m인 관을 통해 10m/s의 속도로 50m 상부의 저장탱크로 수송하려고 한다. 펌프의 효율은 100%이고 마찰손실을 무시할 때 펌프에 필요한 동력(kW)을 구하여라.

해설

$\rho = 1{,}000\text{kg/m}^3,\ \mu = 1\text{cP} = 0.01\text{P} = 0.01 \times 0.1\text{kg/m s}$

$N_{Re} = \dfrac{Du\rho}{\mu} = \dfrac{0.05 \times 10 \times 1{,}000}{0.01 \times 0.1} = 500{,}000$(난류)

$W_p = \dfrac{{u_2}^2 - {u_1}^2}{2} + g(Z_2 - Z_1) + \dfrac{P_2 - P_1}{\rho} + \Sigma F$

$= \dfrac{10^2 - 0^2}{2} + 9.8(50) = 540\text{J/kg}$

$u_1 = 0$(단면이 아주 큰 저장탱크이므로)

$\dot{m} = \rho u A = 1{,}000\text{kg/m}^3 \times 10\text{m/s} \times \dfrac{\pi}{4} \times 0.05^2\text{m}^2$

$= 19.625\text{kg/s}$

$P = \dfrac{W_p \dot{m}}{\eta} = \dfrac{(540\text{J/kg})(19.625\text{kg/s})}{1}$

$= 10{,}597.5\text{J/s} = 10.6\text{kW}$

10 연탄가스 중의 SO_2를 아황산나트륨(Na_2SO_3) 용액으로 흡수하려고 할 때 운반가스 100mol에 대해 1mol의 SO_2가 0.087mol이 되면, 1atm에서 200kmol/h의 동반가스를 처리하는 흡수탑의 높이는?(단, $K_G a = 400$ kmol/m³ h atm이고 탑의 지름은 1m이다.)

해설

- 탑저 : $P_G = 1\text{atm}\left(\dfrac{1}{100+1}\right) = 0.0099\text{atm}$
- 탑정 : $P_G = 1\text{atm}\left(\dfrac{0.087}{100+0.087}\right) = 0.00087\text{atm}$

SO_2의 용해도는 크므로 용액의 농도와 평형인 SO_2 분압, P^*는 탑정에서도 탑저에서도 0으로 한다.

$$P_G - P^* = \frac{(0.0099-0)-(0.00087-0)}{\ln\dfrac{0.0099}{0.00087}} = 0.0037\text{atm}$$

물질의 이동속도

$$N = G'(Y_1 - Y_2) = 200\text{kmol/h}\left(\frac{1}{100} - \frac{0.087}{100}\right)$$
$$= 1.826\text{kmol/h}$$
$$N = K_G a V(P_G - P^*)$$
$$1.826\text{kmol/h} = 400\text{kmol/m}^3\text{ h atm} \times V \times (0.0037\text{atm})$$
$$\therefore V = 1.234\text{m}^3$$
$$1.234 = \frac{\pi}{4} \times 1^2 \times H$$
$$\therefore H = 1.57\text{m}$$

11 32% 수분을 가지는 고체 1,000kg을 건조하여 수분함량이 3%가 되려면 증발시켜야 하는 수분의 양은 몇 kg인가?

해설

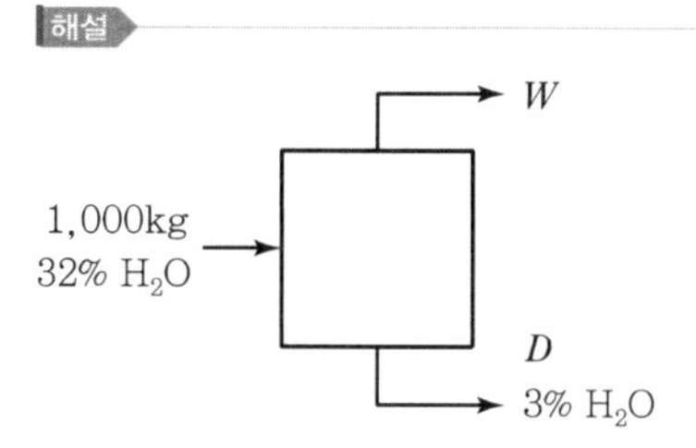

$$1{,}000 \times 0.68 = D \times 0.97$$
$$\therefore D = 701\text{kg}$$

∴ 증발된 수분의 양 $= 1{,}000 - 701 = 299$kg

12 20℃, 760mmHg인 공기를 지름 1m, 길이가 10m인 송풍기를 통해 3m/s로 흐르게 한다. 이때 필요한 송풍기의 필요동력(HP)은?(단, 마찰계수 : 0.00762, 공기의 점도 : 1.5cP, 송풍기효율 : 20%, 모터효율 : 90%)

해설

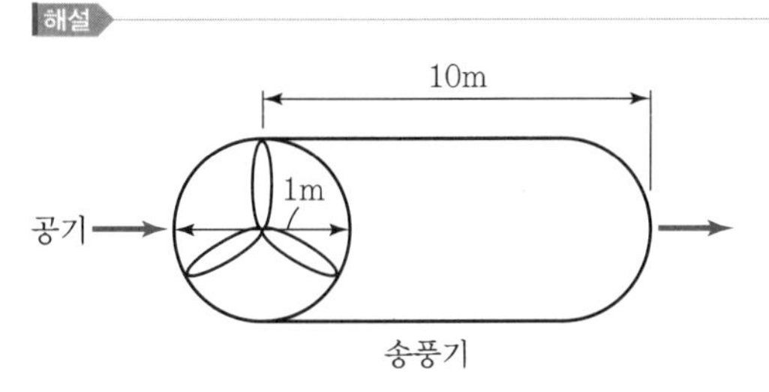

$$W_p = \frac{{u_2}^2 - {u_1}^2}{2g_c} + \frac{g}{g_c}(Z_2 - Z_1) + \frac{P_2 - P_1}{\rho} + \Sigma F$$

대기 중 공기의 속도 $u_1 = 0$

압력차 = 0, 높이차 = 0

$$\Sigma F = \frac{2fu^2L}{g_c D} = \frac{2(0.00762)(3^2)(10)}{9.8(1)} = 0.14\text{kg}_\text{f}\text{ m/kg}$$
$$\therefore W_p = \frac{3^2}{2 \times 9.8} + \Sigma F$$
$$= \frac{3^2}{2 \times 9.8} + 0.14 = 0.6\text{kg}_\text{f}\text{ m/kg}$$

공기의 밀도 $\rho = \dfrac{m}{V} = \dfrac{PM}{RT}$

$$= \frac{1\text{atm} \times 29\text{kg/kmol}}{0.082\text{m}^3\text{ atm/kmol K} \times 293\text{K}}$$
$$= 1.207\text{kg/m}^3$$
$$\dot{m} = \rho u A = 1.207\text{kg/m}^3 \times 3\text{m/s} \times \frac{\pi}{4} \times 1^2\text{m}^2$$
$$= 2.84\text{kg/s}$$
$$P = \frac{W_P \dot{m}}{76\eta} = \frac{(0.6\text{kg}_\text{f}\text{ m/kg})(2.84\text{kg/s})}{76(0.2)(0.9)} = 0.124\text{HP}$$

2012년 제2회 기출문제

01 내경이 5cm인 관 속을 25℃의 물이 4cm/s의 속도로 흐른다. Fanning 마찰계수의 값은?

해설

$$N_{Re} = \frac{Du\rho}{\mu} = \frac{(5\text{cm})(4\text{cm/s})(1\text{g/cm}^3)}{0.01\text{P}} = 2{,}000$$

$$f = \frac{16}{N_{Re}} = \frac{16}{2{,}000} = 0.008$$

02 10% NaOH 수용액을 20% 농축액으로 만들기 위해 4,500kg/h를 증발기에 공급한다. 수용액은 20℃로 들어가서 90℃로 나오고, 가열면적은 40m^2, 증발기 내 압력은 50mmHg, 수증기의 온도는 110℃이다.(단, 용액의 비점은 90℃에서 잠열이 540kcal/kg, 비열이 0.92kcal/kg ℃, 110℃에서 수증기 잠열은 534kcal/kg이다.)

(1) 총괄열전달계수(kcal/m² h ℃)는?

(2) 수증기 소비량(kg/h)은?

해설

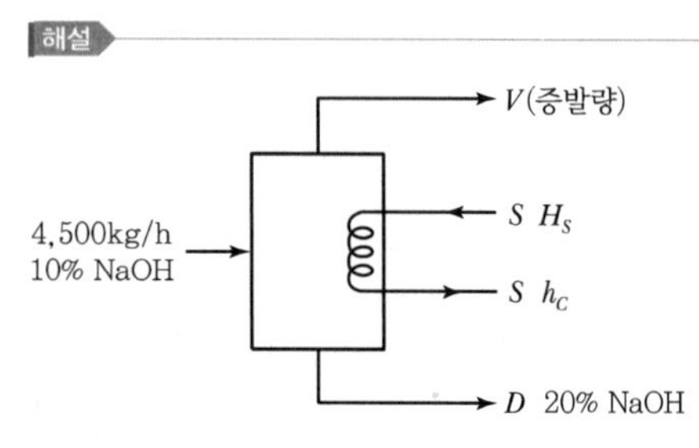

$4{,}500 \times 0.1 = D \times 0.2$

$\therefore D = 2{,}250\text{kg/h}$

$W = 2{,}250\text{kg/h}$

$$q = FC\Delta t + V\lambda_V$$
$$= 4{,}500\text{kg/h} \times 0.92\text{kcal/kg ℃} \times (90-20)\text{℃} + 2{,}250\text{kg/h} \times 540\text{kcal/kg}$$
$$= 1{,}504{,}800\text{kcal/h}$$

(1) $q = UA\Delta t$

$$\therefore U = \frac{q}{A\Delta t} = \frac{1{,}504{,}800\text{kcal/h}}{40\text{m}^2 \times (110-90)\text{℃}} = 1{,}881\text{kcal/m}^2\text{ h ℃}$$

(2) $q = \dot{m}_s \lambda_s$

$1{,}504{,}800\text{kcal/h} = \dot{m}_s \times 534\text{kcal/kg}$

$\therefore \dot{m}_s = 2{,}817.98\text{kg/h}$

03 비중이 0.8인 유체가 15cm인 관 속을 2m/s의 유속으로 흐른다. 질량유량을 구하시오.

해설

$$\dot{m} = \rho u A = (800\text{kg/m}^3) \times (2\text{m/s}) \times \left(\frac{\pi}{4} \times 0.15^2\right)\text{m}^2 = 28.26\text{kg/s}$$

04 벤젠 40wt%을 포함하는 벤젠과 톨루엔 혼합물 20,000kg/h로 급송하여 톨루엔 96%을 포함하는 관출액과 98% 벤젠을 포함하는 유출액을 얻었다. 유출액의 양을 구하시오.

해설

$20{,}000 \times 0.4 = D \times 0.98 + (20{,}000 - D) \times 0.04$

$\therefore D = 7{,}660\text{kg/h}$

05 45mol% 벤젠과 55mol% 톨루엔의 혼합액의 비점이 95℃이고 원액이 55℃에서 정류탑에 들어갈 때 혼합액의 평균 몰비열은 40kcal/kmol ℃이다. 평균 mol 잠열이 5,000kcal/kmol일 때 급액선(Feed Line)의 방정식은?

해설

$$q = 1 + \frac{C_{PL}(t_b - t_F)}{\lambda}$$

$$= 1 + \frac{40\text{kcal/kmol ℃} \times (95-55)\text{℃}}{5{,}000\text{kcal/kmol}} = 1.32$$

$$y = \frac{q}{q-1}x - \frac{x_F}{q-1}$$

$$= \frac{1.32}{1.32-1}x - \frac{0.45}{1.32-1}$$

$$\therefore\ y = 4.13x - 1.41$$

06 지름이 10m, 높이 5m인 개방형 탱크가 있다. 내부에 비중 1.2인 액체가 가득 차 있을 때의 계기압과 절대압($\text{kg}_\text{f}/\text{cm}^2$)을 구하시오.(단, 대기압은 1기압이다.)

해설

$$P_{gauge} = \frac{\rho g h}{g_c}$$

$$= (1{,}200\text{kg/m}^3)\left(\frac{\text{kg}_\text{f}}{\text{kg}}\right)(5\text{m})$$

$$= 6{,}000\text{kg}_\text{f}/\text{m}^2 \times 1\text{m}^2/100^2\text{cm}^2$$

$$= 0.6\text{kg}_\text{f}/\text{cm}^2$$

$$P_t = P_g + P_{atm}$$

$$= 0.6\text{kg}_\text{f}/\text{cm}^2 + 1.0332\text{kg}_\text{f}/\text{cm}^2$$

$$= 1.6332\text{kg}_\text{f}/\text{cm}^2$$

07 수소기체가 녹아 있는 물 100kg이 온도 20℃에서 기체상과 평형에 있을 때, 기체상의 전압은 760mmHg이고 수소의 분압은 200mmHg이다. 물에 용해된 수소는 몇 kg인가?(단, 20℃에서 수소의 헨리상수는 5.19 $\times 10^7$atm/몰분율이다.)

해설

$$p_{H_2} = Hx_{H_2}$$

$$200\text{mmHg} \times \frac{1\text{atm}}{760\text{mmHg}} = 5.19 \times 10^7 x_{H_2}$$

$$\therefore\ x_{H_2} = 5.07 \times 10^{-9}$$

$$x_{H_2} = \frac{n_{H_2}}{n_T} = \frac{\frac{w_{H_2}}{M_{H_2}}}{\frac{w_{H_2}}{M_{H_2}} + \frac{w_{H_2O}}{M_{H_2O}}}$$

$$= \frac{\frac{w_{H_2}}{2}}{\frac{w_{H_2}}{2} + \frac{100 - w_{H_2}}{18}} = 5.07 \times 10^{-9}$$

$$\therefore\ w_{H_2} = 5.63 \times 10^{-8}\text{kg}$$

08 질소 20mol%, 수소 80mol%, 총질량유속이 10kg/min일 때 질소의 질량유속은(kg/h)?

해설

① $$0.2 = \frac{\frac{w}{28}}{\frac{w}{28} + \frac{10-w}{2}}$$

$$\therefore\ w_{N_2} = 7.78\text{kg/min} \times 60\text{min/h} = 467\text{kg/h}$$

$$w_{H_2} = 10 - 7.78 = 2.22\text{kg/min} = 133\text{kg/h}$$

② $$n = \frac{w}{M} \ \rightarrow\ M = \frac{w}{n}$$

$$\overline{M}_{av} = M_1X_1 + M_2X_2$$

$$= 28 \times 0.2 + 2 \times 0.8 = 7.2\text{kg/kmol}$$

$$\frac{10\text{kg/min}}{7.2\text{kg/kmol}} = 1.389\text{kmol/min}$$

$$w_{N_2} = 1.389\text{kmol/min} \times 0.2 \times \frac{28\text{kg}}{1\text{kmol}} \times \frac{60\text{min}}{1\text{h}}$$

$$= 467\text{kg/h}$$

$$w_{H_2} = 1.389\text{kmol/min} \times 0.8 \times \frac{2\text{kg}}{1\text{kmol}} \times \frac{60\text{min}}{1\text{h}}$$

$$= 133\text{kg/h}$$

∴ 질소의 질량유속 : 467kg/h

09 정상상태이고 관경이 일정한 관의 입구에서의 압력은 50kN/m^2, 출구에서의 압력은 90kN/m^2이다. 관 길이는 400m이고 높이차는 10m이며, 레이놀즈수는 40,000이다. 펌프가 한 일은 150J/kg일 때 마찰손실은?(단, 유체는 물이다.)

해설

$$W_p = \frac{{u_2}^2 - {u_1}^2}{2} + g(z_2 - z_1) + \frac{P_2 - P_1}{\rho} + \Sigma F$$

$$150\text{J/kg} = 9.8(10) + \frac{(90{,}000 - 50{,}000)\text{N/m}^2}{1{,}000\text{kg/m}^3} + \Sigma F$$

$$\therefore\ \Sigma F = 12\text{J/kg}$$

10 1기압 0℃에서 실내공기의 습도가 0.021kgH_2O/kg dry air이며, 물의 포화증기압이 36.1mmHg일 때 상대습도는?

해설

$$H = \frac{18}{29}\frac{p_v}{P - p_v}$$

$$0.021\text{kgH}_2\text{O/kg dry air} = \frac{18}{29}\frac{p_v}{760 - p_v}$$

$$\therefore\ p_v = 24.87\text{mmHg}$$

$$H_R = \frac{p_v}{p_s} \times 100[\%]$$

$$= \frac{24.87}{36.1} \times 100 = 69\%$$

11 보정되지 않은 수은온도계가 있다. 이 온도계의 물의 어는점이 2℃, 끓는점이 104℃이다. 어떤 용액의 온도를 이 온도계로 측정했더니 45℃이었다면 이 용액의 실제온도는?

해설

$$T = T_b\frac{(t - t_0)}{(t_{100} - t_0)}$$

$$= 100\frac{(45 - 2)}{(104 - 2)}$$

$$= 42.16℃$$

2012년 제4회 기출문제

01 Biot No.(N_{Bi})와 Nusselt No.(N_{Nu})의 식과 의미를 쓰시오.

해설

$$N_{Bi}=\frac{hL}{k}=\frac{\text{대류열전달}}{\text{전도열전달}}=\frac{\text{내부열저항}}{\text{외부열저항}}$$

여기서, h : 열전달계수(kcal/m² h ℃)
L : 특성길이(m)
k : 열전도도(kcal/m h ℃)

$$N_{Nu}=\frac{hD}{k}=\frac{\text{대류열전달}}{\text{전도열전달}}=\frac{\text{전도열저항}}{\text{대류열저항}}$$

여기서, h : 열전달계수(kcal/m² h ℃)
D : 관의 직경(m)
k : 열전도도(kcal/m h ℃)

02 이중관 열교환기의 외경은 30cm이고 상당직경(D_{eq})은 10cm이다. 열교환기의 두께가 2cm일 때 내관의 내경은 몇 cm인가?

해설

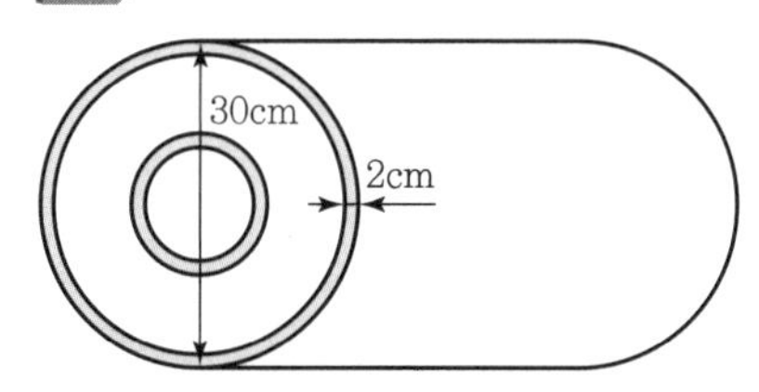

$$\text{상당직경}=4\times\frac{\frac{\pi}{4}D_o^2-\frac{\pi}{4}D_i^2}{\pi(D_o+D_i)}=D_o-D_i$$

$D_o=30\text{cm}-2\times2\text{cm}=26\text{cm}$ (외관의 내경)
D_i =내관의 외경

$D_{eq}=D_o-D_i$
$10\text{cm}=26\text{cm}-D_i$
$\therefore D_i=16\text{cm}$ (내관의 외경)

∴ 내관의 내경$=16\text{cm}-2\times2\text{cm}=12\text{cm}$

03 노의 벽은 내화벽돌 15cm, 단열벽돌 30cm로 둘러싸여 있고 노의 내측온도는 1,000℃, 외측온도는 100℃이다. 내화벽돌, 단열벽돌의 열전도도가 각각 0.15W/m ℃, 1.5W/m ℃일 때 열전달손실(W/m²)은?

해설

$$\frac{q}{A}=\frac{\Delta t}{\frac{l_1}{k_1}+\frac{l_2}{k_2}}=\frac{(1{,}000-100)℃}{\frac{0.15}{0.15}+\frac{0.3}{1.5}}=750\text{W/m}^2$$

04 벤젠과 톨루엔의 혼합물이 기액 평형을 이루고 있다. 벤젠의 액상 분율은 0.58이고 기상의 분율은 0.87이다. 전압이 760mmHg일 때 벤젠의 증기압을 구하시오.

해설

$$y_A=\frac{P_Ax_A}{P}$$

$$0.87=\frac{P_A\times0.58}{760}$$

$\therefore P_A=1{,}140\text{mmHg}$

05 직경 0.04m의 관에서 40m/s로 유체가 유입되어 0.12m의 관에서 유출된다. 관의 확대마찰손실(J/kg)을 구하여라.

해설

확대손실계수

$$K_e=\left(1-\frac{A_1}{A_2}\right)^2=\left(1-\frac{D_1^2}{D_2^2}\right)^2=\left(1-\frac{0.04^2}{0.12^2}\right)^2=0.79$$

확대마찰손실

$$F_e=K_e\frac{u_1^2}{2}=0.79\times\frac{(40\text{m/s})^2}{2}=632\text{J/kg}$$

06 5% 소금물 5,000kg을 증발시켜 25%의 소금물을 만들려고 한다. 증발시켜야 할 수분의 양(kg)은?

해설

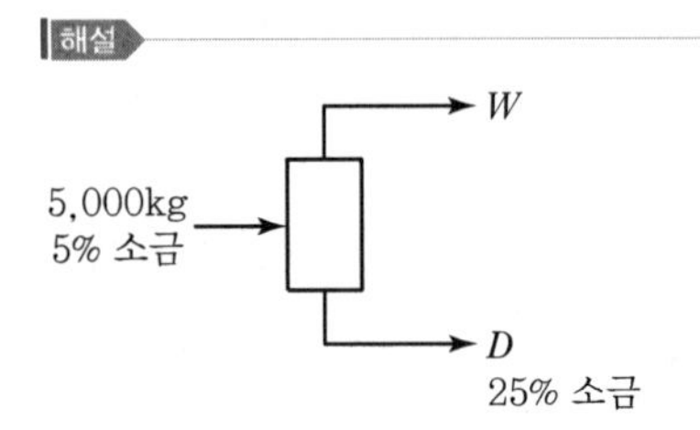

대응성분 : 소금

$5,000 \times 0.05 = D \times 0.25$

$\therefore D = 1,000\text{kg}$

증발시켜야 하는 물의 양 $= 5,000 - 1,000 = 4,000\text{kg}$

$$\therefore W = F\left(1 - \frac{a}{b}\right)$$

$$= 5,000\left(1 - \frac{5}{25}\right) = 4,000\text{kg}$$

07 두 개의 무한히 큰 평판이 있다. 한 평판의 복사능(ε_1)은 0.6, 온도는 1,000K이고, 다른 평판의 복사능(ε_2)은 0.4, 온도는 500K이다. 두 평판에서 단위면적당 열량(kW/m^2)은?(단, Stefan−Boltzmann 상수는 $5.67 \times 10^{-8}\text{W/m}^2\,\text{K}^4$이다.)

해설

$$q = \sigma \mathcal{F}_{1.2} A_1 (T_1^{\ 4} - T_2^{\ 4})$$

$$\mathcal{F}_{1.2} = \frac{1}{\dfrac{1}{F_{1.2}} + \left(\dfrac{1}{\varepsilon_1} - 1\right) + \dfrac{A_1}{A_2}\left(\dfrac{1}{\varepsilon_2} - 1\right)} \quad (A_1 \fallingdotseq A_2)$$

$$= \frac{1}{\dfrac{1}{\varepsilon_1} + \dfrac{1}{\varepsilon_2} - 1}$$

$$\therefore \frac{q}{A} = \sigma \mathcal{F}_{1.2} (T_1^{\ 4} - T_2^{\ 4})$$

$$= 5.67 \times 10^{-8}\text{W/m}^2\,\text{K}^4 \times \left(\frac{1}{\dfrac{1}{0.6} + \dfrac{1}{0.4} - 1}\right)$$

$$\times (1,000^4 - 500^4)\text{K}^4$$

$$= 16,786.18\text{W/m}^2$$

$$= 16.79\text{kW/m}^2$$

08 메탄올 42mol%, 물 58mol%의 혼합액 100kmol을 정류하여 메탄올 96mol%의 유출액과 메탄올 6mol%의 관출액으로 분리한다. 이때 유출액 중에서 메탄올의 회수율은 몇 %인지 구하시오.

해설

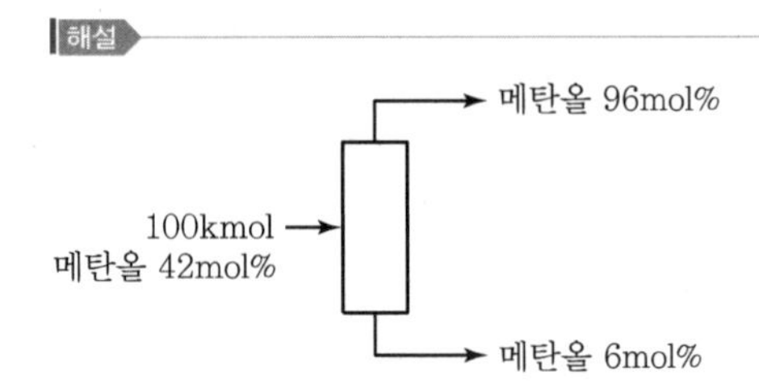

$100 \times 0.42 = D \times 0.96 + (100 - D) \times 0.06$

$\therefore D = 40\text{kmol}$

$40\text{kmol} \times 0.96 = 38.4\text{kmol}$ 메탄올

$$\frac{38.4\text{kmol}}{42\text{kmol}} \times 100 = 91.4\%$$

09 열전대 온도계의 재료를 쓰시오.

(1) R−type (2) K−type

(3) J−type (4) T−type

해설

(1) R−type : 백금−로듐

(2) K−type : 크로멜−알루멜

(3) J−type : 철−콘스탄탄

(4) T−type : 구리−콘스탄탄

▼ 열전대온도계의 종류와 특징

type	기호	사용금속	사용온도(℃)	특징
R	PR	백금−로듐	0~1,600	• 고온측정에 유리 • 환원성 분위기에 약하다.
K	CA	크로멜−알루멜	−200~1,200	• 열기전력이 크다. • 환원성 분위기에 강하다.
J	IC	철−콘스탄탄	−200~800	열기전력이 크다.
T	CC	구리−콘스탄탄	−200~350	• 저온용으로 사용 • 열기전력이 크다.

10 열교환기에 기름을 2.19kmol/h의 속도로 보내며 입구온도는 150℃, 출구온도는 40℃이다. 한편 반대편에서는 냉각용수를 10kmol/h의 속도로 보내며 입구온도는 20℃, 출구온도는 40℃이다. 기름의 비열이 5kcal/kmol K, 냉각용수의 비열이 8kcal/kmol K일 때 다음 물음에 답하시오.

(1) 기름의 엔트로피 변화(kcal/h K)

(2) 냉각용수의 엔트로피 변화(kcal/h K)

(3) 전체 엔트로피 변화(kcal/h K)

해설

$$\Delta S = \dot{n} C_p \ln \frac{T_2}{T_1} - \dot{n} R \ln \frac{P_2}{P_1}$$

$P_1 = P_2$이므로 $\Delta S = \dot{n} C_p \ln \dfrac{T_2}{T_1}$

(1) 기름의 엔트로피 변화

$$\Delta S_{oil} = \dot{n} C_p \ln \frac{T_2}{T_1}$$

$$= 2.19\text{kmol/h} \times 5\text{kcal/kmol K} \times \ln \frac{313}{423}$$

$$= -3.3\text{kcal/h K}$$

(2) 냉각용수의 엔트로피 변화

$$\Delta S_{\text{냉각수}} = \dot{n} C_p \ln \frac{T_2}{T_1}$$

$$= 10\text{kmol/h} \times 8\text{kcal/kmol K} \times \ln \frac{313}{293}$$

$$= 5.28\text{kcal/h K}$$

(3) 전체 엔트로피 변화

$$\Delta S_{total} = \Delta S_{oil} + \Delta S_{\text{냉각수}}$$

$$= -3.3 + 5.28 = 1.98\text{kcal/h K}$$

11 세탄가와 옥탄가의 정의를 쓰시오.

(1) 세탄가

(2) 옥탄가

해설

(1) 세탄가

디젤기관의 착화성을 정략적으로 나타내는 데 이용되는 수치로 세탄가가 클수록 착화성이 크며, 디젤연료로도 우수하다.

(2) 옥탄가

- 가솔린의 안티노크성을 수치로 표시한 것
- 이소옥탄의 옥탄가를 100, 노말헵탄의 옥탄가를 0으로 정한 후 이소옥탄의 %를 옥탄가라 한다.

2013년 제1회 기출문제

01 벤젠의 조성이 0.58 몰분율인 벤젠, 톨루엔 혼합물은 평형증류하여 유출물은 유출한 후 잔액의 조성이 0.4일 때 원액 100kmol에 대하여 몇 kmol의 유출물이 생성되었는가?(단, 상대휘발도는 2.5이다.)

해설

$$y=\frac{\alpha x}{1+(\alpha-1)x}=\frac{2.5\times0.4}{1+(2.5-1)\times0.4}=0.625$$

$Fx_F=Dy+(F-D)x$

$100\times0.58=D\times0.625+(100-D)\times0.4$

$\therefore\ D=80\text{kmol}$

02 흡수탑에서 20wt% NH_3(공기와의 혼합물)를 넣어 100kg 물과 향류접촉하였더니 10wt% 암모니아수로 유출되고 2wt% NH_3가 되었다. 흡수된 NH_3의 kg 수와 기체혼합물의 질량을 각각 구하시오.

해설

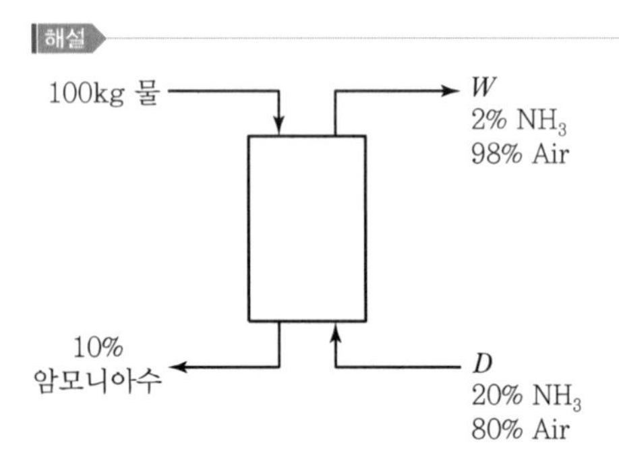

$$\frac{x}{100+x}\times100=10\%$$

$\therefore\ x=11.1\text{kg}\,NH_3$

$D\times0.8=W\times0.98$

$D\times0.2=11.1+W\times0.02$

$$0.2D=11.1+\frac{0.8}{0.98}\times0.02D$$

$\therefore\ D=60.4\text{kg}$

① 흡수된 NH_3 : 11.1kg

② 기체혼합물의 질량 : 60.4kg

03 향류열교환기 내관에 기름 3,630kg/h가 들어가고 372K에서 350K까지 냉각한다. 외관에는 289K에서 물이 1,450kg/h 들어간다고 할 때, 다음을 구하시오.(단, 기름의 비열 2.3kJ/kg K, 물의 비열 4.187kJ/kg K)

(1) 열교환량(kJ/h)

(2) 물의 배출온도

(3) 대수평균온도차

해설

(1) 열교환량

$q=\dot{m}C_p\Delta T$

$=3{,}630\text{kg/h}\times2.3\text{kJ/kg K}\times(372-350)\text{K}$

$=183{,}678\text{kJ/h}$

(2) 물의 배출온도

q=기름이 잃은 열=물이 얻은 열

$q=183{,}678\text{kJ/h}$

$=1{,}450\text{kg/h}\times4.187\text{kJ/kg K}\times(T-289)$

$\therefore\ T=319.25\text{K}$

(3) 대수평균온도차

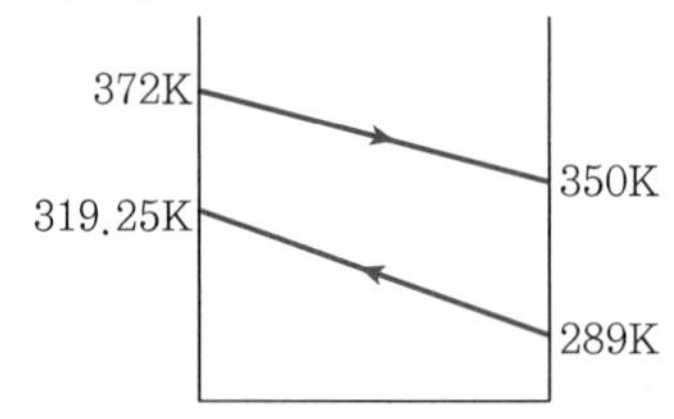

$\Delta t_1=372-319.25=52.75\text{K}$

$\Delta t_2=350-289=61\text{K}$

$$\Delta\bar{t}_{LM}=\frac{61-52.75}{\ln\frac{61}{52.75}}=56.78\text{K}$$

04 점도의 차원을 쓰시오.

해설

μ : 1poise = 1g/cm s

차원 $[ML^{-1}T^{-1}]$ 또는 [M/LT](질량/길이 시간)

05 노의 벽은 10cm 내화벽돌, 15cm 단열벽돌, 20cm 보통벽돌로 이루어져 있고 노의 내면온도는 900℃, 외면온도는 40℃이다. 열전도도는 내화벽돌, 단열벽돌, 보통벽돌이 각각 0.1kcal/m h ℃, 0.01kcal/m h ℃, 1kcal/m h ℃이다. 총 열손실(kcal/m² h)을 구하고 각각의 경계면에서의 온도를 구하여라.

해설

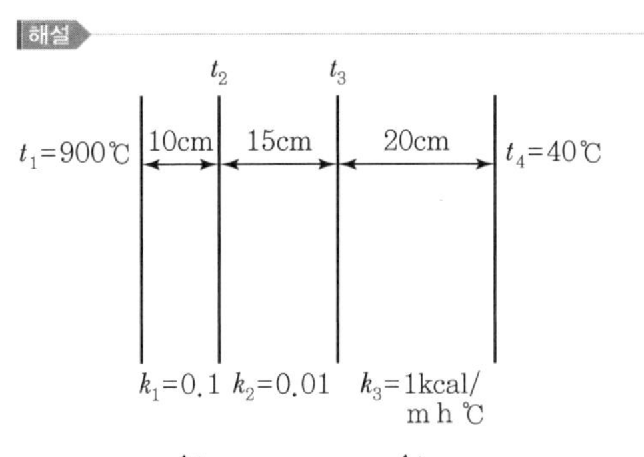

$$\frac{q}{A}=\frac{\Delta t}{R_1+R_2+R_3}=\frac{\Delta t}{\frac{l_1}{k_1}+\frac{l_2}{k_2}+\frac{l_3}{k_3}}$$

$$=\frac{(900-40)℃}{\frac{0.1}{0.1}+\frac{0.15}{0.01}+\frac{0.2}{1}}=53.09\text{kcal/m}^2\text{ h}$$

$$R=R_1+R_2+R_3=\frac{0.1}{0.1}+\frac{0.15}{0.01}+\frac{0.2}{1}=16.2$$

① $\Delta t : \Delta t_1 = R : R_1$

$(900-40) : \Delta t_1 = 16.2 : 1$

$\therefore \Delta t_1 = t_1 - t_2 = 53.09$

$\therefore t_2 = 900 - 53.09 = 846.91℃$

② $\Delta t_1 : \Delta t_2 = R_1 : R_2$

$53.09 : \Delta t_2 = 1 : 15$

$\therefore \Delta t_2 = t_2 - t_3 = 846.91 - t_3 = 796.35$

$\therefore t_3 = 50.56℃$

06 물의 유속이 1m/s이고 마찰계수가 0.0004일 때 관내 벽의 전단응력을 구하여라.

해설

$$f=\frac{\tau_w}{\rho u^2/2}=\frac{2\tau_w}{\rho u^2}$$

$$0.0004=\frac{2\tau_w}{1{,}000\text{kg/m}^3\times(1\text{m/s})^2}$$

$\therefore \tau_w = 0.2\text{N/m}^2$

07 벤젠 45mol%, 톨루엔 55mol% 혼합물을 시간당 10,000kg으로 증류탑에 급송한다. 탑상부에서 벤젠의 농도가 95mol%, 하부에서 톨루엔의 농도가 98mol%일 때 탑상부, 탑하부에서 유출되는 제품의 양(kg/h)을 구하시오.

해설

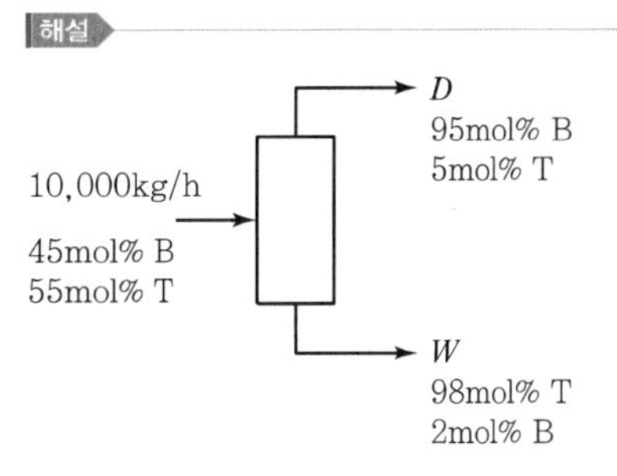

원료가 질량으로 주어졌으므로 mol% → wt%로 바꾼다.

- F : 45mol% B

$$n=\frac{w}{M}$$

$$w=nM$$

$$x_B=\frac{0.45\times78}{0.45\times78+0.55\times92}=0.41(41\%)$$

$$x_T=1-x_B=0.59$$

- D : 95mol% B

$$x_B=\frac{0.95\times78}{0.95\times78+0.05\times92}=0.94(94\%)$$

$$x_T=1-x_B=1-0.94=0.06$$

- W : 2mol% B

$$x_B=\frac{0.02\times78}{0.02\times78+0.98\times92}=0.017(1.7\%)$$

$$x_T=1-x_B=1-0.017=0.983$$

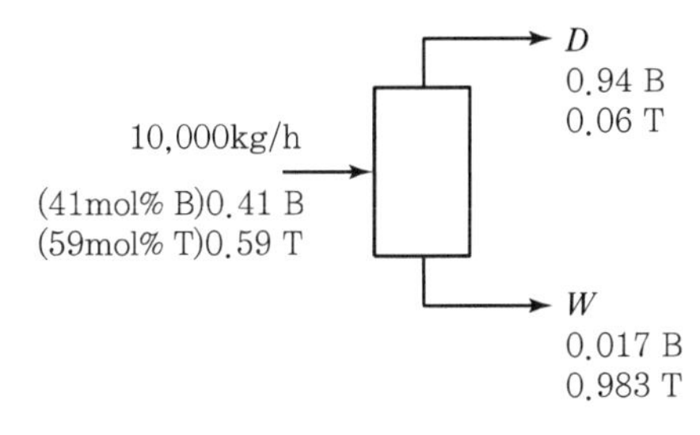

$10{,}000\times0.41 = D\times0.94+(10{,}000-D)\times0.017$

$\therefore D = 4{,}257.85\text{kg/h}$

$\therefore W = F - D$

$= 10{,}000 - 4{,}257.85 = 5{,}742.15\text{kg/h}$

08 화학공장에서 많이 쓰이고 유체흐름직경과 관직경이 거의 동일하며 유체의 흐름을 바꾸지 않는 밸브는?

해설

게이트 밸브
- 직경이 큰 배관에 주로 사용한다.
- 유체의 흐름에 직각으로 움직이는 문으로 유체의 완전 개폐에 이용한다.
- 섬세한 유량조절이 어렵다.
- 유체의 흐름은 바꾸지 않는다.
- 저수지 수문, 대형 냉각수 배관에 쓰인다.

09 다공질 물질의 겉보기밀도가 2.5, 진밀도가 3.0일 때 공극률을 구하시오.

해설

$$\text{공극률} = 1 - \frac{\text{겉보기밀도}}{\text{진밀도}}$$
$$= 1 - \frac{2.5}{3} = 0.167(16.7\%)$$

10 직경 30cm의 관 내를 물이 흐르고 있다. 관에 5cm의 오리피스를 장치하여 수은마노미터의 차 76mm를 얻었다. 오리피스 관의 유량(m^3/h)을 구하시오.(단, C_o는 0.61이다.)

해설

$D = 30cm = 0.3m$
$D_o = 5cm = 0.05m$
$R = 76mm = 0.076m$
$\rho' = 13.6 \times 1{,}000 kg/m^3$
$\rho = 1{,}000 kg/m^3$

$$Q_o = A_o \bar{u}_o = \frac{\pi}{4} D_o^2 \frac{C_o}{\sqrt{1-m^2}} \sqrt{\frac{2g(\rho'-\rho)R}{\rho}}$$

$$m = \frac{A_o}{A} = \left(\frac{D_o}{D}\right)^2 = \left(\frac{5}{30}\right)^2 = 0.167^2 = 0.028$$

$$Q_o = \frac{\pi}{4} \times 0.05^2 \times \frac{0.61}{\sqrt{1-0.028^2}} \times \sqrt{\frac{2 \times 9.8(13.6-1) \times 1{,}000 \times 0.076}{1{,}000}}$$
$$= 0.0052 m^3/s$$

$0.0052 m^3/s \times 3{,}600 s/1h = 18.72 m^3/h$

11 30℃의 물 50kg/h를 70℃까지 가열한다. 열원으로는 110℃ 수증기를 향류로 사용한다. 총괄열전달계수가 500kcal/m² h ℃일 때 열교환기의 면적은?

해설

$$q = \dot{m} C_p \Delta t$$
$$= 50kg/h \times 1kcal/kg\,℃ \times (70-30)℃$$
$$= 2{,}000 kcal/h$$

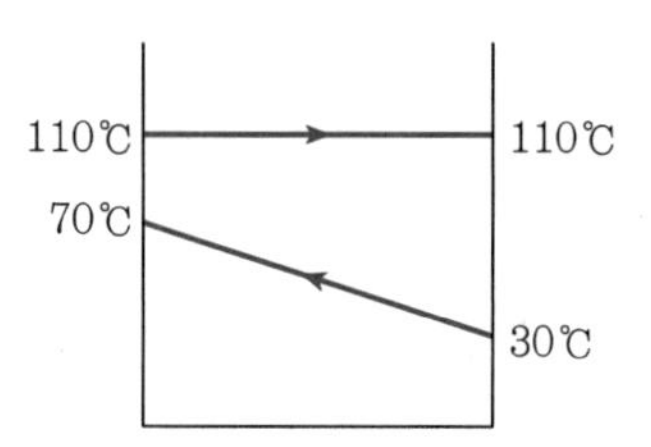

$\Delta t_1 = 110 - 70 = 40℃$
$\Delta t_2 = 110 - 30 = 80℃$

$$\Delta \bar{t}_{LM} = \frac{80-40}{\ln\frac{80}{40}} = 57.7℃$$

$q = UA\Delta t$

$$A = \frac{q}{U\Delta t} = \frac{2{,}000 kcal/h}{500 kcal/m^2\,h\,℃ \times 57.7℃} = 0.07 m^2$$

12 U자관 마노미터를 사용하여 오리피스에 걸리는 압력차를 측정하였다. 마노미터 속의 유체는 비중 13.6인 수은이며 오리피스를 통해 흐르는 유체의 비중은 0.8이다. 마노미터 읽음이 15cm일 때 마노미터에 걸리는 압력차는 몇 kN/m²인가?

해설

$$\Delta P = g(\rho_A - \rho_B)R$$
$$= 9.8 m/s^2 \times (13{,}600 - 800) kg/m^3 \times 0.15m$$
$$= 18{,}816 N/m^2$$
$$= 18.82 kN/m^2$$

2013년 제2회 기출문제

01 $H_s=0.08$이고, 비교습도가 40%일 때 공기의 절대습도를 구하시오.

해설

$$H_p=\frac{H}{H_s}\times 100$$

$$40\%=\frac{H}{0.08}\times 100$$

$\therefore\ H=0.032\text{kgH}_2\text{O/kg}$ 건조공기

02 McCabe－Thiele 법에서 농축부조작선을 그리기 위한 2가지 인자는?

해설

$$y=\frac{R}{R+1}x+\frac{x_D}{R+1}$$

여기서, R : 환류비

x_D : 탑상에서의 조성

03 상대습도가 60%이고, 포화증기압(p_s)이 80mmHg일 때, 절대습도를 구하시오.

해설

$$H_R=\frac{p_v}{p_s}\times 100=60\%$$

$$\frac{p_v}{80}=0.6$$

$\therefore\ p_v=48\text{mmHg}$

$$H=\frac{18}{29}\frac{p_v}{P-p_v}$$

$$=\frac{18}{29}\frac{48}{760-48}$$

$=0.042\text{kgH}_2\text{O/kg dry air}$

04 관에서 공기(밀도 1.21kg/m^3)가 흐를 때, 피토관 봉액으로 물을 사용하고, 마노미터 읽음이 54mm일 때 관 중심의 유속을 구하시오.

해설

$g=9.8\text{m/s}^2$

$\rho'=1{,}000\text{kg/m}^3$

$\rho=1.21\text{kg/m}^3$

$R=54\text{mm}=0.054\text{m}$

$$u_{\max}=\sqrt{\frac{2g(\rho'-\rho)R}{\rho}}$$

$$=\sqrt{\frac{2\times 9.8\times(1{,}000-1.21)\times 0.054}{1.21}}$$

$=29.6\text{m/s}$

05 비중 1.40, 점도 0.5cP, 직경 15cm, 길이 10m의 관을 30L/h로 흐를 때 압력손실(N/m^2)은?

해설

$\rho=1.4\times 1{,}000=1{,}400\text{kg/m}^3$

$\mu=0.5\text{cP}=0.5\times 0.01\times 0.1\text{kg/m s}$

$D=15\text{cm}=0.15\text{m}$

$L=10\text{m}$

$$u=\frac{Q}{A}$$

$$\frac{30\text{L}}{\text{h}}\left|\frac{1\text{m}^3}{1{,}000\text{L}}\right|\frac{1\text{h}}{3{,}600\text{s}}\left|\frac{}{\frac{\pi}{4}\times 0.15^2\text{m}^2}\right.=4.72\times 10^{-4}\text{m/s}$$

$$N_{Re}=\frac{Du\rho}{\mu}=\frac{(0.15)(4.72\times 10^{-4})(1{,}400)}{(0.5)(0.01)(0.1)}=198$$

$$f=\frac{16}{N_{Re}}=\frac{16}{198}=0.081$$

$$\Delta P=\frac{2fu^2L\rho}{D}$$

$$=\frac{2(0.081)(4.72\times 10^{-4})^2(10)(1{,}400)}{0.15}$$

$=3.37\times 10^{-3}\text{N/m}^2$

06 지름 1m, 높이 1.25m인 탱크에 직경 41.6mm 관을 통해서 속도 1.2m/s로 통과시킨다. 모두 배출하는 데 걸리는 시간은?

해설

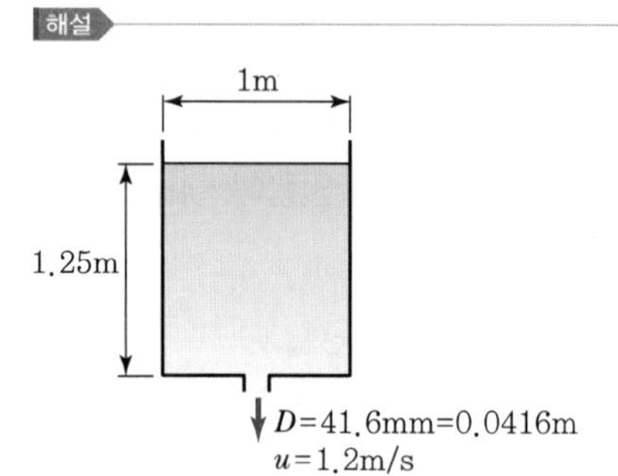

$u_1D_1^2 = u_2D_2^2$

$u_1 \times 1^2 = 1.2 \times (0.0416)^2$

$\therefore\ u_1 = 2.077 \times 10^{-3}\text{m/s}$

$$t = \frac{1.25\text{m}}{2.077 \times 10^{-3}\text{m/s}} = 602\text{s} = 0.167\text{h}$$

07 물을 50kg/h로 10℃에서 90℃로 가열하려고 한다. 폐열의 온도는 170℃로 유지되며, 총괄열전달계수는 100kcal/m² h ℃이고 물의 비열은 1cal/g ℃로 일정하게 유지된다. 이때 열교환기의 면적은?

해설

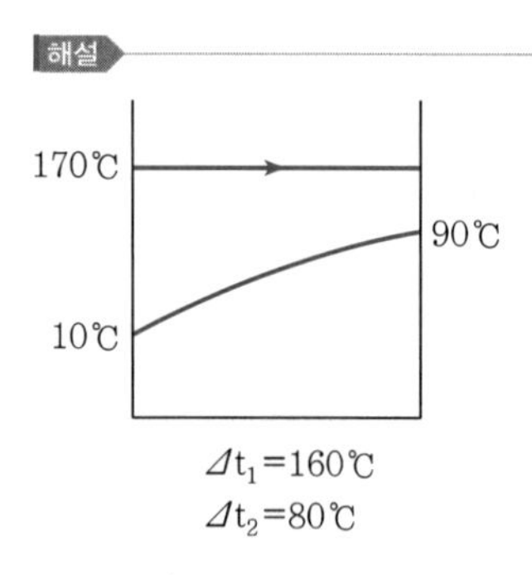

$q = mc\Delta t$

$= 50\text{kg/h} \times 1\text{kcal/kg ℃} \times (90-10)\text{℃}$

$= 4{,}000\text{kcal/h}$

$$\Delta \bar{t}_L = \frac{160-80}{\ln\frac{160}{80}} = 115.4\text{℃}$$

$q = UA\Delta \bar{t}_L$

$$A = \frac{q}{U\Delta \bar{t}_L} = \frac{4{,}000\text{kcal/h}}{100 \times 115.4} = 0.347\text{m}^2$$

08 환상형 관의 외관이 200mm이고, 내관이 100mm일 때 상당지름은?

해설

$$D_e = \frac{4 \times \frac{\pi}{4}(D_o^2 - D_i^2)}{\pi D_o + \pi D_i} = D_o - D_i$$

$D_e = D_o - D_i = 200 - 100 = 100\text{mm}$

09 추제비가 4이고, 남은 추제의 양이 20kg/h일 때 분리된 추제의 양은?

해설

$$\alpha = \frac{\text{분리된 추제의 양}(V)}{\text{남은 추제의 양}(v)}$$

$$4 = \frac{V}{v} = \frac{V}{20\text{kg/h}}$$

$\therefore\ V = 80\text{kg/h}$

10 질산바륨이 100℃에서 물에 대한 용해도가 30g질산바륨/100gH_2O이고, 0℃에서는 5g/100g일 때 질산바륨 용질의 양 150g을 이용해 100℃에서 포화수용액을 제조한 뒤 0℃로 냉각할 때 석출되는 바륨의 양은?

해설

물 100g : 100℃ 30g ⟶ 0℃ 5g

물 500g : 100℃ 150g ⟶ 0℃ 25g

100℃에서 물 100g에 질산바륨 30g까지 녹을 수 있으므로 500g에는 150g까지 녹을 수 있고 0℃에서는 25g까지 녹을 수 있다.

∴ (150−25)g=125g 석출

11 수심 3m 아래에 오리피스를 설치했을 때 유량이 2,000L/h로 흐른다. 이때 오리피스의 직경을 구하시오.(단, $C_o=0.61$, 개구비 $m=\frac{1}{5}$로 한다.)

해설

$$Q_o=\frac{\pi}{4}D_o^2\frac{C_o}{\sqrt{1-m^2}}\sqrt{\frac{2g(\rho_A-\rho_B)R}{\rho_B}}$$

$$=\frac{\pi}{4}D_o^2\frac{C_o}{\sqrt{1-m^2}}\sqrt{2g\Delta h}$$

$$2{,}000\text{L/h}\times\frac{1\text{m}^3}{1{,}000\text{L}}\times\frac{1\text{h}}{3{,}600\text{s}}$$

$$=\frac{\pi}{4}D_o^2\frac{0.61}{\sqrt{1-\left(\frac{1}{5}\right)^2}}\sqrt{2(9.8)(3)}$$

$\therefore\ D_o=0.01\text{m}$

12 건조 전 수분의 함량이 50%이고 건조 후의 수분함량이 25%가 되었을 때, 처음 수분량에 대해 제거된 수분의 비율을 구하시오.

해설

Basis : wet 고체 100kg

$0.5\times100=0.75\times D$

$\therefore\ D=66.7\text{kg}$

$W=33.3\text{kg}$

$$\frac{33.3\text{kg}}{50\text{kg}}\times100=66.7\%$$

13 증류에 관하여 다음에 답하시오.

(1) 맥케이브는 몇 성분계에서 사용하는가?

(2) 이론단수와 실제단수의 비를 무엇이라고 하는가?

(3) 이론단수가 무한일 때의 환류비를 무엇이라고 하는가?

해설

(1) 2성분계

(2) 총괄효율

(3) 최소환류비

2013년 제4회 기출문제

01 복사능 0.6, 전열면적 3m^2, 온도 300℃인 물질이 복사능 0.9, 전열면적 10m^2, 온도 100℃인 물질 속에 둘러싸여 복사전열이 일어날 때의 복사에너지를 계산하시오.

해설

$$q_{1.2} = 4.88 A_1 \mathcal{F}_{1.2}\left[\left(\frac{T_1}{100}\right)^4 - \left(\frac{T_2}{100}\right)^4\right]$$

$$\mathcal{F}_{1.2} = \frac{1}{\dfrac{1}{F_{1.2}} + \left(\dfrac{1}{\varepsilon_1} - 1\right) + \dfrac{A_1}{A_2}\left(\dfrac{1}{\varepsilon_2} - 1\right)}$$

$$= \frac{1}{\dfrac{1}{1} + \left(\dfrac{1}{0.6} - 1\right) + \dfrac{3}{10}\left(\dfrac{1}{0.9} - 1\right)} = 0.588$$

$$\therefore\ q_{1.2} = 4.88 \times 3 \times 0.588\left[\left(\frac{573}{100}\right)^4 - \left(\frac{373}{100}\right)^4\right]$$

$$= 7{,}613.5\text{kcal/h}$$

02 흡수탑에서 기체의 흡수를 증가하는 방법 3가지를 서술하시오.

해설

① 농도차, 분압차를 크게 한다.
② K_L, K_G를 크게 한다.
③ 접촉면적, 접촉시간을 크게 한다.

03 물이 있는 탱크의 높이가 100cm일 때 하부 압력 $\text{kg}_\text{f}/\text{cm}^2$은?

해설

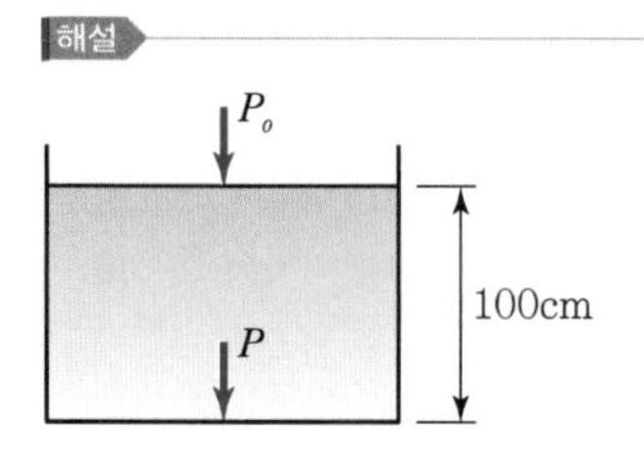

$$P = P_o + \rho\frac{g}{g_c}h$$

$$= 1.0332\text{kg}_\text{f}/\text{cm}^2 + 1{,}000\text{kg/m}^3 \times \frac{\text{kg}_\text{f}}{\text{kg}} \times 1\text{m} \times \frac{1\text{m}^2}{100^2\text{cm}^2}$$

$$= 1.1332\text{kg}_\text{f}/\text{cm}^2$$

04 비중이 0.9인 용액을 1cm의 관으로 25m 상부에 있는 탱크로 $30\text{m}^3/\text{h}$로 퍼 올리려고 한다. 이때 펌프의 효율은 0.5이고 마찰손실은 무시한다. 펌프의 동력을 구하시오.

해설

$$W_p = \frac{{u_2}^2 - {u_1}^2}{2g_c} + \frac{g}{g_c}(Z_2 - Z_1) + \frac{P_2 - P_1}{\rho} + \Sigma F$$

$$u = \frac{Q}{A} = \frac{30\text{m}^3/\text{h} \times 1\text{h}/3{,}600\text{s}}{\dfrac{\pi}{4} \times 0.01^2\text{m}^2} = 106\text{m/s}$$

$$W_p = \frac{106^2}{2 \times 9.8} + 25 = 598\text{kg}_\text{f}\ \text{m/kg}$$

$$\dot{m} = \rho u A = \rho Q$$

$$= 900\text{kg/m}^3 \times 30\text{m}^3/\text{h} \times 1\text{h}/3{,}600\text{s}$$

$$= 7.5\text{kg/s}$$

$$\therefore\ P = \frac{W_p \dot{m}}{76\eta} = \frac{(598\text{kg}_\text{f}\ \text{m/kg})(7.5\text{kg/s})}{76(0.5)} = 118.02\text{HP}$$

05 정상상태이고 관경이 일정한 관 입구에서의 압력이 50kN/m², 출구에서의 압력은 90kN/m²이다. 관 길이는 400m이고 높이차는 10m이고 레이놀즈수는 4,000이다. 펌프가 한 일은 150J/kg일 때 마찰손실을 구하여라.(단, 유체의 밀도는 1g/cm³이다.)

해설

$$W_P = \frac{\Delta u^2}{2} + g\Delta Z + \frac{\Delta P}{\rho} + \sum F$$

$$150\text{J/kg} = 9.8\text{m/s}^2 \times 10\text{m} + \frac{(90{,}000 - 50{,}000)\text{N/m}^2}{1{,}000\text{kg/m}^3} + \sum F$$

$$\therefore \ \sum F = 12\text{J/kg}$$

06 평판 A의 두께 10cm, 열전도도 5kcal/m h ℃, 평판 B의 두께 5cm, 열전도도 0.1kcal/m h ℃, 내부온도는 200℃, 외부온도는 20℃일 때 단위면적당 열손실은?

해설

$$q = \frac{\Delta t}{\dfrac{l_1}{k_1 A_1} + \dfrac{l_2}{k_2 A_2}}$$

$$= \frac{200 - 20}{\dfrac{0.1}{5} + \dfrac{0.05}{0.1}} = 346.1\text{kcal/h m}^2$$

07 차압식 유량계의 원리와 종류 3가지를 쓰시오.

해설

① 원리 : 유체가 흘러가고 있는 관 속에 오리피스, 벤투리 등의 교축기구를 넣으면 흐름이 교축되어 그 전후에 압력차(차압)가 생긴다. 이 차압을 이용하여 유량을 측정한다.
② 종류 : 오리피스미터, 벤투리미터, 플로노즐

08 비중 0.9, 점도 2cP, 관내경 10cm, 중심유속이 1m/s일 때 평균유속을 구하여라.

해설

$$N_{Re} = \frac{Du\rho}{\mu}$$

$$= \frac{(10\text{cm})(100\text{cm/s})(0.9\text{g/cm}^3)}{0.02\text{P}}$$

$$= 45{,}000(\text{난류})$$

$$\bar{u} = 0.8\,U_{\max} = 0.8 \times 1\text{m/s} = 0.8\text{m/s}$$

※ 층류인 경우 $\bar{u} = 0.5\,U_{\max}$

09 점도 8P, 평판 사이의 간격 4mm, 전단력이 0.1kg$_f$/cm²이다. 한쪽 평판이 고정되어 있을 때 판의 속도는?

해설

$$\tau = \mu \frac{du}{dy}$$

$$du = \frac{\tau}{\mu} dy$$

$$= \frac{0.1\text{kg}_f/\text{cm}^2 \times \dfrac{100^2\text{cm}^2}{1\text{m}^2}}{0.8\text{kg/m s}} \times \frac{9.8\text{kg m/s}^2}{1\text{kg}_f} \times 0.004\text{m}$$

$$= 49\text{m/s}$$

10 벤젠과 톨루엔의 혼합액이 있다. 1atm에서 벤젠의 기상몰분율을 구하여라.(단, 순수한 벤젠의 증기압, 톨루엔의 증기압은 각각 1,520mmHg, 260mmHg)

해설

$$P = p_A + p_B = P_A x_A + P_B x_B = P_A x_A + P_B(1 - x_A)$$

$$760\text{mmHg} = 1{,}520 x_A + 260(1 - x_A)$$

$$\therefore \ x_A = 0.397$$

$$\therefore \ y_A = \frac{p_A}{P} = \frac{P_A x_A}{P}$$

$$= \frac{1{,}520 \times 0.397}{760} = 0.794$$

11 비중이 0.872, 점도 23cP의 원유를 1,500m³/h로 200m 떨어진 탱크에 보낸다. 이때 강관의 내경은 300mm이고 마찰계수는 0.0052이다. 이 관로에서의 마찰손실과 압력손실을 각각 구하시오.

해설

$D = 300\text{mm} = 0.3\text{m}$

$\rho = 0.872 \times 1{,}000 = 872\text{kg/m}^3$

$\mu = 23\text{cP} = 23 \times 0.01 \times 0.1\text{kg/m s}$

$f = 0.0052$

$$\bar{u} = \frac{Q}{A} = \frac{1{,}500\text{m}^3/\text{h} \times 1\text{h}/3{,}600\text{s}}{\frac{\pi}{4} \times 0.3^2\text{m}^2} = 5.9\text{m/s}$$

$$N_{Re} = \frac{Du\rho}{\mu} = \frac{(0.3)(5.9)(872)}{23 \times 0.01 \times 0.1} = 67{,}106(\text{난류})$$

Fanning 식 이용

$$F = \frac{\Delta P}{\rho} = \frac{2f\bar{u}^2 L}{g_c D}$$

$$= \frac{2(0.0052)(5.9)^2(200)}{9.8(0.3)}$$

$$= 24.63\text{kg}_\text{f}\ \text{m/kg}$$

$$\Delta P = \rho F = 872\text{kg/m}^3 \times 24.63\text{kg}_\text{f}\ \text{m/kg}$$

$$= 21{,}477\text{kg}_\text{f}/\text{m}^2 = 2.15\text{kg}_\text{f}/\text{cm}^2$$

12 다음 밸브의 사용목적 및 원리를 설명하시오.

(1) 게이트 밸브(Gate Valve)
(2) 글로브 밸브(Glove Valve)
(3) 체크 밸브(Check Valve)

해설

(1) 게이트 밸브(Gate Valve) : 유체의 흐름과 직각으로 움직이는 문의 상하운동에 의해 유량을 조절한다. 섬세한 유량조절은 힘들며 저수지 수문과 같이 유로를 완전히 열든지, 완전히 닫아야 하는 곳에 사용한다.
(2) 글로브 밸브(Glove Valve) : 가정에서 사용하는 수도꼭지에 설치된다. 나사에 의해 밸브를 밸브시트에 꽉 눌러 유체의 개폐를 실행하는 밸브로 섬세한 유량조절을 할 수 있다.
(3) 체크 밸브(Check Valve) : 유체의 역류를 방지하고 유체를 한 방향으로만 보내고자 할 때 사용하며, 반대로 흐르고자 하면 밸브보디가 유체의 배압으로 닫혀 밸브가 폐쇄된다.

2014년 제1회 기출문제

01 질소 20mol%와 수소 80mol%의 혼합기체 총 질량유속은 10kg/min이다. 이때 질소의 질량유속(kg/h)은?

해설

Basis : 1kmol 기준

N_2=0.2kmol, N_2의 질량=0.2kmol×28kg/1kmol=5.6kg

H_2=0.8kmol, H_2의 질량=0.8kmol×2kg/1kmol=1.6kg

$$\text{질소의 질량분율} = \frac{\text{질소의 질량}}{\text{질소의 질량}+\text{수소의 질량}} = \frac{5.6}{5.6+1.6} = 0.78$$

$$\text{수소의 질량분율} = \frac{\text{수소의 질량}}{\text{질소의 질량}+\text{수소의 질량}} = \frac{1.6}{5.6+1.6} = 0.22$$

$$\text{질소의 질량유속} = 10\text{kg/min} \times 0.78 \times \frac{60\text{min}}{1\text{h}} = 468\text{kg/h}$$

02 수소기체가 물 100kg에 녹아 있다. 20℃에서 평형에 있고 전압은 760mmHg이고, 수소의 분압은 200mmHg이다. 물에 용해된 수소는 몇 kg인가?(단, 20℃에서 수소의 헨리상수는 5.19×10^7atm이다.)

해설

$$p_A = Hx_A$$

$$200\text{mmHg} \times \frac{1\text{atm}}{760\text{mmHg}} = 5.19\times10^7\text{atm} \times x_A$$

$$\therefore x_A = 5.07\times10^{-9}$$

$$x_A = \frac{\frac{w}{2}}{\frac{w}{2}+\frac{100}{18}} = 5.07\times10^{-9}$$

∴ 수소의 질량 $w = 5.63\times10^{-8}$kg

03 벤젠 45mol%와 톨루엔 55mol%의 혼합액의 비점은 1atm에서 93.9℃이다. 원액의 유입온도가 55℃일 때 q-line의 식을 구하여라.(단, 혼합액의 평균몰비열 : 40kcal/kmol ℃, 평균몰잠열 : 7,620kcal/kmol)

해설

$$q = 1 - \frac{C_p(t_F - t_b)}{\lambda} = 1 - \frac{40(55-93.9)}{7{,}620} = 1.2$$

$$q = \frac{q}{q-1}x - \frac{x_F}{q-1} = \frac{1.2}{1.2-1} - \frac{0.45}{1.2-1} = 6x - 2.25$$

$$\therefore q = 6x - 2.25$$

04 초산 22kg과 물 80kg의 혼합용액에 Isopropyl Ether 100kg을 가하여 추출한다. 실험값은 다음과 같다. 추출되는 초산의 양을 구하여라.

구분	1	2	3	4	5
Isopropyl Ether 속 초산의 분율	0.03	0.045	0.06	0.075	0.09
물속 초산의 분율	0.1	0.15	0.2	0.25	0.3

해설

$$k = \frac{y}{x}$$

$$\text{평균값 } K_m = \frac{1}{n}\sum_{i=1}^{n}\left(\frac{y}{x}\right)_i$$

$$\therefore K_m = 0.3$$

$$\text{추출률} = 1 - \frac{1}{\left(1+K_m\frac{S}{B}\right)^n} = 1 - \frac{1}{\left(1+0.3\times\frac{100}{80}\right)^1} = 0.2727$$

∴ 추출되는 초산의 양 = 22kg × 0.2727 = 6kg

05 비중 1.15인 액체가 탱크 안에 들어 있다. 탱크 아래 배수구의 직경이 3cm, 탱크 수면에서 배수구까지의 높이가 3.2m일 때 액체가 나가는 유속은 몇 m/s인가? (단, 마찰손실은 무시한다.)

해설

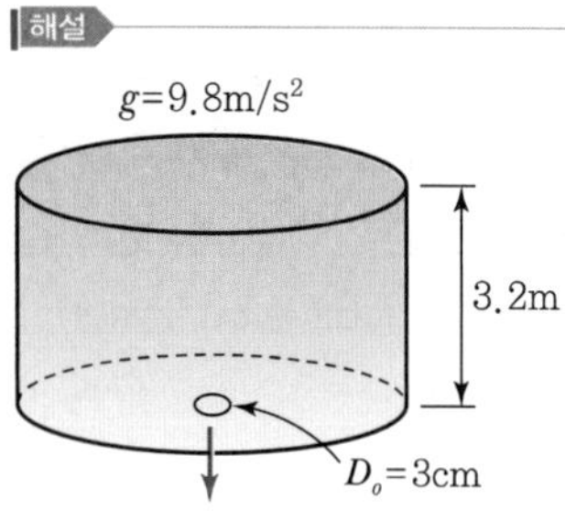

$\therefore\ u = \sqrt{2gh}$

$= \sqrt{2\times 9.8\times 3.2} = 7.92\text{m/s}$

06 내경 0.0158m, 길이 500m인 관으로 물이 10m/s 유속으로 흐른다. Fanning 마찰계수 f가 0.0065일 때 압력손실(N/m²)은?

해설

Fanning 식

$F = \dfrac{\Delta P}{\rho} = \dfrac{2fu^2L}{D}$

$\Delta P = \dfrac{2fu^2L\rho}{D}$

$= \dfrac{2(0.0065)(10^2)(500)(1{,}000)}{0.0158}$

$= 4.11\times 10^7\text{N/m}^2$

07 추제비 3, 단수 5인 고액 다중단 추출에서 추출률은?

해설

다중단 추출

- 추잔율 : $\dfrac{a_p}{a_o} = \dfrac{\alpha - 1}{\alpha^{P+1} - 1}$
- 추출률 : $\eta = 1 - \dfrac{\alpha - 1}{\alpha^{P+1} - 1}$

$= 1 - \dfrac{3-1}{3^{5+1} - 1} = 0.997$

08 열전도도 0.2kcal/m h ℃, 두께 300mm인 벽이 있다. 내부온도 550℃, 외부온도 250℃일 때 열손실은?

해설

$q = kA\dfrac{dt}{dl}$

$\dfrac{q}{A} = k\dfrac{dt}{dl} = 0.2\text{kcal/m h ℃} \times \dfrac{(550-250)\text{℃}}{0.3\text{m}}$

$= 200\text{kcal/m}^2\text{ h}$

09 1atm, 37℃에서 공기 1,500m³ 중 수증기가 10kg 있다. 포화수증기압이 48.5mmHg일 때 절대습도와 상대습도를 구하시오.

해설

$PV = \dfrac{w}{M}RT$

$w_{air} = \dfrac{PVM}{RT}$

$= \dfrac{1\text{atm}\times 1{,}500\text{m}^3\times 29\text{kg/kmol}}{0.082\text{m}^3\text{ atm/kmol K}\times(273+37)\text{K}}$

$= 1{,}711.25\text{kg}$

$n_{air} = \dfrac{w_{air}}{M_{air}} = \dfrac{1{,}711.25\text{kg}}{29\text{kg/kmol}} = 59\text{kmol}$

$w_{H_2O} = 10\text{kg}$

$n_{H_2O} = \dfrac{w_{H_2O}}{M_{H_2O}} = \dfrac{10\text{kg}}{18\text{kg/1kmol}} = 0.556\text{kmol}$

$x_{H_2O} = \dfrac{0.556}{59+0.556} = 0.00933$

$p_{H_2O} = 760\times 0.00933 = 7.09\text{mmHg}$

절대습도 $H = \dfrac{18}{29}\dfrac{p_{H_2O}}{P - p_{H_2O}}$

$= \dfrac{18}{29}\dfrac{7.09}{760-7.09} = 0.00584\text{kgH}_2\text{O/kg dry air}$

또는, $H = \dfrac{w_{H_2O}}{w_{air}} = \dfrac{10\text{kgH}_2\text{O}}{1{,}711.25\text{kg dry air}}$

$= 0.00584\text{kgH}_2\text{O/kg dry air}$

상대습도 $H_R = \dfrac{p_{H_2O}}{p_s}\times 100[\%]$

$= \dfrac{7.09}{48.5}\times 100 = 14.62\%$

10 절대압 $0.051kg_f/cm^2$, 대기압 700mmHg일 때 진공압(kg_f/cm^2)과 진공도를 구하여라.

해설

$$\text{대기압} = 700\text{mmHg} \times \frac{1.0332kg_f/cm^2}{760\text{mmHg}} = 0.951kg_f/cm^2$$

$$\text{진공압} = \text{대기압} - \text{절대압}$$
$$= 0.951 - 0.051 = 0.9kg_f/cm^2$$

$$\text{진공도} = \frac{\text{진공압}}{\text{대기압}} \times 100[\%]$$
$$= \frac{0.9}{0.951} \times 100 = 94.64\%$$

11 Schmidt 수(슈미트 수)에 대해 설명하시오.

해설

$$N_{sc} = \frac{\nu}{D} = \frac{\mu}{\rho D} = \frac{\text{운동학점도}}{\text{분자확산도}}$$

여기서, ν : 동점도
μ : 점성계수
ρ : 유체의 밀도
D : 분자확산계수

12 비가역 1차 회분식 반응에서 반감기가 1,000초일 때 반응물이 초기의 1/10배가 될 때까지 걸리는 시간은?

해설

$-\ln(1-X_A) = kt$

$-\ln(1-0.5) = k \times 1{,}000$

$\therefore k = 0.000693$

반응물이 초기의 $\frac{1}{10}$배가 되었다면 $\frac{9}{10}$배가 소요된 것이다.

$-\ln(1-0.9) = 0.000693t$

$\therefore t = 3{,}322.6\text{초} = 0.92\text{h}$

13 이론단수가 9이고 HETP가 5m일 때 이론탑의 높이는?

해설

이론탑의 높이 $Z = HETP \times N_P$

$\therefore Z = 5\text{m} \times 9 = 45\text{m}$

2014년 제2회 기출문제

01 밀도 1.3g/cm³이고 높이가 0.5m인 개방형 탱크의 하부 절대압력(atm)을 구하여라.

해설

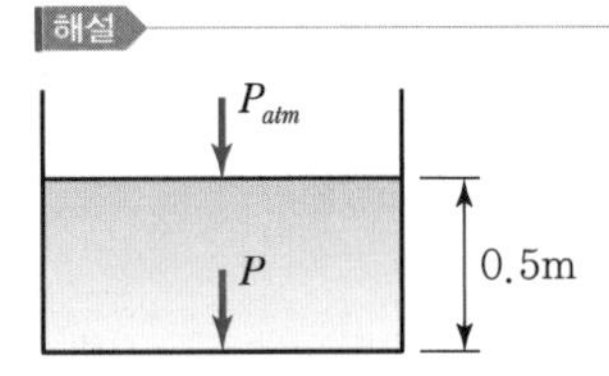

$$P = P_{atm} + \rho \frac{g}{g_c} h$$
$$= 1\text{atm} + (1{,}300\text{kg/m}^3)\left(\frac{\text{kg}_\text{f}}{\text{kg}}\right)(0.5\text{m}) \times \frac{1\text{m}^2}{100^2\text{cm}^2} \times \frac{1\text{atm}}{1.0332\text{kg}_\text{f}/\text{cm}^2}$$
$$= 1.063\text{atm}$$

02 환류비가 3.5일 때 정류탑의 상부조작선식을 구하여라.

해설

상부조작선식(농축부 조작선의 식)

$$y_{n+1} = \frac{R}{R+1}x_n + \frac{x_D}{R+1}$$
$$= \frac{3.5}{3.5+1}x_n + \frac{x_D}{3.5+1}$$
$$= 0.78x_n + 0.22x_D$$

03 내경 5cm, 길이 13m의 관으로 물이 4L/s로 흐른다. 관에는 오리피스가 설치되어 있다.

(1) 수은마노미터 읽음이 10cm일 때 압력 변화는?

(2) ΔP와 마찰계수 f의 관계식을 쓰시오.

(3) 마찰계수 f의 값은?

해설

(1) $\Delta P = g(\rho_A - \rho_B)R$

$$= 9.8\text{m/s}^2 \times (13.6 \times 1{,}000 - 1{,}000)\text{kg/m}^3 \times 0.1\text{m}$$
$$= 12{,}348\text{N/m}^2$$

(2) $F = \dfrac{\Delta P}{\rho} = \dfrac{2fu^2L}{D}$

$$\therefore \Delta P = \frac{2fu^2L\rho}{D}$$

(3) $u = \dfrac{Q}{A} = \dfrac{4\text{L/s} \times \dfrac{1\text{m}^3}{1{,}000\text{L}}}{\dfrac{\pi}{4} \times 0.05^2\text{m}^2} = 2.04\text{m/s}$

$$f = \frac{\Delta P \cdot D}{2u^2L\rho} = \frac{12{,}348\text{N/m}^2 \times 0.05\text{m}}{2 \times (2.04\text{m/s})^2(13\text{m})(1{,}000\text{kg/m}^3)}$$
$$= 0.0057$$

04 전압이 760mmHg, 수소의 분압이 200mmHg일 때 물 100kg에 녹은 수소기체의 양은?(단, 헨리상수 $H = 5.19 \times 10^7$atm이다.)

해설

$$p_A = Hx_A$$
$$200\text{mmHg} \times \frac{1\text{atm}}{760\text{mmHg}} = 5.19 \times 10^7\text{atm} \times x_A$$
$$\therefore x_A = 5.07 \times 10^{-9}$$
$$x_A = \frac{\dfrac{w}{2}}{\dfrac{w}{2} + \dfrac{100}{18}} = 5.07 \times 10^{-9}$$

∴ 수소의 질량 $w = 5.63 \times 10^{-8}$kg

05 열전도도가 0.038688kcal/m h ℃, 두께가 15.24 cm, 면적이 2.32m^2인 벽의 내부와 외부온도가 82.2℃, 4.4℃일 때 열손실은?

해설

$$q = kA\frac{dt}{dl}$$

$$= 0.038688\text{kcal/m h ℃} \times 2.32\text{m}^2 \times \frac{(82.2-4.4)\text{℃}}{0.1524\text{m}}$$

$$= 45.82\text{kcal/h}$$

06 질량유량 1,000kg/h로 메탄올을 열교환기로 보낼 때 메탄올의 온도는 50℃에서 30℃가 된다. 냉각수가 흐르는 관의 내경이 40mm, 외경이 80mm이고 냉각수는 향류로 흐른다. 냉각수 온도가 20℃에서 23℃가 될 때 열교환기의 길이(m)는?(단, $U = 150\text{kcal/m}^2\text{ h ℃}$, 메탄올의 비열 $C_p = 0.6\text{kcal/kg ℃}$이다.)

해설

$$q = mC_p\Delta t$$

$$= 1{,}000\text{kg/h} \times 0.6\text{kcal/kg ℃} \times (50-30)\text{℃}$$

$$= 12{,}000\text{kcal/h}$$

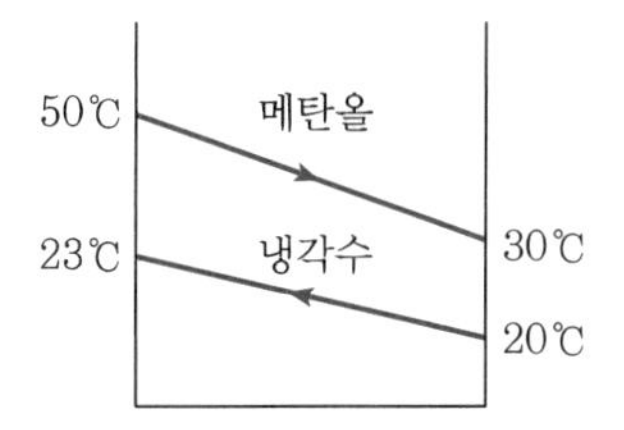

$$\Delta t_1 = 50-23 = 27\text{℃}$$

$$\Delta t_2 = 30-20 = 10\text{℃}$$

$$\Delta \bar{t}_{LM} = \frac{27-10}{\ln\frac{27}{10}} = 17.1\text{℃}$$

$$A = \pi \bar{D}_{LM}L = \pi\frac{0.08-0.04}{\ln\frac{0.08}{0.04}} \times L = 0.18L$$

$$q = UA\Delta \bar{t}_L$$

$$12{,}000\text{kcal/h} = 150\text{kcal/m}^2\text{ h ℃} \times 0.18\text{L} \times 17.1\text{℃}$$

$$\therefore L = 26\text{m}$$

07 향류열교환기에서 35℃, 25kg/s의 물로 95℃, 20kg/s의 물을 75℃로 냉각시킨다. 열전달면적(m^2)은?(단, 총괄열전달계수 $U = 2{,}000\text{W/m}^2\text{ ℃}$)

해설

95℃
75℃
t
(51℃)
35℃

저온의 물이 얻은 열 = 고온의 물이 잃은 열

$$25\text{kg/s} \times 4{,}184\text{J/kg ℃} \times (t-35)\text{℃}$$

$$= 20\text{kg/s} \times 4{,}184\text{J/kg ℃} \times (95-75)\text{℃}$$

$$\therefore t = 51\text{℃}$$

$$q = 20\text{kg/s} \times 4{,}184\text{J/kg ℃} \times (95-75)\text{℃}$$

$$= 1{,}673{,}600\text{J/s}$$

$$\Delta t_1 = 95-51 = 44\text{℃}$$

$$\Delta t_2 = 75-35 = 40\text{℃}$$

$$\Delta \bar{t}_{LM} = \frac{44-40}{\ln\frac{44}{40}} = 41.9\text{℃}$$

$$q = UA\Delta t$$

$$1{,}673{,}600\text{J/s} = 2{,}000\text{W/m}^2\text{ ℃} \times A \times 41.9\text{℃}$$

$$\therefore A = 20\text{m}^2$$

08 내경 50mm인 관 내를 비중 0.9인 액체가 흐르고 있다. 관에 직경 20mm인 오리피스를 설치하였다. 오리피스 읽음이 520mmHg일 때 오리피스관의 유량은 얼마인가?(단, 오리피스 유량계수 $C_o = 0.61$이다.)

해설

$$Q_o = A_o\bar{u}_o = \frac{\pi}{4}D_o^2\frac{C_o}{\sqrt{1-m^2}}\sqrt{\frac{2g(\rho'-\rho)R}{\rho}}\ [\text{m}^3/\text{s}]$$

$$m(\text{개구비}) = \frac{A_o}{A} = \left(\frac{D_o}{D}\right)^2 = \left(\frac{20}{50}\right)^2 = 0.16$$

$$Q_o = \frac{\pi}{4} \times 0.02^2 \times \frac{0.61}{\sqrt{1-0.16^2}} \times \sqrt{\frac{2\times 9.8\times(13.6\times 1{,}000-900)\times 0.52}{900}}$$

$$= 0.00233\text{m}^3/\text{s}$$

$$= 2{,}330\text{cm}^3/\text{s}$$

09 Navier－Stokes 식을 벡터로 설명하여라.

해설

Navier－Stokes 식

$$\rho\left(\frac{DV}{Dt}\right) = -\nabla p + \mu\nabla^2 V + \rho g$$

나비에－스토크스 방정식은 점성을 가진 유체의 운동을 기술하는 비선형 편미분 방정식이다.

10 밀도 0.0012g/cm³, 점도 0.00018g/cm s의 공기 중에 직경 0.2cm의 빗방울을 떨어뜨릴 때 빗방울의 최종침강속도를 구하시오.(단, 빗방울은 구형이고 C_D= 0.44이다.)

해설

일반식

$$u_t = \sqrt{\frac{4gD_p(\rho' - \rho)}{3C_D\rho}}$$

$$= \sqrt{\frac{4(980)(0.2)(1-0.0012)}{3(0.44)(0.0012)}}$$

$$= 703.1\text{cm/s}$$

[별해]

뉴턴의 법칙 이용

$$u_t = \sqrt{\frac{3gD_p(\rho' - \rho)}{\rho}}$$

$$= \sqrt{\frac{3(980)(0.2)(1-0.0012)}{0.0012}}$$

$$= 699.58\text{cm/s}$$

11 평형증류에 대해 설명하여라.

해설

원액을 연속적으로 공급하여 발생증기와 잔류액이 평형을 유지하면서 증류하는 조작으로 플래시증류라고도 한다.

12 안지름 15cm인 사이펀관으로 물이 흐른다. 관의 길이를 조절하여 유량을 최대로 할 때 h를 구하시오.(단, 대기압 : 1.03kg$_f$/cm², 물의 포화증기압 : 0.16kg$_f$/cm², 마찰손실은 무시한다.)

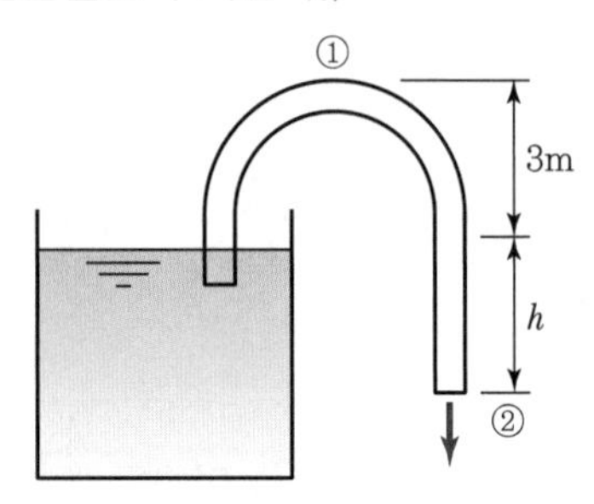

해설

베르누이 법칙

$$\frac{P_2 - P_1}{\rho} + \frac{{u_2}^2 - {u_1}^2}{2g_c} + \frac{g}{g_c}(Z_2 - Z_1) = 0$$

관경이 같으므로 속도변화＝0

$$\frac{(1.03-0.16)\times 10^4\text{kg}_f/\text{m}^2}{1{,}000\text{kg/m}^3} + \frac{\text{kg}_f}{\text{kg}}(-(3+h)-0) = 0$$

$\therefore\ h = 5.7\text{m}$

※ 사이펀관 : 액체를 높은 곳으로 올렸다가 낮은 곳으로 옮기기 위한 곡관

2015년 제1회 기출문제

01 McCabe－Thiele법에서 q값에 따른 기울기를 선택하여 적으시오.(＋, －, 0, ∞)

(1) 비점 아래의 차가운 액체
(2) 비점에 있는 포화원액
(3) 노점에 있는 포화증기

해설

	기울기
(1) $q>1$	＋
(2) $q=1$	∞
(3) $q=0$	0

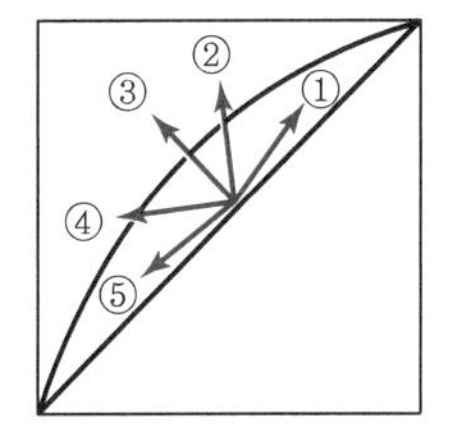

		기울기
① $q>1$	과냉각된 원액	＋
② $q=1$	포화원액(비점에 있는 원액)	∞
③ $0<q<0$	부분적으로 기화한 원액	－
④ $q=0$	포화증기(노점에 있는 원액)	0
⑤ $q<0$	과포화증기	＋

02 벤젠과 톨루엔 혼합액에서 벤젠의 몰분율은 0.6이다. 이때 기상에서 벤젠의 몰분율은 몇 %인가?(단, 순수한 벤젠과 톨루엔의 증기압은 각각 780mmHg, 480mmHg이다.)

해설

$$P=P_A x_A+P_B(1-x_A)$$
$$=780\text{mmHg}\times 0.6+480\text{mmHg}\times 0.4$$
$$=660\text{mmHg}$$
$$y_A=\frac{P_A x_A}{P}=\frac{780\text{mmHg}\times 0.6}{660\text{mmHg}}=0.71(71\%)$$

03 세 개의 벽돌로 이루어진 벽이 있다. 각 벽돌의 두께는 160mm, 85mm, 190mm, 열전도도는 0.111kcal/m h ℃, 0.0487kcal/m h ℃, 1.24kcal/m h ℃이다. 이때 벽 안쪽과 바깥쪽 온도는 각각 940℃, 48℃이다. 열손실은 몇 kcal/m² h인가?

해설

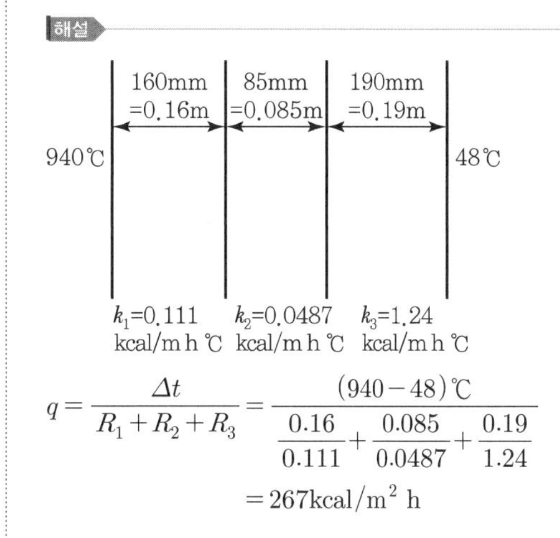

$$q=\frac{\Delta t}{R_1+R_2+R_3}=\frac{(940-48)℃}{\frac{0.16}{0.111}+\frac{0.085}{0.0487}+\frac{0.19}{1.24}}$$
$$=267\text{kcal/m}^2\text{ h}$$

04 비열 0.45kcal/kg ℃인 기름을 1,800kg/h로 열교환기에 흘려보내 온도를 110℃에서 45℃로 내렸다. 관 바깥에서는 총괄열전달계수가 500kcal/m² h ℃인 수증기의 온도가 20℃에서 50℃로 상승하였다. 이때 전열면적은 몇 m²인가?

해설

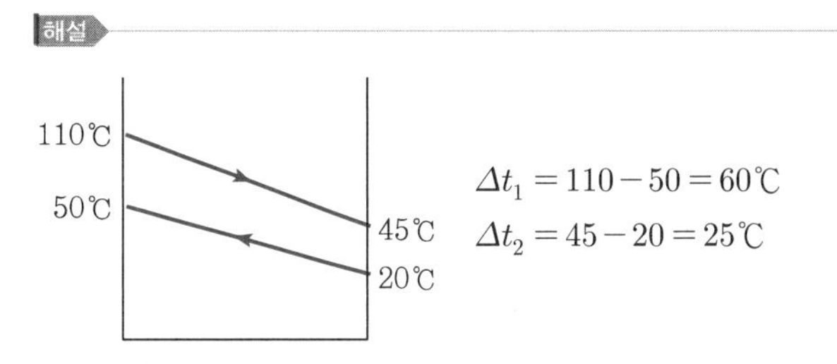

$$\Delta t_1=110-50=60℃$$
$$\Delta t_2=45-20=25℃$$

$$q=1{,}800\text{kg/h}\times 0.45\text{kcal/kg ℃}\times(110-45)℃$$
$$=52{,}650\text{kcal/h}$$

$$\Delta \bar{t}_L = \frac{60-25}{\ln\frac{60}{25}} = 40℃$$

$\therefore\ q = UA\Delta\bar{t}_L$

$52{,}650\text{kcal/h} = 500\text{kcal/m}^2\,\text{h}\ ℃ \times A \times 40℃$

$\therefore\ A = 2.63\text{m}^2$

05 다음 그림에서 상당직경을 구하시오.(단, 높이는 4m, 아랫변의 길이는 10m인 사다리꼴관이다. 2 : 1은 비율)

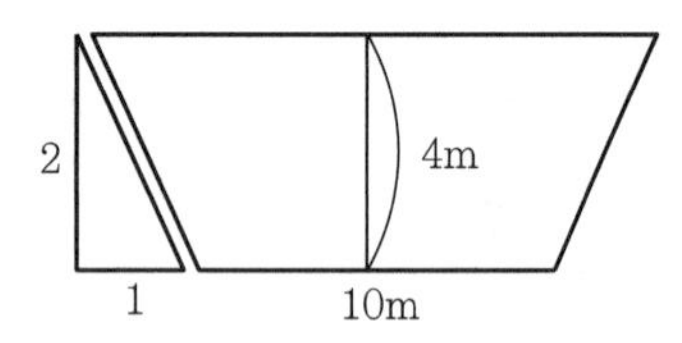

해설

$$\text{상당직경} = 4 \times \frac{\text{유로의 단면적}}{\text{젖은 벽의 둘레}}$$

$= (10+14) \times 4 \div 2 = 48\text{m}^2$

$$\text{상당직경} = 4 \times \frac{48}{(14+10+2\sqrt{20})} = 5.83\text{m}$$

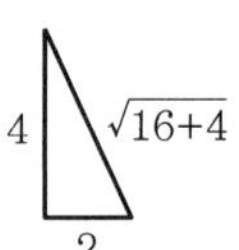

06 공비 혼합물의 의미와 증류방법 종류 2가지를 쓰고 각각에 대해 간단히 설명하라.

(1) 의미

(2) 증류방법

해설

(1) 의미
① 공비점을 가진 혼합물
② 한 온도에서 평형상태에 있는 증기의 조성과 액의 조성이 동일한 혼합물을 의미한다.

(2) 증류방법
① **추출증류** : 공비 혼합물 중의 한 성분과 친화력이 크고 비교적 비휘발성 물질을 첨가하여 액액추출의 효과와 증류의 효과를 이용하여 분리하는 조작
예 물 $-HNO_3$에 황산 첨가
benzene – cyclohexane에 furfural 사용
② **공비증류** : 첨가하는 물질이 한 성분과 친화력이 크고 휘발성이어서 원료 중 한 성분과 공비 혼합물을 만들어 고비점 성분을 분리시키고 다시 새로운 공비 혼합물을 분리시키는 조작. 즉, 공비 혼합물을 만들어 원용액의 끓는 점보다 낮아지게 한 후 증류하는 방법이다. 이때 사용된 첨가제를 공비제라고 한다.
예 벤젠 첨가에 의한 알코올의 탈수증류

07 1wt% 용액을 10,000kg/h로 증발기에 넣고 있다. 70℃, 1기압의 조건으로 증발시켜 2wt% 용액으로 만들었다. 이때 증발한 증기량은 몇 kg/h인가?

해설

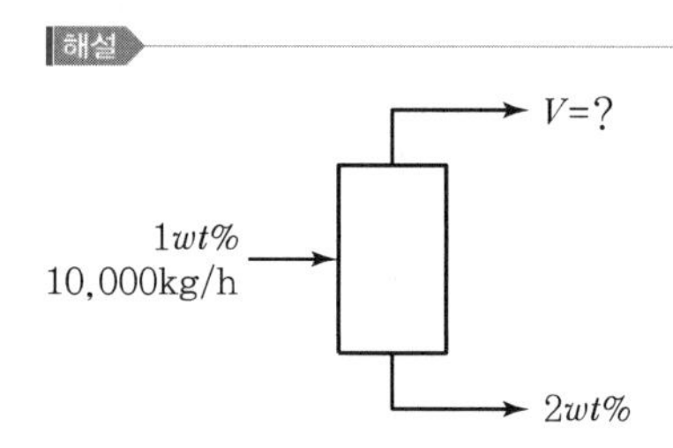

$10{,}000 \times 0.01 = 0.02 \times D$

$\therefore\ D = 5{,}000\text{kg/h}$

$V = 5{,}000\text{kg/h}$

08 Nusselt 수를 구하는 식과 물리적 의미를 쓰시오.

해설

(1) 식

$$N_{Nu} = \frac{hD}{k} = \frac{\text{대류열전달}}{\text{전도열전달}} = \frac{\frac{1}{k}}{\frac{1}{hD}} = \frac{\text{전도열저항}}{\text{대류열저항}}$$

(2) 물리적 의미
대류열전달과 전도열전달의 비를 나타내며, $N_{Nu} \fallingdotseq 1$은 대류효과가 매우 약하거나 없다는 것을 의미한다.

09 다음에 대한 정의를 쓰시오.

(1) 절대점도　　　　(2) 동점도

해설

(1) 절대점도 : 유체가 유동하고 있을 때 인접하는 유체층 간에 작용하는 단위면적당의 전단력은 그 위치의 속도구배에 비례하며 이 비례상수를 점도라 한다. 중력에 관계없이 측정되는 물질의 고유점도이다.

$$\tau = \frac{F}{A} = \mu \frac{du}{dy}$$

└→ Poise, g/cm s, kg/m s

(2) 동점도 : 액체의 점도를 액체의 밀도로 나눈 값으로, 운동하는 유체의 점도를 말한다.

$$\nu = \frac{\mu}{\rho}\ [\text{Stokes}]\ [\text{cm}^2/\text{s}]\ [\text{m}^2/\text{s}]$$

10 다음 ( ) 안에 알맞은 말을 써넣으시오.

> 흑체는 (①)이(가) 1인 물질을 말하며 주어진 온도에서 (②)이(가) 최대가 된다. 회색체는 단색광에서 (③)이(가) 모든 (④)에 따라 동일한 물질을 말한다.

해설

① 흡수율　② 방사력　③ 방사율　④ 파장

11 두 물질 A, B의 혼합액 10mol을 회분증류한다. 이때 A의 액상분율은 0.6이고 증류 후 액상 A의 몰분율은 0.4이다. 몇 mol을 증발시켰는가?(단, A의 경우 $y = 1.2x$를 따른다. x : 액상의 몰분율, y : 기상의 몰분율)

해설

Rayleigh 식 이용

$$\int_{n_o}^{n_1} \frac{dn}{n} = \int_{x_o}^{x_1} \frac{dx}{y-x} = \int_{x_o}^{x_1} \frac{1}{1.2x - x} dx = \int_{x_o}^{x_1} \frac{1}{0.2x} dx$$

$$\ln \frac{n_1}{n_o} = 5 \ln \frac{x_1}{x_o}$$

여기서, n_o : 초기 몰수
n_1 : 최종 몰수
x_o : 초기 액체 A의 몰분율
x_1 : 최종 액체 A의 몰분율

$$\ln \frac{n_1}{10} = 5 \ln \frac{0.4}{0.6}$$

$\therefore n_1 = 1.32\text{mol}$

증발한 몰수 $= 10\text{mol} - 1.32\text{mol} = 8.68\text{mol}$

12 수면이 아주 넓은 저장탱크에 비중이 1.84인 액체가 담겨 있다. 여기서 7.6cm인 관을 통해 유체를 1m/s로 10m 위에 위치한 상부탱크로 퍼 올리려고 한다. 이때 펌프압력은 몇 N/m²인가? 또한 효율이 70%일 때 필요한 동력은 몇 W인가?(단, 손실수두는 3m이다.)

해설

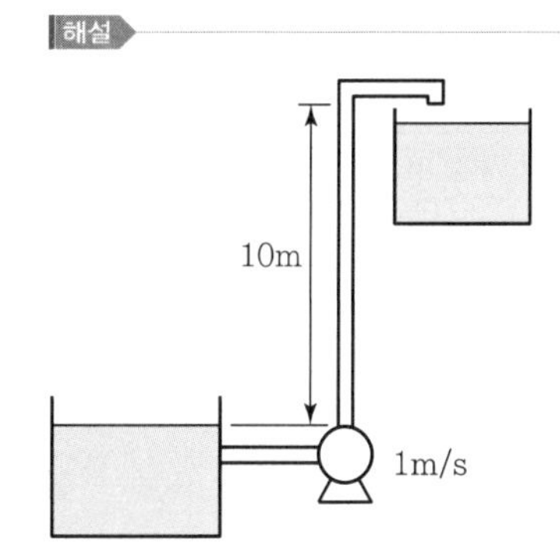

$$W_p = \frac{\bar{u}_2^2 - \bar{u}_1^2}{2} + g(Z_2 - Z_1) + \frac{P_2 - P_1}{\rho} + \Sigma F$$

$P_1 = P_2 =$ 대기압

$u_1 = 0$(탱크의 단면이 크므로)

$$A = \frac{\pi}{4} \times 0.076^2 = 4.53 \times 10^{-3}\text{m}^2$$

$$\dot{m} = \rho u A = 1{,}840\text{kg/m}^3 \times 1\text{m/s} \times 4.53 \times 10^{-3}\text{m}^2 = 8.34\text{kg/s}$$

$$\therefore W_p = \frac{1^2 - 0^2}{2} + 9.8 \times 10 + 9.8 \times 3 = 128\text{J/kg}$$

① 펌프의 압력

$Z_1 = Z_2$　$\Sigma F = 0$이라 하면

$$\frac{\bar{u}_1^2 - \bar{u}_2^2}{2} + W_p = \frac{P_2 - P_1}{\rho}$$

$$\frac{\Delta P}{1{,}840\text{kg/m}^3} = 128\text{J/kg}$$

$$\therefore \Delta P = 1{,}840\text{kg/m}^3 \times 128\text{J/kg} = 235{,}520\text{N/m}^2$$

② 효율 70%일 때 필요한 동력

$$P = \frac{W_p \cdot \dot{m}}{\eta} = \frac{128\text{J/kg} \times 8.34\text{kg/s}}{0.7} = 1{,}525\text{W} = 1.525\text{kW}$$

2015년 제2회 기출문제

01 비중 1.6인 액체를 100m 위로 끌어올리려고 한다. 유속은 10m/s이고 점도는 10^{-2}kg/m s이다. 유로는 총 200m이고 관 직경은 0.125m, 마찰손실계수 $f=0.007$, 기계의 효율은 70%이다. 확대손실이나 축소손실은 없다고 할 때 W_P(J/kg)의 값은?

해설

$$N_{Re}=\frac{Du\rho}{\mu}=\frac{(0.125\text{m})(10\text{m/s})(1{,}600\text{kg/m}^3)}{10^{-2}\text{kg/m s}}$$
$$=200{,}000(\text{난류})$$

$$W_p=\frac{{u_2}^2-{u_1}^2}{2}+g(Z_2-Z_1)+\frac{P_2-P_1}{\rho}+\Sigma F$$

$$\Sigma F=\frac{2fu^2L}{D}=\frac{2(0.007)(10^2)(200)}{0.125}=2{,}240\text{J/kg}$$

$$W_p=\frac{10^2-0}{2}+9.8\times100+2{,}240=3{,}270\text{J/kg}$$

$$\text{실제 하는 일}=\frac{W_p}{\eta}=\frac{3{,}270\text{J}}{0.7}=4{,}671.43\text{J/kg}$$

02 다음 (   ) 안에 알맞은 말을 고르시오.

> 증류탑에서 환류비를 증가시키면 제품의 순도는 (높아, 낮아)지고, 유출액량은 (증가, 감소)한다. 환류비가 증가할수록 단수는 (증가, 감소)하고, 단수가 감소하면 일정한 처리량을 위한 탑지름은 (증가, 감소)한다.

해설

높아, 감소, 감소, 증가

03 A, B 두 유체를 섞은 혼합액이 있다. A의 증기압은 2atm이고 몰분율은 0.4, B는 1atm이고 몰분율은 0.6이다. 전압을 구하여라.

해설

$$P=2\text{atm}\times0.4+1\text{atm}\times0.6=1.4\text{atm}$$

04 키르히호프 법칙에 대해 설명하시오.

해설

Kirchhoff 법칙

온도가 평형되어 있을 때 어떤 물체의 전체복사력과 흡수능의 비는 그 물체의 온도에만 의존한다.

$$\frac{W_1}{\alpha_1}=\frac{W_2}{\alpha_2}$$

$$\frac{W_b}{1}=\frac{W_1}{\alpha_1}=\frac{W_2}{\alpha_2}$$

$$\alpha_1=\frac{W}{W_b}=\varepsilon_1,\ \alpha_2=\frac{W}{W_b}=\varepsilon_2$$

↳ 온도평형에 있으면 어떤 물체의 복사능과 흡수능은 같다.

05 내경이 0.15m인 글로브 밸브가 60L/s의 유량을 통과시킨다. 손실계수 k_f는 10일 때 상당길이 L_e의 값은?(단, 동점도는 $1.01\times10^{-5}\text{m}^2/\text{s}$, 마찰계수 $f=0.0791{N_{Re}}^{-0.25}$)

해설

$$F=\left(4f\frac{L_e}{D}\right)\left(\frac{\bar{u}^2}{2g_c}\right)=k_f\frac{\bar{u}^2}{2g_c}$$

$$u=\frac{60\text{L}}{\text{s}}\left|\frac{1\text{m}^3}{1{,}000\text{L}}\right|\frac{}{\frac{\pi}{4}\times0.15^2\text{m}^2}=3.4\text{m/s}$$

$$N_{Re}=\frac{Du\rho}{\mu}=\frac{Du}{\nu}$$
$$=\frac{(0.15\text{m})(3.4\text{m/s})}{(1.01\times10^{-5}\text{m}^2/\text{s})}=50{,}495.05$$

$$f=0.0791{N_{Re}}^{-0.25}$$
$$=0.0791(50{,}495.05)^{-0.25}=5.28\times10^{-3}$$

$$k_f=(4\times5.28\times10^{-3})\times\left(\frac{L_e}{0.15}\right)=10$$

$$\therefore\ L_e=71.02\text{m}$$

06 안지름이 200mm인 유로에 밀도가 1.2kg/m³인 공기가 1,000m³/h로 흐른다. 오리피스 지름이 120mm이고 마노미터 유체는 물일 때 차압된 높이는?(단, C_o = 0.65)

해설

$$Q_o = \frac{\pi}{4}D_o^2 \frac{C_o}{\sqrt{1-m^2}}\sqrt{\frac{2g(\rho'-\rho)R}{\rho}}$$

$$m = \frac{A_o}{A} = \left(\frac{D_o}{D}\right)^2 = \left(\frac{120}{200}\right)^2 = 0.36$$

$$1{,}000\text{m}^3/\text{h} \times 1\text{h}/3{,}600\text{s}$$
$$= \frac{\pi}{4}\times 0.12^2 \times \frac{0.65}{\sqrt{1-0.36^2}}\sqrt{\frac{2\times 9.8\times(1{,}000-1.2)R}{1.2}}$$

$\therefore\ R = 0.076\text{m}\ (7.6\text{cm})$

07 27℃, 760mmHg의 공기를 지름 1m인 송풍기를 통해 7m/s로 흐르게 한다. 송풍기의 길이가 30m일 때 송풍기의 일률(W)은?(단, 공기의 밀도 : 1.205kg/m³, 마찰계수 : 0.0045, 공기의 점도 : 0.018cP, 송풍기의 효율 : 20%, 모터효율 : 90%)

해설

공기 →

L=30m

$$\frac{u_2^{\ 2}-u_1^{\ 2}}{2g_c} + \frac{g}{g_c}(Z_2 - Z_1) + \frac{P_2 - P_1}{\rho} + \Sigma F = W_p$$

대기 중 공기의 속도 $u_1 = 0$, 압력차 = 0 높이차 = 0

$$\Sigma F = \frac{2fu^2L}{D} = \frac{2(0.0045)(7\text{m/s})^2(30\text{m})}{1\text{m}} = 13.23\text{J/kg}$$

$$\frac{7^2-0}{2} + 13.23 = W_p$$

$\therefore\ W_p = 37.73\text{J/kg}$

$$\dot{m} = \rho uA = 1.205\times 7\times\frac{\pi}{4}\times 1^2 = 6.62\text{kg/s}$$

$$\therefore\ P = \frac{\dot{m}W_p}{\eta} = \frac{(6.62\text{kg/s})\times(37.73\text{J/kg})}{(0.9)(0.2)} = 1{,}387.6\text{W}$$

※ 만일, 공기의 밀도가 주어지지 않는다면 이상기체 상태방정식을 이용해서 구한다.

$$d = \frac{m}{V} = \frac{PM}{RT}$$

08 물이 10m 유로를 내경 10mm인 관 내를 통해 유속 0.1m/s로 흐른다. 글로브 밸브는 1개 있으며, k_f가 10이고, 엘보는 2개 있으며 k_f는 0.9이다. 이 관을 통과하는 유체의 마찰손실을 구하여라.

해설

$$\Sigma F = \left(\frac{4fL}{D} + k_e + k_c + \Sigma k\right)\frac{u^2}{2g_c}$$

$$N_{Re} = \frac{Du\rho}{\mu} = \frac{(0.01)(0.1)(1{,}000)}{0.01\times 0.1} = 1{,}000(\text{층류})$$

$$f = \frac{16}{N_{Re}} = \frac{16}{1{,}000} = 0.016$$

$$\therefore\ \Sigma F = \left(\frac{4fL}{D} + \Sigma k\right)\frac{u^2}{2g_c}$$
$$= \left(\frac{4(0.016)(10)}{0.01} + 10 + 0.9\times 2\right)\frac{0.1^2}{2\times 9.8}$$
$$= 0.0387\text{kg}_\text{f}\ \text{m/kg}$$

09 연탄가스 중의 SO_2를 황산나트륨용액으로 흡수하려고 할 때 운반가스 100mol에 대하여 1mol의 SO_2가 0.087이 될 때 1atm에서 200kmol/h의 동반가스를 처리하는 흡수탑의 높이는?(단, k_Ga = 400kmol/m³ h atm, 탑지름 : 1m)

해설

$$\text{탑저 } P_G = 1\text{atm}\left(\frac{1}{100+1}\right) = 0.0099\text{atm}$$

$$\text{탑정 } P_G = 1\text{atm}\left(\frac{0.087}{100+0.087}\right) = 0.00087\text{atm}$$

액의 농도와 평형인 SO_2 분압 P^*는 탑정에서도 탑저에서도 0으로 한다. $P^* = 0$

$$P_G - P^* = \frac{(0.0099-0)-(0.00087-0)}{\ln\frac{0.0099}{0.00087}} = 0.0037\text{atm}$$

$$Y_1 = \frac{y_1}{1-y_1} = \frac{\frac{1}{100+1}}{1-\frac{1}{100+1}} = \frac{1}{100}$$

$$Y_2 = \frac{y_2}{1-y_2} = \frac{\frac{0.087}{100+0.087}}{1-\frac{0.087}{100+0.087}} = \frac{0.087}{100}$$

물질이동속도를 구하면

$$N = G'(Y_1 - Y_2) = 200\text{kmol/h}\left(\frac{1}{100} - \frac{0.087}{100}\right)$$
$$= 1.826\text{kmol/h}$$

$$N = k_G a V(P_G - P^*)$$

$$1.826\text{kmol} = 400\text{kmol/m}^3 \text{ h atm} \times V \times (0.0037\text{atm})$$

$$\therefore\ V = 1.234\text{m}^3$$

$$1.234\text{m}^3 = \frac{\pi}{4} \times 1^2 \times H$$

$$\therefore\ H = 1.57\text{m}$$

10 허용응력이 200kgf/cm²이고 작업압력이 8kgf/cm²일 때 Schedule Number는?

해설

$$\text{Schedule No.} = 1{,}000 \times \frac{8}{200} = 40$$

11 내경이 5cm인 관에서 흐르는 유체가 층류에서 난류로 변할 때의 유속은?(단, 유체의 밀도는 0.789 g/cm³, 점도는 1.25cP, 임계레이놀즈수는 2,100이다.)

해설

$$N_{Re} = \frac{Du\rho}{\mu}$$

$$2{,}100 = \frac{5\text{cm} \times u \times 0.789\text{g/cm}^3}{1.25 \times 0.01\text{P}}$$

$$\therefore\ u = 6.65\text{cm/s}$$

12 열전도도가 0.2W/m ℃인 관을 석면이 둘러싸고 있다. 실내공기는 25℃이고 열전달계수 h가 3W/m² ℃일 때 임계절연반지름은?

해설

$$r_{cr} = \frac{k}{h} = \frac{0.2}{3} = 0.07\text{m}$$

※ 임계절연반지름

원관, 구형인 경우 단열재가 추가되면 평면과 달리 표면적이 증가하여 대류 열저항이 감소한다. 따라서 열전달이 최대가 되는 지점이 존재하며 이를 임계절연반지름이라 한다.

원관인 경우 $r_{cr} = \dfrac{k}{h}$

구형인 경우 $r_{cr} = \dfrac{2k}{h}$

13 물을 지름 10cm, 총 길이 20m인 유로를 따라 2m/s로 운반한다. $f = \dfrac{16}{N_{Re}}$로 가정할 때 마찰손실(kgf m/kg)은?

해설

$$N_{Re} = \frac{Du\rho}{\mu} = \frac{0.1\text{m} \times 2\text{m/s} \times 1{,}000\text{kg/m}^3}{0.01 \times 0.1\text{kg/m s}}$$
$$= 200{,}000(\text{난류})$$

$$f = \frac{16}{N_{Re}} = \frac{16}{200{,}000} = 0.00008 = 8 \times 10^{-5}$$

$$F = \frac{2fu^2L}{g_cD}$$
$$= \frac{2(8 \times 10^{-5})(2^2)(20)}{(9.8)(0.1)} = 0.013\text{kg}_\text{f}\ \text{m/kg}$$

14 비중이 0.8이고 점도가 2cP인 액체를 20cm/s 유속으로 외경 5cm, 내경 3cm인 이중 원관을 통해 흘려보낸다. N_{Re} 값을 구하고 층류인지 난류인지 쓰시오.

해설

$$D_e = 4 \times \frac{\frac{\pi}{4}(D_o^2 - D_i^2)}{\pi(D_o + D_i)}$$
$$= D_o - D_i = 5\text{cm} - 3\text{cm} = 2\text{cm}$$

$$N_{Re} = \frac{Du\rho}{\mu} = \frac{(2\text{cm}) \times (20\text{cm/s}) \times (0.8\text{g/cm}^3)}{(0.02\text{g/cm s})} = 1{,}600$$

$1{,}600 < 2{,}100$이므로 층류이다.

2015년 제4회 기출문제

01 5m 높이의 탱크에 물이 가득 차 있다. 직경이 2.54cm인 관을 통해 물이 빠진다고 할 때 최대유량(L/s)은?(단, 관의 마찰손실, 축소손실은 무시한다.)

해설

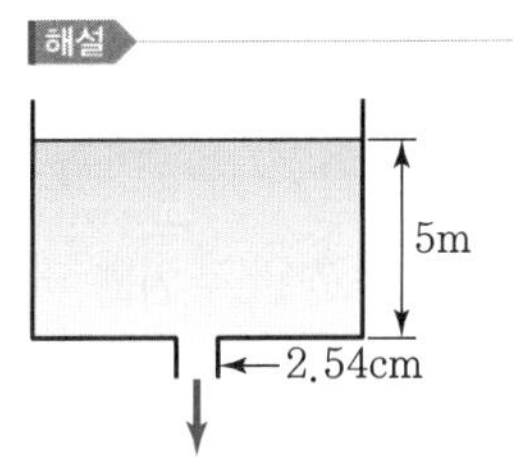

$$u=\sqrt{2gh}=\sqrt{2\times 9.8\times 5}=9.9\text{m/s}$$

$$Q=9.9\text{m/s}\times\frac{\pi}{4}(0.0254)^2\text{m}^2\times\frac{1{,}000\text{L}}{1\text{m}^3}=5.01\text{L/s}$$

02 내경 12cm인 관에 물이 흐른다. 임계속도를 구하시오.

$$N_{Re}=\frac{Du\rho}{\mu}$$

$$2{,}100=\frac{12\text{cm}\times u\times 1\text{g/cm}^3}{0.01\text{g/cm s}}$$

$$\therefore\ u=1.75\text{cm/s}$$

03 유체가 12cm인 관에서 1.5m/s 속도로 5cm 관에 축소되어 들어간다. 축소손실을 구하여라.

해설

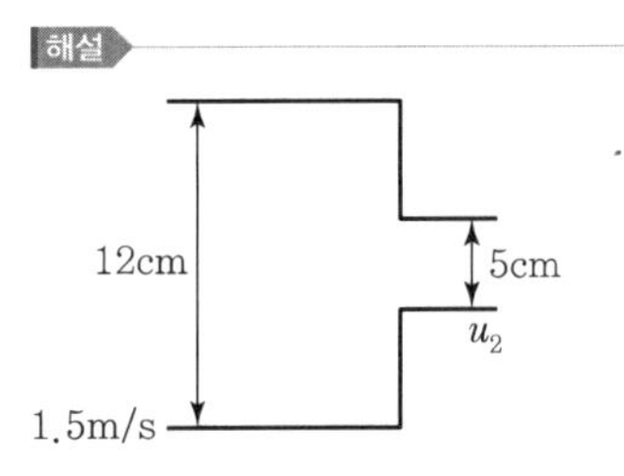

$$k_c=0.4\left(1-\frac{D_2^{\,2}}{D_1^{\,2}}\right)=0.4\left(1-\frac{5^2}{12^2}\right)=0.33$$

$$1.5\times 12^2=u_2\times 5^2$$

$$\therefore\ u_2=8.64\text{m/s}$$

$$F=k_c\frac{u_2^{\,2}}{2g_c}=0.33\left(\frac{8.64^2}{2\times 9.8}\right)=1.26\text{kg}_\text{f}\ \text{m/kg}$$

04 혼합용액을 회분증류한다. 초기 액체 A의 몰분율은 0.55이고 증류 후 액체 A의 몰분율은 0.4이다. 공급액 1mol당 탑저액의 양은 몇 mol인가?(단, A의 경우 $y=1.2x+0.1$을 따른다.)

해설

Rayleigh 식

$$\int_{n_o}^{n_1}\frac{dn}{n}=\int_{x_o}^{x_1}\frac{dx}{y-x}$$

$$=\int_{x_o}^{x_1}\frac{dx}{1.2x+0.1-x}$$

$$=10\int_{x_o}^{x_1}\frac{dx}{2x+1}$$

$$\therefore\ \ln\frac{n_1}{n_o}=\frac{10}{2}\ln\frac{2x_1+1}{2x_o+1}=5\ln\frac{2x_1+1}{2x_o+1}$$

여기서, n_o : 초기 몰수
n_1 : 최종 몰수
x_o : 초기 액체 A의 몰분율
x_1 : 최종 액체 A의 몰분율

$$\ln\frac{n_1}{1}=5\ln\frac{2\times 0.4+1}{2\times 0.55+1}$$

$$\therefore\ n_1=\left(\frac{2\times 0.4+1}{2\times 0.55+1}\right)^5=0.463\text{mol}$$

05 비중 0.9, 점도 100cP, 유체가 길이 1,000km, 관경 30cm인 관으로 유속 0.5m/s로 흐른다. 중개소 1개가 처리할 수 있는 수송압력이 $50\text{kg}_f/\text{cm}^2$일 때 중개소는 총 몇 개가 필요하겠는가?

해설

$$\begin{aligned}100\text{cP} &= 100\times 0.01\text{P}\\ &= 100\times 0.01\times 0.1\text{kg/m s}\\ &= 0.1\text{kg/m s}\end{aligned}$$

$$\begin{aligned}N_{Re} &= \frac{Du\rho}{\mu}\\ &= \frac{(0.3\text{m})(0.5\text{m/s})(900\text{kg/m}^3)}{0.1\text{kg/m s}}\\ &= 1{,}350(\text{층류})\end{aligned}$$

Hagen－poiseuille 식

$$\begin{aligned}F &= \frac{\Delta P}{\rho} = \frac{32\mu uL}{g_c D^2 \rho}\\ &= \frac{32(0.1)(0.5)(1{,}000{,}000)}{9.8(0.3)^2(900)}\\ &= 2{,}015.6\text{kg}_f\ \text{m/kg}\end{aligned}$$

$$\begin{aligned}\therefore\ \Delta P &= \rho F\\ &= 900\text{kg/m}^3\times 2{,}015.6\text{kg}_f\ \text{m/kg}\\ &= 1{,}814{,}059\text{kg}_f/\text{m}^2\\ &= 181.4\text{kg}_f/\text{cm}^2\end{aligned}$$

중개소 1개가 처리할 수 있는 수송압력이 $50\text{kg}_f/\text{cm}^2$이므로

$\frac{181.4}{50} = 3.63 ≒ 4$개가 필요하다.

06 50℃의 기름이 내경 40mm의 강관으로 200kg/h로 들어가서 95℃로 나온다. 이 기름은 5psig, 108℃의 수증기로 가열된다. 기름의 비열은 0.7kcal/kg ℃이고 총괄열전달계수는 500kcal/h m^2 ℃이다. 다음 물음에 답하시오.

(1) 열교환량(kcal/h)을 구하시오.

(2) 열교환기의 길이(m)를 구하시오.

해설

(1) 열교환량

$$\begin{aligned}q &= \dot{m}C_p\Delta T\\ &= 200\text{kg/h}\times 0.7\text{kcal/kg ℃}\times(95-50)\text{℃}\\ &= 6{,}300\text{kcal/h}\end{aligned}$$

(2) 열교환기의 길이

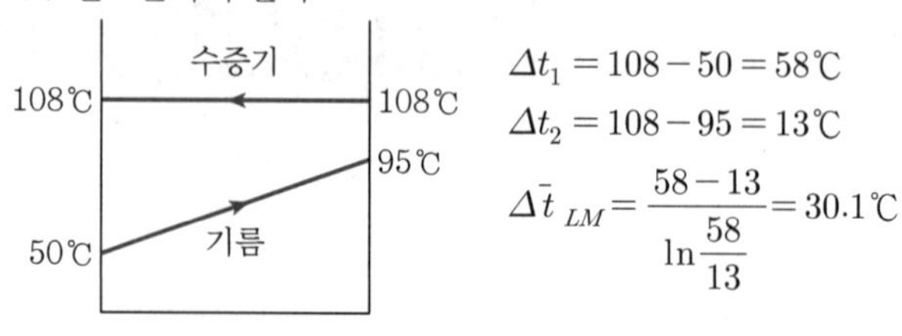

$\Delta t_1 = 108-50 = 58℃$

$\Delta t_2 = 108-95 = 13℃$

$\Delta \bar{t}_{LM} = \dfrac{58-13}{\ln\dfrac{58}{13}} = 30.1℃$

$$\begin{aligned}q &= UA\Delta\bar{t}_{LM}\\ 6{,}300\text{kcal/h} &= 500\text{kcal/m}^2\text{ h ℃}\times(\pi\times 0.04\times L)\text{m}^2\times 30.1℃\\ \therefore\ L &= 3.33\text{m}\end{aligned}$$

07 내경 2cm, 외경 4cm인 스테인리스강관 주위를 두께 3cm인 단열재가 감싸고 있다. 내부온도는 600℃, 외부온도는 100℃일 때 열손실(W/m)은?(단, 스테인리스강관의 열전도도는 19W/m ℃, 단열재의 열전도도는 0.2W/m ℃이다.)

해설

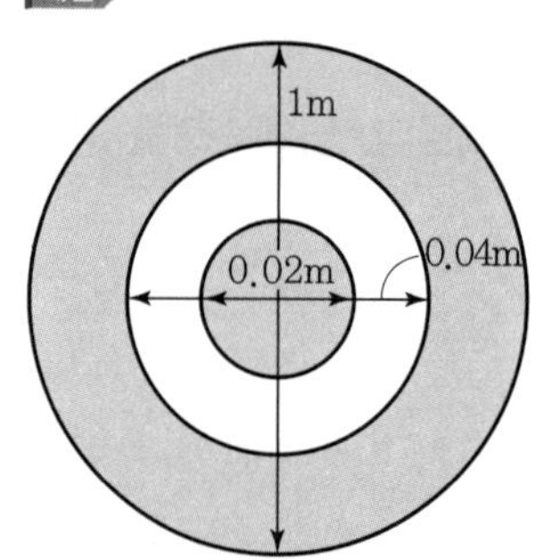

$$q = \frac{\Delta t}{R_1+R_2} = \frac{\Delta t}{\dfrac{l_1}{k_1A_1}+\dfrac{l_2}{k_2A_2}}$$

$$A_1 = \pi\bar{D}_L L = \frac{\pi(0.04-0.02)}{\ln\dfrac{0.04}{0.02}} = 0.091\text{m}^2(\text{단위길이당})$$

$$A_2 = \pi\bar{D}_L L = \frac{\pi(0.1-0.04)}{\ln\dfrac{0.1}{0.04}} = 0.206\text{m}^2(\text{단위길이당})$$

$$\begin{aligned}q &= \frac{(600-100)℃}{\dfrac{0.01\text{m}}{19\text{W/m ℃}\times 0.091\text{m}^2/\text{m}}+\dfrac{0.03\text{m}}{0.2\text{W/m ℃}\times 0.206\text{m}^2/\text{m}}}\\ &= 681\text{W/m}\end{aligned}$$

08 12m 높이의 탱크에 길이 30m, 직경 25mm 관을 통해 물 1,250cm³/s로 수송한다. 다음 각 물음에 답하시오.(단, 펌프의 효율은 60%, 점도는 1.3×10^{-3}kg/m s, 밀도는 1,000kg/m³, 마찰계수 $f=0.0791N_{Re}^{-0.25}$)

(1) N_{Re}는?

(2) 마찰손실(J/kg)은?

(3) 실제 펌프동력(W)은?

해설

(1) $N_{Re}=\dfrac{Du\rho}{\mu}$

$$u=\frac{Q}{A}=\frac{1{,}250\text{cm}^3/\text{s}\times\dfrac{1\text{m}^3}{100^3\text{cm}^3}}{\dfrac{\pi}{4}\times0.025^2\text{m}^2}=2.548\text{m/s}$$

$$N_{Re}=\frac{0.025\text{m}\times2.548\text{m/s}\times1{,}000\text{kg/m}^3}{1.3\times10^{-3}\text{kg/m s}}=49{,}000$$

(2) $F=\dfrac{2fu^2L}{D}$

$$f=0.0791N_{Re}^{-0.25}$$
$$=0.0791(49{,}000)^{-0.25}=0.00532$$
$$\therefore F=\frac{2(0.00532)(2.548)^2(30)}{0.025}=82.89\text{J/kg}$$

(3) $P=\dfrac{W_p\cdot\dot{m}}{\eta}$

$$W_p=\frac{{u_2}^2-{u_1}^2}{2}+g(Z_2-Z_1)+\frac{P_2-P_1}{\rho}+\sum F$$
$$=\frac{2.548^2}{2}+9.8(12)+82.89=203.7\text{J/kg}$$
$$\dot{m}=\rho uA=\rho Q$$
$$=1{,}000\text{kg/m}^3\times1{,}250\text{cm}^3/\text{s}\times\frac{1\text{m}^3}{100^3\text{cm}^3}=1.25\text{kg/s}$$
$$\therefore P=\frac{W_p\dot{m}}{\eta}=\frac{203.7\text{J/kg}\times1.25\text{kg/s}}{0.6}=424.37\text{W}$$

09 N_{Pr}(Prandtl 수) 식을 나타내고 각각의 변수의 의미를 쓰시오. 그리고 N_{Pr}이 1보다 크다는 것이 의미하는 바를 설명하시오.

해설

$$N_{Pr}=\frac{C_p\mu}{k}=\frac{\nu}{\alpha}$$
$$=\frac{\text{운동량 확산}}{\text{열에너지 확산}}$$
$$=\frac{\text{동력학적 경계층의 두께(확산도)}}{\text{열경계층의 두께(확산도)}}$$

여기서, C_p : 비열(kcal/kg ℃)

μ : 점도(kg/m s)

k : 열전도도(kcal/m s ℃)

α : 열확산계수(m²/s)$=\dfrac{k}{\rho C_p}$

$N_{Pr}>1$: 운동량 확산이 열에너지 확산보다 빠르다.

10 다음 빈칸에 알맞은 용어를 넣으시오.

> 서로 다른 2종의 금속 또는 합금선으로 폐회로를 만들어 회로의 두 접점의 온도차로 (①)을(를) 일으키고 그 전위차를 측정하여 두 접점의 온도차를 알 수 있는 온도계는 (②)이다.

해설

① 열기전력

② 열전대온도계

11 20℃의 10%NaOH 4,500kg/h를 포화수증기로 증발시켜 20%로 만들려고 한다. 이때 단면적은 $40m^2$이고 포화수증기의 온도는 110℃이다. 다음 물음에 답하시오.(단, 10%NaOH의 비열은 0.92kcal/kg ℃이고 잠열은 545kcal/kg이며, 비점은 90℃이다. 또한 포화수증기의 상변화 잠열은 534kcal/kg이다.)

(1) 총괄열전달계수

(2) 이때 시간당 필요한 포화수증기의 양은 몇 kg인가?

해설

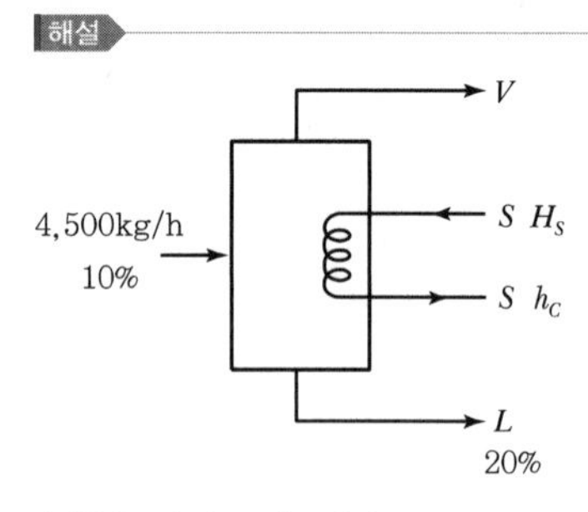

$4{,}500 \times 0.1 = L \times 0.2$

$\therefore\ L = 2{,}250\text{kg/h}$

$V = 4{,}500 - 2{,}250 = 2{,}250\text{kg/h}$

$q = S(H_s - h_c) = F_c C_p (t_2 - t_1) + V\lambda_v$

$q = 4{,}500\text{kg/h} \times 0.92\text{kcal/kg ℃} \times (90 - 20)\text{℃}$
$\quad + 2{,}250\text{kg/h} \times 545\text{kcal/kg}$
$= 1{,}516{,}050\text{kcal/h}$

(1) $q = UA\Delta t$

$$U = \frac{q}{A\Delta t} = \frac{1{,}516{,}050\text{kcal/h}}{40(110-90)}$$

$= 1{,}895.06\text{kcal/m}^2\text{ h ℃}$

(2) $q = S(H_s - h_c) = s\lambda_s$

$= S \times 534 = 1{,}516{,}050\text{kcal/h}$

$\therefore\ S = 2{,}839\text{kg/h}$

2016년 제1회 기출문제

01 탱크 안에 밀도가 0.9g/cm³, 점도가 2P인 유체를 내경 10cm인 관을 통해 이동시킨 다음 10m 위로 올려 70m³/h의 유량으로 유출시키려고 한다. 이때 총 관로는 0.99km이고 펌프의 효율은 60%일 때 필요한 동력은 몇 kW인가?(단, 부수적인 마찰손실은 무시한다.)

해설

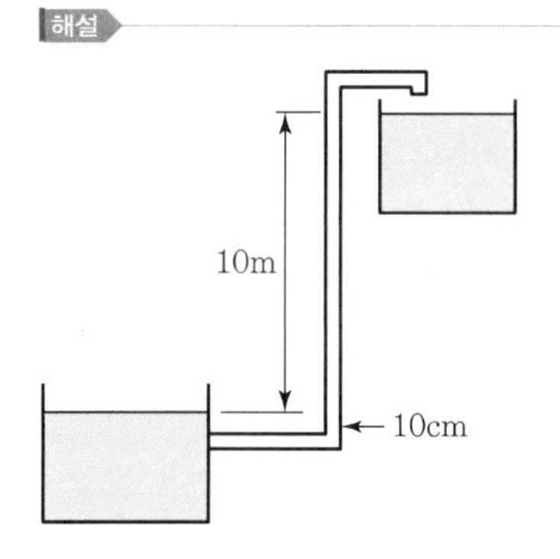

$$u=\frac{Q}{A}=\frac{70\text{m}^3/\text{h}\times 1\text{h}/3{,}600\text{s}}{\frac{\pi}{4}\times 0.1^2\text{m}^2}=2.48\text{m/s}$$

$$N_{Re}=\frac{Du\rho}{\mu}=\frac{(0.1\text{m})(2.48\text{m/s})(900\text{kg/m}^3)}{2\times 0.1\text{kg/m s}}=1{,}116(\text{층류})$$

$$\Sigma F=\frac{\Delta P}{\rho}=\frac{32\mu uL}{D^2\rho}$$
$$=\frac{32(2\times 0.1\text{kg/m s})(2.48\text{m/s})(990\text{m})}{(0.1\text{m})^2(900\text{kg/m}^3)}$$
$$=1{,}745.9\text{J/kg}$$

$$W_p=\alpha\left(\frac{u_2{}^2-u_1{}^2}{2}\right)+g(Z_2-Z_1)+\frac{P_2-P_1}{\rho}+\Sigma F$$

층류이므로 보정계수 α 이용

$$W_p=2\left(\frac{2.48^2}{2}\right)+9.8\times 10+1{,}745.9=1{,}850\text{J/kg}$$

$$\dot{m}=\rho Q=900\text{kg/m}^3\times 70\text{m}^3/\text{h}\times 1\text{h}/3{,}600\text{s}=17.5\text{kg/s}$$

$$\therefore\ P=\frac{W_p\dot{m}}{\eta}$$
$$=\frac{(1{,}850\text{J/kg})(17.5\text{kg/s})}{0.6}$$
$$=53{,}958\text{W}=53.96\text{kW}$$

02 효율이 0.7, 이론단수는 15이다. 실제단수를 구하시오.

해설

$$\eta=\frac{N_t}{N_r}=\frac{\text{이론단수}}{\text{실제단수}}$$

$$0.7=\frac{15}{N_r}$$

$$\therefore\ N_r=21.4\fallingdotseq 22\text{단}$$

03 특정온도에서 상대습도는 50%이다. 포화습도가 0.3095kgH_2O/kg dry air인 경우 비교습도를 구하여라.(단, 대기압은 1기압이다.)

해설

$$H_S=\frac{18}{29}\times\frac{p_s}{760-p_s}=0.3095$$

$$\therefore\ p_s=253\text{mmHg}$$

$$H_R=\frac{p_v}{p_s}\times 100=50\%$$

$$p_v=0.5p_s=0.5\times 253=126.5\text{mmHg}$$

$$\therefore\ H_p=H_R\times\frac{P-p_s}{P-p_v}$$
$$=50\%\times\frac{760-253}{760-126.5}=40\%$$

04 어떤 열교환기에서 한 유체는 온도가 80℃에서 35℃로 떨어지고 다른 유체는 20℃에서 60℃로 올랐다. 이때 평균온도를 구하시오.

해설

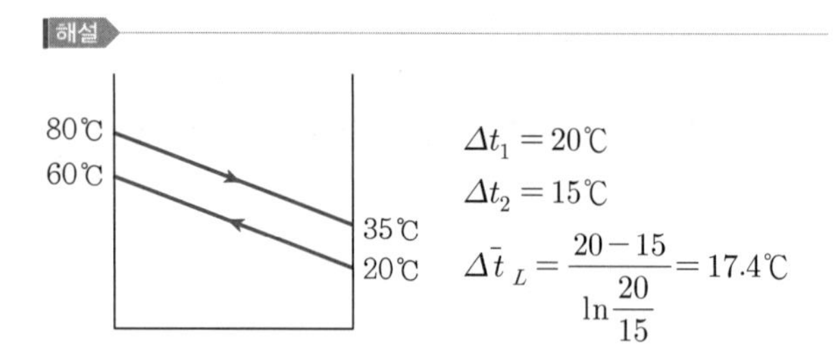

$$\Delta t_1 = 20℃$$

$$\Delta t_2 = 15℃$$

$$\Delta \bar{t}_L = \frac{20-15}{\ln\frac{20}{15}} = 17.4℃$$

※ $\Delta t = \frac{20+15}{2} = 17.5℃$

$\frac{\Delta t_1}{\Delta t_2} < 2$일 경우 산술평균과 대수평균의 오차가 없어서 산술평균을 사용할 수 있다. 꼭 산술평균을 사용해야 한다는 의미는 아니며, 정확도를 높이기 위해서는 대수평균을 사용한다.

05 탱크 안에는 밀도 1.23g/cm³, 점도 97cP의 글리세린이 들어 있다. 이 글리세린을 내경 5cm 관을 통해 탱크에서 유출시킨 뒤 300m를 이동시킨다고 할 때 유출된 총 글리세린의 질량유량은?(단, 관 내의 부속손실 등을 포함한 상당길이는 400m이며, 저장탱크의 액의 높이는 3m이고 저장탱크 바닥에서 배출관까지의 수직거리는 30m이다.)

해설

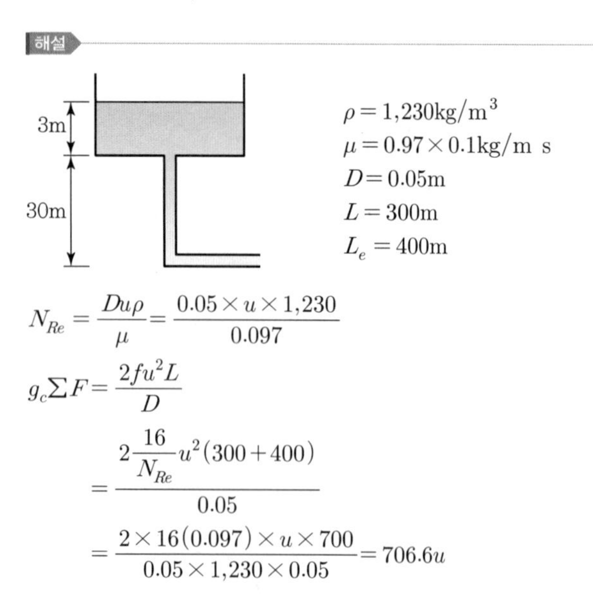

$\rho = 1{,}230\text{kg/m}^3$
$\mu = 0.97 \times 0.1\text{kg/m s}$
$D = 0.05\text{m}$
$L = 300\text{m}$
$L_e = 400\text{m}$

$$N_{Re} = \frac{Du\rho}{\mu} = \frac{0.05 \times u \times 1{,}230}{0.097}$$

$$g_c \Sigma F = \frac{2fu^2 L}{D}$$

$$= \frac{2\frac{16}{N_{Re}}u^2(300+400)}{0.05}$$

$$= \frac{2\times 16(0.097)\times u \times 700}{0.05 \times 1{,}230 \times 0.05} = 706.6u$$

$$\alpha\frac{{u_2}^2}{2} = g(Z_1 - Z_2) - g_c\Sigma F$$

$$\alpha u^2 = 2gZ - 2g_c\Sigma F$$

$$\alpha u^2 = 2\times 9.8 \times 33 - 2 \times 706.6u$$

① 층류($\alpha = 2$)

$$\alpha u^2 + 2\times 706.6u - 646.8 = 0$$

$$u^2 + 706.6u - 323.4 = 0$$

$$u = \frac{-706.6 \pm \sqrt{706.6^2 + 4\times 323.4}}{2} = 0.457\text{m/s}$$

② 질량유량

$$\dot{m} = \rho u A$$

$$= 1.23 \times 1{,}000\text{kg/m}^3 \times 0.457\text{m/s} \times \frac{\pi}{4}(0.05\text{m})^2$$

$$= 1.1\text{kg/s}$$

06 외경 10cm, 내경 5cm인 유로에 0.5m³/h로 냉각수가 흐른다. 냉각수의 점도는 1cP, 비중은 1일 때 50m를 흘렀다고 하면 압력강하는?

해설

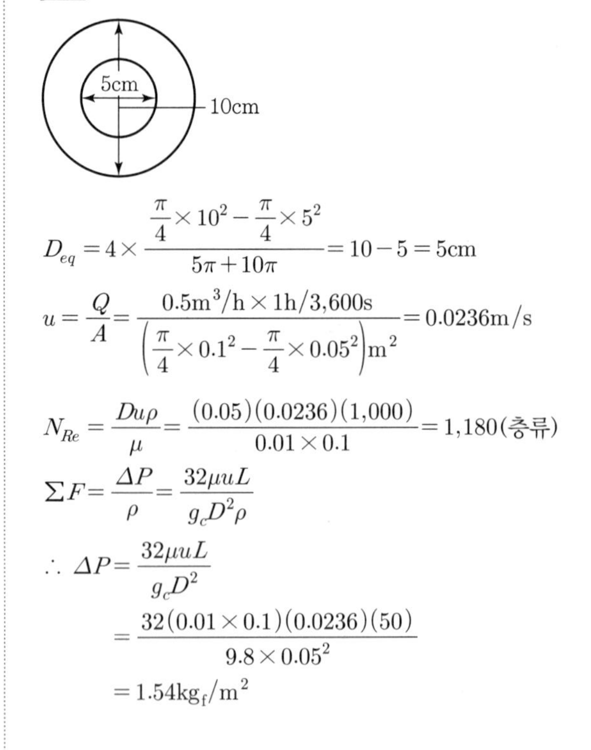

$$D_{eq} = 4\times\frac{\frac{\pi}{4}\times 10^2 - \frac{\pi}{4}\times 5^2}{5\pi + 10\pi} = 10 - 5 = 5\text{cm}$$

$$u = \frac{Q}{A} = \frac{0.5\text{m}^3/\text{h}\times 1\text{h}/3{,}600\text{s}}{\left(\frac{\pi}{4}\times 0.1^2 - \frac{\pi}{4}\times 0.05^2\right)\text{m}^2} = 0.0236\text{m/s}$$

$$N_{Re} = \frac{Du\rho}{\mu} = \frac{(0.05)(0.0236)(1{,}000)}{0.01\times 0.1} = 1{,}180(\text{층류})$$

$$\Sigma F = \frac{\Delta P}{\rho} = \frac{32\mu u L}{g_c D^2 \rho}$$

$$\therefore \Delta P = \frac{32\mu u L}{g_c D^2}$$

$$= \frac{32(0.01\times 0.1)(0.0236)(50)}{9.8\times 0.05^2}$$

$$= 1.54\text{kg}_\text{f}/\text{m}^2$$

07 최소유동화속도를 그래프로 나타내어라.

해설

고체층에서 압력강하 및 층높이와 공탑속도의 관계

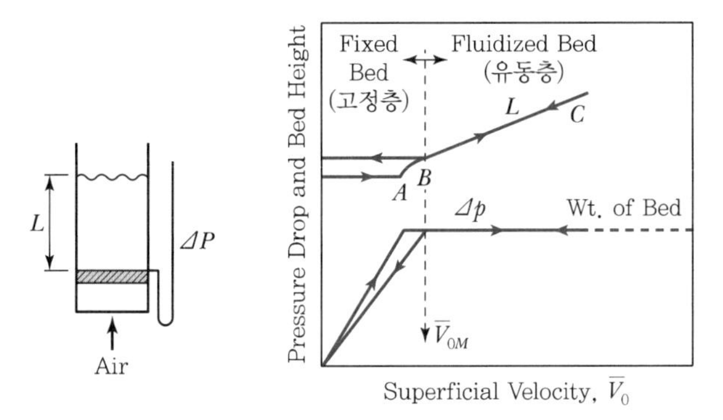

※ $\bar{V}_{0M}$(최소유동화속도)에서 유동화가 일어난다.

08 20℃의 10%NaOH 4,500kg/h를 포화수증기로 증발시켜 20%로 만들려고 한다. 이때 단면적은 40m²이고 포화수증기의 온도는 110℃이다. 다음 물음에 답하시오.(단, 10%NaOH의 비열은 0.92kcal/kg ℃, 잠열은 545kcal/kg, 비점은 90℃, 포화수증기의 상변화 잠열은 534kcal/kg이다.)

(1) 총괄열전달계수

(2) 이때 시간당 필요한 포화수증기의 양은 몇 kg인가?

해설

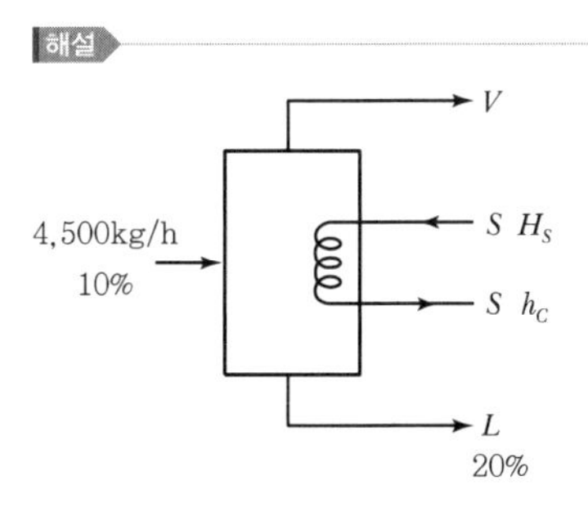

$4,500 \times 0.1 = L \times 0.2$

$\therefore L = 2,250\text{kg/h}$

$V = 4,500 - 2,250 = 2,250\text{kg/h}$

$q = S(H_s - h_c) = Fc(t_2 - t_1) + V\lambda_v$

$= 4,500\text{kg/h} \times 0.92\text{kcal/kg ℃} \times (90-20)\text{℃}$

$+ 2,250\text{kg/h} \times 545\text{kcal/kg}$

$= 1,516,050\text{kcal/h}$

$q = S(H_s - h_c) = s\lambda_s$

$= S \times 534 = 1,516,050\text{kcal/h}$

$\therefore S = 2,839\text{kg/h}$

$q = UA\Delta t$

$$U = \frac{q}{A\Delta t} = \frac{1,516,050\text{kcal/h}}{40(110-90)} = 1,895\text{kcal/m}^2\text{ h ℃}$$

(1) 총괄열전달계수 $U = 1,895\text{kcal/m}^2\text{ h ℃}$

(2) 포화수증기양 $S = 2,839\text{kg/h}$

09 헵탄과 옥탄이 70mol%와 30mol%인 혼합액이 있다. 유출액 D는 헵탄 98mol%이고 관출액 W는 헵탄 1mol%이며 옥탄에 대한 헵탄의 비휘발도는 2일 때 다음 물음에 답하시오.

(1) 최소환류비를 구하는 식을 유도하여라.

(2) 최소환류비를 구하여라.

해설

(1)

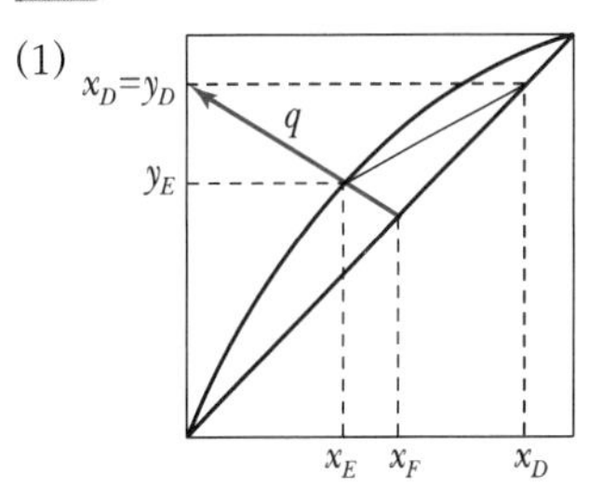

$x-y$평형곡선과 q선과의 교점을 통하는 조작선을 그으면 그 경사가 최소환류비가 된다.

최소환류비를 나타내는 조작선의 경사

$$\frac{R_m}{R_m+1} = \frac{y_D - y_E}{x_D - x_E} \qquad x_D = y_D \qquad R_m = \frac{x_D - y_E}{y_E - x_E}$$

$$x_E = x_f \quad R_m = \frac{x_D - y_f}{y_f - x_f}$$

※ 상부조작선의 방정식 이용

$$y_{n+1} = \frac{R}{R+1}x_n + \frac{x_D}{R+1}$$

$$(R+1)y_{n+1} = Rx_n + x_D$$

R에 대해 정리하면

$$\therefore R = \frac{x_D - y_{n+1}}{y_{n+1} - x_n} = \frac{x_D - y'}{y' - x'}$$

(2) $$y' = \frac{\alpha x'}{1+(\alpha-1)x'} = \frac{2 \times 0.7}{1+(2-1)\times 0.7} = 0.82$$

$$R_m = \frac{x_D - y_f}{y_f - x_f} = \frac{0.98 - 0.82}{0.82 - 0.7} = 1.3$$

10 공기를 20℃에서 90℃로 열교환기를 통해 온도를 높이려고 한다. 관을 통과하면 1atm에서 30mmH$_2$O의 압력강하가 일어난다. 공기의 초속이 10m/s이고 정압비열이 0.24kcal/kg ℃일 때 공기의 질량유량(kg/s)이 일정할 때 공기가 받은 열량을 구하시오.

해설

20℃ 1atm	-30mmH$_2$O	90℃ 0.997atm
u_1=10m/s		u_2=12.43m/s

$$30\text{mmH}_2\text{O}\times\frac{1\text{cm}}{10\text{mm}}\times\frac{1\text{m}}{100\text{cm}}\times\frac{1\text{atm}}{10.33\text{mH}_2\text{O}}=0.003\text{atm}$$

$$u_2=u_1\left(\frac{P_1}{P_2}\right)\left(\frac{T_2}{T_1}\right)$$

$$=10\text{m/s}\times\left(\frac{1}{0.997}\right)\left(\frac{363}{293}\right)=12.43\text{m/s}$$

$$\frac{{u_1}^2}{2g_c}+\frac{g}{g_c}Z_1+W+JQ+JH_1=\frac{{u_2}^2}{2g_c}+\frac{g}{g_c}Z_2+JH_2$$

$$\therefore\ Q=\frac{{u_2}^2-{u_1}^2}{2g_c}+(H_2-H_1)$$

$$=\frac{12.43^2-10^2}{2\times9.8}+0.24\text{kcal/kg ℃}\times(90-20)\text{℃}$$

$$=\frac{2.78\text{kg}_\text{f}\ \text{m}}{\text{kg}}\times\frac{1\text{kcal}}{427\text{kg}_\text{f}\ \text{m}}+16.8\text{kcal/kg}$$

$$=16.81\text{kcal/kg}$$

11 지구에서 받은 열이 1kW/m^{2}이고 대기층에 흡수되는 열이 0.3kW/m^{2}일 때 태양의 온도는?(태양은 흑체라고 가정하며, 태양의 반지름은 700,000km, 지구와 태양의 거리는 150,000,000km, 스테판－볼츠만 상수는 5.67×10^{-8}W/m^2 K^4)

해설

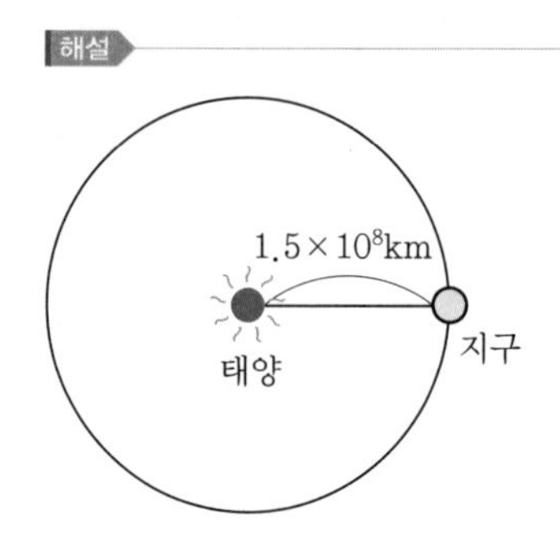

$$(1{,}000+300\text{W/m}^2)\times4\pi(1.5\times10^8)^2\times10^6\text{m}^2$$

$$=4\pi(7\times10^8)^2\text{m}^2\times5.67\times10^{-8}\text{W/m}^2\text{K}^4\times T^4$$

$$\therefore\ T=5{,}696\text{K}$$

2016년 제2회 기출문제

01 내경 10cm인 관을 점도가 10cP인 유체가 314g/s로 흐른다. 레이놀즈수는?

해설

$\dot{m} = \rho u A$

$314\text{g/s} = \rho u \times \frac{\pi}{4} \times 10^2\text{cm}^2$

$\therefore \rho u = 4$

$N_{Re} = \frac{Du\rho}{\mu} = \frac{10\text{cm} \times 4\text{g/s cm}^2}{10 \times 0.01\text{g/cm s}} = 400$

02 비중 1.84인 용액을 펌프를 이용하여 30m 높이로 퍼 올리려고 한다. 손실수두 20m, 입구 관경 10cm, 출구 관경 5cm, 입구유속 50cm/s이다. 펌프의 효율이 70%일 때 동력(W)을 구하여라.

해설

$u_1 D_1^2 = u_2 D_2^2$

$0.5\text{m/s} \times 10^2 = u_2 \times 5^2$

$\therefore u_2 = 2\text{m/s}$

$\Sigma F = g(20) = 9.8\text{m/s}^2 \times 20\text{m} = 196\text{J/kg}$

$W_p = \frac{u_2^2 - u_1^2}{2} + g(Z_2 - Z_1) + \frac{P_2 - P_1}{\rho} + \Sigma F$

$= \frac{2^2 - 0.5^2}{2} + 9.8(30) + 196$

$= 491.875\text{J/kg}$

$\dot{m} = \rho u A$

$= (1{,}840\text{kg/m}^3)(0.5\text{m/s})\left(\frac{\pi}{4} \times 0.1^2\right)\text{m}^2$

$= 7.22\text{kg/s}$

$P = \frac{W_p \dot{m}}{\eta}$

$= \frac{(491.875\text{J/kg})(7.22\text{kg/s})}{0.7}$

$= 5{,}073.3\text{W}$

03 50℃에서 포화습도는 0.086kgH₂O/kg dry air, 포화도는 60%일 때 절대습도는?

해설

$H_s = 0.086\text{kgH}_2\text{O/kg dry air}$

$H_p = 60\%$

$H_p = \frac{H}{H_s} \times 100[\%]$

$60\% = \frac{H}{0.086} \times 100$

$\therefore H = 0.0516\text{kgH}_2\text{O/kg dry air}$

04 다음 그림은 물의 비등곡선이다. 물음에 답하시오.

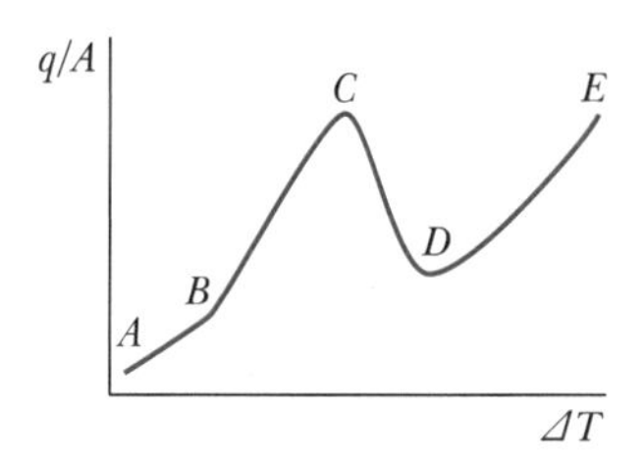

(1) C점에서의 온도차를 무엇이라고 하는가?
(2) C점에서의 속도를 무엇이라고 하는가?
(3) D점을 무엇이라 하는가?

해설

(1) 임계온도차
(2) 정점열속 또는 최대열부하
(3) Leidenfrost점(라이덴프로스트점)

※ AB : 자연대류
BC : 핵비등
CD : 전이비등
DE : 막비등

05 투과율이 0.1, 반사율이 0.2일 때 흡수율은?

해설

흡수율+반사율+투과율$=\alpha+\gamma+\delta=1$

$\alpha+0.2+0.1=1$

$\therefore\ \alpha=0.7$

06 직경이 일정한 관에 물이 일정한 유속으로 흐르면서 10m 상부로 이송된다. 입구의 압력이 50kN/m² abs, 출구의 압력이 90kN/m² abs이며 펌프가 물에 한 일이 150J/kg일 때 마찰손실은?

해설

$u_1=u_2$

$P_1=50\text{kN/m}^2=50{,}000\text{N/m}^2$

$P_2=90\text{kN/m}^2=90{,}000\text{N/m}^2$

$$W_p=\frac{{u_2}^2-{u_1}^2}{2}+g(Z_2-Z_1)+\frac{P_2-P_1}{\rho}+\Sigma F$$

$$150\text{J/kg}=9.8(10)+\frac{90{,}000-50{,}000}{1{,}000}+\Sigma F$$

$\Sigma F=12\text{J/kg}$

07 매우 큰 용광로에 반지름이 10cm인 구가 들어 있다. 노의 온도는 1,027℃, 구의 온도는 127℃일 때 열전달량을 구하여라.(단, $\varepsilon_{구}=0.5$, $\varepsilon_{노}=0.8$, $\sigma=5.676\times10^{-8}\text{W/K}^4\,\text{m}^2$)

해설

구의 면적에 비해 용광로의 면적이 매우 크므로

$q=\sigma\varepsilon_1A_1({T_1}^4-{T_2}^4)$

$=5.676\times10^{-8}\text{W/K}^4\,\text{m}^2\times0.5\times4\pi\times0.1^2\text{m}^2\times(1{,}300^4-400^4)$

$=10{,}089.4\text{W}$

08 다음은 전단응력－속도구배 그래프이다. A~D에 알맞은 유체를 써넣으시오.

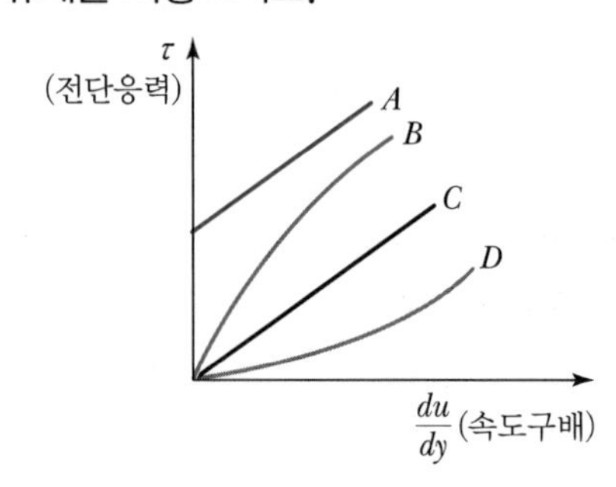

해설

- A : Bingham 유체
- B : Pseudo 유체
- C : Newton 유체
- D : Dilatant 유체

09 10wt% NaOH 수용액 100kg을 80wt%로 만들려면 증발시켜야 하는 수분의 양은?

해설

(1)

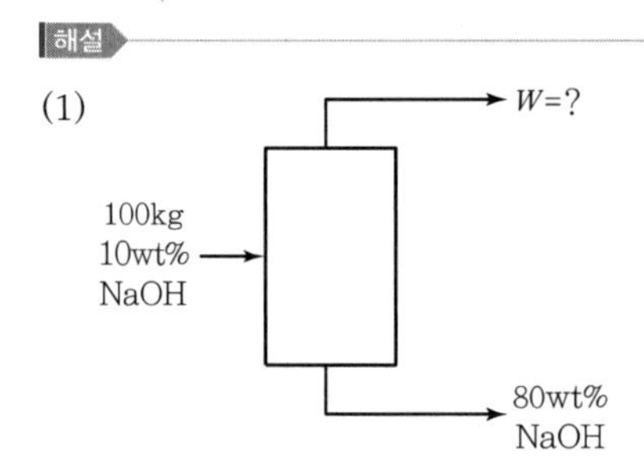

$100\times0.1=D\times0.8$

$\therefore\ D=12.5\text{kg}$

$W=100-12.5=87.5\text{kg}$

(2) $W=F\left(1-\frac{a}{b}\right)=100\text{kg}\times\left(1-\frac{10}{80}\right)=87.5\text{kg}$

10 이중관 향류열교환기 내관에 물이 $2m^3/h$로 들어가고 80℃에서 30℃까지 냉각된다. 외관에는 냉각수가 15℃로 들어가서 60℃로 나온다. 내관의 직경 20mm, 길이 6m, 총괄열전달계수가 170kcal/m² h ℃일 때 동관은 몇 개가 필요한가?

해설

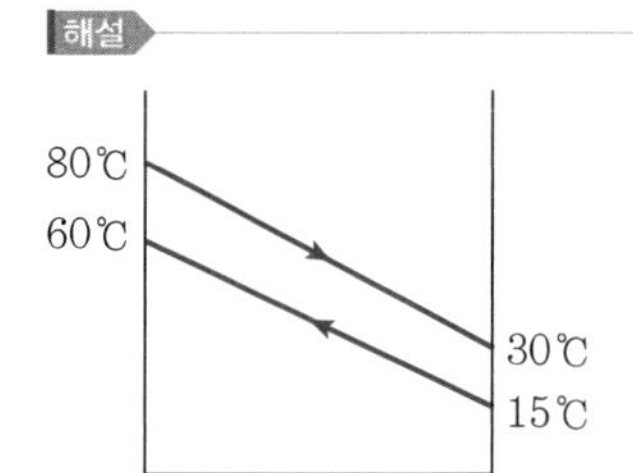

$\Delta t_1 = 80 - 60 = 20℃$

$\Delta t_2 = 30 - 15 = 15℃$

※ $\dfrac{\Delta t_1}{\Delta t_2} < 2$이므로 산술평균을 사용해도 된다.

$$\Delta \bar{t}_{LM} = \frac{20-15}{\ln\frac{20}{15}} = 17.4℃$$

$$\dot{m} = \rho u A = \rho Q$$
$$= 2m^3/h \times 1{,}000kg/m^3$$
$$= 2{,}000kg/h$$

$$q = \dot{m} C_p \Delta t$$
$$= 2{,}000kg/h \times 1kcal/kg\ ℃ \times (80-30)℃$$
$$= 100{,}000kcal/kg$$

$$q = UA\Delta\bar{t}$$
$$= 170kcal/m^2\ h\ ℃ \times (\pi \times 0.02m \times L) \times 17.4℃$$
$$= 100{,}000kcal/kg$$

$\therefore\ L = 535.32$

$\dfrac{535.32m}{6m} = 89.72$. 즉, 90개의 동관이 필요하다.

2016년 제4회 기출문제

01 벤젠 60kmol, 톨루엔 40kmol을 플래시 증류하여 벤젠의 조성이 0.4인 관출액을 얻었다. 유출액량을 구하여라.(단, 벤젠의 증기압은 1,180mmHg, 톨루엔의 증기압은 481mmHg이다.)

해설

$$\alpha_{AB} = \frac{y_A/y_B}{x_A/x_B} = \frac{P_A}{P_B} = \frac{1,180}{481} = 2.45$$

$$y = \frac{\alpha x}{1+(\alpha-1)x} = \frac{2.45 \times 0.4}{1+(2.45-1)\times 0.4} = 0.62$$

$$Fx_F = Dy + Wx$$

$$100 \times 0.6 = D \times 0.62 + (100-D) \times 0.4$$

$$\therefore D = 91\text{kmol}$$

02 내경 0.5m, 길이 1,000m인 관을 유체가 4.45m/s로 흐를 때 손실수두는?(단, $f=0.03$)

해설

$$\Sigma F = \left(4f\frac{L}{D} + k_c + k_e + \Sigma k_f\right)\frac{u^2}{2g_c}$$

$$\Sigma F = \frac{2fu^2L}{g_c D} = \frac{2(0.03)(4.45\text{m/s})^2(1,000\text{m})}{9.8\text{kg m/kg}_\text{f}\,\text{s}^2(0.5\text{m})} = 242.48\text{kg}_\text{f}\text{ m/kg}$$

$$\therefore \text{두(Head)} = \frac{g_c}{g}F = \frac{\text{kg}}{\text{kg}_\text{f}} \times 242.48\text{kg}_\text{f}\text{ m/kg} = 242.48\text{m}$$

03 외경 0.33m, 내경 0.17m, 길이 200m인 이중관에 물을 $1\text{m}^3/\text{h}$로 보낸다. 이때 압력강하(Pa)를 구하여라.

해설

$$u = \frac{Q}{A} = \frac{1\text{m}^3/\text{h} \times 1\text{h}/3,600\text{s}}{\frac{\pi}{4}\times(0.33^2 - 0.17^2)\text{m}^2} = 0.00442\text{m/s}$$

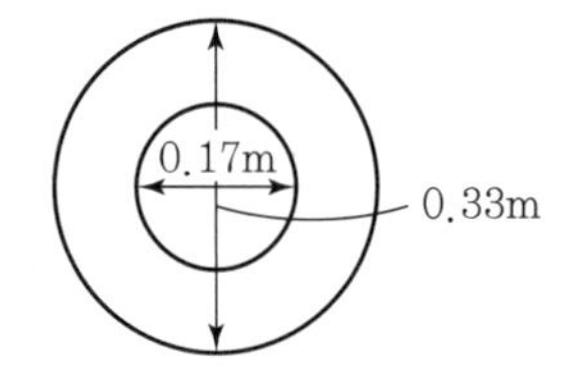

$$D_e = D_o - D_i = 0.33 - 0.17 = 0.16\text{m}$$

물의 점도 = 1cP = 0.001kg/m s

$$N_{Re} = \frac{Du\rho}{\mu} = \frac{(0.16)(0.00442)(1,000)}{0.001} = 707.2(\text{층류})$$

층류이므로 Hagen-Poiseuille 식을 사용해도 되고 $f = \frac{16}{N_{Re}}$을 이용해 Fanning 식을 사용해도 된다.

① Fanning 식

$$F = \frac{\Delta P}{\rho} = \frac{2fu^2L}{D}$$

$$\therefore \Delta P = \frac{2fu^2L\rho}{D}$$

$$f = \frac{16}{707.2} = 0.0226$$

$$\Delta P = \frac{2(0.0226)(0.00442\text{m/s})^2(200\text{m})(1,000\text{kg/m}^3)}{(0.16\text{m})} = 1.1\text{Pa}(\text{N/m}^2)$$

② Hagen-Poiseuille 식

$$F = \frac{\Delta P}{\rho} = \frac{32\mu\bar{u}L}{D^2\rho}$$

$$\therefore \Delta P = \frac{32\mu\bar{u}L}{D^2} = \frac{32(0.001)(0.00442)(200)}{0.16^2} = 1.1\text{Pa}(\text{N/m}^2)$$

04 안지름 0.4mm, 길이 3cm인 유리모세관에 산소기체를 매초 $1cm^3$의 속도로 보내고 있다. 산소의 밀도는 $1.33kg/m^3$, 점도는 0.021cP일 때 모세관에 의해 생기는 마찰손실(kg_f m/kg)은?

해설

$$u = \frac{Q}{A} = \frac{1cm^3/s \times \frac{1m^3}{100^3 cm^3}}{\frac{\pi}{4} \times (0.04 \times 0.01)^2 m^2} = 7.96m/s$$

$$N_{Re} = \frac{Du\rho}{\mu} = \frac{(0.04 \times 0.01m)(7.96m/s)(1.33kg/m^3)}{0.021 \times 0.01 \times 0.1kg/m\ s} = 201.6(\text{층류})$$

Hagen – Poiseuille 식

$$F = \frac{32\mu uL}{g_c D^2 \rho} = \frac{32(0.021 \times 0.01 \times 0.1)(7.96)(0.03)}{9.8(0.04 \times 0.01)^2(1.33)} = 76.95kg_f\ m/kg$$

05 1기압에서 상대습도 60%, 포화수증기압이 70mmHg일 경우 절대습도를 구하여라.

해설

$$H_R = \frac{p_v}{p_s} \times 100\%$$

$$= \frac{p_v}{70} \times 100 = 60\%$$

$$p_v = 42mmHg$$

$$H = \frac{18}{29}\frac{p_v}{P - p_v}$$

$$= \frac{18}{29}\frac{42}{760-42} = 0.0363kgH_2O/kg\ dry\ air$$

06 가시영역의 임의의 파장에 대하여 휘도를 관측하여 Wien의 법칙을 사용하여 온도를 측정하는 온도계는?

해설

광고온계

- 측정물의 휘도를 표준램프의 휘도와 비교하여 온도를 측정하는 것으로 700℃를 넘는 고온체, 직접 온도계를 삽입할 수 없는 고온체의 온도를 측정하는 데 사용한다.
- 파장에 따라 온도가 달라진다는 Wien의 법칙을 사용하여 온도를 측정한다.

07 내경 40mm, 외경 60mm인 원관이 있다. 관의 내부온도는 200℃, 관 외부의 온도는 1,200℃일 때 외관에서의 온도를 구하여라.(단, $h_i = 1,000kcal/m^2\ h\ ℃$, $h_o = 100kcal/m^2\ h\ ℃$, $k = 50kcal/m\ h\ ℃$)

해설

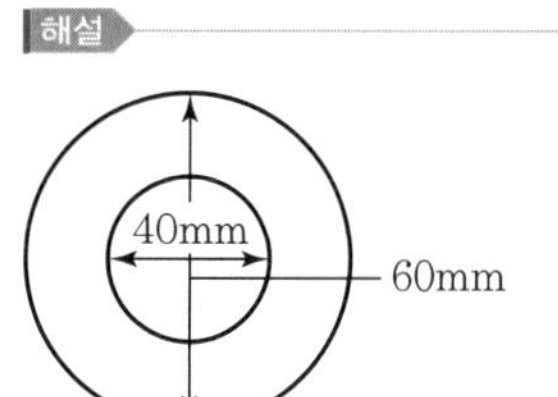

$$\overline{D}_{LM} = \frac{0.06 - 0.04}{\ln\frac{0.06}{0.04}} = 0.049m$$

$$l = \frac{60-40}{2} = 10mm = 0.01m$$

외면기준 총괄전열계수

$$U_o = \frac{1}{\frac{1}{h_i}\frac{D_o}{D_i} + \frac{l}{k}\frac{D_o}{\overline{D}_{LM}} + \frac{1}{h_o}}$$

$$= \frac{1}{\frac{(0.06)}{(1,000)(0.04)} + \frac{(0.01)(0.06)}{(50)(0.049)} + \frac{1}{100}}$$

$$= 85.14kcal/m^2\ h\ ℃$$

$$\Delta t : \Delta t_1 = R : R_1 = \frac{1}{U} : \frac{1}{U_1}$$

$$(1,200 - 200) : \Delta t_o = \frac{1}{85.14} : \frac{1}{h_o}$$

$$1,000 : \Delta t_o = \frac{1}{85.14} : \frac{1}{100}$$

$$\therefore \Delta t_o = 851.4℃$$

t_o쪽 온도 $= t_o - \Delta t_o = 1,200 - 851.4 = 348.6℃$

08 열교환기에서 외부 유체의 온도는 140℃에서 90℃로 감소하고 내부 유체의 온도는 40℃에서 70℃로 증가한다. 병류, 향류 온도차를 구하여라.

해설

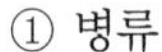

① 병류

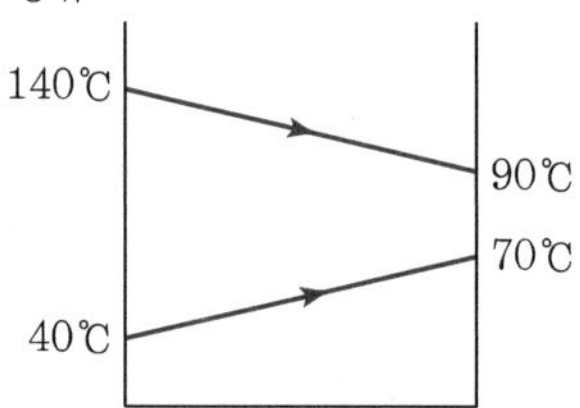

$\Delta t_1 = 140 - 40 = 100℃$

$\Delta t_2 = 90 - 70 = 20℃$

$$\Delta \bar{t}_{LM} = \frac{100 - 20}{\ln\frac{100}{20}} = 49.7℃$$

② 향류

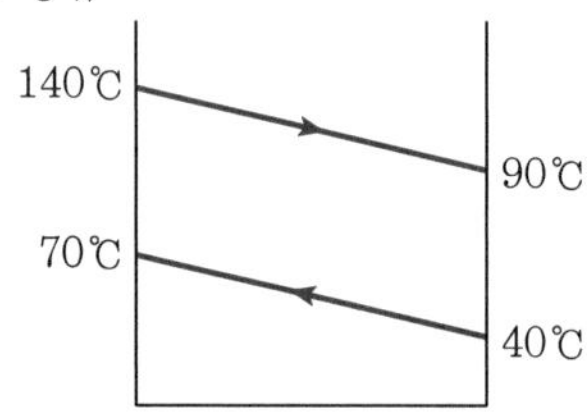

$\Delta t_1 = 140 - 70 = 70℃$

$\Delta t_2 = 90 - 40 = 50℃$

$$\Delta \bar{t}_{LM} = \frac{70 - 50}{\ln\frac{70}{50}} = 59.4℃$$

※ $\frac{\Delta t_1}{\Delta t_2} < 2$이므로 산술평균도 가능하지만 대수평균이 더 정확하다.

09 초산 24.6kg과 물 80kg의 혼합용액에 Isopropyl Ether 100kg을 가하여 추출한다. 추출되는 초산의 양을 구하여라.

구분	1	2	3	4	5	6	7
Isopropyl Ether 속 초산의 분율	0.03	0.045	0.063	0.07	0.078	0.086	0.106
물속 초산의 분율	0.1	0.15	0.19	0.22	0.24	0.26	0.3

해설

평균 $k_m = \frac{1}{n}\sum_{i=1}^{n}\left(\frac{y}{x}\right)_i = 0.32$

$$추출률 = 1 - \frac{1}{\left(1 + k_m\frac{S}{B}\right)^n}$$

$$= 1 - \frac{1}{\left(1 + 0.32\frac{100}{80}\right)^1} = 0.2857$$

∴ 추출되는 초산의 양 $= 24.6\text{kg} \times 0.2857 = 7.028\text{kg}$

10 비중 0.8, 점도 1cP인 유체가 관 내에 5cm/s로 흐르고 있다. 마찰계수가 0.01일 때 관의 내경을 구하여라.

해설

$$N_{Re} = \frac{Du\rho}{\mu}$$

$$f = \frac{16}{N_{Re}} = \frac{16\mu}{Du\rho}$$

$$0.01 = \frac{16 \times 0.01\text{g/cm s}}{D \times 5\text{cm/s} \times 0.8\text{g/cm}^3}$$

∴ $D = 4\text{cm}$

2017년 제1회 기출문제

01 U자관 마노미터를 사용하여 오리피스에 걸리는 압력차를 측정하였다. 마노미터 속의 유체는 비중 13.6인 수은이며, 오리피스를 통하여 흐르는 유체에는 비중이 0.79인 에탄올이 흐르고 있다. 마노미터 읽음이 15cm일 때 오리피스에 걸리는 압력차(kN/m^2)는?

해설

$$\Delta P = \frac{g}{g_c}(\rho_A - \rho_B)R \ [kg_f/m^2]$$
$$= g(\rho_A - \rho_B)R \ [N/m^2]$$
$$= 9.8m/s^2 \times (13.6 - 0.79) \times 1{,}000kg/m^3 \times 0.15m$$
$$= 18{,}830.7N/m^2 = 18.83kN/m^2$$

02 직경이 5cm인 관에 밀도 $1.2g/cm^3$, 점도 1.6cP인 유체가 3cm/s로 흐른다. 이 유체의 흐름이 층류인지 난류인지 판별하여라.

해설

$$N_{Re} = \frac{Du\rho}{\mu} = \frac{5cm \times 3cm/s \times 1.2g/cm^3}{1.6 \times 0.01g/cm\ s} = 1{,}125$$

$1{,}125 < 2{,}100$이므로 층류이다.

03 지름이 10cm이고 높이가 5m인 탱크에 물이 가득 차 있다. 탱크 밑에 지름이 10cm인 구멍이 있을 때 이 구멍을 통해 물이 모두 빠져나가는 시간은?

해설

시간이 지날수록 물이 빠져나가므로 유량이 적어져 시간이 오래 걸린다.

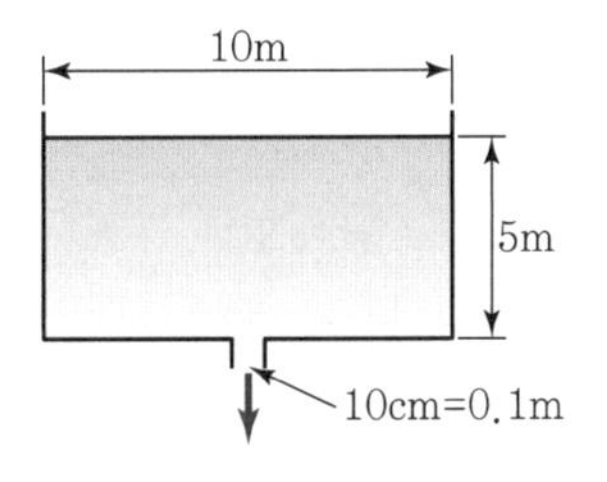

$$A_o = \frac{\pi}{4} \times 0.1^2 = 0.00785m^2$$
$$A = \frac{\pi}{4} \times 10^2 = 78.5m^2$$
$$q = \frac{-dV}{dt} = -A\frac{dh}{dt} = A_o\sqrt{2gh}$$
$$-\frac{dh}{\sqrt{h}} = \frac{A_o}{A}\sqrt{2g}\,dt$$
$$-2\sqrt{h}\Big|_{h_o}^{h_f} = \frac{A_o}{A}\sqrt{2\times 9.8}\,t$$
$$-2\sqrt{h}\Big|_5^0 = \frac{A_o}{A}\sqrt{2\times 9.8}\,t$$
$$4.472 = \frac{0.00785}{78.5}\sqrt{2\times 9.8}\,t$$
$$\therefore\ t = 10{,}101.52s = 2.81h$$

※ 공식화

$$Q = -A\frac{dh}{dt} = A_o\sqrt{2gh}$$

여기서, A : 탱크의 면적, A_o : 구멍의 면적

$$-\frac{dh}{\sqrt{h}} = \frac{A_o}{A}\sqrt{2g}\,dt = 4.427\frac{A_o}{A}dt$$

적분하면

$$\boxed{t = \frac{2\sqrt{|h_f|} - 2\sqrt{h_i}}{4.427}\frac{A}{A_o}}$$

여기서, h_i : 처음 높이(여기서 수면이므로 0)
h_f : 나중 높이(-5m)

04 아래의 값을 단위(cm, s, g)로 나타내어라.

(1) 점도

(2) 동점도

해설

(1) 1P(Poise) = 1g/cm s

(2) 1St(Stokes) = $1cm^2/s$

05 관부속품을 [보기]에서 찾아서 모두 적으시오.

> [보기]
> 리듀서, 엘보, 플랜지, 소켓, 유니언, 부싱, 커플링, 니플

(1) 관의 방향을 바꿔줄 때
(2) 2개의 관을 연결할 때
(3) 관의 직경을 바꿔줄 때

해설

(1) 엘보
(2) 플랜지, 유니언, 니플, 커플링, 소켓
(3) 리듀서, 부싱

06 회분반응기의 1차 반응에서 반감기가 1,000초인 물질의 초기농도의 $\frac{1}{10}$이 될 때까지의 반응시간(초)은?

해설

$$-r_A = -\frac{dC_A}{dt} = kC_A$$

$$\frac{dC_A}{C_A} = -kdt$$

$$\ln\frac{C_A}{C_{Ao}} = -kt$$

$$-\ln(1-X_A) = -kt$$

$$-\ln 0.5 = k \times 1{,}000$$

$$\therefore\ k = 0.000693$$

초기농도의 10%가 될 때이므로 $X_A = 0.9$가 될 때까지 소요시간

$$-\ln(1-0.9) = 0.000693 \times t$$

$$\therefore\ t = 3{,}322.6\text{s} = 0.92\text{h}$$

07 다음 충전탑의 A～F에 알맞은 명칭을 [보기]에서 고르시오.

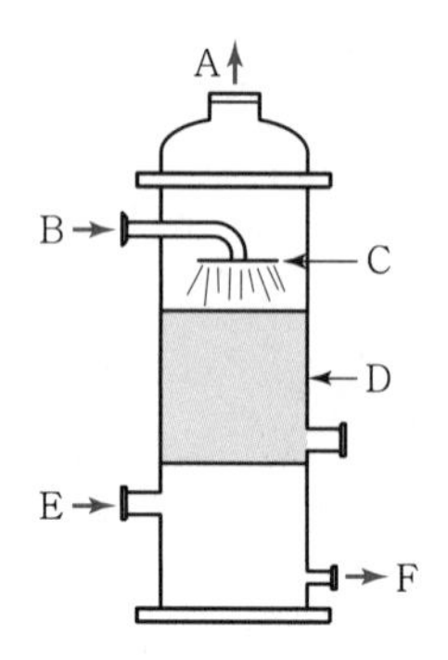

> [보기]
> 가. 기체의 출구　　나. 기체의 입구
> 다. 액체의 입구　　라. 액체의 출구
> 마. 충전물　　바. 액분배기

해설

- A : 가. 기체의 출구
- B : 다. 액체의 입구
- C : 바. 액분배기
- D : 마. 충전물
- E : 나. 기체의 입구
- F : 라. 액체의 출구

08 평형증류와 단증류에 대해서 설명하시오.

(1) 평형증류
(2) 단증류

해설

(1) **평형증류** : 플래시증류. 원액을 연속적으로 공급하여 발생 증기와 잔류액과 평형을 유지하면서 증류하는 조작
(2) **단증류** : 미분증류. 액체를 가열하여 생기는 증기가 액과 접촉하지 못하게 하면서 증기를 응축시키는 조작

09 30wt% 젖은 펄프 100kg을 건조하여 초기수분의 50%를 제거하였다. 건조된 펄프의 조성을 구하여라.

해설

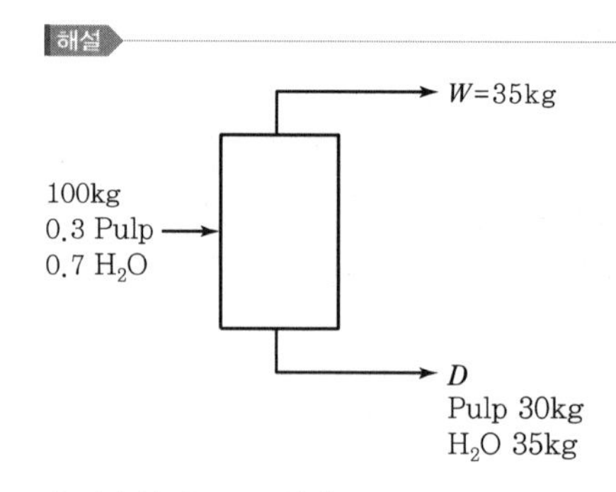

초기수분의 50% 제거

$W = 100 \times 0.7 \times 0.5 = 35\text{kg}$

대응성분 : Pulp

초기에 공급된 $100 \times 0.3 = 30\text{kg}$이 그대로 남아 있다.

$$\therefore\ x_{pulp} = \frac{30}{30+35} = 0.46$$

10 수면 3m 아래에 오리피스를 설치하여 유량이 분당 2,000L로 흐른다. 이때 오리피스 직경을 구하시오.(단, $C_o=0.6$)

해설

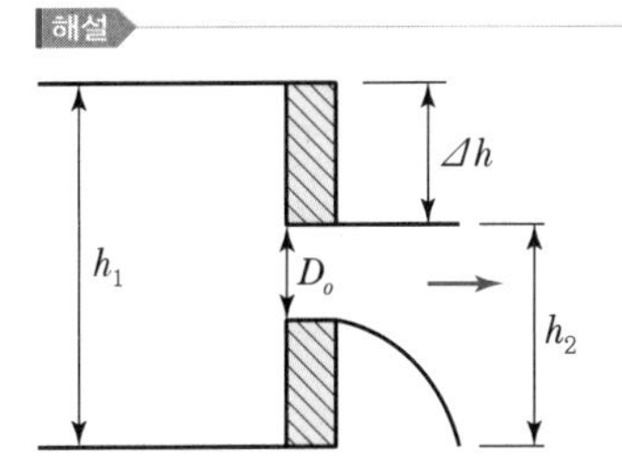

$$Q_o = A_o\bar{u}_o = \frac{\pi}{4}D_o^2\frac{C_o}{\sqrt{1-m^2}}\sqrt{2g\Delta h}$$

수심에 비해 오리피스 직경이 매우 작으므로 개구비 $m=0$으로 간주한다.

$$\therefore\ 2{,}000\text{L/min}\times\frac{1\text{min}}{60\text{s}}\times\frac{1\text{m}^3}{1{,}000\text{L}}$$

$$=\frac{\pi}{4}D_o^2(0.6)\sqrt{2\times9.8\times3}$$

$$\therefore\ D_o=0.096\text{m}$$

11 관에 흐르는 유체의 압력강하가 3,000N/m²이고 열교환량이 없을 때 온도차는?(단, 정적비열은 2J/kg ℃, 밀도는 600kg/m³이다.)

해설

$\Delta H=\Delta U+\Delta PV$

$\Delta H=0$(열교환량이 없음)

$\Delta U+\Delta PV=0$

단위질량당 $\Delta U=mC_V\Delta t\quad(m=1)$

$\qquad\qquad=C_V\Delta t$

$0=C_V\Delta T+\Delta PV$

$C_V\Delta T=-\Delta PV$

$$\Delta T=\frac{-\Delta PV}{C_V}$$

$$=\frac{3{,}000\text{N/m}^2\times\frac{\text{m}^3}{600\text{kg}}}{2\text{J/kg ℃}}$$

$=2.5$℃

12 벤젠이 45wt%, 톨루엔이 55wt%인 혼합물이 30,000kg/h로 유입되어 탑상에서 92wt% 벤젠을, 탑저에서 10wt% 벤젠을 얻었다. 환류비는 3.5이며 공급되는 액체는 끓는점으로 공급된다. 이때 탑상에서 얻는 제품의 양(kmol/h)을 구하여라.

해설

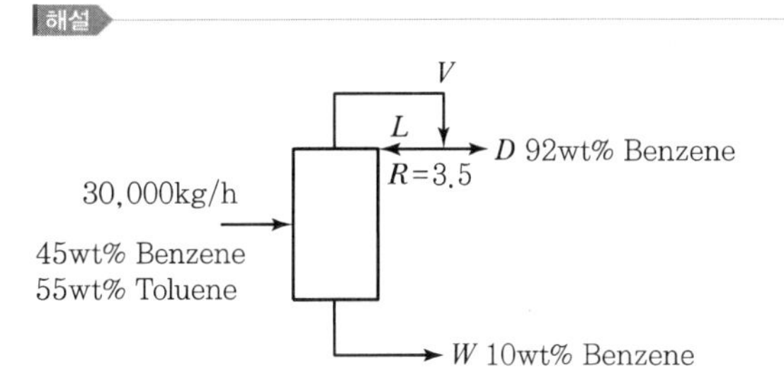

물질수지식

$30{,}000\text{kg/h}\times0.45=0.92D+(30{,}000-D)\times0.1$

$\therefore\ D=12{,}804.88\text{kg/h}$

$\quad W=30{,}000-12{,}804.88=17{,}195.12\text{kg/h}$

① 탑상부에서 평균분자량(100kg 기준)

$$M_{av}=\frac{100}{\frac{92}{78}+\frac{8}{92}}=78.96\text{kg/kmol}$$

$$D=\frac{12{,}804.88}{78.96}=162.17\text{kmol/h}$$

② $D=12{,}804.88\text{kg/h}$

$12{,}804.88\times0.92=11{,}780.5$kg/h Benzene

$12{,}804.88\times0.08=1{,}024.4$kg/h Toluene

$n=\frac{w}{M}$이므로

$$n_B=\frac{11{,}780.5}{78}=151\text{kmol}$$

$$n_T=\frac{1{,}024.4}{92}=11.13\text{kmol}$$

$\therefore\ D=n_B+n_T=151+11.13=162.13\text{kmol/h}$

※ $R=\frac{L}{D}=3.5$

$L=3.5D$

$\quad=3.5\times162.13=567.5\text{kmol/h}$

$\therefore\ V=L+D=3.5D+D=4.5D$

$\quad=4.5\times162.13=729.6\text{kmol/h}$

2017년 제2회 기출문제

01 주어진 Dühring Chart를 보고 50wt% NaOH 용액 10atm에서의 끓는점(℃)을 구하시오. 또한 구하는 과정을 그래프에 표시하시오.

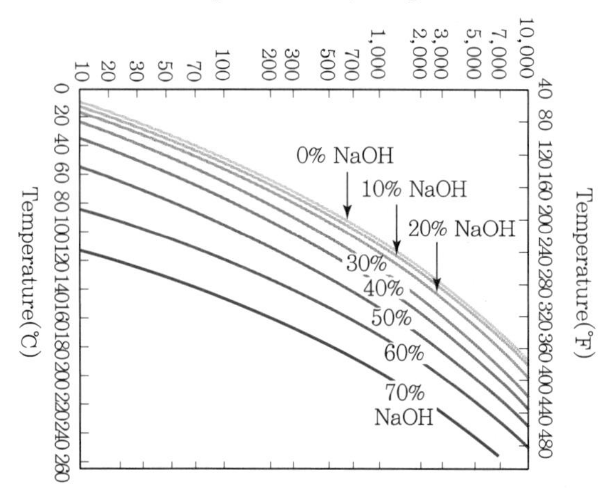

해설

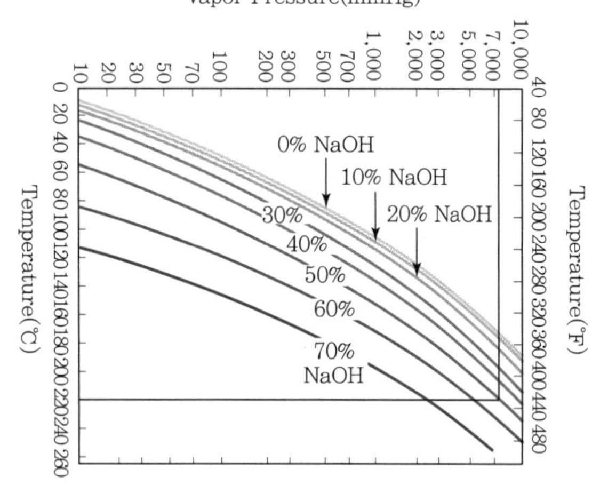

∴ 약 220℃

02 마찰손실($\varDelta P_f$)을 D, L, ρ, f, u 등으로 표현하고, 더 필요한 요인이 있다면 설명과 함께 기술하시오.

해설

$$\varDelta P=\frac{2fu^2L\rho}{g_cD}\,[\mathrm{kg_f/m^2}]$$

$$\varDelta P=\frac{2fu^2L\rho}{D}\,[\mathrm{N/m^2}]$$

여기서, f : 마찰계수

L : 관의 길이(m)

g_c : 중력상수(kg m/kg$_f$ s^2)

u : 유속(m/s)

D : 관의 직경(m)

03 20℃에서 50L짜리 용기에 질소 100g이 들어 있을 때, 질소 기체의 계기압을 psig 단위로 구하시오.(단, 대기압은 1atm)

해설

$$PV=\frac{w}{M}RT$$

$$P=\frac{wRT}{MV}$$

$$=\frac{100\mathrm{g}\times 0.082\mathrm{L\ atm/mol\ K}\times 293\mathrm{K}}{28\mathrm{g/1mol}\times 50\mathrm{L}}$$

$$=1.716\mathrm{atm}$$

$$\frac{1.176\mathrm{atm}}{}\left|\frac{14.7\mathrm{psi}}{1\mathrm{atm}}\right.=25.2\mathrm{psi}$$

절대압 = 대기압 + 게이지압

25.2psi = 14.7psia + $x$psig

∴ x = 25.2 − 14.7 = 10.5psig

04 한 변의 길이 4cm, 각 내각이 120°을 이루는 정육각형 모양의 관의 상당직경을 구하시오.

해설

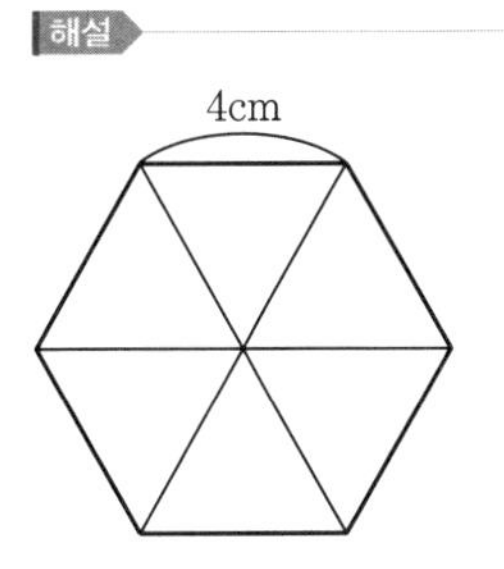

$$상당직경 = 4 \times \frac{유로의\ 단면적}{유체가\ 접한\ 총\ 길이}$$

$$D_{eq} = 4 \times \frac{유로의\ 단면적}{젖음둘레}$$

$$= 4 \times \frac{4\sqrt{3} \times 6}{4 \times 6} = 4\sqrt{3} = 6.93\text{cm}$$

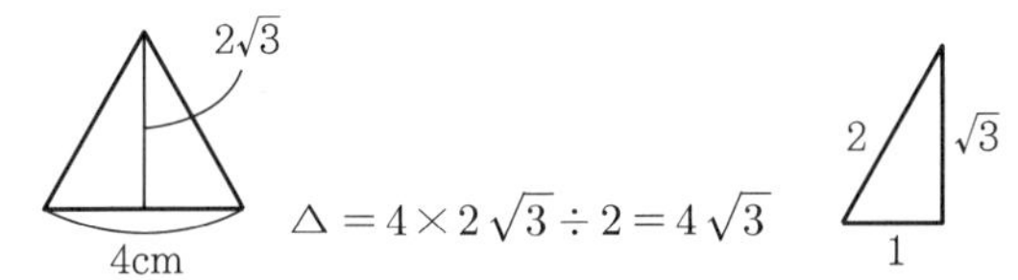

05 수분함량 32wt%인 1,000kg 고체를, 수분 3wt%로 건조할 때 제거되는 수분의 양(kg)을 구하시오.

해설

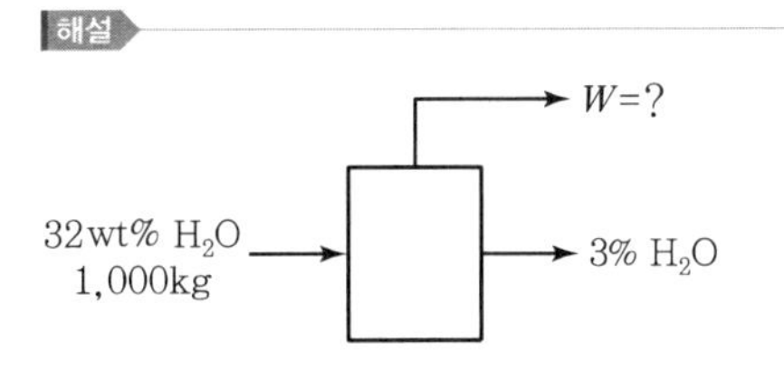

대응성분(고체)

$1,000 \times 0.68 = (1,000 - W) \times 0.97$

$680 = 970 - 0.97W$

$\therefore\ W = 298.97\text{kg}$

06 Schedule Number를 구하는 식을 쓰고, 단위가 있다면 단위도 함께 표시하시오.

해설

$$\text{Schedule No.} = 1,000 \times \frac{내부\ 작업\ 압력(\text{kg}_f/\text{cm}^2)}{재료의\ 허용응력(\text{kg}_f/\text{cm}^2)}$$

※ 10, 20, 30, 40, 60, 80, 100, 120, 160. 번호가 클수록 두께가 커진다.

07 밸브 종류 중 3가지를 쓰고, 각각의 특징 또는 용도에 대해서 기술하시오.

해설

① Gate Valve(게이트 밸브) : 유체의 흐름과 직각으로 움직이는 문의 상하운동에 의해 유량을 조절한다. 섬세한 유량조절은 힘들며 저수지의 수문과 같이 유로의 완전 개폐에 사용한다.

② Globe Valve(글로브 밸브) : 가정에서 사용하는 수도꼭지와 같은 것이며, 섬세한 유량조절을 할 수 있다.

예 스톱밸브, 앵글밸브, 니들밸브

③ Check Valve(체크 밸브) : 유체의 역류를 방지하고 유체를 한 방향으로만 보내고자 할 때 사용한다.

08 임펠러의 회전으로 액체가 회전운동을 일으켜 액체 압력을 증가시켜 양수하는 펌프로, 고형물이 포함된 탁한 액체를 수송할 때 쓰기도 하는 이 펌프는?

해설

원심펌프

임펠러의 회전에 의한 원심력으로 유체를 밀어내는 것으로 볼루트펌프, 터빈펌프가 있다. 왕복펌프에 비해 구조가 간단하고 용량은 같아도 소형이며 가볍고 값이 싸다. 진흙, 펄프의 수송도 가능하다.

09 폐열이 170℃로 유지된 채로 50kg의 물이 10℃에서 90℃로 가열될 때, 향류에서의 열교환기 면적을 구하시오.(단, 총괄계수 $U=100\text{kcal/h m}^2\ ℃$, 물의 비열 $=1\text{kcal/kg}\ ℃$)

해설

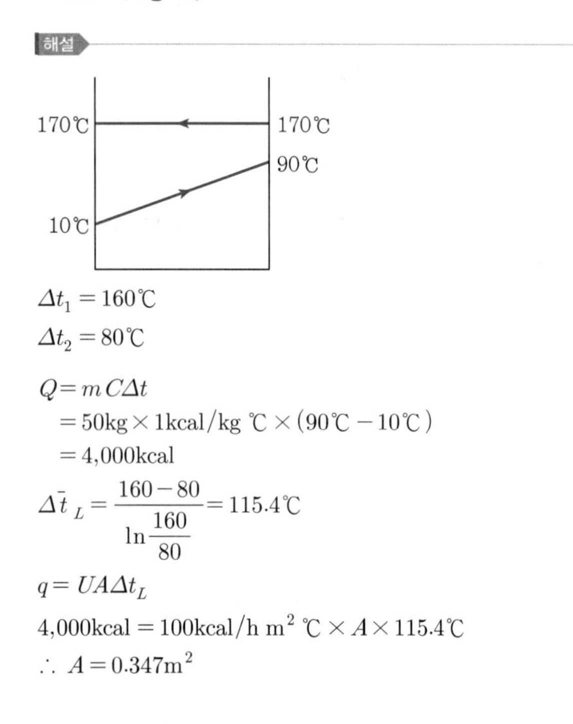

$\Delta t_1 = 160℃$

$\Delta t_2 = 80℃$

$Q = mC\Delta t$

$= 50\text{kg} \times 1\text{kcal/kg}\ ℃ \times (90℃ - 10℃)$

$= 4{,}000\text{kcal}$

$$\Delta \bar{t}_L = \frac{160-80}{\ln\frac{160}{80}} = 115.4℃$$

$q = UA\Delta t_L$

$4{,}000\text{kcal} = 100\text{kcal/h m}^2\ ℃ \times A \times 115.4℃$

$\therefore\ A = 0.347\text{m}^2$

10 비중 0.8, 직경 20cm, 점도가 5cP인 유체의 임계속도를 구하시오.(단, 임계 레이놀즈수는 2,100)

해설

$$N_{Re} = \frac{Du\rho}{\mu}$$

$$2{,}100 = \frac{20\text{cm} \times u \times 0.8\text{g/cm}^3}{5 \times 0.01\text{g/cm s}}$$

$\therefore\ u = 6.56\text{cm/s}$

11 외경 100cm, 내경 40cm, 길이 10m의 원통형 관이 있다. 관 내면의 온도가 500℃, 관 외면의 온도가 320℃이며 열전도도 $k=0.2\text{W/m K}$일 때, 열손실량을 kW 단위로 구하시오.(단, 유체의 흐름은 1차원으로 가정)

해설

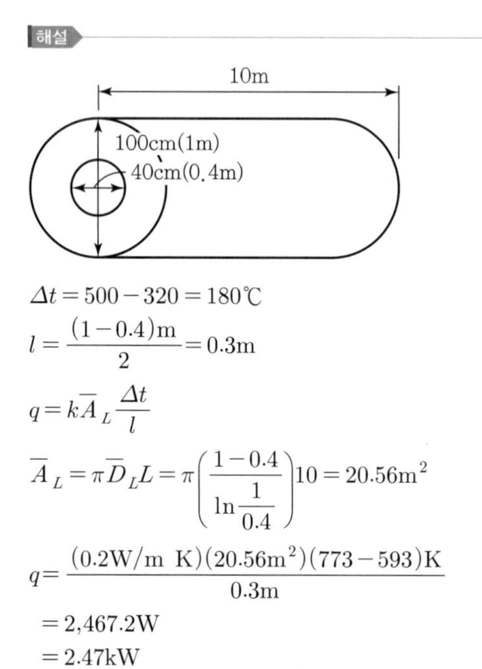

$\Delta t = 500 - 320 = 180℃$

$$l = \frac{(1-0.4)\text{m}}{2} = 0.3\text{m}$$

$$q = k\bar{A}_L \frac{\Delta t}{l}$$

$$\bar{A}_L = \pi \bar{D}_L L = \pi\left(\frac{1-0.4}{\ln\frac{1}{0.4}}\right)10 = 20.56\text{m}^2$$

$$q = \frac{(0.2\text{W/m K})(20.56\text{m}^2)(773-593)\text{K}}{0.3\text{m}}$$

$= 2{,}467.2\text{W}$

$= 2.47\text{kW}$

12 증발기의 열원으로 수증기를 사용할 때 물리적, 기술적, 기능적, 효율적 측면에서의 장점을 4가지만 쓰시오.

해설

① 물은 다른 액체나 기체보다 열전도도가 크므로 수증기의 열전달계수가 크다.
② 가열이 균일하여 국부 가열될 염려가 없다.
③ 압력조절밸브를 사용하면 온도 변화를 쉽게 조절할 수 있다.
④ 증기기관의 폐증기를 이용할 수 있다.
⑤ 다중 효용관이나 자기증기압축법에 의한 증발을 할 수 있다.
⑥ 비교적 값이 싸며 쉽게 얻을 수 있다.

13 직경 100mm의 관을 이용하여 25m 높이에 있는 탱크로 기름을 끌어올린다. 수평관의 길이는 400m이고, 유속 $60m^3/h$, 비중 0.9인 기름의 점도는 2P이다. 펌프의 효율은 50%일 때, 실제 필요한 펌프의 동력을 J/s 단위로 구하시오.

해설

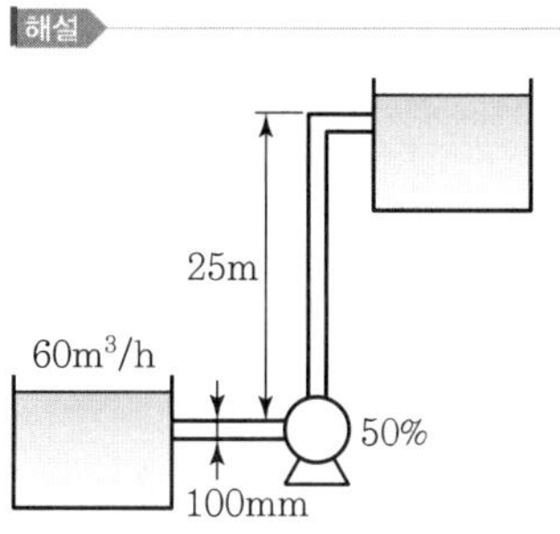

$$Q = 60m^3/h \times \frac{1h}{3{,}600s} = 0.0167m^3/s$$

$$u = \frac{0.0167m^3/s}{\frac{\pi}{4} \times 0.1^2 m^2} = 2.127m/s$$

$$\dot{m} = \rho u A = \rho Q = 900kg/m^3 \times 0.0167m^3/s = 15.03kg/s$$

$$N_{Re} = \frac{Du\rho}{\mu} = \frac{(0.1m)(2.127m/s)(900kg/m^3)}{2 \times 0.1(kg/m\ s)} = 957(\text{층류})$$

$$f = \frac{6}{N_{Re}} = \frac{16}{957} = 0.0167$$

$$\Sigma F = \frac{2fu^2L}{D} = \frac{2(0.0167)(2.127)^2(400+25)}{(0.1)} J/kg = 642.2J/kg$$

$$W_P = \frac{\alpha \Delta u^2}{2} + g\Delta Z + \frac{\Delta P}{\rho} + \Sigma F$$

$$W_P = \frac{2(2.127)^2}{2} + (9.8)(25) + 642.2 = 891.7J/kg$$

$$\therefore P = \frac{W_p \dot{m}}{\eta} = \frac{891.7J/kg \times 15.03kg/s}{0.5} = 26{,}804.5J/s$$

14 벤젠 45mol%, 톨루엔 55mol%인 혼합액의 비점은 1atm에서 93.9℃이다. 원액이 55℃로 공급될 때, 원료선의 방정식을 구하시오.(단, 혼합액의 정적비열은 40kcal/kg ℃이고, 잠열은 7,620kcal/kg이다.)

해설

원액이 비점 이하로 공급되므로

$$q = 1 + \frac{C_{PL}(t_b - t_F)}{\lambda} = 1 + \frac{40kcal/kg\ ℃ \times (93.9-55)℃}{7{,}620kcal/kg} = 1.2$$

원료선의 방정식

$$y = \frac{q}{q-1}x - \frac{x_F}{q-1} = \frac{1.2}{1.2-1}x - \frac{0.45}{1.2-1}$$

$$\therefore y = 6x - 2.25$$

2017년 제4회 기출문제

01 두께 5cm 벽의 내부온도는 30℃, 외부온도는 100℃일 때 열전달량은?(단, $h=200\text{kcal/m}^2\text{ h ℃}$, $k=20\text{kcal/m h ℃}$)

해설

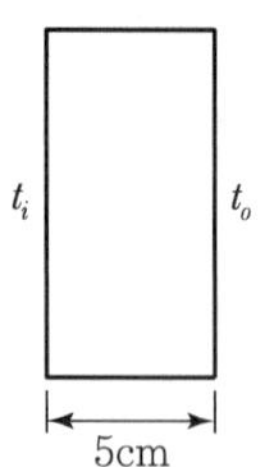

$$\frac{q}{A}=\frac{\Delta t}{\frac{1}{h}+\frac{l}{k}}$$

$$=\frac{(100-30)℃}{\frac{1}{200\text{kcal/m}^2\text{ h ℃}}+\frac{0.05\text{m}}{20\text{kcal/m h ℃}}}$$

$$=9{,}333.3\text{kcal/h m}^2$$

02 벤젠과 톨루엔의 이상혼합용액이 110℃, 2atm에서 기액평형을 이루고 있다. 증기 중 벤젠과 톨루엔의 몰분율을 구하여라.(단, 벤젠의 증기압 1,750mmHg, 톨루엔의 증기압은 760mmHg이다.)

해설

Raoult's Law과 돌턴의 분압법칙 이용

$$P=P_Ax_A+P_Bx_B$$

$$P=2\text{atm}\times\frac{760\text{mmHg}}{1\text{atm}}=1{,}750x_A+760(1-x_A)$$

$$\therefore x_A=0.767$$

$$y_A=\frac{p_A}{P}=\frac{P_Ax_A}{P}$$

$$\therefore y_A=\frac{1{,}750\times0.767}{1{,}520}=0.88$$

$$y_B=1-y_A=1-0.88=0.12$$

03 열전달과 관련하여 푸리에의 법칙에 대해 설명하시오.

해설

$$q=-kA\frac{dt}{dl}$$

여기서, k : 열전도도(kcal/m h ℃)

A : 단면적(m^2)

$\frac{dt}{dl}$: 온도구배

Fourier's Law

- 단위시간에 단위면적을 통하여 흐르는 열량
- 열량은 온도차, 열전도도, 단면적에 비례하고 열전달 길이에 반비례한다.

04 무한히 큰 두 평판이 있다. 한 평면의 복사능(ε_1)은 0.8, 온도는 1,100K, 다른 평판의 복사능(ε_1)은 0.5, 온도는 650K이다. 복사에너지($\text{kcal/m}^2\text{ h}$)의 크기는?

해설

무한히 큰 두 평면($A_1 \fallingdotseq A_2$)

시각인자 $F_{1.2}=1$

$$\mathcal{F}_{1.2}=\frac{1}{\frac{1}{F_{1.2}}+\left(\frac{1}{\varepsilon_1}-1\right)+\frac{A_1}{A_2}\left(\frac{1}{\varepsilon_2}-1\right)}$$

$$=\frac{1}{1+\left(\frac{1}{\varepsilon_1}-1\right)+\left(\frac{1}{\varepsilon_2}-1\right)}=\frac{1}{\frac{1}{\varepsilon_1}+\frac{1}{\varepsilon_2}-1}$$

$$q_{1.2}=\sigma A_1\mathcal{F}_{1.2}(T_1^{\,4}-T_2^{\,4})$$

$$=4.88A_1\frac{1}{\frac{1}{\varepsilon_1}+\frac{1}{\varepsilon_2}-1}\left[\left(\frac{T_1}{100}\right)^4-\left(\frac{T_2}{100}\right)^4\right]$$

$$\frac{q}{A}=4.88\frac{1}{\frac{1}{0.8}+\frac{1}{0.5}-1}\left[\left(\frac{1{,}100}{100}\right)^4-\left(\frac{650}{100}\right)^4\right]$$

$$=27{,}883.1\text{kcal/m}^2\text{ h}$$

05 탱크에 저장되어 있는 비중 1.5인 용액을 0.01m^3/s의 유량으로 상부로 수송하려 한다. 두 탱크의 높이차는 2m, 펌프의 효율은 60%일 때 소요동력은 몇 W인가?(단, 펌프유입부 내경은 2cm, 펌프유출부 내경은 4cm, 손실수두는 10m이다.)

해설

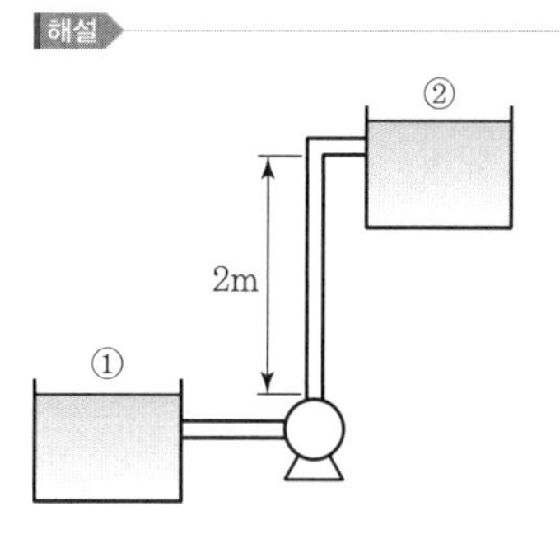

$$u_2 = \frac{Q}{A_2} = \frac{0.01\text{m}^3/\text{s}}{\frac{\pi}{4}\times 0.04^2} = 7.96\text{m/s}$$

질량유량 $\dot{m} = \rho u A = \rho Q$

$= 1.5\times 10^3\text{kg/m}^3 \times 0.01\text{m}^3/\text{s}$

$= 15\text{kg/s}$

$$W_P = \frac{{u_2}^2 - {u_1}^2}{2} + g(Z_2 - Z_1) + \frac{P_2 - P_1}{\rho} + \Sigma F$$

$$= \frac{7.96^2}{2} + 9.8(2) + 9.8(10) = 149.28\text{J/kg}$$

펌프의 소요동력

$$P = \frac{W_P \dot{m}}{\eta} = \frac{149.28\text{J/kg}\times 15\text{kg/s}}{0.6} = 3{,}732\text{W}$$

06 옥탄가와 세탄가의 정의를 쓰시오.

해설

(1) 옥탄가
- 가솔린의 안티노크성을 수치로 표시한 것이다.
- 이소옥탄의 옥탄가를 100, 노말헵탄의 옥탄가를 0으로 정한 후 이소옥탄의 %를 옥탄가라 한다.

(2) 세탄가

디젤기관의 착화성을 정량적으로 나타내는 데 이용되는 수치로 세탄가가 클수록 착화성이 크며, 디젤연료로 우수하다.

07 다음 열전대 타입별 재료를 2가지 쓰시오.

(1) R – (　　　　,　　　　)
(2) J – (　　　　,　　　　)
(3) K – (　　　　,　　　　)

해설

(1) 백금, 로듐
(2) 철, 콘스탄탄
(3) 크로멜, 알루멜

▼ 열전대온도계의 종류와 특징

type	기호	사용금속	사용온도(℃)	특징
R	PR	백금–로듐	0~1,600	• 고온측정에 유리 • 환원성 분위기에 약하다.
K	CA	크로멜–알루멜	–200~1,200	• 열기전력이 크다. • 환원성 분위기에 강하다.
J	IC	철–콘스탄탄	–200~800	열기전력이 크다.
T	CC	구리–콘스탄탄	–200~350	• 저온용으로 사용 • 열기전력이 크다.

08 이론탑의 높이가 180m, 이론단수가 9일 때 HETP를 구하시오.

해설

$Z = HETP \times N_P$

$$\therefore\ HETP = \frac{Z}{N_P} = \frac{180\text{m}}{9} = 20\text{m}$$

09 물이 들어 있는 피토관 마노미터 읽음이 54mm이고, 피토관의 직경은 30cm이다. 공기의 최대유속(m/s)을 구하여라.(단, 물의 밀도는 1,000kg/m^3, 공기의 밀도는 1.21kg/m^3)

해설

$R = 54\text{mm} = 0.054\text{m}$

$\rho' = 1{,}000\text{kg/m}^3,\ \rho = 1.21\text{kg/m}^3,\ g = 9.8\text{m/s}^2$

$$u_{max} = \sqrt{\frac{2g(\rho' - \rho)R}{\rho}}$$

$$= \sqrt{\frac{2(9.8)(1{,}000 - 1.21)(0.054)}{1.21}} = 29.56\text{m/s}$$

2018년 제1회 기출문제

01 다음 물음에 답하시오.

(1) McCabe－Thiele법에서는 몇 개의 성분을 이용하는가?

(2) 이론단수와 실제단수의 비는 무엇이라 하는가?

(3) 이론단수가 무한대일 때의 환류비를 무엇이라 하는가?

해설

(1) 2성분계

(2) $\dfrac{\text{이론단수}}{\text{실제단수}}$ = 총괄효율(Overall Efficiency)

(3) 최소환류비

02 Nussel 수와 Biot 수는 무엇인가?

해설

① Nussel Number $= \dfrac{hD}{k}$

$= \dfrac{\text{대류열전달}}{\text{전도열전달}}$

$N_{Nu} \fallingdotseq 1$이면 대류효과가 매우 약하거나 없다는 것을 의미한다.

② Biot Number $= \dfrac{hL}{k}$

$= \dfrac{\text{대류에 의한 열전달}}{\text{전도에 의한 열전달}}$

$= \dfrac{\text{고체표면에서의 대류열전달계수}}{\text{고체내부의 거리 } L\text{을 통한 열전도도}}$

여기서, L : 물체의 특성길이(m)

h : 대류열전달계수(kcal/m² h ℃)

k : 열전도도(kcal/m h ℃)

D : 관의 직경(m)

03 공비증류와 추출증류에 대해 설명하시오.

해설

① **공비증류** : 첨가하는 물질이 한 성분과 친화력이 크고 휘발성이어서 원료 중의 한 성분과 공비 혼합물을 만들어 고비점성분을 분리하고, 다시 이 새로운 공비 혼합물을 분리하는 조작

예 벤젠 첨가에 의한 알코올의 탈수증류

② **추출증류** : 공비 혼합물 중의 한 성분과 친화력이 크고 비교적 비휘발성물질을 첨가하여 액액추출의 효과와 증류의 효과를 이용하여 분리하는 조작

예 황산첨가에 의한 질산의 탈수증류

Benzene과 Cyclohexane을 분리하려면 Furfural을 사용

04 45mol% 벤젠과 55mol% 톨루엔의 혼합액(비점 93.9℃)을 유입온도 55℃로 유입할 때 q－line의 기울기를 구하여라.(단, 물질의 비열은 40kcal/kg ℃, 증발열은 7,620kcal/kg이다.)

해설

원액이 비점 이하로 공급되므로

$$q = 1 + \frac{C_{PL}(T_b - T_F)}{\lambda}$$

$$= 1 + \frac{40\text{kcal/kg ℃} \times (93.9 - 55)\text{℃}}{7{,}620\text{kcal/kg}}$$

$$= 1.2$$

$$y = \frac{q}{q-1}x - \frac{x_F}{q-1}$$

$$= \frac{1.2}{1.2-1}x - \frac{0.45}{1.2-1}$$

$$= 6x - 2.25$$

∴ 기울기 = 6

05 유동층과 최소유동화속도를 설명하여라.

해설

① **유동층** : 입자군의 아래쪽에서부터 유체를 불어올려 입자군을 부유현탁의 상태로 유지한 층을 유동층이라 한다.
※ 고정층(충전층)과 유체에 따른 입자 수송 상태와의 중간 상태이다.

② **최소유동화속도** : 입자를 충전한 반응기의 아래쪽에서 기체를 보내어 그 가스 유속을 점점 상승시키면 최소유동화 속도에서 입자의 중력이 기체에서 받는 상향력(항력)과 균형을 이루었다가 다시 기체의 유속이 증가하여 입자가 부유한 상태에서 유동한다. 이와 같이 유동화를 개시하는 속도를 최소유동화속도라 한다.

06 비중이 1.12, 점도가 0.1cP인 유체를 직경 15cm인 관으로 유량 50L/min으로 이송한다. 90°도 엘보 3개와 글로브 밸브 1개를 사용하고, 총 관의 길이가 15m일 때 압력손실은?(단, 마찰계수 $f=0.046N_{Re}^{-0.5}$, 90° 엘보, 글로브 밸브의 L_e/D는 각각 40, 100이다.)

해설

$$u=\frac{Q}{A}=\frac{50\text{L/min}\times\dfrac{1\text{m}^3}{1{,}000\text{L}}\times\dfrac{1\text{min}}{60\text{s}}}{\dfrac{\pi}{4}\times0.15^2\text{m}^2}=0.0472\text{m/s}$$

$$N_{Re}=\frac{Du\rho}{\mu}=\frac{(0.15\text{m})(0.0472\text{m/s})(1{,}120\text{kg/m}^3)}{0.1\times0.01\times0.1\text{kg/m s}}=79{,}296$$

$$f=0.046N_{Re}^{-0.5}=0.046(79{,}296)^{-0.5}=0.00016$$

$$\frac{L_e}{D}=40 \quad \therefore L_e=40\times0.15=6\text{m (엘보)}$$

$$\frac{L_e}{D}=100 \quad \therefore L_e=100\times0.15=15\text{m (글로브 밸브)}$$

L = 관의 길이 + 엘보 × 3 + 글로브 밸브
$=(15+6\times3+15)\text{m}$

$$\Sigma F=\frac{\Delta P}{\rho}=\frac{2fu^2L}{D}$$

$$\therefore \Delta P=\frac{2fu^2L\rho}{D}=\frac{2(0.00016)(0.0472)^2(15+6\times3+15)(1{,}120)}{0.15}=0.26\text{N/m}^2\text{(Pa)}$$

07 0℃, 1기압의 공기 380m³에 수분 16.8kg이 포함되어 있다. 이때 건조공기 1kg당 수분의 양은 몇 kg인가?

해설

$$PV=\frac{w}{M}RT$$

$$1\text{atm}\times380\text{m}^3=\frac{w}{29\text{kg/kmol}}\times0.082\text{m}^3\text{ atm/kmol K}\times273\text{K}$$

$$\therefore w=492.27\text{kg air}$$

$$H=\frac{16.8\text{kgH}_2\text{O}}{492.27\text{kg dry air}}=0.034\text{kgH}_2\text{O/kg dry air}$$

08 피토관에 개방형 압력계가 150mmH₂O이고, 피토관 마노미터 읽음이 25mmH₂O을 가리킨다. 이때 공기의 최대유속은?(단, 공기의 온도는 15℃이다.)

해설

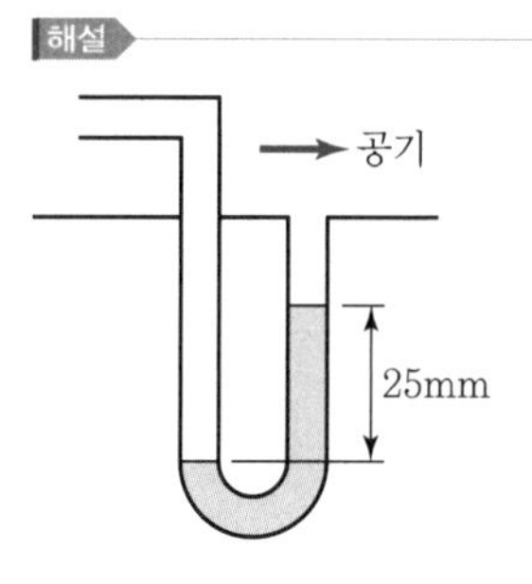

$$P=P_g+P_a=150\text{mmH}_2\text{O}\times\frac{1\text{mH}_2\text{O}}{10^3\text{mmH}_2\text{O}}\times\frac{101.325\times10^3\text{Pa}}{10.33\text{mH}_2\text{O}}+101.325\times10^3\text{Pa}=102{,}796\text{Pa}$$

$$PV=\frac{w}{M}RT$$

$$d=\frac{w}{V}=\frac{PM}{RT}$$

$$\text{밀도 } d=\frac{102{,}796\text{N/m}^2\times29\text{kg/1kmol}}{8.314\text{J/mol K}\times\dfrac{1{,}000\text{mol}}{1\text{kmol}}\times288\text{K}}=1.245\text{kg/m}^3$$

공기의 최대유속

$$U_{max}=\sqrt{\frac{2g(\rho'-\rho)R}{\rho}}=\sqrt{\frac{2(9.8\text{m/s}^2)(1{,}000-1.245)\text{kg/m}^3\times0.025\text{m}}{1.245\text{kg/m}^3}}=19.83\text{m/s}$$

09 내관에서 140℃의 유체를 90℃로 외관에 있는 냉각수를 이용해 냉각한다. 냉각수는 40℃에서 70℃로 온도가 변화한다. 병류흐름에서와 향류흐름에서의 대수평균온도차(LMTD)를 구하여라.

① 병류

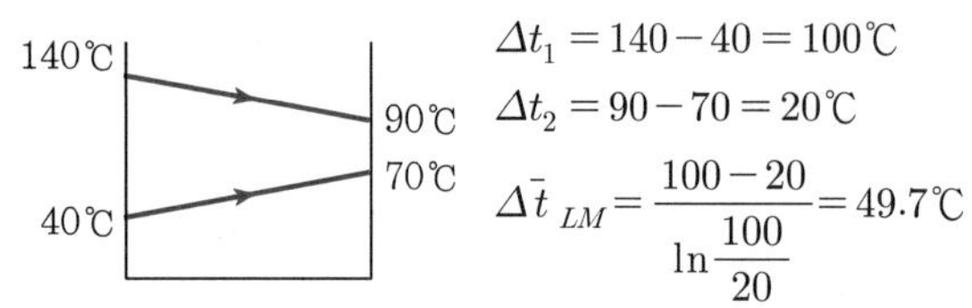

② 향류

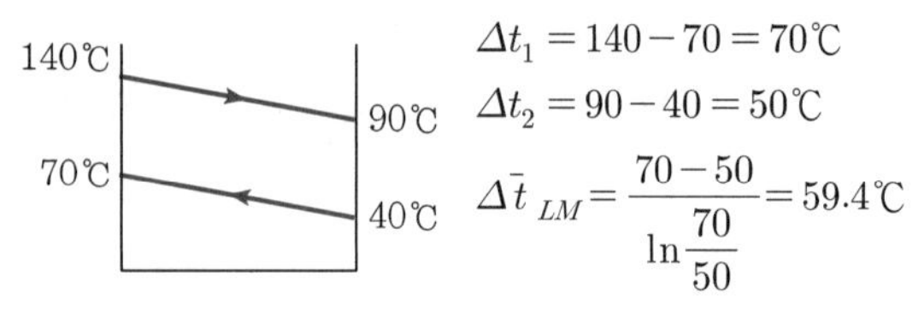

10 다음은 정육각형 모양의 관이다. 상당직경을 구하여라.

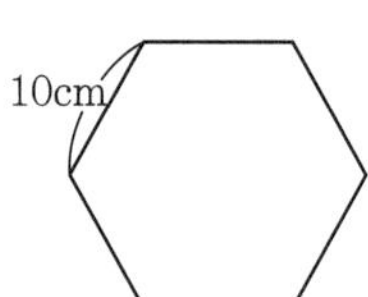

해설

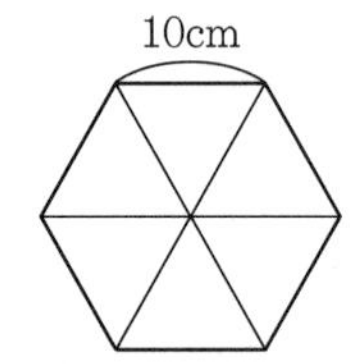

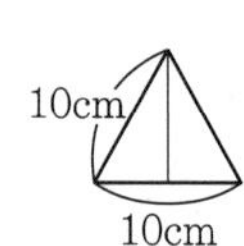

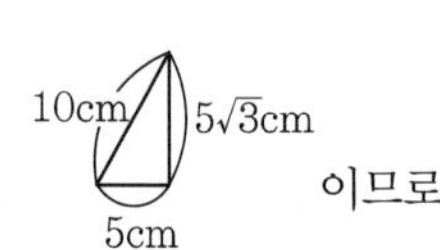

이므로

△의 넓이 $= \dfrac{1}{2} \times 10\text{cm} \times 5\sqrt{3}\,\text{cm} = 25\sqrt{3}\,\text{cm}^2$

정육각형은 △이 6개이므로 $6 \times 25\sqrt{3}\,\text{cm}^2 = 150\sqrt{3}$

$$D_{eq} = 4 \times \frac{150\sqrt{3}}{10 \times 6} = 10\sqrt{3}\,\text{cm}$$

※ 정육각형의 넓이 공식

한 변의 길이 $= a$

정육각형 넓이 $= 6 \times \dfrac{\sqrt{3}}{4} a^2$

11 절대압력이 $0.051\text{kg}_f/\text{cm}^2$, 대기압이 700mmHg일 때 진공압은 몇 kg_f/cm^2인가?

해설

대기압 $P[\text{atm}] = 700\text{mmHg} \times \dfrac{1.0332\text{kg}_f/\text{cm}^2}{760\text{mmHg}}$

$= 0.952\text{kg}_f/\text{cm}^2$

진공압 = 대기압 − 절대압

$= 0.952\text{kg}_f/\text{cm}^2 - 0.051\text{kg}_f/\text{cm}^2$

$= 0.901\text{kg}_f/\text{cm}^2$

12 28wt%의 H_2SO_4 100kg/h와 96wt%의 H_2SO_4을 이용하여 50wt%의 H_2SO_4 용액을 제조하려 한다. 이때 필요한 96wt% 진한 황산의 양은?

해설

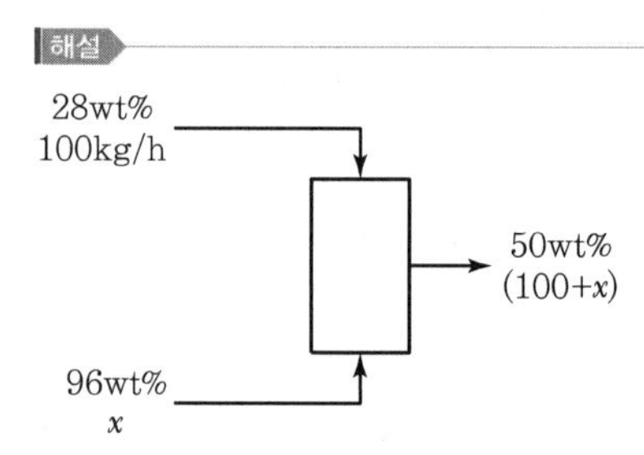

$100 \times 0.28 + x \times 0.96 = (100 + x) \times 0.5$

$\therefore\ x = 47.8\text{kg/h}$

13 아래 탱크에서 물을 직경이 5cm인 유관을 이용하여 10m/s의 속도로 50m 높이의 탱크로 올리려고 한다. 마찰손실을 무시할 때 이론적으로 필요한 동력은 몇 kW인가?

해설

$$W_p = \frac{{u_2}^2 - {u_1}^2}{2} + g(z_2 - z_1) + \frac{P_2 - P_1}{\rho} + \Sigma F$$

$= \dfrac{10^2}{2} + 9.8(50) = 540\text{J/kg}$

$\dot{m} = \rho u A = (1{,}000\text{kg/m}^3)(10\text{m/s})\left(\dfrac{\pi}{4} \times 0.05^2\text{m}^2\right)$

$= 19.6\text{kg/s}$

$\therefore\ P = W_p \cdot \dot{m}$

$= (540\text{J/kg})(19.6\text{kg/s}) = 10{,}584\text{J/s (W)} = 10.58\text{kW}$

2018년 제2회 기출문제

01 지점 1의 직경은 15cm, 지점 2의 직경은 5cm이다. 지점 1의 압력은 $1.04kg_f/cm^2$, 지점 2의 압력은 $1.0kg_f/cm^2$이고 평균속력은 8m/s이다. 지점 1보다 지점 2가 8m 더 낮을 때 손실수두를 구하여라.(단, 비중은 1이다.)

해설

$$\Sigma F = \frac{{u_1}^2 - {u_2}^2}{2g_c} + \frac{P_1 - P_2}{\rho} + \frac{g(z_1 - z_2)}{g_c}$$

$$u_1 {D_1}^2 = u_2 {D_2}^2$$

$$u_1 \times 15^2 = 8\text{m/s} \times 5^2$$

$$\therefore u_1 = 0.89\text{m/s}$$

$$P_1 = 1.04\text{kg}_f/\text{cm}^2 \times \frac{100^2\text{cm}^2}{1^2\text{m}^2} = 1.04 \times 10^4 \text{kg}_f/\text{m}^2$$

$$P_2 = 1.0\text{kg}_f/\text{cm}^2 \times \frac{100^2\text{cm}^2}{1^2\text{m}^2} = 1.0 \times 10^4 \text{kg}_f/\text{m}^2$$

$$\therefore \Sigma F = \frac{0.89^2 - 8^2}{2 \times 9.8} + \frac{1.04 \times 10^4 - 1.0 \times 10^4}{1{,}000} + 8\text{kg}_f\ \text{m/kg} = 5.175\text{kg}_f\ \text{m/kg} \fallingdotseq 5.18\text{kg}_f\ \text{m/kg}$$

$$\text{손실수두} = \frac{g_c}{g}\Sigma F = \frac{\text{kg}}{\text{kg}_f}(5.18\text{kg}_f\ \text{m/kg}) = 5.18\text{m}$$

02 전압이 760mmHg, 수증기압이 30mmHg, 포화수증기압이 50mmHg이다. 상대습도는?

해설

$$H_R = \frac{p_v}{p_s} \times 100[\%] = \frac{30}{50} \times 100 = 60\%$$

03 다음 (　　) 안에 알맞은 말을 쓰시오.

> 서로 다른 2종의 금속과 합금선으로 폐회로를 만들어 회로의 두 접점의 온도차로 (①)을(를) 측정하여 온도를 알 수 있는 온도계는 (②)(이)다.

해설

① 열기전력
② 열전온도계

04 부식성이 있는 초산수용액을 가열할 경우, Shell and Tube 열교환기에서 스팀을 Shell 측과 Tube 측 중 어느 곳으로 보내야 하며, 그 이유는 무엇인가?

해설

① Shell 측에 보내야 한다.
② 유체의 상변화 시 Shell 측에 보낸다. Tube 측에 보내면 열팽창과 열응력의 문제가 발생하기 때문이다.

※ Shell 측에 방해판을 설치하여 상변화가 있는 유체를 좌우로 유동하게 하고, 신축이음을 설치하여 응력을 완화시켜 줄 수 있다.

05 온도 Scale을 결정하려면 두 개의 고정점이 필요하다. 섭씨온도는 물 1기압에서 끓는점과 어는점을 100등분하여 결정한 것이다. 다음이 Scale을 결정하기 위한 고정점으로 사용 가능한지 여부를 쓰고 이유를 설명하여라.

(1) 정지된 호수에서 물의 온도
(2) 760mmHg에서 드라이아이스의 기화점
(3) 대기 중 얼음의 온도
(4) 납의 정상 녹는점

해설

(1) 불가능, 정지된 호수에서의 물의 온도는 일정하지 않다.
(2) 불가능, 드라이아이스는 1기압하에서 승화한다.
(3) 불가능, 대기 중 얼음의 온도는 일정하지 않다.
(4) 가능, 납의 녹는점은 일정하다.

06 두께 4mm인 관의 내부 열전달계수는 300kcal/m² h ℃, 외부 열전달계수는 1,500kcal/m² h ℃이고, 관의 지름은 두께에 비해 매우 크며 열전도도는 50kcal/m h ℃이다. 총괄열전달계수(kcal/m² h ℃)를 구하여라.

해설

$$U=\frac{1}{\frac{1}{h_i}+\frac{l}{k}+\frac{1}{h_o}}$$
$$=\frac{1}{\frac{1}{300}+\frac{0.004}{50}+\frac{1}{1,500}}$$
$$=245.1\text{kcal/m}^2\text{ h ℃}$$

07 각각의 벽은 5m²의 면적을 가진다. 벽 A의 두께는 2m, B의 두께는 4m이고, A의 열전도도는 0.8W/m ℃, B의 열전도도는 0.2W/m ℃이다. 벽 A의 안쪽 온도는 100℃이고 1분간 벽 B 바깥으로 흐른 에너지는 600J이다. 벽 B의 바깥쪽 온도 t_2를 구하시오.

해설

$$q=\frac{\Delta t}{\frac{l_1}{k_1A_1}+\frac{l_2}{k_2A_2}}$$
$$q=\frac{600\text{J}}{1\text{min}}\times\frac{1\text{min}}{60\text{s}}=10\text{J/s}$$
$$10\text{J/s}=\frac{100-t}{\frac{2}{0.8\times5}+\frac{4}{0.2\times5}}$$
$$45=100-t$$
$$\therefore t=55℃$$

08 점도의 차원을 나타내시오.(단, 길이의 기본단위는 L, 질량은 M, 시간은 t이다.)

해설

$[ML^{-1}t^{-1}]$ 또는 $[M/Lt]$

09 Vena－contracta에 대해 설명하시오.

해설

- 축류부라고 하며 오리피스에서 흐름이 가장 좁은 부분을 Vena－contracta라고 한다.
- 유체가 넓은 유로에서 좁은 유로를 들어갈 때 관성으로 인해 유선이 좁은 단면보다 더 좁은 단면으로 수축되어 흘러나오는 현상이다.

10 전압이 760mmHg이고, 수소의 분압이 250mmHg이다. 물 100kg에 수소가 몇 kg 녹아 있는지 구하시오.(단, $H=5.19\times10^7$atm)

해설

$$250\times\frac{1}{760}\text{atm}=5.19\times10^7\text{atm}\times x$$
$$\therefore x=6.34\times10^{-9}$$
$$\frac{w/2}{w/2+\frac{100}{18}}=6.34\times10^{-9}$$
$$\therefore w=7.04\times10^{-8}\text{kg}$$

11 벤젠 40mol%, 톨루엔 60mol%인 혼합물이 300kg/h로 공급된다. 탑 상부에서 벤젠은 98.5mol%이고 탑 하부에서는 1mol%이다. 액상의 벤젠몰분율이 0.4일 때 기상의 벤젠몰분율은 0.65이다. 최소환류비를 구하시오.

해설

$$R_{Dm}=\frac{x_D-y_f}{y_f-x_f}$$
$$=\frac{0.985-0.65}{0.65-0.4}=1.34$$

12 유체흐름에 수직방향으로 작용하는 밸브를 쓰시오.

해설

Gate Valve(게이트 밸브)

13 P & ID와 공정흐름도를 설명하시오.

해설

P & ID(Piping & Instrument Diagram)

공정의 시운전, 정상운전, 운전정지 및 비상운전 시에 필요한 모든 공정장치, 동력기계, 배관, 공정제어 및 계기 등을 표시하고 이들 상호 간에 연관관계를 나타내며 상세설계, 건설, 변경, 유지보수 및 운전 등을 하는 데 필요한 기술적 정보를 파악할 수 있는 도면을 말한다.

공정흐름도(PFD, Process Flow Diagram)

공정계통과 장치설계기준을 나타내 주는 도면이며, 주요 장치, 장치 간의 공정 연관성, 운전조건, 운전변수, 물질수지, 에너지수지, 제어설비 및 연동장치 등의 기술적 정보를 파악할 수 있는 도면을 말한다.

14 총괄열전달계수는 72kcal/m² h ℃이고 향류흐름이다. 한쪽은 70℃에서 30℃로 다른 쪽은 20℃에서 50℃가 된다. 단위면적 1m²당 열교환량(kcal/h)을 구하시오.

해설

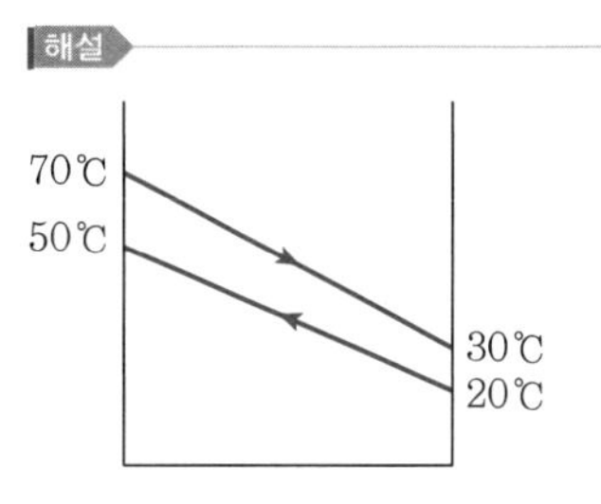

$\Delta t_1 = 20℃$

$\Delta t_2 = 10℃$

$$\Delta t_{LM} = \frac{20-10}{\ln\frac{20}{10}} = 14.43℃$$

$q = UA\Delta t_{LM}$

$= 72\text{kcal/m}^2\text{ h ℃} \times 1\text{m}^2 \times 14.43℃$

$= 1{,}039\text{kcal/h}$

2018년 제4회 기출문제

01 열전대온도계의 원리를 설명하시오.

해설

서로 다른 두 종류의 금속을 접합하여 양접점의 온도를 다르게 하여 열기전력을 발생시킨다. 이 기전력을 측정하여 온도를 측정하는 것이다. 이와 같은 효과를 제베크 효과라고 한다.

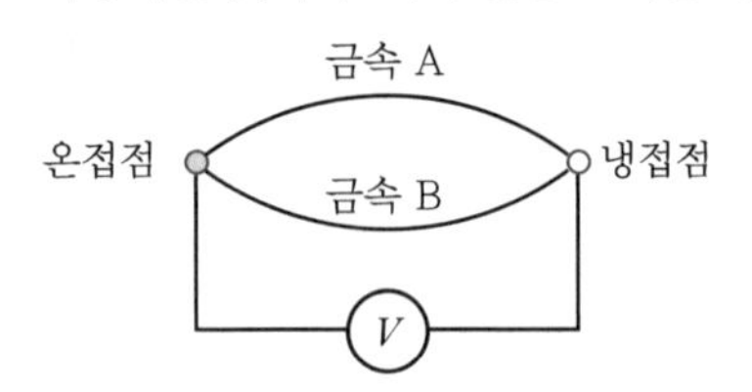

02 기액평형에서 라울의 법칙을 설명하시오.

해설

특정 온도에서 혼합물 중 한 성분의 증기분압은 그 성분의 몰분율에 같은 온도에서 그 성분의 순수한 상태에서의 증기압을 곱한 것과 같다.

$p_A = P_A x_A$

$P = p_A + p_B$

$= P_A x_A + P_B x_B$

$= P_A x_A + P_B (1 - x_A)$

$y_A = \dfrac{p_A}{P} = \dfrac{P_A x_A}{P}$

여기서, P : 전체 압력

p_A, p_B : A, B의 증기분압

P_A, P_B : 순수한 A, B의 증기압

x_A : A의 몰분율

y_A : 증기상 A의 몰분율

03 온실효과를 빈의 변위법칙과 관련지어 파장특성을 이용해 설명하시오.

$$\lambda_{max} T = C$$

해설

주어진 온도에서 최대복사강도의 파장 λ_{max}는 절대온도에 반비례한다. 고온인 태양복사에너지의 파장은 짧고(단파), 저온인 지구복사에너지의 파장은 길다(장파). 태양은 단파복사로 대기권을 통과해 지표에 도달하는데 지구는 장파복사를 하므로 대기 중에 있는 온실기체가 이 긴 파장의 빛을 흡수하여 대기 중에 머무르게 하여 온도가 상승하게 된다.

04 자유함수율, 평형함수율, 임계함수율을 설명하시오.

해설

① **자유함수율** : 고체가 가진 전체 함수율 ω와 그때의 평형함수율 ω_e의 차를 자유함수율이라 한다.

$F = \omega - \omega_e$[kgH_2O/kg 건조량]

② **평형함수율**

- 결합수분을 갖는 재료를 일정습도의 공기로 건조시키는 경우 어느 정도까지 함수율이 내려가면 평형상태에 도달하여 그 이상 건조가 진행되지 않는다. 이때의 함수율을 평형함수율이라 한다.
- 평형상태에서 고체가 가지는 함수율

③ **임계함수율** : 항률건조기간에서 감률건조기간으로 이동할 때의 함수율

05 오리피스 양단의 압력차를 측정하려고 한다. 마노미터 속의 유체는 공기이고, 오리피스를 통하여 흐르는 유체는 비중이 0.8인 액체이며 마노미터 읽음은 12.7cm일 때 압력차(N/m²)를 구하시오.

해설

$$\Delta P = g(\rho_A - \rho_B)R$$
$$= 9.8\text{m/s}^2 \times (800 - 1.29)\text{kg/m}^3 \times 0.127\text{m}$$
$$= 994.1\text{N/m}^2$$

06 다음 (　) 안에 알맞은 말을 쓰시오.

> 환류비가 증가할수록 이론단수는 (①)한다. 이론단수가 최소일 때의 환류를 (②)라 하고 최소환류비일 때 소요단수는 (③)가 된다.

해설

① 감소　② 전환류　③ 무한대

07 이중관 열교환기의 총괄열전달계수가 50kcal/m² h ℃이다. 더운 액체와 찬 액체를 향류로 접촉시켰더니 더운 편의 온도가 80℃에서 40℃로 내려가고 찬 편의 온도는 20℃에서 30℃로 올라갈 때 단위면적당 열손실량을 구하시오.

해설

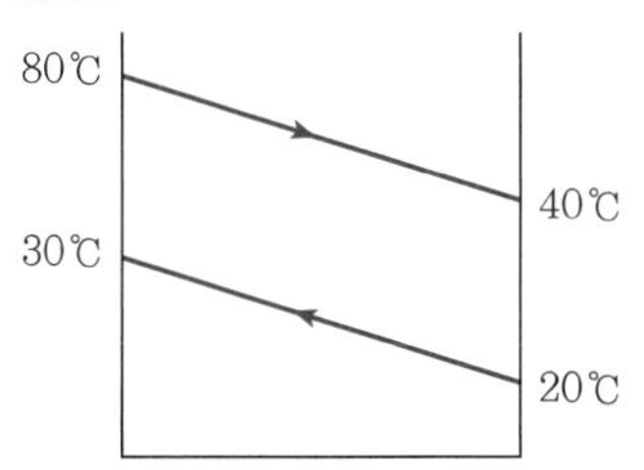

$$\Delta \bar{t}_{LM} = \frac{50-20}{\ln\frac{50}{20}} = 32.74℃$$

$$q = UA\Delta \bar{t}_{LM}$$
$$q/A = 50\text{kcal/m}^2\,\text{h ℃} \times 32.74℃$$
$$= 1{,}637\text{kcal/m}^2\,\text{h}$$

∴ 단위면적당 1,637kcal/h

08 벽의 두께가 15cm, 열전도도가 0.15W/m ℃이고, 다른 벽의 두께는 30cm, 열전도도가 1.5W/m ℃이다. 벽의 내부온도는 1,000℃이고 외부온도는 100℃이다. 단위면적당 열전달속도(kcal/h)를 구하여라.

해설

$$q = \frac{\Delta t}{\frac{l_1}{k_1A_1} + \frac{l_2}{k_2A_2}}$$

$$\frac{q}{A} = \frac{\Delta t}{\frac{l_1}{k_1} + \frac{l_2}{k_2}}$$

$$= \frac{(1{,}000-100)℃}{\frac{0.15\text{m}}{0.15\text{W/m ℃}} + \frac{0.3\text{m}}{1.5\text{W/m ℃}}} = 750\text{W/m}^2$$

$750\text{W/m}^2 = 750\text{J/s m}^2$

단위면적당 750J/s이므로

$$\frac{750\text{J}}{\text{s}}\left|\frac{1\text{cal}}{4.184\text{J}}\right|\frac{1\text{kcal}}{1{,}000\text{cal}}\left|\frac{3{,}600\text{s}}{1\text{h}}\right. = 645.32\text{kcal/h}$$

∴ 단위면적당 645.32kcal/h

09 유체가 직경 40cm관으로 10m³/min의 유량으로 난류로 흐른다. 엘보 3개, 밸브 2개로 사용하고 총관의 길이가 50m일 때 마찰손실(J/kg)을 구하여라.(단, 마찰계수 $f = 0.004$, 엘보, 밸브의 L_e / D는 각각 40, 100이다.)

해설

$$u = \frac{Q}{A} = \frac{10\text{m}^3/\text{min}}{\frac{\pi}{4} \times 0.4^2\text{m}^2} \times 1\text{min}/60\text{s} = 1.33\text{m/s}$$

$L_e = 40 \times 0.4 = 16\text{m}$ (엘보)

$L_e = 100 \times 0.4 = 40\text{m}$ (밸브)

$L = 50\text{m} + 16\text{m} \times 3 + 40\text{m} \times 2 = 178\text{m}$

$$\Sigma F = \frac{2fu^2L}{D}$$
$$= \frac{2(0.004)(1.33^2)(178)}{0.4}$$
$$= 6.3\text{J/kg}$$

10 어느 공장에서 7.5kgf/cm²에서 응축수(포화액) 24ton/h가 발생한다. 이를 2kgf/cm²의 압력으로 감압하고 플래시(재증발)시켜 2kgf/cm²의 스팀을 생산하여 재사용하고자 한다. 다음 물음에 답하시오.

압력 (kgf/cm²)	온도 (℃)	비용적(m³/kg)		엔탈피(kcal/kg)	
		포화액	포화증기	포화액	포화증기
7.5	164.1	0.0011	0.278	165.7	659.6
2.0	117.6	0.001	1.02	119.9	646.2

(1) 플래시되는 2kgf/cm² 스팀의 양을 구하시오.(단, 외부열손실은 없다.)

(2) 플래시 드럼 내에서 응축과 스팀에 혼합되어 비말되는 것을 방지하기 위해 용기 내 스팀의 평균유속을 1m/s로 한다. 이 플래시 드럼이 수직형이라고 할 때 스팀관의 직경은 몇 m인가?

해설

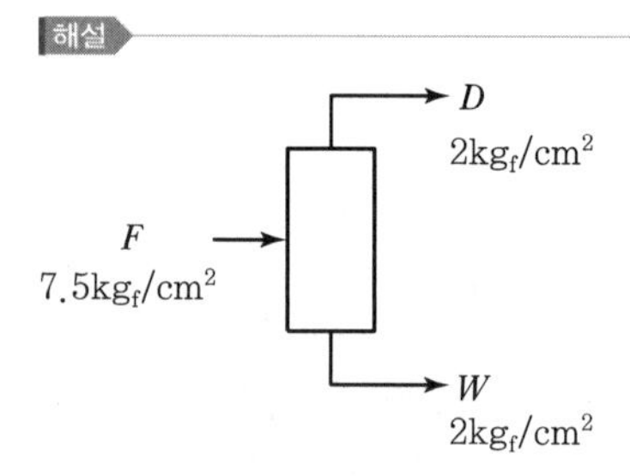

원료는 압력 7.5kgf/cm²로 들어와 압력 2kgf/cm²로 배출된다.

(1) $24{,}000\text{kg/h} \times 165.7\text{kcal/kg}$
$= D \times 646.2 + (24{,}000 - D) \times 119.9$
$\therefore D = 2{,}088.5\text{kg/h}$
$W = 24{,}000 - 2{,}088.5 = 21{,}911.5\text{kg/h}$
∴ 스팀의 양 $D = 2{,}088.5\text{kg/h}$

(2) 스팀의 유량
$Q = 2{,}088.5\text{kg/h} \times 1.02\text{m}^3/\text{kg} \times 1\text{h}/3{,}600\text{s}$
$= 0.59\text{m}^3/\text{s}$

$$A = \frac{Q}{u} = \frac{0.59\text{m}^3/\text{s}}{1\text{m/s}} = 0.59\text{m}^2$$

$$A = \frac{\pi}{4}D^2$$

$$0.59\text{m}^2 = \frac{\pi}{4}D^2$$

∴ 스팀관의 직경 $D = 0.87\text{m}$

11 환상유로의 상당직경이 10cm이다. 두께가 2cm이고 외관의 외경이 30cm일 때 내관의 내경(m)은 얼마인가?

해설

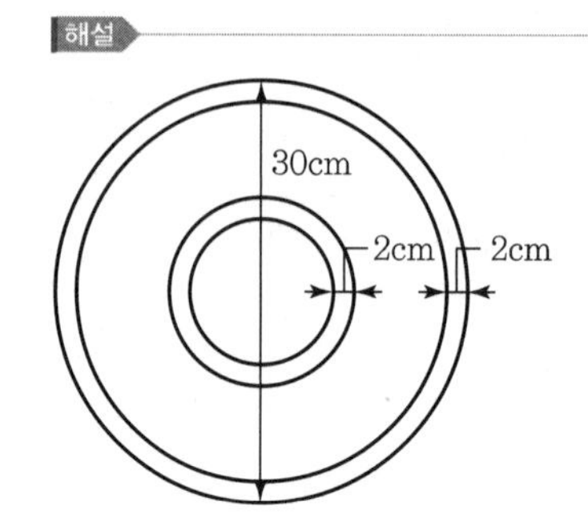

$$\text{상당직경} = 4 \times \frac{\frac{\pi}{4}(D_o^2 - D_i^2)}{\pi(D_o + D_i)} = D_o - D_i = 10\text{cm}$$

외관의 내경 $= 30\text{cm} - 2\text{cm} \times 2 = 26\text{cm}$
내관의 외경 $= D_i$
상당직경 $= D_o - D_i = 26\text{cm} - D_i = 10\text{cm}$
$D_i = 16\text{cm}$
내관의 내경 : $16 - 2 \times 2\text{cm} = 12\text{cm} = 0.12\text{m}$

2019년 제1회 기출문제

01 비압축성 유체의 정의를 쓰시오.

해설

온도와 압력의 변화에 따라 밀도가 거의 변하지 않는 유체를 비압축성 유체라고 한다.

02 다음에 제시된 부속품의 명칭을 쓰시오.

부속품	명칭
	①
	②
	③
	④

해설

① 엘보(Elbow)
② 소켓(Socket)
③ 플러그(Plug)
④ 니플(Nipple)

03 광고온계에 대해 설명하시오.

해설

방사온도계의 하나로 측정물의 휘도를 표준램프의 휘도와 비교하여 온도를 측정한 것으로 700℃를 넘는 고온체, 온도계를 직접 삽입할 수 없는 고온체의 온도를 측정하는 데 사용된다.

04 초산과 물의 혼합액에 벤젠을 추제로 가하여 초산을 추출한다. 추출상의 wt%가 초산 3, 물 0.5, 벤젠 96.5이고 추잔상은 wt%가 초산 27, 물 70, 벤젠 3일 때 초산에 대한 벤젠의 선택도를 구하시오.

해설

선택도 $\beta = \dfrac{y_A/y_B}{x_A/x_B} = \dfrac{3/0.5}{27/70} = 15.6$

05 벤젠과 톨루엔의 혼합물이 있다. 벤젠의 증기압은 1,000mmHg이고 톨루엔의 증기압은 400mmHg이며 전압은 1기압이다. 혼합액 중 벤젠과 톨루엔의 몰분율과 증기상에서 벤젠과 톨루엔의 몰분율을 구하시오.

해설

$760\text{mmHg} = 1{,}000x_A + 400(1-x_A)$

$\therefore\ x_A = 0.6$

$x_B = 1 - x_A = 0.4$

$y_A = \dfrac{P_A x_A}{P} = \dfrac{1{,}000 \times 0.6}{760} = 0.79$

$y_B = 1 - 0.79 = 0.21$

06 다음 그림은 속도구배에 대한 전단응력을 나타낸 것이다. 그림에 해당되는 유체의 명칭을 쓰시오.

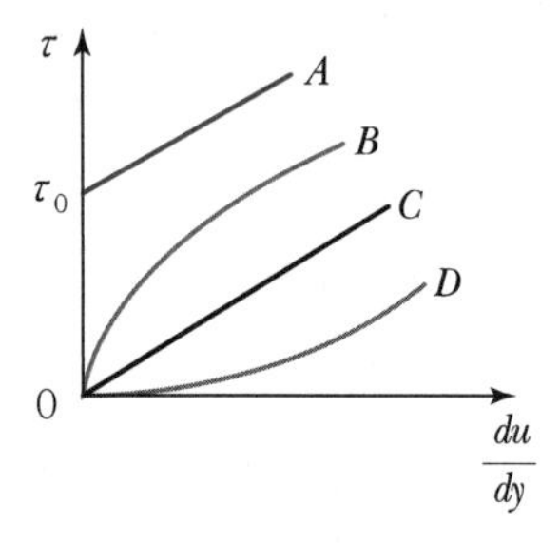

해설

- A : Bingham Plastic(빙햄 유체)
- B : Pseudo Plastic(의소성 유체)
- C : Newtonian Fluid(뉴턴 유체)
- D : Dilatant Fluid(팽창성 유체)

07 노벽의 두께가 100mm이고 그 외측은 50mm의 석면으로 보온되어 있다. 노벽과 석면의 열전도도는 각각 5.5kcal/m h ℃, 0.15kcal/m h ℃이고, 전열면적이 2m²이다. 벽의 내면온도가 400℃, 석면의 바깥온도가 20℃일 때 3시간 동안 잃은 열량(kcal)은?

해설

$$q=\frac{\Delta t}{R_1+R_2}=\frac{\Delta t}{\dfrac{l_1}{k_1A_1}+\dfrac{l_2}{k_2A_2}}$$

$$=\frac{(400-20)℃}{\dfrac{0.1\text{m}}{5.5\text{kcal/m h ℃}\times 2\text{m}^2}+\dfrac{0.05\text{m}}{0.15\text{kcal/m h ℃}\times 2\text{m}^2}}$$

$$=2{,}162\text{kcal/h}$$

$$\therefore\ Q=q\theta=2{,}162\text{kcal/h}\times 3\text{h}=6{,}486\text{kcal}$$

08 두께가 5cm인 노가 있다. 노의 안쪽 벽은 250℃, 바깥쪽 벽은 50℃이다. 노벽의 열전도도는 0.1kcal/m h ℃이다. 단위면적당 단위시간당 잃은 열량은 몇 kcal/m² h인가?

해설

$$\frac{q}{A}=\frac{\Delta t}{R}=\frac{t_1-t_2}{\dfrac{l}{k}}=\frac{(250-50)℃}{\dfrac{0.05\text{m}}{0.1\text{kcal/m h ℃}}}=400\text{kcal/m}^2\text{ h}$$

09 다음을 차원으로 나타내시오.(단, 길이 : L, 질량 : M, 시간 : T)

(1) 압력 (2) 가속도
(3) 동력 (4) 밀도

해설

(1) 압력

$$P=\frac{F}{A}\rightarrow \text{N/m}^2=\frac{\text{kg m/s}^2}{\text{m}^2}=\text{kg/m s}^2$$

$[ML^{-1}T^{-2}]$

(2) 가속도

$$a=\frac{v}{t}\rightarrow \text{m/s}^2$$

$[LT^{-2}]$

(3) 동력

$$P=\frac{W}{t}\rightarrow \text{J/s}=\frac{\text{kg m}^2/\text{s}^2}{\text{s}}=\text{kg m}^2/\text{s}^3$$

$[ML^2T^{-3}]$

(4) 밀도

$$d=\frac{m}{V}\rightarrow \text{kg/m}^3$$

$[ML^{-3}]$

10 원관 내 25℃의 물을 60℃까지 가열하기 위해 80℃의 물을 향류로 도입하여 40℃의 물로 방출한다. 이때 대수평균온도차는 몇 ℃인가?

해설

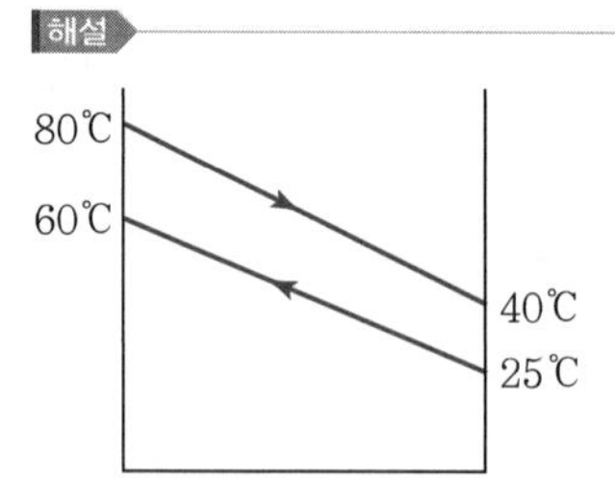

$\Delta t_1=20℃$

$\Delta t_2=15℃$

$$\therefore\ \Delta\bar{t}_L=\frac{20-15}{\ln\dfrac{20}{15}}=17.4℃$$

11 다음 용어의 정의를 쓰시오.

(1) 결합수분

(2) 평형수분

해설

(1) 결합수분

100% 상대습도에서 고체의 평형수분함량보다 낮은 수분 함량에 대하여 결합수분이라 한다.

(2) 평형수분

- 공기의 습도 때문에 들어가는 공기로 제거할 수 없는 젖은 고체의 물 함량
- 공기 중의 수증기분압과 재료의 수분증기압이 같아질 때의 수분

12 오리피스미터에 U자형 마노미터를 설치하고 마노미터에는 물이 채워져 있으며 그 위는 공기가 흐른다. 마노미터에서의 압력차가 30mmH_2O이면 마노미터의 읽음은?

해설

$$30\text{mmH}_2\text{O} \times \frac{1\text{mH}_2\text{O}}{1{,}000\text{mmH}_2\text{O}} \times \frac{101.3\times10^3\text{Pa}}{10.33\text{mH}_2\text{O}}$$

$$= 294.2\text{N/m}^2(\text{Pa})$$

$$\Delta P = R(\rho_A - \rho_B)\text{g}$$

$$294.2\text{N/m}^2 = R(1{,}000 - 1.29)\text{kg/m}^3 \times 9.8\text{m/s}^2$$

$$\therefore\ R = 0.03\text{m} = 30\text{mm}$$

∴ 물의 압력차가 30mmH_2O이므로 $R = 30\text{mm}$ 이다.

13 상온의 물이 10m^3/h로 흐른다. 내경(D_1)이 1.0m인 관에서 0.125m인 관으로 축소되어 들어갈 때 두손실(kg_f m/kg)을 구하여라.(단, 축소손실계수는 0.4이다.)

해설

$$F_c = K_c\frac{\bar{u}_2^2}{2g_c}$$

$$K_c = 0.4$$

$$g_c = 9.8\text{kg m/kg}_\text{f}\ \text{s}^2$$

$$\bar{u}_2 = \frac{Q}{\frac{\pi}{4}D_2^2} = \frac{10\text{m}^3/\text{h}\times1\text{h}/3{,}600\text{s}}{\frac{\pi}{4}\times0.125^2\text{m}^2} = 0.226\text{m/s}$$

$$\therefore\ F_c = 0.4\times\frac{0.226^2}{2\times9.8} = 0.001\text{kg}_\text{f}\ \text{m/kg}$$

14 무한히 큰 두 개의 평면이 서로 평행하게 있을 때 각각의 표면온도가 각각 727℃, 227℃이면 복사에 의한 단위면적당 전열량은 약 몇 W/m^2인가?(단, 방사율은 각각 1로 가정한다.)

해설

$$\frac{q}{A} = 4.88\times10^{-8}\frac{1}{\frac{1}{\varepsilon_1}+\frac{1}{\varepsilon_2}-1}(1{,}000^4 - 500^4)$$

$$= 4.88\times10^{-8}\frac{1}{\left(\frac{1}{1}+\frac{1}{1}-1\right)}(1{,}000^4 - 500^4)$$

$$= 4.575\times10^4\text{kcal/m}^2\,\text{h}$$

$$\frac{4.575\times10^4\text{kcal}}{\text{m}^2\,\text{h}}\left|\frac{1{,}000\text{cal}}{1\text{kcal}}\right|\frac{4.184\text{J}}{\text{cal}}\left|\frac{1\text{h}}{3{,}600\text{s}}\right|\frac{\text{W}}{\text{J/s}}$$

$$= 5.32\times10^4\text{W/m}^2$$

[별해]

$$\frac{q}{A} = 5.67\times10^{-8}\frac{1}{\left(\frac{1}{\varepsilon_1}+\frac{1}{\varepsilon_2}-1\right)}(1{,}000^4 - 500^4)$$

$$= 5.32\times10^4\text{W/m}^2$$

2019년 제2회 기출문제

01 점도가 10cP이고 비중이 0.9인 유체가 내경 10mm인 관을 $20cm^3/s$로 흐를 때 레이놀즈 수를 구하여라.

해설

$$N_{Re} = \frac{Du\rho}{\mu}$$

$$\bar{u} = \frac{Q}{A} = \frac{20cm^3/s}{\frac{\pi}{4} \times 1^2 cm^2} = 25.5cm/s$$

$$\therefore N_{Re} = \frac{(1cm)(25.5cm/s)(0.9g/cm^3)}{(0.1g/cm\ s)} = 229.5$$

02 다음 용어의 정의를 쓰시오.

(1) 회분공정

(2) 연속공정

해설

(1) 회분공정
원료를 한 번 투입하여 처리하는 방식으로 장치가 간단하고 다품종 소량 생산에 적합하다.

(2) 연속공정
원료를 장치에 연속적으로 공급하여 연속적으로 제품을 꺼내는 방식이다.

03 정상상태에 대해 설명하시오.

해설

온도, 압력, 조성 등이 시간에 따라 변하지 않는 상태를 의미한다.

04 점도 0.01cP를 kg/m s로 나타내시오.

해설

$$\frac{0.01cP}{} \left| \frac{1p}{100cP} \right| \frac{1g/cm\ s}{1P} \left| \frac{1kg}{1,000g} \right| \frac{100cm}{1m}$$

$$= 0.00001kg/m\ s$$

$$= 1 \times 10^{-5} kg/m\ s$$

05 벤젠과 톨루엔의 이상 혼합용액이 110℃, 2atm에서 기액평형을 이루고 있다. 증기 중 벤젠의 몰분율을 구하여라.(단, 벤젠의 증기압은 1,750mmHg, 톨루엔의 증기압은 760mmHg이다.)

해설

$$P = P_A x_A + P_B x_B$$

$$2atm \times \frac{760mmHg}{1atm}$$

$$= 1,750mmHg \times x_A + 760mmHg \times (1 - x_A)$$

$$= 1,520mmHg$$

$$\therefore x_A = 0.767$$

$$y_A = \frac{P_A x_A}{P} = \frac{1,750 \times 0.767}{1,520} = 0.88$$

06 충전탑의 NTU가 10이고 HTU가 0.1m일 때 충전탑의 높이를 구하시오.

해설

$$Z = NTU \times HTU = 10 \times 0.1 = 1m$$

07 복사능 0.5, 전열면적 $2m^2$, 온도가 200℃인 물질이 복사능 0.8, 전열면적 $10m^2$, 온도 100℃인 물질 속에 둘러싸여 복사전열이 일어날 때 복사에너지(kcal/h)를 구하여라.

해설

$$q_{1.2} = 4.88A_1\mathcal{F}_{1.2}\left[\left(\frac{T_1}{100}\right)^4 - \left(\frac{T_2}{100}\right)^4\right]\text{kcal/h}$$

$$\mathcal{F}_{1.2} = \frac{1}{\frac{1}{F_{1.2}} + \left(\frac{1}{\varepsilon_1} - 1\right) + \frac{A_1}{A_2}\left(\frac{1}{\varepsilon_2} - 1\right)}$$

$$= \frac{1}{1 + \left(\frac{1}{0.5} - 1\right) + \frac{2}{10}\left(\frac{1}{0.8} - 1\right)} = 0.49$$

$$q_{1.2} = 4.88 \times 2 \times 0.49\left[\left(\frac{473}{100}\right)^4 - \left(\frac{373}{100}\right)^4\right]$$

$$= 1{,}468\text{kcal/h}$$

08 항류열교환기에서 500℃의 수증기로 50kg/h의 물이 200℃에서 300℃로 가열될 때 전열면적(m^2)을 구하시오.(단, 총괄열전달계수 $U = 100\text{kcal/m}^2\text{ h ℃}$, 물의 비열 1kcal/kg ℃)

해설

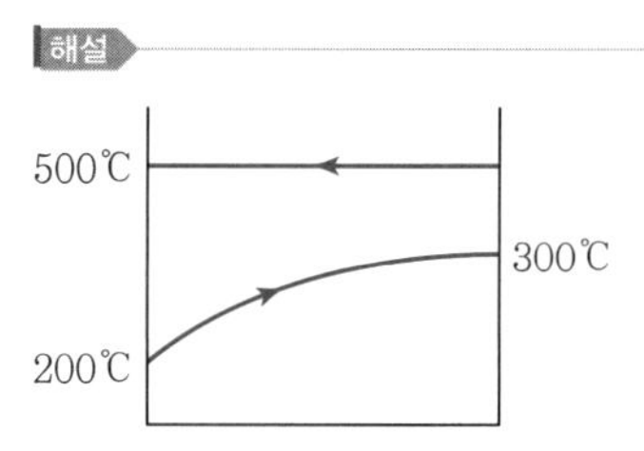

$\Delta t_1 = 300℃$

$\Delta t_2 = 200℃$

$$\therefore\ \Delta\bar{t}_{LM} = \frac{300 - 200}{\ln\frac{300}{200}} = 246.6℃$$

$q = UA\Delta\bar{t}_L = wC_P\Delta t$

$q = 50\text{kg/h} \times 1\text{kcal/kg ℃} \times (300 - 200)℃$

$= 5{,}000\text{kcal/h}$

$5{,}000\text{kcal/h} = 100\text{kcal/m}^2\text{ h ℃} \times A \times 246.6℃$

$\therefore\ A = 0.2m^2$

09 두께 5mm, 외경 35mm인 강관에 물이 흐르고 외측을 포화수증기로 가열한다. 강관의 열전도도는 40kcal/m h ℃이며 물의 경막계수는 $2{,}000\text{kcal/m}^2\text{ h ℃}$이고, 수증기의 경막계수는 $6{,}000\text{kcal/m}^2\text{ h ℃}$이다. 이때 총괄열전달계수는 몇 $\text{kcal/m}^2\text{ h ℃}$인가?

해설

$D_1 = 25\text{mm}$

$D_2 = 35\text{mm}$

$$l = \frac{D_2 - D_1}{2} = \frac{35 - 25}{2} = 5\text{mm} = 0.005\text{m}$$

$k = 40\text{kcal/m h ℃}$

$h_1 = 2{,}000\text{kcal/m}^2\text{ h ℃}$

$h_2 = 6{,}000\text{kcal/m}^2\text{ h ℃}$

$$U_1 = \frac{1}{\frac{1}{h_1} + \frac{l}{k}\frac{D}{\overline{D}_L} + \frac{D_1}{h_2D_2}}$$

$$= \frac{1}{\frac{1}{2{,}000} + \frac{0.005}{40} \cdot \frac{25}{30} + \frac{25}{6{,}000 \times 35}}$$

$= 1{,}383\text{kcal/m}^2\text{ h ℃}$

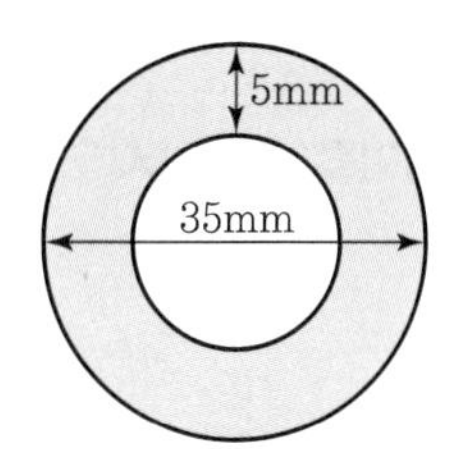

$$\overline{D}_L = \frac{D_o - D_i}{\ln\frac{D_o}{D_i}} = \frac{35 - 25}{\ln\frac{35}{25}} = 30\text{mm}$$

2019년 제4회 기출문제

01 게이트 밸브에 대해 설명하시오.

해설

유체의 흐름과 직각으로 움직이는 문의 상하운동에 의해 유량을 조절한다. 섬세한 유량조절은 힘들며, 저수지 수문과 같이 유로를 완전히 열거나 닫는 곳에 사용한다.

02 정류탑으로 35%알코올 용액 48kg/s을 증류한다. 탑상에서 85%알코올을 얻고, 탑저에서 10%알코올이 나올 때 탑상유량과 탑저유량을 구하시오.

해설

$0.35 \times 48 = D \times 0.85 + (48 - D) \times 0.1$

$\therefore$ D(탑상유량) $= 1.6\text{kg/s}$

W(탑저유량) $= 4.8 - 1.6 = 3.2\text{kg/s}$

03 헨리의 법칙을 쓰고 각 변수의 의미를 설명하시오.

해설

헨리의 법칙

$P_A = Hx_A$

여기서, H : 헨리상수(atm/몰분율)

x_A : 몰분율

x가 0에 근접할 때, 즉 휘발성의 용질을 포함한 묽은용액이 기상과 평형에 있을 때 기상 내의 용질의 분압 P_A는 액상의 몰분율 x_A에 비례하고 비례상수가 H(헨리상수)이다.

04 이중관 열교환기에서 100℃ 수증기 1kg/s을 45℃까지 냉각하려면 10℃의 냉각수 몇 kg/s가 필요한가? (단, 100℃에서 수증기의 잠열은 539kcal/kg, 냉각수의 배출온도는 80℃이다.)

해설

수증기가 잃은 열량 = 냉각수가 얻은 열량

$q = (mC_p\Delta t + m\lambda)_{수증기} = (m'C_p'\Delta t')_{냉각수}$

$= 1\text{kg/s} \times 1\text{kcal/kg ℃} \times (100 - 45)\text{℃}$

$+ 1\text{kg/s} \times 539\text{kcal/kg}$

$= m' \times 1\text{kcal/kg ℃} \times (80 - 10)\text{℃}$

$\therefore$ m' (냉각수의 질량유량) $= 8.48\text{kg/s}$

05 처음 함수율이 10%인 재료를 건조공기를 이용해 함수율 1%로 건조하고자 한다. 건조재료기준 1kg/h를 얻기 위한 건조공기의 질량유량을 구하시오. (단, 건조재료의 비열은 0.19, 물의 비열은 1kcal/kg ℃, 물의 증발잠열은 534kcal/kg(90℃), 재료는 25℃에서 공급되어 93℃로 배출되며 건조공기는 250℃로 공급되어 98℃로 배출된다.)

해설

$X_a = 0.1,\ X_b = 0.01$

$\dot{m}_s = 1\text{kg/h},\ \lambda = 534\text{kcal/kg}(90\text{℃})$

$C_{PS} = 0.19\text{kcal/kg ℃}$

$C_{PL} = 1\text{kcal/kg ℃}$

$C_{PV} = 0.45\text{kcal/kg ℃}$

$$\frac{q_T}{\dot{m}_s} = C_{PS}(T_{sb} - T_{sa}) + X_a C_{PL}(T_v - T_{sa}) + (X_a - X_b)\lambda + X_b C_{PL}(T_{sb} - T_v) + (X_a - X_b) C_{PV}(T_{va} - T_v)$$

$$\frac{q_T}{1\text{kg/h}} = 0.19 \times (93 - 25) + 0.1 \times 1 \times (90 - 25) + (0.1 - 0.01) \times 534 + 0.01 \times 1 \times (93 - 90) + (0.1 - 0.01) \times 0.45 \times (98 - 90) = 19.744\text{kcal/kg}$$

$\therefore$ $q_T = 1\text{kg/h} \times 19.744\text{kcal/kg} = 19.744\text{kcal/h}$

$q_T = \dot{m}_g C_g (T_{hb} - T_{ha})$

$19.744\text{kcal/h} = \dot{m}_g \times 0.24\text{kcal/kg ℃} \times (250 - 98)\text{℃}$

$\therefore$ $\dot{m}_g = 0.54\text{kg/h}$

06 내화벽돌 10cm 단열벽돌 15cm, 일반벽돌 20cm가 순서대로 있고 각각의 열전달계수는 0.1, 0.01, 1kcal/m h ℃이다. 내부온도는 900℃이고 외부온도는 40℃일 때 내화벽돌과 단열벽돌 경계면에서 온도를 구하시오.

해설

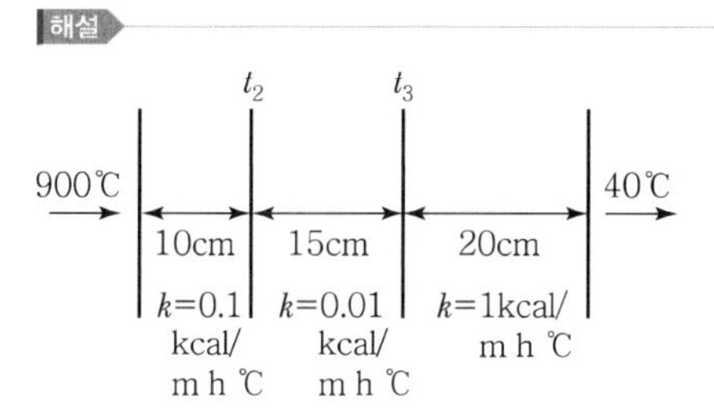

$$\frac{q}{A}=\frac{t_1-t_4}{\frac{l_1}{k_1}+\frac{l_2}{k_2}+\frac{l_3}{k_3}}$$

$$=\frac{(900-40)℃}{\frac{0.1}{0.1}+\frac{0.15}{0.01}+\frac{0.2}{1}}=53.1\text{kcal/m}^2\text{ h}$$

$R=R_1+R_2+R_3$

$=\frac{0.1}{0.1}+\frac{0.15}{0.01}+\frac{0.2}{1}$

$=1+15+0.2$

$=16.2$

$\Delta t : \Delta t_1 = R : R_1$

$(900-40)℃ : \Delta t_1 = 16.2 : 1$

$\therefore\ \Delta t_1 = 900 - t_2 = 53.09℃$

$\therefore\ t_2 = 846.91℃$

07 두께 5mm, 외경 35mm인 강관에 물이 흐르고 외측을 포화수증기로 가열한다. 강관의 열전도도는 40kcal/m h ℃이며, 물의 경막계수는 2,000kcal/m h ℃이고, 수증기의 경막계수는 6,000kcal/m² h ℃이다. 외경기준 총괄열전달계수를 구하시오.

해설

$$U_o=\frac{1}{\frac{1}{h_i}\frac{D_o}{D_i}+\frac{l}{k}\frac{D_o}{\overline{D_L}}+\frac{1}{h_o}}$$

$$=\frac{1}{\frac{1}{2{,}000}\cdot\frac{35}{25}+\frac{0.005}{40}\cdot\frac{35}{30}+\frac{1}{6{,}000}}$$

$=987.65\text{kcal/m}^2\text{ h ℃}$

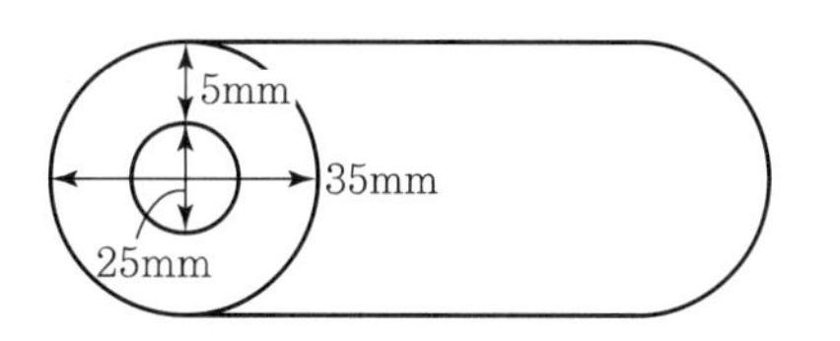

$$\overline{D_L}=\frac{35-25}{\ln\frac{35}{25}}\fallingdotseq 30\text{mm}$$

$$l=\frac{35-25}{2}=5\text{mm}=0.005\text{m}$$

08 다음 유량계의 원리에 대해 설명하시오.

(1) 면적식 유량계
(2) 차압식 유량계
(3) 용적식 유량계

해설

(1) 면적식 유량계 : 로타미터
압력강하를 일정하게 유지하는 데 필요한 유로의 면적 변화를 측정하여 유량을 안다. 윗방향으로 갈수록 조금씩 넓어진 유리관 중에서 유체를 밑에서 위로 보내면서 유체 중에 부자를 띄우면 유체 중 부자의 중력과 차압에 의한 부자를 밀어올리는 상향력이 평행을 이루는 위치에서 정지하게 되는데, 이 위치를 유리관의 눈금을 읽어 유량을 구한다.

(2) 차압식 유량계 : 오리피스, 벤투리, 플로노즐
배관 중에 조리개 기구를 설치하여 그 전후에 생기는 압력차를 측정하여 유량을 구한다.

(3) 용적식 유량계 : 오발유량계, 습식가스미터
관 안을 통과하는 유체의 용적을 측정한다.

09 동점도의 의미를 설명하시오.

해설

$$\nu=\frac{\mu}{\rho}$$

여기서, ν : 동점도(cm²/s = Stokes)
μ : 점도(g/cm s = Poise)
ρ : 밀도(g/cm³)

점성유체의 점도를 밀도로 나눈 양으로 SI 단위계에서는 m²/s이지만 CGS 단위의 Stokes(cm²/s)도 사용된다.

10 내경 0.5m, 길이 1,000m인 관 내를 유속 4.5m/s로 흐른다. 90° 엘보 2개가 설치되어 있을 때 마찰손실(kg_f m/kg)을 구하여라.(단, 마찰손실은 0.020이며, 90° 엘보의 손실계수는 0.79이다.)

해설

$$\Sigma F = \left(4f\frac{L}{D} + \Sigma k_f\right)\frac{u^2}{2g_c}$$

$$= \left(4 \times 0.02 \times \frac{1{,}000}{0.5} + 2 \times 0.79\right) \times \frac{(4.5\text{m/s})^2}{2 \times 9.8(\text{kg m/kg}_f\ \text{s}^2)}$$

$$= 166.94\text{kg}_f\ \text{m/kg}$$

11 상계점(Plait Point)에 대해 설명하시오.

해설

- 추출상과 추잔상에서 추질의 조성이 같은 점
- Tie－line의 길이가 0이 되는 점

12 고액추출에서 분리된 추제의 양이 50kg/h이고 남은 추제의 양이 10kg/h일 때 추제비(α)를 구하여라.

해설

$$\text{추제비 } \alpha = \frac{V(\text{분리된 추제의 양})}{v(\text{남은 추제의 양})} = \frac{50\text{kg/h}}{10\text{kg/h}} = 5$$

13 향류열교환기에서 외관의 고온유체가 120℃로 들어와서 60℃로 나가며, 내관의 저온유체는 25℃로 들어와서 40℃로 나간다. 이때 평균온도차를 구하여라.

해설

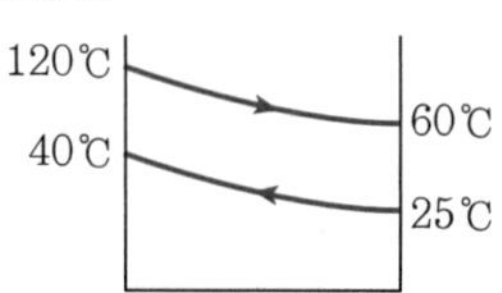

$$\Delta t_1 = 120 - 40 = 80℃$$

$$\Delta t_2 = 60 - 25 = 35℃$$

$$\Delta \bar{t}_{LM} = \frac{80 - 35}{\ln\frac{80}{35}} = 54.4℃$$

2020년 제1회 기출문제

01 A → B 반응에서 속도식을 계산하시오.(단, A의 초기 농도는 5mol/L이다.)

시간(min)	생성물 B의 농도(mol/L)
5	0
10	2.33
15	2.96
20	3.29
25	3.64
30	3.75
35	3.84
40	3.91

해설

$$\frac{r_A}{-1} = \frac{r_B}{1}$$

$$-r_A = kC_A{}^n = -\frac{dC_A}{dt} = kC_A{}^n$$

$$C_A{}^{1-n} - C_{A0}{}^{1-n} = (n-1)kt$$

$$C_A = C_{A0}(1-X_A) = C_{A0} - C_{A0}X_A = C_{A0} - C_B$$

10분 : $(5-2.33)^{1-n} - 5^{1-n} = (n-1)k \times 10$ ········ ㉠

20분 : $(5-3.29)^{1-n} - 5^{1-n} = (n-1)k \times 20$ ········ ㉡

40분 : $(5-3.91)^{1-n} - 5^{1-n} = (n-1)k \times 40$ ········ ㉢

㉠, ㉢ 식에서

$2.67^{1-n} - 5^{1-n} = (n-1)k \times 10$ ········ ㉣

$1.09^{1-n} - 5^{1-n} = (n-1)k \times 40$ ········ ㉤

㉣×4를 하면

$4 \times 2.67^{1-n} - 4 \times 5^{1-n} = (n-1)k \times 40$

$1.09^{1-n} - 5^{1-n} = (n-1)k \times 40$ ········ ㉤

우변이 같으면 좌변도 같으므로 정리하면

$4 \times 2.67^{1-n} - 3 \times 5^{1-n} = 1.09^{1-n}$

$n = 0,\ 1,\ 2,\ \cdots$ 차례로 대입

$n=2$를 대입하면 $1.5-0.6=0.9$가 성립하므로 2차이다.

속도식은 $-r_A = kC_A{}^2$가 된다.

㉢에 $n=2$를 대입하면

$k = 1.8 \times 10^{-2}$

$\therefore\ -r_A = 1.8 \times 10^{-2} C_A{}^2$

02 McCabe−Thiele 법의 공급선의 방정식에서 q의 식과 의미를 쓰시오.

해설

q − line : 원료선의 방정식

$$y = \frac{q}{q-1}x - \frac{x_F}{q-1}$$

$$q = \frac{\text{원료 1kmol을 실제로 증발시키는 데 필요한 열량}}{\text{원료의 비점에서의 분자증발잠열}}$$

$$= \frac{H_f - h_H}{H_f - h_f}$$

여기서, q : 공급액 중 액체의 분율

H_f : 원료 중 기체의 엔탈피

h_f : 원료 중 액체의 엔탈피

h_H : 원료 중 기체, 액체 엔탈피의 합

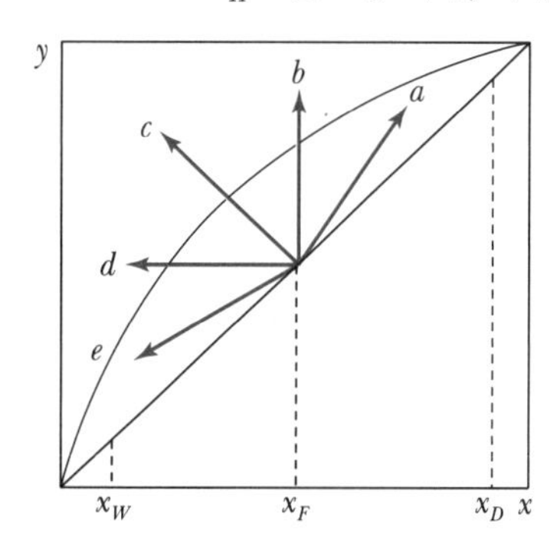

- a : $q > 1$ 차가운 원액
- b : $q = 1$ 비등에 있는 원액, 포화원액
- c : $0 < q < 1$ 부분적으로 기화된 원액
- d : $q = 0$ 노점에 있는 원액, 포화증기
- e : $q < 0$ 과열증기 원액

03 최소유동화 속도의 재현성을 좀 더 정확하게 입증하기 위한 방법과 압력강하 및 층높이(y축), 공탑속도(x축)에서의 최소유동화 속도 그래프를 완성하시오.

해설

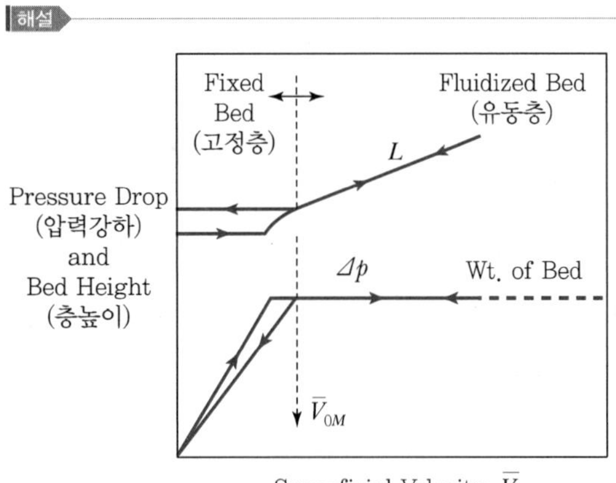

$\overline{V}_{OM}$을 측정하려면 층을 격렬하게 유동화시킨 다음 기체흐름을 정지시켜서 층이 가라앉도록 한다. 이어서 유량을 점점 증가시켜서 층의 팽창이 시작되도록 한다.
한층 재현성이 있는 $\overline{V}_{OM}$ 값은 고정층 및 유동층에서의 압력강하곡선의 교점에서 구할 수 있다.

04 수소기체가 물 100kg에 녹아 있다. 20℃에서 평형에 있고 전압은 760mmHg이고, 수소의 분압은 200mmHg이다. 물에 용해된 수소는 몇 kg인가?(단, 20℃에서 수소의 헨리상수 $H=5.17\times10^7$이다.)

해설

$P_A = Hx_A$

$$200\text{mmHg}\times\frac{1\text{atm}}{760\text{mmHg}} = 5.17\times10^7 x_A$$

$\therefore\ x_A = 5.09\times10^{-9}$

$$x_A = \frac{\frac{w}{2}}{\frac{w}{2}+\frac{100}{18}} = 5.09\times10^{-9}$$

$\therefore\ w$(수소의 질량)$=5.66\times10^{-8}$kg

05 순환반응기에서 환류비 $R\to\infty$일 때와 $R\to0$일 때 각각 해당하는 반응기를 쓰시오.

해설

- $R\to\infty$: CSTR
- $R\to0$: PFR

06 1차 공정에서 입력이 단위계단 함수로 주어질 때 전화율이 95%라면, 시간상수 τ는 얼마인지 구하시오.

해설

$$G(s)=\frac{k}{\tau s+1},\ X(s)=\frac{1}{s}$$

$$Y(s)=\frac{k}{s(\tau s+1)}=k\left(\frac{1}{s}-\frac{\tau}{\tau s+1}\right)$$

→ 역라플라스 변환 $y(t)=k(1-e^{-t/\tau})$

t	$Y(t)/k$
τ	0.632
2τ	0.865
3τ	0.95
4τ	0.982
5τ	0.993
∞	1.0

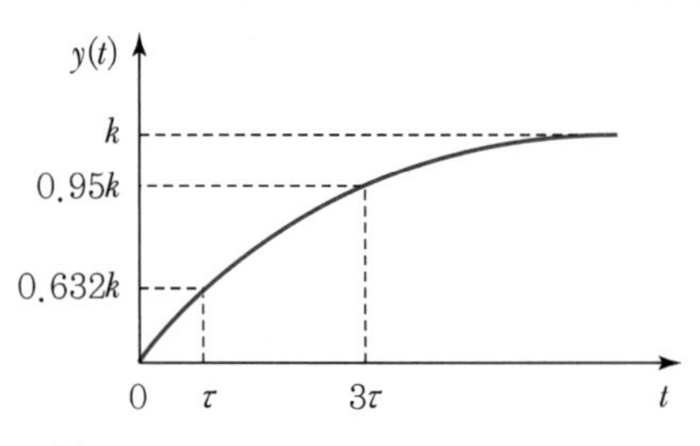

$$\frac{y(t)}{k}=1-e^{-t/\tau}=0.95$$

$\therefore\ t=3\tau$

07 내경 75mm인 관 내를 물이 흐르고 있다. 관 내에 직경 25mm인 벤투리미터를 설치하였다. 마노미터 읽음이 200mm일 때 벤투리미터관의 유량은?(단, 물의 밀도는 1,000kg/m^3, 수은의 비중은 13.6, 벤투리미터의 유량계수 $C_v=0.98$이다.)

해설

$D_v = 25\text{mm} = 0.025\text{m}$
$\rho' = 13.6 \times 1{,}000\text{kg/m}^3$
$\rho = 1{,}000\text{kg/m}^3$
$g = 9.8\text{m/s}^2$
$R = 200\text{mm} = 0.2\text{m}$

$$Q_v = \frac{\pi}{4}{D_v}^2 \frac{C_v}{\sqrt{1-m^2}}\sqrt{\frac{2g(\rho'-\rho)R}{\rho}}\ [\text{m}^3/\text{s}]$$

$$m = \left(\frac{D_v}{D}\right)^2 = \left(\frac{25}{75}\right)^2 = 0.11$$

$$\therefore\ Q_v = \frac{\pi}{4} \times 0.025^2 \times \frac{0.98}{\sqrt{1-0.11^2}} \times \sqrt{\frac{2\times 9.8(13.6-1)\times 1{,}000 \times 0.2}{1{,}000}} = 3.4\times 10^{-3}\text{m}^3/\text{s}$$

08 Vena－contracta에 대해 설명하시오.

해설

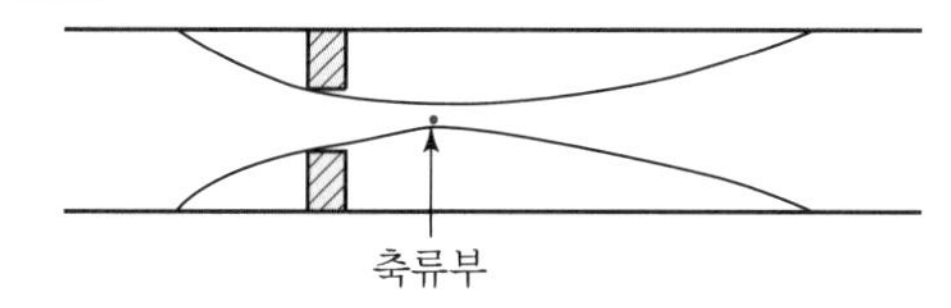

유체가 넓은 유로에서 오리피스처럼 좁은 유로를 통과할 때 관성으로 인해 유선이 좁은 단면보다 더 좁은 단면으로 수축되어 흘러나오는 현상

09 Soret Effect(Thermo Diffusion)와 Dufour Effect(Diffusion Thermal)에 대해 설명하시오.

해설

① Soret Effect
혼합물 중 온도구배(온도 기울기)가 있을 때 이에 따라 물질 확산이 생기고, 농도구배(농도 기울기)가 야기되는 현상이다.

② Dufour Effect
혼합물 중 농도 기울기가 있어 물질이 서로 확산하면 온도 기울기가 생기는 현상으로 열확산의 반대현상이다.

2020년 제2회 기출문제

01 촉매에는 벌크촉매와 담지촉매 2가지가 있다. 이 중 담지촉매 제조법 3가지에 대해 서술하시오.

해설

① 함침법
담체기공에 용액을 도입하여 건조, 소성처리하여 금속을 담지시키는 방법

② 침전법
- 용액에 시약을 가해 특정 성분을 침전을 통해 얻는 방법으로, 다성분계 촉매나 고담지량 촉매의 제조에 적합한 방법
- 담체를 용액에 담근 후 담체 위에 침전을 흡착시킨다.

③ 이온교환법
- 음이온 담체에 용액을 가해 양이온을 흡착시킨다.
- 결합이 강하고 균일하여 분산도가 크다.
- 담체 : 제올라이트, 실리카, 실리카알루미나, 이온교환수지, 산화처리 활성탄 등

02 유체가 층류로 흐를 때 Hagen－Poiseuille 식을 사용하기 위한 가정 5가지를 서술하시오.

해설

① 층류
② 정상상태
③ 뉴턴 유체
④ 연속방정식
⑤ 완전발달된 흐름
⑥ 비압축성 유체
⑦ 점성 유체

03 복사능 0.6, 전열면적 $3m^2$, 온도 100℃인 물질이 복사능 0.9, 전열면적 $10m^2$, 온도 300℃인 물질에 둘러싸여 복사전열이 일어날 때 복사에너지(kcal/h)를 구하여라.(단, $\sigma = 5.670373 \times 10^{-8}\,W/m^2\,K^4$)

해설

$5.670373 \times 10^{-8}W$	J/s	3,600s	1cal	1kcal
$m^2\,K^4$	W	1h	4.184J	1,000cal

$= 4.88 \times 10^{-8}\,kcal/h\,m^2\,K^4$

$q = \sigma A_2 \mathcal{F}_{2.1}(T_1^{\,4} - T_2^{\,4})$

$\quad = 4.88 \times 10^{-8} A_2 \mathcal{F}_{2.1}(T_1^{\,4} - T_2^{\,4})$

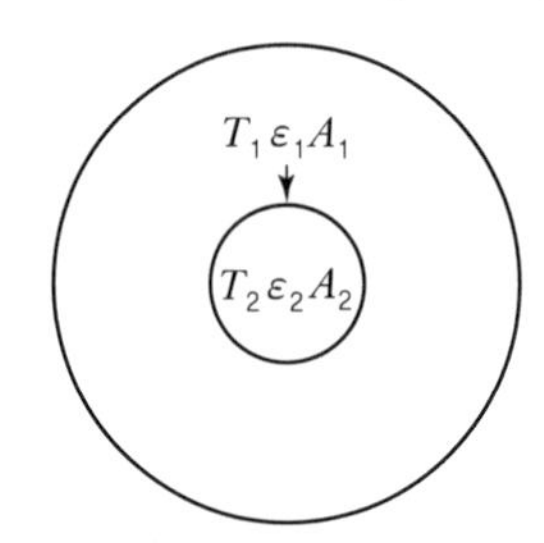

$$\mathcal{F}_{2.1} = \frac{1}{\frac{1}{F_{2.1}} + \left(\frac{1}{\varepsilon_2} - 1\right) + \frac{A_2}{A_1}\left(\frac{1}{\varepsilon_1} - 1\right)}$$

$$= \frac{1}{\frac{1}{\varepsilon_2} + \frac{A_2}{A_1}\left(\frac{1}{\varepsilon_1} - 1\right)}$$

$$= \frac{1}{\frac{1}{0.6} + \frac{3}{10}\left(\frac{1}{0.9} - 1\right)} = 0.588$$

$q = 4.88 \times 10^{-8}\,kcal/h\,m^2\,K^4 \times 3m^2 \times 0.588$

$\quad \times [(300+273)^4 - (100+273)^4]$

$\quad = 7{,}613.46\,kcal/h$

04 탑상에서 물을 공급하고 압력차$(P_G - P_L)$가 0.009atm, 탑저에서 비활성 기체와 NH_3기체를 공급하고 압력차$(P_G - P_L)$가 0.09atm이다. $K_G a$(용량계수)가 44.9kmol/h m³ atm, 흡수탑의 부피가 8.5m³이고 시간당 250kg의 암모니아를 공급한다. 이때 NH_3 흡수율(%)을 구하시오.

해설

$N = K_G a V (P_G - P_L)_{\ln}$

$(P_G - P_L)_{\ln} = \dfrac{0.09 - 0.009}{\ln \dfrac{0.09}{0.009}} = 0.03518$

$N = 44.9\text{kcal/h m}^3\text{ atm} \times 8.5\text{m}^3 \times 0.03518$
$= 13.43\text{kmol/h}$

$13.43\text{kmol/h} \times \dfrac{17\text{kg}}{1\text{kmol}} = 228.31\text{kg/h}$

$\dfrac{228.31\text{kg/h}}{250\text{kg/h}} \times 100 = 91.3\%$

05 다음 블록선도에서 특성방정식을 구하고, 안정성을 판별하시오.

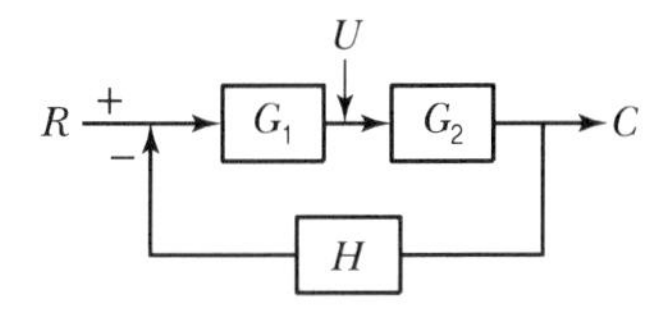

$G_1 = 10\dfrac{0.5s+1}{s}$

$G_2 = \dfrac{1}{s+1}$

$H = 1$

해설

$$G = \frac{G_1 G_2}{1 + G_1 G_2 H} = \frac{\dfrac{5s+10}{s(s+1)}}{1 + \dfrac{5s+10}{s(s+1)}} = \frac{\dfrac{5s+10}{s(s+1)}}{\dfrac{s^2+6s+10}{s(s+1)}} = \frac{5s+10}{s^2+6s+10}$$

특성방정식 $1 + G_{OL} = 0$

$1 + \dfrac{5s+10}{s(s+1)} = 0$

$s^2 + 6s + 10 = 0$

$s = \dfrac{-3 \pm \sqrt{9-10}}{1}$
$= -3 \pm i \leftarrow$ 안정

06 CSTR에서 반응물을 완전히 혼합시킨다. 반응식이 다음과 같을 때 반응기 출구농도 C_A, C_R, C_S를 구하여라.(단, 전 반응에서 k는 동일하고, 유량은 1L/min, 반응기 부피는 1L, k는 1min^{-1}이다. 초기 A의 농도 C_{A0} = 1mol/L이고 부수적으로 추가는 없다.)

해설

$A \rightarrow R \rightarrow S$

$\dfrac{C_A}{C_{A0}} = \dfrac{1}{1 + k_1\tau}$

$\dfrac{C_R}{C_{A0}} = \dfrac{k_1\tau}{(1+k_1\tau)(1+k_2\tau)}$

$C_A + C_R + C_S = C_{A0} =$ 일정

$\dfrac{C_S}{C_{A0}} = \dfrac{k_1 k_2 \tau^2}{(1+k_1\tau)(1+k_2\tau)}$

$\tau = \dfrac{V}{v_o} = \dfrac{1\text{L}}{1\text{L/min}} = 1\text{min}$

$C_A = C_{A0}\dfrac{1}{1+k_1\tau} = 1 \cdot \dfrac{1}{1+1\cdot 1} = 0.5$

$C_R = \dfrac{C_{A0} \cdot k_1\tau}{(1+k_1\tau)(1+k_2\tau)} = \dfrac{1}{(1+1)(1+1)} = 0.25$

$C_S = \dfrac{C_{A0} k_1 k_2 \tau^2}{(1+k_1\tau)(1+k_2\tau)} = \dfrac{1}{(1+1)(1+1)} = 0.25$

or $C_S = C_{A0} - C_A - C_R$
$= 1 - 0.5 - 0.25 = 0.25\text{mol/L}$

07 PFR을 다음과 같이 연결했을 때 A지류와 B지류의 전환율이 같아지도록 하는 각 지류의 공급분율을 구하여라.

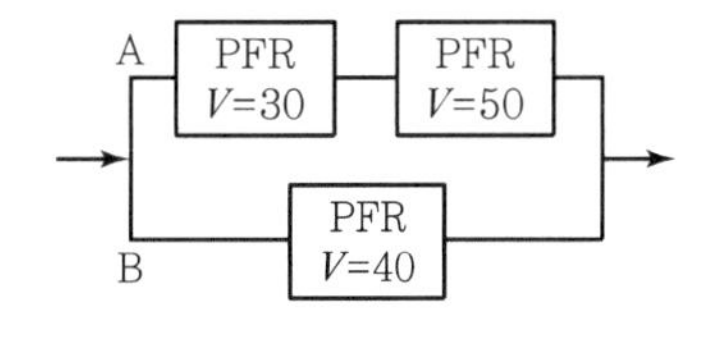

해설

$F_A : F_B = (30+50)\text{L} : 40\text{L} = 2 : 1$

08 1atm, 20℃인 공기가 40m/s로 가로와 세로 길이가 각각 1m인 사각형 평면 위로 지나가고 있다. 평면의 평균온도는 60℃이고, 평면의 $k=0.02723\text{W/m ℃}$, $C_p=1.007\text{kJ/kg ℃}$, 공기의 분자량은 29g/mol, 공기의 점도는 2×10^{-4}P일 때, 아래의 식을 이용하여 열전달량 q(W)를 구하여라.(단, 온도는 산술평균과 같다.)

$$\frac{hL}{k}=N_{Pr}^{\frac{1}{3}}\times[0.037N_{Rc}^{0.8}-850]\rightarrow N_{Rc}<10^7 \text{일 때}$$

해설

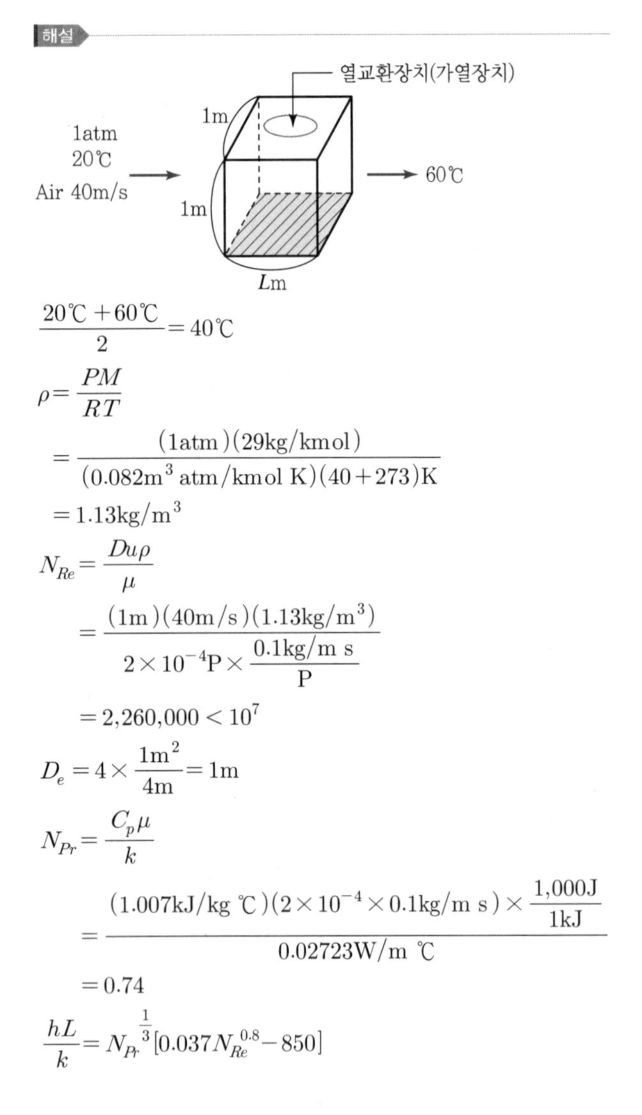

$$\frac{20℃+60℃}{2}=40℃$$

$$\rho=\frac{PM}{RT}=\frac{(1\text{atm})(29\text{kg/kmol})}{(0.082\text{m}^3\,\text{atm/kmol K})(40+273)\text{K}}=1.13\text{kg/m}^3$$

$$N_{Re}=\frac{Du\rho}{\mu}=\frac{(1\text{m})(40\text{m/s})(1.13\text{kg/m}^3)}{2\times10^{-4}\text{P}\times\frac{0.1\text{kg/m s}}{\text{P}}}=2{,}260{,}000<10^7$$

$$D_e=4\times\frac{1\text{m}^2}{4\text{m}}=1\text{m}$$

$$N_{Pr}=\frac{C_p\mu}{k}=\frac{(1.007\text{kJ/kg ℃})(2\times10^{-4}\times0.1\text{kg/m s})\times\frac{1{,}000\text{J}}{1\text{kJ}}}{0.02723\text{W/m ℃}}=0.74$$

$$\frac{hL}{k}=N_{Pr}^{\frac{1}{3}}[0.037N_{Re}^{0.8}-850]$$

$$h=\frac{k}{L}N_{Pr}^{\frac{1}{3}}[0.037N_{Re}^{0.8}-850]=\frac{0.02723\text{W/m ℃}}{L}0.74^{\frac{1}{3}}[0.037\times2{,}260{,}000^{0.8}-850]=\frac{89.46}{L}$$

$$q=hA\Delta t=\frac{89.46}{L}(\text{W/m}^2\text{ ℃})\times(1\times L)\text{m}^2\times(60-20)℃=3{,}578.36\text{W}$$

09 1지점 해발 5m에서 2지점 해발 30m로 직경 40cm인 원관에 물을 60L/s로 펌프를 통해 끌어 올린다. 효율이 80%일 때 펌프의 동력(HP)을 구하여라.(단, 1HP=745.7W, 물의 밀도는 1,000kg/m³이고, 마찰손실은 무시한다.)

해설

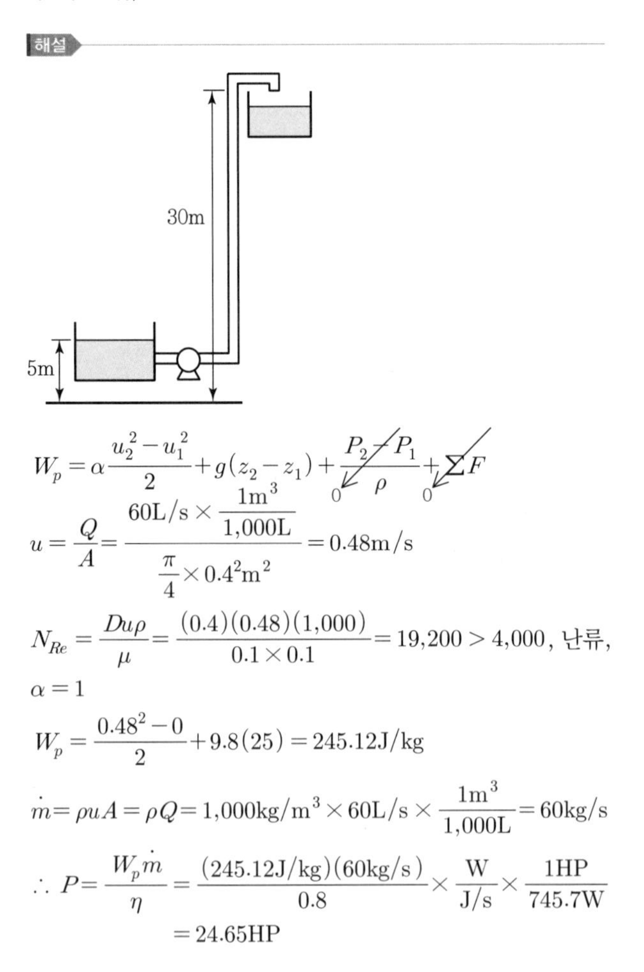

$$W_p=\alpha\frac{u_2^2-u_1^2}{2}+g(z_2-z_1)+\frac{P_2-P_1}{\rho}+\Sigma F \quad (\frac{P_2-P_1}{\rho}=0,\ \Sigma F=0)$$

$$u=\frac{Q}{A}=\frac{60\text{L/s}\times\frac{1\text{m}^3}{1{,}000\text{L}}}{\frac{\pi}{4}\times0.4^2\text{m}^2}=0.48\text{m/s}$$

$$N_{Re}=\frac{Du\rho}{\mu}=\frac{(0.4)(0.48)(1{,}000)}{0.1\times0.1}=19{,}200>4{,}000,\ \text{난류},\ \alpha=1$$

$$W_p=\frac{0.48^2-0}{2}+9.8(25)=245.12\text{J/kg}$$

$$\dot{m}=\rho uA=\rho Q=1{,}000\text{kg/m}^3\times60\text{L/s}\times\frac{1\text{m}^3}{1{,}000\text{L}}=60\text{kg/s}$$

$$\therefore P=\frac{W_p\dot{m}}{\eta}=\frac{(245.12\text{J/kg})(60\text{kg/s})}{0.8}\times\frac{\text{W}}{\text{J/s}}\times\frac{1\text{HP}}{745.7\text{W}}=24.65\text{HP}$$

10 정상상태에서 $2\,ft^3/min$(2cfm)으로 공급되는 탱크가 있다. 입력유량이 $2\,ft^3/min$에서 $2.2\,ft^3/min$으로 계단변화하였다. 이때 2분 뒤 탱크의 수위를 구하여라.(단, 탱크의 단면적은 $2\,ft^2$이고 소수점 5자리에서 반올림하여 4자리로 한다.)

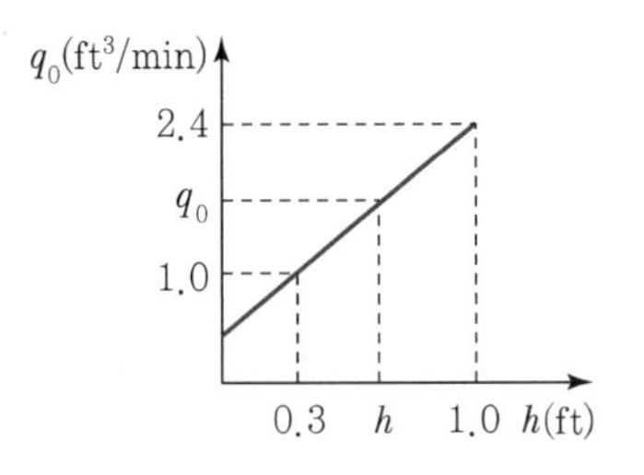

해설

$$\frac{2.4-1.0}{1.0-0.3}=\frac{q_o-1.0}{h-0.3}$$

$\therefore q_o = 2h + 0.4$

$$Q(s)=\frac{0.2}{s}$$

$$A\frac{dh}{dt}=q_i-q_o$$

$$2\frac{dh}{dt}=q_i-(2h+0.4)$$

$$2\frac{dh_s}{dt}=q_{is}-(2h_s+0.4)$$

$$\frac{2dh'}{dt}=q_i'-2h'$$

$$\frac{2dh}{dt}=q_i-2h$$

$2sH(s)=Q(s)-2H(s)$

$(2s+2)H(s)=Q(s)$

$$G(s)=\frac{H(s)}{Q(s)}=\frac{1/2}{s+1}$$

$$H(s)=\frac{1/2}{s+1}\cdot\frac{0.2}{s}=0.1\left(\frac{1}{s(s+1)}\right)=0.1\left(\frac{1}{s}-\frac{1}{s+1}\right)$$

$h(t)=0.1(1-e^{-t})$

$h(2)=0.1(1-e^{-2})=0.0865\,ft$

정상상태 $\dfrac{2dh_s}{dt}=q_{is}-(2h_s+0.4)$

$0=2-2h_s-0.4$

$\therefore h_s=0.8\,ft$

2분 후 탱크의 수위

$h=h_s+0.0865\,ft$

$=0.8+0.0865=0.8865\,ft$

11 내경 7cm, 두께 1cm인 원관의 안에는 수증기가 흐르고 바깥쪽에는 공기가 흐른다. 원관의 열전도도는 36kcal/m h ℃이고 내관 안쪽 온도는 160℃, 바깥쪽 온도는 25℃일 때, 수증기의 경막계수는 $27.6\,kcal/m^2$ h ℃, 공기의 경막계수는 $7.5\,kcal/m^2$ h ℃이다. 이때 길이 1m당 열손실(flux)을 구하시오.

해설

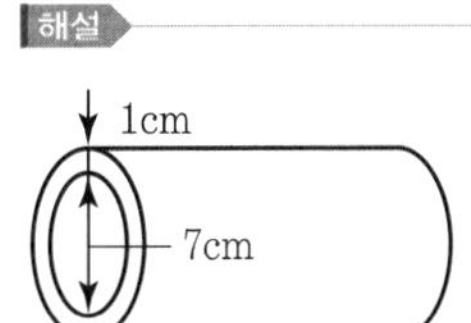

$l = 1cm = 0.01m$

$D_i = 7cm = 0.07m$

$D_o = 9cm = 0.09m$

$$U_o=\frac{1}{\frac{1}{h_i}\left(\frac{D_o}{D_i}\right)+\frac{l}{k}\frac{D_o}{\overline{D_L}}+\frac{1}{h_o}}$$

$$=\frac{1}{\frac{1}{27.6}\left(\frac{0.09}{0.07}\right)+\frac{0.01}{36}\left(\frac{0.09}{0.08}\right)+\frac{1}{7.5}}$$

$=5.55\,kcal/m^2\,h\,℃$

$$\overline{D_L}=\frac{9-7}{\ln\frac{9}{7}}=8cm=0.08m$$

$q=U_oA_o\Delta t$

$=5.55\,kcal/m^2\,h\,℃\times(0.09\pi)L\times(160-25)℃$

$$\frac{q}{L}=(5.55)(0.09\pi)(160-25)$$

$=211.74\,kcal/m\,h$

2020년 제3회 기출문제

01 $A+R \rightarrow R+R$ 자동촉매반응이 $k=1\text{L/mol min}$인 순환반응기에서 일어난다. 처음 유입 몰유량이 1mol/min이고 그중 A는 99mol%, R은 1mol%이다. 이를 순환반응기로 A를 10%, R을 90%로 만드는 데 필요한 순환비의 값을 구하여라.(단, Activity Coefficient는 1이다.)

해설

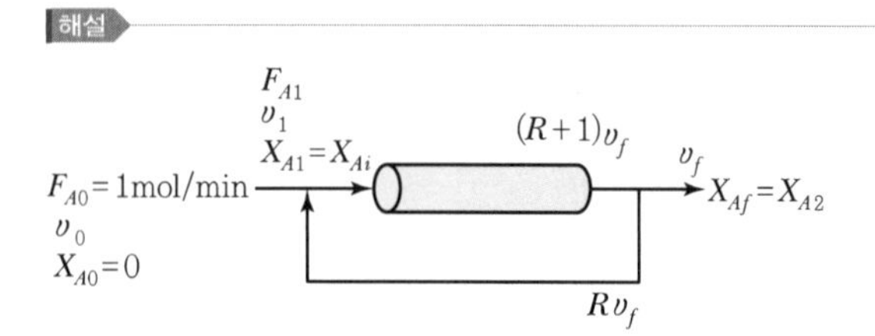

$$X_{A1}=\frac{R}{R+1}X_{Af}$$

$k=1\text{L/mol min} \rightarrow$ 2차 반응

$C_{A0}+C_{R0}=C_A+C_R=C_0=1\text{mol/L}$

$C_R=C_{R0}+C_{A0}X_A=0.01+0.99X_A=0.9$

$\therefore\ X_A=0.9$

또는 $C_A=C_{A0}(1-X_A)$

$0.1=0.99(1-X_A)$

$X_A=0.9$

$$\tau=\frac{C_{A0}V}{F_{A0}}=-(R+1)\int_{C_{Ai}}^{C_{Af}}\frac{dC_A}{-r_A}$$

$$C_{Ai}=\frac{C_{A0}+RC_{Af}}{R+1}$$

C_A	C_R	$-r_A=kC_AC_R$	$-\frac{1}{r_A}$
0.99	0.01	0.0099	101.01
0.9	0.1	0.09	11.11
0.7	0.3	0.21	4.76
0.5	0.5	0.25	4
0.3	0.7	0.21	4.76
0.2	0.8	0.16	6.25
0.1	0.9	0.09	11.11

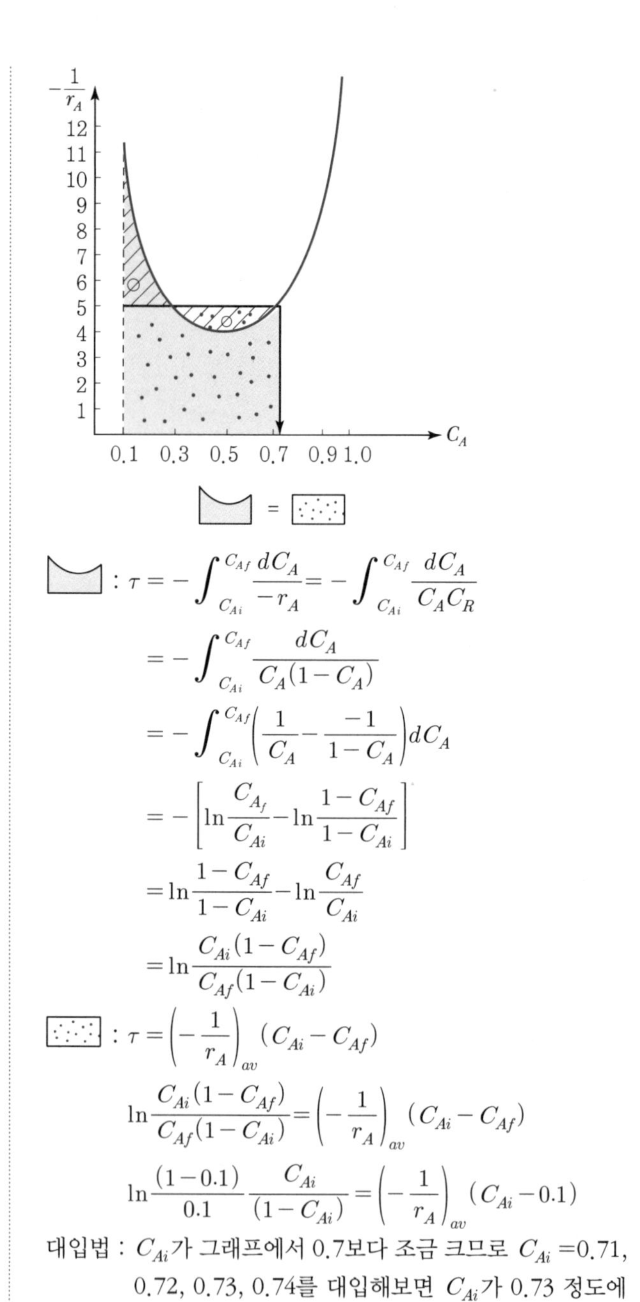

(그림) = (점 영역)

(그림) : $\tau=-\int_{C_{Ai}}^{C_{Af}}\frac{dC_A}{-r_A}=-\int_{C_{Ai}}^{C_{Af}}\frac{dC_A}{C_AC_R}$

$$=-\int_{C_{Ai}}^{C_{Af}}\frac{dC_A}{C_A(1-C_A)}$$

$$=-\int_{C_{Ai}}^{C_{Af}}\left(\frac{1}{C_A}-\frac{-1}{1-C_A}\right)dC_A$$

$$=-\left[\ln\frac{C_{Af}}{C_{Ai}}-\ln\frac{1-C_{Af}}{1-C_{Ai}}\right]$$

$$=\ln\frac{1-C_{Af}}{1-C_{Ai}}-\ln\frac{C_{Af}}{C_{Ai}}$$

$$=\ln\frac{C_{Ai}(1-C_{Af})}{C_{Af}(1-C_{Ai})}$$

(점 영역) : $\tau=\left(-\frac{1}{r_A}\right)_{av}(C_{Ai}-C_{Af})$

$$\ln\frac{C_{Ai}(1-C_{Af})}{C_{Af}(1-C_{Ai})}=\left(-\frac{1}{r_A}\right)_{av}(C_{Ai}-C_{Af})$$

$$\ln\frac{(1-0.1)}{0.1}\frac{C_{Ai}}{(1-C_{Ai})}=\left(-\frac{1}{r_A}\right)_{av}(C_{Ai}-0.1)$$

대입법 : C_{Ai}가 그래프에서 0.7보다 조금 크므로 $C_{Ai}=0.71$, 0.72, 0.73, 0.74를 대입해보면 C_{Ai}가 0.73 정도에서 위의 식이 성립함을 알 수 있다.

$$\therefore\ R=\frac{C_{A0}-C_{Ai}}{C_{Ai}-C_{Af}}=\frac{0.99-0.73}{0.73-0.1}=0.41$$

02 $100℃$ 흑체의 복사전열량(W/m^2)을 구하여라.(단, 스테판－볼츠만 상수 : $5.672 \times 10^{-8}W/m^2 K^4$)

해설

$q = \sigma A T^4$

$\frac{q}{A} = \sigma T^4 = 5.672 \times 10^{-8} W/m^2 K^4 \times (100+273)^4 K^4$

$= 1{,}097.92 W/m^2$

03 $G_m = G_R = G_T = 1 \cdot G_L = G_P = \frac{1}{5s+1} \cdot G_V = \frac{1}{2s+1}$ 이다. 비례제어기를 사용할 때 제어 시스템이 안정하기 위한 제어기 이득 K_c의 범위는?

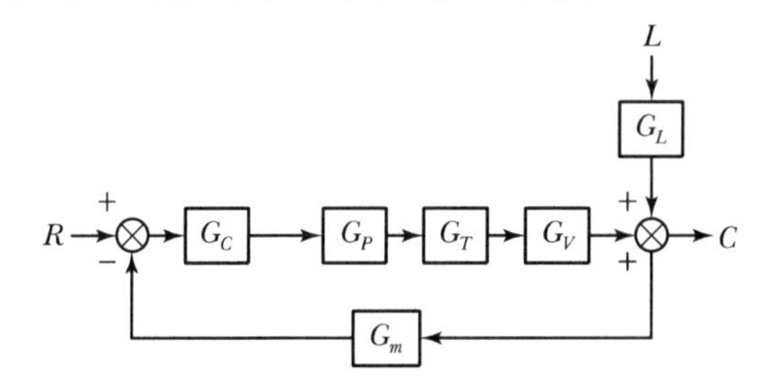

해설

$1 + G_C G_P G_T G_V G_m = 0$

$1 + K_c \frac{1}{5s+1} \cdot \frac{1}{2s+1} = 0$

$10s^2 + 7s + 1 + K_c = 0$

$s = \frac{-7 \pm \sqrt{49 - 40(1+K_c)}}{20}$

① 음의 실근

$0 \le \sqrt{49 - 40(1+K_c)} < 7$

$0 \le 49 - 40(1+K_c) < 49$

$1 + K_c > 0$

$\therefore K_c > -1,\ -1 < K_c \le 0.225$

② 복소수

$49 - 40(1+K_c) < 0$

$49 - 40 - 40K_c < 0$

$40K_c > 9$

$\therefore K_c > 0.225$

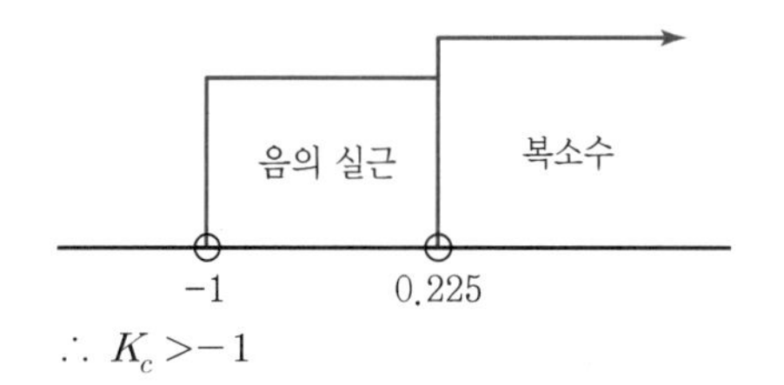

$\therefore K_c > -1$

04 현재압 100kPa, 30℃에서 비교습도 40%이다. 포화증기압이 4.24kPa일 때 상대습도(%)를 구하여라.

해설

비교습도 $H_P = \frac{H}{H_s} \times 100$

$= \frac{\frac{18}{29}\frac{p_v}{P-p_v}}{\frac{18}{29}\frac{p_s}{P-p_s}} \times 100 = \frac{\frac{p_v}{100-p_v}}{\frac{4.24}{100-4.24}} \times 100 = 40\%$

$\frac{p_v}{100-p_v} = 0.0177$

$\therefore p_v = 1.74 kPa$

$\therefore H_R = \frac{p_v}{p_s} \times 100\% = \frac{1.74}{4.24} \times 100 = 41.04\%$

05 $A \rightarrow R$ 기초반응을 혼합반응기에서 반응시킨다. 이때 Conversion이 0.7인 혼합반응기에서 혼합흐름반응기 용적을 2배로 할 때 새로운 Conversion을 구하여라.(단, $C_{A0} = 10mol$이고 공급속도는 일정하다.)

해설

CSTR 1차

$k\tau = \frac{X_A}{1-X_A}$

$k\tau = \frac{0.7}{1-0.7}$

$\therefore k\tau = 2.33$

CSTR 용적이 2배 → 2τ

$2k\tau = \frac{X_A}{1-X_A}$

$2 \times 2.33 = \frac{X_A}{1-X_A}$

$\therefore X_A = 0.82$

06 사염화탄소가 5,000g/s로 공급되고 85℃에서 40℃로 냉각수 4,000g/s, 20℃를 통해 냉각된다. 경막저항은 무시하고 열전달계수는 사염화탄소는 1,700W/m^2 ℃, 물은 11,000W/m^2 ℃이다. 사염화탄소의 비열이 0.837J/g ℃, 물의 비열이 1cal/g ℃이다. 향류일 때의 면적은 병류일 때의 면적의 몇 %인가?

해설

고온의 물체가 잃은 열 = 저온의 물체가 얻은 열

5,000g/s × 0.837J/g ℃ × (85 − 40)℃

= 4,000g/s × 4.184J/g ℃ × (t − 20)

∴ t = 31.25℃

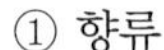

① 향류

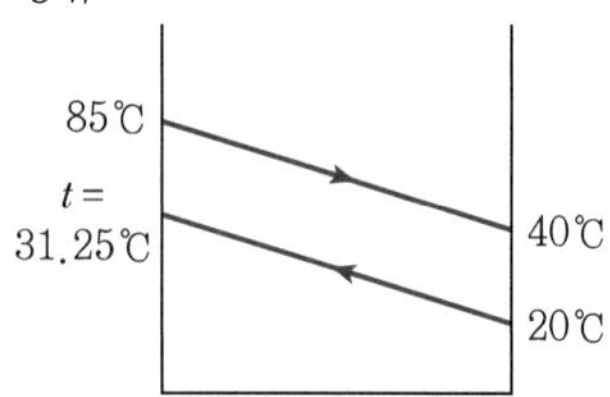

$$\Delta t_1 = 85 - 31.25 = 53.75℃$$

$$\Delta t_2 = 40 - 20 = 20℃$$

$$\Delta t_{LM} = \frac{53.75 - 20}{\ln\frac{53.75}{20}} = 34.14℃$$

② 병류

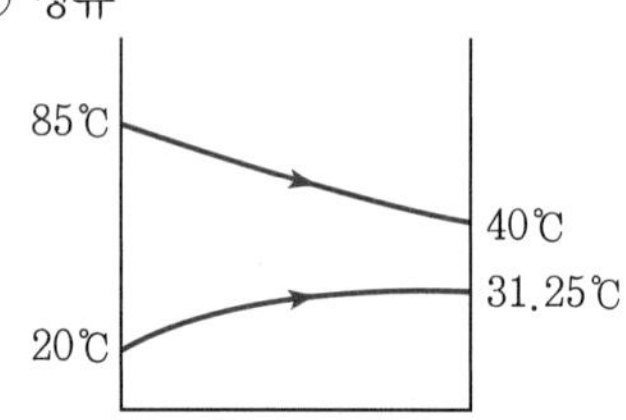

$$\Delta t_1 = 85 - 20 = 65℃$$

$$\Delta t_2 = 40 - 31.25 = 8.75℃$$

$$\Delta t_{LM} = \frac{65 - 8.75}{\ln\frac{65}{8.75}} = 28.05℃$$

$q = UA\Delta t_{LM}$

A와 Δt_{LM}은 반비례하므로

$$\frac{A_1}{A_2} = \frac{\Delta t_{LM_2}}{\Delta t_{LM_1}}$$

여기서, 1 : 향류, 2 : 병류

$$\frac{A_1}{A_2} = \frac{28.05}{34.14} = 0.8216(82.16\%)$$

07 물−에탄올 기상에서 물−에탄올 액상으로 확산이 일어난다. P = 1atm, T = 90℃이고 부피확산계수는 0.8m^2/h, 기체 교환막 두께는 0.1mm, 단면적은 10m^2이다. 외부경막의 에탄올 농도는 80mol%이고 내부경막의 물의 농도는 90mol%이다. 물과 에탄올의 전달속도(kg/h)를 구하여라.(단, 에탄올과 물은 같은 몰수로 확산한다.)

해설

$D = 0.8\text{m}^2/\text{h}$

$x = 0.1\text{mm} = 10^{-4}\text{m}$

$$\rho_m = \frac{1\text{kmol}}{22.4\text{m}^3} \times \frac{273\text{K}}{(273+90)\text{K}} = 0.03357\text{kmol/m}^3$$

$A = 10\text{m}^2$

$$N_A = -DA\frac{dC_A}{dx} = \frac{DA\rho_m(y_{A1} - y_{A2})}{x}$$

$$= \frac{(0.8\text{m}^2/\text{h})(10\text{m}^2)(0.03357\text{kmol/m}^3)(0.8 - 0.1)}{10^{-4}\text{m}}$$

$$= 1{,}879.92\text{kmol/h}$$

• 에탄올

$$N_A = 1{,}879.92\text{kmol/h} \times \frac{46\text{kg}}{1\text{kmol}} = 86{,}476.32\text{kg/h}$$

• 물

$$N_A = 1{,}879.92\text{kmol/h} \times \frac{18\text{kg}}{1\text{kmol}} = 33{,}838.56\text{kg/h}$$

08 Feed로 40mol% 벤젠과 60mol% 톨루엔이 들어가 연속증류된다. 상부는 99.5mol% 벤젠, 하부는 1mol% 벤젠으로 난다. 상부 유출액이 1kmol/h일 때 처음에 넣어주는 Feed의 양은?

해설

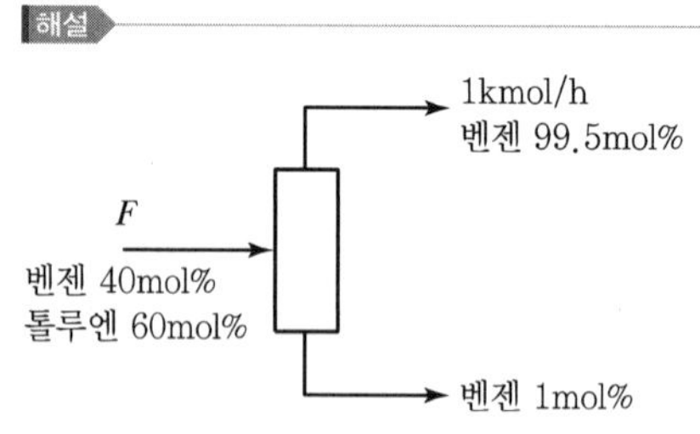

$F \times 0.4 = 1 \times 0.995 + (F - 1) \times 0.01$

∴ F = 2.53kmol/h

09 처음에 직경 1″인 리듀서를 비중 0.9인 기름이 150kg/min으로 통과하다 리듀서 직경 0.5″를 통과했다. 이때 마노미터 읽음값이 30mmHg이다. 리듀서 통과 이후 마찰손실(m)을 구하시오.(단, 수은의 비중은 13.6이고 기름의 점도는 20cP이다.)

해설

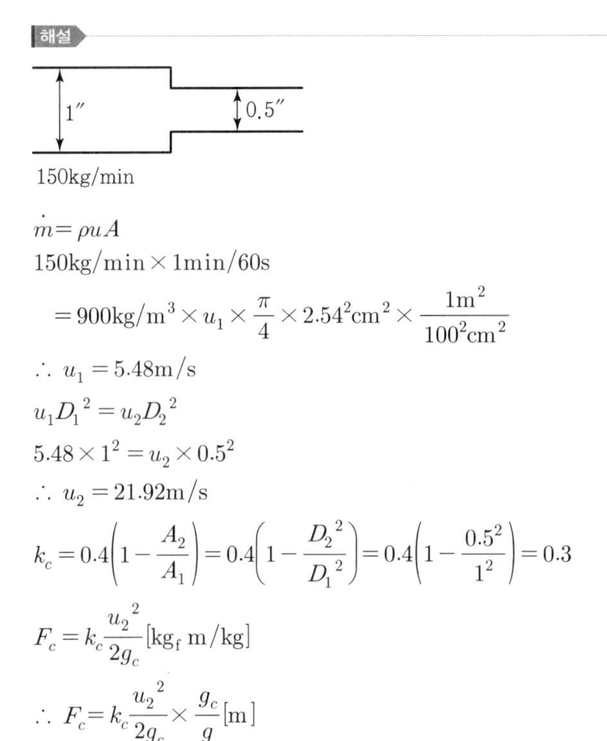

$$\dot{m}=\rho uA$$

$$150\text{kg/min}\times 1\text{min}/60\text{s}$$

$$=900\text{kg/m}^3\times u_1\times\frac{\pi}{4}\times 2.54^2\text{cm}^2\times\frac{1\text{m}^2}{100^2\text{cm}^2}$$

$$\therefore\ u_1=5.48\text{m/s}$$

$$u_1{D_1}^2=u_2{D_2}^2$$

$$5.48\times 1^2=u_2\times 0.5^2$$

$$\therefore\ u_2=21.92\text{m/s}$$

$$k_c=0.4\left(1-\frac{A_2}{A_1}\right)=0.4\left(1-\frac{{D_2}^2}{{D_1}^2}\right)=0.4\left(1-\frac{0.5^2}{1^2}\right)=0.3$$

$$F_c=k_c\frac{{u_2}^2}{2g_c}[\text{kg}_\text{f}\ \text{m/kg}]$$

$$\therefore\ F_c=k_c\frac{{u_2}^2}{2g_c}\times\frac{g_c}{g}[\text{m}]$$

$$=0.3\times\frac{21.92^2}{2}\times\frac{1}{9.8}=7.35\text{m}$$

10 NH_3의 합성반응에서 전환율이 70%일 때 공간시간은 1h이다. 반응물을 $2\text{m}^3/\text{min}$ 유속으로 보낼 때 필요한 반응기의 체적(m^3)을 구하시오.

해설

$$N_2+3H_2\rightarrow 2NH_3$$

$$\tau=1\text{h}$$

$$\tau=\frac{V}{v_o}$$

$$1\text{h}=\frac{V}{2\text{m}^3/\text{min}\times 60\text{min}/1\text{h}}$$

$$\therefore\ V=120\text{m}^3$$

2020년 제4 · 5회 기출문제

01 Newton의 점성법칙을 쓰고 각각의 물리적인 의미를 쓰시오.

해설

$$\tau = \mu \frac{du}{dy} [\text{kg m/m}^2\,\text{s}^2][\text{N/m}^2]$$

여기서, τ : 전단응력
μ : 점성계수(점도)
u : 유체의 속도
y : 수직거리

전단응력은 전단력에 비례하며, 그 비례상수를 점도라 한다.

02 무한히 큰 두 흑체판이 평행하게 놓여 있다. 각각의 복사능이 1이고 온도는 649℃, 427℃이다. 스테판-볼츠만 상수는 $5.67 \times 10^{-8}\text{W/m}^2\,\text{K}^4$이며, 복사전열이 일어날 때 단위면적당 복사에너지(W/m^2)를 구하시오.

해설

$$\mathcal{F}_{1.2} = \frac{1}{\frac{1}{F_{1.2}} + \left(\frac{1}{\varepsilon_1} - 1\right) + \frac{A_1}{A_2}\left(\frac{1}{\varepsilon_2} - 1\right)}$$

$A_1 \fallingdotseq A_2$

$$\therefore \mathcal{F}_{1.2} = \frac{1}{\frac{1}{\varepsilon_1} + \frac{1}{\varepsilon_2} - 1} = \frac{1}{1+1-1} = 1$$

$T_1 = 649 + 273 = 922\text{K}$

$T_2 = 427 + 273 = 700\text{K}$

$$\therefore \frac{q}{A} = \sigma \mathcal{F}_{1.2}\left(T_1^{\,4} - T_2^{\,4}\right)$$
$$= 5.67 \times 10^{-8}\text{W/m}^2\,\text{K}^4 \times 1 \times (922^4 - 700^4)\text{K}^4$$
$$= 27{,}360.18\text{W/m}^2$$

03 점도 0.45cP, 열용량 $C_p = 1\text{kcal/kg ℃}$, 열전도도 $k = 0.54\text{kcal/m h ℃}$일 때 Prandtl 수를 구하여라.

해설

$$N_{Pr} = \frac{C_p \mu}{k}$$
$$= \frac{(1\text{kcal/kg ℃})(0.45 \times 10^{-2} \times 0.1\text{kg/m s})}{(0.54\text{kcal/m h ℃} \times 1\text{h}/3{,}600\text{s})} = 3$$

04 3층 벽돌로 쌓은 노벽이 있다. 내부에서 차례로 열전도도가 0.104, 0.0595, 1.04kcal/h ℃이고, 벽 두께가 152mm, 76mm, 252mm, 내부온도가 760℃, 외부온도가 38℃일 때 다음을 구하시오.

(1) 1m^2당 q를 구하여라.

(2) 내면(T_1)과 외면(T_2) 사이의 온도를 구하여라.

해설

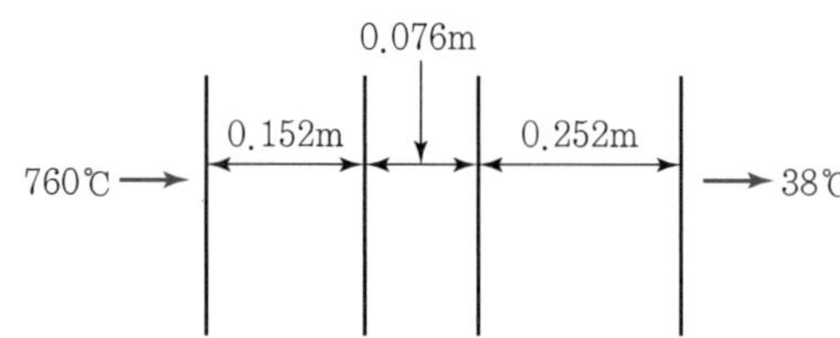

$k_1 = 0.104,\ k_2 = 0.0595,\ k_3 = 1.04\text{kcal/h ℃}$

(1) $q = \dfrac{\Delta t}{R_1 + R_2 + R_3}$

$$\therefore \frac{q}{A} = \frac{(760-38)℃}{\frac{0.152}{0.104} + \frac{0.076}{0.0595} + \frac{0.252}{1.04}} = 242.19\text{kcal/h m}^2$$

(2) $R = R_1 + R_2 + R_3 = 1.46 + 1.28 + 0.24 = 2.98$

$\Delta t : \Delta t_1 = R : R_1$

$(760 - 38) : \Delta t_1 = 2.98 : 1.46$

$\Delta t_1 = 760 - t_2 = 353.73$ $\quad\therefore t_2 = 406.27℃$

$\Delta t_1 : \Delta t_2 = R_1 : R_2$

$353.73 : \Delta t_2 = 1.46 : 1.28$

$\Delta t_2 = 406.27 - t_3 = 310.12$ $\quad\therefore t_3 = 96.15℃$

05 30℃ 760mmHg에서 상대습도 59%인 공기의 절대습도를 구하시오.(단, 30℃에서 포화수증기압은 96.2 mmHg이고, 물과 공기의 분자량은 각각 18g/mol, 29g/mol이다.)

해설

$$H_s = \frac{p_v}{p_s} \times 100[\%]$$

$$59\% = \frac{p_v}{96.2} \times 100$$

$$\therefore\ p_v = 56.76\text{mmHg}$$

$$H = \frac{18}{29}\frac{p_v}{P - p_v}$$

$$= \frac{18}{29}\frac{56.76}{760 - 56.76} = 0.05\text{kgH}_2\text{O/kg dry Air}$$

06 메탄올 42mol%, 물 58mol%인 혼합액 100kmol을 정류하여 메탄올이 96mol%인 유출액과 메탄올 6mol%인 관출액으로 분리한다. 이때 유출액 중에서 메탄올의 회수율은 몇 %인지 구하여라.

해설

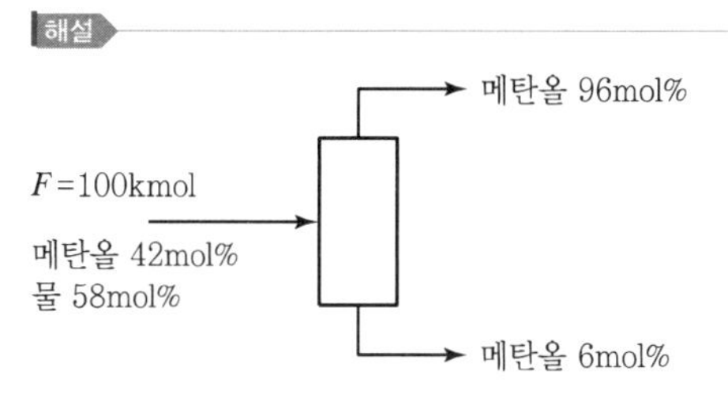

$$100 \times 0.42 = D \times 0.96 + (100 - D) \times 0.06$$

$$\therefore\ D = 40\text{kmol}$$

$$40\text{kmol} \times 0.96 = 38.4\text{kmol 메탄올}$$

$$\text{회수율} = \frac{38.4\text{kmol}}{42\text{kmol}} \times 100 = 91.43\%$$

07 물이 10m/s인 평균유속으로 직경이 0.0158m, 길이 500m인 수평관으로 흐른다. Fanning 마찰계수 f가 0.0065일 때 압력강하(N/m^2)를 구하시오.

해설

$$\Delta P = \rho F = \frac{2fu^2L\rho}{D}$$

$$= \frac{2(0.0065)(10\text{m/s})^2(500\text{m})(1{,}000\text{kg/m}^3)}{0.0158\text{m}}$$

$$= 4.11 \times 10^7\text{N/m}^2$$

08 110℃, 755mmHg에서 벤젠과 톨루엔의 이상혼합용액이 기액평형을 이루고 있다. 톨루엔의 액과 기상의 조성을 구하시오.(단, 벤젠의 증기압은 1,010mmHg, 톨루엔의 증기압은 400mmHg이다.)

해설

$$P = P_A x_A + P_B x_B$$

$$755\text{mmHg} = 1{,}010\text{mmHg}\, x_A + 400\text{mmHg}(1 - x_A)$$

$$x_A = 0.58$$

$$x_B = 1 - 0.58 = 0.42$$

$$\therefore\ y_A = \frac{p_A}{P} = \frac{P_A x_A}{P} = \frac{1{,}010 \times 0.58}{755} = 0.76$$

$$y_B = 1 - y_A = 1 - 0.76 = 0.24$$

09 너비 3m인 평판 위를 기름이 길이 5m 흘러갈 때 2N의 힘이 작용한다. 기름은 정상상태, 완전발달된 흐름으로 가정한다. 속도구배를 구하시오.(단, 기름의 동점도는 $6.0 \times 10^{-4}\text{m}^2/\text{s}$이고, 밀도는 $1.2 \times 10^3\text{kg/m}^3$이다.)

해설

$$\tau = \mu\frac{du}{dy},\ \nu = \frac{\mu}{\rho} = 6.4 \times 10^{-4}\text{m}^2/\text{s}$$

$$\therefore\ \mu = \rho\nu = 1.2 \times 10^3\text{kg/m}^3 \times 6.4 \times 10^{-4}\text{m}^2/\text{s}$$

$$= 0.768\text{kg/m s}$$

$$\frac{2\text{N}}{15\text{m}^2} = 0.768\text{kg/m s}\left(\frac{du}{dy}\right)$$

$$\therefore\ \frac{du}{dy} = 0.1736\text{m/s m}$$

10 초산 25.6kg, 물 80kg, 에테르 100kg을 넣었을 때 추출되는 초산의 양을 구하시오.(단, 분배계수는 0.321이다.)

해설

초산수용액에서 초산을 에테르(추제)로 추출

$$\text{추출률} = 1 - \frac{1}{\left(1 + m\frac{S}{B}\right)}$$

$$= 1 - \frac{1}{\left(1 + 0.321\frac{100}{80}\right)} = 0.286$$

$\therefore$ 25.6kg $\times$ 0.286 = 7.32kg 초산 추출

11 원통형 벽면에서 반응이 일어나고 기공확산만을 고려한다고 할 때 아래의 식을 활용하여 C_A 농도가 티엘레 계수에 의존한다는 것을 증명하시오.

$$A \rightarrow B : -r_A'' = -\frac{1}{S}\frac{dN_A}{dt} = k'' C_A$$

해설

Flow in

$$\left(\frac{dN_A}{dt}\right)_{in} = -\pi r^2 D\left(\frac{dC_A}{dx}\right)_{in}$$

Flow out

$$\left(\frac{dN_A}{dt}\right)_{out} = -\pi r^2 D\left(\frac{dC_A}{dx}\right)_{out}$$

Δx

출력량 − 입력량 + 반응에 의한 소모량 = 0

$$-\pi r^2 D\left(\frac{dC_A}{dx}\right)_{out} + \pi r^2 D\left(\frac{dC_A}{dx}\right)_{in} + k'' C_A (2\pi r \Delta x) = 0$$

$$\frac{\left(\frac{dC_A}{dx}\right)_{out} - \left(\frac{dC_A}{dx}\right)_{in}}{\Delta x} - \frac{2k''}{Dr} C_A = 0$$

$\Delta x \rightarrow 0$인 극한에서

$$\frac{d^2 C_A}{dx^2} - \frac{2k''}{Dr} C_A = 0$$

1차 반응은 촉매기공벽의 단위 표면적을 기준으로 표시하므로 "k''의 단위 = 시간당의 길이"이다.

$kV = k'W = k''S$

$$\therefore k = k''\left(\frac{\text{surface}}{\text{volume}}\right) = k''\left(\frac{2\pi r L}{\pi r^2 L}\right) = \frac{2k''}{r}$$

$$\frac{d^2 C_A}{dx^2} - \frac{k}{D} C_A = 0$$

$C_A = M_1 e^{mx} + M_2 e^{-mx}$

여기서, M_1, M_2 : 상수

$$\therefore m = \sqrt{\frac{k}{D}} = \sqrt{\frac{2k''}{Dr}}$$

$x = 0$, $C_A = C_{As}$

$x = L$, $\frac{dC_A}{dx} = 0$

$$\therefore M_1 = \frac{C_{As} e^{-mL}}{e^{mL} + e^{-mL}}, \quad M_2 = \frac{C_{As} e^{mL}}{e^{mL} + e^{-mL}}$$

$$\frac{C_A}{C_{As}} = \frac{e^{m(L-x)} + e^{-m(L-x)}}{e^{mL} + e^{-mL}} = \frac{\cosh m(L-x)}{\cosh mL}$$

여기서, mL : Thiele 계수

$\therefore$ 기공 내부로 이동할수록 농도가 점차 떨어지는데 Thiele 계수라 불리는 무차원량 mL에 의존함을 알 수 있다.

$$mL = L\sqrt{\frac{k}{D}}$$

1차 반응에서는 반응속도가 농도에 비례하며,

유효인자 $\varepsilon = \frac{\overline{C_A}}{C_{As}}$ 이다.

그러므로 기공 내에서 평균반응속도를 구하면 다음의 관계식이 얻어진다.

$$\varepsilon_{1차} = \frac{\overline{C_A}}{C_{As}} = \frac{\tanh mL}{mL}$$

2021년 제1회 기출문제

01 다음은 연속교반 가열공정이다. 전환기의 시간상수는 10초이고 이득은 1이며, 수증기로 온도를 50~150℃로 제어하며 공정온도를 조절한다. 공정의 시간상수는 30초이고 이득은 60℃/(kg/s)이며, 제어밸브는 시간상수가 3초이고 이득은 0.015(kg/s)/%인 Linear 밸브이다. 비례제어기를 사용할 경우 이 제어구조가 안정하기 위한 제어기의 이득 K_c의 범위를 구하여라.

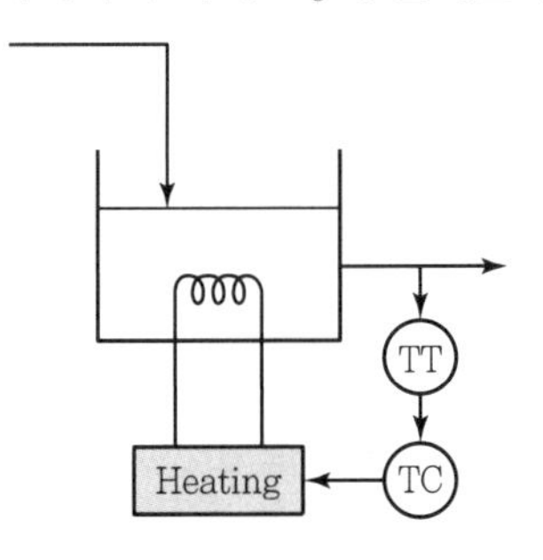

해설

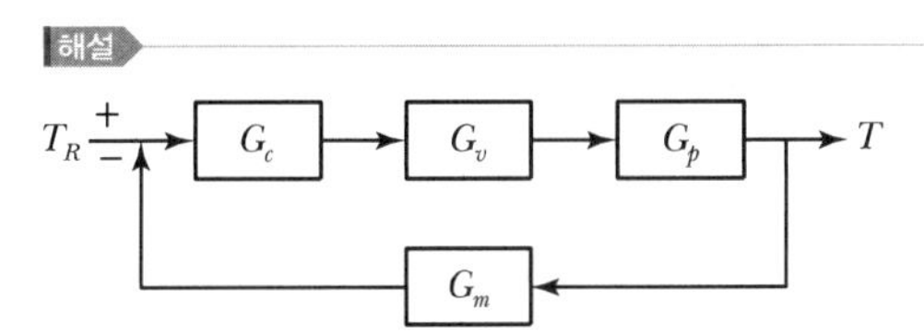

특성방정식 $1+G_cG_vG_pG_m=0$

$$1+K_c\frac{0.015}{(3s+1)}\frac{60}{(30s+1)}\frac{1}{(10s+1)}=0$$

정리하면, $900s^3+420s^2+43s+1+0.9K_c=0$

Routh

1	900	43
2	420	$1+0.9K_c$
3	$\frac{420\times 43-900(1+0.9K_c)}{420}=a>0$ ⋯ ㉠	
4	$\frac{a(1+0.9K_c)-420\times 0}{a}>0$ ⋯⋯⋯⋯ ㉡	

㉠ $40.86-1.928K_c>0$　　$\therefore K_c<21.18$

㉡ $1+0.9K_c>0$　　$\therefore K_c>-1.11$

$\therefore -1.11<K_c<21.18$

02 P_1은 $2.5\text{kg}_f/\text{cm}^2$, P_2는 2.4026bar, P_3는 0.2354MPa일 때 $P_4(\text{kg}_f/\text{m}^2)$를 구하시오.(단, 90° 엘보 상당길이 1개당 5m, 밸브의 상당길이는 20m이다. P_4는 소수 둘째 자리까지 구한다.)

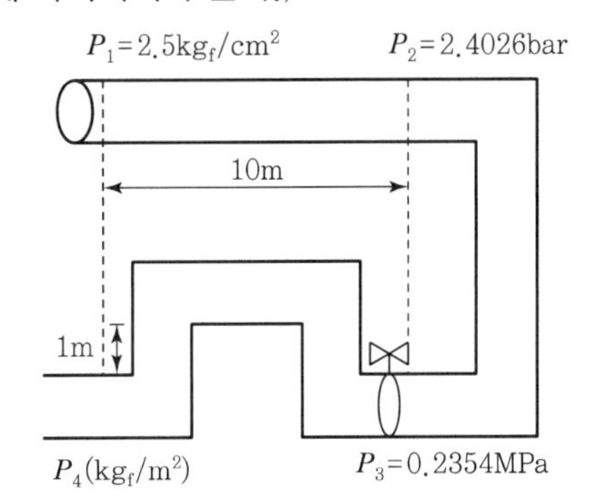

해설

$$P_1=2.5\text{kg}_f/\text{cm}^2=2.5\times10^4\text{kg}_f/\text{m}^2$$

$$P_2=2.4026\text{bar}\times\frac{1.0332\times10^4\text{kg}_f/\text{m}^2}{1.013\text{bar}}=2.45\times10^4\text{kg}_f/\text{m}^2$$

$$P_3=0.2354\text{MPa}\times\frac{10^6\text{Pa}}{1\text{MPa}}\times\frac{1.0332\times10^4\text{kg}_f/\text{m}^2}{101.3\times10^3\text{Pa}}$$

$$=2.4\times10^4\text{kg}_f/\text{m}^2$$

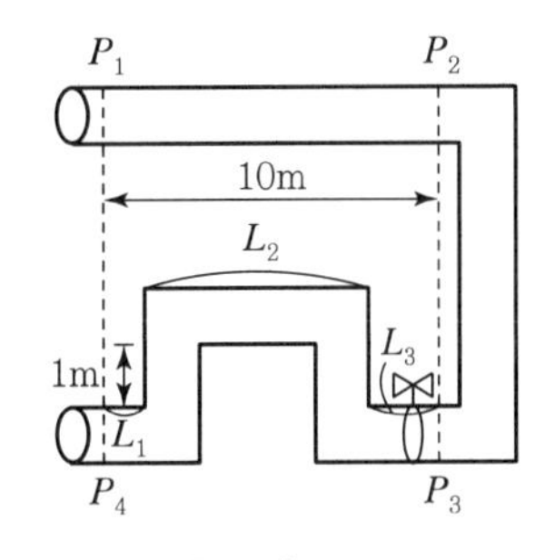

$$\Delta P=\frac{P_1-P_2}{10\text{m}}$$

$$=\frac{(2.5\times10^4-2.45\times10^4)\text{kg}_f/\text{m}^2}{10\text{m}}$$

$$=50(\text{kg}_f/\text{m}^2)/(1\text{m})$$

$$L_1+L_2+L_3=10\text{m}$$

$$P_4 = P_3 - [(L_1 + L_2 + L_3) + (4 \times 5\text{m} + 20\text{m})] \times 50(\text{kg}_f/\text{m}^2)/(1\text{m})$$
$$= 2.4 \times 10^4 \text{kg}_f/\text{m}^2 - [10\text{m} + 20\text{m} + 20\text{m}] \times 50(\text{kg}_f/\text{m}^2)/(1\text{m})$$
$$= 2.15 \times 10^4 \text{kg}_f/\text{m}^2$$

03 벤젠 50mol%, 톨루엔 50mol%가 탑에 들어간다. 이 두 물질은 비점에서 공급되며, 온도는 95.3℃, 10kmol/h로 들어가 제품으로 90mol% 벤젠, 관출액으로 10mol% 벤젠으로 상압증류된다. 환류비는 2이고, 허용증기속도가 1.0m/s일 때 탑의 지름을 구하시오.

해설

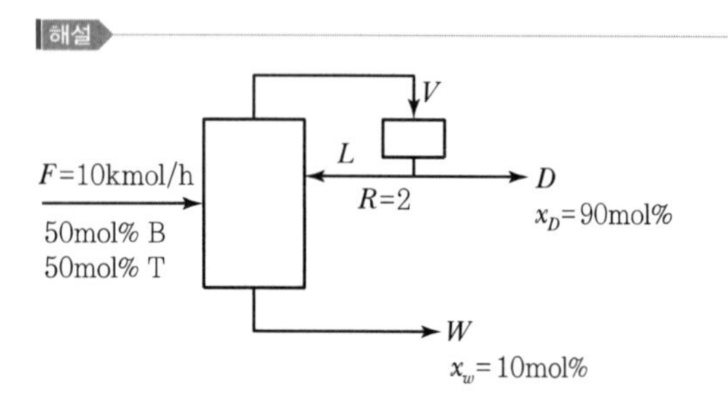

$$10 \times 0.5 = D \times 0.9 + (10 - D) \times 0.1$$
$$\therefore D = 5\text{kmol/h}$$
$$R = \frac{L}{D} = 2$$
$$\therefore L = 2D$$
$$V = L + D = 2D + D = 3D = 3 \times 5\text{kmol/h} = 15\text{kmol/h}$$
$$\frac{15\text{kmol}}{\text{h}} \left| \frac{22.4\text{m}^3}{1\text{kmol}} \right| \frac{(273+95.3)\text{K}}{273\text{K}} \left| \frac{1\text{h}}{3{,}600\text{s}} \right| = 0.1259\text{m}^3/\text{s}$$
$$\text{탑의 면적} = \frac{\text{상승증기량}(\text{m}^3/\text{s})}{\text{허용증기속도}(\text{m/s})} = \frac{\pi}{4}D^2$$
$$\frac{\pi}{4}D^2 = \frac{0.1259\text{m}^3/\text{s}}{1.0\text{m/s}}$$
$$\therefore D = 0.4\text{m}$$

04 A → B+C의 반응은 기초반응이다. 아래의 자료를 이용하여 활성화에너지(kJ/mol)를 구하시오.(단, 소수 넷째 자리까지 구하여라.)

T(온도)	30℃	45℃
K(속도상수)	1.5387	2.3649

해설

$$\ln\frac{K_2}{K_1} = \frac{E_a}{R}\left(\frac{1}{T_1} - \frac{1}{T_2}\right)$$
$$\ln\frac{2.3649}{1.5387} = \frac{E_a}{8.314\text{J/mol K}}\left(\frac{1}{(273+30)} - \frac{1}{(273+45)}\right)$$
$$\therefore E_a = 22{,}953.7\text{J/mol} = 22.95\text{kJ/mol}$$

05 비가역 액상 기초 반회분식 반응에서 A+B → C로 등온에서 반응한다. 초기에 A만 존재하며, 초기 부피는 V_0이고 반응속도상수는 K, v_0는 B의 공급속도이다.

(1) A 몰수지를 미분형으로 나타내시오.
(2) B 몰수지를 미분형으로 나타내시오.

해설

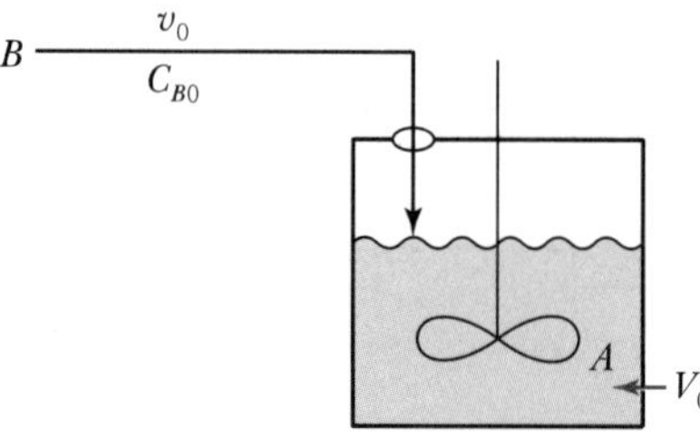

(1) A에 관한 몰수지

유입속도 − 유출속도 + 생성속도 = 축적속도

$$0 - 0 + r_A V(t) = \frac{dN_A}{dt}$$
$$N_A = C_A V$$
$$r_A V = \frac{d(C_A V)}{dt} = V\frac{dC_A}{dt} + C_A\frac{dV}{dt} \quad \cdots\cdots ㉠$$

총괄물질 수지식

질량유입속도 − 질량유출속도 + 질량생성속도 = 질량축적속도

$$\rho_0 v_0 - 0 + 0 = \frac{d(\rho V)}{dt}$$

액상반응은 정밀도이므로 $\rho_0 = \rho$이다.

$$\therefore \frac{dV}{dt} = v_0 \quad \cdots\cdots ㉡$$

부피유량 v_0가 일정한 경우 $t=0$에서 $V=V_0$인 초기 조건을 사용하여 적분하면

$$\int_{V_0}^{V} dV = \int_0^t v_0 dt$$

$$\therefore\ V = V_0 + v_0 t$$

㉠식에 ㉡식을 대입하면

$$r_A V = V\frac{dC_A}{dt} + C_A v_0$$

$$\therefore\ \frac{dC_A}{dt} = r_A - \frac{v_0}{V}C_A \cdots \text{A에 관한 수지식}$$

(2) B에 관한 몰수지 : F_{B0}의 속도로 반응기에 공급

유입속도 − 유출속도 + 생성속도 = 축적속도

$$F_{B0} - 0 + r_B V = \frac{dN_B}{dt}$$

$$\frac{dN_B}{dt} = r_B V + F_{B0}$$

$$N_B = C_B V$$

$$\frac{dV}{dt} = v_0$$

$$v_0 = \frac{F_{A0}}{C_{A0}}$$

$$\therefore\ \frac{d(C_B V)}{dt} = C_B\frac{dV}{dt} + V\frac{dC_B}{dt} = r_B V + F_{B0} = r_B V + v_0 C_{B0}$$

$$C_B v_0 + V\frac{dC_B}{dt} = r_B V + v_0 C_{B0}$$

$$\therefore\ \frac{dC_B}{dt} = r_B + \frac{v_0(C_{B0} - C_B)}{V} \cdots \text{B에 관한 수지식}$$

06 20℃, 1기압 공기의 점도는 2×10^{-4}Poise이며 35m/s의 속도로 지나간다. 길이가 1m인 판의 끝에서 열경계층의 두께(m)를 구하여라.(단, x는 평판의 길이, δ는 경계층의 두께, $\frac{\delta}{x} = 0.381 N_{Re}^{-0.2}$ 이고, 공기는 질소 : 산소 = 79 : 21인 이상기체로 가정한다.)

해설

$$N_{Re} = \frac{xu\rho}{\mu}$$

$$M_{av} = 0.79\times28 + 0.21\times32 = 28.84$$

$$\rho = \frac{PM}{RT} = \frac{(1\text{atm})(28.84\text{kg/kmol})}{(0.082\text{m}^3\ \text{atm/kmol K})(293\text{K})} = 1.2\text{kg/m}^3$$

$$\therefore\ N_{Re} = \frac{xu\rho}{\mu} = \frac{(1\text{m})(35\text{m/s})(1.2\text{kg/m}^3)}{(2\times10^{-4}\times0.1\text{kg/m s})} = 2{,}100{,}000$$

$$\frac{\delta}{x} = 0.381 N_{Re}^{-0.2}$$

$$\frac{\delta}{1} = 0.381(2{,}100{,}000)^{-0.2}$$

$$\therefore\ \delta = 0.021\text{m}$$

07 내경 20cm인 유리관에서 4℃ 물로 레이놀즈 실험을 진행한다. 잉크가 관 전체에 퍼지기 시작할 때의 유속을 구하시오.(단, 4℃ 물의 점도는 1,530mPa s이다.)

해설

$$\mu = 1{,}530\text{mPa s} = 1.53(\text{N/m}^2)\text{s} = 1.53(\text{kg m/m}^2\ \text{s}^2)\text{s} = 1.53\text{kg/m s}$$

$$N_{Re} = \frac{Du\rho}{\mu} = \frac{(0.2\text{m})(u)(1{,}000\text{kg/m}^3)}{1.53\text{kg/m s}} = 4{,}000$$

$$\therefore\ u = 30.6\text{m/s}$$

08 천연가스와 수증기에 개질촉매를 이용하여 수소를 생산한다. 반응물을 20℃에서 800℃로 가열할 때 필요한 평균몰당에너지를 구하시오.(단, 천연가스와 물의 몰수비는 1 : 2로 유입된다.)

$$\frac{C_P}{R} = A + BT + CT^2 + \frac{D}{T^2}$$

구분	A	$B \times 10^3 (1/K)$	$C \times 10^6$	$D \times 10^{-5}$
CH_4	1.702	9.081	−2.164	
H_2O	3.470	1.450		0.121

해설

$$\frac{C_{P \cdot CH_4}}{R} = 1.702 + 9.081 \times 10^{-3} T - 2.614 \times 10^{-6} T^2$$

$$\frac{C_{P \cdot H_2O}}{R} = 3.470 + 1.450 \times 10^{-3} T + \frac{0.121 \times 10^5}{T^2}$$

$$\therefore C_{P \cdot mix} = y_A C_{PA} + y_B C_{PB}$$

$$C_{P \cdot mix} = 8.314 \text{J/mol K} \times \left[\frac{1}{3} \{1.702 + 9.081 \times 10^{-3} T - 2.614 \times 10^{-6} T^2\} + \frac{2}{3} \left\{ 3.470 + 1.450 \times 10^{-3} T + \frac{0.121 \times 10^5}{T^2} \right\} \right]$$

$$= 8.314 \left[2.881 + 3.994 \times 10^{-3} T - 0.871 \times 10^{-6} T^2 + \frac{0.081 \times 10^5}{T^2} \right]$$

$$\therefore \Delta H = \int_{293}^{1,073} C_{P \cdot mix} dT$$

$$= 8.314 \text{J/mol K} \times \left[2.881 T + \frac{3.994 \times 10^{-3}}{2} T^2 - \frac{0.871 \times 10^{-6}}{3} T^3 - \frac{0.081 \times 10^5}{T} \right]_{293}^{1,073}$$

$$= 8.314 \text{J/mol K} \left[2.881(1,073 - 293) + \frac{3.994 \times 10^{-3}}{2}(1,073^2 - 293^2) - \frac{0.871 \times 10^{-6}}{3}(1,073^3 - 293^3) - 0.081 \times 10^5 \left(\frac{1}{1,073} - \frac{1}{293} \right) \right]$$

$$= 33,619 \text{J/mol}$$

09 비가역 3차 반응에서 초기 몰농도가 2mol/m^3일 때 반감기가 5분이다. 초기 농도가 5mol/m^3일 때 초기 농도의 10%가 될 때까지 걸리는 시간을 구하시오.

해설

Batch 3차 반응

$$C_A^{1-n} - C_{A0}^{1-n} = (n-1)kt$$

$$\frac{1}{C_A^2} - \frac{1}{C_{A0}^2} = 2kt$$

$$C_A = C_{A0}(1 - X_A)$$

$$= 2\text{mol/m}^3(1 - 0.5) = 1\text{mol/m}^3$$

$$\frac{1}{1^2} - \frac{1}{2^2} = 2k \times 5\text{min}$$

$$\therefore k = 0.075(\text{m}^3/\text{mol})^2(1/\text{min})$$

$$C_{A0} = 5\text{mol/m}^3$$

$$C_A = C_{A0}(1 - X_A)$$

$$= 5\text{mol/m}^3(1 - 0.9) = 0.5\text{mol/m}^3$$

$$\frac{1}{0.5^2} - \frac{1}{5^2} = 2(0.075)t$$

$$\therefore t = 26.4\text{min} \times \frac{1\text{h}}{60\text{min}} = 0.44\text{h}$$

10 시간상수가 0.1min이고 이득이 1℃인 온도계가 90℃를 유지하는 정상상태의 물이 있다. 90℃의 물을 95℃ 수조에 넣어 온도계가 94℃가 될 때까지의 시간을 구하시오.(단, 1차계로 가정한다.)

해설

$$G(s) = \frac{k}{\tau s + 1} = \frac{1}{0.1s + 1} = \frac{10}{s + 10}$$

$$x(t) = 5$$

$$X(s) = \frac{5}{s}$$

$$Y(s) = \frac{5}{s} \frac{10}{(s+10)} = 5\left(\frac{1}{s} - \frac{1}{s+10} \right)$$

$$y(t) = 5(1 - e^{-10t}) = 4$$

$$1 - e^{-10t} = 0.8$$

$$\therefore t = 0.161\text{min}$$

11 잘린 원뿔의 형태에서 열은 x축 방향으로 전달되고 원뿔의 바깥면에서 열손실은 없다. 열전달계수 $k=320$ W/m ℃일 때 넓은 부분에서 중앙 4cm 지점의 온도(℃)를 구하시오.

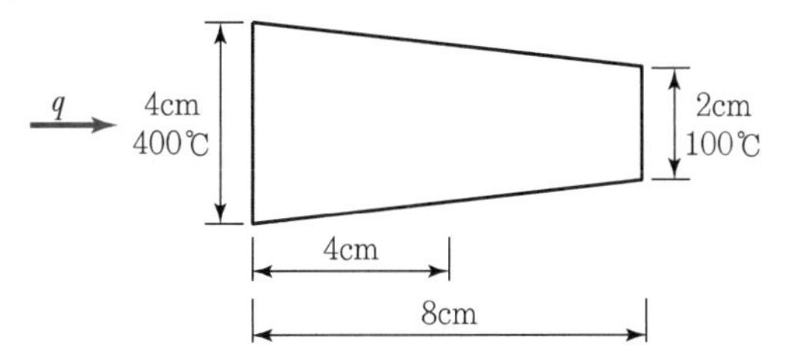

해설

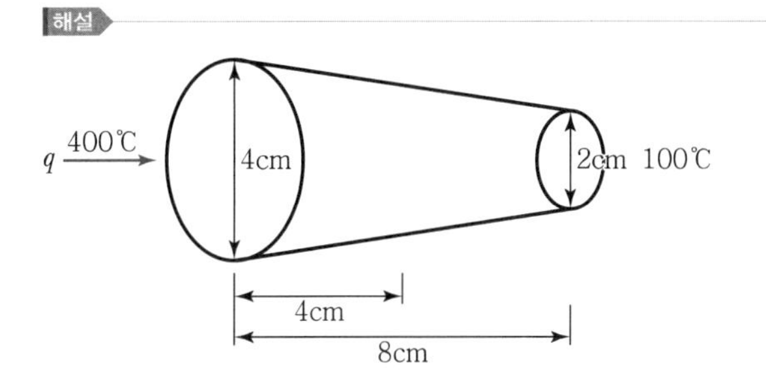

$$q=-kA\frac{dT}{dx}$$

$A=\pi r^2$ $\quad T_1=400℃,\ r_1=0.02\text{m},\ x_1=0$

$\quad\quad\quad T_2=100℃,\ r_2=0.01\text{m},\ x_2=0.08\text{m}$

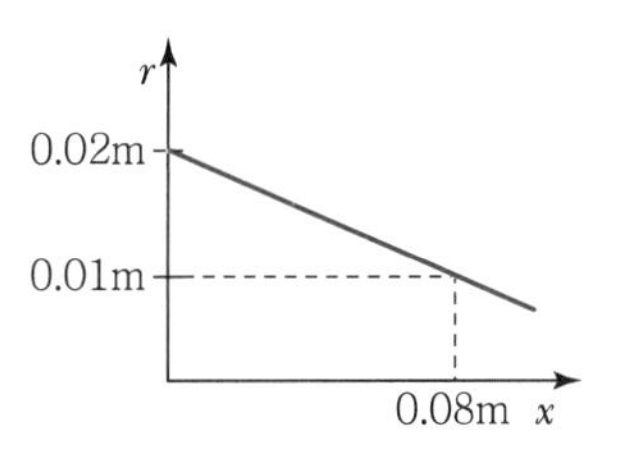

$$r-0.02=\frac{0.01-0.02}{0.08-0}(x-0)$$

$$\therefore\ r=-\frac{1}{8}x+0.02$$

$$q=-k\pi\left(-\frac{1}{8}x+0.02\right)^2\frac{dT}{dx}$$

$$-\int_{400℃}^{100℃}dT=\frac{q}{k\pi}\int_0^{0.08}\left(-\frac{1}{8}x+0.02\right)^{-2}dx$$

$$(400-100)℃$$

$$=\frac{q}{320\text{W/m ℃}\times 3.14}\left[-\frac{1}{\left(-\frac{1}{8}\right)}\left(-\frac{1}{8}x+0.02\right)^{-1}\right]_0^{0.08}$$

$$\therefore\ q=753.6\text{W}$$

$$-\int_{400}^{T}dT=\frac{q}{k\pi}\int_0^{0.04}\left(-\frac{1}{8}x+0.02\right)^{-2}dx$$

$$(400-T)=\frac{753.6\text{W}}{320\text{W/m ℃}\times 3.14}\times\left[-\frac{1}{\left(-\frac{1}{8}\right)}\left(-\frac{1}{8}x+0.02\right)^{-1}\right]_0^{0.04}$$

$$400-T=100$$

$$\therefore\ T=300℃$$

2021년 제2회 기출문제

01 벤젠과 톨루엔 혼합기체의 전체압력은 760mmHg이고, 80℃에서 기액평형에 도달한다. 각 성분의 기상조성을 구하여라.(단, 80℃에서 벤젠과 톨루엔의 증기압은 각각 1,000, 400mmHg이다.)

해설

A : 벤젠
B : 톨루엔

$$P = P_A x_A + P_B x_B$$

$$760\text{mmHg} = 1{,}000 x_A + 400(1 - x_A)$$

$$\therefore x_A = 0.6$$

$$x_B = 1 - 0.6 = 0.4$$

$$\therefore y_A = \frac{x_A P_A}{P} = \frac{(0.6)(1{,}000\text{mmHg})}{760\text{mmHg}} = 0.79$$

$$y_B = 1 - y_A = 1 - 0.79 = 0.21$$

02 다음 블록선도의 총괄전달함수를 구하여라.

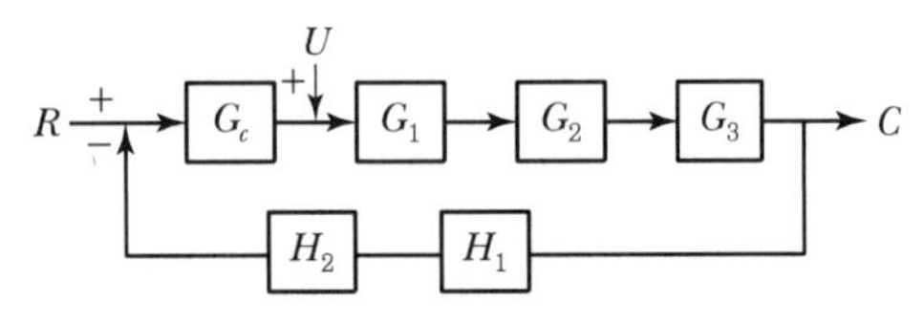

해설

$$C(s) = \frac{G_c G_1 G_2 G_3}{1 + G_c G_1 G_2 G_3 H_1 H_2} R + \frac{G_1 G_2 G_3}{1 + G_c G_1 G_2 G_3 H_1 H_2} U$$

$$G(s) = \frac{C}{R} = \frac{G_c G_1 G_2 G_3}{1 + G_c G_1 G_2 G_3 H_1 H_2}$$

$$G(s)' = \frac{C}{U} = \frac{G_1 G_2 G_3}{1 + G_c G_1 G_2 G_3 H_1 H_2}$$

03 50℃에서 공기의 포화습도는 0.086kgH_2O/kg건조공기, 포화도는 60%이다. 이 공기의 절대습도를 구하시오.

해설

$$H_s = \frac{18}{29}\frac{p_s}{P - p_s} = 0.086$$

$$H_p = \frac{H}{H_s} \times 100\% = \frac{H}{0.086} \times 100 = 60\%$$

$$\therefore H = 0.052\text{kgH}_2\text{O/kg건조공기}$$

04 내경 30mm, 외경 40mm인 열교환기에서 열교환이 일어난다. 내측의 열전달계수는 30kcal/m^2 h ℃, 관의 열전도도는 40kcal/m h ℃, 외측의 열전달계수는 5,000kcal/m^2 h ℃일 때 외측을 기준으로 한 총괄열전달계수를 구하여라.

해설

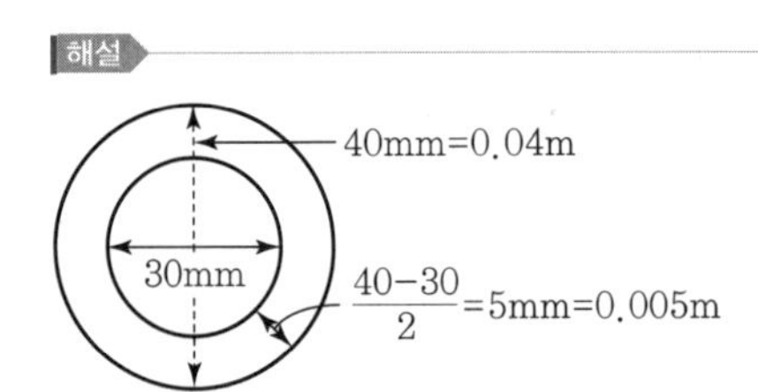

$$\overline{D_L} = \frac{0.04 - 0.03}{\ln\frac{0.04}{0.03}} = 0.0348\text{m}$$

$$U_o = \frac{1}{\frac{1}{h_i}\left(\frac{D_o}{D_i}\right) + \frac{l}{k}\left(\frac{D_o}{\overline{D_L}}\right) + \frac{1}{h_o}}$$

$$= \frac{1}{\frac{1}{30}\left(\frac{0.04}{0.03}\right) + \frac{0.005}{40}\left(\frac{0.04}{0.0348}\right) + \frac{1}{5{,}000}}$$

$$= 22.33\text{kcal/m}^2\text{ h ℃}$$

05 어느 공정에서 반응시간이 60℃에서 20분, 75℃에서 1분 걸렸을 때 활성화에너지(kJ/mol)를 구하시오.(단, 아레니우스 식을 따른다.)

해설

$$\ln\frac{k_2}{k_1}=\frac{E_a}{R}\left(\frac{1}{T_1}-\frac{1}{T_2}\right)$$

$$\ln\frac{20}{1}=\frac{E_a}{8.314\text{J/mol K}}\left(\frac{1}{273+60}-\frac{1}{273+75}\right)$$

$$\therefore E_a=192{,}417.8\,\text{J/mol}=192.42\,\text{kJ/mol}$$

06 벤투리미터의 원리를 설명하고, 좁은 면에서의 유속에 대한 식을 완성하시오.(단, 비압축성 유체이고, 마찰은 없다.)

해설

벤투리미터

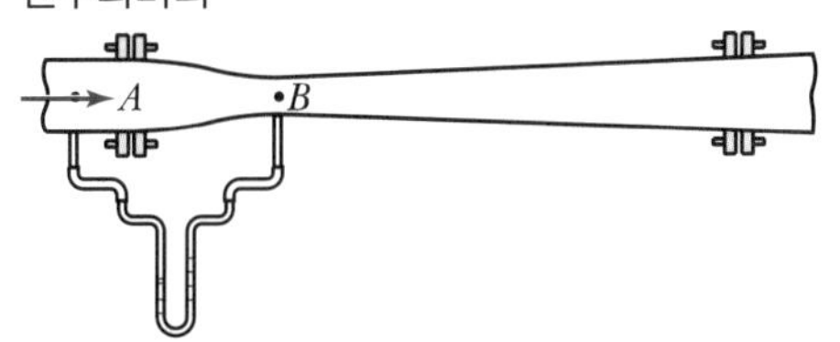

- 짧은 원뿔형 도입부, 목, 긴 원뿔형 배출부로 되어 있다.
- 도입부 상단과 목의 압력탭을 마노미터에 연결한다.
- 상류원뿔에서는 유속이 증가하면서 압력이 감소하는데, 이 압력강하를 유량 측정에 이용한다.
- 배출원뿔에서는 유속이 감소하면서 원래의 압력이 거의 회복된다.
- 배출부의 각도를 5°~15° 정도로 작게 하여 경계층 분리를 막고 마찰을 줄인다.
- 수축단면에서는 경계층이 분리되지 않으므로 하류원뿔에 비해 상류원뿔은 아주 짧아도 된다.
- 비압축성 유체에 관한 Bernoulli 식을 벤투리미터 상류부분에 적용하여 기본식을 얻는다.

$$\alpha_b\overline{V_b}^2-\alpha_a\overline{V_a}^2=\frac{2(p_a-p_b)}{\rho}$$

여기서, α_a, α_b : 운동에너지 인자

$$\overline{V_a}=\left(\frac{D_b}{D_a}\right)^2\overline{V_b}=\beta^2\overline{V_b}$$

$$\overline{V_b}=\frac{1}{\sqrt{\alpha_b-\beta^4\alpha_a}}\sqrt{\frac{2(p_a-p_b)}{\rho}}$$

$$\Delta P=p_a-p_b=g(\rho'-\rho)R$$

$$\therefore \overline{V_b}=\frac{C_v}{\sqrt{1-\beta^4}}\sqrt{\frac{2(p_a-p_b)}{\rho}}$$

$$=\frac{C_v}{\sqrt{1-\beta^4}}\sqrt{\frac{2g(\rho'-\rho)R}{\rho}}$$

여기서, C_v : 벤투리계수

07 다음 나열된 관부속품을 용도에 맞게 작성하시오.(단, 없을 경우 "없음"으로 표기하시오.)

[보기]
플랜지, 니플, 유니언, 커플링, 소켓, 엘보, 리듀서, 부싱

(1) 관지름이 같은 두 관을 연결할 때
(2) 관의 방향을 바꿀 때
(3) 관의 직경을 바꿀 때

해설

(1) 플랜지, 니플, 유니언, 커플링, 소켓
(2) 엘보
(3) 리듀서, 부싱

08 지름이 4m인 구에서 300K인 대기 중으로 복사와 대류가 일어난다. 복사와 대류에서의 열전달량이 같아지는 표면온도를 구하시오.(단, 대류 열전달계수는 8W/m² K, 복사능은 0.6, 스테판-볼츠만 상수는 5.67×10^{-8}W/m² K⁴이다. 온도차는 작은 것으로 간주한다.)

해설

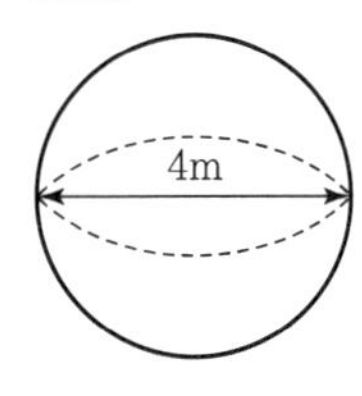

$$q=\sigma\varepsilon A T^4$$

$$\therefore \frac{q}{A}=5.67\times10^{-8}\text{W/m}^2\text{K}^4\times0.6\times(T_w^4-T^4)$$

$$\frac{q}{A}=h(T_w-T)$$

$$5.67\times10^{-8}\times0.6\times(T_w^4-T^4)=8\text{W/m}^2\text{K}\times(T_w-T)$$

$$3.4\times10^{-8}(T_w^2+T^2)(T_w+T)(T_w-T)=8(T_w-T)$$

T_w-T가 작은 경우 $3.4\times10^{-8}(2T_w^2)(2T_w)=8$

$$T_w^3=58{,}823{,}529$$

$$\therefore T_w=388.91\,\text{K}$$

09 글리세린 용액이 담긴 탱크가 지면으로부터 30m 위에 있다. 직경 5cm인 관을 통해 글리세린 용액을 지면으로 보낸 후 수평관을 통해 흘려보낼 때 글리세린 용액의 질량유량을 구하시오.(단, 탱크의 수위는 3m이고 전체관의 길이는 300m, 글리세린 용액의 비중은 1.23, 점도는 97cP, 관 부속품 등 부속마찰에 의한 상당길이는 400m이다.)

해설

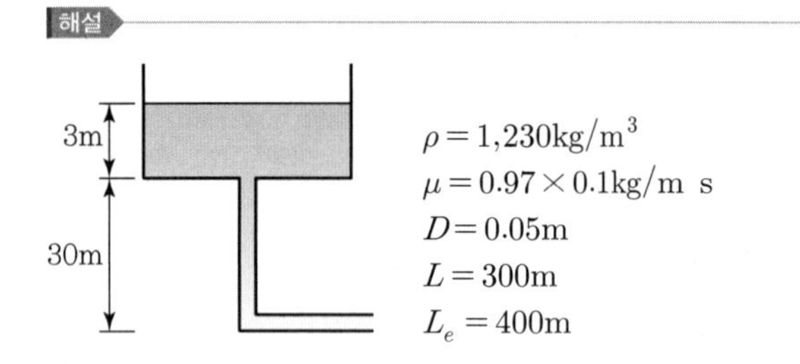

$\rho = 1{,}230\text{kg/m}^3$
$\mu = 0.97 \times 0.1\text{kg/m s}$
$D = 0.05\text{m}$
$L = 300\text{m}$
$L_e = 400\text{m}$

$$N_{Re} = \frac{Du\rho}{\mu} = \frac{0.05 \times u \times 1{,}230}{0.097}$$

$$g_c \Sigma F = \frac{2fu^2 L}{D} = \frac{2\frac{16}{N_{Re}}u^2(300+400)}{0.05} = \frac{2 \times 16(0.097) \times u \times 700}{0.05 \times 1{,}230 \times 0.05} = 706.6u$$

$$\frac{{u_2}^2}{2} = g(Z_1 - Z_2) - g_c\Sigma F$$

$$u^2 = 2gZ - 2g_c\Sigma F$$

$$u^2 = 2 \times 9.8 \times 33 - 2 \times 706.6u$$

층류($\alpha = 2$)

$$\alpha u^2 + 2 \times 706.6u - 646.8 = 0$$

$$u^2 + 706.6u - 323.4 = 0$$

$$u = \frac{-706.6 \pm \sqrt{706.6^2 + 4 \times 323.4}}{2} = 0.457\text{m/s}$$

∴ 질량유량

$$\dot{m} = \rho u A$$

$$= 1.23 \times 1{,}000\text{kg/m}^3 \times 0.457\text{m/s} \times \frac{\pi}{4}(0.05\text{m})\text{m}^2$$

$$= 1.1\text{kg/s}$$

10 공기 비례제어기를 이용하여 60°F에서 100°F 범위 내에서 온도를 조절하고 있다. 제어기는 설정점이 일정한 값으로 고정된 상태에서 측정된 온도가 71°F에서 75°F로 변할 때 출력압력이 전폐일 때 $0.2\text{kg}_\text{f}/\text{cm}^2$에서 전개일 때 $1\text{kg}_\text{f}/\text{cm}^2$까지 도달하도록 조정되어 있다.

(1) 제어기 이득(K_c)을 구하시오.

(2) 오차신호가 30°F일 때 비례이득을 구하시오.

해설

(1) 제어기 이득

$$K_c = \frac{\Delta P}{\Delta E} = \frac{(1-0.2)\,\text{kg}_\text{f}/\text{cm}^2}{(75-71)\,°\text{F}} = 0.2(\text{kg}_\text{f}/\text{cm}^2)/°\text{F}$$

(2) $\Delta T = \dfrac{\Delta P}{K_c}$

$$30°\text{F} = \frac{(1-0.2)\text{kg}_\text{f}/\text{cm}^2}{K_c}$$

$$\therefore K_c = 0.027(\text{kg}_\text{f}/\text{cm}^2)/°\text{F}$$

2021년 제3회 기출문제

01 이상단수가 10이고, HETP(이론단 높이)가 2m일 때, 이론탑의 높이(m)를 구하여라.

해설

$Z = N \times H$
$= 10 \times 2\text{m} = 20\text{m}$

02 이득이 1이고 시간상수가 1분인 1차 공정이다. 정상상태에서 200°F인 항온조가 갑자기 210°F로 증가하였다가 1분 후에 200°F로 떨어졌다. 온도가 증가한 후로 0.5분이 지났을 때의 온도를 구하여라.

해설

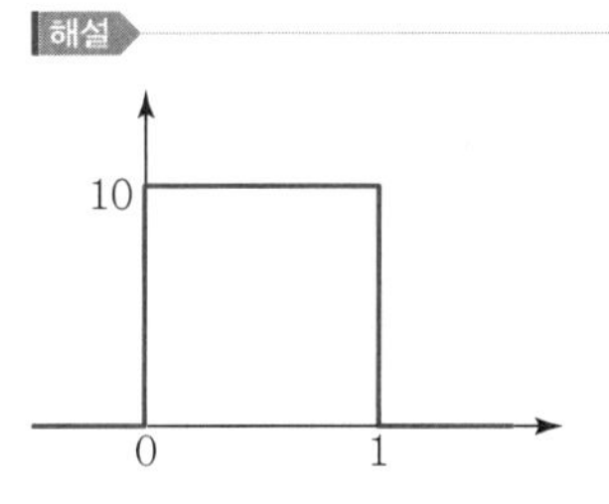

$x(t) = 10u(t) - 10u(t-1)$

$X(s) = 10\left(\frac{1}{s} - \frac{1}{s}e^{-s}\right)$

$G(s) = \frac{K}{\tau s+1} = \frac{1}{s+1}$

$Y(s) = G(s)X(s)$
$= \frac{10}{s+1} \cdot \frac{1}{s}(1-e^{-s})$
$= \left(\frac{10}{s} - \frac{10}{s+1}\right)(1-e^{-s})$

$y(t) = 10(1-e^{-t})u(t) - 10(1-e^{-(t-1)})u(t-1)$

$y(0.5) = 10(1-e^{-0.5}) = 3.93°\text{F}$

∴ 0.5분이 지났을 때 온도 $= 200°\text{F} + 3.93°\text{F}$
$= 203.93°\text{F}$

03 다음을 차원으로 나타내시오.(단, 질량 : M, 길이 : L, 시간 : T)

(1) 가속도 (2) 밀도 (3) 점도
(4) 동력 (5) 압력

해설

(1) 가속도 $= \text{m/s}^2\ [LT^{-2}]$
(2) 밀도 $= \text{g/cm}^3\ [ML^{-3}]$
(3) 점도 $= \text{g/cm s}\ [ML^{-1}T^{-1}]$
(4) 동력 $= \text{J/s} = \frac{\text{kg m}^2/\text{s}^2}{\text{s}} = \text{kg m}^2/\text{s}^3\ [ML^2T^{-3}]$
(5) 압력 $= \frac{\text{N}}{\text{m}^2} = \frac{\text{kg m/s}^2}{\text{m}^2} = \text{kg/m s}^2\ [ML^{-1}T^{-2}]$

04 500℃ 금속구를 25℃ 항온조에 넣었을 때 구의 온도가 200℃가 되는 데 10분이 소요되었다. 200℃에서 30℃까지 떨어지는 데 걸리는 시간을 구하시오.(단, Biot 수는 0.1보다 매우 작으며 온도 변화에 따른 밀도와 표면적의 변화는 무시한다.)

해설

$N_{Bi} = \frac{hL_c}{k}$

$N_{Bi} < 0.1$: 물체 내부온도가 충분히 균일한 상태
$N_{Bi} = 0$: 물체 내부온도가 모두 균일한 이상적인 상태

$\frac{T - T_\infty}{T_i - T_\infty} = \exp\left(-\frac{t}{\tau}\right) = \exp\left(-\frac{hA}{mC_p}t\right)$

$\frac{200-25}{500-25} = e^{-\frac{10}{\tau}}$

∴ $\tau = 10\text{min}$

$\frac{30-25}{500-25} = e^{-\frac{t}{10}}$

∴ $t = 45.54\text{min}$

∴ 200℃에서 30℃까지 떨어지는 데 걸리는 시간
$t = 45.54 - 10 = 35.54\text{min}$

05 혼합흐름반응기(CSTR)에서 전화율 60%로 반응시킨다. 이때 반응기의 용적을 3배로 했을 때 전화율을 구하여라.(단, A → B 반응은 기초반응이다.)

해설

CSTR 1차

$k\tau = \dfrac{X_A}{1-X_A} = \dfrac{0.6}{1-0.6} = 1.5$

$k \cdot 3\tau = \dfrac{X_A}{1-X_A} = 3 \times 1.5$

$\dfrac{X_A}{1-X_A} = 4.5 \quad \therefore X_A = 0.82$

06 내경 6cm, 길이 13m인 관으로 물이 유량 4L/s로 흐른다.(단, 수은의 비중은 13.6이다. 마노미터 읽음 d는 1cm이다.)

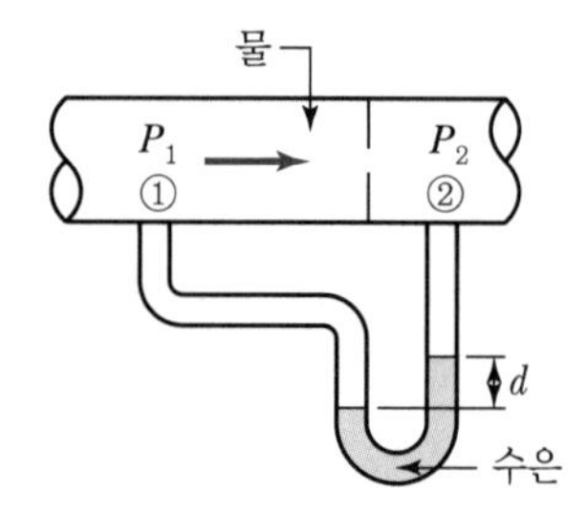

(1) ①지점과 ②지점 사이의 압력차(N/m^2)를 구하시오.

(2) f와 ΔP와의 관계를 D, L, ρ, u를 이용해 구하시오.

(3) f를 유효숫자 3자리까지 구하시오.

해설

(1) $\Delta P = P_1 - P_2 = (\rho_A - \rho_B) gR$
$= (13.6-1) \times 1{,}000\text{kg/m}^3 \times 9.8\text{m/s}^2 \times 0.01\text{m}$
$= 1{,}234.8\text{N/m}^2$

(2) $\Delta P = \dfrac{2fu^2L\rho}{D}$

(3) $4\text{L/s} \times \dfrac{1\text{m}^3}{1{,}000\text{L}} \times \dfrac{1}{\dfrac{\pi}{4} \times 0.06^2\text{m}^2} = 1.415\text{m/s}$

$1{,}234.8\text{N/m}^2 = \dfrac{2f(1.415\text{m/s})^2(13\text{m})(1{,}000\text{kg/m}^3)}{0.06\text{m}}$

$\therefore f = 1.42 \times 10^{-3}$

07 지상 5m 높이의 탱크에 물이 가득 차 있다. 직경이 2.54cm인 관을 통해 물이 빠져나간다고 할 때 최대유량(L/s)을 구하시오.(단, 탱크 수면의 높이 및 마찰손실은 무시한다.)

해설

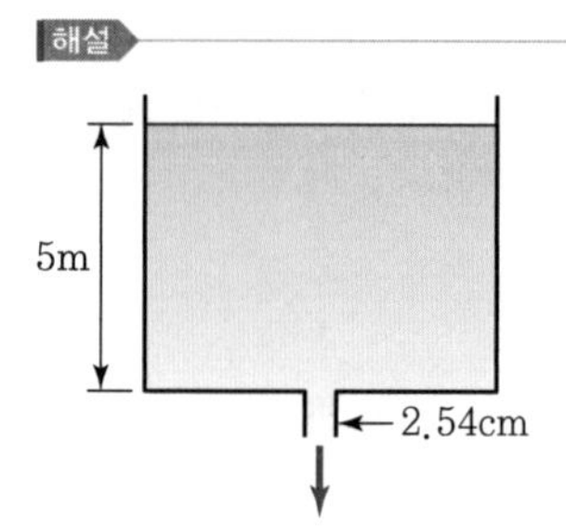

$u = \sqrt{2gh}$
$= \sqrt{2 \times 9.8 \times 5} = 9.9\text{m/s}$

$Q = uA = 9.9\text{m/s} \times \dfrac{\pi}{4} \times 0.0254^2\text{m}^2 \times \dfrac{1{,}000\text{L}}{1\text{m}^3}$
$= 5.01\text{L/s}$

08 부피 1L, A → 3R 기상반응, 전환율 50%, 반응기 입출구 유속이 각각 1L/s, 3L/s일 때 공간시간과 평균 체류시간을 구하시오.

해설

- 공간시간 $\tau = \dfrac{V}{v_o} = \dfrac{1\text{L}}{1\text{L/s}} = 1\text{s}$
- 평균체류시간 $\bar{t} = \dfrac{V}{v_f} = \dfrac{1\text{L}}{3\text{L/s}} = 0.33\text{s}$

09 기액평형에서 라울의 법칙을 설명하여라.

해설

특정 온도에서 혼합물 중의 한 성분의 증기압은 그 성분의 몰분율에 같은 온도에서 그 성분의 순수한 상태에서의 증기압을 곱한 것과 같다.

$p_A = P_A x_A$

$P = p_A + p_B = P_A x_A + P_B x_B$

$y_A = \dfrac{p_A}{P} = \dfrac{x_A P_A}{P}$

10 다음 물음에 답하시오.(단, $R=8.023\times10^{-5}\,m^3$ atm/mol K이고, 주어지지 않은 값은 동일 조건에서 비교하고 열역학적 계산을 해야 한다.)

> [주장]
> 가연범위가 온도나 상황에 따라 크게 변하지 않는다는 가정하에 동일 질량기준으로 메테인의 연소가 수소의 연소보다 더 위험하다.
> $\Delta H_f^\circ\ CH_4(g) = -74.8kJ/mol$
> $\Delta H_f^\circ\ H_2O(g) = -241.8kJ/mol$
> $\Delta H_f^\circ\ CO_2(g) = -393.5kJ/mol$

(1) 연소반응 시 연소열에 의한 각 성분의 엔탈피 변화량(kJ/mol)을 구하여라.

(2) 주장의 타당성을 근거와 함께 제시하여라.

해설

(1) $CH_4+2O_2 \rightarrow CO_2+2H_2O$

$$\Delta H=(-393.5+2\times(-241.8))-(-74.8)kJ/mol = -802.3kJ/mol$$

$H_2+\frac{1}{2}O_2 \rightarrow H_2O$

$$\Delta H=-241.8kJ/mol$$

(2) 동일 질량

$$\Delta H_{(CH_4)}=-802.3kJ/mol\times\frac{1mol}{16g}=-50.14kJ/g$$

$$\Delta H_{(H_2)}=-241.8kJ/mol\times\frac{1mol}{2g}=-120.9kJ/g$$

1g당 연소열은 H_2가 CH_4보다 크므로 수소의 연소반응이 더 위험하다.

PART 1 PART 2 PART 3 PART 4 PART 5 PART 6 PART 7 PART 8

2022년 제1회 기출문제

01 직경 30cm의 관 내를 물이 흐르고 있다. 관에 5cm의 오리피스를 장치하여 수은 마노미터의 차 76mm를 얻었다. 오리피스 관의 유량(m^3/h)을 구하시오.(단, 수은의 비중은 13.6이며 C_o는 0.61이다.)

해설

$$Q_o = A_o\overline{u_o} = \frac{\pi}{4}D_o^2\frac{C_o}{\sqrt{1-m^2}}\sqrt{\frac{2g(\rho_A-\rho_B)R}{\rho_B}}$$

$$m = \frac{A_o}{A} = \left(\frac{D_o}{D}\right)^2 = \left(\frac{5}{30}\right)^2 = 0.167^2 = 0.028$$

$$Q_o = \frac{\pi}{4}\times 0.05^2\text{m}^2\times\frac{0.61}{\sqrt{1-0.028^2}}\sqrt{\frac{2\times 9.8\text{m/s}^2\times(13.6-1)\times 1{,}000\text{kg/m}^3\times 0.076\text{m}}{1{,}000\text{kg/m}^3}}$$

$$= 0.0052\text{m}^3/\text{s}$$

$\therefore$ $0.0052\text{m}^3/\text{s}\times 3{,}600\text{s/h} = 18.72\text{m}^3/\text{h}$

02 $A \rightarrow R \underset{1}{\overset{1}{\rightleftarrows}} S$의 반응 그래프를 아래의 두 그래프를 참고하여 그리고, 수렴하는 점선도 그리시오.

$A \xrightarrow{1} R \xrightarrow{1} S$

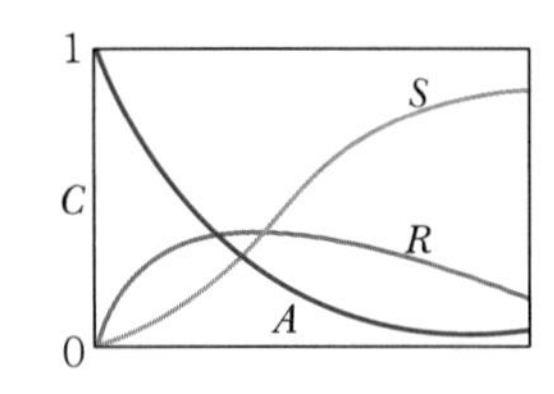

$A \underset{1}{\overset{1}{\rightleftarrows}} R \underset{1}{\overset{1}{\rightleftarrows}} S$

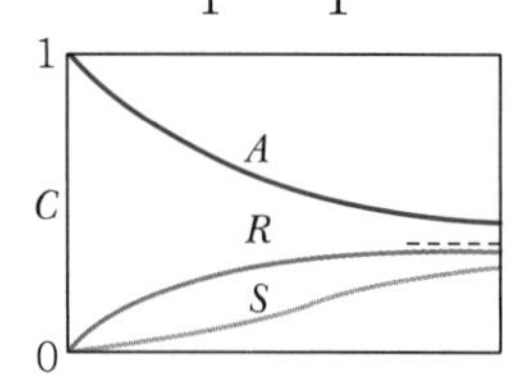

해설

$A \rightarrow R \underset{1}{\overset{1}{\rightleftarrows}} S$

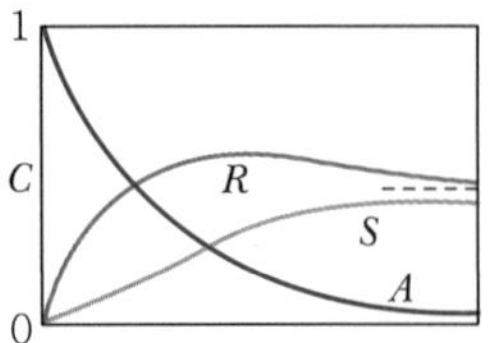

03 향류열교환기에서 35℃, 25kg/s의 물로 20kg/s의 물을 95℃에서 75℃로 냉각하려고 한다. 총괄전열계수가 2,000W/m² ℃일 때 다음을 구하시오.

(1) 냉각수 유출온도(℃)를 구하시오.

(2) 필요한 전열면적을 구하시오.

해설

(1) 고온의 유체가 잃은 열 = 저온의 유체가 얻은 열

$q = mc\Delta t$

$25\text{kg/s}\times 4{,}184\text{J/kg ℃}\times(t-35)\text{℃}$

$= 20\text{kg/s}\times 4{,}184\text{J/kg ℃}\times(95-75)\text{℃}$

$\therefore\ t = 51\text{℃}$

냉각수 유출온도 : 51℃

(2) 필요한 전열면적

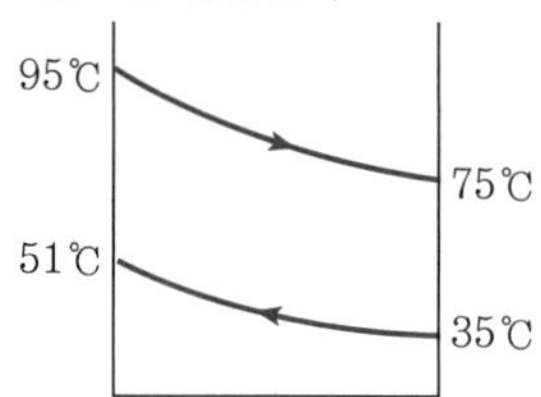

$\Delta t_1 = 95-51 = 44\text{℃}$

$\Delta t_2 = 75-35 = 40\text{℃}$

$$\Delta\overline{t}_{LM} = \frac{44-40}{\ln\frac{44}{40}} = 41.97\text{℃}$$

$q = 25\text{kg/s}\times 4{,}184\text{J/kg ℃}\times(51-35)\text{℃}$

$= 20\text{kg}\times 4{,}184\text{J/kg ℃}\times(95-75)\text{℃}$

$= 1{,}673{,}600\text{J/s}$

$q = UA\Delta\overline{t}_{LM}$

$1{,}673{,}600\text{J/s} = 2{,}000\text{W/m ℃}\times A\times 41.97\text{℃}$

$\therefore\ A = 19.94\text{m}^2$

04 40mol% 벤젠과 60mol% 톨루엔 혼합물을 증류하여, 탑상에서 99.7mol% 벤젠과 탑저에서 10mol% 벤젠으로 분리된다. 유출액 1kmol/h가 되도록 하는 공급액량(kg/h)을 구하시오.(단, 환류비는 2.5이다.)

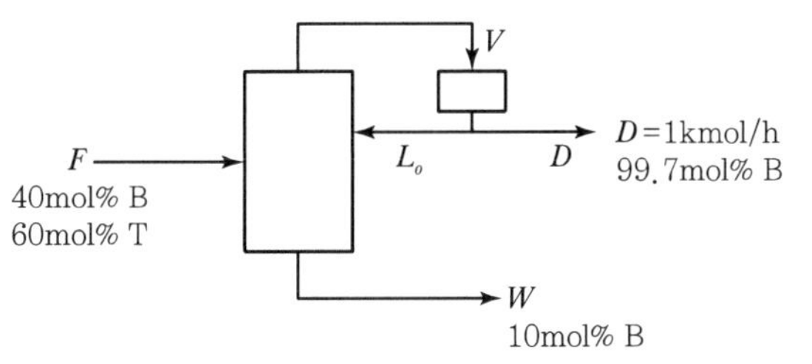

해설

$F\times0.4=1\times0.997+(F-1)\times0.1$

$\therefore\ F=2.99\text{kmol/h}\fallingdotseq3\text{kmol/h}$

$x_B=3\text{kmol/h}\times0.4=1.2\text{kmol/h}$

$x_T=3\text{kmol/h}\times0.6=1.8\text{kmol/h}$

$$1.2\text{kmol/h}\times\frac{78\text{kg}}{1\text{kmol}}=93.6\text{kg/h}$$

$$+\ \big)\ 1.8\text{kmol/h}\times\frac{92\text{kg}}{1\text{kmol}}=165.6\text{kg/h}$$

$$F=259.2\text{kg/h}$$

05 초산과 물의 혼합액에 벤젠을 추가로 가하여 초산을 추출한다. 추출상과 추잔상의 조성이 다음과 같을 때 초산에 대한 벤젠의 선택도를 구하시오.

구분	벤젠	초산	물
추출상(wt%)	76.35	22.8	0.85
추잔상(wt%)	7.70	64.70	27.50

해설

$$\beta=\frac{y_A/y_B}{x_A/x_B}=\frac{22.8/0.85}{64.70/27.50}=11.4$$

06 직경이 20ft이고, 높이가 30ft인 탱크에 직경 0.5in의 원형의 틈(Crack)이 발생하여 물이 유출되기 시작했다. 1시간 후 유출량(ft³/h)을 구하여라.

해설

$$A_0=\frac{\pi}{4}D_0^{\,2}=\frac{\pi}{4}\times0.5^2\text{in}^2\times\frac{1\text{ft}^2}{12^2\text{in}^2}=1.36\times10^{-3}\text{ft}^2$$

$$A=\frac{\pi}{4}D^2=\frac{\pi}{4}\times20^2\text{ft}^2=314\text{ft}^2$$

$$g=32.174\text{ft/s}^2$$

$$q=-\frac{dV}{dt}=-A\frac{dh}{dt}=A_0\sqrt{2gh}$$

$$-A\frac{dh}{dt}=A_0\sqrt{2gh}$$

$$-\frac{dh}{\sqrt{h}}=\frac{A_0}{A}\sqrt{2g}\,dt$$

$$-\int_{h_f}^{0}\frac{dh}{\sqrt{h}}=\frac{1.36\times10^{-3}\text{ft}^2}{314\text{ft}^2}\sqrt{2\times32.174}\int_0^{1\text{h}}dt$$

$$-2\sqrt{h}\Big|_{h_i}^{h_f}=3.47\times10^{-5}\times3{,}600\text{s}$$

$$-2(\sqrt{h_f}-\sqrt{h_i})=0.125$$

$$-2\sqrt{h_f}+2\sqrt{30}=0.125$$

$$\therefore\ h_f=29.32\text{ ft}$$

$$q=A_0\sqrt{2gh}$$

$$=1.36\times10^{-3}\text{ft}^2\sqrt{2\times32.174\times29.32}\text{ ft/s}\times\frac{3{,}600\text{s}}{1\text{h}}$$

$$=212.66\text{ft}^3/\text{h}$$

07 다음 연속 평행반응에서 $\dfrac{C_R}{C_{A0}}$를 속도상수의 식으로 유도하시오.(단 R, T, U, S의 초기농도는 0이고 반응은 PFR에서 일어난다.)

$$A \xrightarrow{k_1} R \xrightarrow{k_3} S, \quad A \xrightarrow{k_2} T, \quad R \xrightarrow{k_4} U$$

해설

$$-r_A = -\frac{dC_A}{dt} = (k_1+k_2)C_A$$

$$-\ln\frac{C_A}{C_{A0}} = (k_1+k_2)t$$

$$\therefore\ C_A = C_{A0}e^{-(k_1+k_2)t}$$

$$r_R = \frac{dC_R}{dt} = k_1C_A - (k_3+k_4)C_R$$

$$\frac{dC_R}{dt} + (k_3+k_4)C_R = k_1C_{A0}e^{-(k_1+k_2)t}$$

① 라플라스 변환

$$sC_R(s) + (k_3+k_4)C_R(s) = \frac{k_1C_{A0}}{s+(k_1+k_2)}$$

$$C_R(s) = \frac{k_1C_{A0}}{[s+(k_1+k_2)][s+(k_3+k_4)]}$$

$$= \frac{k_1C_{A0}}{(k_3+k_4)-(k_1+k_2)} \times \left[\frac{1}{s+(k_1+k_2)} - \frac{1}{s+(k_3+k_4)}\right]$$

역라플라스 변환

$$C_R = \frac{k_1C_{A0}}{(k_3+k_4)-(k_1+k_2)}\left[e^{-(k_1+k_2)t} - e^{-(k_3+k_4)t}\right]$$

$$\therefore\ \frac{C_R}{C_{A0}} = \frac{k_1}{(k_3+k_4)-(k_1+k_2)}\left[e^{-(k_1+k_2)t} - e^{-(k_3+k_4)t}\right]$$

② 적분인자 이용

$$\text{적분인자} = \exp\left[\int (k_3+k_4)dt\right] = e^{(k_3+k_4)t}$$

$$C_Re^{(k_3+k_4)t} = \int_0^t k_1C_{A0}e^{-(k_1+k_2)t}e^{(k_3+k_4)t}dt$$

$$= k_1C_{A0}\int_0^t e^{[(k_3+k_4)-(k_1+k_2)]t}dt$$

$$= \frac{k_1C_{A0}}{(k_3+k_4)-(k_1+k_2)}\left[e^{[(k_3+k_4)-(k_1+k_2)]t} - 1\right]$$

$$\therefore\ \frac{C_R}{C_{A0}} = \frac{k_1}{(k_3+k_4)-(k_1+k_2)}\left[e^{-(k_1+k_2)t} - e^{-(k_3+k_4)t}\right]$$

08 전달함수 $G(s) = \dfrac{H(s)}{Q_1(s)}$를 구하시오.

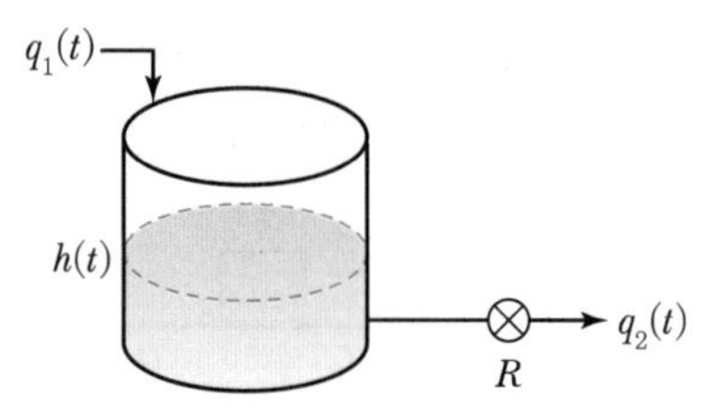

해설

$$A\frac{dh}{dt} = q_1 - q_2 = q_1 - \frac{h}{R}$$

$$A\frac{dh}{dt} + \frac{h}{R} = q_1$$

$$AR\frac{dh}{dt} + h = Rq_1$$

$AR = \tau$라 하면

$$\tau\frac{dh}{dt} + h = Rq_1$$

$$\tau sH(s) + H(s) = RQ_1(s)$$

$$\therefore\ \frac{H(s)}{Q_1(s)} = \frac{R}{\tau s+1}$$

09 다음 평행반응에서 R이 원하는 반응일 때, R의 최대선택도가 되는 최적온도(K)를 구하시오.(단, A는 아레니우스 상수이고, R이 원하는 물질이다.)

$$A \to R \quad A_1 = 10^6\text{s}^{-1},\ E_1 = 6{,}000\text{J/mol}$$
$$A \to S \quad A_2 = 10^7\text{s}^{-1},\ E_2 = 4{,}000\text{J/mol}$$
$$A \to T \quad A_3 = 10^6\text{s}^{-1},\ E_3 = 9{,}000\text{J/mol}$$

해설

$$\frac{1}{T_{opt}} = \frac{R}{E_3-E_2}\ln\left[\frac{E_3-E_1}{E_1-E_2}\cdot\frac{A_3}{A_2}\right]$$

$$\frac{1}{T_{opt}} = \frac{8.314\text{J/mol K}}{(9{,}000-4{,}000)\text{J/mol}} \times \ln\left[\frac{(9{,}000-6{,}000)\text{J/mol}}{(6{,}000-4{,}000)\text{J/mol}}\cdot\frac{10^6}{10^7}\right]$$

$$= -3.15\times10^{-3}$$

$$\therefore\ T_{opt} = -317.46\text{K}$$

10 다음을 정의하여라.

(1) P & ID(Piping & Instrument Diagram)

(2) 공정흐름도(Process Flow Diagram)

해설

(1) P & ID(Piping & Instrument Diagram)

공정배관 계장도(P & ID)는 공정의 시운전, 정상운전, Shut Down 및 비상운전 시에 필요한 모든 공정장치, 동력기계, 배관, 공정제어 및 계기 등을 표시하고 이들 상호 간의 연관 관계를 나타내며 상세설계, 변경, 유지보수 및 운전에 필요한 기술적 정보를 파악할 수 있는 도면을 말한다.

(2) 공정흐름도(Process Flow Diagram)

공정흐름도(PFD)는 주요 장치, 장치 간의 공정 연관성, 운전조건, 운전변수, 물질수지, 에너지수지, 제어설비 및 연동장치 등의 기술적 정보를 파악할 수 있는 도면을 말한다.

11 다음을 설명하시오.

(1) 푸리에 법칙(Fourier's Law)

(2) 층류(Laminar)

해설

(1) 푸리에 법칙(Fourier's Law)

$$q = -kA\frac{dt}{dl}$$

여기서, k : 열전도도(kcal/m h ℃)

A : 열전달면적(m^2)

dl : 미소거리(m)

dt : 온도차(℃)

열전달속도는 온도차, 단면적에 비례하고 거리에 반비례하며, 비례상수를 열전도도라고 한다.

(2) 층류(Laminar)

- 유체가 관벽에 직선으로 흐르는 흐름을 층류라고 한다.
- 선류, 점성류라고도 한다.
- $N_{Re} < 2,100$

2022년 제2회 기출문제

01 주어진 Dühring Chart를 보고 30wt% NaOH 용액 270mmHg에서의 끓는점을 구하시오. 이때, 구하는 과정을 그래프에 나타내시오.

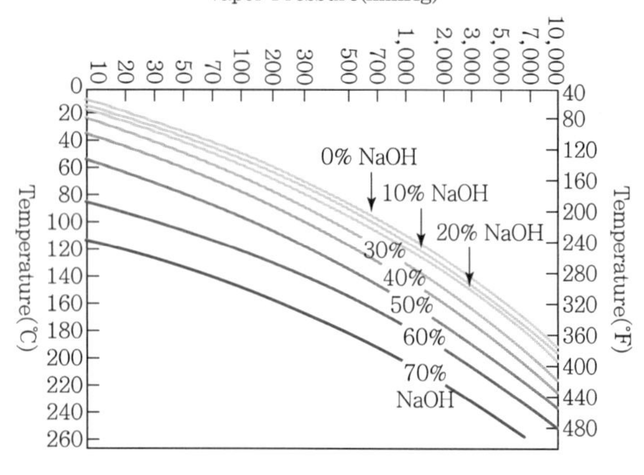

해설

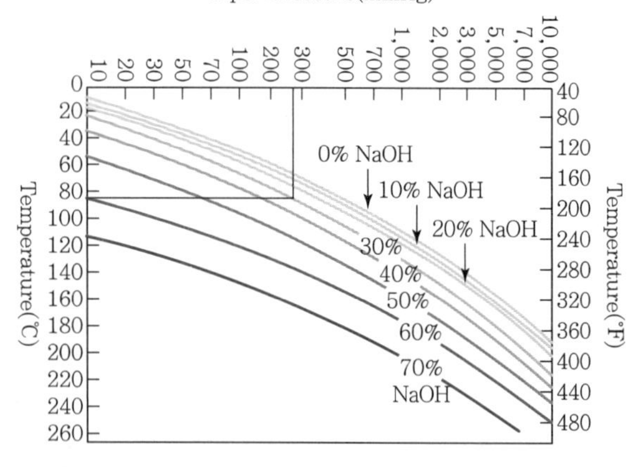

∴ 약 85℃

02 반무한고체를 고온의 유체로 열전달이 일어날 때 침투거리에 대하여 정의하시오.

해설

침투거리 x_p

온도변화가 표면온도에서 초기변화의 1%에 해당되는 표면으로부터의 거리로 임의로 정의된 것이다.

$$\frac{T-T_a}{T_s-T_a}=0.01 \qquad \frac{T_s-T}{T_s-T_a}=0.99$$

여기서, T : 뜨거운 쪽으로부터 거리 x 지점에서의 온도
T_a : 초기온도
T_s : 표면온도

확률적분이 0.99일 때
침투거리 $x_p=3.64\sqrt{\alpha t}$ 이다.

여기서, α : 열확산계수
t : 표면온도의 변화 후 시간(h)

03 이득이 1이고 시간상수가 1min인 1차계로 나타내어지는 수은온도계가 0℃를 가리키고 있다. 어느 순간에 이 온도계를 항온조 속에 넣고 1분이 경과한 후 온도계는 31.6℃를 가리켰다. 이 항온조의 온도는 몇 ℃인지 구하시오.

해설

$$G(s)=\frac{k}{\tau s+1}=\frac{1}{s+1}$$

$$X(s)=\frac{A}{s}$$

$$Y(s)=G(s)X(s)$$
$$=\frac{1}{s+1}\cdot\frac{A}{s}=A\left(\frac{1}{s}-\frac{1}{s+1}\right)$$

$$y(t)=A(1-e^{-t})$$

$$31.6℃=A(1-e^{-1})$$

$$\therefore A=50℃$$

04 비례제어기를 이용하는 1차 공정의 제어구조에서 R에 크기가 A인 계단변화가 도입되었을 때 Offset을 구하시오.(단, $G_v = G_m = 1$, $G_p = \dfrac{1}{\tau s + 1}$)

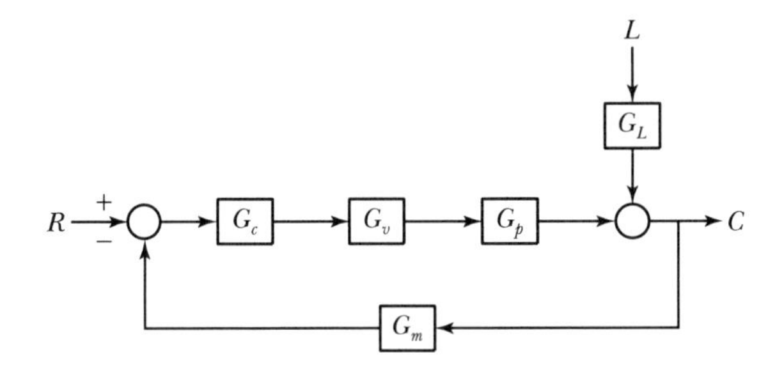

해설

$$G(s) = \frac{G_c G_v G_p}{1 + G_c G_v G_p G_m}$$

$$= \frac{\frac{K}{\tau s+1}}{1+\frac{K}{\tau s+1}} = \frac{\frac{K}{\tau s+1}}{\frac{\tau s+1+K}{\tau s+1}} = \frac{K}{\tau s+1+K}$$

$$X(s) = \frac{A}{s}$$

$$r(\infty) = x(\infty) = A$$

$$Y(s) = G(s)X(s)$$

$$= \frac{K}{\tau s+1+K} \cdot \frac{A}{s}$$

$$\lim_{t\to\infty} y(t) = \lim_{s\to 0} sY(s)$$

$$= \lim_{s\to 0} s\frac{K}{\tau s+1+K} \cdot \frac{A}{s}$$

$$= \frac{KA}{1+K}$$

$$\therefore \text{Offset} = r(\infty) - y(\infty)$$

$$= A - \frac{KA}{1+K}$$

$$= \frac{A}{1+K}$$

05 75mm관에 액체가 정상상태로 흐른다. 국부유속은 관 중심축으로부터의 거리에 따라 달라진다.

u(m/s)	r(mm)	u(m/s)	r(mm)
1.042	0	0.919	22.50
1.033	3.75	0.864	26.25
1.019	7.50	0.809	30.00
0.996	11.25	0.699	33.75
0.978	15.00	0.507	35.625
0.955	18.75	0	37.50

(1) $\int_0^{r_\omega} urdr = 567.8\times10^{-6}\text{m}^3/\text{s}$ 일 때 평균속도를 구하시오.

(2) $\int_0^{r_\omega} u^3 rdr = 407.8\times10^{-6}\text{m}^5/\text{s}^3$ 일 때 운동보정계수를 구하시오.

해설

(1) 평균속도($\overline{V}$)

$$\overline{V} = \frac{1}{s}\int_s u ds$$

$$s = \pi r_\omega^2$$

$$ds = 2\pi r dr$$

$$\overline{V} = \frac{1}{\pi r_\omega^2}\int_0^{r_\omega} u \cdot 2\pi r dr$$

$$= \frac{2}{r_\omega^2}\int_0^{r_\omega} urdr$$

$$= \frac{2}{0.0375^2\text{m}^2}\times 567.8\times10^{-6}\text{m}^3/\text{s}$$

$$= 0.808 \fallingdotseq 0.81\text{m/s}$$

(2) 운동보정계수(α)

$$\alpha = \frac{\int_s u^3 ds}{\overline{V}^3 s} = \frac{\int u^3 2\pi r dr}{\overline{V}^3 \pi r_\omega^2} = \frac{2\int_0^{r_\omega} u^3 rdr}{\overline{V}^3 r_\omega^2}$$

$$= \frac{2\times 407.8\times10^{-6}\text{m}^5/\text{s}^3}{(0.808\text{m/s})^3\times(0.0375\text{m})^2}$$

$$= 1.1$$

06 회분식 반응기에서 반응이 진행될 때 반응속도식을 구하시오.

시간(min)	생성물 B의 농도(mol/L mim)
0	0
5	2.33
10	2.96
15	3.29
20	3.49
25	3.64
30	3.75
35	3.84
40	3.91

해설

시간(min)	C_B	$C_A = C_{A0} - C_B$
0	0	5
5	2.33	2.67
10	2.96	2.04
15	3.29	1.71
20	3.49	1.51
25	3.64	1.36
30	3.75	1.25
35	3.84	1.16
40	3.91	1.07

① $n=1$차로 가정

$$-\ln\frac{C_A}{C_{A0}} = kt$$

5분 : $-\ln\frac{2.67}{5} = k\times 5$　　$\therefore\ k=0.125$

20분 : $-\ln\frac{1.51}{5} = k\times 20$　　$\therefore\ k=0.06$

$\therefore$ 1차는 성립이 안 된다.

② $n \neq 1$

n차 $C_A^{1-n} - C_{A0}^{1-n} = (n-1)kt$

5분 : $2.67^{1-n} - 5^{1-n} = (n-1)k\times 5$

20분 : $1.51^{1-n} - 5^{1-n} = (n-1)k\times 20$

40분 : $1.09^{1-n} - 5^{1-n} = (n-1)k\times 40$

- 2차로 가정
  5분 : $k=0.034$
  20분 : $k=0.0231$
  40분 : $k=0.018$
  $\therefore$ 2차는 성립이 안 된다.
- 3차로 가정
  5분 : $k=0.01$
  20분 : $k=0.01$
  40분 : $k=0.01$
  $\therefore$ 3차 성립

$\therefore$ 반응속도식은 3차이다.

07 외경 5in, 내경 4in인 관 내부로 물이 지나가고, 외부로 수증기가 도입된다. 관 내부의 경막계수는 2,930 kcal/m² h℃이고, 관의 열전도도가 327kcal/m h℃이다. 관의 내경기준 총괄열전달계수가 2,085kcal/m h℃일 때, 관 외경의 경막계수를 구하시오.

해설

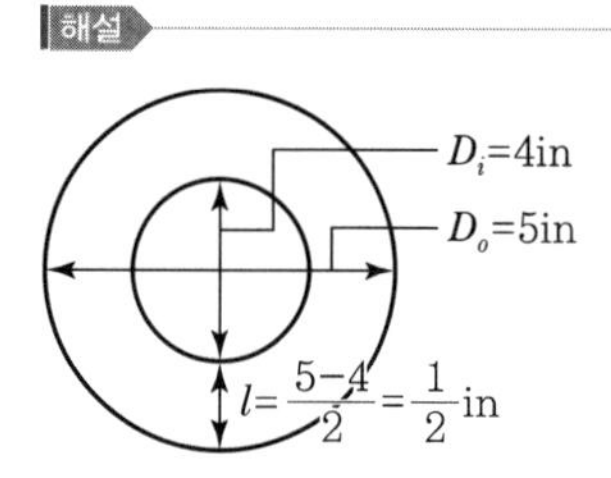

$$D_i = 4\text{in}\times\frac{0.0254\text{m}}{1\text{in}} = 0.1016\text{m}$$

$$D_o = 5\text{in}\times\frac{0.0254\text{m}}{1\text{in}} = 0.127\text{m}$$

$$\overline{D}_L = \frac{0.127-0.1016}{\ln\frac{0.127}{0.1016}} = 0.1138\text{m}$$

$$l = \frac{1}{2}\text{in}\times\frac{0.0254\text{m}}{1\text{in}} = 0.0127\text{m}$$

$$U_i = \frac{1}{\frac{1}{h_i}+\frac{l}{k}\frac{D_i}{\overline{D}_L}+\frac{1}{h_o}\frac{D_i}{D_o}}$$

$$2{,}085\text{kcal/m}^2\text{ h ℃} = \frac{1}{\frac{1}{2{,}930}+\frac{0.0127}{327}\cdot\frac{0.1016}{0.1138}+\frac{1}{h_o}\cdot\frac{0.1016}{0.127}}$$

$\therefore\ h_o = 7{,}718.65\text{kcal/m}^2\text{ h ℃}$

08 판형탑에서 10% 에탄올을 포함하는 물 1kmol/h와 수증기 0.3kmol/h가 도입되어 탑 상부로 0.3kmol/h로 나가고 탑 하부로 1kmol/h, 에탄올 0.01mol%로 나간다. 평형선 방정식이 $y_e = 9x_e$ 일 때 이상단의 수를 구하시오.

해설

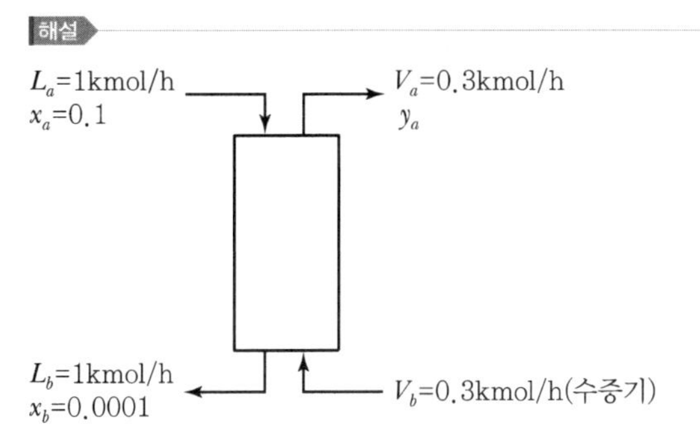

$1\times0.1+0.3\times0=0.3\times y_a+1\times0.0001$

$\therefore\ y_a=0.333$

$y_e=9x_e$

$y_a^*=9x_a=9\times0.1=0.9$

$y_b^*=9x_b=9\times0.0001=0.0009$

$$N=\frac{\ln[(y_a-y_a^*)/(y_b-y_b^*)]}{\ln[(y_b^*-y_a^*)/(y_b-y_a)]}$$

$$=\frac{\ln[(0.333-0.9)/(0-0.0009)]}{\ln[(0.0009-0.9)/(0-0.333)]}$$

$$=\frac{\ln630}{\ln2.7}=6.49\text{단}$$

09 다음의 평행반응에 대하여 물음에 답하시오.

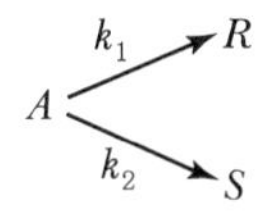

(1) Thiele Modulus에 대하여 설명하고, R의 생성속도에 대한 Thiele Modulus를 쓰시오.

(2) 다음 식을 유도하시오.

$$M_W=M_T^2\varepsilon=\frac{L^2(r'''_{A,obs})}{C_{A,obs}D_e}$$

해설

(1) Thiele Modulus

기공 내부로 이동함에 따라 농도가 점차 떨어짐을 보여주는데, Thiele 계수라 불리는 무차원량 mL에 의존함을 알 수 있다.

$$mL=\sqrt{\frac{k}{D}}L=\sqrt{\frac{2k''}{Dr}}L$$

$$\varepsilon(\text{유효인자})=\frac{\bar{r}_A\ \text{with diffusion}}{r_A\ \text{without diffusion resistance}}$$

$$\varepsilon_{first\ order}=\frac{\overline{C}_A}{C_{As}}=\frac{\tanh mL}{mL}=\frac{\tanh M_T}{M_T}$$

(2) $-r_A'''=k'''C_A\varepsilon(\text{mol/m}^3\ \text{cat s})$

$$k'''=\frac{-r_A'''}{C_A\varepsilon}$$

$$M_T=L\sqrt{\frac{k'''}{D_e}}$$

기공 저항 효과의 실험적 계산

관찰 가능하고 측정 가능한 양으로만 이루어진 새로운 계수(Modulus)

Wagner－Weisz－Wheeler 계수(M_W)

$$M_W=M_T^2\varepsilon=\frac{L^2(-r_A'''/C_A)_{obs}}{D_e}$$

2022년 제3회 기출문제

01 다음에 대해 설명하시오.

(1) 점도 단위(CGS 단위)

(2) 동점도 단위(FPS 단위)

(3) 비뉴턴유체의 전단응력과 속도구배 관계 그래프를 완성하시오.

해설

(1) $\mu = \text{poise} = \text{g/cm s}$

(2) $\nu = \dfrac{\mu}{\rho} = \dfrac{\text{lb/ft s}}{\text{lb/ft}^3} = \text{ft}^2/\text{s}$

(3)

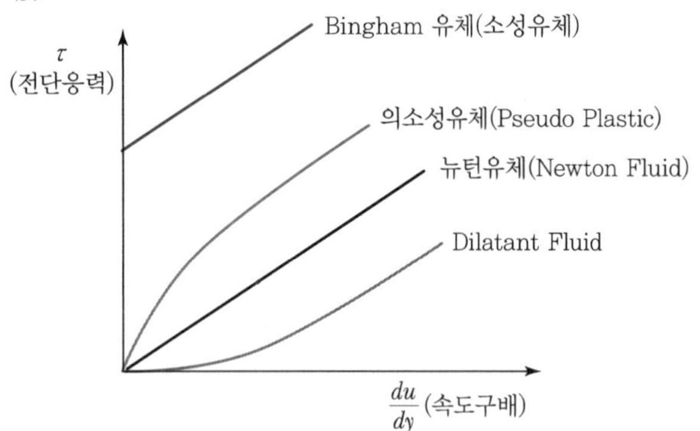

02 너셀수에 대해 설명하시오.

해설

$$N_{Nu} = \frac{hD}{k} = \frac{\text{대류열전달}}{\text{전도열전달}} = \frac{\text{전도열저항}}{\text{대류열저항}}$$

여기서, h : 경막열전달계수(kcal/m² h ℃)

k : 열전도도(cal/m h ℃)

D : 직경(m)

03 에탄올 수용액을 벤젠으로 공비증류할 때 PFD를 완성하시오.

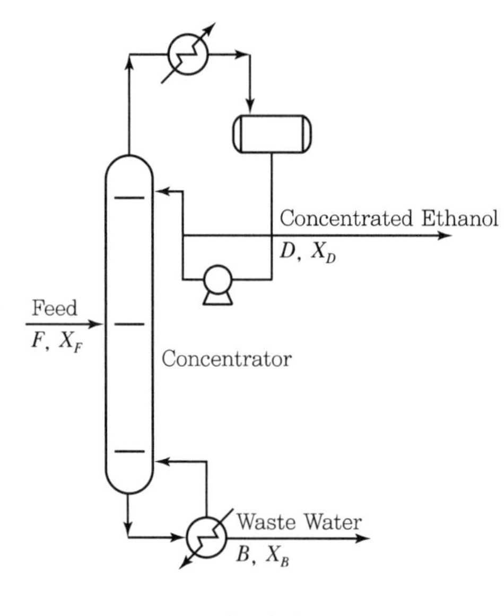

해설

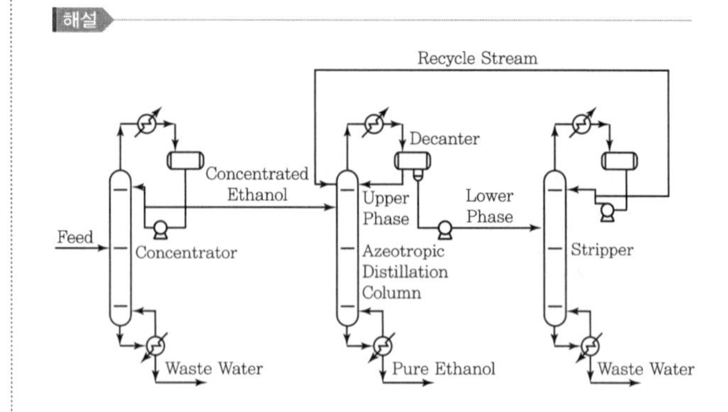

04 혼합흐름반응기의 부피가 $1m^3$이고 A를 포함한 수용액의 공급물을 100L/min으로 처리한다. 가역반응 $A \rightleftarrows R$, $-r_A = 0.04C_A - 0.01C_R$(mol/L min)이다. (단, 초기농도는 0.1mol/L이다.)

(1) 평형전화율을 구하여라.

(2) 실제전화율을 구하여라.

해설

(1) 평형일 때 정반응속도 = 역반응속도

$$K_e = \frac{k_1}{k_2} = \frac{C_{Re}}{C_{Ae}} = \frac{C_{R0} + C_{A0}X_{Ae}}{C_{A0}(1-X_{Ae})} = \frac{X_{Ae}}{1-X_{Ae}}$$

$\therefore\ C_{R0} = 0$

$$\frac{0.04}{0.01} = \frac{X_{Ae}}{1-X_{Ae}} = 4$$

$\therefore\ X_{Ae} = 0.8$

(2) $$k_1\tau = \frac{(C_{A0}-C_A)(C_{A0}-C_{Ae})}{C_{A0}(C_A - C_{Ae})} = \frac{X_A X_{Ae}}{X_{Ae} - X_A}$$

$$\tau = \frac{V}{v_o} = \frac{1m^3}{100L/min \times 1m^3/1{,}000L} = 10min$$

$$0.04 \times 10 = \frac{X_A \times 0.8}{0.8 - X_A}$$

$$0.5 = \frac{X_A}{0.8 - X_A}$$

$\therefore\ X_A = 0.27$

05 수은온도계의 전달함수를 구하여라.

해설

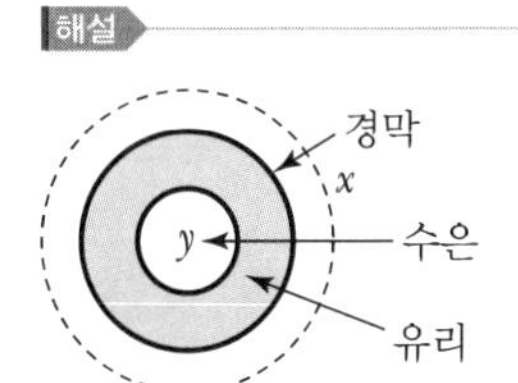

주위온도 : x

수은온도 : y

입력속도 − 출력속도 = 축적속도

$$hA(x-y) - 0 = mC\frac{dy}{dt}$$

$$\frac{mC}{hA}\frac{dy}{dt} = x - y$$

$$\frac{mC}{hA} = \tau$$

$$\tau\frac{dy}{dt} + y = x$$

$$\tau s Y(s) + Y(s) = X(s)$$

$$\therefore\ G(s) = \frac{Y(s)}{X(s)} = \frac{1}{\tau s + 1}$$

06 재질이 다른 면적 $10m^2$인 두 평판 A, B에서 A 바깥쪽 표면온도가 200℃, 안쪽 표면온도가 20℃이고 A, B의 두께는 각각 10cm, 5cm이다. A, B 접촉면의 온도(K)를 구하여라.(단, A, B의 열전도도는 각각 5kcal/m h ℃, 0.1kcal/m h ℃이다.)

해설

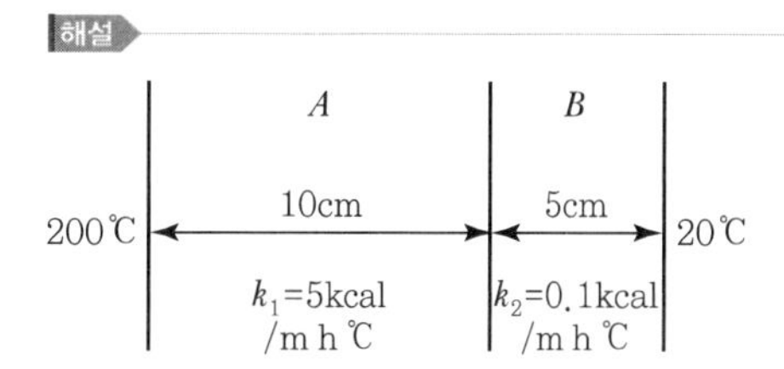

$\Delta t : \Delta t_1 = R : R_1$

$$R_A = \frac{l_1}{k_1 A_1} = \frac{0.1m}{5kcal/m\,h\,℃ \times 10m^2} = 0.002h\ ℃/kcal$$

$$R_B = \frac{l_2}{k_2 A_2} = \frac{0.05m}{0.1kcal/m\,h\,℃ \times 10m^2} = 0.05h\ ℃/kcal$$

$(200-20)℃ : \Delta t_1 = (0.002 + 0.05) : 0.002$

$\Delta t_1 = 200 - t_2 = 6.92$

$\therefore\ t_2 = 193.08℃$

$\therefore\ 273 + 193.08 = 466.08K$

07 초산 25kg, 물 75kg, 에테르 100kg을 넣었을 때 추출되는 초산의 양을 구하시오.(단, 분배계수는 0.321이다.)

해설

$$추출률 = 1 - \frac{1}{\left(1 + m\frac{S}{B}\right)} = 1 - \frac{1}{\left(1 + 0.321 \times \frac{100}{75}\right)} = 0.30$$

$\therefore$ 초산의 양 = 25kg × 0.3 = 7.5kg

08 단면이 매우 큰 저장탱크에서 높이 50m 위로 펌프를 이용하여 퍼올린다. 펌프 전단직경 5cm, 후단 8cm이며 총마찰손실 10m, 유량 $5m^3/min$, 효율 65%일 때 펌프의 동력(HP)을 구하여라.(단, 유체의 밀도는 $1.8g/cm^3$이다.)

해설

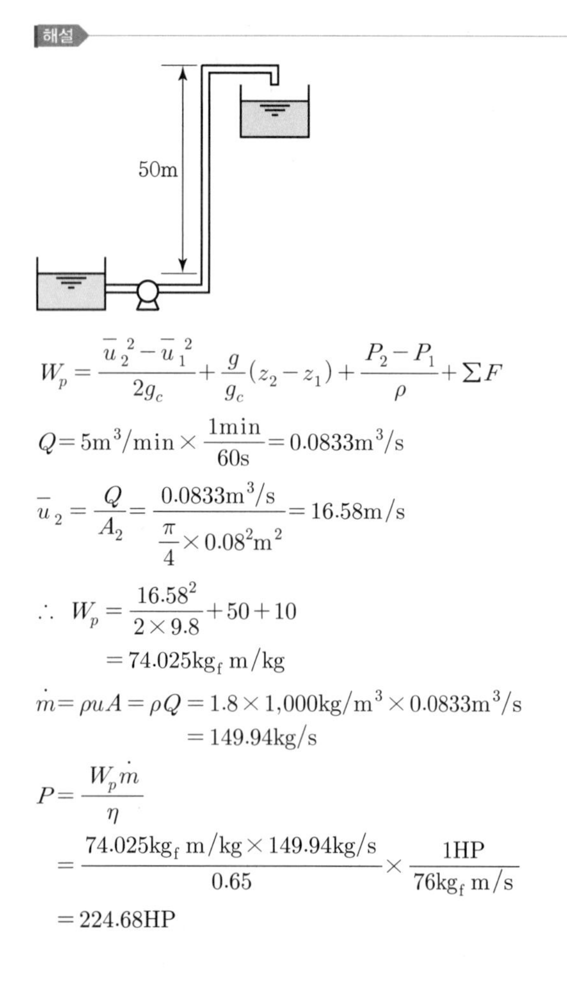

$$W_p = \frac{\bar{u}_2^{\,2} - \bar{u}_1^{\,2}}{2g_c} + \frac{g}{g_c}(z_2 - z_1) + \frac{P_2 - P_1}{\rho} + \Sigma F$$

$$Q = 5m^3/min \times \frac{1min}{60s} = 0.0833m^3/s$$

$$\bar{u}_2 = \frac{Q}{A_2} = \frac{0.0833m^3/s}{\frac{\pi}{4} \times 0.08^2 m^2} = 16.58m/s$$

$$\therefore \ W_p = \frac{16.58^2}{2 \times 9.8} + 50 + 10$$
$$= 74.025kg_f\, m/kg$$

$$\dot{m} = \rho u A = \rho Q = 1.8 \times 1{,}000kg/m^3 \times 0.0833m^3/s$$
$$= 149.94kg/s$$

$$P = \frac{W_p \dot{m}}{\eta}$$
$$= \frac{74.025kg_f\, m/kg \times 149.94kg/s}{0.65} \times \frac{1HP}{76kg_f\, m/s}$$
$$= 224.68HP$$

09 n−heptane 70%와 n−octane 30%의 혼합물을 비점으로 공급한다. 유출액의 조성은 n−heptane 98%, 관출액 조성은 n−heptane 1%일 때 최소환류비를 구하여라.(단, 비휘발도는 2이다.)

해설

$$R_{Dm} = \frac{x_D - y_f}{y_f - x_f}$$

$$y_f = \frac{\alpha x_f}{1 + (\alpha - 1)x_f} = \frac{2 \times 0.7}{1 + (2-1) \times 0.7} = 0.82$$

$$\therefore \ R_{Dm} = \frac{0.98 - 0.82}{0.82 - 0.7} = 1.33$$

10 $4.0 \times 10^{-5}m$ 두께의 막을 통과하는 물질의 막투과 전후 농도가 각각 $4 \times 10^{-2}kmol/m^3$, $0.5 \times 10^{-2}kmol/m^3$일 때 물질전달 몰플럭스($kmol/m^3\, s$)를 구하여라.(단, 확산계수는 $8.0 \times 10^{-5}m^2/s$이다.)

해설

$$J_A = -D_V \frac{dC_A}{dz}$$
$$= 8.0 \times 10^{-5}m^2/s \times \frac{(4 \times 10^{-2} - 0.5 \times 10^{-2})kmol/m^3}{4.0 \times 10^{-5}m}$$
$$= 0.07kmol/m^2\, s$$

11 수소기체가 녹아 있는 물 100kg이 20℃에서 기체와 평형에 있을 때 기체상의 전압은 760mmHg이고 수소의 분압은 200mmHg이다. 물에 용해된 수소는 몇 kg인지 구하여라.(단, 20℃에서의 수소의 헨리상수는 5.25TPa/mol fraction이다.)

해설

$$p_A = Hx_A$$

$$200mmHg \times \frac{101.3 \times 10^3 Pa}{760mmHg}$$
$$= 5.25 \times 10^{12} Pa/mol\ fraction \times x_A$$

$$\therefore \ x_A = 5.078 \times 10^{-9}$$

$$x_A = \frac{n_A}{n_A + n_B} = \frac{\frac{w}{2}}{\frac{w}{2} + \frac{100 - w}{18}} = 5.078 \times 10^{-9}$$

$$\therefore \ w = 5.64 \times 10^{-8}kg$$

※ w의 질량은 아주 작으므로 계산할 때 $\dfrac{\frac{w}{2}}{\frac{w}{2} + \frac{100}{18}}$로 해야 한다. $\frac{w}{2} = x$로 놓고 계산 후 $w = 2x$로 하면 쉽게 구할 수 있다.

2023년 제1회 기출문제

01 $-r_A'' = -\frac{1}{S}\frac{dN_A}{dt} = k'' C_A$ 일 때 Thiele 계수가 A의 농도의 함수임을 증명하시오.

해설

$A \rightarrow$ 생성물

$$-r_A'' = -\frac{1}{S}\frac{dN_A}{dt} = k'' C_A$$

$$kV = k'W = k''S$$

$$k = k''\frac{\text{surface}}{\text{volume}} = k''\left(\frac{2\pi rL}{\pi r^2 L}\right) = \frac{2k''}{r}$$

in

$$\left(\frac{dN_A}{dt}\right)_{\text{in}} = -\pi r^2 D\left(\frac{dC_A}{dx}\right)_{\text{in}}$$

out

$$\left(\frac{dN_A}{dt}\right)_{\text{out}} = -\pi r^2 D\left(\frac{dC_A}{dx}\right)_{\text{out}}$$

Δx

$$\text{소모량} = -\left(\frac{1}{S}\frac{dN_A}{dt}\right)(\text{surface}) = k'' C_A (2\pi r \Delta x)$$

출력량 − 입력량 + 반응에 의한 소모량 = 0 (정상상태에서)

$$-\pi r^2 D\left(\frac{dC_A}{dx}\right)_{\text{out}} + \pi r^2 D\left(\frac{dC_A}{dx}\right)_{\text{in}} + k'' C_A (2\pi r \Delta x) = 0$$

$$\frac{\left(\frac{dC_A}{dx}\right)_{\text{out}} - \left(\frac{dC_A}{dx}\right)_{\text{in}}}{\Delta x} - \frac{2k''}{Dr} C_A = 0$$

$\Delta x \rightarrow 0$

$$\frac{d^2 C_A}{dx^2} - \frac{2k''}{Dr} C_A = 0$$

$$C_A = M_1 e^{mx} + M_2 e^{-mx}$$

$$m = \sqrt{\frac{k}{D}} = \sqrt{\frac{2k''}{Dr}}, \quad mL = \text{Thiele 계수}$$

$x = 0 \qquad C_A = C_{As}$

$x = L \qquad \frac{dC_A}{dx} = 0$

$$M_1 = \frac{C_{As} e^{-mL}}{e^{mL} + e^{-mL}}, \quad M_2 = \frac{C_{As} e^{mL}}{e^{mL} + e^{-mL}}$$

$$\frac{C_A}{C_{As}} = \frac{e^{m(L-x)} + e^{-m(L-x)}}{e^{mL} + e^{-mL}} = \frac{\cosh m(L-x)}{\cosh mL}$$

$$\varepsilon(\text{유효인자}) = \frac{\overline{r_A} \text{ with diffusion}}{r_A \text{ with diffusion resistance}}$$

$$\therefore \varepsilon_{1\text{차}} = \frac{\overline{C_A}}{C_{As}} = \frac{\tanh mL}{mL}$$

02 등온, 등압 조건에서 다음과 같은 기상반응이 일어난다.

$$2A + B \rightarrow C$$
$$-r_A = kC_A C_B^{\,2}$$

A의 반응속도를 Θ_B(A와 B의 초기 몰비), ε(부피팽창률), X_A(A의 전화율), C_{A0}(A의 초기 농도), k로 나타내시오.

해설

$$C_A = \frac{N_A}{V} = \frac{N_{A0}(1-X_A)}{V_0(1+\varepsilon_A X_A)} = C_{A0}\frac{1-X_A}{1+\varepsilon_A X_A}$$

$$C_B = \frac{N_B}{V} = \frac{N_{B0} - 0.5N_{A0}X_A}{V_0(1+\varepsilon_A X_A)} = \frac{N_{A0}(\Theta_B - 0.5X_A)}{V_0(1+\varepsilon_A X_A)} = C_{A0}\frac{\Theta_B - 0.5X_A}{1+\varepsilon_A X_A}$$

$$\therefore -r_A = k\frac{C_{A0}(1-X_A)}{1+\varepsilon_A X_A} \cdot \frac{C_{A0}^{\,2}(\Theta_B - 0.5X_A)^2}{(1+\varepsilon_A X_A)^2} = \frac{kC_{A0}^{\,3}(1-X_A)(\Theta_B - 0.5X_A)^2}{(1+\varepsilon_A X_A)^3}$$

03 외벽의 온도가 310K, 내벽의 온도가 400K이고, 벽두께가 0.5m이다. 열전도도 계수가 0.7W/m K일 때 열전달속도(W/m²)를 구하시오.

해설

$$q = kA\frac{\Delta t}{l}$$

$$\frac{q}{A} = k\frac{\Delta t}{l} = 0.7\text{W/m K} \times \frac{(400-310)\text{K}}{0.5\text{m}} = 126\text{W/m}^2$$

04 다음과 같은 반응기에서 $y(t) = x(t-\tau)$일 때 A, L, q를 이용해서 $\dfrac{Y(s)}{X(s)}$를 구하시오.(단, A : 면적, L : 길이, q : 유속, τ : Lead Lag, 마찰과 국부손실이 없고 시간지연을 무시할 수 없으며 1차 공정의 동특성을 나타낸다.)

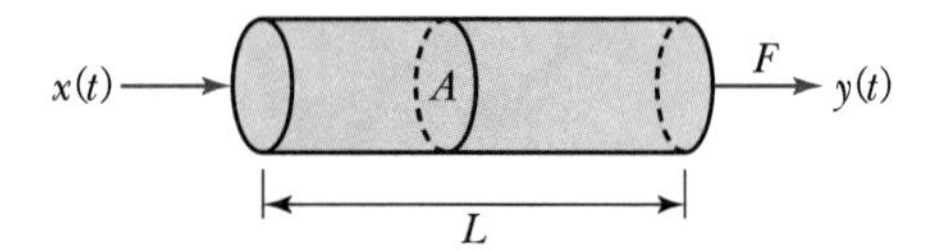

해설

$$y(t) = x(t-\tau) \qquad \tau = \frac{AL}{q}$$

$$Y(s) = X(s)e^{-\tau s}$$

$$G(s) = \frac{Y(s)}{X(s)} = e^{-\tau s} = e^{-\frac{AL}{q}s}$$

05 293K, 일정압력에서 좁은 금속관에 공기가 들어있다. 공기의 압력은 1atm이고 온도는 293K이다. 물은 금속관에 들어있는 공기를 통해 증발 및 확산하며, 확산거리는 15cm이다. 정상상태에서 증발속도를 계산하시오.(단, 수증기의 확산계수 및 몰분율은 293K, 1atm에서 0.250×10^{-4}m²/s, 0.023이다.)

해설

$$p_{A1} = 1 \times 0.023 = 0.023\text{atm}$$

$$p_{A2} = 0(\text{순수한 상태})$$

$$p_{B1} = P - p_{A1} = 1 - 0.023 = 0.977$$

$$p_{B2} = P - p_{A2} = 1 - 0 = 1$$

$$p_{BM} = \frac{1-0.977}{\ln\frac{1}{0.977}} = 0.988$$

$$N_A = \frac{D_{AB}P(p_{A1}-p_{A2})}{RTZp_{BM}}$$

$$= \frac{0.25 \times 10^{-4}\text{m}^2/\text{s} \times 1\text{atm} \times (0.023-0)}{0.082\text{m}^3\ \text{atm/kmol K} \times 293\text{K} \times 0.15\text{m} \times 0.988}$$

$$= 1.61 \times 10^{-7}\text{kmol/m}^2\ \text{s}$$

06 다음과 같은 Flow에서 A에 대한 B의 압력손실(Pa)을 구하시오.(단, 기름의 비중은 0.95, 유량 10m³/h, 각각의 지름은 5cm, 2cm, 5cm이다. 기름은 A에서 B로 흘러 들어간다.)

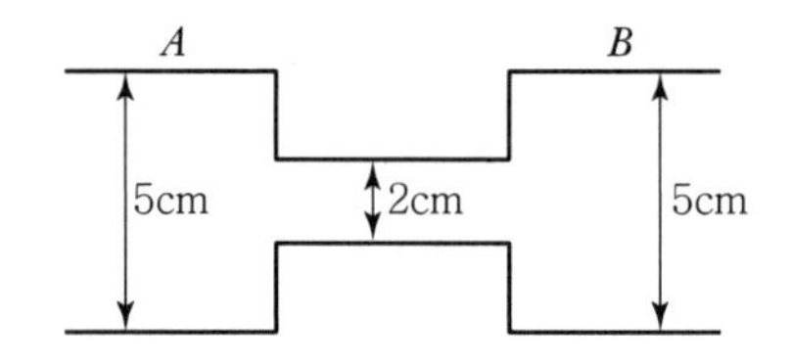

해설

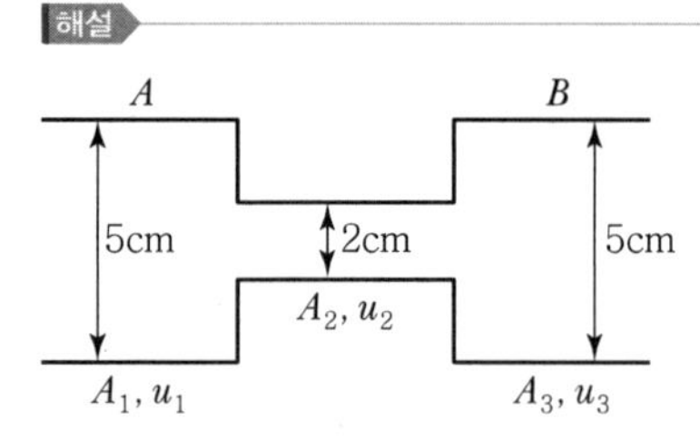

기름의 밀도 950kg/m³

유량 10m³/h

$$u_1 = u_3 = \frac{Q}{A} = \frac{10\text{m}^3/\text{h} \times 1\text{h}/3{,}600\text{s}}{\frac{\pi}{4} \times 0.05^2\text{m}^2} = 1.415\text{m/s}$$

$$u_2 = \frac{Q}{A_2} = \frac{10\text{m}^3/\text{h} \times 1\text{h}/3{,}600\text{s}}{\frac{\pi}{4} \times 0.02^2\text{m}^2} = 8.846\text{m/s}$$

축소

$$K_c = 0.4\left(1 - \frac{A_2}{A_1}\right) = 0.4\left(1 - \frac{2^2}{5^2}\right) = 0.336$$

$$F_c = K_c\frac{{u_2}^2}{2} = 0.336 \times \frac{8.846^2}{2} = 13.15\text{J/kg}$$

확대

$$K_e=\left(1-\frac{A_2}{A_3}\right)^2=\left(1-\frac{2^2}{5^2}\right)^2=0.7056$$

$$F_e=0.7056\frac{{u_2}^2}{2}=0.7056\times\frac{8.846^2}{2}=27.61\text{J/kg}$$

$$\sum F=F_c+F_e=13.15+27.61=40.76\text{J/kg}$$

$$\Delta P=\sum F\times\rho=40.76\text{J/kg}\times 950\text{kg/m}^3$$
$$=38{,}722\text{N/m}^2(\text{Pa})$$

07 얇은 금속관의 길이와 값이 다음과 같이 주어질 때, 관의 두께를 무시한 저항값과 관을 포함한 저항값의 오차(%)를 구하시오.

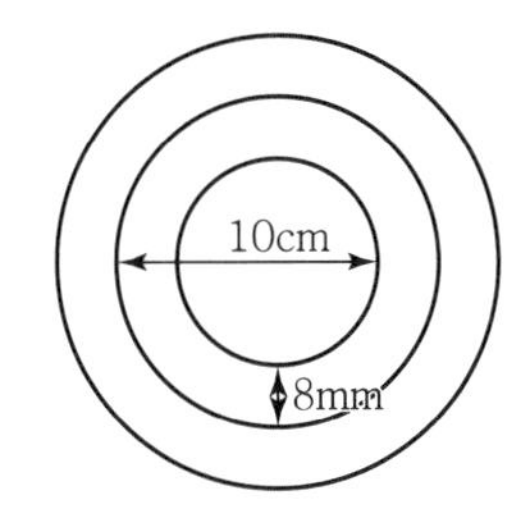

내측 열전달계수
$h_i=500\text{W/m}^2\ \text{K}$
외측 열전달계수
$h_o=2{,}000\text{W/m}^2\ \text{K}$
금속관의 열전도도
$k=16\text{W/m}^2\ \text{K}$

해설

$$q=\frac{\Delta t}{\frac{1}{UA}}$$

$$U_1=\frac{1}{\frac{1}{h_i}+\frac{l}{k}+\frac{1}{h_o}}$$
$$=\frac{1}{\frac{1}{500}+\frac{0.008}{16}+\frac{1}{2{,}000}}=333.33\text{W/m}^2\ \text{K}$$

$$U_2=\frac{1}{\frac{1}{h_i}+\frac{1}{h_o}}=\frac{1}{\frac{1}{500}+\frac{1}{2{,}000}}=400\text{W/m}^2\ \text{K}$$

$$R_1=\frac{1}{333.33}=3.0\times10^{-3}$$

$$R_2=\frac{1}{400}=2.5\times10^{-3}$$

$$\therefore \text{오차율(\%)}=\frac{(3.0-2.5)\times10^{-3}}{3.0\times10^{-3}}\times100=16.67\%$$

08 순환반응기에서 환류비 $R\rightarrow\infty$일 때와 $R\rightarrow0$일 때 각각 해당하는 반응기를 쓰시오.

해설

- $R\rightarrow\infty$: CSTR
- $R\rightarrow0$: PFR

09 다음 블록선도의 τ, ζ(감쇠계수)를 각각 K_c의 식으로 나타내시오.

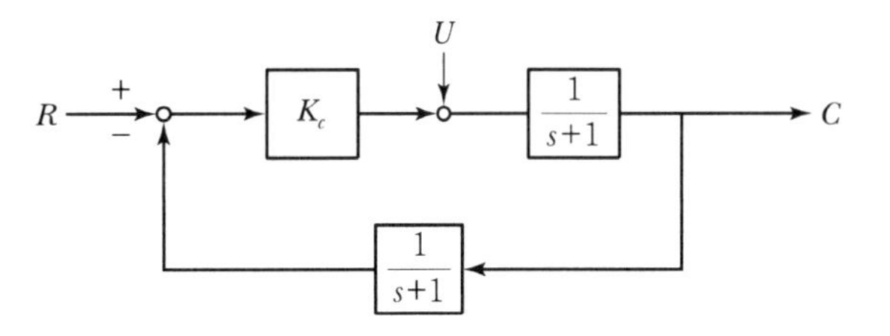

해설

$$G(s)=\frac{\frac{K_c}{s+1}}{1+\frac{K_c}{(s+1)^2}}$$
$$=\frac{\frac{K_c}{s+1}}{\frac{s^2+2s+1+K_c}{(s+1)^2}}$$
$$=\frac{K_c(s+1)}{s^2+2s+1+K_c}$$
$$=\frac{\frac{K_c(s+1)}{1+K_c}}{\frac{1}{1+K_c}s^2+\frac{2}{1+K_c}s+1}$$

$$\tau=\sqrt{\frac{1}{1+K_c}}$$

$$2\tau\zeta=\frac{2}{1+K_c}$$

$$\zeta=\sqrt{\frac{1}{1+K_c}}$$

10 다음 그래프를 보고 ( ) 안에 알맞은 말을 쓰시오.

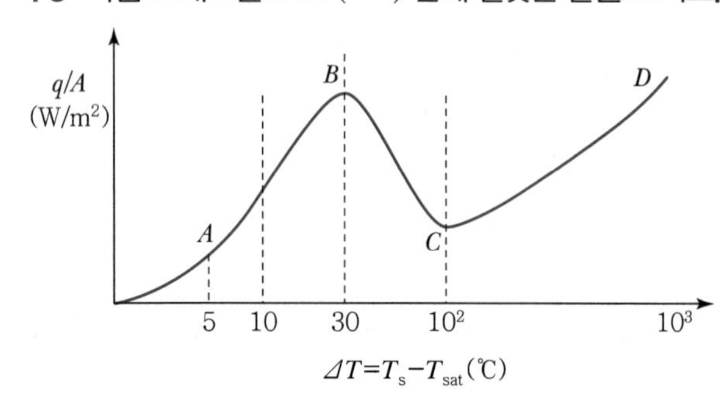

- 기포의 상승에 동반된 교란에 의하여 열이동이 증가하는 영역을 (①)이라고 한다. 이는 (②)점부터 (③)점까지이다. 온도가 계속 증가하면 최대 열플럭스 점 B에 도달할 때까지 잉여로 생성된 증기가 (④)을 일으킨다.
- 불안정한 막비등이 일어나는 영역으로 증기의 열전도도가 작아 단열효과를 나타내는 구간을 (⑤)이라 한다.
- 점 C를 (⑥)이라 하고, 전이비등의 상한점이자 막비등의 시작점으로 최소 열플럭스를 갖는 점이다.
- (⑦)이 시작되는 점은 그래프의 (⑧)점이며, 표면온도가 다시 증가하여 가열표면이 증기막으로 덮이며 이 층을 통과하는 열은 (⑨)와 (⑩)에 의해 전달된다.

해설

① 핵비등 ② A
③ B ④ 단열작용
⑤ 전이비등 ⑥ Leidenfrost점
⑦ 막비등 ⑧ C
⑨ 전도 ⑩ 복사

2023년 제2회 기출문제

01 표면흡착이 속도결정단계인 경우 랭뮬러 흡착등온식 유도과정을 증명하여라.(단, 입자를 $MO(g)$, 활성점을 S, 흡착상태를 MO · S, 촉매 전체의 농도를 C_t, 정반응속도상수를 k_A, 역반응속도상수를 k_{-A}, 평형상수를 K_A라 한다.)

$$MO + S \underset{k_{-A}}{\overset{k_A}{\rightleftharpoons}} MO \cdot S$$

해설

$$MO + S \underset{k_{-A}}{\overset{k_A}{\rightleftharpoons}} MO \cdot S$$

$$r_{AD} = k_A P_{MO} C_V - k_{-A} C_{MO \cdot S}$$

$K_A = \dfrac{k_A}{k_{-A}}$ 이므로

$$r_{AD} = k_A\left(P_{MO} C_V - \frac{C_{MO \cdot S}}{K_A}\right)$$

평형에서 $r_{AD} = 0$이다.

$$C_{MO \cdot S} = K_A P_{MO} C_V$$
$$C_t = C_V + C_{MO \cdot S}$$
$$C_t = C_V(1 + K_A P_{MO})$$
$$\therefore\ C_V = \frac{C_t}{1 + K_A P_{MO}}$$
$$\therefore\ C_{MO \cdot S} = \frac{K_A P_{MO} C_t}{1 + K_A P_{MO}}$$

02 투석을 통해 혈액에서 요소를 제거한다. 요소 제거시간(g/h)을 구하여라.(단, 투석 후 요소농도는 0이라고 가정한다.)

두께	0.02m
단면적	$2m^2$
수용액의 물질전달계수	2×10^{-5}m/s
혈액의 물질전달계수	1×10^{-5}m/s
투과막 계수	$8 \times 10^{-6}m^2/s$
혈중 요소농도	0.02g/100mL

해설

$$J_A = K_A(C_{A1} - C_{A2})$$
$$\frac{1}{K_A} = \frac{1}{k_{1A}} + \frac{1}{k_{mA}} + \frac{1}{k_{2A}}$$
$$k_m = \frac{D_e}{Z} = \frac{8 \times 10^{-6} m^2/s}{0.02m} = 4 \times 10^{-4} m/s$$
$$\frac{1}{K_A} = \frac{1}{2 \times 10^{-5}} + \frac{1}{4 \times 10^{-4}} + \frac{1}{1 \times 10^{-5}}$$
$$\therefore\ K_A = 6.5574 \times 10^{-6} m/s$$

$$C_{A1} = \frac{0.02g}{100mL}\left|\frac{1mol}{60g}\right|\frac{1,000mL}{1L}$$
$$= 3.33 \times 10^{-3} mol/L$$
$$\therefore\ N_A = K_A A(C_{A1} - C_{A2})$$
$$= 6.5574 \times 10^{-6} m/s \times 2m^2$$
$$\times (3.33 \times 10^{-3} - 0) mol/L \times \frac{1,000L}{1m^3}$$
$$= 4.367 \times 10^{-5} mol/s \times \frac{60g}{1mol} \times \frac{3,600s}{1h}$$
$$= 9.43 g/h$$

03 223K, 20bar에서 이상기체가 1atm, 300K으로 변화한다. $C_p(\text{J/mol K}) = 19.4 + 0.259T - 1.27\times10^{-4}T^2$일 때 정상상태의 흐름과정에서 얻을 수 있는 최대일(kJ/mol)을 구하여라.

해설

$$\Delta H = \int_{T_1}^{T_2} C_p dT \quad \text{(압력과 무관)}$$
$$= \int_{223\text{K}}^{300\text{K}} (19.4 + 0.259T - 1.27\times10^{-4}T^2)dT$$
$$= 19.4(300-223) + \frac{0.259}{2}(300^2 - 223^2) - \frac{1.27\times10^{-4}}{3}(300^3 - 223^3)$$
$$= 6{,}035.35\text{J/mol}$$

$$\Delta S = \int_{T_1}^{T_2} C_p \frac{dT}{T} - R\ln\frac{P_2}{P_1}$$
$$= \int_{223\text{K}}^{300\text{K}} \left(\frac{19.4}{T} + 0.259 - 1.27\times10^{-4}T\right)dT - 8.314\text{J/mol K}\times\ln\frac{1\text{atm}}{20\text{bar}\times\frac{1\text{atm}}{1.013\text{bar}}}$$
$$= 19.4\ln\frac{300}{223} + 0.259(300-223) - \frac{1.27\times10^{-4}}{2}(300^2-223^2) - 8.314\ln\frac{1}{19.7433}$$
$$= 23.14 + 24.8$$
$$= 47.94\text{J/mol K}$$

$$W_{ideal} = \Delta H - T\Delta S$$
$$W_{ideal} = 6{,}035.35\text{J/mol} - (300)(47.94)\text{J/mol}$$
$$= -8{,}346.65\text{J/mol}$$
$$= -8.35\text{kJ/mol}$$

04 내경이 2mm인 유리모세관에서 물방울이 형성되어 적하하려고 한다. 적하가 시작할 때의 물방울의 직경(mm)을 구하여라.(단, 물의 표면장력은 7×10^{-2}N/m이다.)

해설

$$\pi d\times\text{물의 표면장력} = \text{물의 밀도}\times\text{중력가속도}\times\frac{\pi}{6}D^3$$

$$\pi d\times 7\times10^{-2}\text{N/m} = 1{,}000\text{kg/m}^3\times 9.8\text{m/s}^2\times\frac{\pi}{6}D^3$$

$$\pi\times0.002\times7\times10^{-2}\text{N/m} = 1{,}000\text{kg/m}^3\times9.8\text{m/s}^2\times\frac{\pi}{6}D^3$$

$$\therefore D = 0.00441\text{m} = 4.41\text{mm}$$

05 증류조작에서 q − line의 식을 구하고 q의 범위에 따른 의미를 적으시오.

해설

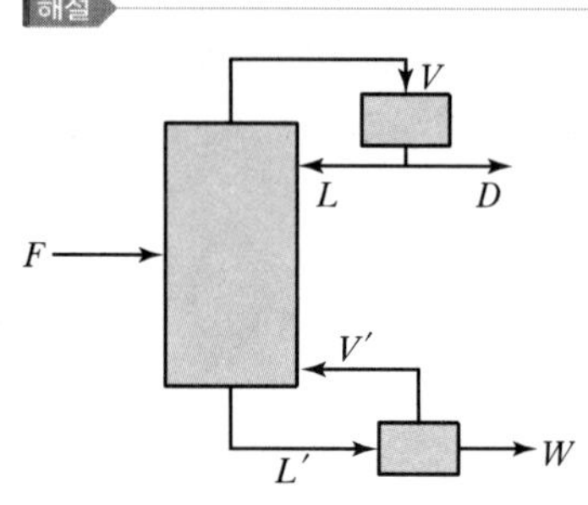

$L' = L + qF \qquad \therefore L' - L = qF$

$V = V' + (1-q)F \qquad \therefore V - V' = (1-q)F$

$Vy_n = Lx_{n+1} + Dx_D$

$V'y_m + Wx_W = L'x_{m+1}$

$V'y_m = L'x_{m+1} - Wx_W$

조작선들의 교차점 $y_n = y_m,\ x_{n+1} = x_{m+1}$

$(V - V')y = (L - L')x + Dx_D + Wx_W$

$(1-q)Fy = -qFx + Fx_F$

$$\therefore y = \frac{-q}{1-q}x + \frac{x_F}{1-q}$$

$$\therefore y = \frac{q}{q-1}x - \frac{x_F}{q-1}$$

- 차가운 공급원료 : $q > 1$
- 기포점에 있는 공급원료(포화액체) : $q = 1$
- 액체와 증기의 혼합원료 : $0 < q < 1$
- 이슬점에 있는 공급원료(포화증기) : $q = 0$
- 과열증기상태의 공급원료 : $q < 0$
- 차가운 액체 공급원료 : $q = 1 + \dfrac{C_{PL}(T_b - T_F)}{\lambda}$
- 과열증기 : $q = -\dfrac{C_{PV}(T_F - T_d)}{\lambda}$

06 다음 공정의 시상수를 구하여라.

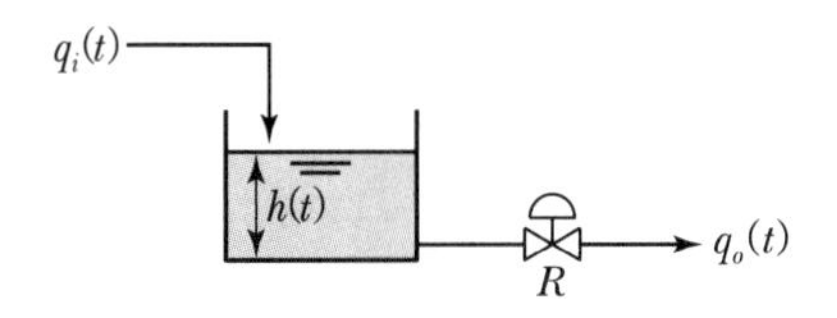

• 단면적 : $4ft^2$	• 평균수위(h_s) : 4ft
• 밸브특성치 : $q_o = 4\sqrt{h}$	• 유속 : cfm

해설

$$A\frac{dh}{dt} = q_i - q_o$$

$$q_o = 4\sqrt{h_s} + \frac{2}{\sqrt{h_s}}(h - h_s)$$

$$= 4\sqrt{4} + \frac{2}{\sqrt{4}}(h-4)$$

$$= h + 4$$

편차변수로 나타내면

$h' = h - h_s$

$q_i' = q_i - q_{is}$

$q_o' = q_o - q_{os}$

$= (h+4) - (h_s + 4)$

$= h - h_s = h'$

$$A\frac{dh'}{dt} = q_i' - q_o'$$

$$= q_i' - h'$$

$$A\frac{dh'}{dt} + h' = q_i'$$

$AsH(s) + H(s) = Q_i(s)$

$$H(s) = \frac{1}{As+1}Q_i(s)$$

$\therefore \tau = 4\text{min}$

07 시간상수 τ가 0.1분이고, 이득이 1이며, 1차 공정의 특성을 지닌 온도계가 초기에 90°F를 유지하고 있다. 이 온도계를 100°F의 물속에 넣었을 때 온도계 읽음값이 95°F가 되는 데 걸리는 시간을 구하시오.

해설

$$G(s) = \frac{K}{\tau s + 1} = \frac{1}{0.1s+1}$$

$$x(t) = 10 \rightarrow X(s) = \frac{10}{s}$$

$$Y(s) = \frac{1}{0.1s+1}\cdot\frac{10}{s} = 10\left(\frac{1}{s} - \frac{1}{s+10}\right)$$

$y(t) = 10(1 - e^{-10t})$

$5 = 10(1 - e^{-10t})$

$1 - e^{-10t} = 0.5$

$e^{-10t} = 0.5$

$-10t = \ln 0.5$

$\therefore t = 0.06931\text{min}$

08 원통관(Pipe)에서 속도분포가 $\frac{V}{V_{\max}} = \left(\frac{R-r}{R}\right)^{\frac{1}{7}}$로 주어진다. 관의 반경이 R이고 관벽으로부터의 거리가 r인 곳에서 평균유속과 최대유속의 비 $\frac{V}{V_{\max}}$를 구하여라.

해설

$A = \pi r^2$

$dA = 2\pi r\,dr$

$$\overline{V} = \frac{1}{A}\int_A V dA$$

$$= \frac{1}{\pi R^2}\int_0^R V_{\max}\left(1 - \frac{r}{R}\right)^{\frac{1}{7}} 2\pi r\,dr$$

$$Z = \frac{r}{R} \qquad dZ = \frac{dr}{R}$$

$$V = 2V_{\max}\int_0^1 Z(1-Z)^{\frac{1}{7}}dZ$$

$1 - Z = t$라 하면 $-dZ = dt$

$$V = -2V_{\max}\int_1^0 (1-t)t^{\frac{1}{7}}dt$$

$$= -2V_{\max}\int_1^0\left(t^{\frac{1}{7}} - t^{\frac{8}{7}}\right)dt$$

$$= -2V_{\max}\left[\frac{7}{8}t^{\frac{8}{7}} - \frac{7}{15}t^{\frac{15}{7}}\right]_1^0$$

$$\therefore \frac{V}{V_{\max}} = 2\left(\frac{7}{8} - \frac{7}{15}\right)$$

$$= 2 \times 0.4083 = 0.82$$

09 레일리수(N_{Ra})는 다음과 같이 표현된다.

$$N_{Ra} = \frac{g\rho^2 L^3 \beta C_p \Delta T}{\mu k}$$

여기서, ρ : 밀도, L : 특성길이
β : 열팽창계수, C_p : 비열
μ : 점도, k : 열전도도
ΔT : 온도차

(1) 레일리수를 자연대류에서 주로 사용되는 두 개의 무차원수로 나타내어라.
(2) 너셀수(N_{Nu})를 위에서 사용한 두 무차원수 또는 N_{Ra}와 상수 C, n을 이용해서 나타내어라.

해설

(1) $N_{Ra} = N_{Gr} \times N_{Pr}$

$$= \frac{gL^3\rho^2\beta\Delta T}{\mu^2} \times \frac{C_p\mu}{k}$$

(2) $N_{Nu} = \frac{hL}{k}$

$$\frac{hL}{k} = C\left[\frac{gL^3\rho^2\beta\Delta T}{\mu^2} \times \frac{C_p\mu}{k}\right]^n$$

$$N_{Nu} = C(N_{Gr} \times N_{Pr})^n$$

$$= CN_{Ra}^n$$

10 충진 높이가 3.05m인 탑에서 n-heptane과 methylcyclohexane의 혼합물을 정류하려고 한다. 전환류에서 유출물 중 n-heptane 몰분율은 0.88이고 관출물은 0.15이다. HETP를 구하여라.(단, 비휘발도 α =1.07이다.)

해설

최소이론단수(Fenske 식)

$$N_{\min} + 1 = \frac{\ln\left[\left(\frac{x_D}{1-x_D}\right)\left(\frac{1-x_w}{x_w}\right)\right]}{\ln\alpha}$$

$$= \frac{\ln\left[\left(\frac{0.88}{0.12}\right)\left(\frac{0.85}{0.15}\right)\right]}{\ln 1.07} = 55.1$$

$\therefore N_{\min} = 54.1$

$$HETP = \frac{Z}{N_P} = \frac{3.05}{54.1} = 0.056\text{m}$$

11 관형반응기를 다음과 같이 연결하였을 때 A지류와 B지류의 전환율을 동일하게 하기 위한 각 지류의 공급물의 분율을 구하여라.

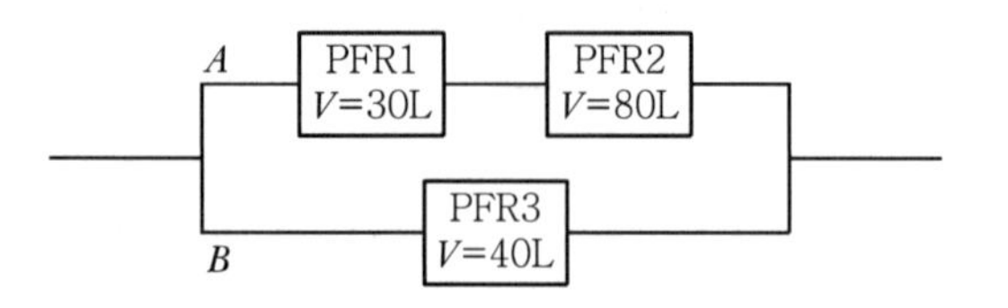

해설

$$\frac{F_A}{F_B} = \frac{V_A}{V_B} = \frac{110\text{L}}{40\text{L}} = \frac{11}{4}$$

2023년 제3회 기출문제

01 최소유동화속도에 대해 공탑속도(x축)와 압력강하 및 층의 높이(y축)를 기준으로 그래프를 그리고, 참유동화가 일어나는 과정을 설명하시오.

해설

(1) 고체층에서 공탑속도 vs. 압력강하 및 층 높이

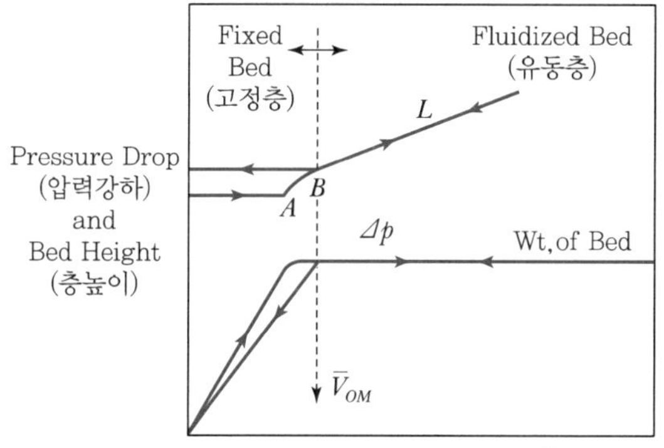

고정층의 유동화는 최소유동화속도 $\overline{V}_{OM}$에서 일어난다.

(2) 과정

① 다공판(분산판) 밑에 공기를 저속으로 도입하면 공기는 상승하지만, 입자는 움직이지 않는다.

② 유속이 조금 증가하면 압력강하가 증가하지만 입자는 움직이지 않고, 층높이는 그대로 유지된다. 유속이 어떤 값에 이르면, 층에서의 압력강하가 입자에 작용하는 중력과 균형을 이루고 그 이상 유속이 증가하면 입자가 움직이기 시작한다. → A점

③ 유속이 더욱 증가하면 입자들이 서로 충분히 떨어져서 층 안을 돌아다니게 되어 참유동화가 일어난다. → B점

④ 일단 층이 유동화가 되면 압력강하는 일정하지만, 층높이는 유속 증가에 따라 계속 증가한다. 유동층의 유량을 감소시키면 압력강하는 일정하면서도 층높이가 감소한다.

⑤ 다시 유동화시키면 B점에서 압력강하와 층무게가 같아지므로 B점이 최소유동화속도 $\overline{V}_{OM}$을 나타낸다.

02 다음의 블록선도에 비례 제어기를 사용할 때 제어시스템이 안정하기 위한 제어기 이득을 구하시오.(단, G_c =비례 제어기, $G_v=0.1$, $G_m=10$, $G_p=\dfrac{2}{(1+0.5s)^3}$ 이다.)

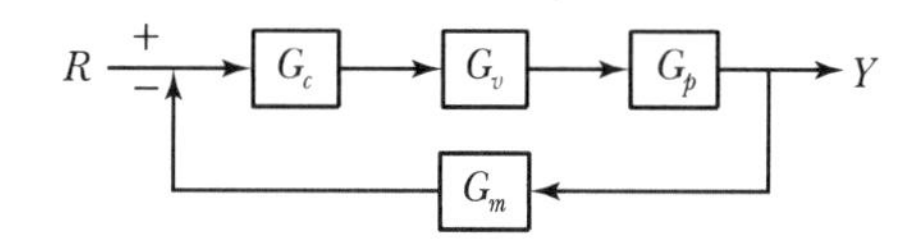

해설

$1+G_{OL}=0$

$1+G_cG_vG_pG_m=0$

$1+\dfrac{K_c\times 0.1\times 10\times 2}{(1+0.5s)^3}=0$

$(1+0.5s)^3+2K_c=0$

$0.125s^3+0.75s^2+1.5s+1+2K_c=0$

1	0.125	1.5
2	0.75	$1+2K_c$
3	$\dfrac{0.75\times 1.5-0.125(1+2K_c)}{0.75}=a>0$	
4	$\dfrac{a(1+2K_c)-0}{a}>0$	

$0.75\times 1.5-0.125(1+2K_c)>0$

$1>0.25K_c$

$\therefore\ K_c<4$

$1+2K_c>0$

$\therefore\ K_c>-\dfrac{1}{2}$

$\therefore\ -\dfrac{1}{2}<K_c<4$

03 어느 공장에서 $7.5kg_f/cm^2$에서 응축수(포화액) 24ton/h가 발생한다. 이를 $2kg_f/cm^2$의 압력으로 감압하고 플래시(재증발)시켜 $2kg_f/cm^2$의 스팀을 생산하여 재사용하고자 한다. 다음 물음에 답하시오.

압력 (kg_f/cm^2)	온도 (℃)	비용적(m^3/kg)		엔탈피(kcal/kg)	
		포화액	포화증기	포화액	포화증기
7.5	164.1	0.0011	0.278	165.7	659.6
2.0	117.6	0.001	1.02	119.9	646.2

(1) 플래시되는 $2kg_f/cm^2$ 스팀의 양을 구하시오.(단, 외부열손실은 없다.)

(2) 플래시 드럼 내에서 응축과 스팀에 혼합되어 비말되는 것을 방지하기 위해 용기 내 스팀의 평균유속을 1m/s로 한다. 이 플래시 드럼이 수직형이라고 할 때 스팀관의 직경은 몇 m인가?

해설

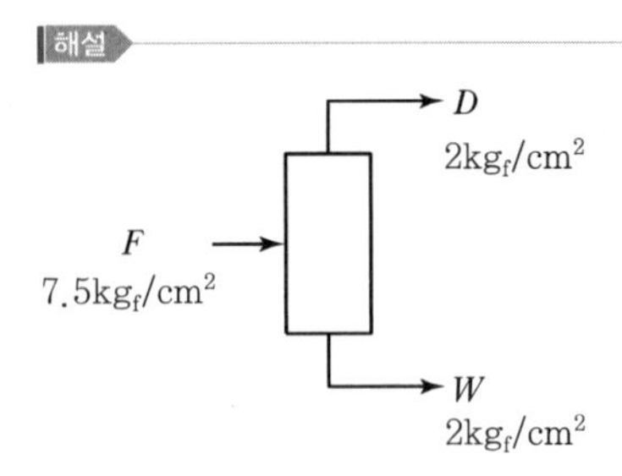

원료는 압력 $7.5kg_f/cm^2$로 들어와 압력 $2kg_f/cm^2$로 배출된다.

(1) $24{,}000\text{kg/h} \times 165.7\text{kcal/kg}$

$= D \times 646.2 + (24{,}000 - D) \times 119.9$

$\therefore D = 2{,}088.5\text{kg/h}$

$W = 24{,}000 - 2{,}088.5 = 21{,}911.5\text{kg/h}$

∴ 스팀의 양 $D = 2{,}088.5\text{kg/h}$

(2) 스팀의 유량

$Q = 2{,}088.5\text{kg/h} \times 1.02\text{m}^3/\text{kg} \times 1\text{h}/3{,}600\text{s}$

$= 0.59\text{m}^3/\text{s}$

$$A = \frac{Q}{u} = \frac{0.59\text{m}^3/\text{s}}{1\text{m/s}} = 0.59\text{m}^2$$

$$A = \frac{\pi}{4}D^2$$

$$0.59\text{m}^2 = \frac{\pi}{4}D^2$$

∴ 스팀관의 직경 $D = 0.87\text{m}$

04 단면이 매우 큰 탱크에서 직경이 3inch인 관을 통해 1m/s의 속도로 10m 높이에 있는 저장탱크로 급송 시 소요되는 펌프의 동력(HP)을 구하시오.(단, 유체의 비중은 1.84, 배관과 부속품에 의한 마찰수두는 3m, 펌프의 효율은 70%이다.)

해설

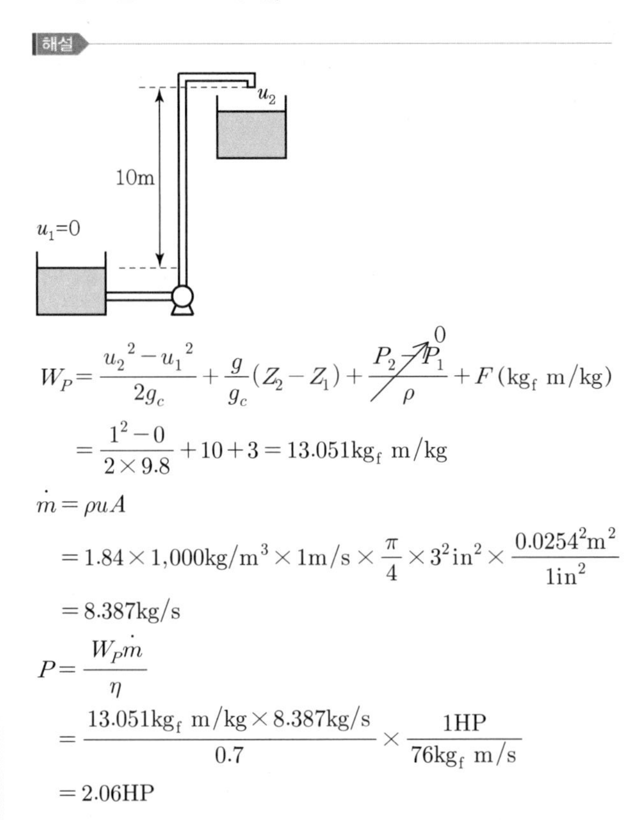

$$W_P = \frac{u_2^{\,2} - u_1^{\,2}}{2g_c} + \frac{g}{g_c}(Z_2 - Z_1) + \frac{P_2 - P_1}{\rho}\ (=0) + F\ (\text{kg}_f\ \text{m/kg})$$

$$= \frac{1^2 - 0}{2 \times 9.8} + 10 + 3 = 13.051\text{kg}_f\ \text{m/kg}$$

$$\dot{m} = \rho u A$$

$$= 1.84 \times 1{,}000\text{kg/m}^3 \times 1\text{m/s} \times \frac{\pi}{4} \times 3^2\text{in}^2 \times \frac{0.0254^2\text{m}^2}{1\text{in}^2}$$

$$= 8.387\text{kg/s}$$

$$P = \frac{W_P \dot{m}}{\eta}$$

$$= \frac{13.051\text{kg}_f\ \text{m/kg} \times 8.387\text{kg/s}}{0.7} \times \frac{1\text{HP}}{76\text{kg}_f\ \text{m/s}}$$

$$= 2.06\text{HP}$$

05 Fenske 최소이론단수로 구한 단수(N_{min})가 10단이고, 저비점성분의 유출액의 조성이 0.95, 관출액의 조성이 0.05일 때 두 물질의 비휘발도를 구하고, 비휘발도의 사용조건을 쓰시오.

해설

(1) Fenske 최소이론단수

$$N_{min}+1=\frac{\log\left(\frac{x_D}{1-x_D}\cdot\frac{1-x_w}{x_w}\right)}{\log\alpha_{AB}}$$

$$10+1=\frac{\log\left(\frac{0.95}{1-0.95}\cdot\frac{1-0.05}{0.05}\right)}{\log\alpha_{AB}}$$

$\log\alpha_{AB}=0.2325$

$\therefore\ \alpha_{AB}=1.71$

(2) 비휘발도의 사용조건

① α_{AB}가 일정할 때 이용한다.

② 탑 바닥에서 맨 윗단까지의 α_{AB}값 변화가 크지 않다면 양단에서의 값을 기하평균하여 α_{AB}로 사용한다.

06 다음 그림과 같은 흑체인 반구가 있다. 반구가 열적 평형에 도달한 온도가 150℃일 때 반구의 복사에너지(W/m^2)를 구하시오.(단, 볼츠만 상수는 5.672×10^{-8} $W/m^2\ K^4$이다.)

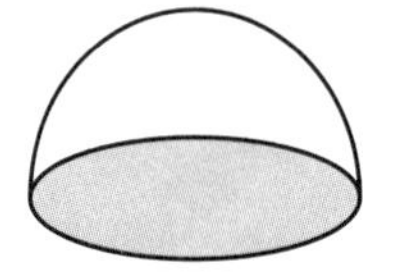

해설

$q=\sigma A T^4$

$\frac{q}{A}=\sigma T^4$

$=5.672\times10^{-8}W/m^2\ K^4\times(273+150)^4K^4$

$=1{,}815.92W/m^2$

07 1atm, 100℃에서 2m 길이의 파이프 양 끝에 A, B 이성분 혼합기체가 있다. 파이프 양 끝에서 A의 분압이 각각 0.8atm, 0.3atm이다. AB 혼합물의 확산계수가 $D_{AB}=1.5cm^2/s$일 때 A의 전달속도를 구하시오.

해설

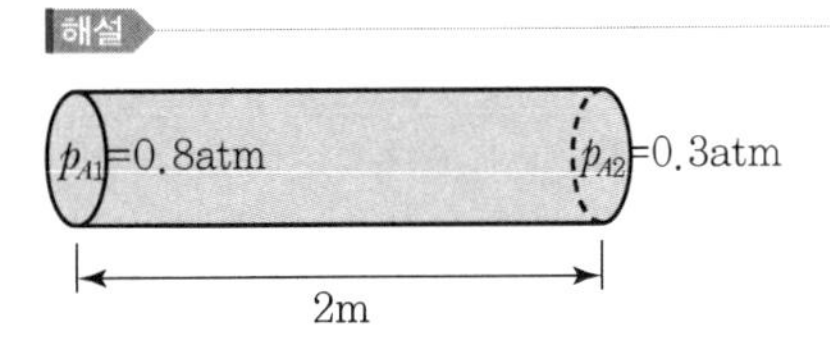

$p_A=C_ART,\ \ C_A=\frac{p_A}{RT}$

$N_A=D_{AB}\frac{dC_A}{dZ}$

$=1.5\frac{cm^2}{s}\times\frac{1m^2}{100^2cm^2}$

$\times\frac{(0.8-0.3)atm}{0.082m^3\ atm/kmol\ K\times373K\times2m}$

$=1.226\times10^{-6}kmol/s\ m^2$

08 $A\rightarrow R$ 기초반응을 혼합반응기에서 반응시킨다. 이때 Conversion이 0.7인 혼합반응기에서 혼합흐름반응기 용적을 2배로 할 때 새로운 Conversion을 구하여라.(단, $C_{A0}=10mol$이고 공급속도는 일정하다.)

해설

CSTR 1차

$k\tau=\frac{X_A}{1-X_A}$

$k\tau=\frac{0.7}{1-0.7}$

$\therefore\ k\tau=2.33$

CSTR 용적이 2배 → 2τ

$2k\tau=\frac{X_A}{1-X_A}$

$2\times2.33=\frac{X_A}{1-X_A}$

$\therefore\ X_A=0.82$

09 비가역 액상 기초 반회분식 반응에서 A+B → C로 등온에서 반응한다. 초기에 A만 존재하며, 초기 부피는 V_0이고 반응속도상수는 K, v_0는 B의 공급속도이다.

(1) A 몰수지를 미분형으로 나타내시오.
(2) B 몰수지를 미분형으로 나타내시오.

해설

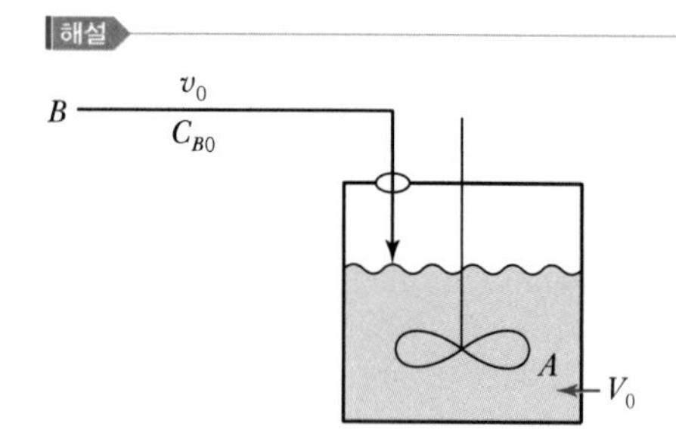

(1) A에 관한 몰수지

유입속도 − 유출속도 + 생성속도 = 축적속도

$$0-0+r_A V(t)=\frac{dN_A}{dt}$$

$$N_A=C_A V$$

$$r_A V=\frac{d(C_A V)}{dt}=V\frac{dC_A}{dt}+C_A\frac{dV}{dt} \quad \cdots\cdots ㉠$$

총괄물질 수지식

질량유입속도 − 질량유출속도 + 질량생성속도 = 질량축적속도

$$\rho_0 v_0-0+0=\frac{d(\rho V)}{dt}$$

액상반응은 정밀도이므로 $\rho_0=\rho$이다.

$$\therefore \frac{dV}{dt}=v_0 \quad \cdots\cdots ㉡$$

부피유량 v_0가 일정한 경우 $t=0$에서 $V=V_0$인 초기 조건을 사용하여 적분하면

$$\int_{V_0}^{V} dV=\int_0^t v_0 dt$$

$$\therefore V=V_0+v_0 t$$

㉠식에 ㉡식을 대입하면

$$r_A V=V\frac{dC_A}{dt}+C_A v_0$$

$$\therefore \frac{dC_A}{dt}=r_A-\frac{v_0}{V}C_A$$ ⋯ A에 관한 수지식

(2) B에 관한 몰수지 : F_{B0}의 속도로 반응기에 공급

유입속도 − 유출속도 + 생성속도 = 축적속도

$$F_{B0}-0+r_B V=\frac{dN_B}{dt}$$

$$\frac{dN_B}{dt}=r_B V+F_{B0}$$

$$N_B=C_B V$$

$$\frac{dV}{dt}=v_0$$

$$v_0=\frac{F_{A0}}{C_{A0}}$$

$$\therefore \frac{d(C_B V)}{dt}=C_B\frac{dV}{dt}+V\frac{dC_B}{dt}$$
$$=r_B V+F_{B0}$$
$$=r_B V+v_0 C_{B0}$$

$$C_B v_0+V\frac{dC_B}{dt}=r_B V+v_0 C_{B0}$$

$$\therefore \frac{dC_B}{dt}=r_B+\frac{v_0(C_{B0}-C_B)}{V}$$ ⋯ B에 관한 수지식

10 열교환기에서 120℃의 수증기로 67,260kJ/h의 열을 공급하여 반응물의 온도를 50℃로 일정하게 유지해준다. 전열면적은 0.4m²이고 반응기의 열전도도는 무시한다. 수증기는 응축하지 않는다고 가정할 때, 수증기의 출구온도를 구하시오.(단, 평균온도는 대수평균을 이용한다.)

- 수증기 경막계수 : 6,972W/m² ℃
- 액체의 경막계수 : 3,486W/m² ℃
- 수증기 오염저항 : 8.6×10^{-5}m² ℃/W
- 액체의 오염저항 : 8.6×10^{-4}m² ℃/W

해설

$$q=UA\Delta t$$

$$U=\frac{1}{\frac{1}{h_i}+R_{di}+\cancelto{0}{\frac{l}{k}}+R_{do}+\frac{1}{h_o}}$$

$$=\frac{1}{\frac{1}{6,972}+8.6\times10^{-5}+8.6\times10^{-4}+\frac{1}{3,486}}$$

$$=726.59\text{W/℃ m}^2$$

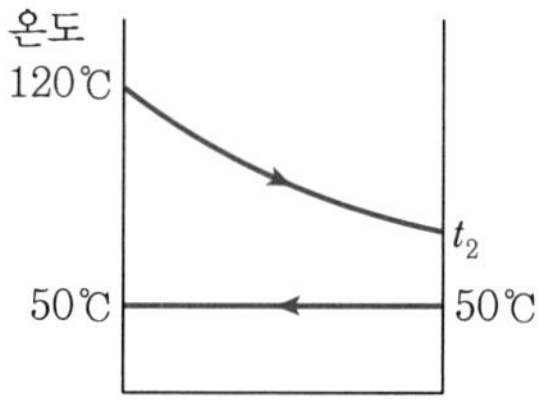

온도

120℃

t_2

50℃ 50℃

$\Delta t_1 = 120 - 50 = 70℃$

$\Delta t_2 = t_2 - 50℃$

$q = UA\Delta \overline{t_L}$

$67{,}260 \times 10^3 \text{J/h} \times 1\text{h}/3{,}600\text{s}$

$= 726.59\text{W/℃ m}^2 \times 0.4\text{m}^2 \times \Delta \overline{t_L}$

$\therefore \ \Delta \overline{t_L} = 64.284℃$

$$\Delta \overline{t_L} = \frac{\Delta t_2 - 70}{\ln \dfrac{\Delta t_2}{70}} = 64.284℃$$

$$\frac{\Delta t_2 - 70}{64{,}284} = \ln \Delta t_2 - \ln 70$$

$\ln \Delta t_2 = 0.0156 \Delta t_2 + 3.159$

계산기를 이용하면 $\Delta t_2 = 60.67℃$

$\Delta t_2 = t_2 - 50$

$60.67℃ = t_2 - 50℃$

$\therefore \ t_2 = 110.67℃$

11 밸브의 압력을 5psig에서 15psig로 변화시킬 때 밸브의 유속은 0에서 5ft^3/min까지 변한다. 밸브의 감도(ft^3/psig min)를 구하시오.

해설

$$\text{밸브의 감도} = \frac{(5-0)\text{ft}^3/\text{min}}{(15-5)\text{psig}} = 0.5\text{ft}^3/\text{psig min}$$

2024년 제1회 기출문제

01 직경 100mm의 관을 이용하여 25m 높이에 있는 탱크로 비중 0.9인 기름을 60m³/h의 유속으로 끌어올린다. 수평관의 길이는 400m이고, 기름의 점도는 2P이다. 펌프의 효율이 50%일 때, 실제 필요한 동력을 J/s 단위로 구하시오.(단, 부차적 손실은 무시한다.)

해설

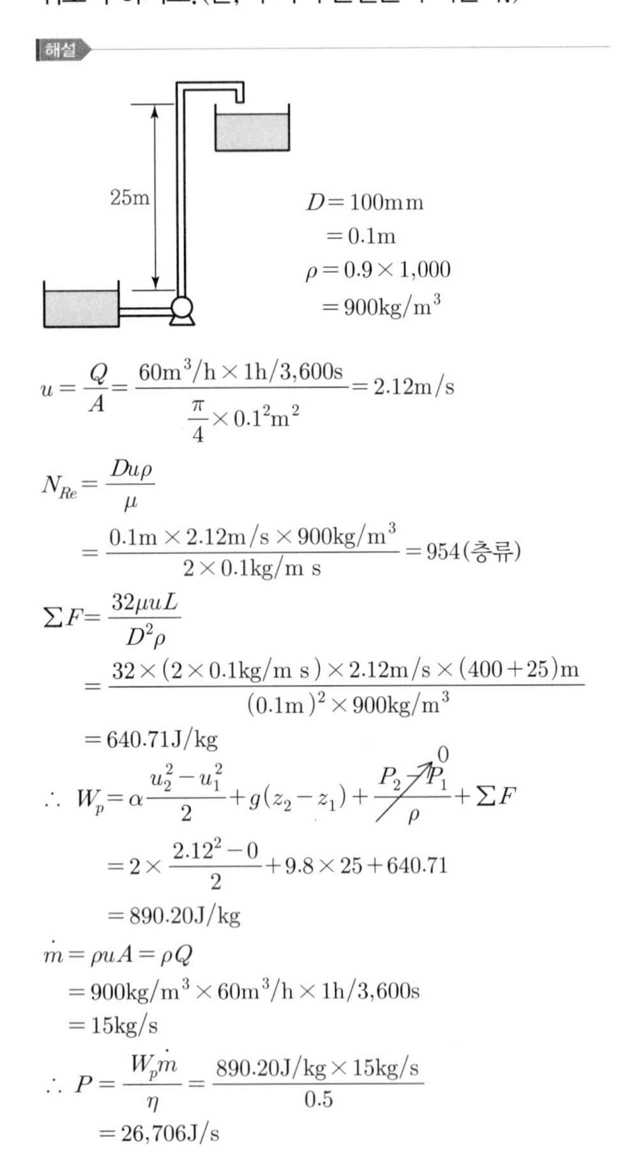

$D = 100\text{mm} = 0.1\text{m}$

$\rho = 0.9 \times 1{,}000 = 900\text{kg/m}^3$

$$u = \frac{Q}{A} = \frac{60\text{m}^3/\text{h} \times 1\text{h}/3{,}600\text{s}}{\frac{\pi}{4} \times 0.1^2\text{m}^2} = 2.12\text{m/s}$$

$$N_{Re} = \frac{Du\rho}{\mu} = \frac{0.1\text{m} \times 2.12\text{m/s} \times 900\text{kg/m}^3}{2 \times 0.1\text{kg/m s}} = 954(\text{층류})$$

$$\Sigma F = \frac{32\mu uL}{D^2\rho} = \frac{32 \times (2 \times 0.1\text{kg/m s}) \times 2.12\text{m/s} \times (400+25)\text{m}}{(0.1\text{m})^2 \times 900\text{kg/m}^3} = 640.71\text{J/kg}$$

$$\therefore W_p = \alpha\frac{u_2^2 - u_1^2}{2} + g(z_2 - z_1) + \frac{P_2 - P_1}{\rho}\,(=0) + \Sigma F$$

$$= 2 \times \frac{2.12^2 - 0}{2} + 9.8 \times 25 + 640.71 = 890.20\text{J/kg}$$

$$\dot{m} = \rho uA = \rho Q = 900\text{kg/m}^3 \times 60\text{m}^3/\text{h} \times 1\text{h}/3{,}600\text{s} = 15\text{kg/s}$$

$$\therefore P = \frac{W_p\dot{m}}{\eta} = \frac{890.20\text{J/kg} \times 15\text{kg/s}}{0.5} = 26{,}706\text{J/s}$$

02 비가역 3차 반응에서 초기 몰농도가 2mol/m³일 때 반감기가 5분이다. 초기 농도가 5mol/m³일 때 초기 농도의 10%가 될 때까지 걸리는 시간을 구하시오.

해설

$${C_A}^{1-n} - {C_{A0}}^{1-n} = (n-1)kt$$

$$-r_A = -\frac{dC_A}{dt} = kC_A^3$$

$$\frac{1}{C_A^2} - \frac{1}{C_{A0}^2} = 2kt$$

반감기 $X_A = 0.5$, $C_{A0} = 2\text{mol/m}^3$

$$C_A = C_{A0}(1 - X_A) = 2\text{mol/m}^3 \times (1 - 0.5) = 1\text{mol/m}^3$$

$$\frac{1}{1^2} - \frac{1}{2^2} = 2k \times 5\text{min}$$

$$\therefore k = 0.075(\text{m}^3/\text{mol})^2(1/\text{min})$$

$C_{A0} = 5\text{mol/m}^3$, $X_A = 0.9$

$$C_A = C_{A0}(1 - X_A) = 5\text{mol/m}^3 \times (1 - 0.9) = 5\text{mol/m}^3 \times 0.1 = 0.5\text{mol/m}^3$$

$$\frac{1}{0.5^2} - \frac{1}{5^2} = 2 \times 0.075 \times t$$

$$\therefore t = 26.4\text{min}$$

03 기체상에 있는 물질이 기액계면을 거쳐 액체상으로 전달될 때 기체상에서 물질의 몰분율은 0.01이고, 액체상에서의 몰분율은 0이다. 기액계면에서 $y_i = x_i/3$일 때 기액계면에서의 몰분율 y_i를 유효숫자 4자리로 구하시오.(단, 액체 전달계수는 0.6mol/m² s, 기체 전달계수는 0.5mol/m² s이다.)

해설

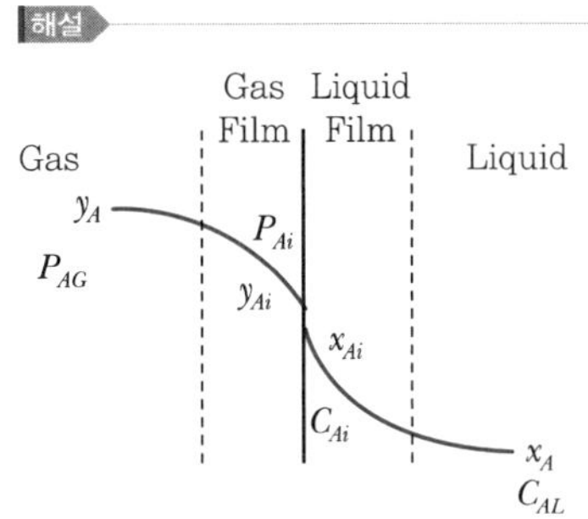

$r = k_x(x_{Ai} - x_A)$

$r = k_y(y_A - y_{Ai})$

$r = K_y(y_A - y_A^*)$

$k_y(y_A - y_{Ai}) = k_x(x_{Ai} - x_A)$

$0.5\text{mol/m}^2\text{s}(0.01 - y_{Ai}) = 0.6\text{mol/m}^2\text{s}(3y_{Ai} - 0)$

$\therefore\ y_{Ai} = 0.002174$

04 25℃, 1bar에서 50℃, 1,000bar로 변할 때 엔탈피 변화와 엔트로피 변화를 구하시오.

T(℃)	P(bar)	C_p(J/mol K)	V(cm³/mol)	β(K⁻¹)
25	1	75.305	18.071	256×10^{-6}
25	1,000	–	18.012	366×10^{-6}
50	1	75.314	18.234	458×10^{-6}
50	1,000	–	18.174	568×10^{-6}

해설

$$\begin{matrix}1\text{bar} \\ 25℃\end{matrix} \xrightarrow{\text{Step1}} \begin{matrix}1\text{bar} \\ 50℃\end{matrix} \xrightarrow{\text{Step2}} \begin{matrix}1{,}000\text{bar} \\ 50℃\end{matrix}$$

$dH = C_p dT + V(1-\beta T)dP$

$dS = C_p \dfrac{dT}{T} - \beta V dP$

[step1] 1bar 25℃ ⟶ 1bar 50℃ $(dP=0)$

$$\begin{aligned}\Delta H_1 &= \overline{C_p}\Delta T \\ &= \frac{75.305+75.314}{2}\times(50-25) \\ &= 1{,}882.74\text{J/mol}\end{aligned}$$

$$\begin{aligned}\Delta S_1 &= \overline{C_p}\ln\frac{T_2}{T_1} \\ &= \frac{75.305+75.314}{2}\ln\left(\frac{273+50}{273+25}\right) \\ &= 6.069\text{J/mol K}\end{aligned}$$

[step2] 1bar 50℃ ⟶ 1,000bar 50℃ $(dT=0)$

$$\begin{aligned}\Delta H_2 &= V(1-\beta T)\Delta P \\ &= \left(\frac{18.234+18.174}{2}\right)\text{cm}^3/\text{mol}\times\frac{1\text{m}^3}{100^3\text{cm}^3} \\ &\quad\times\left(1-\frac{458\times10^{-6}+568\times10^{-6}}{2}\times323\text{K}\right) \\ &\quad\times(1{,}000-1)\text{bar}\times\frac{101.3\times10^3\text{Pa}}{1.013\text{bar}} \\ &= 1{,}517.24\text{J/mol}\end{aligned}$$

$$\begin{aligned}\Delta S_2 &= -\beta V\Delta P \\ &= -\left(\frac{458\times10^{-6}+568\times10^{-6}}{2}\right)\text{K}^{-1} \\ &\quad\times\left(\frac{18.234+18.174}{2}\right)\text{cm}^3/\text{mol}\times\frac{1\text{m}^3}{100^3\text{cm}^3} \\ &\quad\times(1{,}000-1)\text{bar}\times\frac{101.3\times10^3\text{Pa}}{1.013\text{bar}} \\ &= -0.9329\text{J/mol K}\end{aligned}$$

$$\begin{aligned}\Delta H &= \Delta H_1 + \Delta H_2 \\ &= 1{,}882.74 + 1{,}517.24 = 3{,}399.98\text{J/mol}\end{aligned}$$

$$\begin{aligned}\Delta S &= \Delta S_1 + \Delta S_2 \\ &= 6.069 - 0.9329 = 5.1361\text{J/mol K}\end{aligned}$$

05 체적이 1L인 혼합반응기에서 $A \rightarrow 3R$ 기상반응, 전화율 50%, 반응기 입출구 유속이 각각 1L/s, 3L/s일 때 공간시간(s)과 평균체류시간(s)을 구하시오.

(1) 공간시간(s)

(2) 평균체류시간(s)

해설

(1) $\tau = \dfrac{V}{v_o} = \dfrac{1\text{L}}{1\text{L/s}} = 1\text{s}$

(2) $\bar{t} = \dfrac{V}{v_f} = \dfrac{1\text{L}}{3\text{L/s}} = \dfrac{1}{3}\text{s}$

06 NH_3와 물의 혼합물 100 lb가 용기 안에서 1atm, 140°F의 평형상태에 있다. 엔탈피–농도 도표를 이용하여 액체상과 기체상에서 NH_3의 질량분율과 비엔탈피(BTU/lb)를 구하시오.

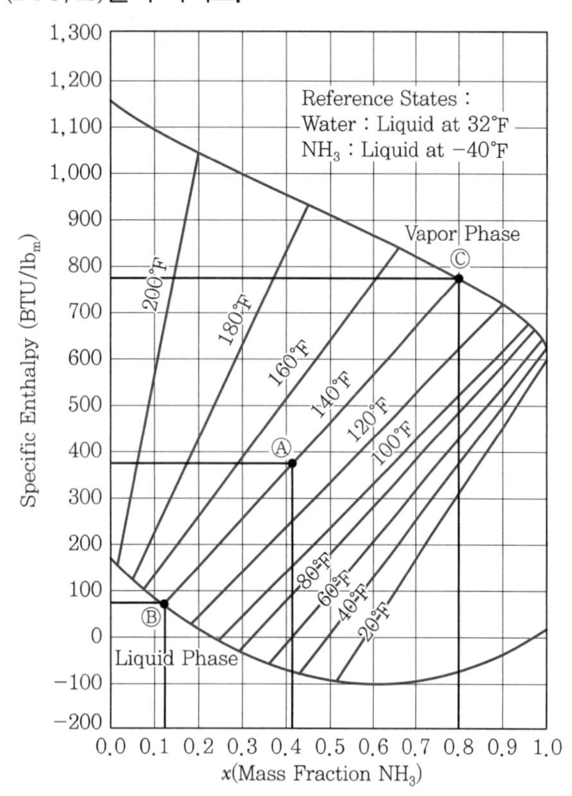

해설

$x_L = 0.12,\quad x_V = 0.8,\quad x_F = 0.42$

$x_F F = x_V V + x_L L$

$0.42 \times 100\,\text{lb} = 0.8 \times V + 0.12(100 - V)$

$\therefore\ V = 44.12\,\text{lb}$

$L = 100 - 44.12 = 55.88\,\text{lb}$

$\therefore\ \overline{H}_V = 780\text{BTU/lb}$

$\overline{H}_L = 80\text{BTU/lb}$

07 초산 22wt% 수용액 100kg의 혼합용액에 Isopropyl Ether 100kg을 가하여 추출한다. 실험값이 아래와 같을 때 추출되는 초산의 양을 구하시오.

구분	1	2	3	4	5
Isopropyl Ether 속 초산의 분율(y)	0.03	0.045	0.06	0.075	0.09
물속 초산의 분율(x)	0.1	0.15	0.2	0.25	0.3

해설

22wt% 100kg ⟨ 22kg 초산, 78kg 물 ⟩ +이소프로필 에테르 100kg

$$k = \frac{y}{x}$$

$$k_m = \frac{1}{n}\Sigma\left(\frac{y}{x}\right)_i = \frac{1}{5}\left(\frac{0.03}{0.1} + \frac{0.045}{0.15} + \frac{0.06}{0.2} + \frac{0.075}{0.25} + \frac{0.09}{0.3}\right) = 0.3$$

$$\therefore \text{추출률} = 1 - \frac{1}{\left(1 + k_m \frac{S}{B}\right)^n} = 1 - \frac{1}{\left(1 + 0.3 \times \frac{100}{78}\right)} = 0.2778$$

$\therefore$ 추출되는 초산의 양 $= 22\text{kg} \times 0.2778 = 6.11\text{kg}$

08 건조기를 이용하여 함수율 10%의 건조재료를 함수율 1%까지 건조시킨다. 건조재료는 1kg/h로 공급된다. 재료는 25℃로 들어가서 93℃로 나오고, 공기는 250℃로 들어가서 98℃로 나올 때 공기의 질량(kg/h)을 구하시오.(단, 물, 건조재료, 공기의 비열은 각각 1, 0.19, 0.24kcal/kg ℃이고, 수증기 잠열은 534kcal/kg(90℃)이다.)

해설

$X_a = 0.1,\ X_b = 0.01,\ \dot{m}_s = 1\text{kg/h}$

$\lambda = 534\text{kcal/kg}(90℃)$

$C_{PS} = 0.19\text{kcal/kg ℃}$

$C_{PL} = 1\text{kcal/kg ℃}$

$C_{PV} = 0.45\text{kcal/kg ℃}$

$$\frac{q_T}{\dot{m}_s} = C_{PS}(T_{sb} - T_{sa}) + X_a C_{PL}(T_v - T_{sa}) + (X_a - X_b)\lambda + X_b C_{PL}(T_{sb} - T_v) + (X_a - X_b) C_{PV}(T_{va} - T_v)$$

$$\frac{q_T}{1\text{kg/h}} = 0.19 \times (93 - 25) + 0.1 \times 1 \times (90 - 25) + (0.1 - 0.01) \times 534 + 0.01 \times 1 \times (93 - 90) + (0.1 - 0.01) \times 0.45 \times (98 - 90) = 19.744\text{kcal/kg}$$

$\therefore\ q_T = 1\text{kg/h} \times 19.744\text{kcal/kg} = 19.744\text{kcal/h}$

$q_T = \dot{m}_g C_g (T_{hb} - T_{ha})$

$19.744\text{kcal/h} = \dot{m}_g \times 0.24\text{kcal/kg ℃} \times (250 - 98)℃$

$\therefore\ \dot{m}_g = 0.54\text{kg/h}$

09 충전층 반응기(Packed Bed Reactor)에서 에틸렌을 기상에서 공기로 촉매 산화시켜 에틸렌 옥사이드를 생산할 때 전화율 60%를 얻기 위한 촉매의 무게(kg)를 구하시오.(단, 에틸렌과 산소는 260℃의 일정한 온도에서 운전되며, 압력강하는 무시한다. 에틸렌은 0.1362mol/s의 속도로 공급되며, $-r_A' = kP_A^{1/3}P_B^{2/3}\text{mol/kg cat s}$이며, $k = 0.00392\text{mol/atm kg cat s}$이고, 유입압력은 10atm이다.)

해설

$$C_2H_4 + \frac{1}{2}O_2 \longrightarrow CH_2 - CH_2 \ (\text{O 고리})$$

에틸렌 $F_{A0} = 0.1362\text{mol/s}$

산소 $F_{B0} = \frac{1}{2} \times 0.1362 = 0.0681\text{mol/s}$

질소 $F_{N_2} = 0.0681\text{mol/s} \times \frac{0.79\text{mol } N_2}{0.21\text{mol } O_2} = 0.256\text{mol/s}$

$$F_{T0} = F_{A0} + F_{B0} + F_{N_2} = 0.1362 + 0.0681 + 0.256 = 0.46\text{mol/s}$$

$$y_{A0} = \frac{F_{A0}}{F_{T0}} = \frac{0.1362}{0.46} = 0.3$$

$$P_{A0} = y_{A0}P = 0.3 \times 10\text{atm} = 3\text{atm}$$

$$\varepsilon = y_{A0}\delta = 0.3 \times \frac{1 - 1 - \frac{1}{2}}{1} = -0.15$$

$$F_{A0}\frac{dX}{dW} = -r_A' = kP_A^{\frac{1}{3}}P_A^{\frac{2}{3}} = k(C_ART)^{\frac{1}{3}}(C_BRT)^{\frac{2}{3}} = kRTC_A^{\frac{1}{3}}C_B^{\frac{2}{3}}$$

$$C_B = \frac{1}{2}C_A$$

$$F_{A0}\frac{dX}{dW} = kRT\frac{C_{A0}^{\frac{1}{3}}(1-X)^{\frac{1}{3}}}{(1+\varepsilon X)^{\frac{1}{3}}} \times \frac{C_{A0}^{\frac{2}{3}}(1-X)^{\frac{2}{3}}}{2^{\frac{2}{3}}(1+\varepsilon X)^{\frac{2}{3}}} = kRT\left(\frac{1}{2}\right)^{\frac{2}{3}}\frac{C_{A0}(1-X)}{(1+\varepsilon X)} = k'\frac{(1-X)}{(1+\varepsilon X)}$$

$$k' = kRT\left(\frac{1}{2}\right)^{\frac{2}{3}}C_{A0} = kP_{A0}\left(\frac{1}{2}\right)^{\frac{2}{3}}$$

$$= 0.00392\text{mol/atm kg cat s} \times 10\text{atm} \times 0.3 \times \left(\frac{1}{2}\right)^{\frac{2}{3}} = 0.00741\text{mol/kg cat s}$$

$$F_{A0}\frac{dX}{dW} = k'\frac{(1-X)}{(1+\varepsilon X)}$$

$$\frac{F_{A0}}{k'}\left(\frac{1+\varepsilon X}{1-X}\right)dX = dW$$

$$\int_0^W dW = \frac{F_{A0}}{k'}\int_0^X \frac{1+\varepsilon X}{1-X}dX$$

$$\therefore\ W = \frac{F_{A0}}{k'}\int_0^X\left(\frac{1}{1-X} + \frac{\varepsilon X}{1-X}\right)dX$$

$$= \frac{F_{A0}}{k'}\left[-\ln(1-X) - \varepsilon\ln(1-X) - \varepsilon X\right]_0^X$$

$$= \frac{F_{A0}}{k'}\left[(\varepsilon+1)\ln\frac{1}{1-X} - \varepsilon X\right]$$

$$= \frac{0.1362\text{mol/s}}{0.00741\text{mol/kg cat s}}\left[(-0.15+1)\ln\frac{1}{1-0.6} + 0.15 \times 0.6\right]$$

$$= 16\text{kg cat}$$

10 분당 10kg을 생산하는 아세트산 공정이 있다. 아세트산의 평균 순도는 98.5wt%이며, 24시간 주기의 기온 변화로 순도가 평균값을 중심으로 $(98.5+1.0\sin\omega t)\%$로 변화하고 있다. 아세톤 순도 변화의 진폭을 1.0에서 0.2까지 낮추려면 공정의 부피(m^3)는 얼마가 되어야 하는지 구하시오.(단, 아세트산의 밀도는 $0.96g/cm^3$이다.)

해설

$$\rho V\frac{dx}{dt}=mx_i-mx$$

$$\frac{\rho V}{m}\frac{dx}{dt}=x_i-x$$

$$\tau=\frac{\rho V}{m}$$

$$\tau\frac{dx}{dt}=x_i-x$$

$$\tau sX(s)+X(s)=X_i(s)$$

$$\therefore\ G(s)=\frac{X(s)}{X_i(s)}=\frac{1}{\tau s+1}$$

$$AR=\frac{K}{\sqrt{1+\tau^2\omega^2}}$$

$$\omega=2\pi f=\frac{2\pi}{T}=\frac{2\pi}{24h\times\frac{60min}{1h}}=0.00436min^{-1}$$

$$AR=\frac{0.2}{1}=0.2$$

$$\therefore\ AR=\frac{1}{\sqrt{1+\tau^2(0.00436)^2}}=0.2$$

$$\sqrt{1+\tau^2(0.00436)^2}=5$$

$$\therefore\ \tau=1{,}123.62min$$

$$\tau=\frac{\rho V}{m}$$

$$1{,}123.62min=\frac{(0.96\times1{,}000kg/m^3)\,V}{10kg/min}$$

$$\therefore\ V=11.7m^3$$

11 다음 밸브의 이름을 쓰시오.

- 화학공장에서 주로 사용하는 밸브로 유체흐름과 수직 방향으로 문의 상하운동에 의해 유량을 제어한다.
- 유체가 통과하는 지름은 관의 직경과 거의 같다.

해설

게이트 밸브(Gate Valve)

2024년 제2회 기출문제

01 벤젠 50mol%, 톨루엔 50mol%가 탑에 들어간다. 이 두 물질은 비점에서 공급되며, 온도는 95.3℃, 10kmol/h로 들어가 제품으로 90mol% 벤젠, 관출액으로 10mol% 벤젠으로 상압증류된다. 환류비는 2이고, 허용증기속도가 1.0m/s일 때 탑의 지름을 구하시오.

해설

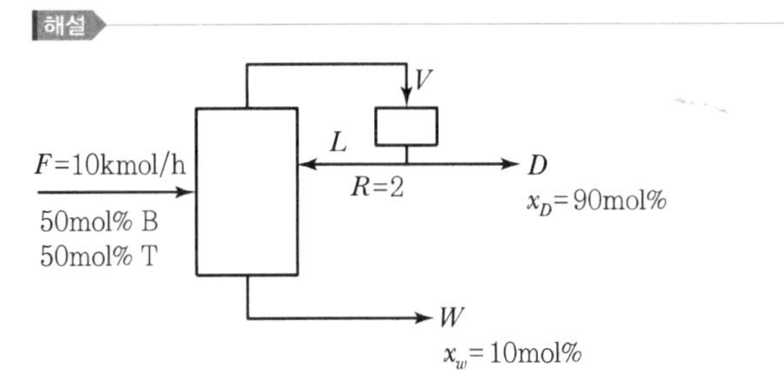

$10\times0.5 = D\times0.9+(10-D)\times0.1$

$\therefore\ D = 5\text{kmol/h}$

$R = \dfrac{L}{D} = 2$

$\therefore\ L = 2D$

$V = L + D$

$\quad = 2D + D = 3D$

$\quad = 3\times5\text{kmol/h} = 15\text{kmol/h}$

$$\frac{15\text{kmol}}{\text{h}}\left|\frac{22.4\text{m}^3}{1\text{kmol}}\right|\frac{(273+95.3)\text{K}}{273\text{K}}\left|\frac{1\text{h}}{3{,}600\text{s}}\right| = 0.1259\text{m}^3/\text{s}$$

$$\text{탑의 면적} = \frac{\text{상승증기량}(\text{m}^3/\text{s})}{\text{허용증기속도}(\text{m/s})} = \frac{\pi}{4}D^2$$

$$\frac{\pi}{4}D^2 = \frac{0.1259\text{m}^3/\text{s}}{1.0\text{m/s}}$$

$\therefore\ D = 0.4\text{m}$

02 20℃, 30atm에서 4mol%의 에탄올이 물과 평형상태에 있다. 이때 용해되어 있는 에탄올의 mol‰을 구하시오.(단, $H = 2.63\times10^4$atm/mol fraction)

해설

$P_A = Hx_A$

$30\text{atm}\times0.04 = 2.63\times10^4\text{atm/molf}\times x_A$

$\therefore\ x_A = 4.56\times10^{-5}$

$\quad = 0.0456$‰

03 복사능 0.5, 전열면적 2m^2, 온도 1,000℃인 물질이 복사능 0.8, 전열면적 10m^2, 온도 500℃인 물질에 둘러싸여 복사전열이 일어날 때 복사에너지를 구하시오.(단, 슈테판−볼츠만 상수는 $5.69\times10^{-8}\text{W/m}^2\,\text{K}^4$이다.)

해설

$q_{1.2} = (5.69\times10^{-8}\text{W/m}^2\text{K})A_1\mathcal{F}_{1.2}(T_1^4 - T_2^4)\text{W}$

$A_1 = 2\text{m}^2$

$$\mathcal{F}_{1.2} = \frac{1}{\dfrac{1}{F_{1.2}}+\left(\dfrac{1}{\varepsilon_1}-1\right)+\dfrac{A_1}{A_2}\left(\dfrac{1}{\varepsilon_2}-1\right)}$$

$$= \frac{1}{1+\left(\dfrac{1}{0.5}-1\right)+\dfrac{2}{10}\left(\dfrac{1}{0.8}-1\right)}$$

$= 0.49$

$q_{1.2} = 5.69\times10^{-8}\times2\times0.49\left[(1{,}000+273)^4-(500+273)^4\right]$

$\quad = 126{,}528.07\text{W}$

$\quad = 126.53\text{kW}$

04 외관의 내경이 0.33m이고 내관의 외경이 0.17m일 때 길이 200m인 이중관에 물을 1m³/h의 속도로 보낸다. 이때 압력강하(Pa)를 구하시오.

해설

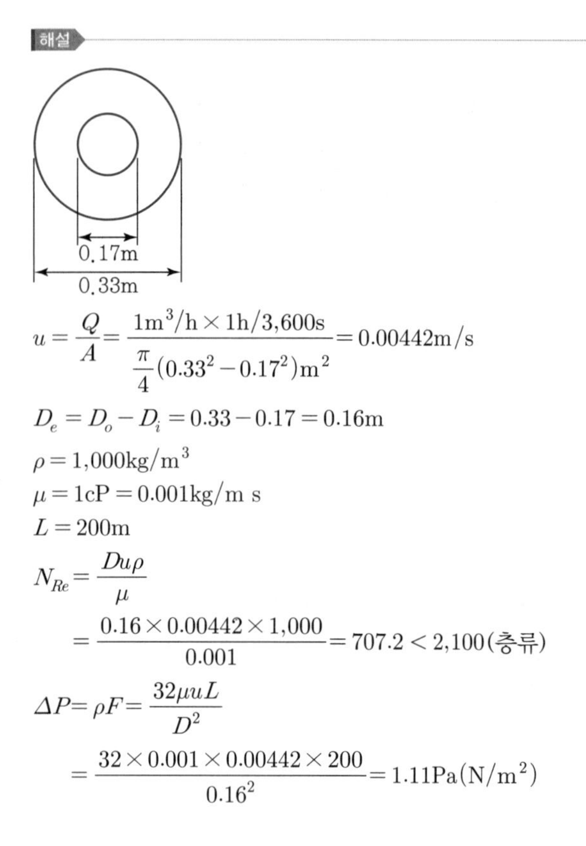

$$u = \frac{Q}{A} = \frac{1\text{m}^3/\text{h} \times 1\text{h}/3{,}600\text{s}}{\frac{\pi}{4}(0.33^2 - 0.17^2)\text{m}^2} = 0.00442\text{m/s}$$

$D_e = D_o - D_i = 0.33 - 0.17 = 0.16\text{m}$

$\rho = 1{,}000\text{kg/m}^3$

$\mu = 1\text{cP} = 0.001\text{kg/m s}$

$L = 200\text{m}$

$$N_{Re} = \frac{Du\rho}{\mu} = \frac{0.16 \times 0.00442 \times 1{,}000}{0.001} = 707.2 < 2{,}100(\text{층류})$$

$$\Delta P = \rho F = \frac{32\mu u L}{D^2} = \frac{32 \times 0.001 \times 0.00442 \times 200}{0.16^2} = 1.11\text{Pa}(\text{N/m}^2)$$

05 벤젠 60kmol, 톨루엔 40kmol을 플래시 증류하여 벤젠의 조성이 0.4인 관출액을 얻었다. 유출액량을 구하시오.(단, 벤젠의 증기압은 1,180mmHg, 톨루엔의 증기압은 481mmHg이다.)

해설

$$\alpha = \frac{y_A/y_B}{x_A/x_B} = \frac{P_A}{P_B} = \frac{1{,}180}{481} = 2.45$$

$$y = \frac{\alpha x}{1+(\alpha-1)x} = \frac{2.45 \times 0.4}{1+(2.45-1)\times 0.4} = 0.62$$

$Fx_F = Dy + Wx$

$100\text{kmol} \times 0.6 = D \times 0.62 + (100 - D) \times 0.4$

$\therefore D = 90.91\text{kmol}$

06 다음 표에서 A, B, C는 공급물의 성분이다. 그림의 $S_1 \sim S_6$에 해당하는 흐름을 표(가~바)에서 각각 찾으시오.

구분	mol fraction			kmol/h
	A	B	C	F
가	0	1	0	60
나	0.2	0.1	0.7	100
다	0.124	0.438	0.438	160
라	0.4	0.6	0	100
마	1	0	0	40
바	0.3	0.35	0.35	200

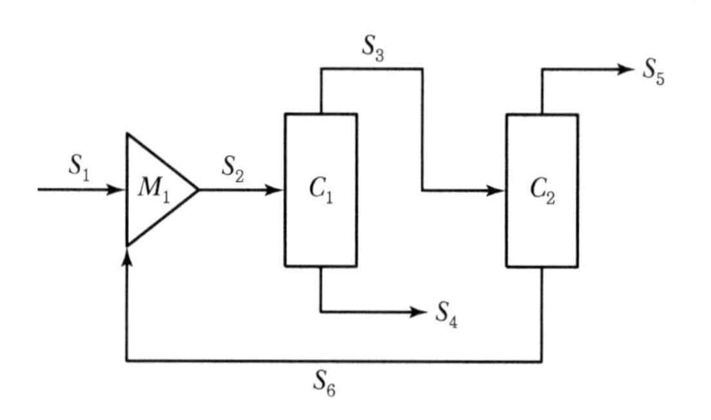

해설

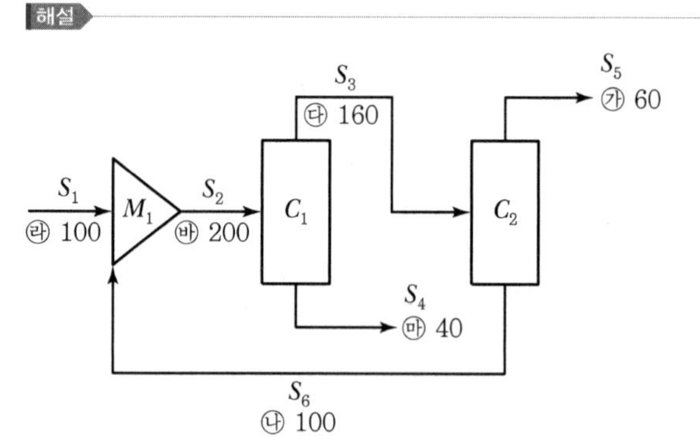

$S_2 = S_1 + S_6$

$S_2 = S_3 + S_4$

$S_3 = S_5 + S_6$

[검토식] A에 대한 물질수지

M_1 : $100 \times 0.4 + 100 \times 0.2 = 200 \times 0.3$

C_1 : $200 \times 0.3 = 160 \times 0.124 + 40 \times 1$

B에 대한 물질수지

C_2 : $160 \times 0.438 = 60 \times 1 + 100 \times 0.1$

07 $A \to R$ 인 액상 기초 반응이 순환비가 2인 순환반응기에서 10mol/L로 공급되며, 전환율이 90%이다. 순환을 정지시켜, 동일한 전환율 90%를 얻기 위한 공급물 처리속도의 변화율을 구하고, 증가 또는 감소를 나타내시오.

해설

$$\tau = \frac{C_{A0}V}{F_{A0}} = -(R+1)\int_{C_{Ai}}^{C_{Af}} \frac{dC_A}{-r_A}$$

$$= -(R+1)\int_{C_{Ai}}^{C_{Af}} \frac{dC_A}{kC_A}$$

$$k\tau = -(R+1)\ln\frac{C_{Af}}{C_{Ai}}$$

$$C_{Af} = C_{A0}(1-X_{Af})$$
$$= 10\text{mol/L} \times (1-0.9) = 1\text{mol/L}$$

$$C_{Ai} = \frac{C_{A0}+RC_{Af}}{R+1}$$
$$= \frac{10+2\times 1}{2+1} = 4\text{mol/L}$$

$$\therefore\ k\tau = -(2+1)\ln\frac{1}{4} = 3\ln 4$$

순환 폐쇄

$$k\tau = -\ln(1-X_A)$$
$$= -\ln(1-0.9) = \ln 10$$

$$\frac{v_{without}}{v_{with}} = \frac{\tau_{with}}{\tau_{without}} = \frac{3\ln 4}{\ln 10} = 1.8$$

∴ 순환이 없는 경우가 더 우수하다.

08 $A \to B + C$의 반응은 기초반응이다. 다음의 자료를 이용하여 활성화 에너지(kcal/mol)를 구하시오.(단, 유효숫자는 5자리까지 구한다.)

T(온도)	30℃	45℃
k(속도상수)	1.5387	2.3649

해설

$$\ln\frac{k_2}{k_1} = \frac{E_a}{R}\left(\frac{1}{T_1} - \frac{1}{T_2}\right)$$

$$\ln\frac{2.3649}{1.5387} = \frac{E_a}{1.987\text{cal/mol K}}\left(\frac{1}{273+30} - \frac{1}{273+45}\right)$$

$$\therefore\ E_a = 5{,}485.8\text{cal/mol}$$
$$= 5.48\text{kcal/mol}$$

09 생물반응기에 먹이 공급속도를 계단변화하여 이산화탄소(CO_2) 배출가스 농도의 응답을 그래프로 나타내었다. 2차계(SOPDT) 모델에서 시간상수(τ)를 Smith 방법으로 구하시오.

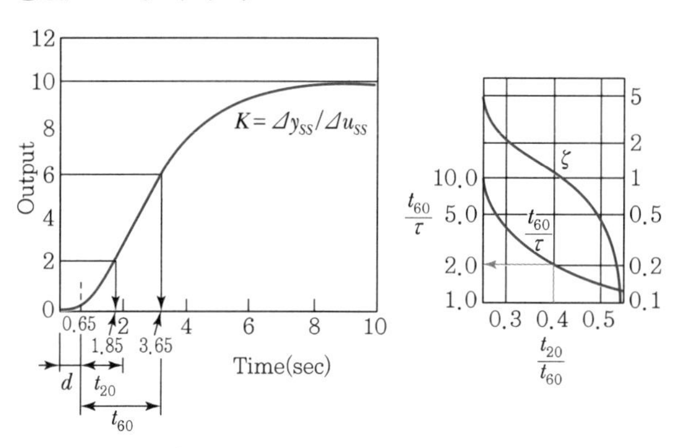

해설

$$t_{20} = 1.85 - 0.65 = 1.2$$
$$t_{60} = 3.65 - 0.65 = 3$$
$$\frac{t_{20}}{t_{60}} = \frac{1.2}{3} = 0.4$$
$$\frac{t_{60}}{\tau} = 2.0$$
$$\frac{3}{\tau} = 2.0$$
$$\therefore\ \tau = 1.5\text{sec}$$

10 1L의 혼합흐름반응기에 A와 B를 포함한 혼합용액이 1L/min으로 공급되어 C가 생성된다. 이 반응물들은 복잡한 방식으로 반응하여 양론관계를 알 수 없다. 초기 농도는 A가 1mol/L, B가 2mol/L이며, 출구농도는 A가 0.2mol/L, B가 0.3mol/L일 때 A와 B의 반응속도(mol/L min)를 구하시오.

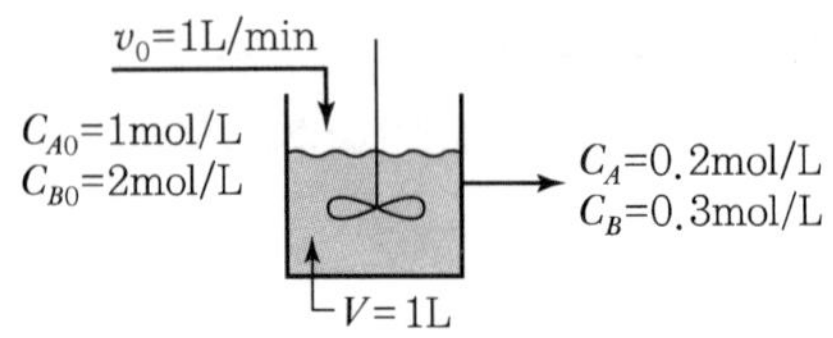

$$\tau = \frac{V}{v_o} = \frac{1\text{L}}{1\text{L/min}} = 1\text{min}$$

$$\tau = \frac{C_{A0}X_A}{-r_A} = \frac{C_{A0} - C_A}{-r_A}$$

$$\therefore -r_A = \frac{C_{A0} - C_A}{\tau}$$

$$-r_A = \frac{C_{A0} - C_A}{\tau} = \frac{1 - 0.2}{1} = 0.8\text{mol/L min}$$

$$-r_B = \frac{C_{B0} - C_B}{\tau} = \frac{2 - 0.3}{1} = 1.7\text{mol/L min}$$

11 건조기의 내부는 8in의 단열벽돌로 단열되어 있고, 외부는 3in의 유리섬유로 단열되어 있다. 단열벽돌의 열전도도는 2.2BTU/ft h °F, 유리섬유의 열전도도는 0.11BTU/ft h °F이고, 건조기 내부온도는 460°F, 외부온도는 100°F이다. 건조기의 면적이 2ft^2이고, 3시간 동안 운전할 때 손실된 열량을 구하시오.(단, 건조기 자체는 열손실이 없다.)

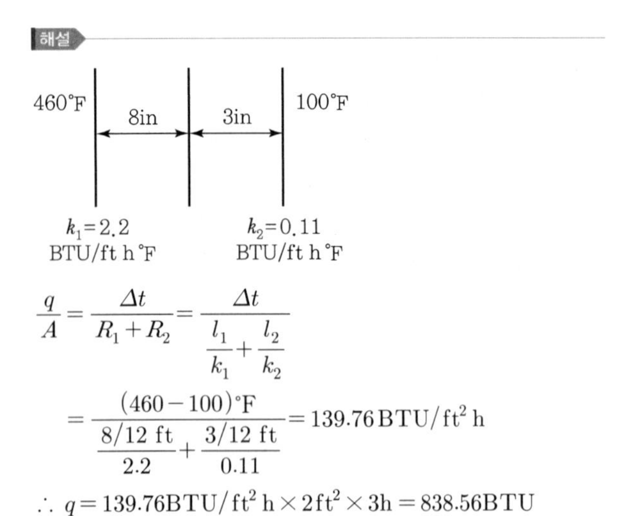

$$\frac{q}{A} = \frac{\Delta t}{R_1 + R_2} = \frac{\Delta t}{\dfrac{l_1}{k_1} + \dfrac{l_2}{k_2}}$$

$$= \frac{(460 - 100)°\text{F}}{\dfrac{8/12\text{ ft}}{2.2} + \dfrac{3/12\text{ ft}}{0.11}} = 139.76\,\text{BTU/ft}^2\,\text{h}$$

$$\therefore q = 139.76\text{BTU/ft}^2\,\text{h} \times 2\text{ft}^2 \times 3\text{h} = 838.56\text{BTU}$$

2024년 제3회 기출문제

01 톨루엔의 수소첨가 탈메틸화 반응이 충전층 촉매 반응기에서 수행된다.

$$C_6H_5CH_3 + H_2 \rightarrow C_6H_6 + CH_4$$

반응기에 유입되는 톨루엔의 몰유량은 50mol/min이며, 반응기의 초기조건은 640℃, 40atm으로 조작된다. 원료의 구성성분은 톨루엔 30%, 수소 45%, 비활성물질 25%이다. 톨루엔의 탈메틸 촉매반응의 속도식은 $-r_T' = \dfrac{kP_{H_2}P_T}{1+P_BK_B+P_TK_T}$이다.

여기서, $k = 0.00087\text{mol/atm}^2\text{ kg cat min mol}$

$K_B = 1.39\text{atm}^{-1}$

$K_T = 1.038\text{atm}^{-1}$

(1) 유동화 반응기에서 반응물과 생성물의 진행방향을 화살표로 나타내시오.

(2) 유동화 CSTR에서 촉매의 벌크 밀도가 400kg/m^3일 때 65%의 전화율을 달성하기 위한 촉매의 무게 및 반응기의 부피를 구하시오.

해설

(1)

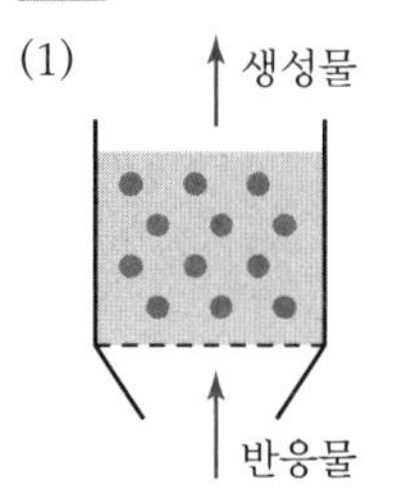

(2) ① 톨루엔의 몰수지

유입량 − 유출량 + 생성량 = 축적량

$F_{To} - F_T + r_T' W = 0$

$$W = \frac{F_{To} - F_T}{-r_T'} = \frac{F_{To}X}{-r_T'}$$

② 톨루엔의 속도식

$$-r_T' = \frac{kP_{H_2}P_T}{1+K_BP_B+K_TP_T}$$

$$\varepsilon = y_{To}\delta = 0.3 \times \left(\frac{2-2}{1}\right) = 0$$

$$P_T = \frac{P_{To}(1-X)}{1+\varepsilon X} = P_{To}(1-X)$$

$$P_{To} = 0.3 \times 40\text{atm} = 12\text{atm}$$

$$\theta_{H_2} = \frac{P_{H_2o}}{P_{To}} = \frac{0.45}{0.3} = 1.5$$

$$P_{H_2} = P_{To}(\theta_{H_2} - X) = P_{To}(1.5 - X)$$

$$-r_T' = \frac{8.7\times10^{-4}P_{H_2}P_T}{1+1.39P_B+1.038P_T}$$

$$= \frac{8.7\times10^{-4}P_{To}^2\,(1-X)(1.5-X)}{1+1.39P_{To}X+1.038P_{To}(1-X)}$$

$$= \frac{8.7\times10^{-4}(12)^2(1-0.65)(1.5-0.65)}{1+1.39(12)(0.65)+1.038(12)(1-0.65)}$$

$$= 2.3\times10^{-3}\text{mol/kg cat min}$$

③ 촉매의 무게

$$W = \frac{F_{To}X}{-r_T'}$$

$$= \frac{(50\text{mol T/min})(0.65)}{2.3\times10^{-3}\text{mol/kg cat min}}$$

$$= 1.41\times10^4\text{kg cat}$$

④ 반응기 부피

$$V = \frac{W}{\rho_b} = \frac{1.41\times10^4\text{kg}}{400\text{kg/m}^3}$$

$$= 35.25\text{m}^3$$

02 길이 0.8m, 폭이 1m인 평판을 물에서 30cm/s의 속도로 운동시킬 때, 평판 뒤끝에서의 전단응력을 구하시오.(단, 물의 운동점도는 0.0131cm²/s이고, 항력계수 $C_D = \frac{0.664}{\sqrt{N_{Re}}}$ 이다.)

해설

$D = 0.8\text{m}$

$u = 0.3\text{m/s}$

$\nu = 1.31 \times 10^{-6}\text{m}^2/\text{s}$

$$N_{Re} = \frac{Du\rho}{\mu} = \frac{Du}{\nu} = \frac{0.8 \times 0.3}{1.31 \times 10^{-6}} = 1.832 \times 10^5$$

$$C_D = \frac{0.664}{\sqrt{N_{Re}}} = \frac{0.664}{\sqrt{1.832 \times 10^5}}$$

$$F_D = C_D \frac{1}{2}\rho u^2 A$$

$$\tau = \frac{F_D}{A} = C_D \frac{1}{2}\rho u^2$$

$$= \frac{0.664}{\sqrt{1.832 \times 10^5}} \times \frac{1}{2} \times 1{,}000 \times 0.3^2 = 0.07\text{N/m}^2$$

03 물 60L/s를 내경이 15cm인 파이프에 연결된 Glove Valve를 통해 저장탱크로 보낸다. 밸브의 손실계수가 10일 때 밸브의 상당길이를 구하시오.(단, 동점도는 1.01×10^{-5}St이고 Fanning 마찰계수는 $0.0791 N_{Re}^{-0.25}$이며, Valve 이외의 마찰손실은 무시한다.)

해설

$D = 15\text{cm} = 0.15\text{m}$

$$u = \frac{Q}{A} = \frac{60\text{L/s} \times \frac{1\text{m}^3}{1{,}000\text{L}}}{\frac{\pi}{4} \times 0.15^2\text{m}^2} = 3.4\text{m/s}$$

$$N_{Re} = \frac{Du\rho}{\mu} = \frac{Du}{\nu} = \frac{0.15\text{m} \times 3.4\text{m/s}}{1.01 \times 10^{-5}\text{cm}^2/\text{s} \times \frac{1\text{m}^2}{100^2\text{cm}^2}}$$

$$= 504{,}950{,}495$$

$$f = 0.0791 N_{Re}^{-0.25}$$

$$= 0.0791 \times (504{,}950{,}495)^{-0.25}$$

$$= 5.278 \times 10^{-4}$$

$$F = \frac{2fu^2L}{g_c D}$$

$$F = 4f\left(\frac{L_e}{D}\right)\left(\frac{u^2}{2g_c}\right) = k\frac{u^2}{2g_c}$$

$$\therefore 4f\left(\frac{L_e}{D}\right) = k$$

여기서, f : Fanning 마찰계수

D : 관의 직경

L_e : 상당길이

k : 손실계수

$$4 \times (5.278 \times 10^{-4}) \times \frac{L_e}{0.15\text{m}} = 10$$

$$\therefore L_e = 710.5\text{m}$$

04 초기온도 80℃, 크기 50mm인 금속구가 30℃ 공기가 통과하는 유동층 내에 냉각된다. 고체의 밀도는 1,100kg/m³, 열전도도는 0.13W/m ℃, 비열은 1,700J/kg ℃이며, 외측 경막계수는 50W/m²이다. 금속구가 35℃가 될 때의 시간과 단면적당 열전달속도를 구하시오.

해설

$\rho = 1{,}100\text{kg/m}^3$

$C_p = 1{,}700\text{J/kg ℃}$

$r = 2.5 \times 10^{-3}\text{m}$

총괄저항 $\frac{1}{U} = \frac{1}{50} + \frac{2.5 \times 10^{-3}\text{m}}{0.13\text{W/m ℃} \times 5} = 0.02385$

$\therefore U = 41.9\text{W/m ℃}$

$$\ln\frac{T_f - T_b}{T_f - T_a} = \frac{-3Ut}{\rho C_p r}$$

$$\ln\frac{30 - 35}{30 - 80} = \frac{-3 \times 41.9 \times t}{1{,}100 \times 1{,}700 \times 2.5 \times 10^{-3}}$$

$$\therefore t = 86\text{s}$$

$$\frac{Q}{A} = \frac{\rho V C_p (T_2 - T_1)}{A} = \frac{\rho\frac{4}{3}\pi r^3 C_p (T_2 - T_1)}{4\pi r^2}$$

$$= \frac{\rho C_p r (T_2 - T_1)}{3}$$

$$\therefore \frac{Q}{A} = \frac{2.5 \times 10^{-3} \times 1{,}100 \times 1{,}700 \times (80 - 35)}{3}$$

$$= 70{,}125\text{J/m}^2$$

$$= 70.125\text{kJ/m}^2$$

05 CSTR에서 무수초산의 가수분해 반응이 일어난다. 온도는 10℃로 유지되며, 초산은 550mL/min으로 공급되고, 반응기 크기는 1.8L이다. 무수초산의 가수분해율(%)을 구하시오.(단, $-r_A = 0.0567\,C_A\,\text{mol/mL min}$, $C_{A0} = 1\,\text{mol/L}$이다.)

해설

$$\tau = \frac{V}{v_o} = \frac{1.8\text{L} \times \dfrac{1{,}000\text{mL}}{1\text{L}}}{550\text{mL/min}} = 3.27\text{min}$$

$$k\tau = \frac{X_A}{1 - X_A}$$

$$0.0567 \times 3.27 = \frac{X_A}{1 - X_A}$$

$$\therefore\ X_A = 0.1564(15.64\%)$$

06 250psig의 압력으로 1,800gpm의 물을 펌핑한다. 배압 50psig, 과압 10%로 펌프를 완화하는 데 필요한 안전밸브의 직경(in)을 구하시오.

• 배출량 : 1800gpm	• 비중 : 1
• 설정압력(P_S) : 250psig	• 배압(P_B) : 50psig
• 초과압력 : 10%	• K_d : 0.65

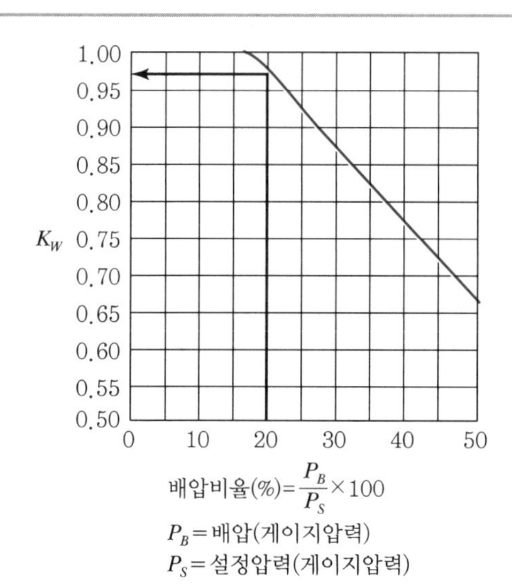

▲ 안전밸브의 보정계수

해설

P_1 = 설정압력 + 초과압력 = 250psig × 1.1 = 275psig

P_B = 50psig

결합보정계수 $K_c = 1$(안전밸브만 설치)

분출계수 $K_d = 0.65$

밸브보정계수 $K_w = 0.97$

$$\left(\text{배압비율 } \frac{P_B}{P_S} \times 100 = \frac{50}{250} \times 100 = 20\%\right)$$

점도보정계수 $K_v = 1$

$$A = \frac{Q}{38K_dK_wK_cK_v}\sqrt{\frac{SG}{P_1 - P_B}}$$

$$A = \frac{1{,}800\text{gpm}}{38 \times 0.65 \times 0.97 \times 1 \times 1}\sqrt{\frac{1}{275 - 50}} = 4.752\text{in}^2$$

$$A = \frac{\pi}{4}D^2 \quad \therefore\ D = \sqrt{\frac{4A}{\pi}} = \sqrt{\frac{4 \times 4.752}{3.14}} = 2.46\text{in}$$

07 200K과 30bar에서 N_2 40mol%를 포함하는 N_2, CH_4 혼합물 중의 질소와 메탄에 대하여 퓨가시티 계수($\hat{\phi}$)를 결정하시오.

$B_{11} = -35.2$, $B_{22} = -105.0$, $B_{12} = -59.8\text{cm}^3/\text{mol}$

해설

$y_1 = y_{N_2} = 0.4$, $y_2 = y_{CH_4} = 0.6$

$$\delta_{1.2} = 2B_{12} - B_{11} - B_{22}$$
$$= 2(-59.8) - (-35.2) - (-105.0) = 20.6\text{cm}^3/\text{mol}$$

$$R = \frac{0.082\text{L atm}}{\text{mol K}}\left|\frac{1{,}000\text{cm}^3}{1\text{L}}\right|\frac{1.013\text{bar}}{1\text{atm}}$$
$$= 83.14\text{cm}^3\,\text{bar/mol K}$$

$$\ln\hat{\phi}_1 = \frac{P}{RT}(B_{11} + y_2^2\delta_{12})$$
$$= \frac{30\text{bar}}{83.14 \times 200\text{K}}\left[-35.2 + (0.6)^2 \times 20.6\right]$$
$$= -0.051$$

$$\therefore\ \hat{\phi}_1 = 0.9511 \fallingdotseq 0.95$$

$$\ln\hat{\phi}_2 = \frac{P}{RT}(B_{22} + y_1^2\delta_{12})$$
$$= \frac{30\text{bar}}{83.14 \times 200\text{K}}\left[-105.0 + (0.4)^2 \times 20.6\right]$$
$$= -0.1835$$

$$\therefore\ \hat{\phi}_2 = 0.8324 \fallingdotseq 0.83$$

08 향류 접촉탑에서 1mol%의 아세톤이 포함된 기체로부터 아세톤의 90%를 물에 흡수한다. 입구에서 아세톤이 포함된 기체의 유속은 30kmol/h, 물의 유속은 90kmol/h이다. 이 조작은 1atm, 300K에서 이루어지며, 기-액에서의 아세톤에 대한 평형관계는 $y_A = 2.53x_A$이다. 접촉단의 이론단수를 구하시오.(단, 효율은 60%이다.)

해설

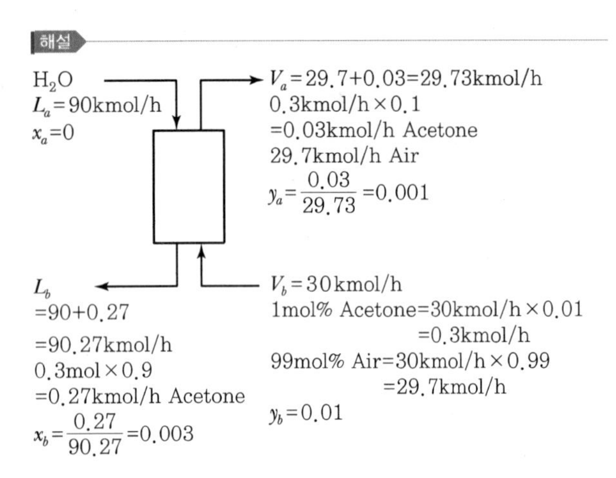

$\therefore$ 단수 $N = \dfrac{5.2}{0.6} = 8.7$단 $\therefore$ 9단

09 이득(Gain)이 1이고, 시간상수가 0.1min인 1차계로 나타내는 수은온도계가 90℃를 가리키고 있다. 이 온도계를 95℃수조에 넣어 온도계가 94℃가 되었을 때까지의 시간을 구하시오.

해설

$$Y(s) = G(s)X(s)$$
$$= \frac{1}{0.1s+1} \cdot \frac{5}{s}$$
$$= 5\left(\frac{1}{s} - \frac{0.1}{0.1s+1}\right)$$
$$= 5\left(\frac{1}{s} - \frac{0.1}{s+10}\right)$$

$y(t) = 5(1-e^{-10t})$

$94 = 90 + 5(1-e^{-10t})$

$4 = 5(1-e^{-10t})$

$\therefore t = 0.1609\text{min}$

[별해]

$y(t) = KA(1-e^{-\frac{t}{\tau}})$

$4 = 1 \times 5 \times (1-e^{-\frac{t}{0.1}})$

$\therefore t = 0.1609\text{min}$

10 촉매에는 벌크촉매와 담지촉매 2가지가 있다. 이 중 담지촉매 제조법 3가지에 대해 서술하시오.

해설

① 함침법
담체기공에 용액을 도입하여 건조, 소성처리하여 금속을 담지시키는 방법

② 침전법
- 용액에 시약을 가해 특정 성분을 침전을 통해 얻는 방법으로, 다성분계 촉매나 고담지량 촉매의 제조에 적합한 방법
- 담체를 용액에 담근 후 담체 위에 침전을 흡착시킨다.

③ 이온교환법
- 음이온 담체에 용액을 가해 양이온을 흡착시킨다.
- 결합이 강하고 균일하여 분산도가 크다.
- 담체 : 제올라이트, 실리카, 실리카알루미나, 이온교환수지, 산화처리 활성탄 등

11 이중관 열교환기에서 더운 쪽의 물 50kg/s가 370K에서 320K으로 냉각되며, 냉각수 400kg/s가 280K으로 들어간다. 열교환기의 면적이 $80m^2$일 때 총괄열전달계수 U(kW/m^2 K)를 구하시오.(단, 물의 비열은 4.184kJ/kg K이다.)

해설

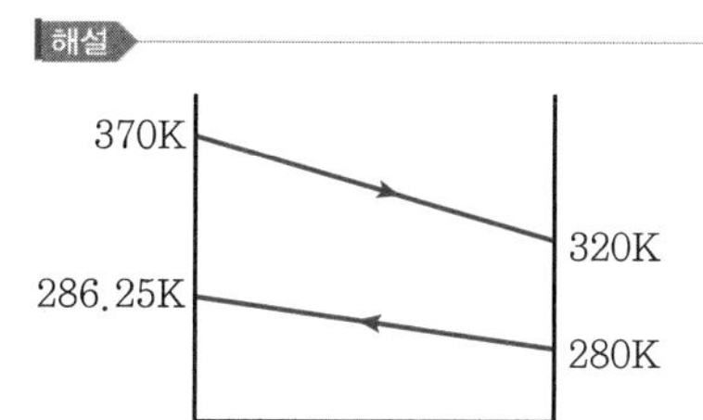

$q = mc\Delta t$

$50kg/s \times 4.184kJ/kg\,K \times (370-320)K$
$= 400kg/s \times 4.184kJ/kg\,K \times (T-280)K$

$\therefore\ T = 286.25K$

$q = 50kg/s \times 4.184kJ/kg\,K \times (370-320)K$
$= 10{,}460kJ/s$

$\Delta T_1 = 370 - 286.25 = 83.75K$

$\Delta T_2 = 320 - 280 = 40K$

$$\Delta \overline{T}_L = \frac{83.75-40}{\ln\frac{83.75}{40}} = 59.2K$$

$q = UA\Delta T$

$$\therefore\ U = \frac{q}{A\Delta T}$$
$$= \frac{10{,}460kJ/s}{80m^2 \times 59.2K} = 2.21kW/m^2\,K$$

PART 1 PART 2 PART 3 PART 4 PART 5 PART 6 PART 7 PART 8

MEMO

MEMO

MEMO

화공기사 실기

필답형+작업형

발행일 | 2019. 1. 10 초판 발행
2019. 2. 10 개정 1판1쇄
2019. 8. 10 개정 2판1쇄
2020. 3. 10 개정 3판1쇄
2020. 7. 20 개정 4판1쇄
2021. 2. 10 개정 5판1쇄
2021. 7. 1 개정 5판2쇄
2022. 6. 20 개정 6판1쇄
2022. 7. 20 개정 6판2쇄
2023. 3. 30 개정 6판3쇄
2023. 8. 30 개정 7판1쇄
2024. 3. 30 개정 8판1쇄
2025. 3. 20 개정 9판1쇄

저 자 | 정나나
발행인 | 정용수
발행처 | 예문사

주 소 | 경기도 파주시 직지길 460(출판도시) 도서출판 예문사
TEL | 031) 955-0550
FAX | 031) 955-0660
등록번호 | 11-76호

정가 : 28,000원

ISBN 978-89-274-5785-5 13570